深智數位
股份有限公司

深智數位
股份有限公司

推薦序一

從 PC 到智慧型手機，下一個更大的計算平臺是什麼？最佳答案可能是機器人。如果設想成真，則需要有人為機器人「造腦」，即打造調配的計算平臺及作業系統。

在作業系統層面，我們看到了一個很有趣的現象：雖然從作業系統入手做作業系統，都不會實現真正生態意義上有壟斷性的作業系統（如汽車行業的 AUTOSAR），但是從垂直應用切入去做作業系統，往往能夠有大成（如 Windows 和 Android）。

跳出技術思維，更多地從商業和生態的角度思考，大作業系統一定是從一個非常大的主流應用場景裡切入，將這個平臺展開，同時在平臺上支持豐富的應用。大家想想看，如果沒有 Office，那麼 Windows 不會這麼成功；如果沒有一系列的 Google 垂直應用，那麼 Android 不會有這麼強大的號召力。

機器人作業系統（ROS）生態經過十幾年的發展，已經接近機器人時代的大作業系統，其中有不少類似殺手級的應用，如 Navigation、MoveIt、Autoware、RViz 等，可以大幅提高機器人開發的效率，在自動駕駛領域也被廣泛使用。在未來的智慧型機器人時代，ROS 也將成為重要的系統底層基座。

所以，要想做好作業系統，一定要有殺手級應用。

比作業系統更低層的是計算平臺。機器人場景豐富多樣，ROS 的運行也需要依賴不同的計算平臺。在當前大部分機器人場景中，硬體平臺還無法滿足軟體需求，軟體與硬體結合的必要性極為突出。只有軟體與硬體高度協作，才能保證計算高效，這就表示，如果軟體在一個晶片架構上最佳化得很好，那麼它將很難遷移到另一個晶片架構上，這是資訊產業中軟體和硬體發展的規律。

地平線機器人從 2015 年誕生時起，就立志「做機器人時代的 Wintel」，也就是做作業系統和計算平臺。我們陸續推出了征程和旭日系列計算平臺，支援智慧駕駛和機器人場景下的應用。2021 年，我們提出打造開放原始碼的即時操作系統——TogetherOS，在 ROS 2 的基礎上進行深度訂製最佳化，作為一個公共的技術資源，大家攜手推進、打造作業系統生態。

　　在人工智慧和大模型時代，未來的機器人將以 AI 計算為核心、以 AI 計算和作業系統為中台，支撐百花齊放的應用。這時，行業會誕生一個全新的計算架構和作業系統——過去的架構和作業系統是以軟體為核心的，現在的架構和作業系統是以人工智慧計算、資料流程的處理為核心的。

　　2024 年，地瓜機器人從地平線機器人破殼而出，秉承初心，加速智慧，志在打造「機器人時代的 Wintel」，針對當前機器人行業面臨的效率低、成本高等問題，提供了從晶片、開發者套件、演算法應用到雲端環境的全方位支援，成為一家專注於底層基礎設施的公司。簡而言之，地瓜機器人不做機器人，而是為機器人開發者提供全套的開發技術堆疊。

　　本書作者胡春旭不僅是機器人領域的專家，更是 ROS 在中國的重要推廣者之一，在他的影響下，上百萬開發者走上 ROS 機器人開發之路，其中不乏現今機器人行業的許多中流砥柱。同時，本書作者從開發者中來，也能回到開發者中去，正在帶領地瓜機器人開發者生態團隊，打造全新一代機器人開發者套件 RDK，以及在此之上的多元化軟體和應用生態，探索未來機器人開發的新範式。

　　本書內容翔實、深入淺出，讀者看到的不僅是 ROS 2 中豐富的概念和操作，更是其背後的原理和應用效果，機器人初學者可以快速上手實踐，經驗豐富的開發者也可以有很多收穫。

　　機器人時代終將到來，ROS 是這個新時代的加速器，需要許多開發者加入，共同打造無處不在的智慧型機器人世界。地平線機器人和地瓜機器人也會持續致力於讓科技飛入尋常百姓家，讓每一個普通人能夠享受科技創造的價值。

余凱博士

地平線機器人創始人 &CEO

推薦序二

　　機器人是我們這個星球上出現的新物種。人類在好奇心的驅使下，沒有上帝的幫助，完全憑一己之力，用「泥土」和獨立創造出來的科學技術「捏」出了這個新物種。機器人正經歷著前所未有的物種演進，它的細胞快速分裂，一變二，二變四，這種指數等級的變化只有細胞分裂到一定的數量才能表現出強大的力量。

　　2006 年，一群無比好奇的人走在一起，組建了一個機器人研究實驗室——柳樹車庫（Willow Garage）。他們利用開放原始碼軟體這個誘惑人的「餡餅」，「騙取」這個星球上上萬人加入這個宏偉計畫。在機器人的歷史上，從來沒有這樣的經歷——組織全球的力量去實現一個機器人夢想。

　　ROS 就是這一宏偉計畫的一部分。開放原始碼的 ROS 開啟了潘朵拉魔盒，閘門開啟了，洪水洶湧地沖進來。「天上沒有白掉的餡餅」，一旦人們嘗到餡餅的美味，就欲罷不能。

　　這也是 ROS 令人著迷的原因。因為閘門開啟得太快，很多人還沒有做好準備，有些人完全沒有意識到是怎麼回事，所以不得不與 ROS 牽連在一起，捲入洪流，在其中奮勇搏擊。

　　2013 年，古月（本書作者胡春旭的筆名）發表了古月居第一篇與 ROS 有關的部落格，拉開了 ROS 在中國快速推廣的序幕。從 1 萬人到 10 萬人再到 100 萬人， 2024 年，古月居社區的開發者超過 200 萬人，中國開發者一躍成為 ROS 國際社區中不可或缺的力量，古月居則是背後重要的推動引擎之一。

　　為了讓更多的開發者快速學習 ROS 這一重要的機器人開發技能，2015 年，我在華東師範大學發起了 ROS 暑期學校，此後每年一屆，到 2024 年剛好完成了第十屆暑期學校的課程培訓，古月也是每年必到的講師。在過去 10 年中，有超過 200 家企業和高校長情陪伴，有超過 10 萬名開發者在 ROS 暑期學校持續成長，繼而走入機器人行業。同時，我們聯合成立了多個 ROS 培訓基地，不僅可以讓更多人學 ROS，而且要讓更多人講 ROS，從而繼續傳播 ROS 技術。

在機器人千變萬化的場景中，ROS 遇到的挑戰也越來越大。ROS 2 承接機器人通用作業系統的夢想，在 2017 年年底發佈後繼續前行，預計到 2025 年，ROS 1 將退出歷史舞臺。

伴隨 ROS 2 的迭代，相關資料和圖書陸續出版，古月和古月居依然在最前線，推出了廣受好評的《ROS 2 入門 21 講》視訊課程和 OriginBot 機器人開放原始碼套件。這幾乎是大家能夠找到的資源最全的 ROS 2 開發集合，能整合式解決開發者從入門到開發的全端學習需求。本書的內容，更是匯聚了所有精華，內容紮實，深入淺出，無論是對 ROS 2 毫無了解的開發者，還是對正在使用 ROS 2 開發機器人的工程師，都是絕佳的選擇。

2024 年，我和古月再次合作，將 ROS 開發者頂級盛會 ROSCon 帶到中國，組織並舉辦了 ROSCon China 2024，之後每年舉辦一屆。希望未來在 ROS 全球社區中看到更多中國開發者的身影和貢獻。

古月還在繼續，ROS 暑期學校還在繼續。歡迎各位開發者加入 ROS 與機器人開發的行列，也希望每一位讀者都能跟隨本書，探索機器人開發的樂趣。

張新宇博士
華東師範大學教授
ROS 暑期學校發起人

前言

這本書，講機器人作業系統（ROS），更講機器人。

ROS 緣起

2007 年，一群懷揣夢想的年輕人，正在史丹佛大學的機器人實驗室裡進行一場腦力激盪：如果可以開發一款硬體足夠強大的機器人，再搭配足夠好用的軟體系統，那麼在此之上開發的應用功能就可以被快速分享了。舉例來說，我做的自主導航功能你可以用，你做的物體抓取功能我也可以用，只需開發一個標準化的軟硬體平臺，在此之上的應用就會逐漸流行，將會打造機器人領域的全新「爆品」。類似的原理造就了以電腦為平臺的電腦時代，和以手機為平臺的行動網際網路時代，下一個以機器人為核心的智慧型機器人時代，是否也會遵循這樣的邏輯？

將近 20 年過去了，以「事後諸葛亮」的角度來看，當時那群年輕人花重金打造的服務機器人並沒有走進各家各戶。機器人不像電腦或手機，它需要和外界環境產生多種多樣的互動，硬體形態非常難以統一，小到奈米醫療機器人、家用娛樂機器人，大到智慧駕駛汽車、人形機器人，都是未來會並存的機器人形態。不過，當年遵循「提高機器人軟體重複使用率」思想開發的機器人作業系統——ROS，在 2010 年開放原始碼之後快速發展，助推過去十幾年機器人行業的繁榮，逐漸成為智慧型機器人開發的主流標準。

當然，ROS 的快速發展也遠超那群年輕人的預期，本來只是為一款家用服務機器人設計的系統，被逐漸用於巡檢、運輸、農業等許多領域。需求越來越多，問題也越來越多，為了打造一款能夠成為通用機器人標準化軟體平臺的「作業系統」，ROS 2 在 2014 年問世，之後推出多個測試版本，並於 2017 年年底發佈第一個正式版本。截至本書定稿時，ROS 2 全新的穩定版本 Jazzy Jalisco 發佈，這也代表著 ROS 2 走向成熟。

智慧型機器人時代

在 ROS 2 快速迭代的同時，人工智慧和機器人行業也發生了天翻地覆的變化。ChatGPT 如一聲驚雷，掀開了人工智慧的大模型時代。相比過去的深度學習，大模型有更大的模型規模，就像一個有更多神經元的大腦一樣，更加聰明、穩定。在 ChatGPT 之後，全球湧現了數百種大模型，這些大模型快速與各行各業結合。在機器人領域，原本遭受諸多詬病的智慧化問題，也因為大模型的出現，而擁有了新的可能。

同時，機器人正在從工廠走向生活，餐廳裡有送餐機器人，酒店裡有送物機器人，家裡有掃地機器人，路面上有自動駕駛汽車，再加上已然成為熱點的人形機器人，機器人行業從底層硬體，到軟體系統，再到智慧化應用，正在逐漸成熟，智慧型機器人時代的序幕已經緩緩拉開。

我從 2008 年開始開發機器人，2011 年接觸 ROS，2012 年創辦了「古月居」機器人社區，2022 年開始打造 RDK 機器人開發者套件，親眼見證了 ROS 與機器人行業的相伴快速成長，也有幸和許多夥伴一起助推 ROS 在國內的普及應用。如今，「古月居」已經成為匯聚了 200 多萬名開發者的機器人社區，RDK 也正成為智慧型機器人開發套件的首選，一個全新的智慧型機器人時代正在向大家招手。

本書特色和內容

本書匯聚了我過去十幾年的機器人開發經驗，雖然將 ROS 作為貫穿全書的主線，但更重要的是告訴所有讀者：ROS 既是開發機器人的軟體平臺，也是軟體工具，在開發機器人時，不僅要會用這個工具，還要懂機器人開發的諸多原理。所以，本書不僅會詳細講解 ROS 2 的基本概念，更會介紹如何將這些概念應用在機器人開發中，同時指導讀者從零建構一個完整的機器人系統。

本書共有 9 章，分為三部分。

第一部分（第 1~3 章）介紹 ROS 2 基礎原理：主要講解 ROS 2 的發展歷程、核心原理和元件工具，提供大量的程式設計和使用範例，為讀者全面展示 ROS 2 的基礎原理和功能。

第二部分（第 4~6 章）介紹 ROS 2 機器人設計：主要講解如何使用 ROS 2 設計一個模擬機器人和實物機器人，有條件的讀者甚至可以根據書中內容自己做一個機器人。

第三部分（第 7~9 章）介紹 ROS 2 機器人應用：主要講解使用 ROS 2 開發機器人視覺辨識、地圖建構和自主導航等許多應用的方法，讓機器人不僅動得了，還能看懂和理解周圍的環境，並且產生進一步的互動運動。

本書採用最新穩定版本 ROS 2 系統和全新一代的 Gazebo 機器人模擬平臺，絕大部分功能和原始程式可以在單獨的電腦和 Gazebo 模擬平臺上運行。同時，本書介紹實物機器人的架設方法，並且在實物機器人上實現相應的功能。配套原始程式都加入了中文註釋，同時針對核心內容提供 C++ 和 Python 兩個版本，方便讀者理解。

所以，本書不僅適合希望了解、學習、應用 ROS 2 的機器人初學者，也適合有一定經驗的機器人開發工程師，同時可以作為資深機器人開發者的參考手冊。

致謝

本書的出版離不開許多「貴人」的幫助。感謝我的妻子薛先茹，謝謝你陪我輾轉多地並一直無條件支持我；感謝兩個對世界充滿好奇的小朋友胡敬然、胡澤然，是你們給了我前進的動力和思考的源泉；感謝電子工業出版社的支持，鄭柳潔編輯為本書提供了很多寶貴建議，並組織推動本書順利出版，張晶老師為本書的編排付出了大量心血；感謝本書的另一位作者李喬龍，配合我完成了全書的寫作和修正工作；感謝當年史丹佛那群打造 ROS 的年輕人：Morgan Quigley、Brian Gerkey、Tully Foote 等，是你們大膽的想法和嘗試，帶來了機器人開發標準化的可能；感謝 ROS 機器人開發之路上一路同行的夥伴，我們都是智慧型機器人時代的創造者。要感謝的人太多，無法一一列舉，但是我都銘記在心。

機器人系統錯綜複雜，ROS 版本變化繁多，書中難免有不足和錯誤之處，歡迎讀者朋友批評指正，相關問題都可以在「古月居」機器人社區交流。

最後分享胡適先生的一句名言，願你我共勉：怕什麼真理無窮，進一寸有一寸的歡喜。

胡春旭

目錄

第 1 部分 ROS 2 基礎原理

第 1 章 ROS：智慧型機器人的靈魂

- 1.1 智慧型機器人時代 1-2
- 1.2 ROS 發展歷程 1-3
  - 1.2.1　ROS 的起源 1-3
  - 1.2.2　ROS 的發展 1-4
  - 1.2.3　ROS 的特點 1-6
- 1.3 ROS 2 與 ROS 1 1-8
  - 1.3.1　ROS 1 的局限性 1-8
  - 1.3.2　全新的 ROS 2 1-9
  - 1.3.3　ROS 2 與 ROS 1 的對比 1-11
- 1.4 ROS 2 安裝方法 1-16
  - 1.4.1　Linux 是什麼 1-16
  - 1.4.2　Ubuntu 是什麼 1-17
  - 1.4.3　Ubuntu 作業系統安裝 1-18
  - 1.4.4　ROS 2 系統安裝 1-22
- 1.5 ROS 2 命令列操作 1-25
  - 1.5.1　Linux 中的命令列 1-25
  - 1.5.2　海龜模擬實踐 1-31
  - 1.5.3　ROS 2 中的命令列 1-32
- 1.6 本章小結 1-38

ix

第 1 章　ROS 2 核心原理：建構機器人的基石

- 2.1　ROS 2 機器人開發流程 2-2
- 2.2　工作空間：機器人開發的大本營 2-4
  - 2.2.1　工作空間是什麼 2-4
  - 2.2.2　建立工作空間 2-5
  - 2.2.3　編譯工作空間 2-7
  - 2.2.4　設置環境變數 2-8
- 2.3　功能套件：機器人功能分類 2-9
  - 2.3.1　功能套件是什麼 2-9
  - 2.3.2　建立功能套件 2-10
  - 2.3.3　功能套件的結構 2-12
  - 2.3.4　編譯功能套件 2-17
- 2.4　節點：機器人的工作細胞 2-19
  - 2.4.1　節點是什麼 2-20
  - 2.4.2　節點程式設計方法（Python）................................... 2-21
  - 2.4.3　節點程式設計方法（C++）....................................... 2-24
  - 2.4.4　節點的命令列操作 2-27
  - 2.4.5　節點應用範例：物件辨識 2-28
- 2.5　話題：節點間傳遞資料的橋樑 2-31
  - 2.5.1　話題是什麼 2-31
  - 2.5.2　話題通訊模型 2-32
  - 2.5.3　話題通訊程式設計範例 2-35
  - 2.5.4　話題發行者程式設計方法（Python）....................... 2-36
  - 2.5.5　話題訂閱者程式設計方法（Python）....................... 2-38
  - 2.5.6　話題發行者程式設計方法（C++）........................... 2-39
  - 2.5.7　話題訂閱者程式設計方法（C++）........................... 2-41
  - 2.5.8　話題的命令列操作 2-43

	2.5.9	話題應用範例：物件辨識（週期式）	2-44
2.6	服務：節點間的你問我答	2-49
	2.6.1	服務是什麼	2-49
	2.6.2	服務通訊模型	2-50
	2.6.3	服務通訊程式設計範例	2-51
	2.6.4	使用者端程式設計方法（Python）	2-53
	2.6.5	服務端程式設計方法（Python）	2-54
	2.6.6	使用者端程式設計方法（C++）	2-56
	2.6.7	服務端程式設計方法（C++）	2-58
	2.6.8	服務的命令列操作	2-59
	2.6.9	服務應用範例：物件辨識（請求式）	2-60
2.7	通訊介面：資料傳遞的標準結構	2-64
	2.7.1	通訊介面是什麼	2-64
	2.7.2	通訊介面的定義方法	2-67
	2.7.3	通訊介面的命令列操作	2-68
	2.7.4	服務介面應用範例：請求物件辨識的座標	2-70
	2.7.5	話題介面應用範例：週期性發佈物件辨識的座標	2-74
2.8	動作：完整行為的流程管理	2-78
	2.8.1	動作是什麼	2-78
	2.8.2	動作通訊模型	2-79
	2.8.3	動作通訊程式設計範例	2-80
	2.8.4	動作介面的定義方法	2-83
	2.8.5	服務端程式設計方法（Python）	2-84
	2.8.6	使用者端程式設計方法（Python）	2-85
	2.8.7	使用者端程式設計方法（C++）	2-88
	2.8.8	服務端程式設計方法（C++）	2-92
	2.8.9	動作的命令列操作	2-95
2.9	參數：機器人系統的全域字典	2-96

	2.9.1	參數是什麼 2-96
	2.9.2	參數通訊模型 2-97
	2.9.3	參數的命令列操作 2-98
	2.9.4	參數程式設計方法（Python）..................................... 2-101
	2.9.5	參數程式設計方法（C++）... 2-102
	2.9.6	參數應用範例：設置物件辨識的設定值 2-104
2.10	資料分發服務（DDS）：機器人的神經網路 2-107
	2.10.1	DDS 是什麼 2-107
	2.10.2	DDS 通訊模型 2-110
	2.10.3	品質服務策略 2-111
	2.10.4	命令列中配置 DDS 的 QoS 2-116
	2.10.5	DDS 程式設計範例 2-117
2.11	分散式通訊 2-120
	2.11.1	分散式通訊是什麼 2-121
	2.11.2	SSH 遠端網路連接 2-122
	2.11.3	分散式資料傳輸 2-123
	2.11.4	分散式網路分組 2-125
	2.11.5	海龜分散式通訊範例 2-126
2.12	本章小結 2-127

第 3 章 ROS 2 常用工具：讓機器人開發更便捷

3.1	Launch：多節點啟動與配置指令稿 3-2
	3.1.1	多節點啟動方法 3-4
	3.1.2	命令列參數配置 3-6
	3.1.3	資源重映射 3-8
	3.1.4	ROS 參數設置 3-10
	3.1.5	Launch 開機檔案巢狀結構包含 3-14

3.2	tf：機器人座標系管理系統		3-15
	3.2.1	機器人中的座標系	3-15
	3.2.2	tf 命令列操作	3-18
	3.2.3	靜態 tf 廣播（Python）	3-21
	3.2.4	靜態 tf 廣播（C++）	3-24
	3.2.5	動態 tf 廣播（Python）	3-26
	3.2.6	動態 tf 廣播（C++）	3-29
	3.2.7	tf 監聽（Python）	3-32
	3.2.8	tf 監聽（C++）	3-35
	3.2.9	tf 綜合應用範例：海龜跟隨（Python）	3-39
	3.2.10	tf 綜合應用範例：海龜跟隨（C++）	3-45
3.3	Gazebo：機器人三維物理模擬平臺		3-49
	3.3.1	Gazebo 介紹	3-50
	3.3.2	機器人模擬範例	3-54
	3.3.3	感測器模擬範例	3-56
3.4	RViz：資料視覺化平臺		3-57
	3.4.1	RViz 介紹	3-58
	3.4.2	資料視覺化操作流程	3-61
	3.4.3	應用範例一：tf 資料視覺化	3-63
	3.4.4	應用範例二：圖像資料視覺化	3-65
	3.4.5	Gazebo 與 RViz 的關係	3-67
3.5	rosbag：資料記錄與重播		3-68
	3.5.1	記錄資料	3-69
	3.5.2	重播資料	3-70
3.6	rqt：模組化視覺化工具箱		3-72
	3.6.1	rqt 介紹	3-72
	3.6.2	日誌顯示	3-73
	3.6.3	影像顯示	3-74

		3.6.4	發佈話題 / 服務資料 3-75
		3.6.5	繪製資料曲線 3-76
		3.6.6	資料封包管理 3-77
		3.6.7	節點視覺化 3-77
	3.7	ROS 2 開發環境配置 3-78
		3.7.1	版本管理軟體 git 3-78
		3.7.2	整合式開發環境 VSCode 3-80
	3.8	本章小結 3-83

第 2 部分　ROS 2 機器人設計

第 4 章　ROS 2 機器人模擬：零成本玩轉機器人

4.1	機器人的定義與組成 4-1
4.2	URDF 機器人建模 4-5
	4.2.1	連桿的描述 4-7
	4.2.2	關節的描述 4-10
	4.2.3	完整機器人模型 4-13
4.3	建立機器人 URDF 模型 4-14
	4.3.1	機器人模型功能套件 4-14
	4.3.2	機器人模型視覺化 4-15
	4.3.3	機器人模型解析 4-20
4.4	XACRO 機器人模型最佳化 4-24
	4.4.1	XACRO 檔案常見語法 4-25
	4.4.2	機器人模型最佳化 4-27
	4.4.3	機器人模型視覺化 4-32
4.5	完善機器人模擬模型 4-33
	4.5.1	完善物理參數 4-33

	4.5.2	增加控制器外掛程式 4-34
4.6	Gazebo 機器人模擬 4-36
	4.6.1	在 Gazebo 中載入機器人模型 4-37
	4.6.2	機器人運動控制模擬 4-41
	4.6.3	RGB 相機模擬與視覺化 4-43
	4.6.4	RGBD 相機模擬與視覺化 4-48
	4.6.5	雷射雷達模擬與視覺化 4-53
4.7	本章小結 4-58

第 5 章　ROS 2 機器人建構：從模擬到實物

5.1	機器人從模擬到實物 5-2
	5.1.1 案例剖析 5-2
	5.1.2 機器人設計 5-4
	5.1.3 軟體架構設計 5-5
	5.1.4 電腦端開發環境配置 5-7
	5.1.5 機器人模擬測試 5-9
5.2	驅動系統設計：讓機器人動得了 5-10
	5.2.1 馬達驅動原理：從 PWM 到 H 橋 5-10
	5.2.2 馬達正反轉控製程式設計 5-15
5.3	底盤運動控制：讓機器人動得穩 5-21
	5.3.1 馬達編碼器測速原理 5-21
	5.3.2 編碼器測速程式設計 5-23
	5.3.3 馬達閉環控制方法 5-28
	5.3.4 馬達閉環控製程式設計 5-36
5.4	運動學正逆解：讓機器人動得準 5-40
	5.4.1 常見機器人運動學模型 5-40
	5.4.2 差速運動學原理 5-47

XV

	5.4.3	差速運動學逆解：計算兩個輪子的轉速 5-50
	5.4.4	差速運動學正解：計算機器人整體的速度 5-51

5.5 運動控制器中還有什麼 5-51
　　5.5.1 電源管理：一個輸入多種輸出 5-52
　　5.5.2 IMU：測量機器人的姿態變化 5-55
　　5.5.3 人機互動：底層狀態清晰明瞭 5-60

5.6 機器人控制系統：從「肌肉」到「大腦」 5-62
　　5.6.1 控制系統的計算平臺 5-62
　　5.6.2 控制系統的燒錄與配置 5-63

5.7 本章小結 5-71

第 6 章　ROS 2 控制與感知：讓機器人動得了、看得見

6.1 機器人通訊協定開發 6-2
　　6.1.1 通訊協定設計 6-2
　　6.1.2 通訊協定範例解析 6-4
　　6.1.3 運動控制器端協定開發（下位機） 6-9
　　6.1.4 應用處理器端協定開發（上位機） 6-18

6.2 機器人 ROS 2 底盤驅動開發 6-24
　　6.2.1 機器人 ROS 2 底盤驅動 6-24
　　6.2.2 速度控制話題的訂閱 6-28
　　6.2.3 里程計話題與 tf 的維護 6-32
　　6.2.4 機器人狀態的動態監控 6-42

6.3 機器人運動程式設計與視覺化 6-47
　　6.3.1 ROS 2 速度控制訊息定義 6-47
　　6.3.2 運動程式設計與視覺化 6-49

6.4 相機驅動與圖像資料 6-51
　　6.4.1 常用相機類型 6-51

	6.4.2	相機驅動與視覺化 6-53
	6.4.3	ROS 2 影像訊息定義 6-57
	6.4.4	三維相機驅動與視覺化 6-59
	6.4.5	ROS 2 點雲訊息定義 6-61
6.5	雷射雷達驅動與視覺化 6-62
	6.5.1	常見雷射雷達類型 6-62
	6.5.2	ROS 2 雷達訊息定義 6-64
	6.5.3	雷射雷達驅動與資料視覺化 6-66
6.6	IMU 驅動與資料視覺化 6-69
	6.6.1	ROS 2 IMU 訊息定義 6-70
	6.6.2	IMU 驅動與視覺化 6-71
6.7	本章小結 6-72

第 3 部分　ROS 2 機器人應用

第 7 章　ROS 2 視覺應用：讓機器人看懂世界

7.1	機器視覺原理簡介 7-2
7.2	ROS 2 相機標定 7-5
	7.2.1	安裝相機標定功能套件 7-5
	7.2.2	執行相機標定節點 7-6
	7.2.3	相機標定流程 7-7
	7.2.4	相機標定檔案的使用 7-11
	7.2.5	二元相機標定 7-16
7.3	OpenCV 影像處理 7-17
	7.3.1	安裝 OpenCV 7-18
	7.3.2	在 ROS 2 中使用 OpenCV 7-18
7.4	視覺應用一：視覺巡線 7-22

xvii

	7.4.1	基本原理與實現框架	7-22
	7.4.2	機器人視覺巡線模擬	7-24
	7.4.3	真實機器人視覺巡線	7-30
7.5	視覺應用二：QR Code 辨識	7-31
	7.5.1	QR Code 掃描函式庫——Zbar	7-32
	7.5.2	相機辨識 QR Code	7-33
	7.5.3	真實機器人相機辨識 QR Code	7-37
	7.5.4	真實機器人 QR Code 跟隨	7-38
7.6	機器學習應用一：深度學習視覺巡線	7-40
	7.6.1	基本原理與實現框架	7-41
	7.6.2	深度學習視覺巡線應用	7-42
	7.6.3	資料獲取與模型訓練	7-43
	7.6.4	模型效果評估測試	7-47
	7.6.5	在機器人中部署模型	7-48
7.7	機器學習應用二：YOLO 物件辨識	7-52
	7.7.1	基本原理與實現框架	7-52
	7.7.2	YOLO 物件辨識部署	7-55
	7.7.3	資料獲取與模型訓練	7-57
	7.7.4	機器人物件辨識與跟隨	7-61
7.8	本章小結	7-62

第 8 章 ROS 2 地圖建構：讓機器人理解環境

8.1	SLAM 地圖建構原理	8-1
	8.1.1	SLAM 是什麼	8-2
	8.1.2	SLAM 基本原理	8-5
	8.1.3	SLAM 後端最佳化	8-7
8.2	SLAM Toolbox 地圖建構	8-10

	8.2.1	演算法原理介紹	8-10
	8.2.2	安裝與配置方法	8-11
	8.2.3	模擬環境中的 SLAM Toolbox 地圖建構	8-11
	8.2.4	真實機器人 SLAM Toolbox 地圖建構	8-14
8.3	Cartographer：二維地圖建構	8-17
	8.3.1	演算法原理介紹	8-17
	8.3.2	安裝與配置方法	8-19
	8.3.3	模擬環境中的 Cartographer 地圖建構	8-21
	8.3.4	真實機器人 Cartographer 地圖建構	8-26
8.4	ORB：視覺地圖建構	8-28
	8.4.1	演算法原理介紹	8-28
	8.4.2	安裝與配置方法	8-31
	8.4.3	真實機器人 ORB 地圖建構	8-33
8.5	RTAB：三維地圖建構	8-36
	8.5.1	演算法原理介紹	8-37
	8.5.2	安裝與配置方法	8-37
	8.5.3	模擬環境中的 RTAB 地圖建構	8-39
	8.5.4	真實機器人 RTAB 地圖建構	8-43
8.6	本章小結	8-45

第 9 章 ROS 2 自主導航：讓機器人運動自由

9.1	機器人自主導航原理	9-2
9.2	Nav2 自主導航框架	9-3
	9.2.1 系統框架	9-3
	9.2.2 全域導航	9-6
	9.2.3 局部導航	9-7
	9.2.4 定位功能	9-10

xix

9.3　Nav2 安裝與體驗 9-12
　　9.3.1　Nav2 安裝方法 9-12
　　9.3.2　Nav2 案例體驗 9-13
9.4　機器人自主導航模擬 9-15
　　9.4.1　Nav2 參數配置 9-15
　　9.4.2　Launch 開機檔案配置 9-17
　　9.4.3　機器人自主導航模擬 9-19
9.5　機器人自主導航實踐 9-22
　　9.5.1　導航地圖配置 9-22
　　9.5.2　Nav2 參數與 Launch 開機檔案配置 9-23
　　9.5.3　機器人自主導航實踐 9-26
9.6　機器人自主導航程式設計 9-29
　　9.6.1　功能執行 9-29
　　9.6.2　程式設計方法（C++）... 9-31
　　9.6.3　程式設計方法（Python）.. 9-32
9.7　機器人自主探索應用 9-33
　　9.7.1　Nav2+SLAM Toolbox 自主探索應用 9-33
　　9.7.2　Nav2+Cartographer 自主探索應用 9-37
9.8　本章小結 9-42

第 1 部分

ROS 2
基礎原理

1

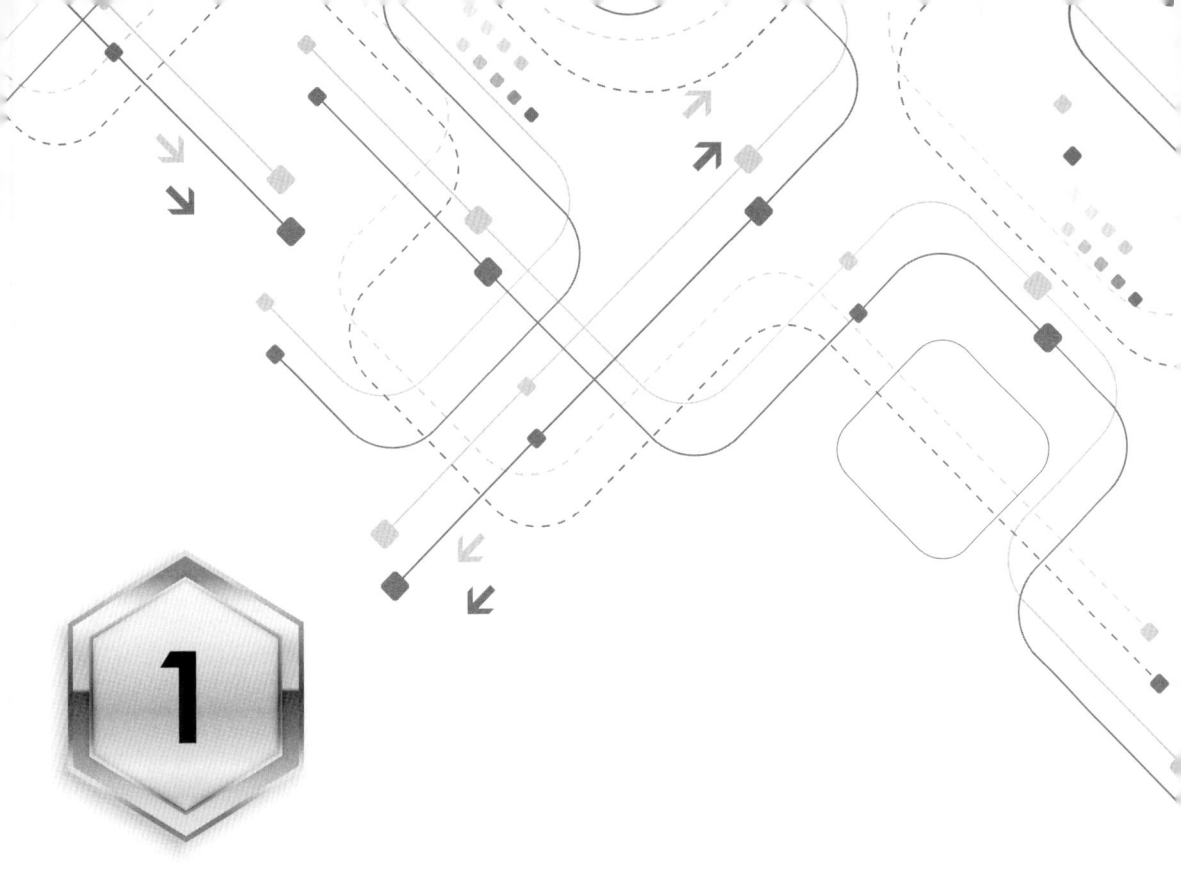

ROS：智慧型機器人的靈魂

　　自 20 世紀七八十年代以來，在電腦技術、感測器技術、電子技術等新技術發展的推動下，機器人技術進入了迅猛發展的黃金時期。機器人技術正從傳統工業製造領域向家庭服務、醫療看護、教育娛樂、救援探索、軍事應用等領域迅速擴充。如今，隨著人工智慧的發展，機器人又迎來了全新的發展機遇。機器人與人工智慧大潮的噴發，必將像網際網路一般，再次為人們的生活帶來一次全新的革命。

　　本章將帶大家走入智慧型機器人的世界，一起掀開 ROS 的神秘面紗，帶領大家認識智慧型機器人的靈魂。

第 1 章　ROS：智慧型機器人的靈魂

1.1 智慧型機器人時代

機器人的發展經歷了三個重要時期，如圖 1-1 所示。

- **電氣時代**（2000 年前）：機器人主要應用於工業生產，俗稱工業機器人，由示教器操控，幫助工廠釋放勞動力，此時的機器人智慧程度不高，只能完全按照人類的命令執行動作。在這個時代，人們更加關注電氣層面的驅動器、伺服馬達、減速機、控制器等裝置。

- **數位時代**（2000—2015 年）：隨著電腦和視覺技術的快速發展，機器人的種類不斷豐富，涵蓋了如 AGV、視覺檢測等應用。同時，機器人配備的感測器也更為豐富，然而它們仍然缺乏自主思考的能力，智慧化水準有限，僅能感知局部環境。這是機器人大時代的前夜。

- **智慧時代**（2015 年至今）：隨著人工智慧技術的興盛，機器人成為 AI 技術的最佳載體，人形機器人、服務機器人、送餐機器人、四足仿生機器狗、自動駕駛汽車等應用井噴式爆發，智慧型機器人時代正式拉開序幕。

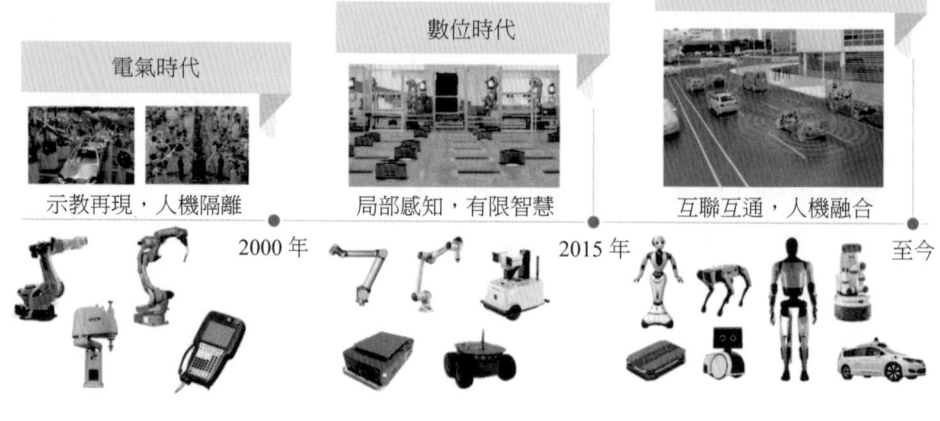

▲ 圖 1-1　機器人發展的三個重要時期

硬體是智慧型機器人的堅實載體，軟體則賦予智慧型機器人靈魂。智慧型機器人的快速發展，對機器人軟體開發提出了更高要求。為了應對這一挑戰，並促進智慧時代機器人軟體的開發與創新，業界亟須開發一款通用的機器人作業系統作為標準平臺，機器人作業系統（Robot Operating System，ROS）在 2007 年應運而生。

1.2 ROS 發展歷程

對於執行越來越複雜的智慧型機器人系統，已經不是一個人或一個團隊可以獨立完成的，如何高效開發機器人，是技術層面上非常重要的問題。針對這個問題，史丹佛大學的有志青年們嘗試舉出一個答案，那就是 ROS。

1.2.1 ROS 的起源

2007 年，史丹佛大學的有志青年們萌生了一個想法：能否開發一款個人服務機器人，這款機器人能夠協助人們完成洗衣、做飯、整理家務等煩瑣的任務，也能在人們感到無聊時，陪伴他們聊天解悶、做遊戲。最終，他們將這個想法付諸實踐，真的研發出了這樣的機器人。

當時，他們深知做出這樣一款機器人並不容易，機械、電路、軟體等都要涉及，橫跨很多專業，光靠他們自己肯定做不到——既然自己做不到，那為什麼不聯合其他人一起幹呢？如果設計一個標準的機器人平臺，大家都在這個平臺上開發應用，那麼應用軟體都基於同一平臺，應用的分享就很容易實現。這就類似於只要有一部蘋果手機，就可以使用任何人開發的蘋果手機應用。

初期的機器人原型是由實驗室可以找到的木頭和一些零組件組成的，後期有了充足的資金，才得以實現一款外觀精緻、性能強悍的機器人——PR2（Personal Robot 2 代）。

在他們的不懈努力下，PR2 已經可以完成疊毛巾、熨燙衣服、打檯球、剪頭髮等一系列複雜的任務（見圖 1-2）。以疊毛巾為例，這在當時是轟動機器人

第 1 章　ROS：智慧型機器人的靈魂

領域的重要成果，因為這是機器人第一次實現對柔性物體的處理，雖然在 100 分鐘內只處理了 5 條毛巾，但在學術層面，這個成果推動機器人研究向前走了一大步。

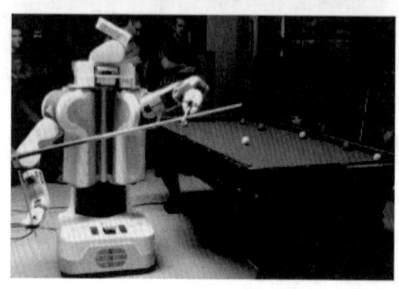

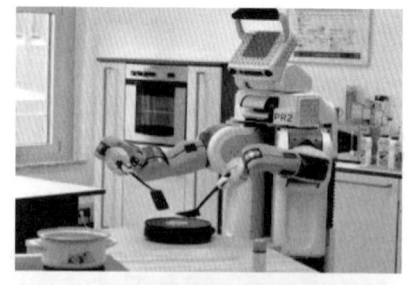

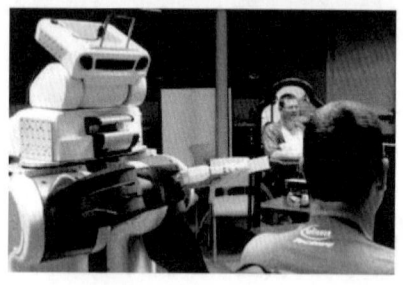

▲ 圖 1-2　PR2 的應用功能範例

在這款機器人中，開發者建構了一套相對通用的機器人軟體框架，以便上百人的團隊分工協作，這就是 ROS 的原型。ROS 因 PR2 而生，但很快從中獨立出來，成為一個更多開發者使用、更多機器人應用的通用軟體系統。

1.2.2　ROS 的發展

PR2 個人服務機器人專案很快被商業公司 Willow Garage 看中（類似於現在流行的風險投資）。Willow Garage 投了一大筆錢給這群年輕人，在資本的助推下，PR2 小量上市。

2010 年，隨著 PR2 的發佈，其中的軟體系統名稱正式確定，叫作機器人作業系統（Robot Operating System，ROS）。同年，ROS 也肩負著讓更多人使用的使命，被正式開放原始碼，此後，ROS 快速發展，如圖 1-3 所示。

1.2 ROS 發展歷程

PR2 雖好，但是其成本居高不下，幾百萬元的價格讓絕大部分開發者望而卻步。2011 年，ROS 領域的爆款機器人 TurtleBot 發佈，這款機器人採用掃地機器人的底盤，配合 Xbox 遊戲主機中的體感感測器 Kinect，可以直接使用筆記型電腦控制，同時，它支援 ROS 中經典的視覺和導航功能，關鍵是價格便宜。這款機器人的普及大大推動了 ROS 的應用。

2007 年 誕生於史丹佛 STAIR 專案 Morgan Quigley

2010 年 ROS 1.0 發佈

2012 年 第一屆 ROSCon 舉辦

2014 年 ROS Indigo 發佈

2020 年 ROS Noetic 發佈

2021 年 ROS World 舉辦

2024 年 ROS Jazzy 發佈

2008 年 Willow Garage 接手

2011 年 TurtleBot 發佈

2013 年 OSRF 接管

2017 年 ROS 2.0 Ardent 發佈

2020 年 ROS 2.0 Foxy 發佈

2022 年 ROS2 Humble 發佈

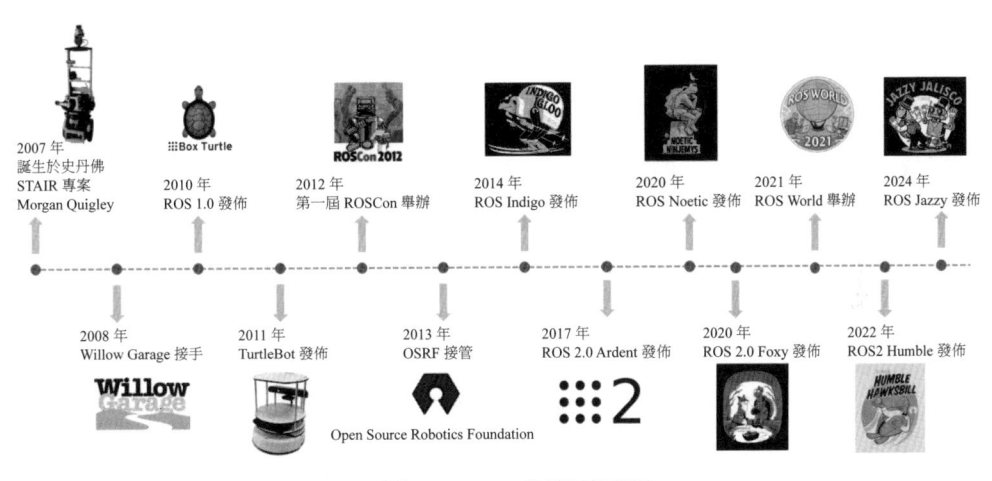

▲ 圖 1-3 ROS 的發展歷程

從 2012 年開始，使用 ROS 的人越來越多，ROS 社區開始舉辦每年一屆的 ROS 開發者大會（ROS Conference，ROSCon），來自全球的開發者齊聚一堂，分享自己使用 ROS 開發的機器人應用，其中不乏亞馬遜、英特爾、微軟等大公司的身影，參與人數也在逐年增多。

經歷前幾年野蠻而快速的發展，ROS 逐漸穩定迭代，2014 年起，ROS 跟隨 Ubuntu 作業系統，每兩年推出一個長期支援版（Long Time Support，LTS），每個版本支援五年，這標誌著 ROS 的成熟，加快了其普及的步伐。

回顧 2007 年，ROS 的創始團隊原本只想做一款個人服務機器人，卻意外成就了一款被廣泛應用的機器人軟體系統。但由於設計的局限性，ROS 的問題也逐漸暴露，為了能夠設計一款適用於所有機器人的作業系統，全新的 ROS——ROS 2 在 2017 年年底正式發佈。又歷經多年迭代，終於在 2022 年 5 月底，

第 1 章　ROS：智慧型機器人的靈魂

ROS 2 迎來了其首個長期支援版──ROS 2 Humble，這標誌著 ROS 2 技術系統已趨成熟，同時宣告了 ROS 2 時代的開啟。2024 年 5 月，ROS 2 的第二個長期支援版本 ROS 2 Jazzy 發佈，這使 ROS 2 更加穩定、豐滿。

如圖 1-4 所示，從 ROS 2 發展的時間軸中，大家可以看到 ROS 2 的生態正在快速迭代發展。

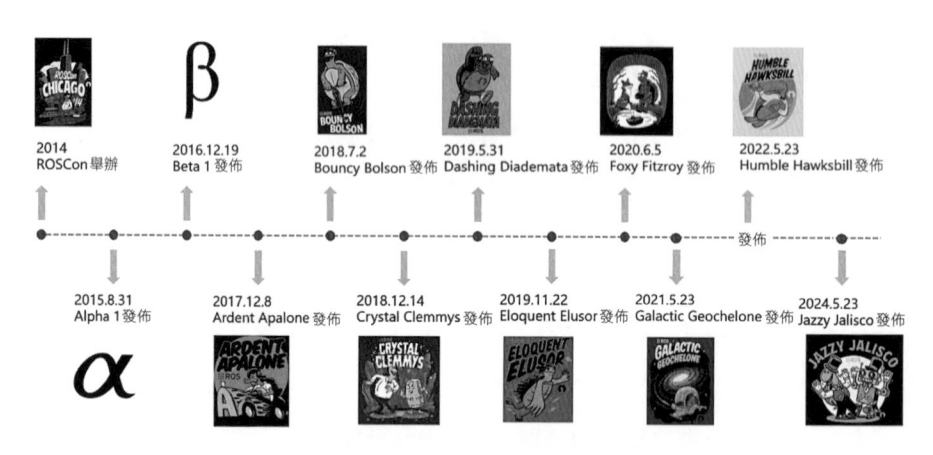

▲ 圖 1-4　ROS 2 的發展歷程

1.2.3　ROS 的特點

ROS 的核心目標是提高機器人的軟體重複使用率。圍繞這個核心目標，ROS 在自身的設計上也儘量做到了模組化，ROS 主要由以下四部分組成。

- **通訊機制**：為複雜的機器人系統提供高效、安全的資料分發機制。
- **開發工具**：為不同場景下的機器人模擬、視覺化、開發偵錯提供好用性工具。
- **應用功能**：為多種多樣的機器人應用提供介面開放、可延伸開發的功能套件。
- **生態系統**：聯合全球機器人開發者，共同建立活躍而繁榮的開放原始碼社區與機器人文化。

1.2 ROS 發展歷程

「減少重複造輪子」的核心理念促使 ROS 社區快速發展和繁榮，時至今日，ROS 已經廣泛用於各種機器人的開發，如圖 1-5 所示，無論是在機械臂、移動機器人、水下機器人，還是在人形機器人、複合機器人應用中，都可以看到 ROS 的身影，ROS 已經成為機器人領域的普遍標準。

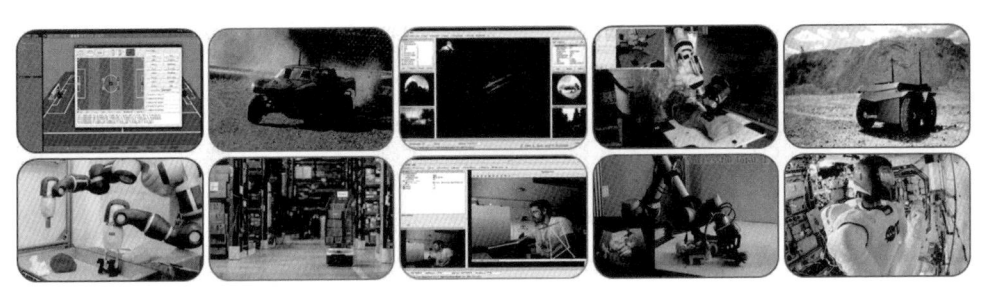

▲ 圖 1-5 ROS 社區中多種多樣的應用

正如汽車製造公司不會從頭開始生產所有汽車零組件，而是採購來自各專業製造商的輪子、引擎和多媒體系統，智慧型機器人的開發也一樣。ROS 社區中有豐富的軟體模組和工具，開發者可以將這些模組整合，進一步實現機器人創意和應用。這種方式不僅提高了開發效率，還充分利用了社區的集體力量和豐富經驗，使專案更加成熟和可靠。

同時，大量開發者將成果分享回社區，這種開放原始碼共建的合作模式使每位開發者都能從他人的經驗和創新中受益。透過站在巨人的肩膀上，能加速前行，為智慧型機器人領域的長遠進步貢獻力量，累積寶貴經驗和深厚積澱。

除此之外，ROS 還具備以下特點。

- **全球化的社區**：可以集合全人類的智慧來推進機器人的智慧化發展，這些智慧的結晶會以應用案例的形式在社區中沉澱下來。
- **開放原始碼開放的生態**：ROS 自身及許多應用都是完全開放原始碼的，公司可以直接使用 ROS 開發商業化的機器人產品，縮短了產品的上市時間。
- **跨平臺使用**：ROS 可以跨平臺使用，在 Linux、Windows、嵌入式系統中都可以執行。

第 1 章　ROS：智慧型機器人的靈魂

- **工業應用支援**：ROS 2 中新增了很多支援工業應用的新特性和新技術，促使 ROS 在更多領域中被使用。

1.3 ROS 2 與 ROS 1

在學習 ROS 2 之前，你也許聽說或使用過 ROS 1，從名稱上看，ROS 2 不就是第二代 ROS 嗎，變化能有多大？答案是——非常大！

1.3.1 ROS 1 的局限性

為什麼會有 ROS 2？當然是因為 ROS 1 有一些問題，具體是什麼問題呢？從 ROS 發展的歷程中，大家似乎可以找到答案。

ROS 最早的設計目標是開發一款 PR 2 家庭服務機器人，如圖 1-6 所示，這款機器人絕大部分時間獨立工作，為了讓他具備足夠的能力，進行了以下設計。

- 搭載工作站等級的計算平臺和各種先進的通訊裝置，不用擔心算力問題，有足夠的實力支援各種複雜的即時運算和應用處理。

- 由於是單兵作戰，絕大部分通訊任務在內部完成，因此可以使用有線連接，保證了良好的網路連接，沒有資料遺失或駭客入侵的風險。

- 雖然最終小批量生產，但是由於成本和售價高昂，只能用於學術研究。

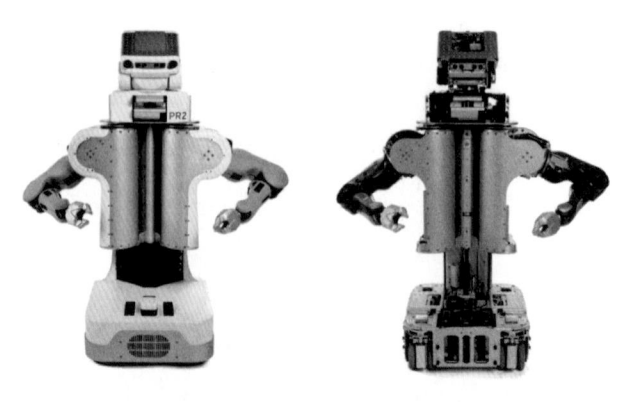

▲ 圖 1-6　PR 2 家庭服務機器人

隨著 ROS 的普及，應用 ROS 的機器人類型已經發生了天翻地覆的變化，絕大部分機器人不具備 PR 2 這樣的條件，原本針對 PR 2 設計的軟體框架就會出現很多問題，例如：

- 要在資源有限的嵌入式系統中執行。
- 要在有干擾的地方保證通訊的可靠性。
- 要做成產品走向市場，甚至用在自動駕駛汽車和航太機器人上。

……

類似的需求導致問題不斷湧現，因此，更加適合各種機器人應用的新一代 ROS，也就是 ROS 2，誕生了。

1.3.2 全新的 ROS 2

ROS 2 肩負變革智慧型機器人時代的歷史使命，在設計之初，就考慮到要滿足各種各樣機器人應用的需求。

1. 多機器人系統

未來，機器人一定不會是獨立的個體，機器人和機器人之間也需要通訊和協作，ROS 2 為多機器人系統的應用提供了標準方法和通訊機制。

2. 跨平臺

機器人應用場景不同，使用的控制平臺也會有很大差異，舉例來說，人形機器人的算力需求一般比物流機器人高。為了讓所有機器人都可以執行，ROS 2 可以跨平臺執行於 Linux、Windows、macOS、RTOS 等作業系統，甚至是沒有任何系統的微控制器（MCU）上，這樣，開發者就不用糾結自己的控制器能不能用 ROS 平臺了。

3. 即時性

機器人運動控制和很多行為策略要求機器人具備即時性，舉例來說，機器人要可靠地在 100ms 內發現前方的行人，或穩定地在 1ms 內完成運動學的解算，ROS 2 為類似於這樣的即時性需求提供了基本保障。

4. 網路連接

無論在怎樣的網路環境下，ROS 2 都可以儘量保障機器人大量資料的完整性和安全性，舉例來說，在 Wi-Fi 訊號不好時也要盡力將資料發送過去，在有駭客入侵風險的場景下要對資料進行加密解密等。

5. 產品化

大量機器人已經走向人們的生活，未來還會更加深入，ROS 2 不僅可以用於機器人研發，還可以直接搭載在產品中，走向消費市場，這對 ROS 2 的穩定性、強壯性提出了很高的要求。

6. 專案管理

機器人開發是一項複雜的系統工程，設計、開發、偵錯、測試、部署等全流程的專案管理工具和機制，也會在 ROS 2 中表現，方便開發者開發和管理機器人產品。

滿足以上需求並不簡單。機器人差別很大，開發能夠適合儘量多的機器人的系統，遠比開發一個標準化的手機系統或電腦系統複雜。

ROS 開發者面對的選擇有兩個，第一個是在 ROS 1 的架構之上進行修改和最佳化，類似於把一個蓋好的房子打成沒裝潢過的房子，再重新裝潢。這會受制於原有的格局，長遠來看並不是最佳選擇，於是他們選擇了第二個方案，那就是——推倒重來。

所以，ROS 2 是一個全新的機器人作業系統，在參考 ROS 1 成功經驗的基礎上，對系統架構和軟體程式進行了重新設計和實現。

- **重新設計了系統架構**。ROS 1 中所有節點都需要在節點管理器 ROS Master 的管理下工作，一旦 Master 出現問題，系統就面臨當機的風險。而 ROS 2 實現了真正的分散式，不再有 Master 這個角色，借助全新的通訊框架 DDS、Zenoh，為所有節點的通訊提供了可靠保障。
- **重新設計了軟體 API**。ROS 1 原有的 API 已經無法滿足需求，ROS 2 結合 C++ 最新標準和 Python3 語言特性，設計了更具通用性的 API。這種設計導致原有 ROS 1 的程式無法直接在 ROS 2 中執行,但儘量保留了類似的使用方法,同時提供了大量移植說明。

- **最佳化升級了編譯系統**。ROS 1 中使用的 rosbuild 和 catkin 問題很多,尤其在針對程式較多的大專案及 Python 撰寫的專案時,編譯、連結經常出錯。ROS 2 對這些問題進行了最佳化,最佳化後的編譯系統叫作 ament 和 colcon,它們提供了更穩定、高效的編譯和連結過程,減少了出錯的可能性,並使整個開發流程更加流暢和可維護。

1.3.3 ROS 2 與 ROS 1 的對比

1. 系統架構

如圖 1-7 所示,在 ROS 1 中,應用層(Application Layer)裡 Master 節點管理器的角色至關重要,所有節點都得聽它指揮。它類似於公司的 CEO,有且只有一個,如果 CEO 突然消失,公司肯定會亂成一團。為了增強系統的健壯性和可擴充性,ROS 2 創新性地摒棄了這一設計,轉而採用 Discovery 自發現機制,允許節點自主尋找並建立穩定的通訊連接,從而避免了單點故障的風險。

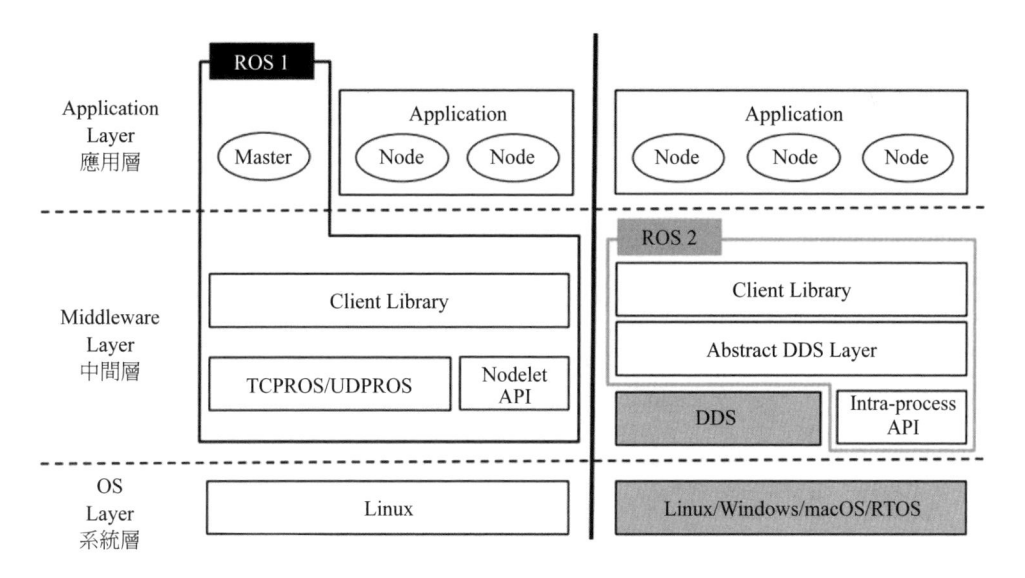

▲ 圖 1-7 ROS 2 與 ROS 1 的系統架構對比

第 1 章　ROS：智慧型機器人的靈魂

中間層（Middleware Layer）是 ROS 封裝好的標準通訊介面，大家寫程式的時候，會頻繁和這些通訊介面打交道，例如發佈一個影像的資料、接收一個雷達的資訊，使用者端會呼叫底層複雜的驅動和通訊協定，讓開發變得簡單明了。

在 ROS 1 中，ROS 通訊依賴底層的 TCP 和 UDP，而在 ROS 2 中，通訊協定換成了更加複雜也更完整的資料分發服務（Data Distribution Service，DDS）系統通訊機制。

底層是系統層（OS Layer），即可以將 ROS 安裝在哪些作業系統上，ROS 1 主要安裝在 Linux 上，ROS 2 的可選項很多，Linux、Windows、macOS、RTOS 都可以。

1. 通訊系統

大家可能會思考，為什麼 ROS 2 要更換成 DDS 系統通訊機制？DDS 是什麼？ROS 1 是基於 TCP/UDP 的通訊系統，由於自身機制問題，在開發中很容易出現延遲、丟資料、無法加密等問題，所以 ROS 2 引入了更複雜也更完整的 DDS 系統通訊機制。

DDS 是物聯網中廣泛應用的一種系統通訊機制，類似於大家常聽說的 5G 通訊，DDS 是一個國際標準，能夠實現該標準的軟體系統並不是唯一的，所以大家可以選擇多個廠商提供的 DDS 系統通訊機制，例如 OpenSplice、FastRTPS 等，每家的性能不同，適用的場景也不同。

這就帶來一個問題，每個 DDS 廠商的軟體介面不一樣，如果按照某一家的介面寫完了程式，想要切換其他廠商的 DDS，不是要重新寫程式嗎？這當然不符合 ROS 提高軟體重複使用率的目標。

為了解決這個問題，如圖 1-8 所示，ROS 2 中設計了一個 ROS Middleware，簡稱 RMW，也就是制訂一個標準介面，例如如何發送資料、如何接收資料、資料的各種屬性如何配置，等等。如果廠商想連線 ROS 社區，就需要按照這個標準寫一個調配的介面，把自家的 DDS 移植過來，這樣就把問題交給了最熟悉自家 DDS 的廠商。對於使用者來講，某一個 DDS 用得「不順手」，只要安裝另一個，然後做簡單的配置，不需要更改應用程式，就可以輕鬆更換底層的通訊系統。

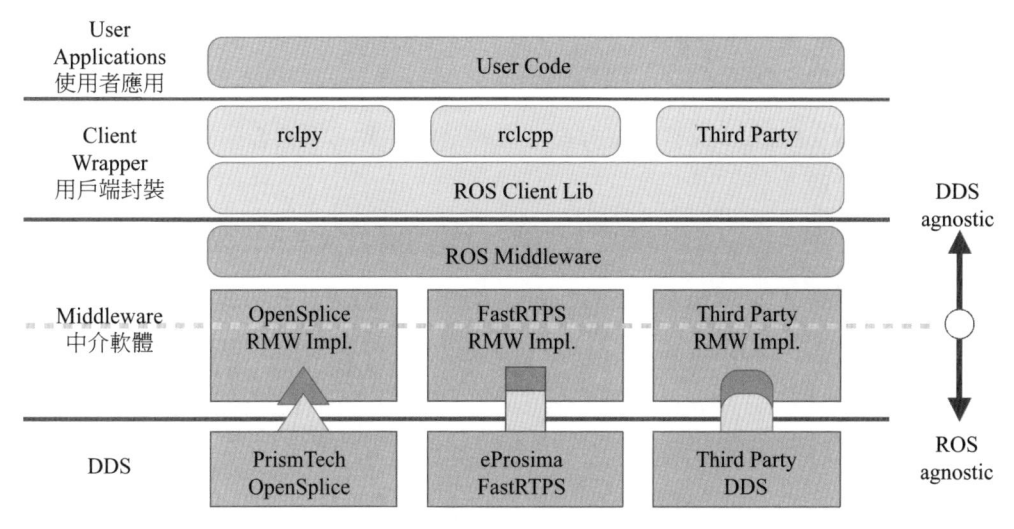

```
User
Applications        ┌─────────────────────────────────────────┐
使用者應用          │              User Code                  │
                    └─────────────────────────────────────────┘
Client              ┌──────────┐  ┌──────────┐  ┌──────────┐
Wrapper             │  rclpy   │  │  rclcpp  │  │Third Party│
用戶端封裝          └──────────┘  └──────────┘  └──────────┘
                    ┌─────────────────────────────────────────┐   DDS
                    │            ROS Client Lib               │  agnostic
                    └─────────────────────────────────────────┘
                    ┌─────────────────────────────────────────┐
                    │            ROS Middleware               │
                    └─────────────────────────────────────────┘
Middleware          ┌──────────┐  ┌──────────┐  ┌──────────┐
中介軟體            │OpenSplice│  │ FastRTPS │  │Third Party│
                    │RMW Impl. │  │RMW Impl. │  │RMW Impl. │
                    └──────────┘  └──────────┘  └──────────┘
                                                                 ROS
DDS                 ┌──────────┐  ┌──────────┐  ┌──────────┐  agnostic
                    │PrismTech │  │ eProsima │  │Third Party│
                    │OpenSplice│  │ FastRTPS │  │   DDS    │
                    └──────────┘  └──────────┘  └──────────┘
```

▲ 圖 1-8 ROS 2 系統架構概覽

總之，DDS 的加入，讓 ROS 2 系統更加穩定、更加靈活，也更加複雜。開發者不用再糾結 ROS 的通訊系統是否穩定、該如何最佳化等問題，可以把更多精力放在如何實現機器人應用功能上。

2. 核心概念

ROS 1 應用得非常廣泛，全球有幾百萬名開發者，大家已經熟悉了 ROS 1 的開發方式以及其中的很多概念。ROS 2 保留了以下概念，便於開發者從 ROS 1 遷移到 ROS 2。

- **工作空間**（Workspace）：開發過程的大本營，是放置各種開發檔案的地方。
- **功能套件**（Package）：功能原始程式的聚集地，用於組織某一機器人功能。
- **節點**（Node）：機器人的工作細胞，是程式編譯生成的可執行檔。
- **話題**（Topic）：節點間傳遞資料的橋樑，週期性傳遞各功能之間的資訊。

第 1 章　ROS：智慧型機器人的靈魂

- **服務**（Service）：節點間的「你問我答」，用於某些機器人功能和參數的配置。
- **通訊介面**（Interface）：資料傳遞的標準結構，規範了機器人的各種資料形態。
- **參數**（Parameter）：機器人系統的全域字典，可定義或查詢機器人的配置參數。
- **動作**（Action）：完整行為的流程管理，控制機器人完成某些動作。
- **分散式通訊**（Distributed Communication）：多計算平臺的任務分配，實現快速網路拓樸。
- **DDS**（Data Distribution Service）：機器人的神經網路，完成資料的高效安全傳送。

如果大家熟悉 ROS 1，那麼對以上概念應該不陌生，在 ROS 2 中，這些概念依然存在，意義也幾乎一致。如果大家不熟悉或沒有學習過 ROS 也沒關係，第 2 章會講解這些概念的含義和使用方法。

3. 程式開發方式

再來看看程式的撰寫方式，ROS 1 和 ROS 2 實現的核心 API 對比如下。

```
# 引入 Python API 介面函式庫
import rclpy        # ROS 2
import rospy        # ROS 1


# 建立 Topic 發行者物件
self.pub = self.create_publisher(String, "chatter", 10)            # ROS 2
pub = rospy.Publisher('chatter, String, queue_size=10)             # ROS 1


# 建立 Topic 訂閱者物件
self.sub = self.create_subscription(String, "chatter", self.listener_callback, 10)
# ROS 2
rospy.Subscriber("chatter", String, listener_callback)
# ROS 1
```

1-14

1.3 ROS 2 與 ROS 1

```
# 建立 Service 伺服器物件
self.srv = self.create_service(AddTwoInts, 'add_two_ints', self.adder_callback)
# ROS 2
srv = rospy.Service('add_two_ints', AddTwoInts, adder_callback)
# ROS 1

# 建立 Service 使用者端物件
self.client = self.create_client(AddTwoInts, 'add_two_ints')         # ROS 2
client = rospy.ServiceProxy('add_two_ints', AddTwoInts)               # ROS 1

# 輸出日誌資訊
self.get_logger().info('Publishing: "%s" ' % msg.data)                # ROS 2
rospy.loginfo("Publishing: "%s " ", msg.data)                         # ROS 1
```

ROS 2 重新定義了 API 函式介面，但使用方法與 ROS 1 相差不大。此外，ROS 2 會用到更多物件導向的實現方法和語言特性，從程式語言的角度來講，難度確實會提高，不過當大家邁過這道坎後，就會發現撰寫的程式更具備可讀性和可攜性，也更接近真實企業中機器人軟體開發的過程。

> 具體如何編碼，請大家少安毋躁，不要搬來一本大部頭的程式語言教學，一頁一頁學習，更好的方式是在專案開發的過程中一邊用一邊學，本書後續章節也會帶領大家一步一步操作。

4. 命令列工具

命令列是 ROS 開發中最為常用的一種工具，如圖 1-9 所示。

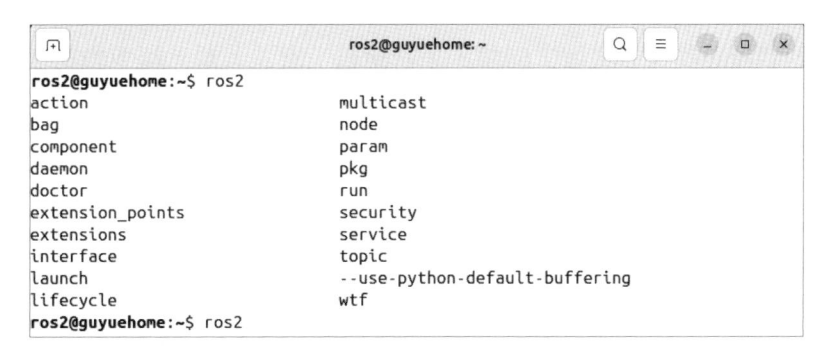

▲ 圖 1-9 ROS 2 命令列工具範例

1-15

第 1 章　ROS：智慧型機器人的靈魂

與 ROS 1 相比，ROS 2 對命令列做了大幅整合，所有命令都整合在一個 ROS 2 的主命令中，舉例來說，「ros2 run」表示啟動某個節點，「ros2 topic」表示話題相關的功能。

如果大家初次上手就選擇了 ROS 2，那麼先對其有一個大致印象即可，跟隨本書學習就會慢慢理解其特性。除此之外，ROS 2 命令列也會有更多功能，本書也會在後續內容中陸續揭秘。

1.4　ROS 2 安裝方法

雖然 ROS 名為「作業系統」，但它並不是常規意義中直接安裝在硬體上的作業系統，在安裝 ROS 之前，大家還需要先在電腦上裝一個 Linux 發行版本系統──Ubuntu。

1.4.1　Linux 是什麼

1991 年，一位熱愛電腦的芬蘭大學生林納斯，在熟悉了作業系統原理和 UNIX 系統後，決定自己動手做一個作業系統。實踐是檢驗真理的唯一標準，他參考已有的一些通用標準，重新設計了一套作業系統核心，不僅可以實現多使用者、多工的管理，還可以相容 UNIX 原有的應用程式。最重要的是，他把這套尚不成熟的作業系統分享到網際網路上，並用自己的名字命名了這套系統──Linux。

Linux 作業系統透過網際網路快速傳播，更多同好看到 Linux 後，也把使用過程中的問題和修復方法做了回饋。一石激起千層浪，越來越多的人加入維護 Linux 的行列，一個原本功能有限、Bug 很多的作業系統快速強大起來，伴隨其發揚光大的是開放原始碼精神。

與 Windows 收費或 macOS 硬體綁定的模式不同，Linux 是一套免費並且開放原始程式碼的作業系統，任何人都可以使用或提交回饋，這就吸引了大量的開發者、同好，甚至企業。現在，每年對 Linux 系統提交的程式量已經成為衡量一個大公司技術實力的重要指標之一。

Linux 發展迅猛，已經成為性能穩定的多使用者作業系統，在網際網路、人工智慧領域非常普及，也是 ROS 2 依賴的重要底層系統，可以為機器人開發提供電腦底層軟硬體管理的基礎功能。

1.4.2 Ubuntu 是什麼

在使用 ROS 2 之前，大家需要先安裝 Linux，此時會出現另一個概念——發行版本。

什麼叫發行版本呢？準確來講，前面提到的 Linux 應該叫作業系統核心，它並沒有視覺化介面，發行版本就是給這個核心加上華麗的外衣，把操作介面和各種應用軟體放到一起，打包成一個安裝系統的鏡像，如圖 1-10 所示。

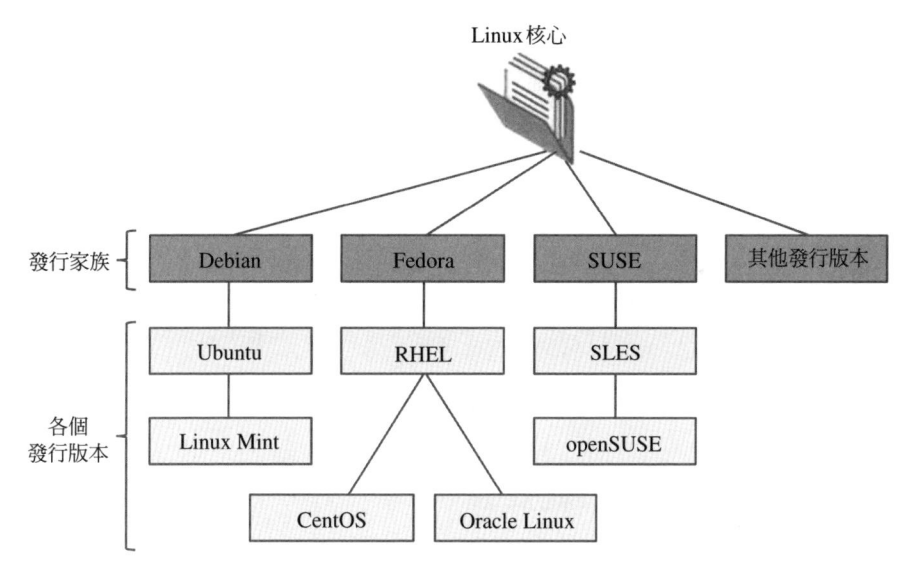

▲ 圖 1-10 Linux 核心與發行版本

大家常用的 Linux 系統是各種各樣的發行版本，例如 Ubuntu、Fedora、Red Hat 等。每個發行版本都有其適用的場景，例如 Red Hat 適合商業應用、CentOS 適合伺服器、Ubuntu 和 Fedora 適合個人使用。雖然每個版本的介面不太一樣，但核心都是 Linux，操作方法基本相同。

第 1 章　ROS：智慧型機器人的靈魂

Ubuntu 誕生於 2004 年 10 月，每 6 個月發佈一個新版本，使用者可以一直免費升級使用，日常使用的瀏覽器、檔案編輯器、通訊軟體等一應俱全。在軟體開發領域，無論是網際網路開發，還是人工智慧開發，或是大家關注的機器人開發，Ubuntu 都佔據絕對重要的位置。

Ubuntu 的版本迭代比較快，如何選擇適合自己的版本很重要，因為軟體版本不同會直接影響上層應用的移植效果。在選擇版本時，可以關注緊隨其後的編號，例如 Ubuntu 24.04，24 代表 2024 年，04 表示 2024 年 4 月發佈。除了 04 還可能出現 10，代表 10 月發佈，所以從數字編號上就可以看出各個版本發佈的順序。

為了讓更多開發者有一個穩定的系統環境，Ubuntu 每隔兩年的 4 月會發佈一個長期支援版，尾碼加「LTS」，保證 5 年之內持續維護更新，例如 Ubuntu 22.04 LTS、Ubuntu 24.04 LTS，除此之外的版本都是普通版，只維護 18 個月，所以推薦大家在選擇時，優先考慮長期支援版。

本書將以 Ubuntu 24.04 LTS 為例進行講解，大家也可以選擇其他長期支援版本，原理和操作方法類似。

雖然 ROS 2 支援 Windows 和 macOS，但它對 Ubuntu 作業系統的支援最好。本書主要講解 Ubuntu 之上的 ROS 2 使用方法，其他作業系統的操作原理基本相同。

1.4.3　Ubuntu 作業系統安裝

大家一定已經摩拳擦掌想要試一試 Ubuntu，它的安裝方法很多，如表 1-1 所示。如果大家已經熟悉 Linux，那麼建議在電腦硬碟上安裝 Ubuntu，這樣可以充分發揮硬體的性能。如果是第一次接觸 Linux，那麼建議在已有的 Windows 上透過虛擬機器安裝，熟悉之後再考慮硬碟安裝。

1.4 ROS 2 安裝方法

▼ 表 1-1 Ubuntu 安裝方法及優劣勢

屬性	透過虛擬機器安裝	透過硬碟安裝
安裝難易程度	簡單	複雜
硬體支援	一般	好
運行速度	慢	快
安全備份	簡單	複雜
適合人群	初次接觸或偶爾使用者	有一定經驗的開發者

本書主要介紹虛擬機器中的安裝方法，大家也可以參考課程資料或網路資料，自行學習硬碟安裝。

虛擬機器是一個應用軟體，可以在已有系統之上建構一個虛擬的系統，讓多個作業環境同時執行。這裡採用的虛擬機器軟體是 VMware，安裝步驟和其他軟體相同，請大家自行下載並安裝。

虛擬機器軟體安裝完成後，就可以安裝作業系統，安裝步驟如下。

1. 下載 Ubuntu 作業系統鏡像

登入 Ubuntu 官方網站，找到下載頁面，如圖 1-11 所示，點擊「Download」按鈕開始下載，鏡像檔案比較大，根據網路狀況需要等待一段時間。下載完成後，就可以進入下一步。

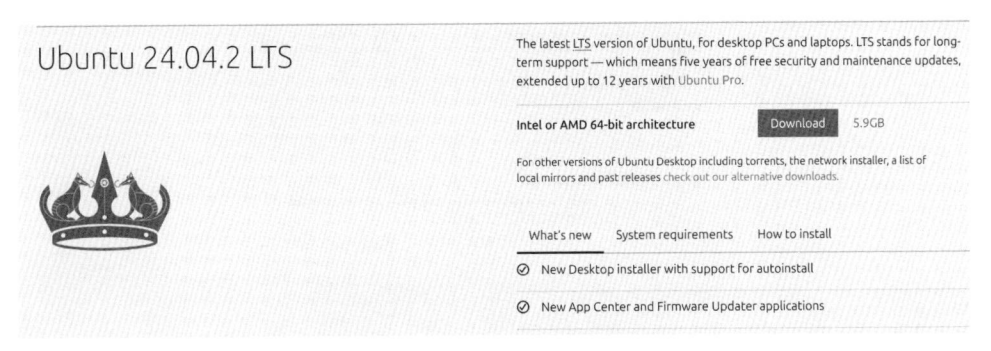

▲ 圖 1-11 Ubuntu 下載介面

2. 在虛擬機器中建立系統

開啟 VMware 虛擬機器軟體，在功能表列「檔案」中選擇「新建虛擬機器」，然後選擇「稍後安裝作業系統」，會彈出如圖 1-12 所示的視窗，選擇「Linux」，版本是「Ubuntu 64 位元」，點擊「下一步」按鈕。

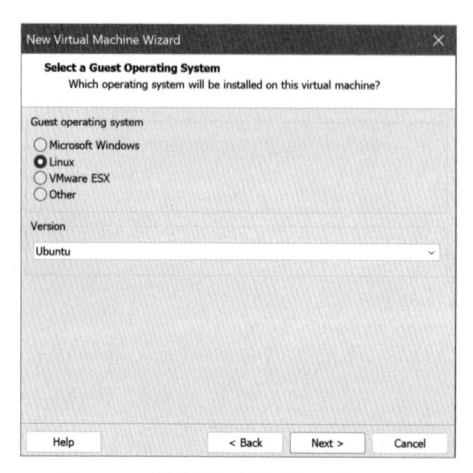

▲ 圖 1-12 「新建虛擬機器精靈」視窗

3. 設置虛擬機器硬碟大小

如圖 1-13 所示，給這個虛擬的 Ubuntu 作業系統分配硬碟空間，大家根據電腦中的空間自行配置即可。

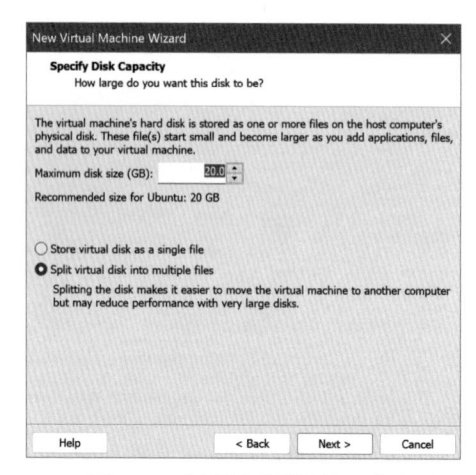

▲ 圖 1-13 設置虛擬機器硬碟大小

建議至少分配 20GB 硬碟空間，可以滿足後續 ROS 機器人開發的基本需求；若電腦空間允許，也可以分配 50GB 左右的硬碟空間，滿足各種軟體和文件的安裝需求。

4. 設置 Ubuntu 鏡像路徑

配置完成後，再次點擊虛擬機器軟體中的「虛擬機器設置」選項，如圖 1-14 所示，在彈出的視窗中找到「CD/DVD」選項，然後點擊「瀏覽」按鈕，找到之前下載好的 Ubuntu 作業系統鏡像檔案。

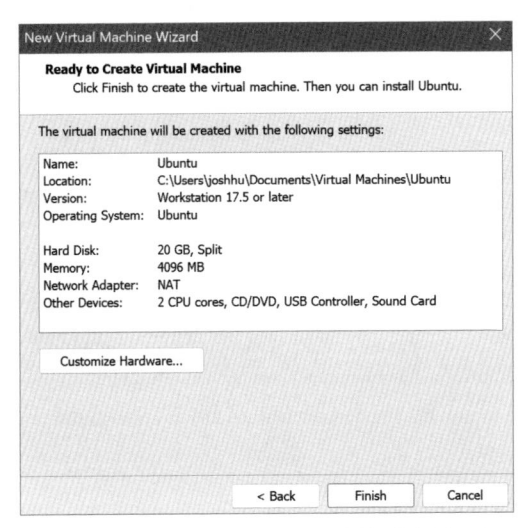

▲ 圖 1-14 設置 Ubuntu 鏡像路徑介面

5. 啟動虛擬機器

準備工作完成，點擊「開啟此虛擬機器」，與安裝電腦作業系統的方法類似，從虛擬的 CD 磁碟中載入系統，在安裝介面中點擊「Install Ubuntu」按鈕。

6. 設置使用者名稱和密碼

接下來，根據個人情況完成使用者名稱和密碼的設置。

7. 等待系統安裝完成

等待系統安裝完成，自動重新啟動。重新啟動後就可以看到全新的 Ubuntu 作業系統，如圖 1-15 所示。

▲ 圖 1-15 Ubuntu 24.04 LTS 介面圖

1.4.4 ROS 2 系統安裝

Ubuntu 作業系統準備好之後，就可以安裝 ROS 2，安裝過程需要使用 Ubuntu 作業系統中的命令列工具——Terminal，也稱終端，大家可以直接在系統中使用快速鍵「Ctrl+Alt+T」開啟。啟動後，可依次輸入以下命令安裝 ROS 2，本書選擇的 ROS 2 版本為 Jazzy，對應 Ubuntu 24.04 LTS。

以下是 ROS 官方舉出的詳細安裝步驟，如果大家是第一次使用或希望透過更簡單的方式安裝，那麼可以使用本書書附程式中的快捷安裝指令稿——ros_install.sh，在指令稿所在的路徑下，透過終端輸入 ./ros_install.sh 指令，跟隨提示即可完成安裝。

1.4 ROS 2 安裝方法

1. 設置編碼格式

確保系統使用正確的當地語系化設置和語言環境,以便在安裝和執行軟體時能夠正確地顯示語言並進行當地語系化支援。

啟動一個終端,輸入以下命令。

```
$ sudo apt update && sudo apt install locales
$ sudo locale-gen en_US en_US.UTF-8
$ sudo update-locale LC_ALL=en_US.UTF-8 LANG=en_US.UTF-8
$ export LANG=en_US.UTF-8
```

2. 增加軟體來源

安裝 ROS 2 之前還需要告訴系統從哪裡下載 ROS 2 的安裝套件,這些安裝套件所放置的伺服器被稱為軟體來源。從軟體來源中下載安裝套件還需要配置好金鑰,這樣才能開啟下載的「大門」。

在開啟的終端中繼續輸入以下命令,將 ROS 2 的簽名金鑰簽署到系統金鑰環中,並增加軟體來源的位址資訊,系統才可以透過 APT 管理器安裝 ROS 2 軟體套件。

```
$ sudo apt install software-properties-common
$ sudo add-apt-repository universe
$ sudo apt update && sudo apt install curl -y
$ sudo curl -sSL  [ROS 官方 GitHub 金鑰 URL] -o /usr/share/keyrings/ros-archive-keyring.gpg
$ echo "deb [arch=$(dpkg --print-architecture) signed-by=/usr/share/keyrings/ros-archive-keyring.gpg] [ROS 軟體來源基底位址] $(. /etc/os-release && echo $UBUNTU_CODENAME) main" | sudo tee /etc/apt/sources.list.d/ros2.list > /dev/null
```

以上 [ROS 官方 GitHub 金鑰 URL] 及 [ROS 軟體來源基底位址] 需要參考 ROS 官方手冊中的 Installation 章節修改為最新的連結位址。

3. 安裝 ROS 2

準備工作已完成，接下來在終端中輸入以下命令，開始下載並安裝 ROS 2 的桌上出版軟體，大家只需等待。

```
$ sudo apt update
$ sudo apt upgrade
$ sudo apt install ros-jazzy-desktop        # 安裝 ROS 2 Jazzy 桌上出版
```

4. 設置環境變數

現在，ROS 2 已經成功安裝到電腦中了，預設在 /opt 路徑下。由於後續會頻繁使用終端輸入 ROS 2 命令，所以在使用前還需要設置系統環境變數，讓系統知道 ROS 2 的各種功能在哪裡，設置的命令如下。

```
$ source /opt/ros/jazzy/setup.bash
$ echo "source /opt/ros/jazzy/setup.bash" >> ~/.bashrc
```

5. 測試範例

安裝完成，可以透過以下範例測試 ROS 2 是否安裝成功。

啟動第一個終端，透過以下命令啟動一個資料的發行者節點。

```
$ ros2 run demo_nodes_cpp talker
```

執行過程如圖 1-16 所示。

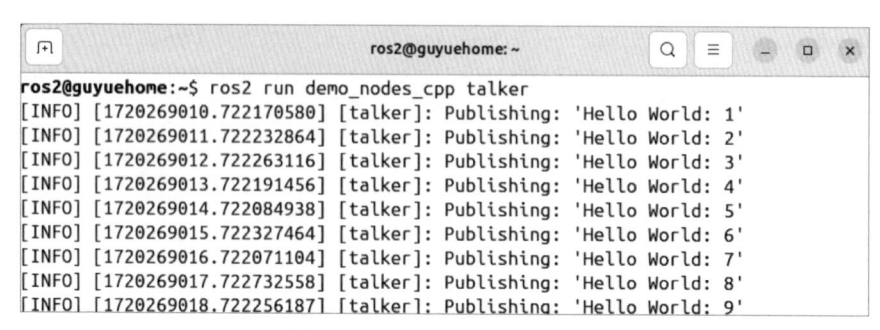

▲ 圖 1-16 發行者節點的執行過程

啟動第二個終端,透過以下命令啟動一個資料的訂閱者節點。

```
$ ros2 run demo_nodes_py listener
```

執行過程如圖 1-17 所示。

```
ros2@guyuehome:~$ ros2 run demo_nodes_py listener
[INFO] [1720269098.208724710] [listener]: I heard: [Hello World: 1]
[INFO] [1720269099.194265214] [listener]: I heard: [Hello World: 2]
[INFO] [1720269100.193299403] [listener]: I heard: [Hello World: 3]
[INFO] [1720269101.193625939] [listener]: I heard: [Hello World: 4]
[INFO] [1720269102.192995209] [listener]: I heard: [Hello World: 5]
[INFO] [1720269103.193537249] [listener]: I heard: [Hello World: 6]
```

▲ 圖 1-17 訂閱者節點的執行過程

如果「Hello World」字串在兩個終端中正常傳輸,則說明 ROS 2 的通訊系統沒有問題。至此,ROS 2 已經在系統中安裝好了。

1.5 ROS 2 命令列操作

在安裝 ROS 2 的過程中,大家接觸到了 ROS 2 中一種重要的偵錯工具——命令列,第一次使用可能會不太適應,本節將帶領大家進一步使用 ROS 2 中的更多命令,隨著學習的深入,大家一定可以感受到命令列的魅力。

1.5.1 Linux 中的命令列

類似於科幻電影中的部分,命令列操作異常酷炫,但是上手並不容易。為什麼這種看似並不便捷的方式會被保留至今呢?無論對於 Linux 還是 ROS,命令列都是必不可少的,大家先來想像一個場景。

在購物時,儘管商場內的衣物種類繁多,但難以完全迎合所有人的需求。如果商家能提供服裝訂製服務,則情況會大為不同。這種服務允許顧客基於現有款式,結合個人喜好,進行自主設計,儘管操作稍顯煩瑣,但其靈活性的優勢明顯。顧客可以依據自身意願，精確地塑造所需的服裝，毫不受現成規則的束縛。

在這一場景中，其他商家所提供的現成衣物，類似於預先設計好的視覺化軟體，雖經過精心設計，卻不一定能完全滿足顧客的個性化需求。而訂製服務則宛如命令列，為顧客提供布料、工具等素材，讓他們能夠以更靈活的方式，按照個人偏好和需求，進行個性化訂製。

1. 啟動方式

命令列的命令都是透過字元的方式輸入的，需要使用專門的軟體——Terminal，即終端。

啟動終端的方式有以下幾種。

- 在應用列表中開啟。
- 使用快速鍵「Ctrl+Alt+T」開啟。
- 按右鍵滑鼠，在彈出的快顯功能表中點擊「在此處開啟終端」。

終端介面如圖 1-18 所示，因為都是命令的輸入和輸出，所以很少會用到滑鼠（這也是科幻電影中的駭客會隨身帶筆記型電腦，但是從來不用滑鼠的原因）。

```
ros2@guyuehome:~$ sudo apt update
[sudo] password for ros2:
Hit:1 http://        tuna.tsinghua.edu.cn/ros2/ubuntu noble InRelease
Hit:2 https://       ustc.edu.cn/ubuntu noble InRelease
Hit:3 https://       ustc.edu.cn/ubuntu noble-updates InRelease
Hit:4 https://       ustc.edu.cn/ubuntu noble-backports InRelease
Hit:5 https://       ustc.edu.cn/ubuntu noble-security InRelease
Hit:6 http://        ubuntu.com/ubuntu noble InRelease
Hit:7 http://        ubuntu.com/ubuntu noble-security InRelease
Hit:8 http://        ubuntu.com/ubuntu noble-updates InRelease
Hit:9 http://        ubuntu.com/ubuntu noble-backports InRelease
Reading package lists... Done
Building dependency tree... Done
Reading state information... Done
382 packages can be upgraded. Run 'apt list --upgradable' to see them.
ros2@guyuehome:~$
```

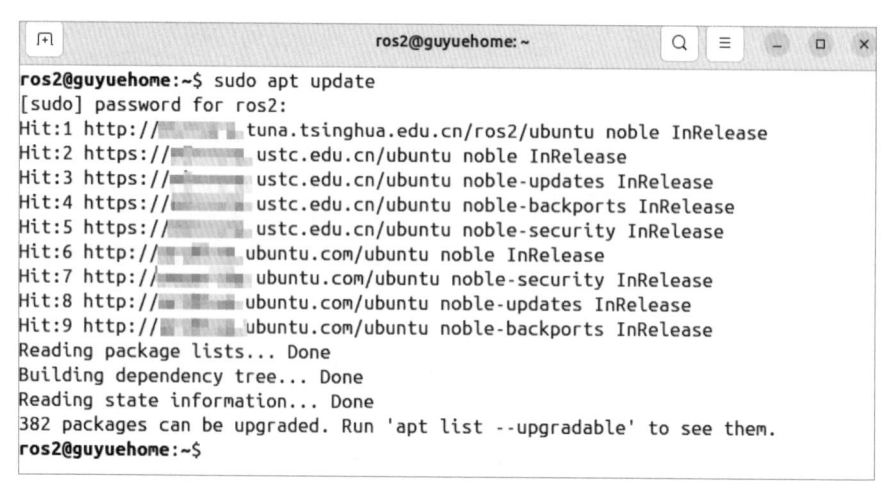

▲ 圖 1-18 終端介面

1.5 ROS 2 命令列操作

初次上手，大家一定會覺得命令列既枯燥，又難以記憶。隨著在實踐中對這一工具的熟悉，大家會體會到命令列操作的魅力。至於命令列指令及功能參數的數量，確實多到令人髮指，不過不用死記硬背，常用的命令也就一二十個，其他命令在需要用時搜索一下即可。

2. 常用命令

大家先來體驗 Linux 的常用命令，找找感覺。

1）cd。

語法：cd ＜目錄路徑＞。

功能：改變工作目錄。若沒有指定「目錄路徑」，則回到使用者的主目錄。

2）pwd。

語法：pwd。

功能：顯示當前工作目錄的絕對路徑，如圖 1-19 所示。

```
ros2@guyuehome:~$ pwd
/home/ros2
ros2@guyuehome:~$ cd dev_ws/
ros2@guyuehome:~/dev_ws$ pwd
/home/ros2/dev_ws
ros2@guyuehome:~/dev_ws$
```

▲ 圖 1-19 cd 與 pwd 命令使用範例

3）ls。

語法：ls [選項] [目錄名稱…]。

功能：列出目錄 / 資料夾中的檔案清單，如圖 1-20 所示。

```
ros2@guyuehome:~/dev_ws$ ls
build  install  log  src
ros2@guyuehome:~/dev_ws$ cd ..
ros2@guyuehome:~$ ls
Desktop    Documents  Music     Public                        snap       Videos
dev_ws     Downloads  Pictures  rosbag2_2024_07_03-00_15_57   Templates
ros2@guyuehome:~$
```

▲ 圖 1-20 ls 命令使用範例

1-27

4）mkdir。

語法：mkdir [選項] < 目錄名稱 >。

功能：建立一個目錄 / 資料夾，如圖 1-21 所示。

```
ros2@guyuehome:~$ ls
Desktop       Documents   Music      Public                              snap        Videos
dev_ws_2      Downloads   Pictures   rosbag2_2024_07_06-21_21_33         Templates
ros2@guyuehome:~$ mkdir dev_ws
ros2@guyuehome:~$ ls
Desktop   dev_ws_2    Downloads   Pictures   rosbag2_2024_07_06-21_21_33   Templates
dev_ws    Documents_  Music       Public     snap                          Videos
```

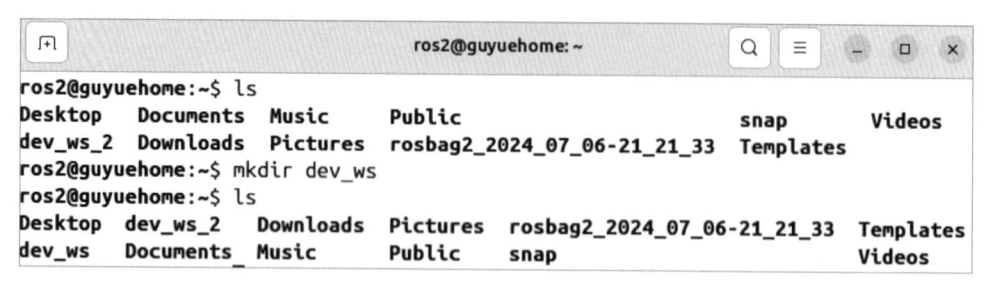

▲ 圖 1-21 mkdir 命令使用範例

5）gedit。

語法：gedit < 檔案名稱 >。

功能：開啟 gedit 編輯器編輯檔案，若沒有此檔案則會新建，如圖 1-22 所示。

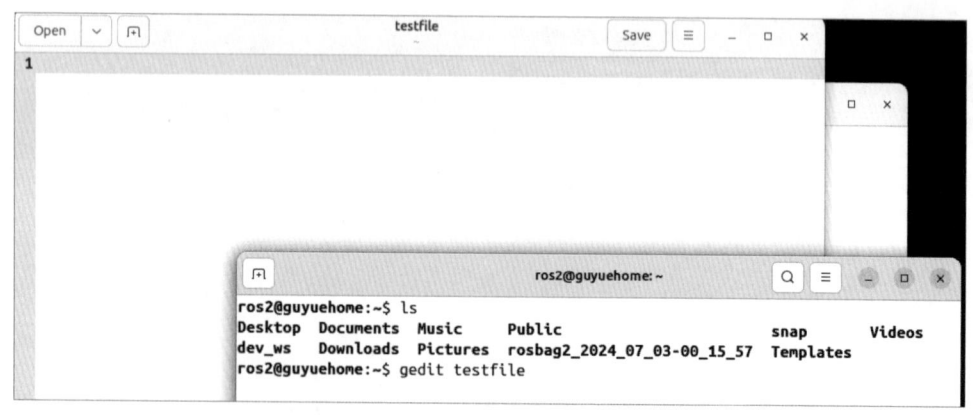

▲ 圖 1-22 gedit 命令使用範例

如果輸入 gedit 發現顯示出錯「command 'gedit' not found」，則需要執行「sudo apt install gedit」指令安裝 gedit。

6）mv。

語法：mv [選項] < 原始檔案或目錄 > < 目的檔案或目錄 >。

功能：為檔案或目錄改名或將檔案由一個目錄移入另一個目錄，如圖 1-23 所示。

```
ros2@guyuehome:~$ ls
Desktop    Documents  Music      Public                            snap       test_file
dev_ws     Downloads  Pictures   rosbag2_2024_07_03-00_15_57       Templates  Videos
ros2@guyuehome:~$ mv test_file mv_teach
ros2@guyuehome:~$ ls
Desktop    Documents  Music      Pictures   rosbag2_2024_07_03-00_15_57  Templates
dev_ws     Downloads  mv_teach   Public     snap                          Videos
ros2@guyuehome:~$
```

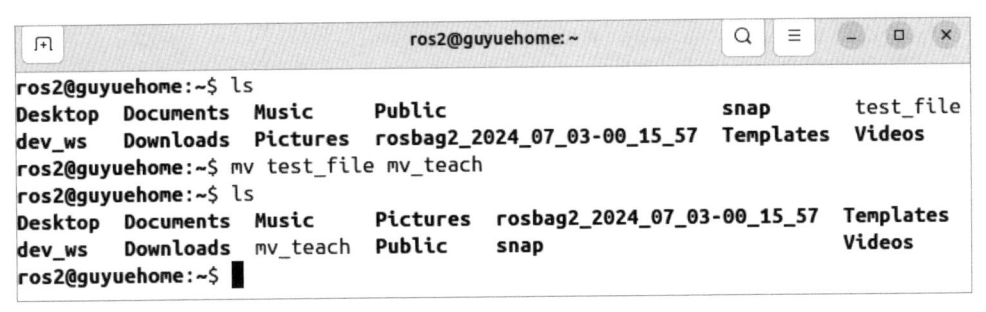

▲ 圖 1-23 mv 命令使用範例

7）cp。

語法：cp [選項] < 原始檔案名稱或目錄名稱 > < 目的檔案名稱或目錄名稱 >。

功能：把一個檔案或目錄複寫到另一檔案或目錄中，或把多個原始檔案複製到目標目錄中，如圖 1-24 所示。

```
ros2@guyuehome:~$ ls
Desktop    Documents  Music      Pictures   rosbag2_2024_07_03-00_15_57  Templates
dev_ws     Downloads  mv_teach   Public     snap                          Videos
ros2@guyuehome:~$ cp mv_teach dev_ws/
ros2@guyuehome:~$ cd dev_ws/
ros2@guyuehome:~/dev_ws$ ls
build  install  log  mv_teach  src
ros2@guyuehome:~/dev_ws$
```

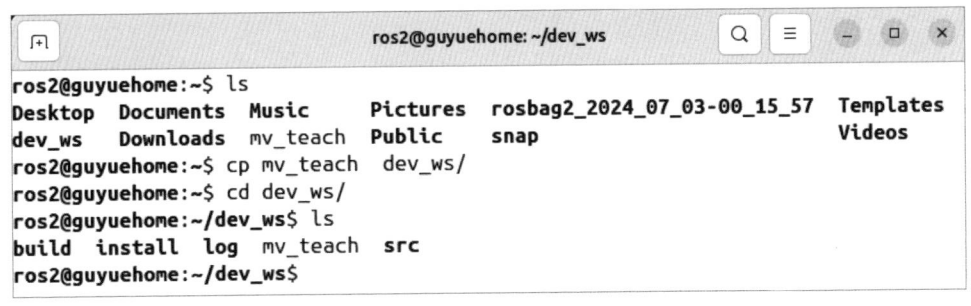

▲ 圖 1-24 cp 命令使用範例

8）rm。

語法：rm [選項] < 檔案名稱或目錄名稱…>。

功能：刪除一個目錄中的或多個檔案或目錄，也可以將某個目錄及其下的所有檔案及子目錄刪除。對於連結檔案，只是刪除了連結，原有檔案保持不變，如圖 1-25 所示。

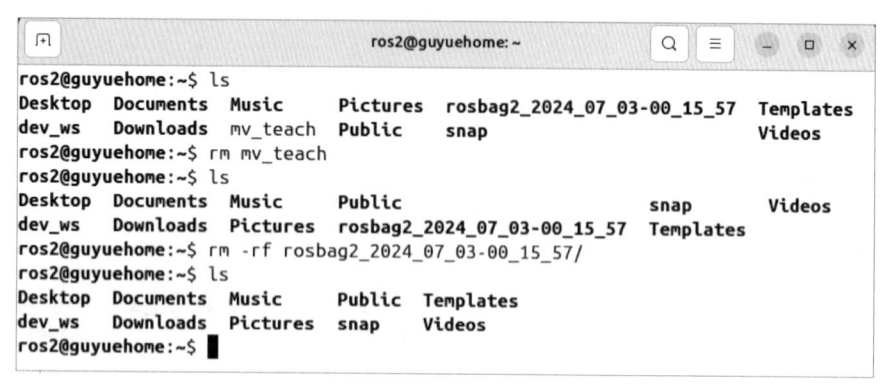

▲ 圖 1-25 rm 命令使用範例

9）sudo。

語法：sudo [選項] [指令]。

功能：以系統管理員許可權執行指令，如圖 1-26 所示。

這些命令大家不需要死記硬背，在開發中用得多了，就會熟悉。

▲ 圖 1-26 sudo 命令使用範例

1.5.2 海龜模擬實踐

了解了 Linux 的命令列操作方法，接下來回到 ROS 2，透過命令列的方式，一起執行 ROS 中的經典範例——海龜模擬器。

首先啟動第一個終端，執行以下指令，啟動海龜模擬器。

```
$ ros2 run turtlesim turtlesim_node
```

然後啟動第二個終端，執行以下指令，啟動鍵盤控制的功能。

```
$ ros2 run turtlesim turtle_teleop_key
```

第一句指令將啟動一個藍色背景的海龜模擬器，第二句指令將啟動一個鍵盤控制節點，在該終端中點擊鍵盤上的方向鍵，如圖 1-27 所示，就可以控制海龜運動啦！

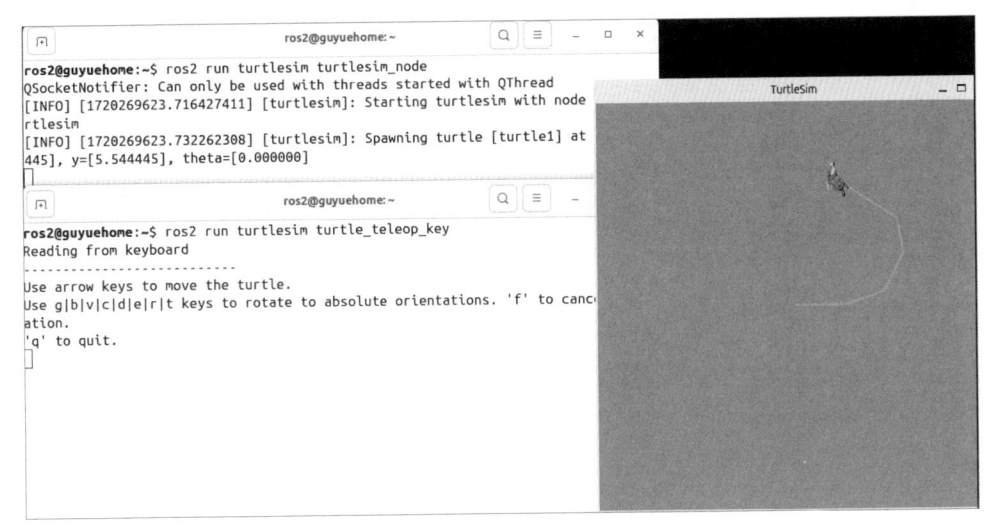

▲ 圖 1-27 海龜運動控制範例

1.5.3 ROS 2 中的命令列

ROS 2 命令列的操作機制與 Linux 相同,不過所有操作都整合在一個 ROS 2 的總命令中,如圖 1-28 所示。「ros2」後邊第一個參數表示不同的操作目的,例如 node 表示對節點的操作,topic 表示對話題的操作,後邊還可以增加一系列參數,說明具體操作。

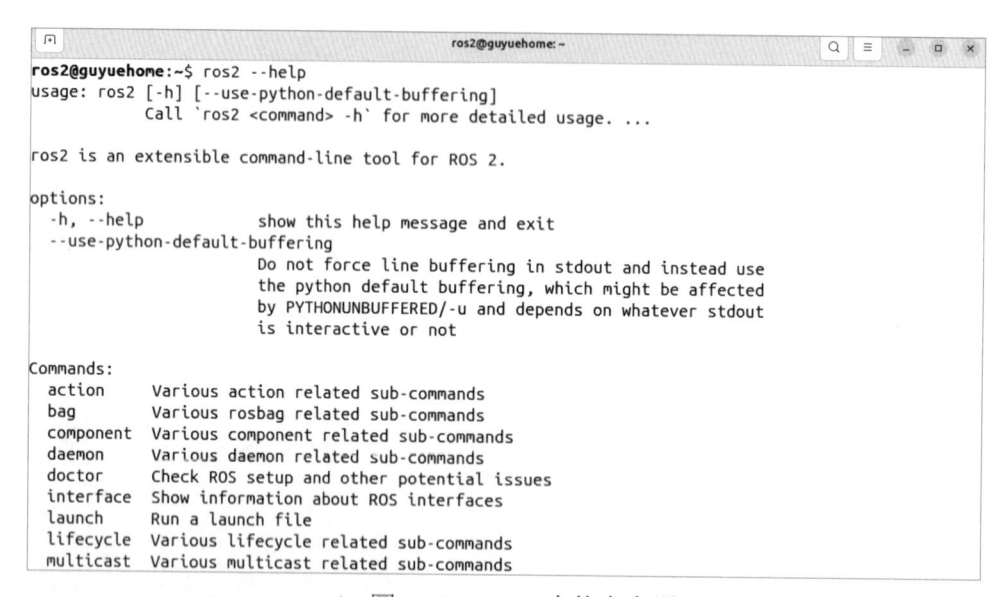

```
ros2@guyuehome:~$ ros2 --help
usage: ros2 [-h] [--use-python-default-buffering]
            Call `ros2 <command> -h` for more detailed usage. ...

ros2 is an extensible command-line tool for ROS 2.

options:
  -h, --help            show this help message and exit
  --use-python-default-buffering
                        Do not force line buffering in stdout and instead use
                        the python default buffering, which might be affected
                        by PYTHONUNBUFFERED/-u and depends on whatever stdout
                        is interactive or not

Commands:
  action     Various action related sub-commands
  bag        Various rosbag related sub-commands
  component  Various component related sub-commands
  daemon     Various daemon related sub-commands
  doctor     Check ROS setup and other potential issues
  interface  Show information about ROS interfaces
  launch     Run a launch file
  lifecycle  Various lifecycle related sub-commands
  multicast  Various multicast related sub-commands
```

▲ 圖 1-28 ROS 2 中的命令列

1. 執行節點程式

想要執行 ROS 2 中某個節點,可以使用 ros2 run 命令操作,之後第一個參數表示功能套件的名稱,第二個參數表示功能套件內節點的名稱,對於執行海龜模擬節點和鍵盤控制節點的命令:

```
$ ros2 run turtlesim turtlesim_node
$ ros2 run turtlesim turtle_teleop_key
```

執行過程如圖 1-29 所示。

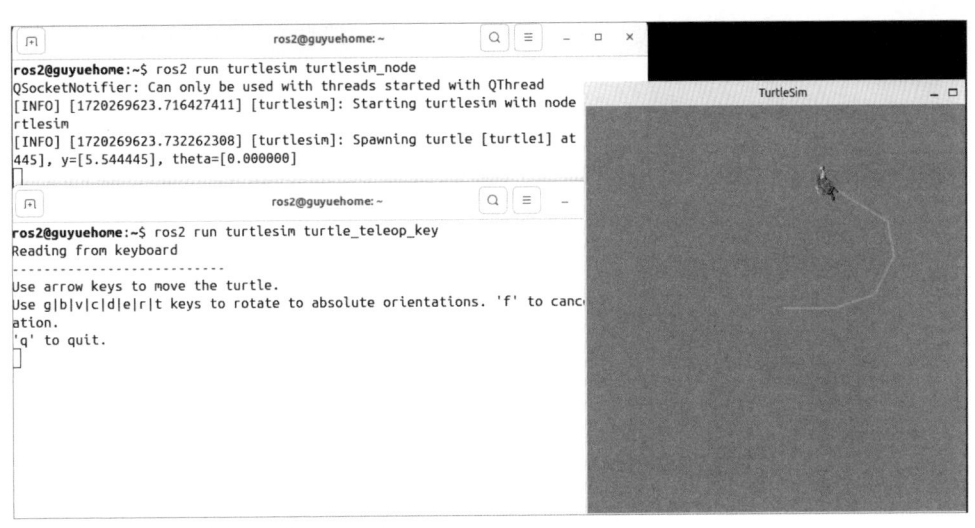

▲ 圖 1-29 ros2 run 命令執行過程

2. 查看節點資訊

當前執行的 ROS 2 系統中有哪些節點呢？可以使用以下命令查看。

```
$ ros2 node list
```

節點資訊如圖 1-30 所示。

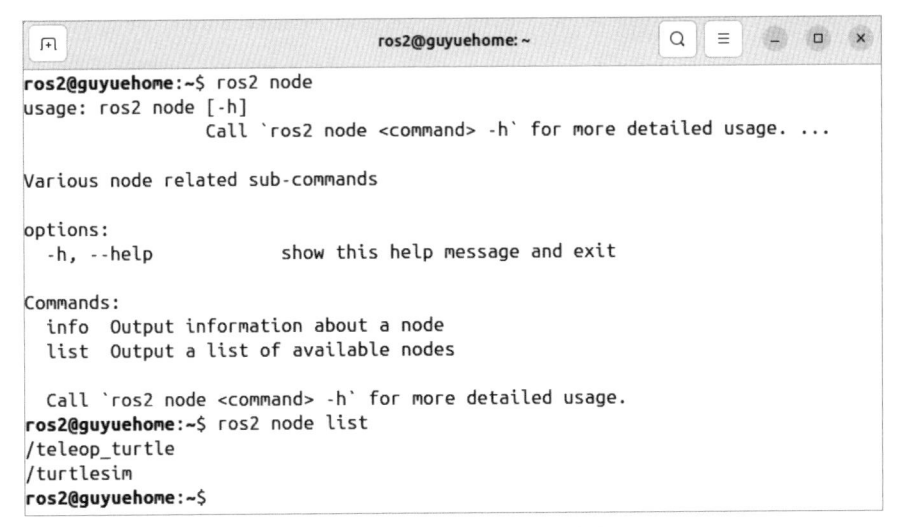

▲ 圖 1-30 ROS 2 系統節點資訊

第 1 章　ROS：智慧型機器人的靈魂

如圖 1-31 所示，可以使用 info 子命令查看某個節點的詳細資訊。

```
$ ros2 node info /turtlesim
```

```
ros2@guyuehome:~$ ros2 node info /turtlesim
/turtlesim
  Subscribers:
    /parameter_events: rcl_interfaces/msg/ParameterEvent
    /turtle1/cmd_vel: geometry_msgs/msg/Twist
  Publishers:
    /parameter_events: rcl_interfaces/msg/ParameterEvent
    /rosout: rcl_interfaces/msg/Log
    /turtle1/color_sensor: turtlesim/msg/Color
    /turtle1/pose: turtlesim/msg/Pose
  Service Servers:
    /clear: std_srvs/srv/Empty
    /kill: turtlesim/srv/Kill
    /reset: std_srvs/srv/Empty
    /spawn: turtlesim/srv/Spawn
    /turtle1/set_pen: turtlesim/srv/SetPen
    /turtle1/teleport_absolute: turtlesim/srv/TeleportAbsolute
    /turtle1/teleport_relative: turtlesim/srv/TeleportRelative
    /turtlesim/describe_parameters: rcl_interfaces/srv/DescribeParameters
    /turtlesim/get_parameter_types: rcl_interfaces/srv/GetParameterTypes
    /turtlesim/get_parameters: rcl_interfaces/srv/GetParameters
    /turtlesim/get_type_description: type_description_interfaces/srv/GetTypeDesc
ription
```

▲ 圖 1-31　查看節點詳細資訊

3. 查看話題資訊

當前系統中都有哪些話題呢，使用以下命令即可查看。

```
$ ros2 topic list
```

執行過程如圖 1-32 所示。

```
ros2@guyuehome:~$ ros2 topic list
/parameter_events
/rosout
/turtle1/cmd_vel
/turtle1/color_sensor
/turtle1/pose
ros2@guyuehome:~$
```

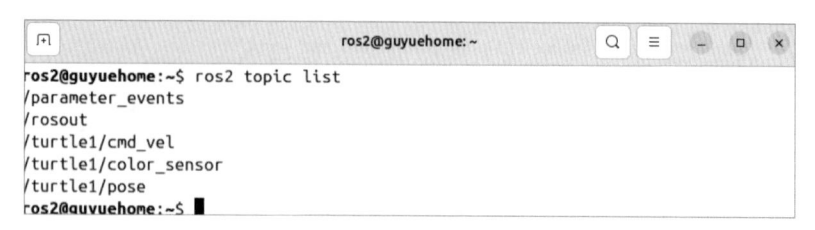

▲ 圖 1-32　查看話題資訊

1.5 ROS 2 命令列操作

加上 echo 子命令就可以看到某個話題中的訊息資料，如圖 1-33 所示。

```
$ ros2 topic echo /turtle1/pose
```

▲ 圖 1-33 使用 echo 子命令查看話題中的訊息資料

4. 發佈話題資訊

想控制海龜運動，還可以直接透過命令列發佈話題指令，如圖 1-34 所示。

```
$ ros2 topic pub --rate 1 /turtle1/cmd_vel geometry_msgs/msg/Twist "{linear: {x: 2.0, y: 0.0, z: 0.0}, angular: {x: 0.0, y: 0.0, z: 1.8}}"
```

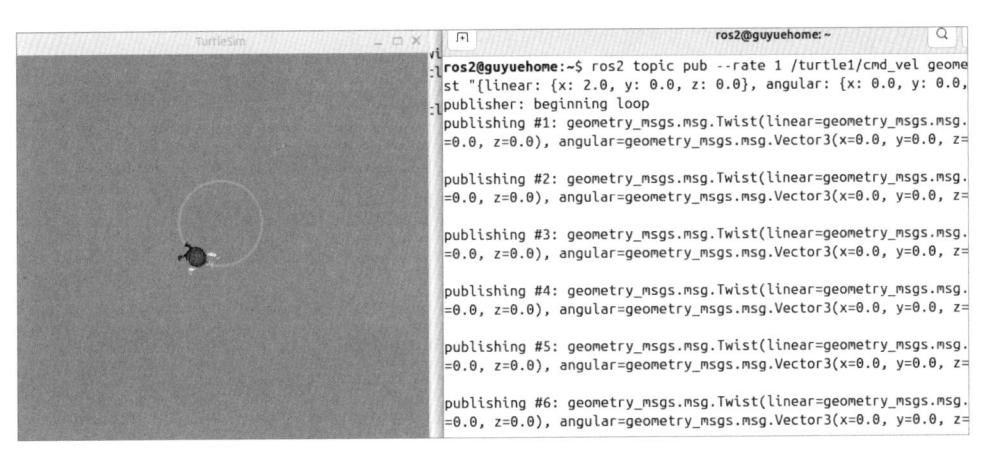

▲ 圖 1-34 透過命令列發佈話題指令

第 1 章　ROS：智慧型機器人的靈魂

5. 發佈服務請求

若希望介面中有多隻海龜，模擬器還提供一個服務——產生海龜，執行以下指令啟動服務呼叫。

```
$ ros2 service call /spawn turtlesim/srv/Spawn "{x: 2, y: 2, theta: 0.2, name: ''}"
```

如圖 1-35 所示，可以看到左下角出現了第二隻海龜。

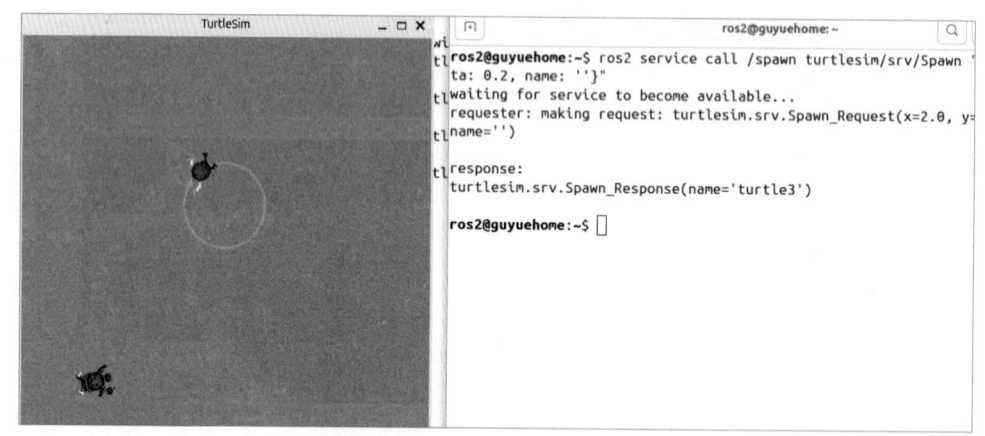

▲ 圖 1-35　服務呼叫產生新的海龜

6. 發送動作目標

想讓海龜完成一個具體動作，例如轉到指定角度，可以使用模擬器中提供的 action，透過命令列發送動作目標。

```
$ ros2 action send_goal /turtle1/rotate_absolute turtlesim/action/RotateAbsolute "theta: 3"
```

如圖 1-36 所示，對比圖 1-35，第一隻海龜在角度上有一些偏移。

1.5 ROS 2 命令列操作

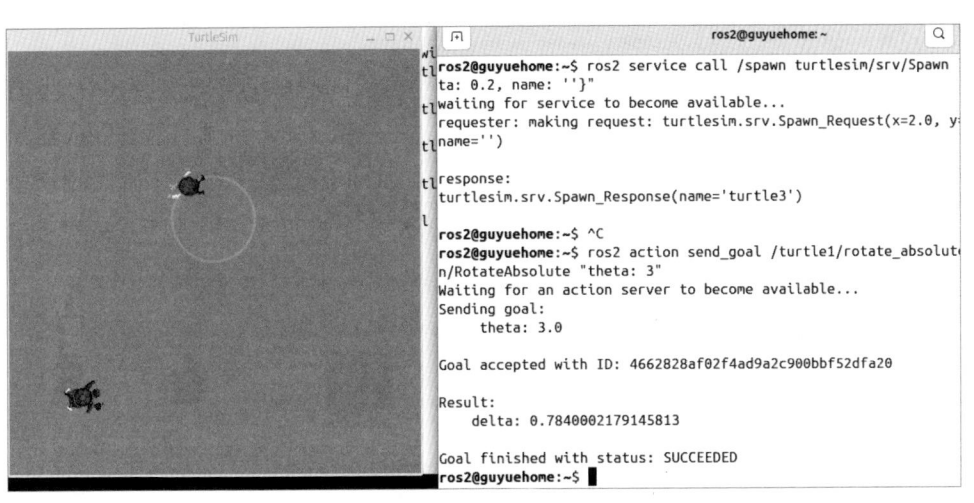

▲ 圖 1-36 發送動作目標

7. 資料錄製與播放

機器人系統中執行的資料很多，若想把某段資料錄製下來，以便回到實驗室複現，該如何操作呢？此時，ROS 2 中的 rosbag 命令就可以派上用場，輕鬆實現資料的錄製與播放。

```
# 資料錄製
$ ros2 bag record /turtle1/cmd_vel

# 資料播放
$ ros2 bag play rosbag2_2024_07_06-21_21_23/ rosbag2_2024_07_06-21_21_23_0.mcap
```

錄製後在終端按下快速鍵「Ctrl+C」，即可儲存錄製資訊，命令執行的過程如圖 1-37 所示。

第 1 章　ROS：智慧型機器人的靈魂

```
ros2@guyuehome:~$ ros2 bag record /turtle1/cmd_vel
[INFO] [1720272093.100001148] [rosbag2_recorder]: Press SPACE for pausing/resumi
ng
[INFO] [1720272093.117264717] [rosbag2_recorder]: Listening for topics...
[INFO] [1720272093.117397823] [rosbag2_recorder]: Event publisher thread: Starti
ng
[INFO] [1720272093.117796712] [rosbag2_recorder]: Recording...
[INFO] [1720272104.289182291] [rosbag2_recorder]: Pausing recording.
[INFO] [1720272104.289368296] [rosbag2_cpp]: Writing remaining messages from cac
he to the bag. It may take a while
[INFO] [1720272104.291123923] [rosbag2_recorder]: Event publisher thread: Exitin
g
[INFO] [1720272104.291208009] [rosbag2_recorder]: Recording stopped
[INFO] [1720272104.318043899] [rclcpp]: signal_handler(signum=2)
ros2@guyuehome:~$ ls
Desktop    Documents   Music      Public                           snap        Videos
dev_ws     Downloads   Pictures   rosbag2_2024_07_06-21_21_33      Templates
ros2@guyuehome:~$ cd rosbag2_2024_07_06-21_21_33/
ros2@guyuehome:~/rosbag2_2024_07_06-21_21_33$ ls
metadata.yaml  rosbag2_2024_07_06-21_21_33_0.mcap
ros2@guyuehome:~/rosbag2_2024_07_06-21_21_33$ ros2 bag  play rosbag2_2024_07_06-
21_21_33_0.mcap
```

▲ 圖 1-37　資料錄製與播放

此處，rosbag2_2024_07_06-21_21_23 檔案的名稱是根據當前計算機時間自動生成的，使用中需要修改為實際生成的 bag 檔案名稱。

以上就是 ROS 2 中常用的命令，每個命令的子命令還有很多，大家可以繼續嘗試。

1.6　本章小結

本章帶大家走入 ROS 的世界，一起了解 ROS 的發展現狀，對比了 ROS 1 與 ROS 2 的不同，學習了 ROS 2 在 Ubuntu 作業系統下的安裝和基礎使用方法。本書還為大家提供了所有實踐的原始程式和參考資料，可以幫助大家用 ROS 架設豐富的機器人應用。

接下來，帶上好心情，一起出發，開啟一段 ROS 2 開發實踐之旅吧！

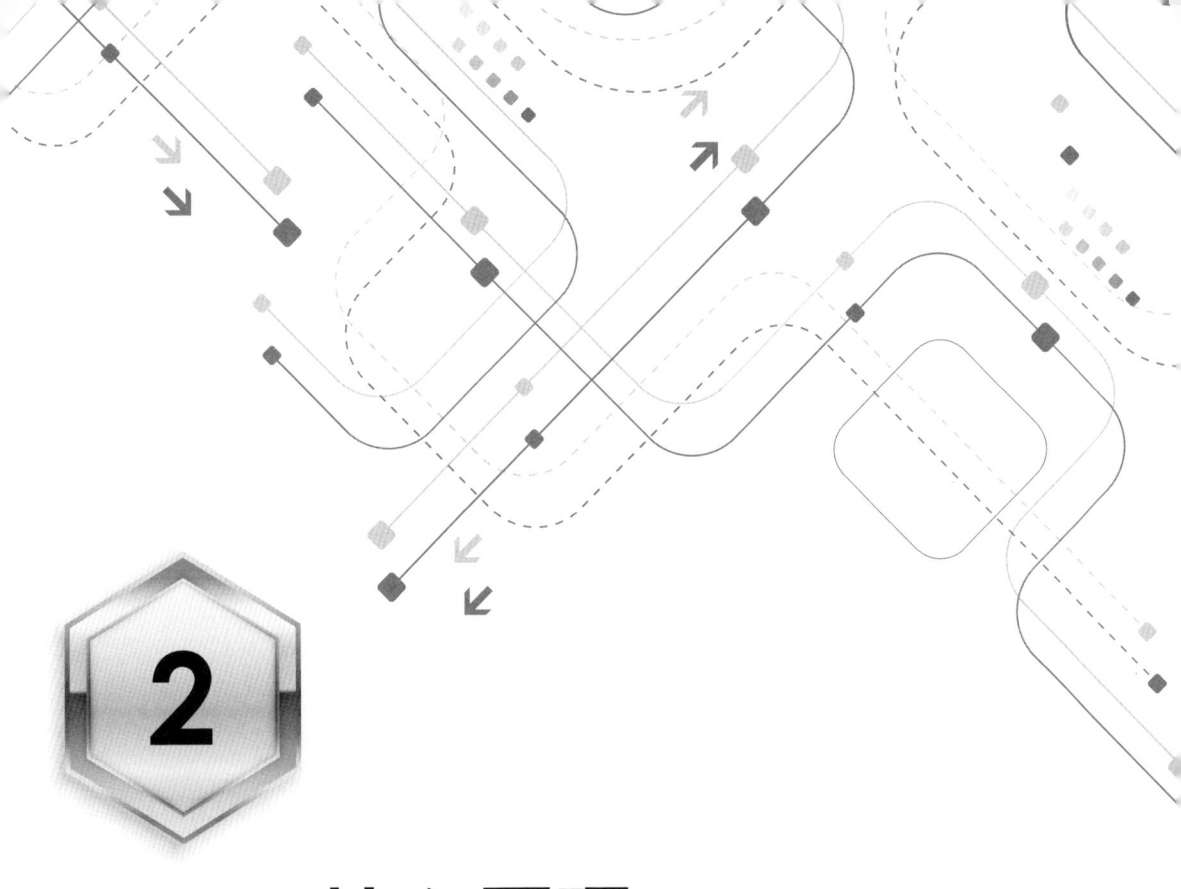

ROS 2 核心原理：
建構機器人的基石

完成 ROS 2 的安裝後，大家肯定躍躍欲試，想要立刻投身於機器人的開發中。在使用 ROS 2 開發機器人的過程中，我們還會遇到許多核心概念及與之對應的開發方法。接下來，請跟隨本章內容一同深入了解這些核心概念，夯實開發基礎，為機器人實戰開發做好準備！

第 2 章 ROS 2 核心原理：建構機器人的基石

2.1 ROS 2 機器人開發流程

ROS 2 是機器人開發的利器，如何使用它進行機器人開發呢？ROS 2 機器人開發的主要流程如圖 2-1 所示。

建立工作空間 → 建立功能套件 → 撰寫原始程式碼（C++/Python） → 設置編譯規則（CMakeLists.txt/setup.py） → 編譯與偵錯 → 功能執行

▲ 圖 2-1 ROS 2 機器人開發的主要流程

1. 建立工作空間

在各種軟體開發中，第一步都是建立專案，也就是新建一個專案作為後續開發內容的管理空間。在 ROS 2 機器人開發中，這一步叫作建立工作空間，也就是儲存後續機器人開發工作涉及的所有檔案的空間，在電腦中的表現其實就是資料夾，未來開發用到的檔案都會儲存在這個資料夾中。

2. 建立功能套件

機器人開發過程的核心是程式設計，由於程式檔案及各種設定檔很多，為了方便管理和分享，開發者一般會把同一功能的多個程式檔案放置在一個資料夾裡，這個資料夾在 ROS 2 中叫作「功能套件」。每個功能套件都是實現機器人某一功能的組織單元，例如底盤驅動、機器人模型、自主導航等，多個功能套件就組成了機器人的完整功能，這些功能套件都放置在上一步建立好的工作空間中。

3. 撰寫原始程式碼

建立好各種工作空間和功能套件後，在功能套件中撰寫程式。ROS 2 開發常用的程式語言是 C++ 和 Python。大家使用哪種語言撰寫程式，就需要將相應的程式放置在功能套件中。

4. 設置編譯規則

程式撰寫完成後，還需要進行編譯以生成可執行檔。這個過程需要一個明確的編譯規則，以便電腦能夠理解需要編譯哪些程式檔案、生成的可執行檔應該放置在哪裡等關鍵資訊。

對於 C++ 程式，編譯是必需的，使用功能套件中的 CMakeLists.txt 檔案來設置編譯規則。雖然 Python 程式本身不需要編譯，但涉及可執行檔的放置位置、檔案執行的入口等配置，也需要透過功能套件中的 setup.py 檔案進行設置。

5. 編譯與偵錯

ROS 2 提供了一套全面的編譯工具，能夠檢查各種功能套件和函式庫的相依關係、驗證程式檔案是否存在錯誤，並將原始程式碼轉為可執行檔。對於在編譯過程中遇到任何問題，系統會提供詳細的錯誤訊息，幫助大家快速定位問題。此時，可以根據提示的內容，回到程式撰寫的步驟進行偵錯和修改，完成後再繼續進行編譯。在程式的偵錯過程中，為了提高效率，一般需要借助 GDB、IDE 等工具設置中斷點或進行單步偵錯。如果一切順利，工作空間下就會生成所需的可執行檔。

6. 功能執行

生成可執行檔後，就可以執行該程式，在理想情況下，機器人可以順利實現預設的功能，但現實情況下可能出現各種問題，此時需要大家結合執行效果分析問題，並且回到程式環節進行偵錯、最佳化，重新編譯後再次執行。

從撰寫原始程式碼到功能執行，往往需要反覆嘗試，這一過程充滿了挑戰，需要開發者不斷克服困難。然而，正是這些挑戰和困難，組成了機器人開發的獨特魅力！

了解了 ROS 2 機器人開發的基本流程，接下來就請跟隨本書，深入探索其中的核心概念。

2.2 工作空間：機器人開發的大本營

在日常的程式開發中，大家經常會接觸整合式開發環境（IDE），例如 Visual Studio、Eclipse、Qt Creator 等。大家在使用這些 IDE 撰寫程式之前，一般會在工具列中點擊「建立新專案」的選項，此時會產生一個資料夾，後續所有工作產生的檔案都會放置在這個資料夾中。這個資料夾及裏面的內容就叫作**專案檔案**。

同理，在 ROS 2 中，開發者針對機器人的某些功能進行程式開發時，撰寫的程式、參數、指令稿等檔案，也需要放置在某個資料夾裡進行管理，這個資料夾在 ROS 2 系統中叫作工作空間（Workspace）。

2.2.1 工作空間是什麼

工作空間是一個存放專案開發相關檔案的資料夾，也是存放開發過程中所有資料的「大本營」。

一個典型的 ROS 2 工作空間結構如圖 2-2 所示，其中，WorkSpace 是工作空間的根目錄，裏面有 4 個子目錄，或叫作 4 個子空間。

```
WorkSpace---自訂的工作空間
    |---build: 存儲編譯檔的目錄，該目錄會為每個功能套件創建一個單獨的子目錄。
    |---install: 安裝目錄，用於存儲已經編譯的功能套件生成的可執行檔。
    |---log: 日誌目錄，用於存儲日誌檔。
    |---src: 用於存儲功能套件原始碼的目錄。
        |-- C++功能套件
            |-- package.xml: 套件資訊，比如：套件名、版本、作者、相依項。
            |-- CMakeLists.txt: 配置編譯規則，比如原始檔案，相依項、目的檔案。
            |-- src: C++ 原始檔案目錄。
            |-- include: 標頭檔目錄。
            |-- msg: 消息介面檔目錄。
            |-- srv: 服務介面檔目錄。
            |-- action: 動作介面檔目錄。
            |-- launch: 節點開機檔案目錄。
        |-- Python功能套件
            |-- package.xml: 套件資訊，比如：套件名稱、版本、作者、相依項
            |-- setup.py: 與 C++ 功能套件的 CMakeLists.txt 類似。
            |-- setup.cfg: 功能套件基本設定檔。
            |-- resource: 資原始目錄。
            |-- test: 存儲測試相關檔。
            |-- 功能套件同名目錄:Python 原始檔案目錄。
            |-- launch: 節點開機檔案目錄。
```

▲ 圖 2-2 一個典型的 ROS 2 工作空間結構

2.2 工作空間：機器人開發的大本營

- build：編譯空間，用於儲存編譯過程中產生的中間檔案。
- install：安裝空間，用於放置編譯得到的可執行檔、指令稿、配置等執行屬性的檔案。
- log：日誌空間，用於儲存編譯和執行過程中產生的各種警告、錯誤、資訊等日誌。
- src：程式空間，用於放置撰寫的程式、指令稿、配置等開發屬性的檔案。

ROS 2 機器人開發的大部分操作都是在 src 中進行的，編譯成功後，執行 install 中的可執行檔，build 和 log 兩個資料夾使用相對較少。

這裡需要說明，工作空間的名稱可以由開發者定義，數量也不是唯一的，例如：

- 工作空間 1：命名為 dev_ws_a，用於開發 A 機器人的功能。
- 工作空間 2：命名為 dev_ws_b，用於開發 B 機器人的功能。

以上情況是完全允許的，類似於大家在 IDE 中建立多個新專案，是並列存在的關係，可以根據開發目標切換不同的專案。

2.2.2 建立工作空間

了解了工作空間的概念之後，需要建立一個工作空間，用於學習開發本書的原始程式碼。

建立工作空間的方法有很多，本質就是建立一個資料夾，本節介紹兩種最常見的方法。

1. 使用右鍵快顯功能表建立

按兩下系統主資料夾的圖示以開啟檔案瀏覽器，然後按右鍵「新建資料夾」，並將其命名為「dev_ws」。這樣，第一個工作空間就建立成功了。建立好資料夾後，按兩下進入該資料夾，此時的路徑即**工作空間的根目錄**。

第 2 章　ROS 2 核心原理：建構機器人的基石

接下來進行同樣的操作，新建一個名為「src」的資料夾，用作程式空間，如圖 2-3 所示。

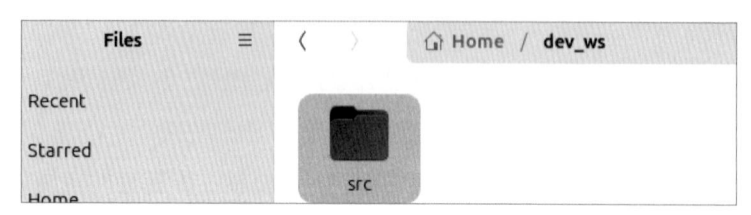

▲ 圖 2-3　工作空間示意圖

2. 使用命令列建立

使用「Ctrl+Alt+T」複合鍵啟動一個新終端，然後在終端執行以下命令，建立一個名為「dev_ws」的資料夾，作為本書後續操作的工作空間。同時，在該工作空間的根目錄下建立一個名為「src」的資料夾，用作程式空間。

```
$ mkdir -p ~/dev_ws/src
```

> 工作空間可以放置在任意目錄下，根據開發需要修改建立資料夾的路徑，大部分資料中會在主資料夾下放置工作空間，本書亦如此。

建立好工作空間後，需要進入建立的程式空間，也就是「src」資料夾。大家可以使用命令列工具導航，或直接在檔案瀏覽器中按兩下進入。然後，透過以下命令下載本書書附的原始程式碼，以便進行後續的學習和開發工作。

```
$ cd ~/dev_ws/src
$ git clone [本書書附原始程式碼]
```

> 以上 [本書書附原始程式碼] 需要修改為前言中提供的本書書附原始程式碼連結。

2.2.3 編譯工作空間

在終端中,首先進入工作空間的根目錄。在正式開始編譯之前,為了確保所有功能套件能夠順利編譯並執行,可以利用 ROS 2 提供的 rosdep 命令自動安裝 src 程式空間中各種功能套件所需的相依函式庫。執行命令如下。

```
$ cd ~/dev_ws
$ rosdep install --from-paths src --ignore-src -r -y
```

安裝完成後,還需要繼續安裝 ROS 2 的編譯器 colcon,並使用以下命令編譯工作空間。

```
$ sudo apt install python3-colcon-ros
$ cd ~/dev_ws/
$ colcon build
```

如果有缺少的相依,或程式有錯誤,則編譯過程中會顯示出錯,否則編譯過程不會出現任何錯誤,如圖 2-4 所示。

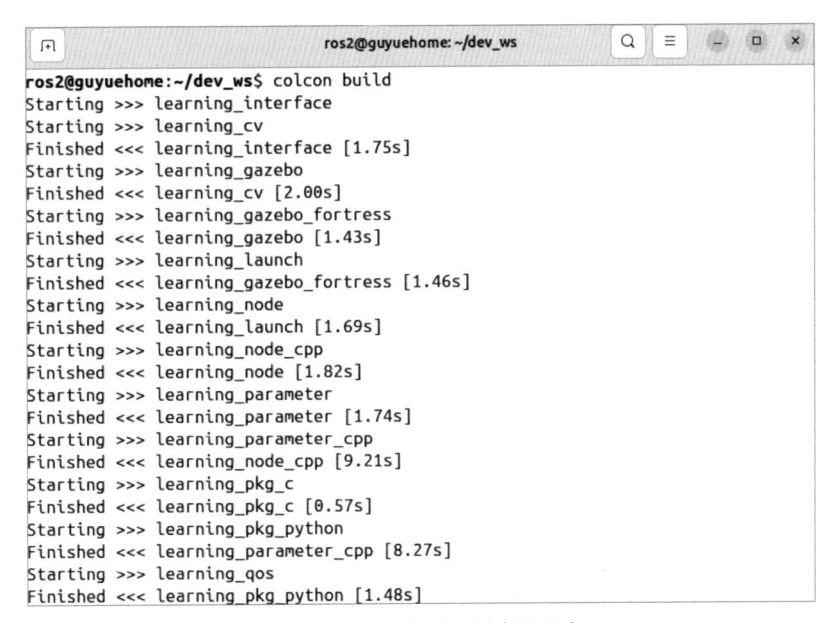

```
ros2@guyuehome:~/dev_ws$ colcon build
Starting >>> learning_interface
Starting >>> learning_cv
Finished <<< learning_interface [1.75s]
Starting >>> learning_gazebo
Finished <<< learning_cv [2.00s]
Starting >>> learning_gazebo_fortress
Finished <<< learning_gazebo [1.43s]
Starting >>> learning_launch
Finished <<< learning_gazebo_fortress [1.46s]
Starting >>> learning_node
Finished <<< learning_launch [1.69s]
Starting >>> learning_node_cpp
Finished <<< learning_node [1.82s]
Starting >>> learning_parameter
Finished <<< learning_parameter [1.74s]
Starting >>> learning_parameter_cpp
Finished <<< learning_node_cpp [9.21s]
Starting >>> learning_pkg_c
Finished <<< learning_pkg_c [0.57s]
Starting >>> learning_pkg_python
Finished <<< learning_parameter_cpp [8.27s]
Starting >>> learning_qos
Finished <<< learning_pkg_python [1.48s]
```

▲ 圖 2-4 功能套件編譯過程

編譯成功後，可以在工作空間中看到自動生產的 build、log、install 子空間，如圖 2-5 所示，之後執行的 ROS 2 節點就存放在 install 資料夾下。

▲ 圖 2-5 編譯後的 build、log、install 資料夾示意圖

2.2.4 設置環境變數

編譯成功後，為了確保系統能夠順利找到功能套件和可執行檔，還需要配置工作空間的環境變數，配置方式有兩種。

第一種是配置在當前終端的環境變數中，只在當前終端中有效，需要在終端執行以下命令。

```
$ source ~/dev_ws/install/setup.bash
```

第二種是配置在系統的環境變數中，也就是 Linux 的 .bashrc 檔案中，需要在終端執行以下命令。

```
$ echo "source ~/dev_ws/install/setup.bash" >> ~/.bashrc
```

> .bashrc 是一個 shell 指令稿，每次啟動終端，.bashrc 就會執行一次，該檔案包含一系列配置和初始化命令，用於設置使用者的環境變數、別名、函式等，以便讓使用者的終端階段更加個性化和高效。

2.3 功能套件：機器人功能分類

在本書書附的原始程式中可以看到很多不同名稱的資料夾，如圖 2-6 所示。在 ROS 2 中，它們並不是普通的資料夾，而是功能套件（Package）。

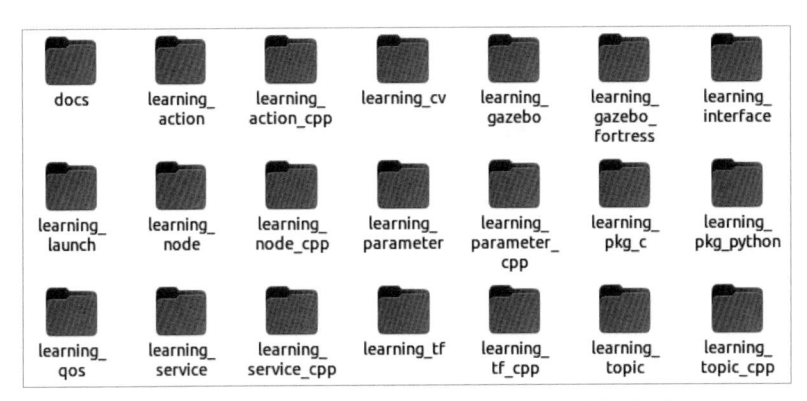

▲ 圖 2-6　本書書附原始程式中的部分功能套件

2.3.1 功能套件是什麼

每個機器人可能具備多種功能，如移動控制、視覺感知、自主導航等。這些功能的原始程式碼可以全部放到一起，不過當分享其中某些功能給他人時，就會遇到一個難題：程式緊密交織，難以拆分。

舉個例子，假設有紅豆、綠豆和黃豆，如果將它們混在一個袋子裡，那麼想只取出黃豆就會非常麻煩，因為需要在「五彩斑斕」的豆子中一顆顆挑選，數量越多，任務就越艱鉅。如果把這些不同顏色的豆子分別放在三個袋子裡，那麼需要時就能立刻取出。

功能套件的原理與此類似。在 ROS 2 中，開發者可以將不同功能的程式劃分到不同的功能套件中，儘量減少它們之間的耦合關係。這樣，在需要將某些功能分享給 ROS 社區的其他成員時，只需說明該功能套件的使用方法，別人就能迅速上手。

因此，功能套件的機制是提高 ROS 中軟體重複使用率的重要方式之一。

2.3.2 建立功能套件

在圖 2-6 中，大家可以看到許多功能套件，這些功能套件的建立方法如下。

```
$ ros2 pkg create --build-type <build-type> <package_name>
```

在以上 ROS 2 命令中：

- pkg：呼叫功能套件相關功能的子命令。
- create：建立功能套件的子命令。
- build-type：表示新建立的功能套件是 C++ 還是 Python，如果使用 C++ 或 C，這裡就是「ament_cmake」；如果使用 Python，這裡就是「ament_python」。
- package_name：新建功能套件的名稱。

舉例來說，大家可以在終端分別執行以下命令來建立 C++ 和 Python 的功能套件，具體過程如圖 2-7 和圖 2-8 所示。

```
$ cd ~/dev_ws/src
$ ros2 pkg create --build-type ament_cmake learning_pkg_cpp       # 建立一個 C++ 功能套件
$ ros2 pkg create --build-type ament_python learning_pkg_python   # 建立一個 Python 功能套件
```

在 ROS 1 系統中，功能套件是通用結構，其中可以放置 C++、Python、介面定義等程式和配置，ROS 2 系統做了更明確的功能套件類型劃分，有助複雜系統的編譯和連結。

2.3 功能套件：機器人功能分類

```
ros2@guyuehome:~/dev_ws/src$ ros2 pkg create --build-type ament_cmake learning_p
kg_cpp
going to create a new package
package name: learning_pkg_cpp
destination directory: /home/ros2/dev_ws/src
package format: 3
version: 0.0.0
description: TODO: Package description
maintainer: ['ros2 <ros2@todo.todo>']
licenses: ['TODO: License declaration']
build type: ament_cmake
dependencies: []
creating folder ./learning_pkg_cpp
creating ./learning_pkg_cpp/package.xml
creating source and include folder
creating folder ./learning_pkg_cpp/src
creating folder ./learning_pkg_cpp/include/learning_pkg_cpp
creating ./learning_pkg_cpp/CMakeLists.txt

[WARNING]: Unknown license 'TODO: License declaration'.  This has been set in th
e package.xml, but no LICENSE file has been created.
It is recommended to use one of the ament license identifiers:
Apache-2.0
BSL-1.0
```

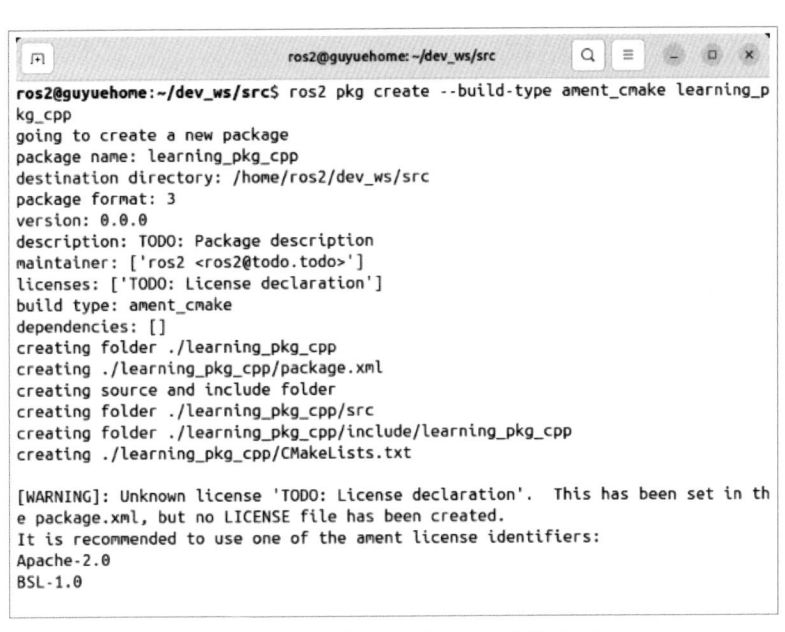

▲ 圖 2-7　在終端建立 C++ 功能套件

```
ros2@guyuehome:~/dev_ws/src$ ros2 pkg create --build-type ament_python learning_
pkg_python
going to create a new package
package name: learning_pkg_python
destination directory: /home/ros2/dev_ws/src
package format: 3
version: 0.0.0
description: TODO: Package description
maintainer: ['ros2 <ros2@todo.todo>']
licenses: ['TODO: License declaration']
build type: ament_python
dependencies: []
creating folder ./learning_pkg_python
creating ./learning_pkg_python/package.xml
creating source folder
creating folder ./learning_pkg_python/learning_pkg_python
creating ./learning_pkg_python/setup.py
creating ./learning_pkg_python/setup.cfg
creating folder ./learning_pkg_python/resource
creating ./learning_pkg_python/resource/learning_pkg_python
creating ./learning_pkg_python/learning_pkg_python/__init__.py
creating folder ./learning_pkg_python/test
creating ./learning_pkg_python/test/test_copyright.py
creating ./learning_pkg_python/test/test_flake8.py
```

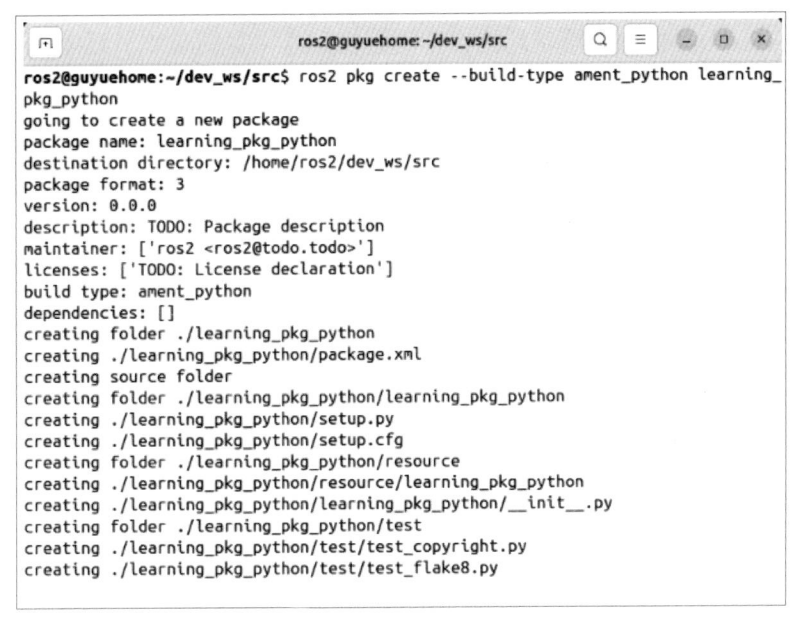

▲ 圖 2-8　在終端建立 Python 功能套件

第 2 章　ROS 2 核心原理：建構機器人的基石

2.3.3 功能套件的結構

　　功能套件並非普通的資料夾，那麼如何判斷一個資料夾是否屬於功能套件呢？可以透過分析 2.3.2 節新建立的兩個功能套件得到答案。

1. C++ 功能套件

　　首先看 C++ 類型的功能套件。這類功能套件中必然包含兩個檔案：package.xml 和 CMakeLists.txt，如圖 2-9 所示。

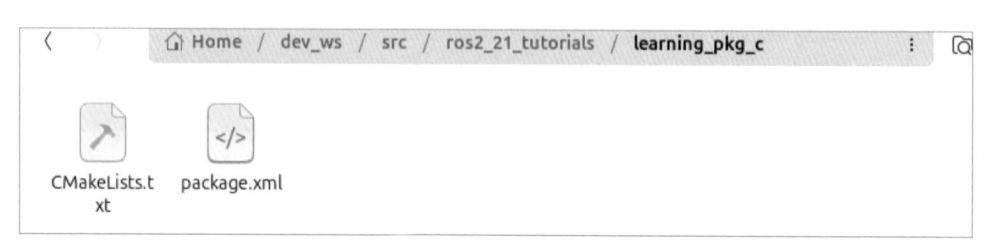

▲ 圖 2-9　C++ 功能套件結構示意圖

　　package.xml 檔案涵蓋了功能套件的版權描述，詳細闡述了版權所有者、版權年份及版權宣告等關鍵資訊。此外，該檔案還列出了功能套件所相依的各種函式庫、工具或資源，包括它們的版本要求和來源宣告，為功能套件的正確建構和執行提供了必要的相依宣告資訊。以 learning_pkg_cpp 的 package.xml 為例，其中的內容與解析如下。

```
<!-- XML 宣告，指定 XML 版本為 1.0 -->
<?xml version="1.0"?>

<!-- XML 模型宣告，指定 XSD 模式檔案的 URL，用於驗證 XML 檔案 -->
<?xml-model [XSD 驗證連結，功能套件 package.xml 檔案建立時自動生成 ]?>

<!-- ROS 套件格式版本為 3，根據 REP 149 定義 -->
<package format="3">
  <!-- 套件名稱，必須是唯一的，以小寫字母開頭，包含小寫字母、數字和底線，不得有兩個連續的底線
-->
  <name>learning_pkg_c</name>

  <!-- 版本編號，形式為 X.Y.Z，X、Y、Z 為非負整數，不得有前置字元為零 -->
```

```xml
<version>0.0.0</version>

<!-- 套件描述，內容不限 -->
<description>TODO: Package description</description>

<!-- 維護者資訊，包含姓名和電子郵寄位址 -->
<maintainer email="hcx@todo.todo">hcx</maintainer>

<!-- 許可證宣告，可以有多個，用於説明套件的許可條款 -->
<license>TODO: License declaration</license>

<!-- 相依關係 -->
<!-- 建構工具相依，建構此套件時需要的建構工具 -->
<buildtool_depend>ament_cmake</buildtool_depend>

<!-- 測試相依 -->
<!-- 測試相依之一，自動化程式檢查的工具 -->
<test_depend>ament_lint_auto</test_depend>
<!-- 測試相依之二，通用程式檢查工具 -->
<test_depend>ament_lint_common</test_depend>

<!-- 匯出資訊 -->
<export>
    <!-- 建構類型，指示建構系統如何建構此套件 -->
    <build_type>ament_cmake</build_type>
</export>
</package>
```

CMakeLists.txt 檔案是定義編譯規則的關鍵檔案。由於 C++ 程式需要先編譯才能執行，因此在這個檔案中，必須詳細設置編譯的過程和規則，包括指定編譯器、編譯選項、程式庫等，以確保程式能夠正確編譯成可執行檔。

該檔案使用 CMake 語法撰寫，其結構和內容對於功能套件的建構過程至關重要，ROS 2 中關於該檔案的整體樣式幾乎是一致的，以 learning_pkg_cpp 的 CMakeLists.txt 為例：

```
# 設置 CMake 的最低版本要求
cmake_minimum_required(VERSION 3.8)
```

第 2 章　ROS 2 核心原理：建構機器人的基石

```
# 定義專案名稱和版本（這裡的版本由 package.xml 管理，所以 CMake 中不需要指定版本）
project(learning_pkg_c)

# 如果使用的是 GCC 或 Clang 編譯器，則需增加額外編譯選項
if(CMAKE_COMPILER_IS_GNUCXX OR CMAKE_CXX_COMPILER_ID MATCHES "Clang")
  add_compile_options(-Wall -Wextra -Wpedantic)
endif()

# 查詢 ament_cmake 套件，這是 ROS 2 建構系統的核心套件
find_package(ament_cmake REQUIRED)

# 如果需要手動增加其他相依項，則可以取消註釋並填寫
# find_package(<dependency> REQUIRED)

# 如果啟用了測試建構（透過 CMake 選項或環境變數設置）
if(BUILD_TESTING)
  # 查詢 ament_lint_auto 套件，用於自動化程式檢查
  find_package(ament_lint_auto REQUIRED)

  # 跳過版權檢查（在原始程式碼檔案都增加了版權和許可證宣告前，可以暫時這樣做）
  set(ament_cmake_copyright_FOUND TRUE)

  # 跳過 cpplint 檢查（僅在 Git 倉庫中有效，且所有原始程式碼檔案都已增加版權和許可證宣告時可以取消註釋）
  set(ament_cmake_cpplint_FOUND TRUE)

  # 自動查詢測試相依項
  ament_lint_auto_find_test_dependencies()
endif()

# 呼叫 ament_package() 巨集，它設置了套件安裝的目標和 ament 相關的一些建構屬性
ament_package()
```

2. Python 功能套件

　　C++ 功能套件需要將原始程式編譯成可執行檔，這是其建構過程中的重要步驟。然而，Python 語言身為解析型語言，其執行方式與 C++ 有所不同，不需要預先編譯成可執行檔。

2-14

2.3 功能套件：機器人功能分類

因此，在建構 Python 功能套件時會存在一些與 C++ 功能套件不同的地方，但仍然會包含一些關鍵檔案，如 package.xml 和 setup.py。如圖 2-10 所示，大家可以看到 Python 功能套件中包含的這兩個關鍵檔案共同組成了功能套件的基礎結構，確保了功能套件的正確建構和安裝。

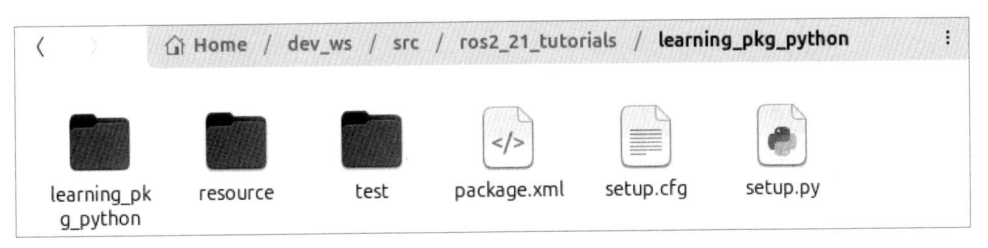

▲ 圖 2-10 Python 功能套件結構示意圖

package.xml 檔案在 Python 功能套件中的作用與在 C++ 功能套件中相似，它包含了功能套件的版權描述、相依宣告等重要資訊。這些資訊對於功能套件的正確建構和分發至關重要。以 learning_pkg_python 中的 package.xml 為例：

```xml
<!-- XML 宣告，指定 XML 版本為 1.0 -->
<?xml version="1.0"?>

<!-- XML 模型宣告，指定 XSD 模式檔案的 URL，用於驗證 XML 檔案 -->
<?xml-model [XSD 驗證連結，功能套件 package.xml 檔案建立時自動生成 ]?>

<!-- ROS 套件格式版本為 3 -->
<package format="3">
  <!-- 套件名稱 -->
  <name>learning_pkg_python</name>

  <!-- 版本編號，實際發佈前更新為合適的版本編號 -->
  <version>0.0.0</version>

  <!-- 套件描述，應詳細說明套件的功能和用途 -->
  <description>TODO: Package description</description>

  <!-- 維護者資訊，包括姓名和電子郵寄位址 -->
  <maintainer email="hcx@todo.todo">hcx</maintainer>
```

第 2 章　ROS 2 核心原理：建構機器人的基石

```xml
<!-- 許可證宣告，應指定套件使用的許可證類型，如 BSD、MIT、Apache 2.0 等 -->
<license>TODO: License declaration</license>

<!-- 測試相依項 -->
<!-- 版權檢查工具，用於確保原始程式碼檔案包含有效的版權宣告 -->
<test_depend>ament_copyright</test_depend>

<!-- Python 程式品質檢查工具，檢查 PEP 8 風格違規等 -->
<test_depend>ament_flake8</test_depend>

<!-- 文件字串檢查工具，確保遵循 PEP 257 的文件字串約定 -->
<test_depend>ament_pep257</test_depend>

<!-- Python 測試框架，用於撰寫和執行測試 -->
<test_depend>python3-pytest</test_depend>

<!-- 匯出資訊 -->
<export>
    <!-- 建構類型，指定這是一個 Python 套件，並使用 ament 的 Python 建構系統 -->
    <build_type>ament_python</build_type>
</export>
</package>
```

　　setup.py 檔案是 Python 功能套件中特有的，用於描述如何安裝和分發該功能套件。該檔案包含了功能套件的中繼資料、相依關係、安裝指令稿等資訊，是建構和安裝 Python 功能套件不可或缺的一部分。以 learning_pkg_python 中的 setup.py 為例：

```python
# 匯入 setuptools 的 find_packages 和 setup 函式
from setuptools import find_packages, setup

# 定義套件名稱
package_name = 'learning_pkg_python'

# 使用 setup 函式定義套件的安裝資訊
setup(
    # 套件名稱
    name=package_name,
    # 版本編號，建議更新為實際版本編號
```

```python
    version='0.0.1',
    # 使用 find_packages 自動發現套件，排除 'test' 目錄
    packages=find_packages(exclude=['test']),
    # 定義需要安裝的資料檔案
    data_files=[
        # 資料檔案安裝到的目錄和檔案清單
        ('share/ament_index/resource_index/packages', ['resource/' + package_name]),
        ('share/' + package_name, ['package.xml']),
    ],
    # 安裝本套件所相依的其他套件
    install_requires=['setuptools'],
    # 指示該套件是否可以被安全地作為 zip 檔案安裝
    zip_safe=True,
    # 維護者姓名
    maintainer='ros2',
    # 維護者電子郵件，建議替換為實際電子郵件位址
    maintainer_email='ros2@example.com',
    # 套件描述，按照功能套件實例描述
    description=' 這是一個學習 Python 套件開發的範例套件 ',
    # 許可證宣告，建議替換為實際使用的許可證類型
    license='MIT',
    # 如果包含測試，並且你想使用 pytest 來執行它們
    tests_require=['pytest'],
    # 定義命令列指令稿的進入點
    entry_points={
        'console_scripts': [
            # 如果有命令列工具，請在這裡增加相應的項目
            # 例如：'my_command = learning_pkg_python.my_module:main_func',
        ],
    },
)
```

2.3.4 編譯功能套件

在建立好的功能套件中，可以繼續撰寫程式以實現所需的功能。然而，僅撰寫程式是不夠的，還需要對功能套件進行編譯，並配置相應的環境變數，以確保程式能夠正常執行。

第 2 章　ROS 2 核心原理：建構機器人的基石

雖然編譯功能套件的方法多種多樣，但核心都是圍繞 colcon 編譯器的使用展開。colcon 是一個專為 ROS 2 設計的編譯工具，它能夠有效地處理功能套件中的原始程式碼，並將其編譯成可執行檔或函式庫檔案，為後續的執行和測試提供必要的支援。

1. 編譯所有功能套件

類似於常用整合式開發環境（IDE）工具中的「Build All」或「編譯」功能，ROS 2 的 colcon 編譯器為開發者提供了一個便捷的途徑，無須過多考慮細節即可直接編譯工作空間下的所有原始程式碼。這一功能極大地簡化了編譯過程，使得開發者能夠更加專注於程式撰寫和功能實現，而不必在編譯環節上花費過多時間和精力。

```
$ cd ~/dev_ws
$ colcon build    # 編譯工作空間所有功能套件
```

編譯所有功能套件時，會重新檢查所有功能套件的相依項，並依次編譯、連結，如果功能套件數量較多或程式較多，則編譯過程消耗的時間也較長。

2. 編譯指定功能套件

在較大專案的開發中，編譯所有功能套件耗時耗力，大家也可以在修改程式的過程中單獨編譯指定的某一個或某幾個功能套件。

使用前需要安裝 colcon 的擴充功能。

```
$ sudo apt install python3-colcon-common-extensions
```

然後就可以透過 --packages-select 或 --packages-up-to 參數編譯指定功能套件了。

```
$ cd ~/dev_ws
$ colcon build --packages-select <package_name>     # 只編譯指定功能套件
$ colcon build --packages-up-to <package_name>      # 編譯指定功能套件及相關相依
```

編譯指定功能套件無法全面考慮未被指定的功能套件的程式變化，適合個別功能套件修改後的快速編譯測試。

3. 清除編譯歷史

以上編譯都會在工作空間根目錄下的 devel 資料夾中產生大量中間檔案，作為後續編譯過程中的參考，未被修改的功能套件或原始程式會重複使用上一次編譯的結果。如果想清除所有編譯資訊，完全重新編譯工作空間，則可使用以下命令操作。

```
$ cd ~/dev_ws
$ rm -rf install/ build/ log/     # 清除工作空間中的編譯歷史
```

2.4 節點：機器人的工作細胞

機器人是一個整合了多種功能的綜合系統，每項功能都如同機器人的工作細胞，這些「細胞」透過特定的機制相互連接，共同組成一個完整的機器人。在 ROS 2 中，大家形象地將這些「細胞」命名為節點（Node）。作為 ROS 2 系統的核心概念之一，節點代表機器人中執行特定任務或功能的獨立單元，它們透過訊息傳遞和服務呼叫等機制相互通訊與協作，共同實現機器人的複雜行為和智慧決策。

2.4.1 節點是什麼

完整的機器人系統可能並不是一個物理上的整體，如圖 2-11 所示，有可能是一個機器人與其他裝置共同組成的。

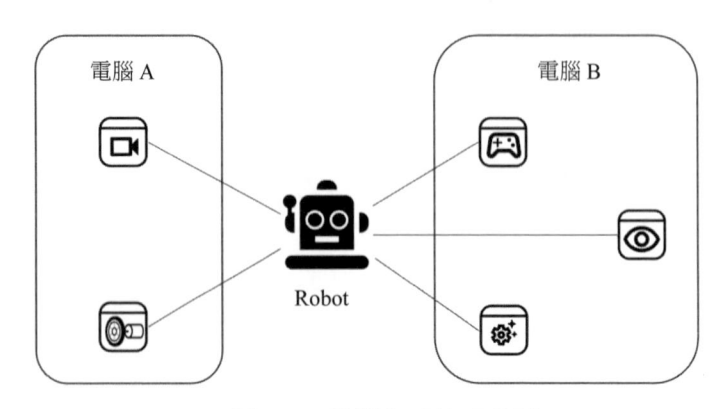

▲ 圖 2-11 機器人系統示意圖

在機器人的身體內部，搭載了電腦 A，它充當機器人的「大腦」。透過機器人的「眼睛」——相機，電腦 A 能夠即時獲取外界環境的資訊。同時，它能控制機器人的「腿」——輪子，指揮機器人移動到任何想去的地方。除此之外，可能還會有電腦 B，作為機器人的「遠端指揮官」被放置在桌子上，能夠遠端監控機器人所看到的一切資訊，也可以遠端配置機器人的速度和其他參數，甚至還可以連接一個搖桿，人為控制機器人進行前後左右運動。

這些功能分佈在不同的電腦中，都是機器人重要的「工作細胞」，也就是節點。這些節點具備各自獨特的功能，同時又相互協作，共同組成了一個完整、高效的機器人系統。

在 ROS 2 系統中，節點具備以下特點。

- **每個節點都是一個處理程序**：節點在機器人系統中的職責就是執行某些具體的任務，從電腦作業系統的角度來看，也叫作處理程序。

- **每個節點都是一個可以獨立執行的可執行檔**：例如執行某個 Python 程式，或執行 C++ 編譯生成的結果，都算執行了一個節點。

2.4 節點：機器人的工作細胞

- **每個節點可使用不同的程式語言**：既然每個節點都是獨立的執行檔案，那得到這個執行檔案的程式語言就可以是不同的，例如 C++、Python，乃至 Java、Rust 等。
- **每個節點可分散式執行在不同的主機中**：這些節點是功能各不相同的細胞，根據系統設計的不同，可能執行在電腦 A 中，也可能執行在電腦 B 中，還有可能執行在雲端，這叫作分散式，也就是可以分別部署在不同的硬體上。
- **每個節點都需要唯一的名稱**：在 ROS 2 系統中，所有節點是透過名稱進行管理的，當大家想要找到某個節點或了解某個節點的狀態時，可以透過節點的名稱查詢。

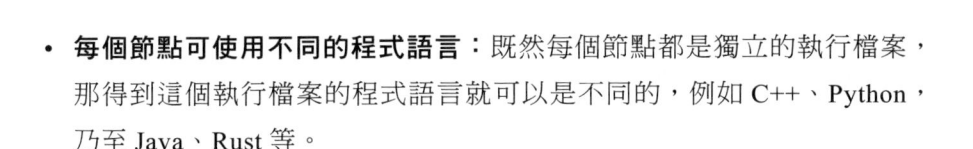

節點也可以被比喻成一個個的工人，他們分別完成不同的任務，有的在最前線廠房工作，有的在後勤部門提供保障，他們可能互相並不認識，但一起推動機器人這座「工廠」完成更為複雜的任務。

2.4.2 節點程式設計方法（Python）

按照上述流程，本書從 Hello World 常式開始，先實現一個最簡單的節點，它的功能並不複雜，就是迴圈輸出「Hello World」字串。

1. 撰寫程式

首先開啟 2.3 節建立好的 learning_pkg_python 功能套件，在名稱相同的 learning_pkg_python 資料夾下建立一個名為 node_helloworld_class.py 的檔案，然後開啟 node_helloworld_class.py 檔案，按照以下內容撰寫節點程式。

以下程式內容可以在本書書附原始程式的 learning_node/node_helloworld_class.py 檔案中找到。

```
#!/usr/bin/env python3
# -*- coding: utf-8 -*-
```

第 2 章　ROS 2 核心原理：建構機器人的基石

```python
import rclpy                                    # ROS 2 Python 介面函式庫
from rclpy.node import Node                     # ROS 2 節點類別
import time

"""
建立一個 HelloWorld 節點，初始化時輸出「hello world」日誌
"""
class HelloWorldNode(Node):
    def __init__(self, name):
        super().__init__(name)                  # ROS 2 節點父類別初始化
        while rclpy.ok():                       # ROS 2 系統是否正常執行
            self.get_logger().info("Hello World")  # ROS 2 日誌輸出
            time.sleep(0.5)                     # 休眠控制迴圈時間

def main(args=None):                            # ROS 2 節點主入口 main 函式
    rclpy.init(args=args)                       # ROS 2 Python 介面初始化
    node = HelloWorldNode("node_helloworld_class")  # 建立 ROS 2 節點物件並進行初始化
    rclpy.spin(node)                            # 循環等待 ROS 2 退出
    node.destroy_node()                         # 銷毀節點實例
    rclpy.shutdown()                            # 關閉 ROS 2 Python 介面
```

在 ROS 2 機器人開發中，推薦使用物件導向的程式設計方式，雖然看上去複雜，但是程式會具備更好的可讀性和可攜性，偵錯起來也會更加方便。

以上程式註釋已經詳細解析了每筆程式的含義，大家需要透過程式的實現，了解節點程式設計的主要流程，如圖 2-12 所示。

程式設計介面初始化 ➡ 建立節點並初始化 ➡ 實現節點功能 ➡ 銷毀節點並關閉介面

▲ 圖 2-12　節點程式設計流程

節點程式設計時，首先，透過 rclpy.init() 方法進行 ROS 2 環境的初始化，初始化的主要目的是設置 ROS 2 的通訊機制，使節點建立後能夠被其他節點發現並進行通訊；隨後，建立並初始化節點實例，包括設置必要的參數和初始化

2.4 節點：機器人的工作細胞

元件，這可以為新建立的節點提供獨一無二的宣告；接著，實現節點的核心功能，透過定義訊息類型、撰寫回呼函式來處理訊息和服務請求；此外，還需要在節點執行期間監控其狀態並處理所有異常；最後，在節點結束時，停止所有元件，使用 destroy_node() 銷毀節點實例，使用 shutdown() 關閉 ROS 2 環境以釋放資源。

2. 設置編譯選項

完成程式的撰寫後，需要設置功能套件的編譯選項，讓系統知道 Python 程式的入口，開啟 learning_pkg_python 功能套件中的 setup.py 檔案，加入以下進入點的配置，未來執行 node_helloworld_class 可執行檔時，就會從 learning_pkg_python 功能套件下的 node_helloworld_class 程式中找到入口 main 函式了。

```
entry_points={
    'console_scripts': [
        'node_helloworld_class = learning_pkg_python.node_helloworld_class:main',
    ],
```

對於 Python 功能套件中的程式，每個節點都需要進行類似的入口配置，如果配置錯誤或忘記配置，則可能導致執行時期找不到對應的可執行檔。本書後續 Python 相關的節點在範例程式中都已配置完成，不再重複說明，大家可以翻閱本書書附原始程式學習。

3. 編譯執行

接下來就可以在工作空間的根目錄下編譯剛才撰寫好的程式和配置項。

```
$ cd ~/dev_ws
$ colcon build      # 編譯工作空間所有功能套件
```

編譯完成後，node_helloworld_class 節點的可執行程式已經被自動放置到工作空間的 install 資料夾下，此時可以透過 ROS 2 中的「ros2 run」命令執行編譯好的節點程式。

```
$ ros2 run learning_node node_helloworld_class
```

第 2 章 ROS 2 核心原理：建構機器人的基石

執行成功後，就可以在終端中看到迴圈輸出「Hello World」字串的效果，如圖 2-13 所示。

```
ros2@guyuehome:~/dev_ws$ ros2 run learning_node node_helloworld_class
[INFO] [1720801479.969887066] [node_helloworld_class]: Hello World
[INFO] [1720801480.471150930] [node_helloworld_class]: Hello World
[INFO] [1720801480.972821769] [node_helloworld_class]: Hello World
[INFO] [1720801481.474801259] [node_helloworld_class]: Hello World
[INFO] [1720801481.976608100] [node_helloworld_class]: Hello World
[INFO] [1720801482.477609368] [node_helloworld_class]: Hello World
[INFO] [1720801482.979323426] [node_helloworld_class]: Hello World
[INFO] [1720801483.480851569] [node_helloworld_class]: Hello World
[INFO] [1720801483.984546905] [node_helloworld_class]: Hello World
[INFO] [1720801484.485846636] [node_helloworld_class]: Hello World
[INFO] [1720801484.988938066] [node_helloworld_class]: Hello World
[INFO] [1720801485.490570378] [node_helloworld_class]: Hello World
[INFO] [1720801485.993447682] [node_helloworld_class]: Hello World
[INFO] [1720801486.496431120] [node_helloworld_class]: Hello World
```

▲ 圖 2-13 節點程式設計執行效果（Python）

至此，我們使用 Python 程式完成了一個節點的撰寫、編譯和執行。

2.4.3 節點程式設計方法（C++）

如果將 Python 換成 C++，Hello World 這個節點又該如何實現呢？

1. 撰寫程式

首先開啟 2.3 節建立好的 learning_pkg_cpp 功能套件，在 src 資料夾下建立一個名為 node_helloworld_class.cpp 的檔案，然後開啟 node_helloworld_class.cpp 檔案，按照以下內容撰寫節點程式。

以下程式內容可以在本書書附原始程式的 learning_node_cpp/src/node_helloworld_class.cpp 檔案中找到。

```cpp
#include <unistd.h>
#include "rclcpp/rclcpp.hpp"

/***
建立一個 HelloWorld 節點，初始化時輸出「hello world」日誌
***/
```

```cpp
class HelloWorldNode : public rclcpp::Node
{
    public:
        HelloWorldNode()
        : Node("node_helloworld_class")     // ROS 2 節點父類別初始化
        {
            while(rclcpp::ok())             // ROS 2 系統是否正常執行
            {
                RCLCPP_INFO(this->get_logger(), "Hello World");  // ROS 2 日誌輸出
                sleep(1);                   // 休眠控制迴圈時間
            }
        }
};

// ROS 2 節點主入口 main 函式
int main(int argc, char * argv[])
{

    // ROS 2 C++ 介面初始化
    rclcpp::init(argc, argv);

    // 建立 ROS 2 節點物件並進行初始化
    rclcpp::spin(std::make_shared<HelloWorldNode>());

    // 關閉 ROS 2 C++ 介面
    rclcpp::shutdown();

    return 0;
}
```

以上程式註釋已經詳細解析了每筆程式的含義，實現流程與 Python 版本完全一致，這裡不再贅述。

2. 設置編譯選項

　　C++ 程式在執行前必須經過編譯，需要在功能套件的 CMakeLists.txt 檔案中進行配置。開啟 learning_pkg_cpp 功能套件中的 CMakeLists.txt 檔案，加入以下內容。

第 2 章　ROS 2 核心原理：建構機器人的基石

```
# 查詢相依的功能套件 rclcpp，提供 ROS 2 C++ 的基礎介面
find_package(rclcpp REQUIRED)

# 增加一個可執行檔，名為 node_helloworld_class，使用原始程式 src/node_helloworld_class.cpp 生成
add_executable(node_helloworld_class src/node_helloworld_class.cpp)

# 在編譯生成可執行檔時，連結 rclcpp 相依函式庫
ament_target_dependencies(node_helloworld_class rclcpp)

# 將編譯生成的可執行檔 node_helloworld_class 拷貝到 install 安裝空間的 lib 資料夾下
install(TARGETS
  node_helloworld_class
  DESTINATION lib/${PROJECT_NAME})
```

　　對於 C++ 功能套件中的程式，每個節點都需要進行類似的編譯配置，配置的方法遵循 CMake 語法，更多配置方式可以參考後續原始程式套件的實現。本書後續 C++ 相關的節點在範例程式中都已配置完成，不再重複說明，大家可以翻閱本書書附原始程式學習。

3. 編譯執行

　　接下來就可以在工作空間的根目錄下編譯剛才撰寫好的程式和配置項了。

```
$ cd ~/dev_ws
$ colcon build    # 編譯工作空間所有功能套件
```

　　編譯完成後，繼續透過「ros2 run」命令來執行編譯好的節點。

```
$ ros2 run learning_node_cpp node_helloworld_class
```

　　執行成功後，就可以在終端中看到迴圈輸出「Hello World」字串的效果，如圖 2-14 所示。

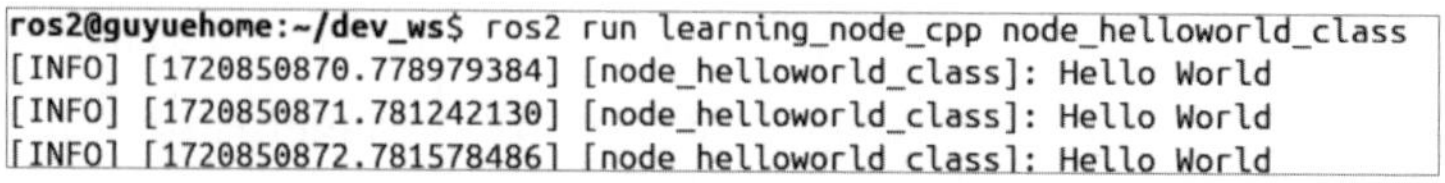

```
ros2@guyuehome:~/dev_ws$ ros2 run learning_node_cpp node_helloworld_class
[INFO] [1720850870.778979384] [node_helloworld_class]: Hello World
[INFO] [1720850871.781242130] [node_helloworld_class]: Hello World
[INFO] [1720850872.781578486] [node_helloworld_class]: Hello World
```

▲ 圖 2-14 節點程式設計執行效果（C++）

2.4 節點：機器人的工作細胞

至此，我們就使用 C++ 程式完成了一個節點的撰寫、編譯和執行。

2.4.4 節點的命令列操作

在開發機器人應用時，命令列可以靈活處理各種偵錯和執行工作。ROS 2 節點相關的命令是「node」，具體功能的子命令如圖 2-15 所示。

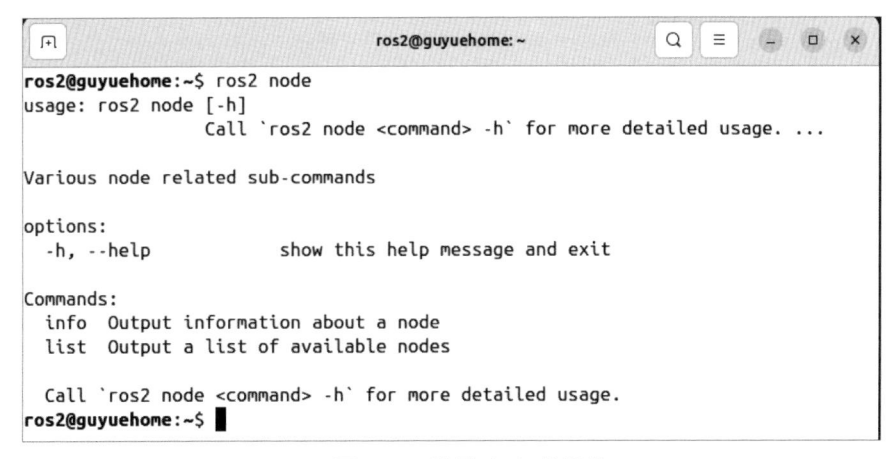

```
ros2@guyuehome:~$ ros2 node
usage: ros2 node [-h]
                 Call `ros2 node <command> -h` for more detailed usage. ...

Various node related sub-commands

options:
  -h, --help          show this help message and exit

Commands:
  info  Output information about a node
  list  Output a list of available nodes

  Call `ros2 node <command> -h` for more detailed usage.
ros2@guyuehome:~$
```

▲ 圖 2-15 節點命令列操作

以本節執行的節點 node_helloworld_class 為例，在節點執行時期，可以使用以下命令查看當前所有節點的列表，並針對某個節點查看詳細資訊，包括該節點中有哪些話題的發行者和訂閱者、有哪些服務或動作的服務端和使用者端等。

```
$ ros2 node list                       # 查看節點列表
$ ros2 node info <node_name>           # 查看節點資訊
```

執行效果如圖 2-16 所示。

第 2 章　ROS 2 核心原理：建構機器人的基石

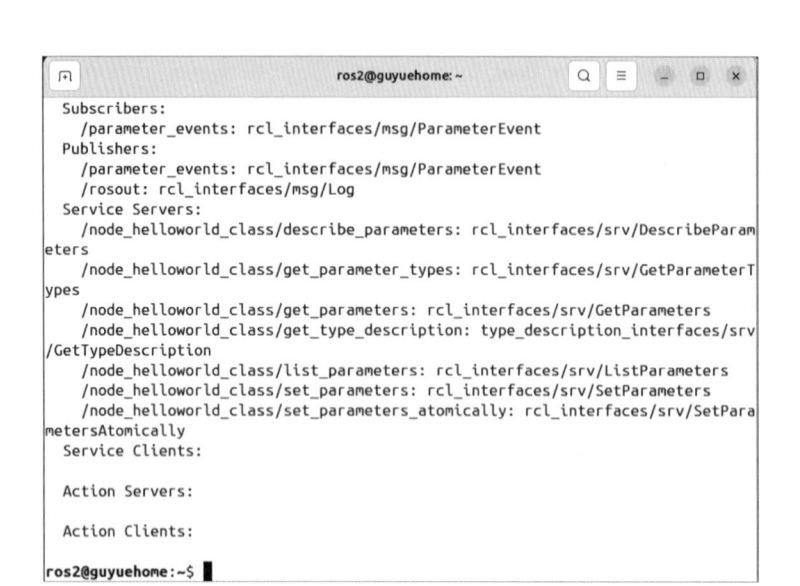

```
ros2@guyuehome: ~
Subscribers:
    /parameter_events: rcl_interfaces/msg/ParameterEvent
Publishers:
    /parameter_events: rcl_interfaces/msg/ParameterEvent
    /rosout: rcl_interfaces/msg/Log
Service Servers:
    /node_helloworld_class/describe_parameters: rcl_interfaces/srv/DescribeParam
eters
    /node_helloworld_class/get_parameter_types: rcl_interfaces/srv/GetParameterT
ypes
    /node_helloworld_class/get_parameters: rcl_interfaces/srv/GetParameters
    /node_helloworld_class/get_type_description: type_description_interfaces/srv
/GetTypeDescription
    /node_helloworld_class/list_parameters: rcl_interfaces/srv/ListParameters
    /node_helloworld_class/set_parameters: rcl_interfaces/srv/SetParameters
    /node_helloworld_class/set_parameters_atomically: rcl_interfaces/srv/SetPara
metersAtomically
  Service Clients:

  Action Servers:

  Action Clients:

ros2@guyuehome:~$
```

▲ 圖 2-16　節點命令列執行效果

2.4.5　節點應用範例：物件辨識

　　了解了節點的基礎程式設計方法，大家可能想問：在實際的機器人開發中，節點該如何應用呢？接下來我們一起動手做一個機器人應用範例，深入理解「節點」的概念。

　　做一個什麼節點呢？機器人的眼睛，也就是相機感測器，不僅要獲取外部環境的影像資訊，還需要進一步辨識影像中某些物體。現在開發一個節點：讀取相機影像，並動態辨識其中的蘋果（或類似顏色的物體），如圖 2-17 所示。

▲ 圖 2-17　節點應用範例：透過相機辨識影像中的蘋果

2.4 節點：機器人的工作細胞

1. 執行效果

先來看這個節點的執行效果如何。啟動一個終端，執行以下節點。

```
$ ros2 run learning_node node_object_webcam    #虛擬機器環境注意設置相機
```

> 如果在虛擬機器中操作，則需要進行以下設置。
> 1. 把虛擬機器設置為相容 USB3.1。
> 2. 在「可行動裝置」中將相機連接至虛擬機器。

執行成功後，該節點就可以驅動相機，並且即時辨識相機中的紅色物體，例如一個蘋果，或其他類似的物體，如圖 2-18 所示。

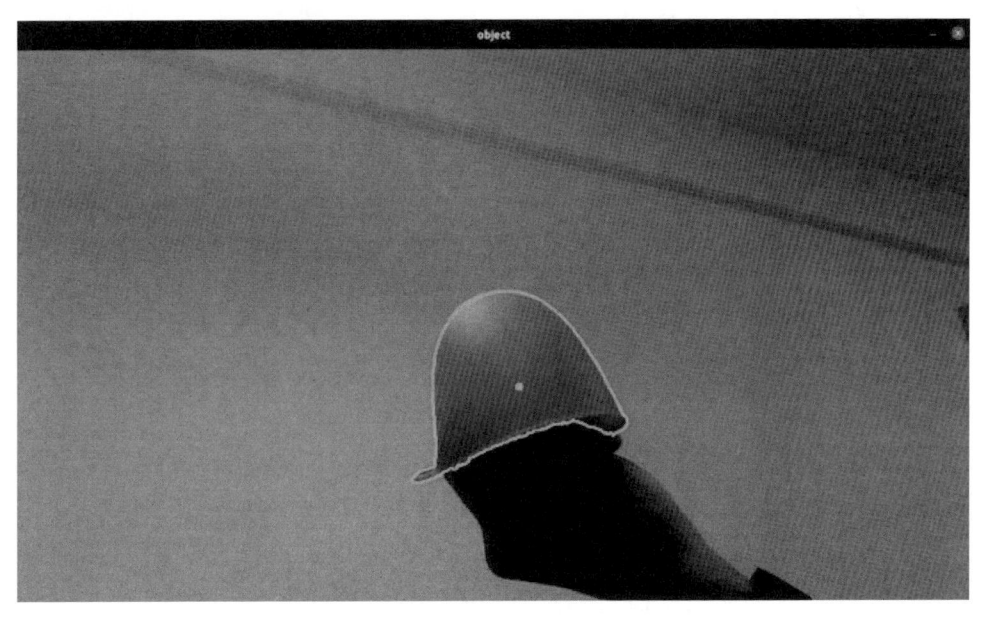

▲ 圖 2-18 節點範例執行效果

第 2 章　ROS 2 核心原理：建構機器人的基石

2. 程式解析

了解了執行效果，大家詳細看一下這個常式是如何使用「節點」實現的，詳細程式可見 learning_node/node_object_webcam.py。

```python
import rclpy                                    # ROS 2 Python 介面函式庫
from rclpy.node import Node                     # ROS 2 節點類別

import cv2                                      # OpenCV 影像處理函式庫
import numpy as np                              # Python 數值計算函式庫

lower_red = np.array([0, 90, 128])              # 紅色的 HSV 設定值下限
upper_red = np.array([180, 255, 255])           # 紅色的 HSV 設定值上限

def object_detect(image):
    # 影像從 BGR 色彩模型轉為 HSV 模型
    hsv_img = cv2.cvtColor(image, cv2.COLOR_BGR2HSV)
    # 影像二值化
    mask_red = cv2.inRange(hsv_img, lower_red, upper_red)
    # 影像輪廓檢測
    contours, hierarchy = cv2.findContours(mask_red, cv2.RETR_LIST, cv2.CHAIN_APPROX_NONE)

    # 去除一些輪廓面積太小的雜訊
    for cnt in contours:
        if cnt.shape[0] < 150:
            continue

        # 得到蘋果所在輪廓的左上角 x、y 像素座標及輪廓範圍的寬和高
        (x, y, w, h) = cv2.boundingRect(cnt)
        # 將蘋果的輪廓勾勒出來
        cv2.drawContours(image, [cnt], -1, (0, 255, 0), 2)
        # 將蘋果的影像中心點畫出來
        cv2.circle(image, (int(x+w/2), int(y+h/2)), 5, (0, 255, 0), -1)

    # 使用 OpenCV 顯示處理後的影像效果
    cv2.imshow("object", image)
    cv2.waitKey(50)
```

2.5 話題：節點間傳遞資料的橋樑

```python
def main(args=None):                                  # ROS 2 節點主入口 main 函式
    rclpy.init(args=args)                             # ROS 2 Python 介面初始化
    node = Node("node_object_webcam")                 # 建立 ROS 2 節點物件並進行初始化
    node.get_logger().info("ROS 2 節點範例：檢測圖片中的蘋果 ")
    cap = cv2.VideoCapture(0)

    while rclpy.ok():
        ret, image = cap.read()                       # 讀取一幀影像
        if ret == True:
            object_detect(image)                      # 蘋果檢測

    node.destroy_node()                               # 銷毀節點實例
    rclpy.shutdown()                                  # 關閉 ROS 2 Python 介面
```

以上節點程式先使用 OpenCV 中的 VideoCapture() 驅動相機，然後週期性讀取相機的資訊，再使用 OpenCV 中附帶的影像處理介面完成影像前置處理，最後基於紅色的 HSV 設定值辨識出蘋果所在的位置。

OpenCV 是影像處理中常用的開放原始碼函式庫，具體介紹和使用方法可以參考本書第 7 章或網路資料。

2.5 話題：節點間傳遞資料的橋樑

節點實現了機器人的多種功能，但這些功能並不是獨立的，它們之間有千絲萬縷的聯繫，其中最重要的一種聯繫方式就是話題（Topic），它是節點間傳遞資料的橋樑。

2.5.1 話題是什麼

如圖 2-19 所示，以兩個機器人節點為例。節點 A 的功能是驅動相機，獲取相機拍攝的影像資訊，節點 B 的功能是視訊監控，將相機拍攝到的影像即時顯示給使用者。

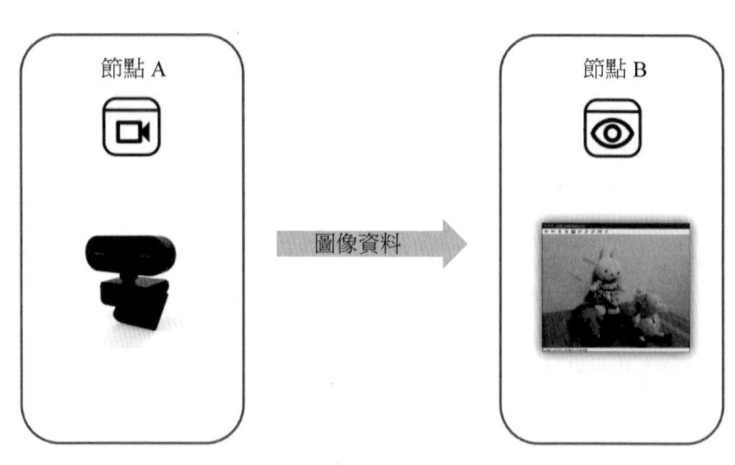

▲ 圖 2-19 節點間的資料傳輸

大家可以想一下，這兩個節點是不是必然存在某種關係？沒錯，節點 A 要將獲取的圖像資料傳輸給節點 B，有了資料，節點 B 才能做視覺化著色。在 ROS 中，此時從節點 A 到節點 B 傳遞圖像資料的方式被稱為話題，它作為橋樑，實現了節點之間某個方向上的資料傳輸。

2.5.2 話題通訊模型

ROS 2 中的話題通訊基於 DDS 的發佈 / 訂閱模型，那麼什麼叫發佈和訂閱呢？

如圖 2-20 所示，話題資料傳輸的特性是從一個節點到另一個節點，發送資料的物件被稱為發行者（Publisher），接收資料的物件被稱為訂閱者（Subscriber），每個話題都需要一個名稱，傳輸的資料也需要固定的資料型態。

2.5 話題：節點間傳遞資料的橋樑

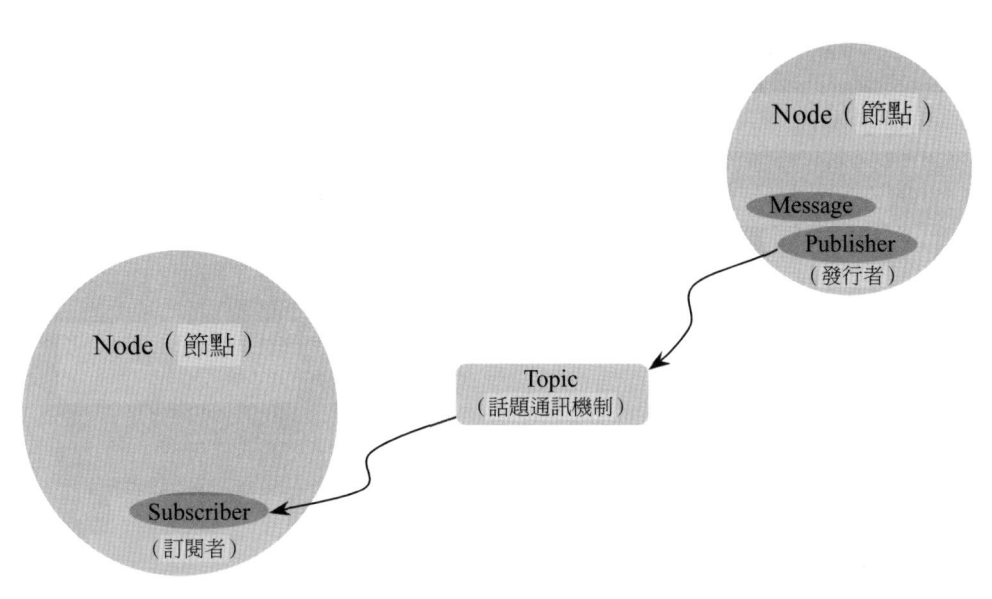

▲ 圖 2-20 話題通訊模型

打一個比方，如圖 2-21 所示，大家平時可能會看微信公眾號，例如有一個叫作「古月居」的公眾號，那麼「古月居」就是話題名稱，公眾號的發行者是古月居的小編，他會把按照公眾號的格式要求排版的機器人知識的文章發佈出去，文章格式就是話題的資料型態。如果大家對這個話題感興趣，就可以訂閱「古月居」公眾號，成為訂閱者之後自然就可以收到「古月居」的公眾號文章；如果沒有訂閱，就無法收到。類似這樣的發佈 / 訂閱模型在生活中隨處可見，例如訂閱報紙、訂閱郵寄清單等。

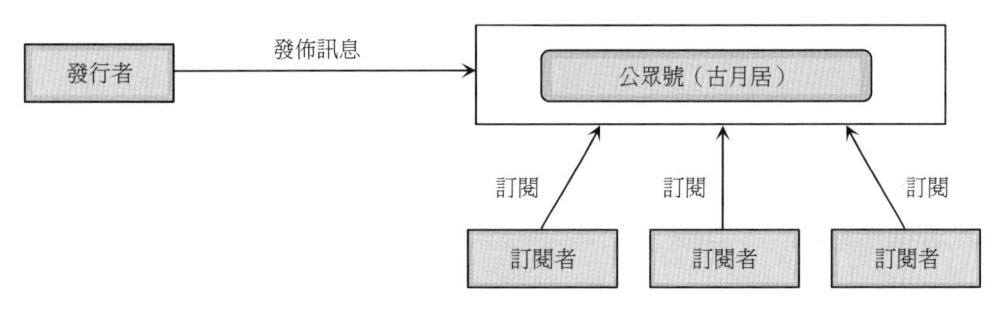

▲ 圖 2-21 發佈 / 訂閱模型

2-33

第 2 章　ROS 2 核心原理：建構機器人的基石

整體而言，ROS 2 中基於發佈 / 訂閱模型的話題通訊有以下特點。

1. 多對多通訊

每個人可以訂閱很多公眾號、報紙、雜誌，這些公眾號、報紙、雜誌也可以被很多人訂閱，話題通訊是一樣的，如圖 2-22 所示，發行者和訂閱者的數量並不是唯一的，這被稱為多對多通訊。

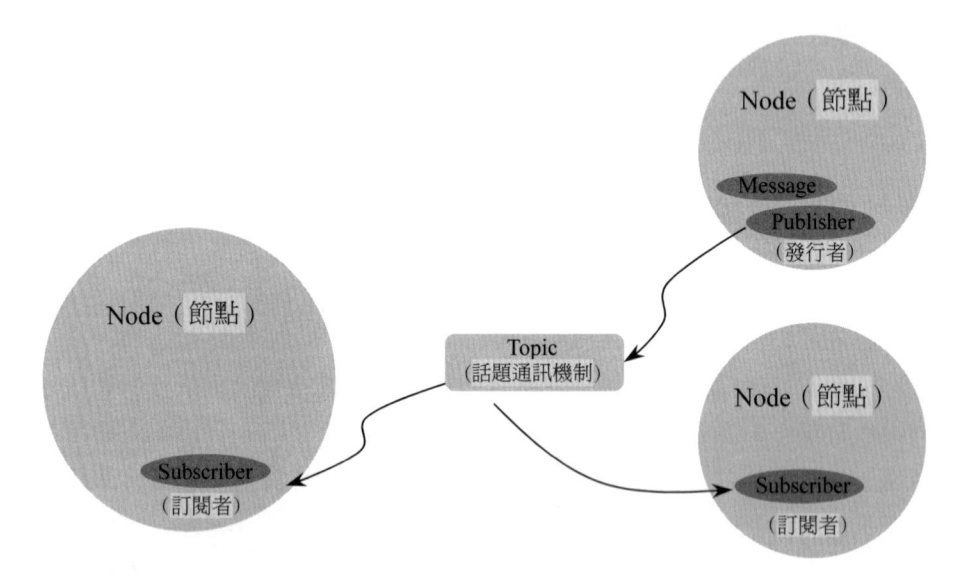

▲ 圖 2-22　多對多的發佈 / 訂閱模型

多對多通訊在某些情況下會產生資料干擾，例如發佈機器人運動控制指令的節點可以有 1 個、2 個、3 個，訂閱運動控制指令的機器人可以有 1 個、2 個、3 個。大家可以想像一下，這麼多機器人到底該聽誰的？所以當存在多個話題發行者或訂閱者時，一定要注意優先順序。

2. 非同步通訊

話題通訊還有一個特性，那就是非同步。所謂非同步，主要指發行者發出資料後，並不知道訂閱者什麼時候可以收到，就像「古月居」公眾號發佈一篇

2.5 話題：節點間傳遞資料的橋樑

文章，大家什麼時候閱讀，古月居根本不知道；報社發出一份報紙，大家什麼時候收到，報社也不知道，這就叫作非同步。非同步的特性也讓話題更適合用於一些週期性發佈的資料，例如感測器的資料、運動控制的指令等，對於某些邏輯性較強的指令，例如修改機器人的某個參數，用話題傳輸就不太合適了。

> 類似的，如果可以很快知道資料是否被收到，就叫作同步，例如打電話。ROS中也有同步通訊的方法，就是 2.6 節和 2.8 節將要學習的服務（Service）和動作（Action）。

3. 訊息介面

既然是資料傳輸，發行者和訂閱者就得統一資料的描述格式，不能一個說英文，一個理解成了中文。在 ROS 中，話題通訊資料的描述格式被稱為訊息（Message），類似程式語言中資料結構的概念。例如一幀圖像資料，會包含影像的長寬像素值、每個像素的 RGB 資訊等，在 ROS 中就有標準的訊息定義。

訊息是 ROS 中的一種介面定義方式，與程式語言無關，也是 ROS 中解耦節點的重要方法。ROS 針對機器人場景定義了很多標準訊息，例如影像、地圖、速度等，大家也可以透過 .msg 副檔名的檔案自由定義。有了訊息介面，各種節點就像積木塊一樣，透過各種各樣的介面進行拼接，組合成複雜的機器人系統。

> 自訂訊息的方法將在 2.7 節講解。

2.5.3 話題通訊程式設計範例

了解了話題的基本原理，接下來開始撰寫程式。

依然從 Hello World 開始，將 2.4 節實現的字串輸出變換成字元訊息的發佈與訂閱。這裡建立一個發行者，透過話題「chatter」週期性發佈「Hello World」字串訊息，訊息類型是 ROS 中定義的 String；再建立一個訂閱者，訂閱「chatter」話題，從而接收「Hello World」字串訊息。

第 2 章　ROS 2 核心原理：建構機器人的基石

先看一下實際的執行效果，「知其然，再知其所以然」。啟動第一個終端，透過以下命令執行話題的發行者節點，執行效果如圖 2-23 所示。

```
$ ros2 run learning_topic topic_helloworld_pub
```

```
ros2@guyuehome:~/dev_ws$ ros2 run learning_topic topic_helloworld_pub
[INFO] [1720851069.455697756] [topic_helloworld_pub]: Publishing: "Hello World"
[INFO] [1720851069.940823200] [topic_helloworld_pub]: Publishing: "Hello World"
[INFO] [1720851070.441187295] [topic_helloworld_pub]: Publishing: "Hello World"
[INFO] [1720851070.941317265] [topic_helloworld_pub]: Publishing: "Hello World"
[INFO] [1720851071.441152173] [topic_helloworld_pub]: Publishing: "Hello World"
[INFO] [1720851071.941002171] [topic_helloworld_pub]: Publishing: "Hello World"
```

▲ 圖 2-23　話題發行者節點執行效果

啟動第二個終端，執行話題的訂閱者節點，執行效果如圖 2-24 所示。

```
$ ros2 run learning_topic topic_helloworld_sub
```

```
ros2@guyuehome:~/dev_ws$ ros2 run learning_topic topic_helloworld_sub
[INFO] [1720851104.465165848] [topic_helloworld_sub]: I heard: "Hello World"
[INFO] [1720851104.941627539] [topic_helloworld_sub]: I heard: "Hello World"
[INFO] [1720851105.445914956] [topic_helloworld_sub]: I heard: "Hello World"
[INFO] [1720851105.942442566] [topic_helloworld_sub]: I heard: "Hello World"
[INFO] [1720851106.441087582] [topic_helloworld_sub]: I heard: "Hello World"
[INFO] [1720851106.941215849] [topic_helloworld_sub]: I heard: "Hello World"
[INFO] [1720851107.441840148] [topic_helloworld_sub]: I heard: "Hello World"
```

▲ 圖 2-24　話題訂閱者節點執行效果

可以看到發行者迴圈發佈「Hello World」字串訊息，訂閱者也以幾乎同樣的頻率收到「Hello World」字串訊息。

以上範例中的兩個節點是如何透過話題通訊實現字串訊息傳輸的呢？我們繼續學習程式設計方法。

2.5.4　話題發行者程式設計方法（Python）

先來看一下發行者的實現方法，Python 版本的實現程式在 learning_topic/topic_ helloworld_pub.py 中，詳細解析如下。

```
import rclpy                          # ROS 2 Python 介面函式庫
from rclpy.node import Node           # ROS 2 節點類別
```

2.5 話題：節點間傳遞資料的橋樑

```python
from std_msgs.msg import String          # 字串訊息類型

"""
建立一個發行者節點
"""
class PublisherNode(Node):

    def __init__(self, name):
        super().__init__(name)             # ROS 2節點父類別初始化

        # 建立發行者物件（訊息類型、話題名稱、佇列長度）
        self.pub = self.create_publisher(String, "chatter", 10)
        # 建立一個計時器（定時執行的回呼函式，週期的單位為秒）
        self.timer = self.create_timer(0.5, self.timer_callback)

    # 建立週期計時器執行的回呼函式
    def timer_callback(self):
        msg = String()                     # 建立一個 String 類型的訊息物件
        msg.data = 'Hello World'           # 填充訊息物件中的訊息資料
        self.pub.publish(msg)              # 發佈話題訊息
        self.get_logger().info('Publishing: "%s"' % msg.data)    # 輸出日誌資訊

def main(args=None):                                   # ROS 2節點主入口 main 函式
    rclpy.init(args=args)                              # ROS 2 Python 介面初始化
    node = PublisherNode("topic_helloworld_pub")       # 建立 ROS 2節點物件並進行初始化
    rclpy.spin(node)                                   # 循環等待 ROS 2 退出
    node.destroy_node()                                # 銷毀節點實例
    rclpy.shutdown()                                   # 關閉 ROS 2 Python 介面
```

根據以上程式實現，可以總結出話題發行者的實現流程，如圖 2-25 所示。

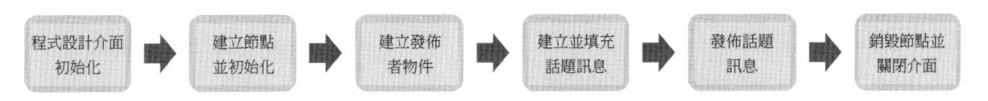

程式設計介面初始化 → 建立節點並初始化 → 建立發佈者物件 → 建立並填充話題訊息 → 發佈話題訊息 → 銷毀節點並關閉介面

▲ 圖 2-25 話題發行者的實現流程

首先，進行 ROS 2 環境的初始化，配置 ROS 2 的通訊介面；隨後，建立並初始化節點實例，包括設置必要的參數和初始化組件；接著，使用 create_

2-37

publisher() 方法建立發行者物件，需要設置發行者的話題名稱、訊息類型和佇列長度；然後，在一個週期計時器中，按照固定的頻率建立並填充訊息內容，透過 publish() 方法將訊息發佈出去；最後，在節點結束時，停止所有元件，銷毀節點實例，並關閉 ROS 2 環境以釋放資源。

2.5.5 話題訂閱者程式設計方法（Python）

再來看訂閱者的實現方法，Python 版本的實現程式在 learning_topic/topic_helloworld_ sub.py 中，詳細解析如下。

```python
import rclpy                                    # ROS 2 Python 介面函式庫
from rclpy.node   import Node                   # ROS 2 節點類別
from std_msgs.msg import String                 # ROS 2 標準定義的 String 訊息

"""
建立一個訂閱者節點
"""
class SubscriberNode(Node):

    def __init__(self, name):
        super().__init__(name)                  # ROS 2節點父類別初始化

        # 建立訂閱者物件（訊息類型、話題名稱、訂閱者回呼函式、佇列長度）
        self.sub = self.create_subscription(\
            String, "chatter", self.listener_callback, 10)

    # 建立回呼函式，執行收到話題訊息後對資料的處理
    def listener_callback(self, msg):
        self.get_logger().info('I heard: "%s"' % msg.data)  # 輸出日誌資訊

def main(args=None):                             # ROS 2 節點主入口 main 函式
    rclpy.init(args=args)                        # ROS 2 Python 介面初始化
    node = SubscriberNode("topic_helloworld_sub")  # 建立 ROS 2 節點物件並進行初始化
    rclpy.spin(node)                             # 循環等待 ROS 2 退出
    node.destroy_node()                          # 銷毀節點實例
    rclpy.shutdown()                             # 關閉 ROS 2 Python 介面
```

2.5 話題：節點間傳遞資料的橋樑

話題訂閱者的實現流程如圖 2-26 所示。

程式設計介面初始化 ➡ 建立節點並初始化 ➡ 建立訂閱者物件 ➡ 回呼函式處理話題資料 ➡ 銷毀節點並關閉介面

▲ 圖 2-26 話題訂閱者的實現流程

首先，進行 ROS 2 環境的初始化，配置 ROS 2 的通訊介面；隨後，建立並初始化節點實例，包括設置必要的參數和初始化組件；接著，使用 create_subscription() 方法建立訂閱者物件，需要設置訂閱者的訊息類型、話題名稱、回呼函式名稱和佇列長度；當訂閱收到發行者發來的訊息後，會立刻進入回呼函式 listener_callback()；接下來，在回呼函式中完成話題資料的處理，繼續循環等待下一次訊息的到來；在節點結束時，停止所有元件，銷毀節點實例，並關閉 ROS 2 環境以釋放資源。

理解訂閱者程式的核心是回呼函式 listener_callback()，因為話題是非同步通訊的，訂閱者並不知道訊息什麼時候來，所以 ROS 2 背景會有一個輪詢機制，當發現有資料進入訊息佇列時，就會觸發回呼函式，從而快速響應收到的訊息資料。

> 回呼函式在很多程式語言中有固定的範式，是軟體開發中的常用功能。

2.5.6 話題發行者程式設計方法（C++）

同樣功能的話題發行者可以使用 C++ 程式設計實現嗎？當然是可以的，執行範例如圖 2-27 所示。

```
ros2@guyuehome:~/dev_ws$ ros2 run learning_topic_cpp topic_helloworld_pub
[INFO] [1720851196.134677978] [topic_helloworld_pub]: Publishing: 'Hello World'
[INFO] [1720851196.634391579] [topic_helloworld_pub]: Publishing: 'Hello World'
[INFO] [1720851197.134624131] [topic_helloworld_pub]: Publishing: 'Hello World'
[INFO] [1720851197.634399887] [topic_helloworld_pub]: Publishing: 'Hello World'
[INFO] [1720851198.135112797] [topic_helloworld_pub]: Publishing: 'Hello World'
[INFO] [1720851198.634375638] [topic_helloworld_pub]: Publishing: 'Hello World'
[INFO] [1720851199.134685329] [topic_helloworld_pub]: Publishing: 'Hello World'
[INFO] [1720851199.634817675] [topic_helloworld_pub]: Publishing: 'Hello World'
```

▲ 圖 2-27 話題發行者的執行範例（C++）

第 2 章　ROS 2 核心原理：建構機器人的基石

完整程式在 learning_topic_cpp\src\topic_helloworld_pub.cpp 中。

```cpp
#include <chrono>
#include <functional>
#include <memory>
#include <string>

#include "rclcpp/rclcpp.hpp"              // ROS 2 C++ 介面函式庫
#include "std_msgs/msg/string.hpp"         // 字串訊息類型

using namespace std::chrono_literals;

class PublisherNode : public rclcpp::Node
{
    public:
        PublisherNode()
        : Node("topic_helloworld_pub")  // ROS 2 節點父類別初始化
        {
            // 建立發行者物件（訊息類型、話題名稱、佇列長度）
            publisher_ = this->create_publisher<std_msgs::msg::String>("chatter", 10);
            // 建立一個計時器，定時執行回呼函式
            timer_ = this->create_wall_timer(
                500ms, std::bind(&PublisherNode::timer_callback, this));
        }

    private:
        // 建立計時器週期性執行的回呼函式
        void timer_callback()
        {
          // 建立一個 String 類型的訊息物件
          auto msg = std_msgs::msg::String();
          // 填充訊息物件中的訊息資料
          msg.data = "Hello World";
          // 發佈話題訊息
          publisher_->publish(msg);
          // 輸出日誌資訊，提示已經完成話題發佈
          RCLCPP_INFO(this->get_logger(), "Publishing: '%s'", msg.data.c_str());
        }
```

2.5 話題：節點間傳遞資料的橋樑

```cpp
        rclcpp::TimerBase::SharedPtr timer_;                              // 計時器指標
        rclcpp::Publisher<std_msgs::msg::String>::SharedPtr publisher_;   // 發行者指標
};

// ROS 2 節點主入口 main 函式
int main(int argc, char * argv[])
{
    // ROS 2 C++ 介面初始化
    rclcpp::init(argc, argv);

    // 建立 ROS 2 節點物件並進行初始化
    rclcpp::spin(std::make_shared<PublisherNode>());

    // 關閉 ROS 2 C++ 介面
    rclcpp::shutdown();

    return 0;
}
```

以上程式註釋已經詳細解析了每筆程式的含義，實現流程與 Python 版本完全一致，這裡不再贅述。

2.5.7 話題訂閱者程式設計方法（C++）

C++ 程式設計實現的話題訂閱者執行範例如圖 2-28 所示。

```
ros2@guyuehome:~/dev_ws$ ros2 run learning_topic_cpp topic_helloworld_sub
[INFO] [1720851202.636799828] [topic_helloworld_sub]: I heard: 'Hello World'
[INFO] [1720851203.135933409] [topic_helloworld_sub]: I heard: 'Hello World'
[INFO] [1720851203.635822133] [topic_helloworld_sub]: I heard: 'Hello World'
[INFO] [1720851204.135743193] [topic_helloworld_sub]: I heard: 'Hello World'
[INFO] [1720851204.635549940] [topic_helloworld_sub]: I heard: 'Hello World'
[INFO] [1720851205.134898284] [topic_helloworld_sub]: I heard: 'Hello World'
[INFO] [1720851205.635098176] [topic_helloworld_sub]: I heard: 'Hello World'
[INFO] [1720851206.135197185] [topic_helloworld_sub]: I heard: 'Hello World'
[INFO] [1720851206.635815426] [topic_helloworld_sub]: I heard: 'Hello World'
[INFO] [1720851207.135044081] [topic_helloworld_sub]: I heard: 'Hello World'
```

▲ 圖 2-28 話題訂閱者的執行範例（C++）

第 2 章　ROS 2 核心原理：建構機器人的基石

完整程式在 learning_topic_cpp\src\topic_helloworld_sub.cpp 中。

```cpp
#include <memory>
#include "rclcpp/rclcpp.hpp"                    // ROS 2 C++ 介面函式庫
#include "std_msgs/msg/string.hpp"              // 字串訊息類型
using std::placeholders::_1;

class SubscriberNode : public rclcpp::Node
{
    public:
        SubscriberNode()
        : Node("topic_helloworld_sub")          // ROS 2 節點父類別初始化
        {
            // 建立訂閱者物件（訊息類型、話題名稱、訂閱者回呼函式、佇列長度）
            subscription_ = this->create_subscription<std_msgs::msg::String>(
                "chatter", 10, std::bind(&SubscriberNode::topic_callback, this, _1));
        }

    private:
        // 建立回呼函式，執行收到話題訊息後對資料的處理
        void topic_callback(const std_msgs::msg::String::SharedPtr msg) const
        {
            // 輸出日誌資訊，提示訂閱收到的話題訊息
            RCLCPP_INFO(this->get_logger(), "I heard: '%s'", msg->data.c_str());
        }

        // 訂閱者指標
        rclcpp::Subscription<std_msgs::msg::String>::SharedPtr subscription_;
};

// ROS 2 節點主入口 main 函式
int main(int argc, char * argv[])
{
    // ROS 2 C++ 介面初始化
    rclcpp::init(argc, argv);

    // 建立 ROS 2 節點物件並進行初始化
    rclcpp::spin(std::make_shared<SubscriberNode>());

    // 關閉 ROS 2 C++ 介面
```

```
    rclcpp::shutdown();

    return 0;
}
```

以上程式註釋已經詳細解析了每筆程式的含義，實現流程與 Python 版本完全一致，這裡不再贅述。

2.5.8 話題的命令列操作

ROS 2 節點相關的命令是「topic」，常用操作如下。

```
$ ros2 topic list                                         # 查看話題清單
$ ros2 topic info <topic_name>                            # 查看話題資訊
$ ros2 topic hz <topic_name>                              # 查看話題發佈頻率
$ ros2 topic bw <topic_name>                              # 查看話題傳輸頻寬
$ ros2 topic echo <topic_name>                            # 查看話題資料
$ ros2 topic pub <topic_name> <msg_type> <msg_data>       # 發佈話題訊息
```

在話題發行者 topic_helloworld_sub 和話題訂閱者 topic_helloworld_pub 執行時期，可以透過 list、echo、hz 和 info 查看當前話題的清單、訊息資料、傳輸頻率和詳細資訊，效果如圖 2-29 所示。

```
ros2@guyuehome:~$ ros2 topic list
/chatter
/parameter_events
/rosout
ros2@guyuehome:~$ ros2 topic echo /chatter
data: Hello World
---
data: Hello World
---
data: Hello World
---
data: Hello World
---
^Cros2@guyuehome:~$ ros2 topic hz /chatter
average rate: 2.001
        min: 0.499s max: 0.500s std dev: 0.00045s window: 4
average rate: 2.000
        min: 0.499s max: 0.501s std dev: 0.00047s window: 6
^Cros2@guyuehome:~$ ros2 topic info /chatter
Type: std_msgs/msg/String
Publisher count: 1
Subscription count: 1
```

▲ 圖 2-29 話題命令列操作範例

2.5.9 話題應用範例：物件辨識（週期式）

如何將話題應用於實際的機器人應用中呢？2.4.5 節透過一個節點驅動相機，實現了對紅色物體的辨識。該功能雖然沒有問題，但是對於機器人開發來講，它並沒有做到程式的模組化，更好的方式是將相機驅動和物件辨識做成兩個節點，如圖 2-30 所示，節點間的聯繫就是影像訊息，透過話題週期傳輸即可。

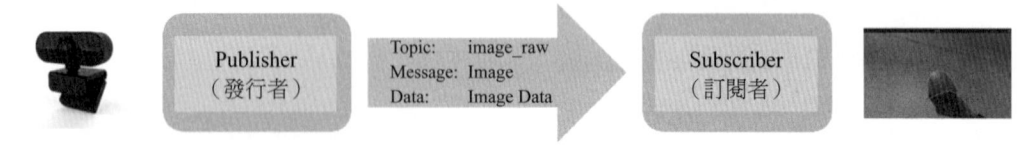

▲ 圖 2-30 物件辨識（週期式）範例的通訊架構

影像訊息在 ROS 中有標準定義，如果未來要更換相機，那麼只需修改驅動節點，發佈的影像訊息的結構並沒有變化，視覺辨識節點可以保持不變。這種模組化的設計思想可以讓軟體具備更好的可攜性。

1. 執行效果

我們先來看一下效果。啟動兩個終端，分別執行以下兩個節點，第一個節點驅動相機並發佈影像話題，第二個節點訂閱影像話題並實現視覺辨識。

```
$ ros2 run learning_topic topic_webcam_pub
$ ros2 run learning_topic topic_webcam_sub
```

如圖 2-31 所示，將紅色物體放入相機取景範圍，即可看到辨識效果。

2.5 話題：節點間傳遞資料的橋樑

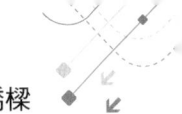

▲ 圖 2-31 物件辨識功能執行效果

2. 發行者程式解析

程式層面做了哪些變化呢？先來學習發行者節點的程式實現，其主要功能是驅動相機，並將相機資料封裝成 ROS 訊息發佈出去，完整程式在 learning_topic/topic_webcam_pub.py 中。

```python
import rclpy                                    # ROS 2 Python 介面函式庫
from rclpy.node import Node                     # ROS 2 節點類別
from sensor_msgs.msg import Image               # 影像訊息類型
from cv_bridge import CvBridge                  # ROS 與 OpenCV 影像轉換類別
import cv2                                      # OpenCV 影像處理函式庫

"""
建立一個發行者節點
"""
class ImagePublisher(Node):

    def __init__(self, name):
        super().__init__(name)                  # ROS 2 節點父類別初始化
        # 建立發行者物件（訊息類型、話題名稱、佇列長度）
```

2-45

```python
        self.publisher_ = self.create_publisher(Image, 'image_raw', 10)
        # 建立一個計時器（定時執行的回呼函式，週期的單位為秒）
        self.timer = self.create_timer(0.1, self.timer_callback)
        # 建立一個視訊擷取物件，驅動相機擷取影像（相機裝置編號）
        self.cap = cv2.VideoCapture(0)
        # 建立一個影像轉換物件，用於稍後將 OpenCV 的影像轉換成 ROS 的影像訊息
        self.cv_bridge = CvBridge()

    def timer_callback(self):
        ret, frame = self.cap.read()                              # 一幀一幀讀取影像

        if ret == True:                                           # 如果影像讀取成功
            self.publisher_.publish(
                self.cv_bridge.cv2_to_imgmsg(frame, 'bgr8'))      # 發佈影像訊息

        self.get_logger().info('Publishing video frame')          # 輸出日誌資訊

def main(args=None):                                              # ROS 2 節點主入口 main 函式
    rclpy.init(args=args)                                         # ROS 2 Python 介面初始化
    node = ImagePublisher("topic_webcam_pub")                     # 建立 ROS 2 節點物件並進行初始化
    rclpy.spin(node)                                              # 循環等待 ROS 2 退出
    node.destroy_node()                                           # 銷毀節點實例
    rclpy.shutdown()                                              # 關閉 ROS 2 Python 介面
```

在這段程式中，使用 OpenCV 中的 cv2.VideoCapture() 驅動相機，在計時器設置的迴圈中，使用 read() 獲取圖像資料，並透過 cv2_to_imgmsg() 將圖像資料轉換成 ROS 2 中的影像訊息，不斷發佈出去。

3. 訂閱者程式解析

訂閱者節點會週期性收到發行者節點發佈的影像訊息，然後透過回呼函式完成影像處理，辨識其中的目標物體，完整程式在 learning_topic/topic_webcam_sub.py 中。

```python
import rclpy                                                      # ROS 2 Python 介面函式庫
from rclpy.node import Node                                       # ROS 2 節點類別
```

2.5 話題：節點間傳遞資料的橋樑

```python
from sensor_msgs.msg import Image              # 影像訊息類型
from cv_bridge import CvBridge                 # ROS 與 OpenCV 影像轉換類別
import cv2                                     # OpenCV 影像處理函式庫
import numpy as np                             # Python 數值計算函式庫


lower_red = np.array([0, 90, 128])             # 紅色的 HSV 設定值下限
upper_red = np.array([180, 255, 255])          # 紅色的 HSV 設定值上限


"""
建立一個訂閱者節點
"""
class ImageSubscriber(Node):
    def __init__(self, name):
        super().__init__(name)              # ROS 2 節點父類別初始化
        # 建立訂閱者物件（訊息類型、話題名稱、訂閱者回呼函式、佇列長度）
        self.sub = self.create_subscription(
            Image, 'image_raw', self.listener_callback, 10)
        # 建立一個影像轉換物件，用於 OpenCV 影像與 ROS 的影像訊息的互相轉換
        self.cv_bridge = CvBridge()

    def object_detect(self, image):
        # 影像從 BGR 色彩模型轉為 HSV 模型
        hsv_img = cv2.cvtColor(image, cv2.COLOR_BGR2HSV)
        # 影像二值化
        mask_red = cv2.inRange(hsv_img, lower_red, upper_red)
        # 影像中輪廓檢測
        contours, hierarchy = cv2.findContours(
            mask_red, cv2.RETR_LIST, cv2.CHAIN_APPROX_NONE)

        # 去除一些輪廓面積太小的雜訊
        for cnt in contours:
            if cnt.shape[0] < 150:
                continue

            # 得到蘋果所在輪廓的左上角 x、y 像素座標及輪廓範圍的寬和高
            (x, y, w, h) = cv2.boundingRect(cnt)
            cv2.drawContours(image, [cnt], -1, (0, 255, 0), 2)# 將蘋果的輪廓勾勒出來
            # 將蘋果的影像中心點畫出來
            cv2.circle(image, (int(x+w/2), int(y+h/2)), 5, (0, 255, 0), -1)
```

2-47

第 2 章　ROS 2 核心原理：建構機器人的基石

```
        # 使用 OpenCV 顯示處理後的影像效果
        cv2.imshow("object", image)
        cv2.waitKey(10)

    def listener_callback(self, data):
        self.get_logger().info('Receiving video frame')    # 輸出日誌資訊
        # 將 ROS 的影像訊息轉化成 OpenCV 影像
        image = self.cv_bridge.imgmsg_to_cv2(data, 'bgr8')
        self.object_detect(image)                          # 蘋果物件辨識

def main(args=None):                       # ROS 2 節點主入口 main 函式
    rclpy.init(args=args)                  # ROS 2 Python 介面初始化
    node = ImageSubscriber("topic_webcam_sub")  # 建立 ROS 2 節點物件並進行初始化
    rclpy.spin(node)                       # 循環等待 ROS 2 退出
    node.destroy_node()                    # 銷毀節點實例
    rclpy.shutdown()                       # 關閉 ROS 2 Python 介面
```

透過話題對 2.4.5 節的功能進行解耦後，讓視覺辨識的常式煥然一新，不過似乎還有哪裡不太對勁，大家感覺到了嗎？

4. 更通用的相機驅動節點

ROS 的目標不是提高軟體重複使用率嗎？現在視覺辨識的節點可以重複使用了，而相機驅動節點好像不行。每換一個相機，是不是都得換一個驅動節點？這當然是不可能的！

常用的 USB 相機驅動是通用的，ROS 中也整合了 USB 相機的標準驅動，只需要透過以下命令，就可以安裝好。無論使用什麼樣的相機，只要符合 USB 介面協定，就可以直接使用 ROS 中的相機驅動節點發佈標準的影像話題。

```
$ sudo apt install ros-jazzy-usb-cam
```

> 此處如果使用的是虛擬機器，則需要先將相機連接到虛擬機器中：點擊功能表列中的「虛擬機器」選項，選擇「可行動裝置」，找到需要連接的相機型號，點擊「連接」。

這樣，程式又獲得了進一步精簡，不再需要剛才的影像發行者節點，而是換成了更加通用的相機驅動節點，物件辨識節點不需要做任何變化。執行的指令如下，執行的效果和圖 2-31 完全相同。

```
$ ros2 run usb_cam usb_cam_node_exe
$ ros2 run learning_topic topic_webcam_sub
```

這就是我們反覆提到的「解耦」，以此提高軟體的標準化，促進軟體功能的分享和傳播。

2.6 服務：節點間的你問我答

話題通訊可以實現多個 ROS 2 節點之間資料的單向傳輸，使用這種非同步通訊機制，發行者無法準確知道訂閱者是否收到訊息，本節將介紹 ROS 2 中另外一種常用的通訊機制——服務（Service），可以實現類似你問我答的同步通訊效果。

2.6.1 服務是什麼

在話題通訊的應用中，大家透過一個節點驅動相機發佈影像話題，另外一個節點訂閱影像話題實現對影像中紅色物體的辨識。

基於以上流程再進一步，如圖 2-32 所示，目標物體的位置資訊可以繼續發給機器人的上層應用使用，例如跟隨目標運動，或運動到目標位置等。此時，大家會發現這個目標位置並不需要一直訂閱接收，最好在需要時發佈一個查詢的請求，可以儘快得到此時目標的最新位置。

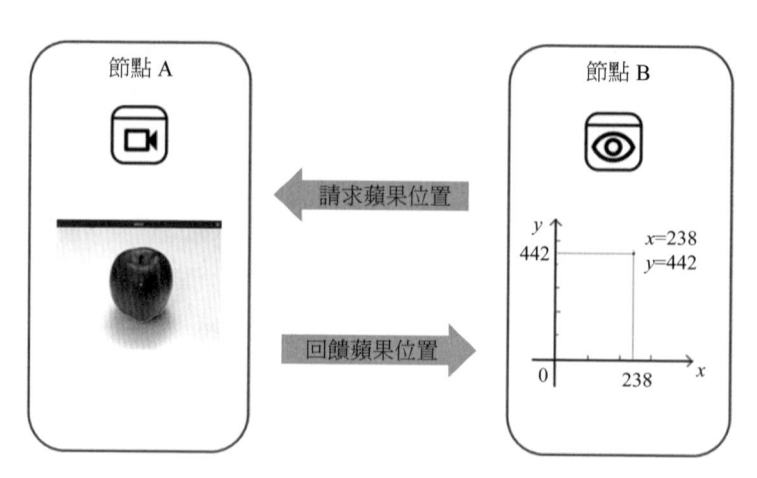

第 2 章　ROS 2 核心原理：建構機器人的基石

▲ 圖 2-32 節點間的服務呼叫

這種通訊的機制就是 ROS 2 中的服務，需要時發送一次請求，就可以收到一次應答，好像「你問我答」一樣。

2.6.2 服務通訊模型

這種「你問我答」的形式叫作服務通訊模型，其背後的機制就是使用者端／服務端模型，簡稱 C/S 模型。如圖 2-33 所示，使用者端在需要某些資料時，針對某個具體的服務，發送請求資訊，提供該服務的服務端收到請求後，會進行處理並回饋應答資訊。

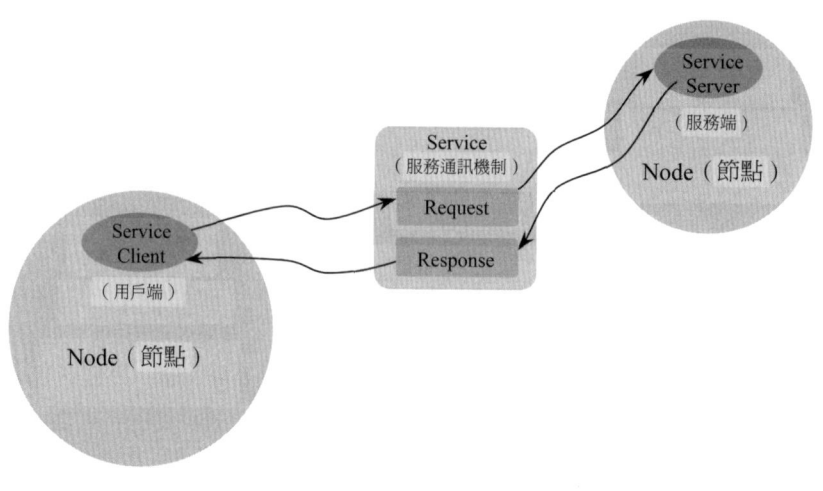

▲ 圖 2-33 服務通訊模型

2.6 服務：節點間的你問我答

這種通訊機制在生活中也很常見，例如大家在瀏覽各種網頁時，電腦的瀏覽器就是使用者端，透過域名或各種操作，向網站的服務端發送請求，服務端收到之後傳回需要展現的頁面資料，大家才能看到刷新後的資訊。

基於使用者端 / 服務端模型的服務通訊有以下特點。

1. 同步通訊

當大家上網時，如果瀏覽器一直「轉圈圈」，那麼有可能是伺服器當機或網路不好。相比話題通訊，在服務通訊中，使用者端可以透過接收到的應答資訊判斷服務端的狀態，這也被稱為同步通訊。

2. 一對多通訊

以古月居網站為例，服務端是唯一的，並沒有多個完全一樣的古月居網站，但是可以造訪古月居網站的使用者端是不唯一的，每個人都可以看到同樣的介面。所以在服務通訊模型中，服務端唯一，但使用者端可以不唯一。

3. 服務介面

和話題通訊類似，服務通訊的核心是傳遞資料，資料變成了兩部分，即一個請求資料和一個應答資料，這些資料和話題訊息一樣，在 ROS 2 中也需要標準定義，話題使用 .msg 檔案定義，服務使用 .srv 檔案定義。

本書 2.7 節會詳細介紹通訊介面定義的方法。

2.6.3 服務通訊程式設計範例

大家現在已經了解 ROS 2 服務通訊的基本概念和用途，接下來開始撰寫程式。從一個相對簡單的範例開始——透過服務實現一個加法求解器的功能。

這個範例的需求是：使用者端發佈兩個數字，服務端根據接收到的資料回饋兩個數相加的結果給使用者端。具體而言，使用者端節點將兩個加數封裝成請求資料，針對服務「add_two_ints」發送出去，提供這個服務的服務端節點收

第 2 章　ROS 2 核心原理：建構機器人的基石

到請求資料後，進行加法計算，並將求和結果封裝成應答資料回饋給使用者端，之後使用者端就可以得到想要的結果。

先來看一下範例的執行效果。大家開啟一個終端，使用以下命令啟動服務端節點，這個節點啟動後會等待請求資料並提供求和功能。

```
$ ros2 run learning_service service_adder_server
```

接下來開啟第二個終端，使用以下命令啟動使用者端節點，發送傳入的兩個加數並等待求和結果。

```
$ ros2 run learning_service service_adder_client 2 3
```

如圖 2-34 所示，大家可以看到使用者端發佈了一個請求，包含兩個加數 2 和 3，服務端收到該請求後迅速完成求和運算，並將 5 作為應答資訊回饋給使用者端。

```
ros2@guyuehome:~/dev_ws$ ros2 run learning_service service_adder_server
[INFO] [1730648850.587783845] [service_adder_server]: Incoming request
a: 2 b: 3
```

```
ros2@guyuehome:~$ ros2 run learning_service service_adder_client 2 3
[INFO] [1730648850.686752424] [service_adder_client]: Result of add_two_ints: for 2 + 3 = 5
ros2@guyuehome:~$
```

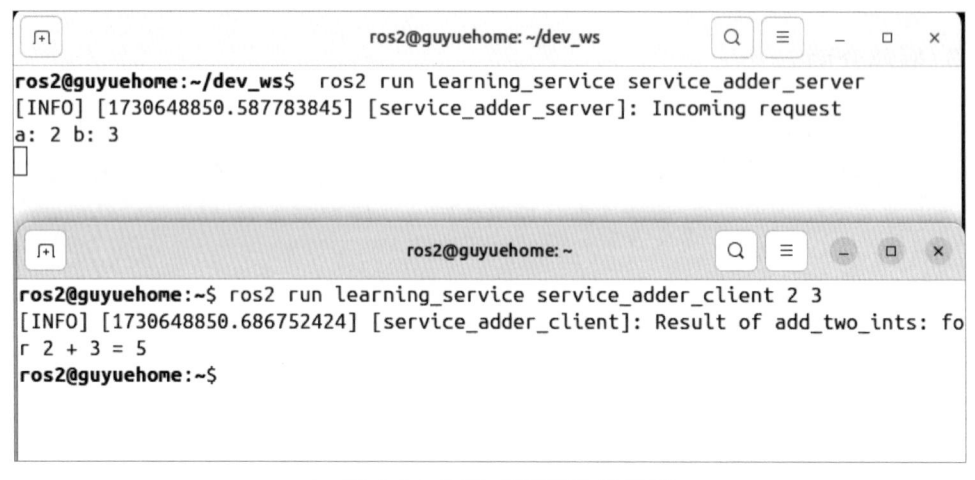

▲ 圖 2-34　加法求解器執行示意

以上範例中的兩個節點是如何透過服務實現求和運算的呢？大家要繼續學習使用者端和服務端程式設計方法。

2.6.4 使用者端程式設計方法（Python）

先來看一下使用者端的實現方法，Python 版本的實現程式在 learning_service/service_adder_client.py 中，詳細解析如下。

```python
import sys
import rclpy                                          # ROS 2 Python 介面函式庫
from rclpy.node    import Node                        # ROS 2 節點類別
from learning_interface.srv import AddTwoInts         # 自訂的服務介面

class adderClient(Node):
    def __init__(self, name):
        super().__init__(name)
        # 建立使用者端物件（服務介面類別型、服務名稱）
        self.client = self.create_client(AddTwoInts, 'add_two_ints')
        # 循環等待服務端成功啟動
        while not self.client.wait_for_service(timeout_sec=1.0):
            self.get_logger().info('service not available, waiting again...')
        # 建立服務請求的資料物件
        self.request = AddTwoInts.Request()

    # 建立一個發送服務請求的函式
    def send_request(self):
        self.request.a = int(sys.argv[1])
        self.request.b = int(sys.argv[2])

        # 非同步方式發送服務請求
        self.future = self.client.call_async(self.request)

def main(args=None):
    rclpy.init(args=args)                                   # ROS 2 Python 介面初始化
    node = adderClient("service_adder_client")              # 建立 ROS 2 節點物件並進行初始化
    node.send_request()                                     # 發送服務請求

    while rclpy.ok():                                       # ROS 2 系統正常執行
        rclpy.spin_once(node)                               # 迴圈執行一次節點

        if node.future.done():                              # 資料是否處理完成
```

```
        try:
            response = node.future.result()      # 接收服務端的回饋資料
        except Exception as e:
            node.get_logger().info(
                'Service call failed %r' % (e,))
        else:
            node.get_logger().info(              # 將收到的回饋資訊輸出
                'Result of add_two_ints: for %d + %d = %d' %
                (node.request.a, node.request.b, response.sum))
        break

    node.destroy_node()                          # 銷毀節點實例
    rclpy.shutdown()                             # 關閉 ROS 2 Python 介面
```

　　根據以上程式實現，大家可以總結出服務通訊中使用者端程式設計實現的主要流程，如圖 2-35 所示。

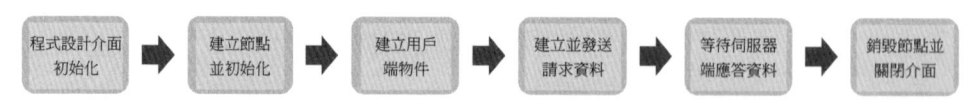

▲ 圖 2-35　服務通訊機制中使用者端的實現流程

　　首先，進行 ROS 2 環境的初始化，配置 ROS 2 的通訊介面；隨後，建立並初始化節點實例，包括設置必要的參數和初始化組件；接著，使用 create_client() 方法建立發行者物件，需要設置使用者端的服務介面類別型、服務名稱；然後，讀取終端輸入的兩個使用者資料，並將資料填入 request 中，隨後透過 call_async(request) 方法將訊息發佈出去；最後，在節點結束時，停止所有元件，銷毀節點實例，並關閉 ROS 2 環境以釋放資源。

2.6.5　服務端程式設計方法（Python）

　　再來看一下服務端的實現方法，Python 版本的實現程式在 learning_service/service_adder_server.py 中，詳細解析如下。

```
import rclpy                                     # ROS 2 Python 介面函式庫
from rclpy.node   import Node                    # ROS 2 節點類別
```

2.6 服務：節點間的你問我答

```python
from learning_interface.srv import AddTwoInts        # 自訂的服務介面

class adderServer(Node):
    def __init__(self, name):
        super().__init__(name)

        # 建立服務端物件（介面類別型、服務名稱、伺服器回呼函式）
        self.srv = self.create_service(AddTwoInts, 'add_two_ints', self.adder_callback)

    # 建立回呼函式，執行收到請求後對資料的處理
    def adder_callback(self, request, response):
        # 完成加法求和計算，將結果放到回饋的資料中
        response.sum = request.a + request.b
        # 輸出日誌資訊，提示已經完成加法求和計算
        self.get_logger().info('Incoming request\na: %d b: %d' % (request.a, request.b))
        # 回饋應答資訊
        return response

def main(args=None):                                   # ROS 2 節點主入口 main 函式
    rclpy.init(args=args)                              # ROS 2 Python 介面初始化
    node = adderServer("service_adder_server")         # 建立 ROS 2 節點物件並進行初始化
    rclpy.spin(node)                                   # 循環等待 ROS 2 退出
    node.destroy_node()                                # 銷毀節點實例
    rclpy.shutdown()                                   # 關閉 ROS 2 Python 介面
```

根據以上程式實現，大家可以總結出服務端的實現流程，如圖 2-36 所示。

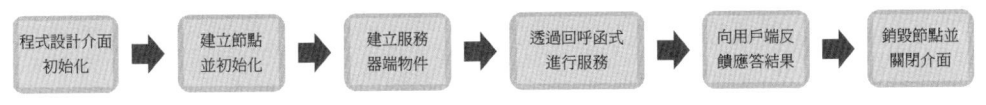

▲ 圖 2-36 服務通訊機制服務端的實現流程

首先，進行 ROS 2 環境的初始化，配置 ROS 2 的通訊介面；隨後，建立並初始化節點實例，包括設置必要的參數和初始化組件；接著，使用 create_service() 方法建立服務端物件，需要設置服務端的介面類別型、服務名稱、伺服器回呼函式；然後，等待使用者端發佈的請求資料，接收到資料後便可以進入

第 2 章　ROS 2 核心原理：建構機器人的基石

回呼函式進行服務，並將處理後的需要回饋的結果傳遞回使用者端；最後，在節點結束時，停止所有元件，銷毀節點實例，並關閉 ROS 2 環境以釋放資源。

2.6.6　使用者端程式設計方法（C++）

同樣功能的使用者端也可以使用 C++ 程式設計實現，執行範例如圖 2-37 所示。

```
ros2@guyuehome:~$ ros2 run learning_service_cpp service_adder_client 2 3
[INFO] [1721530999.297282542] [rclcpp]: Sum: 5
ros2@guyuehome:~$
```

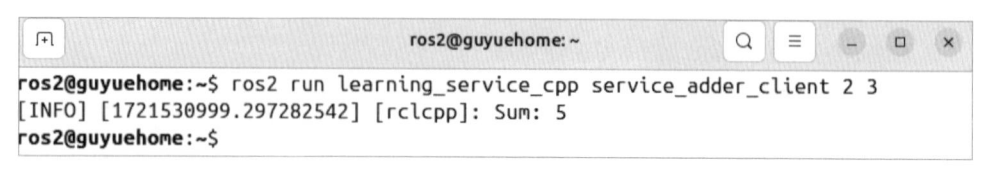

▲ 圖 2-37　服務的使用者端執行範例（C++）

完整程式可以在 learning_service_cpp\src\service_adder_client.cpp 中找到。

```cpp
#include "rclcpp/rclcpp.hpp"                              // ROS 2 C++ 介面函式庫
#include "learning_interface/srv/add_two_ints.hpp"        // 自訂的服務介面
#include <chrono>
#include <cstdlib>
#include <memory>

using namespace std::chrono_literals;

int main(int argc, char **argv)
{
    // ROS 2 C++ 介面初始化
    rclcpp::init(argc, argv);

    if (argc != 3) {
        RCLCPP_INFO(rclcpp::get_logger("rclcpp"), "usage: service_adder_client X Y");
        return 1;
    }

    // 建立 ROS 2 節點物件並進行初始化
    std::shared_ptr<rclcpp::Node> node =
        rclcpp::Node::make_shared("service_adder_client");
```

```cpp
    // 建立使用者端物件（服務介面類別型、服務名稱）
    rclcpp::Client<learning_interface::srv::AddTwoInts>::SharedPtr client =
        node->create_client<learning_interface::srv::AddTwoInts>("add_two_ints");

    // 建立服務介面資料
    auto request = std::make_shared<learning_interface::srv::AddTwoInts::Request>();
    request->a = atoll(argv[1]);
    request->b = atoll(argv[2]);

    // 循環等待服務端成功啟動
    while (!client->wait_for_service(1s)) {
        if (!rclcpp::ok()) {
            RCLCPP_ERROR(rclcpp::get_logger("rclcpp"), "Interrupted while waiting for the service. Exiting.");
            return 0;
        }
        RCLCPP_INFO(rclcpp::get_logger("rclcpp"), "service not available, waiting again...");
    }

    // 非同步方式發送服務請求
    auto result = client->async_send_request(request);
    // 接收服務端的回饋資料
    if (rclcpp::spin_until_future_complete(node, result) ==
        rclcpp::FutureReturnCode::SUCCESS)
    {
        // 將收到的回饋資訊輸出
        RCLCPP_INFO(rclcpp::get_logger("rclcpp"), "Sum: %ld", result.get()->sum);
    } else {
        RCLCPP_ERROR(rclcpp::get_logger("rclcpp"), "Failed to call service add_two_ints");
    }

    // 關閉 ROS 2 C++ 介面
    rclcpp::shutdown();
    return 0;
}
```

以上程式註釋已經詳細解析了每筆程式的含義，實現流程與 Python 版本完全一致，這裡不再贅述。

2.6.7 服務端程式設計方法（C++）

C++ 程式設計實現的服務端執行範例如圖 2-38 所示。

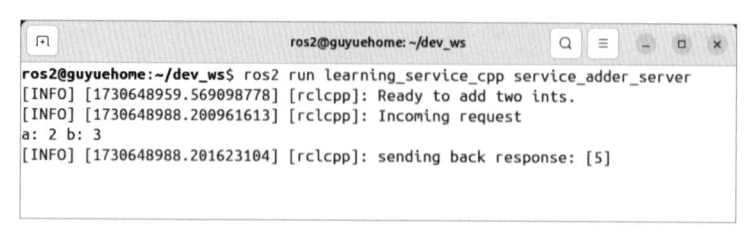

▲ 圖 2-38 服務的服務端執行範例（C++）

完整程式可以在 learning_service_cpp\src\service_adder_server.cpp 中找到。

```
#include "rclcpp/rclcpp.hpp"            // ROS 2 C++ 介面函式庫
#include "learning_interface/srv/add_two_ints.hpp"   // 自訂的服務介面

#include <memory>

// 建立回呼函式，執行收到請求後對資料的處理
void adderServer(const std::shared_ptr<learning_interface::srv::AddTwoInts::Request>
request,std::shared_ptr<learning_interface::srv::AddTwoInts::Response>      response)
{
    // 完成加法求和計算，將結果放到回饋的資料中
    response->sum = request->a + request->b;
    // 輸出日誌資訊，提示已經完成加法求和計算
    RCLCPP_INFO(rclcpp::get_logger("rclcpp"), "Incoming request\na: %ld" " b: %ld",
                request->a, request->b);
    RCLCPP_INFO(rclcpp::get_logger("rclcpp"), "sending back response: [%ld]", (long int)response->sum);
}

// ROS 2 節點主入口 main 函式
```

```
int main(int argc, char **argv)
{
    // ROS 2 C++ 介面初始化
    rclcpp::init(argc, argv);
    // 建立 ROS 2 節點物件並進行初始化
    std::shared_ptr<rclcpp::Node> node =
        rclcpp::Node::make_shared("service_adder_server");
    // 建立服務端物件（介面類別型、服務名稱、伺服器回呼函式）
    rclcpp::Service<learning_interface::srv::AddTwoInts>::SharedPtr service =
        node->create_service<learning_interface::srv::AddTwoInts>("add_two_ints", &adderServer);
    RCLCPP_INFO(rclcpp::get_logger("rclcpp"), "Ready to add two ints.");

    // 循環等待 ROS 2 退出
    rclcpp::spin(node);
    // 關閉 ROS 2 C++ 介面
    rclcpp::shutdown();                                                                        }
}
```

以上程式註釋已經詳細解析了每筆程式的含義，實現流程與 Python 版本完全一致，這裡不再贅述。

2.6.8 服務的命令列操作

ROS 2 服務相關的命令是「service」，常用操作如下。

```
$ ros2 service list                                         # 查看服務清單
$ ros2 service type <service_name>                          # 查看服務資料型態
$ ros2 service call <service_name> <service_type> <service_data>   # 發送服務請求
```

在本節服務範例中的使用者端和服務端執行時期，可以透過 list、typ 和 call 查看當前系統服務的清單、查看某服務的資料介面、發送服務請求等，效果如圖 2-39 所示。

第 2 章　ROS 2 核心原理：建構機器人的基石

```
ros2@guyuehome:~$ ros2 service list
/add_two_ints
/service_adder_server/describe_parameters
/service_adder_server/get_parameter_types
/service_adder_server/get_parameters
/service_adder_server/get_type_description
/service_adder_server/list_parameters
/service_adder_server/set_parameters
/service_adder_server/set_parameters_atomically
ros2@guyuehome:~$ ros2 service type /add_two_ints
learning_interface/srv/AddTwoInts
ros2@guyuehome:~$ ros2 service call /add_two_ints learning_interface/srv/AddTwoInts "{a: 2, b: 2}"
requester: making request: learning_interface.srv.AddTwoInts_Request(a=2, b=2)

response:
learning_interface.srv.AddTwoInts_Response(sum=4)

ros2@guyuehome:~$
```

▲ 圖 2-39　服務命令列執行效果

2.6.9　服務應用範例：物件辨識（請求式）

在 2.6.1 節介紹服務通訊機制時，提到話題應用範例週期式的物件辨識會一直佔用運算資源，如果只在需要目標位置的時候請求計算一次，豈不是更加高效？

如圖 2-40 所示，基於服務實現的物件辨識範例將執行以下三個節點。

- 相機驅動節點：用於發佈圖像資料。
- 視覺辨識節點：作為服務端訂閱圖像資料，隨時準備提供目標位置。
- 使用者端請求節點：發出物件辨識的請求。

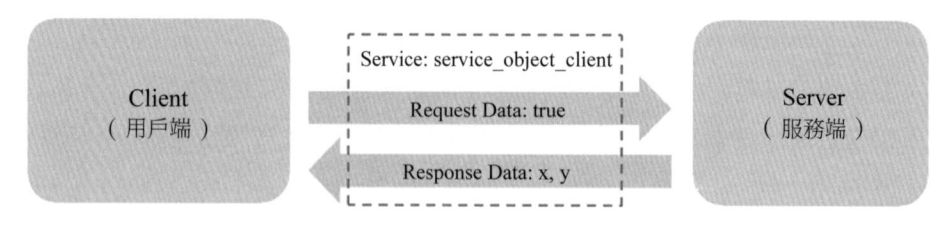

▲ 圖 2-40　物件辨識（請求式）範例的通訊架構

1. 執行效果

能否按照預期實現這個功能呢？這裡需要啟動三個終端，分別執行上述三個節點。

```
# 相機驅動節點
$ ros2 run usb_cam usb_cam_node_exe
# 視覺辨識節點
$ ros2 run learning_service service_object_server
# 使用者端請求節點
$ ros2 run learning_service service_object_client
```

執行成功後，可以看到如圖 2-41 所示的檢測效果。如果物件辨識成功，則使用者端將輸出服務端回饋的座標數值。

```
ros2@guyuehome:~/dev_ws$ ros2 run learning_service service_object_client
[INFO] [1721233189.630592436] [service_object_client]: service not available, waiting again...
[INFO] [1721233190.633831010] [service_object_client]: service not available, waiting again...
[INFO] [1721233191.638160599] [service_object_client]: service not available, waiting again...
[INFO] [1721233192.641870109] [service_object_client]: service not available, waiting again...
[INFO] [1721233193.663984513] [service_object_client]: Result of object position:
 x: 431 y: 224
```

▲ 圖 2-41 物件辨識執行效果

2. 使用者端程式解析

使用者端的具體程式實現在 learning_service/service_object_client.py 中，核心部分如下。

```
...

class objectClient(Node):
    def __init__(self, name):
        super().__init__(name)
        # 建立使用者端物件（服務介面類別型、服務名稱）
        self.client = self.create_client(GetObjectPosition, 'get_target_position')
        # 循環等待服務端成功啟動
        while not self.client.wait_for_service(timeout_sec=1.0):
```

```python
            self.get_logger().info('service not available, waiting again...')
        # 建立服務請求的資料物件
        self.request = GetObjectPosition.Request()

    def send_request(self):
        self.request.get = True

        # 非同步方式發送服務請求
        self.future = self.client.call_async(self.request)

def main(args=None):
    rclpy.init(args=args)                                  # ROS 2 Python 介面初始化
    node = objectClient("service_object_client")           # 建立 ROS 2 節點物件並進行初始化
    node.send_request()

    while rclpy.ok():
        rclpy.spin_once(node)

        # 資料是否處理完成
        if node.future.done():
            try:
                response = node.future.result()     # 接收服務端的回饋資料
            except Exception as e:
                node.get_logger().info(
                    'Service call failed %r' % (e,))
            else:
                node.get_logger().info(             # 將收到的回饋資訊輸出
                    'Result of object position:\n x: %d y: %d' %
                    (response.x, response.y))
            break
    node.destroy_node()                                    # 銷毀節點實例
    rclpy.shutdown()                                       # 關閉 ROS 2 Python 介面
```

以上程式透過 create_client() 方法建立了一個服務的使用者端物件，並且在連結了 get_target_position 的服務名稱後建立了一個請求資料，使用 call_async() 方法將其發佈出去後等待服務端的結果回饋。

3. 服務端程式解析

服務端的程式實現在 learning_service/service_object_client.py 中，核心部分如下。

```
...
class ImageSubscriber(Node):
    def __init__(self, name):
        super().__init__(name)

        # 建立訂閱者物件（訊息類型、話題名稱、訂閱者回呼函式、佇列長度）
        self.sub = self.create_subscription(
            Image, 'image_raw', self.listener_callback, 10)
        # 建立一個影像轉換物件，用於 OpenCV 影像與 ROS 的影像訊息的互相轉換
        self.cv_bridge = CvBridge()
        # 建立服務端物件（介面類別型、服務名稱、伺服器回呼函式）
        self.srv = self.create_service(GetObjectPosition,
                                       'get_target_position',
                                       self.object_position_callback)
        self.objectX = 0
        self.objectY = 0
...

    # 建立回呼函式，執行收到請求後對資料的處理
    def object_position_callback(self, request, response):
        if request.get == True:
            response.x = self.objectX              # 目標物體的 X、Y 座標
            response.y = self.objectY
            self.get_logger().info('Object position\nx: %d y: %d' %
                                   (response.x, response.y))
        else:
            response.x = 0
            response.y = 0
            self.get_logger().info('Invalid command')
        return response                            # 回饋應答資訊
...
```

以上程式透過話題 image_raw 訂閱得到影像訊息，並在話題回呼函式中使用 OpenCV 進行影像處理和物體檢測，計算並記錄檢測到的物體中心座標。另外，它提供了一個服務介面，透過 get_target_position 服務，當收到使用者端的請求時，會將物體位置的座標資訊回饋給使用者端。此外，程式還會顯示處理後的影像，包括物體輪廓和中心點，以便觀察檢測結果。

2.7 通訊介面：資料傳遞的標準結構

在 ROS 中，無論話題還是服務，或 2.8 節將要學習的動作，都會用到一個重要的概念——通訊介面（Interface）。

2.7.1 通訊介面是什麼

通訊並不是一個人自言自語，而是兩個甚至更多個人「你來我往」的交流，交流的內容是什麼呢？為了便於大家理解，可以給傳遞的資料定義一個標準的結構，這就是通訊介面。

「通訊」好理解，大家再來理解一下「介面」的含義。介面的概念隨處可見，無論是在硬體結構還是軟體開發中，都有廣泛的應用。例如生活中最為常見的插頭和插座，如圖 2-42 所示，兩者必須匹配才能使用，電腦和手機上的 USB 介面，例如 Micro-USB、TypeC 等，也屬於硬體介面。

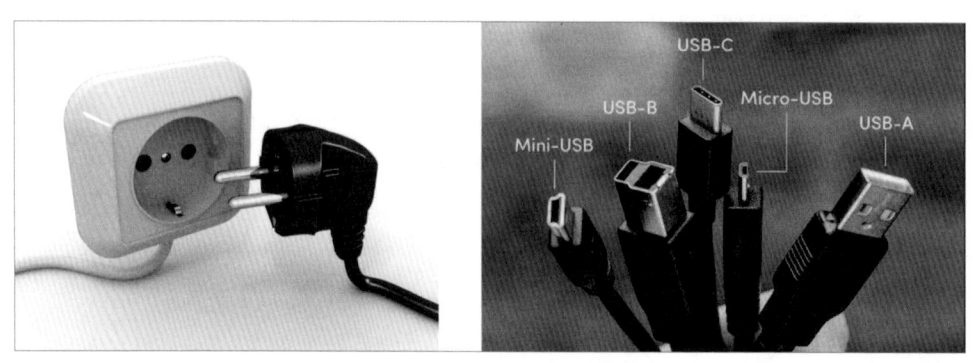

▲ 圖 2-42　生活中常見的硬體介面

2.7 通訊介面：資料傳遞的標準結構

在軟體開發中，介面的使用更為廣泛。如圖 2-43 所示，我們在撰寫程式時，使用的函式和函式的輸入、輸出也被稱為介面，每次呼叫函式就是把主程式和呼叫函式透過介面連接到一起，這樣系統才能正常執行。更為形象的是圖形化程式設計中使用的程式模組，每個模組都有固定的結構和形狀，只有兩個模組相互匹配，才能在一起工作，這就極佳地將程式形象化了。

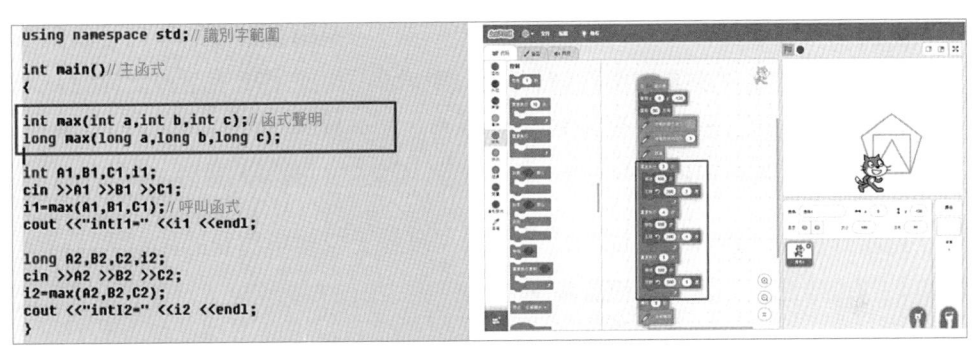

▲ 圖 2-43 軟體開發中常見的介面

所以介面是一種關係，只有相互匹配，才能建立連接。

回到 ROS 的通訊系統，它的主要目的是傳輸資料，那就得讓所有節點建立高效的連接，並且準確包裝和解析傳輸的資料內容，話題、服務等機制也就誕生了，他們傳輸的資料，都要符合通訊介面的標準定義，如圖 2-44 所示。

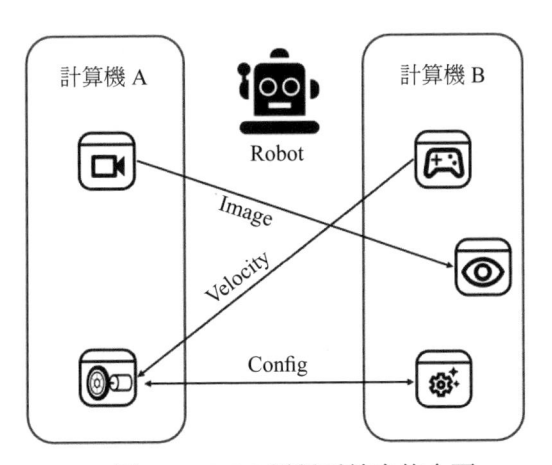

▲ 圖 2-44 ROS 通訊系統中的介面

2-65

第 2 章　ROS 2 核心原理：建構機器人的基石

例如相機驅動發佈的影像話題，由每個像素點的 R、G、B 三原色值組成；控制機器人運動的速度指令，由線速度和角速度組成；進行機器人配置的服務，由配置的參數和回饋的結果組成，等等。類似這些常用的定義，ROS 中都會提供，大家也可以自己開發。

這些通訊介面看上去像加了一些約束，卻是 ROS 的精髓所在。舉個例子，大家在使用相機驅動節點時，完全不用關注它是如何驅動相機的，只要執行一個命令，就知道發佈出來的圖像資料是什麼樣的，快速銜接應用程式開發。類似的，遙控器也可以安裝一個 ROS 套件驅動，如何實現呢？不用關心，反正它發佈出來的肯定是線速度和角速度，可以直接用來控制機器人運動。

通訊介面可以讓程式之間的依賴降低，便於大家使用彼此的節點，這就是 ROS 的核心思想——**減少重複造輪子**。

ROS 有三種常用的通訊機制，分別是話題、服務、動作，如圖 2-45 所示，透過每種機制中定義的通訊介面，各種節點才能有機地聯繫到一起，組成機器人的完整系統。

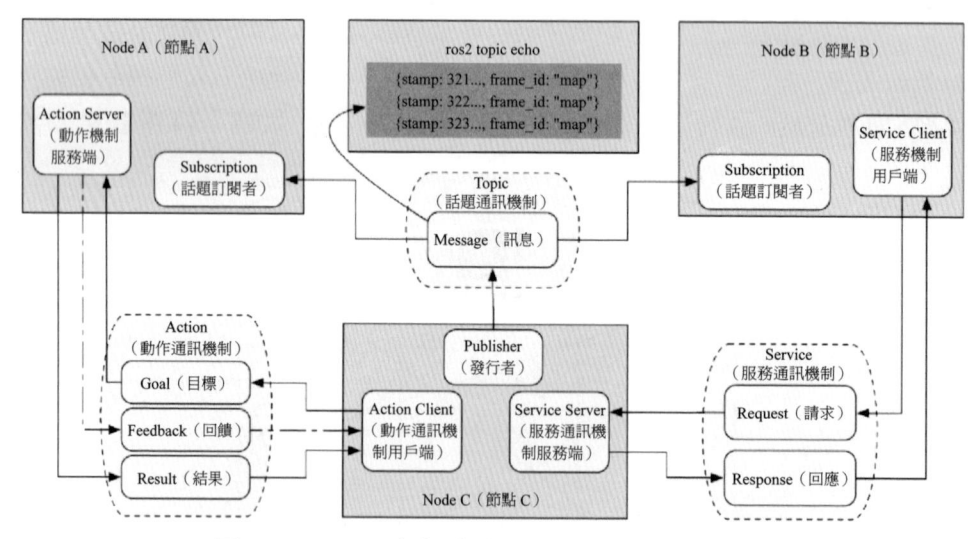

▲ 圖 2-45　ROS 2 中有話題、服務、動作三種通訊機制

2.7.2 通訊介面的定義方法

為保證每個節點可以使用不同的程式語言，ROS 將這些通訊介面設計成了和語言無關的方式。如圖 2-46 所示，int32 表示 32 位元的整數數，int64 表示 64 位元的整數數，bool 表示布林值，還可以定義陣列、結構，這些定義在編譯過程中會自動生成對應到 C++ 和 Python 語言的資料結構。

話題通訊介面的定義使用的是 .msg 檔案，由於是單向傳輸，所以只需要描述傳輸的每幀資料，圖 2-46 中定義了兩個 32 位元的整數數 x 和 y，可以用來傳輸平面座標等資料。

服務通訊介面的定義使用的是 .srv 檔案，包含請求和應答兩部分，透過中間的「---」區分，例如之前大家學習的加法求和功能，請求資料是兩個 64 位元整數數 a 和 b，應答資料是求和的結果 sum。

```
# 通訊資料
int32 x
int32 y
```
話題
（.msg 檔案）

```
# 請求資料
int64 a
int64 b
---
# 應答資料
int64 sum
```
服務
（.srv 檔案）

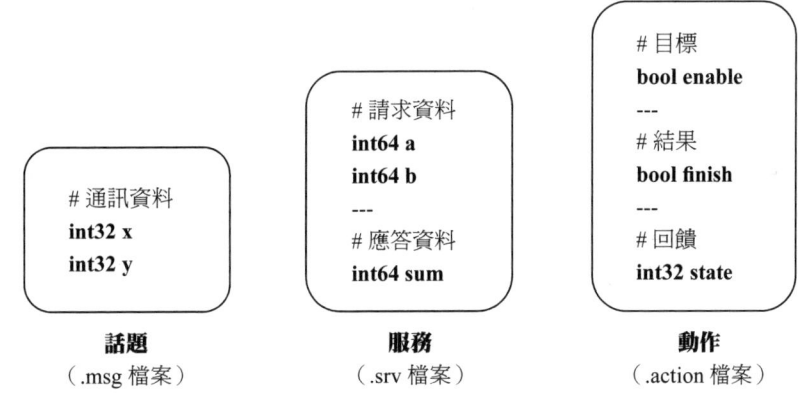

```
# 目標
bool enable
---
# 結果
bool finish
---
# 回饋
int32 state
```
動作
（.action 檔案）

▲ 圖 2-46 ROS 2 通訊介面的定義範例

動作是另外一種通訊機制，用來描述機器人的運動過程，使用 .action 檔案定義，例如讓海龜轉 90°，一邊轉一邊週期性回饋當前的狀態，此時介面的定義分為三部分，分別是：

- 動作的目標：例如開始運動。
- 動作的結果：例如旋轉 90° 的動作是否完成。

第 2 章　ROS 2 核心原理：建構機器人的基石

- 動作的週期回饋：例如每隔 1s 回饋一次當前轉到 10°、20° 還是 30° 了，讓其他節點知道動作的進度。

大家可能好奇 ROS 到底定義了哪些通訊介面？ROS 安裝路徑中的 share 資料夾中涵蓋了許多標準通訊介面的定義，如圖 2-47 所示。

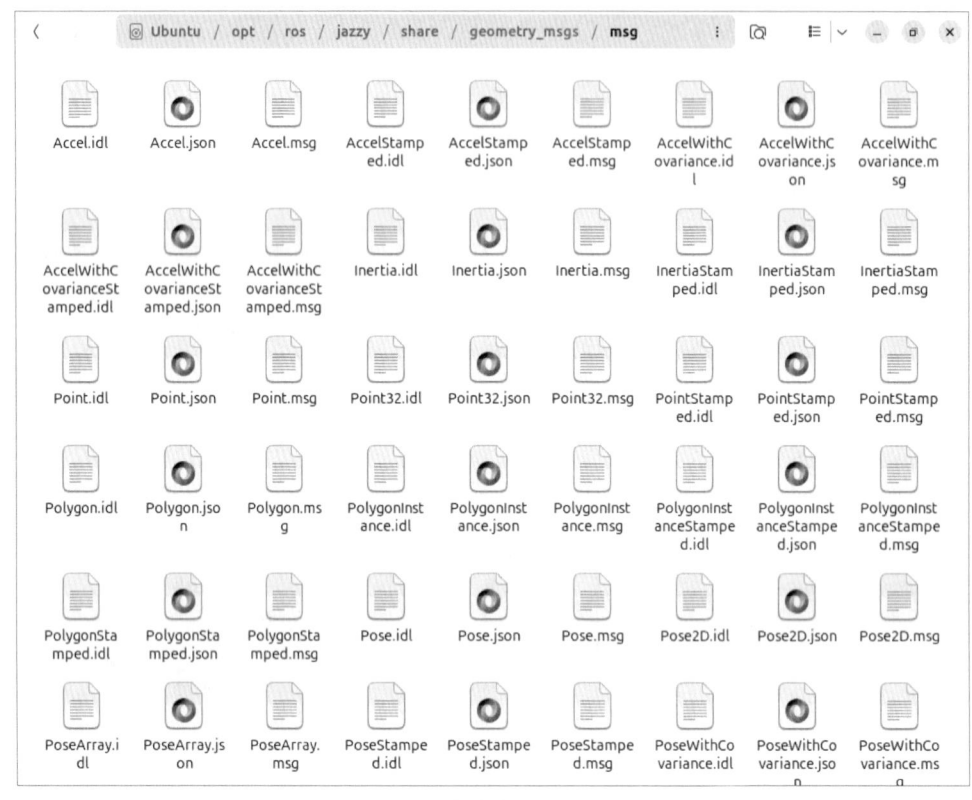

▲ 圖 2-47　ROS 2 中定義的標準通訊介面範例

2.7.3　通訊介面的命令列操作

ROS 2 中通訊介面相關的命令是「interface」，常用操作如下。

```
$ ros2 interface list                              # 查看系統通訊介面清單
$ ros2 interface show <interface_name>             # 查看某個通訊介面的詳細定義
$ ros2 interface package <package_name>            # 查看某個功能套件中的通訊介面定義
```

2-68

2.7 通訊介面：資料傳遞的標準結構

舉例來說，大家可以查看當前系統中有哪些通訊介面，如圖 2-48 所示。

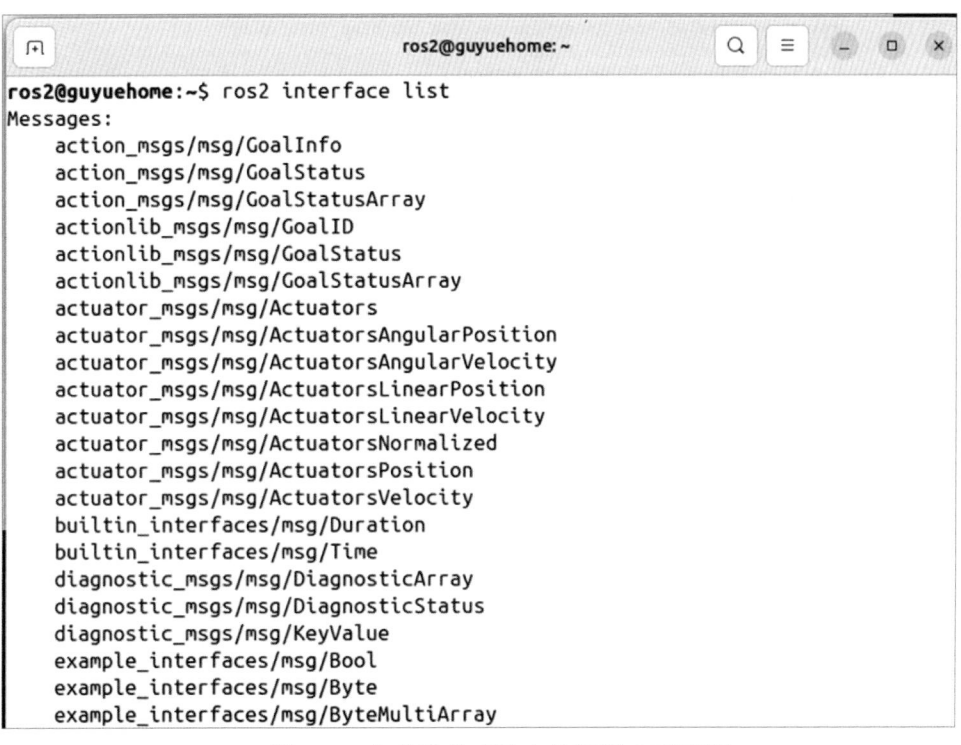

```
ros2@guyuehome:~$ ros2 interface list
Messages:
    action_msgs/msg/GoalInfo
    action_msgs/msg/GoalStatus
    action_msgs/msg/GoalStatusArray
    actionlib_msgs/msg/GoalID
    actionlib_msgs/msg/GoalStatus
    actionlib_msgs/msg/GoalStatusArray
    actuator_msgs/msg/Actuators
    actuator_msgs/msg/ActuatorsAngularPosition
    actuator_msgs/msg/ActuatorsAngularVelocity
    actuator_msgs/msg/ActuatorsLinearPosition
    actuator_msgs/msg/ActuatorsLinearVelocity
    actuator_msgs/msg/ActuatorsNormalized
    actuator_msgs/msg/ActuatorsPosition
    actuator_msgs/msg/ActuatorsVelocity
    builtin_interfaces/msg/Duration
    builtin_interfaces/msg/Time
    diagnostic_msgs/msg/DiagnosticArray
    diagnostic_msgs/msg/DiagnosticStatus
    diagnostic_msgs/msg/KeyValue
    example_interfaces/msg/Bool
    example_interfaces/msg/Byte
    example_interfaces/msg/ByteMultiArray
```

▲ 圖 2-48 查看當前系統中的通訊介面清單

也可以顯示某個通訊介面具體的資料定義，圖 2-49 所示是一個名為「GoalInfo」的訊息的詳細資料結構。

```
ros2@guyuehome:~$ ros2 interface show action_msgs/msg/GoalInfo
# Goal ID
unique_identifier_msgs/UUID goal_id
        #
        uint8[16] uuid

# Time when the goal was accepted
builtin_interfaces/Time stamp
        int32 sec
        uint32 nanosec
ros2@guyuehome:~$
```

▲ 圖 2-49 查看某個通訊介面具體的資料結構

第 2 章　ROS 2 核心原理：建構機器人的基石

還可以針對某個功能套件，查詢其中定義了哪些通訊介面，如圖 2-50 所示。

```
ros2@guyuehome:~$ ros2 interface package learning_interface
learning_interface/action/MoveCircle
learning_interface/msg/ObjectPosition
learning_interface/srv/GetObjectPosition
learning_interface/srv/AddTwoInts
```

▲ 圖 2-50　查看某個功能套件中定義的通訊介面

2.7.4　服務介面應用範例：請求物件辨識的座標

熟悉了通訊介面的概念，接下來從程式實現的角度，學習如何定義及使用一個通訊介面。

在 2.6.9 節服務概念的應用範例中，我們撰寫了這樣一個常式，如圖 2-51 所示。

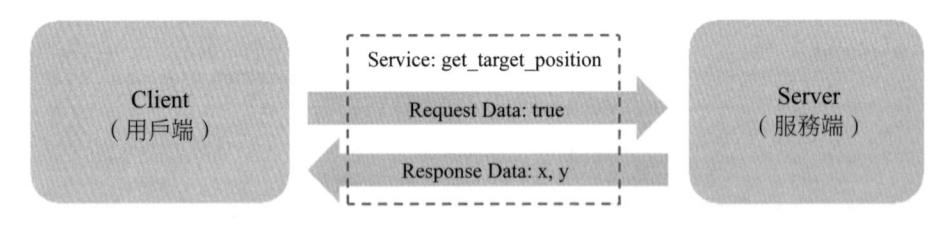

▲ 圖 2-51　透過服務實現物件辨識範例的應用架構

1. 執行效果

該應用範例中有三個節點。

- 第一個節點驅動相機發佈影像話題。
- 第二個節點實現視覺辨識功能，同時封裝了一個服務的服務端物件，提供目標位置的查詢服務。
- 第三個節點發送服務請求，收到目標位置後進行使用。

執行效果如圖 2-52 所示，大家也可以參考 2.6.9 節的命令操作。

2.7 通訊介面：資料傳遞的標準結構

```
ros2@guyuehome:~/dev_ws$ ros2 run learning_service service_object_client
[INFO] [1721233189.630592436] [service_object_client]: service not available, waiting aga
in...
[INFO] [1721233190.633831010] [service_object_client]: service not available, waiting aga
in...
[INFO] [1721233191.638160599] [service_object_client]: service not available, waiting aga
in...
[INFO] [1721233192.641870109] [service_object_client]: service not available, waiting aga
in...
[INFO] [1721233193.663984513] [service_object_client]: Result of object position:
 x: 431 y: 224
```

▲ 圖 2-52　透過服務實現物件辨識範例的執行效果

2. 通訊介面定義

在這個範例中，透過 GetObjectPosition.srv 檔案定義了一個服務的通訊介面，大家可以在 learning_interface/srv/GetObjectPosition.srv 檔案中找到定義的資料結構。

```
bool get      # 獲取目標位置的指令
---
int32 x       # 目標的 X 座標
int32 y       # 目標的 Y 座標
```

以上服務通訊介面的定義中有兩部分，上邊是獲取目標位置的指令，當 get 為 true 時，表示請求一次目標位置，服務端會應答 x、y 座標值。

3. 設置編譯選項

通訊介面的定義和語言無關，需要在功能套件的 CMakeLists.txt 中配置編譯選項，讓編譯器在編譯過程中根據介面定義自動生成不同語言的程式，以便其他節點程式呼叫。具體的配置方法如下。

```
...

# 查詢相依的功能套件 rosidl_default_generators，提供自動化程式轉換功能
find_package(rosidl_default_generators REQUIRED)

# 羅列需要編譯的通訊介面檔案
rosidl_generate_interfaces(${PROJECT_NAME}
  "srv/GetObjectPosition.srv"
```

```
)
...
```

除此之外，功能套件中的 package.xml 檔案也需要增加程式生成的功能相依，以便編譯時快速定位所需要的功能套件。

```
...
<build_depend>rosidl_default_generators</build_depend>
<exec_depend>rosidl_default_runtime</exec_depend>
<member_of_group>rosidl_interface_packages</member_of_group>
...
```

配置完成後就可以編譯了，編譯成功後可以在工作空間的 install 資料夾中看到自動生成的程式，如圖 2-53 所示。

編譯好的介面如何呼叫呢？我們在程式中重點看一下通訊介面的使用方法。

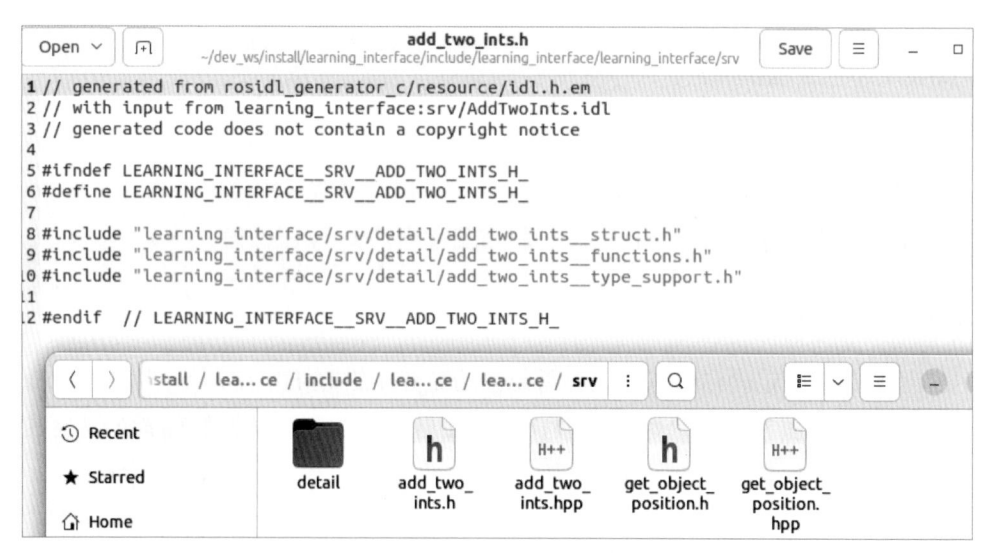

▲ 圖 2-53 根據通訊介面定義自動生成的程式

4. 使用者端的通訊介面呼叫

先來學習服務中的使用者端是如何呼叫通訊介面的，完整程式在 learning_service/service_ object_client.py 中，以下是核心程式的內容。

2.7 通訊介面：資料傳遞的標準結構

```python
...
from learning_interface.srv import GetObjectPosition    # 匯入自訂的服務通訊介面

class objectClient(Node):
    def __init__(self, name):
        super().__init__(name)
        # 建立使用者端物件，直接使用已匯入的通訊介面
        self.client = self.create_client(GetObjectPosition, 'get_target_position')
        while not self.client.wait_for_service(timeout_sec=1.0):
            self.get_logger().info('service not available, waiting again...')

        # 接收服務端應答的結果
        self.request = GetObjectPosition.Request()
...
```

可以看到，在具體程式的實現中，與使用 ROS 2 預先定義的通訊介面一樣，大家可以按照完全相同的語法匯入和呼叫自訂的通訊介面。

5. 服務端的通訊介面呼叫

服務端的通訊介面呼叫類似，完整功能實現可以參考 learning_service/service_object_ server.py 中的內容，核心程式如下。

```python
...
from learning_interface.srv import GetObjectPosition    # 匯入自訂的服務通訊介面

...

class ImageSubscriber(Node):
    def __init__(self, name):
        super().__init__(name)
        # 建立訂閱者物件（訊息類型、話題名稱、訂閱者回呼函式、佇列長度）
        self.sub = self.create_subscription(Image, 'image_raw', self.listener_callback, 10)
        # 建立一個影像轉換物件，用於 OpenCV 影像與 ROS 的影像訊息的相互轉換
        self.cv_bridge = CvBridge()
```

```python
        # 建立服務端物件，直接使用已匯入的通訊介面
        self.srv = self.create_service(GetObjectPosition,
                                       'get_target_position',
                                       self.object_position_callback)
        self.objectX = 0
        self.objectY = 0

...

    # 建立回呼函式，執行收到請求後對資料的處理
    def object_position_callback(self, request, response):
        if request.get == True:          # 當收到的服務請求為 True 時，應答物件偵測的座標
            response.x = self.objectX
            response.y = self.objectY
            self.get_logger().info('Object position\nx: %d y: %d' % (response.x, response.y))
        else:                             # 不然物件偵測的座標為預設的 0
            response.x = 0
            response.y = 0
            self.get_logger().info('Invalid command')
        return response                   # 將服務的應答資訊發送給使用者端

...
```

2.7.5 話題介面應用範例：週期性發佈物件辨識的座標

話題通訊介面的定義也是類似的，繼續拓展物件辨識的範例，可以把 2.7.4 節中的服務換成話題，不管有沒有人需要，都週期性發佈物件偵測的位置，架構如圖 2-54 所示。

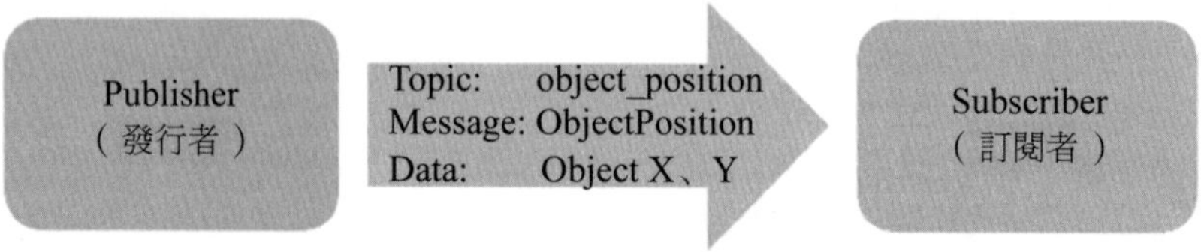

▲ 圖 2-54 透過話題實現物件辨識範例的應用架構

2.7 通訊介面：資料傳遞的標準結構

1. 執行效果

現在需要執行以下三個節點。

- 第一個節點，驅動相機並發佈影像話題，此時通訊介面使用的是 ROS 中標準定義的 Image 影像訊息。

- 第二個節點，執行視覺辨識功能，辨識目標的位置，並封裝成話題訊息發佈出去，其他節點都可以來訂閱。

- 第三個節點，訂閱目標位置的話題，從通訊介面中得到訊息資料，並輸出到終端中。

啟動三個終端，分別執行以上節點，執行效果如圖 2-55 所示。

```
$ ros2 run usb_cam usb_cam_node_exe
$ ros2 run learning_topic interface_object_pub
$ ros2 run learning_topic interface_object_sub
```

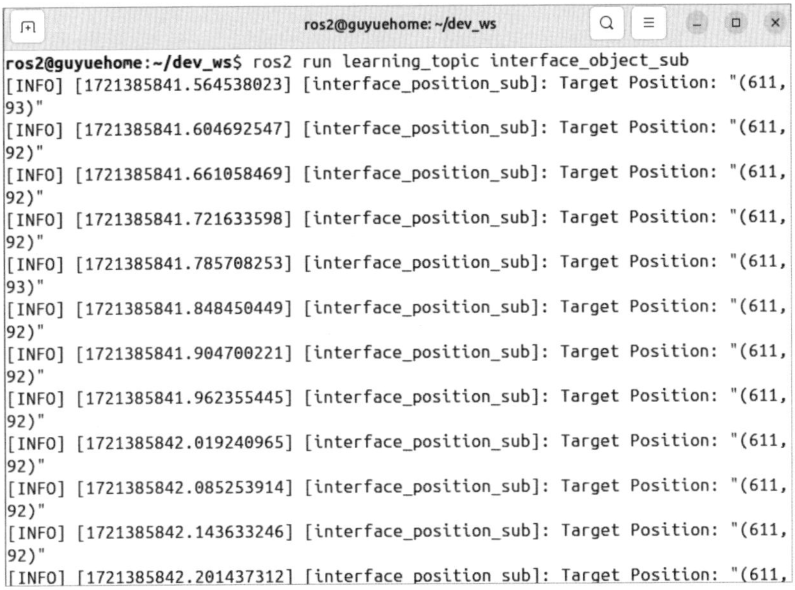

▲ 圖 2-55 透過話題實現物件辨識範例的執行效果

2-75

2. 通訊介面定義

該範例使用 ObjectPosition.msg 定義話題的通訊介面，詳細的定義內容在 learning_interface/ msg/ObjectPosition.msg 中，使用 x、y 兩個座標值進行描述。

```
int32 x      # 表示目標的 X 座標
int32 y      # 表示目標的 Y 座標
```

3. 設置編譯選項

與 2.7.4 節中服務通訊介面的編譯類似，話題通訊介面也需要編譯成功生成不同語言的程式，同樣是在功能套件中的 CMakeLists.txt 中配置編譯選項，配置方法也完全相同。

```
...

# 查詢相依的功能套件 rosidl_default_generators，提供自動化程式轉換功能
find_package(rosidl_default_generators REQUIRED)

# 羅列需要編譯的通訊介面檔案
rosidl_generate_interfaces(${PROJECT_NAME}
  "msg/ObjectPosition.msg"
)
...
```

配置完成後編譯功能套件，生成不同語言的程式檔案，就可以在程式中呼叫了。

4. 發行者的通訊介面呼叫

這裡以發行者節點為例，完整程式在 learning_topic/interface_object_pub.py 中，通訊介面相關的核心程式如下。

```
...

from learning_interface.msg import ObjectPosition    # 匯入自訂的話題通訊介面

...
```

2.7 通訊介面:資料傳遞的標準結構

```python
class ImageSubscriber(Node):

    def __init__(self, name):
        super().__init__(name)
        # 建立訂閱者物件(訊息類型、話題名稱、訂閱者回呼函式、佇列長度)
        self.sub = self.create_subscription(Image, 'image_raw', self.listener_callback, 10)
        # 建立發行者物件,直接使用已匯入的通訊介面
        self.pub = self.create_publisher(ObjectPosition, "object_position", 10)
        # 建立一個影像轉換物件,用於 OpenCV 影像與 ROS 影像訊息的互相轉換
        self.cv_bridge = CvBridge()

        self.objectX = 0
        self.objectY = 0

...

    def listener_callback(self, data):
        self.get_logger().info('Receiving video frame')
        # 將 ROS 的影像訊息轉化成 OpenCV 影像
        image = self.cv_bridge.imgmsg_to_cv2(data, 'bgr8')
        # 建立一個話題訊息,用於儲存座標位置
        position = ObjectPosition()
        # 執行物件辨識
        self.object_detect(image)
        # 將物件辨識得到的座標值填充到訊息中
        position.x, position.y = int(self.objectX), int(self.objectY)
        # 發佈目標位置
        self.pub.publish(position)

...
```

5. 訂閱者的通訊介面呼叫

訂閱者中訊息呼叫的方法完全相同,完整內容在 learning_topic/interface_object_sub.py 中,核心程式如下。

```
...
```

```
from learning_interface.msg import ObjectPosition   # 匯入自訂的話題通訊介面

class SubscriberNode(Node):
    def __init__(self, name):
        super().__init__(name)
        # 建立訂閱者物件，直接使用已匯入的通訊介面
        self.sub = self.create_subscription(\
            ObjectPosition, "/object_position", self.listener_callback, 10)

    # 建立回呼函式，執行收到話題訊息後對資料的處理
    def listener_callback(self, msg):
        # 輸出物件偵測的座標資訊
        self.get_logger().info('Target Position: "(%d, %d)"' % (msg.x, msg.y))

...
```

2.8 動作：完整行為的流程管理

機器人是一個複雜的智慧系統，它需要實現的功能並不僅是鍵盤遙控運動、辨識某個目標這麼簡單，機器人真正要實現的是送餐、送貨、分揀這些具體場景的多元應用。在這些複雜應用的實現中，有一種通訊機制會被經常用到，那就是——動作（Action）。

2.8.1 動作是什麼

從名稱上很容易理解動作的含義，這種通訊機制的目的就是便於對機器人完成某一完整行為的流程進行管理。

舉個例子，讓機器人旋轉 360°，一般的做法是讓機器人以一定的頻率按照一定的角度進行旋轉，這樣才能保證機器人的旋轉角度足夠精確。但是這也存在一些問題，真實角度和機器人理解的角度是否一致呢？機器人是否真的開始轉圈了？旋轉到了多少度？解決這些問題的方式是讓機器人不斷回饋當前進度，例如每隔 1s 回饋當前轉動的角度，一段時間之後，旋轉到了 360°，再發送一個資訊，表示動作執行完成。

2.8 動作：完整行為的流程管理

如圖 2-56 所示，在下達執行某一動作的命令後，機器人週期性回饋當前動作的即時進度，並最終回饋執行結果的通訊機制就叫作動作。動作提供了一個「進度指示器」，我們可以隨時把控進度。

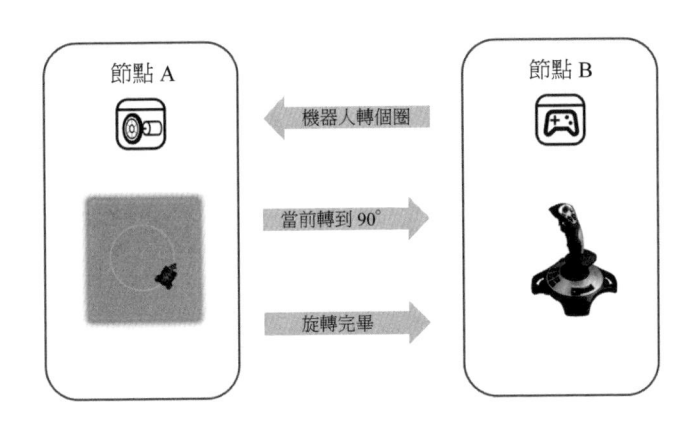

圖 2-56 節點間的動作通訊

2.8.2 動作通訊模型

了解了動作的含義，大家可能會發現，動作過程中的資料你來我往，和服務有點相似，但又比服務通訊的過程複雜。沒錯，動作的通訊模型和服務類似，如圖 2-57 所示，動作也是基於使用者端/服務端的 C/S 模型。

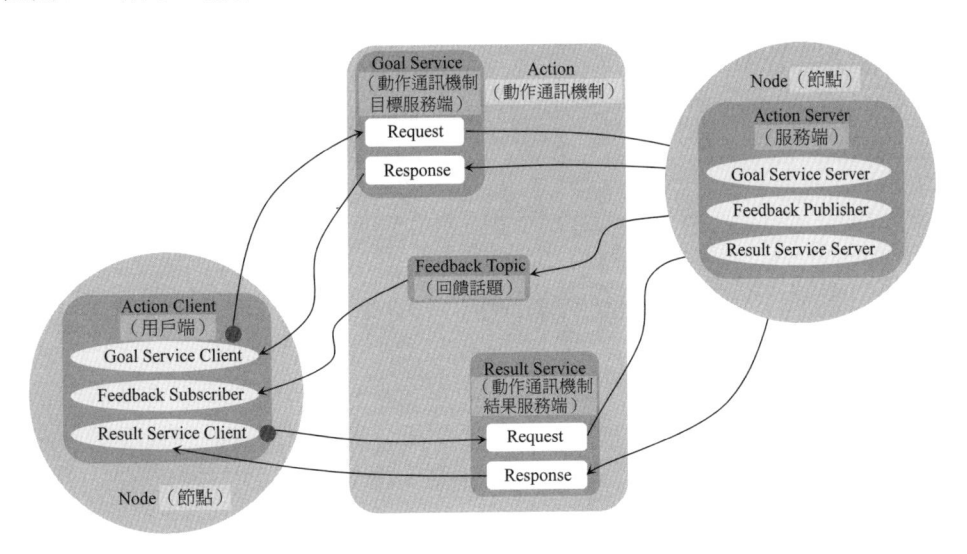

▲ 圖 2-57 動作通訊模型

1. 使用者端 / 服務端模型

在動作通訊的過程中，使用者端發送動作的目標——發佈請求讓機器人執行某動作；服務端執行該動作——控制機器人完成動作，同時週期性回饋動作執行過程中的狀態。如果是一個導航動作，則可以週期性回饋機器人的座標；如果是機械臂抓取動作，則可以週期性回饋機械臂的即時姿態。動作執行完畢後，服務端再回饋一個動作結束的資訊，整個通訊過程結束。

2. 一對多通訊

和服務一樣，動作通訊中的使用者端可以有多個，大家都可以發送動作命令，但是服務端只能有一個，畢竟機器人只有一個，先執行完成一個動作，才能執行下一個動作。

3. 同步通訊

既然有回饋，那麼動作也是一種同步通訊機制，2.7.2 節介紹過，動作過程中的資料通信介面使用 .action 檔案定義。

4. 由服務 + 話題組成

大家再仔細看圖 2-57，會發現一個隱藏的秘密：動作的三個通訊模組，竟然有兩個是服務，一個是話題，當使用者端發送運動目標時，使用的是服務請求，服務端也會回饋一個應答，表示收到動作命令。動作的回饋過程，其實就是一個話題的週期性發佈，服務端是發行者，使用者端是訂閱者。

動作是一種應用層的通訊機制，其底層是基於話題和服務實現的。

2.8.3 動作通訊程式設計範例

雖然動作是基於話題和服務實現的，但在實際使用中，並不會直接使用話題和服務的程式設計方法，而是有一套針對動作特性封裝好的程式設計介面，接下來我們一起試一試。

2.8 動作：完整行為的流程管理

如圖 2-58 所示，假設有一個機器人需要走一個圓形軌跡，這是一個需要持續一段時間的動作，很適合使用動作通訊機制實現。我們看一下執行效果。

▲ 圖 2-58 動作通訊程式設計範例

啟動兩個終端，分別使用以下命令啟動動作範例的服務端和使用者端。

```
# 啟動動作服務端
$ ros2 run learning_action action_move_server
# 啟動動作使用者端
$ ros2 run learning_action action_move_client
```

如圖 2-59 所示，大家可以在終端中看到，當使用者端發送動作目標之後，服務端開始模擬機器人運動，每旋轉 30° 發送一次回饋資訊，最終完成運動並回饋結束運動的資訊。

整體而言，以上動作的執行流程如圖 2-60 所示，使用者端發送一個動作目標，服務端控制機器人開始運動並週期性回饋，結束後回饋結束資訊。

第 2 章　ROS 2 核心原理：建構機器人的基石

```
ros2@guyuehome:~/dev_ws$ ros2 run learning_action action_move_server
[INFO] [1720852168.136713107] [action_move_server]: Moving circle...
[INFO] [1720852168.137109431] [action_move_server]: Publishing feedback: 0
[INFO] [1720852168.638479908] [action_move_server]: Publishing feedback: 30
[INFO] [1720852169.140497416] [action_move_server]: Publishing feedback: 60
[INFO] [1720852169.642163766] [action_move_server]: Publishing feedback: 90
[INFO] [1720852170.143296672] [action_move_server]: Publishing feedback: 120
```

```
ros2@guyuehome:~/dev_ws$ ros2 run learning_action action_move_client
[INFO] [1720852168.135955024] [action_move_client]: Goal accepted :)
[INFO] [1720852168.139666841] [action_move_client]: Received feedback: {0}
[INFO] [1720852168.640574320] [action_move_client]: Received feedback: {30}
[INFO] [1720852169.142563514] [action_move_client]: Received feedback: {60}
[INFO] [1720852169.644240284] [action_move_client]: Received feedback: {90}
[INFO] [1720852170.144696093] [action_move_client]: Received feedback: {120}
[INFO] [1720852170.647940873] [action_move_client]: Received feedback: {150}
[INFO] [1720852171.148719076] [action_move_client]: Received feedback: {180}
```

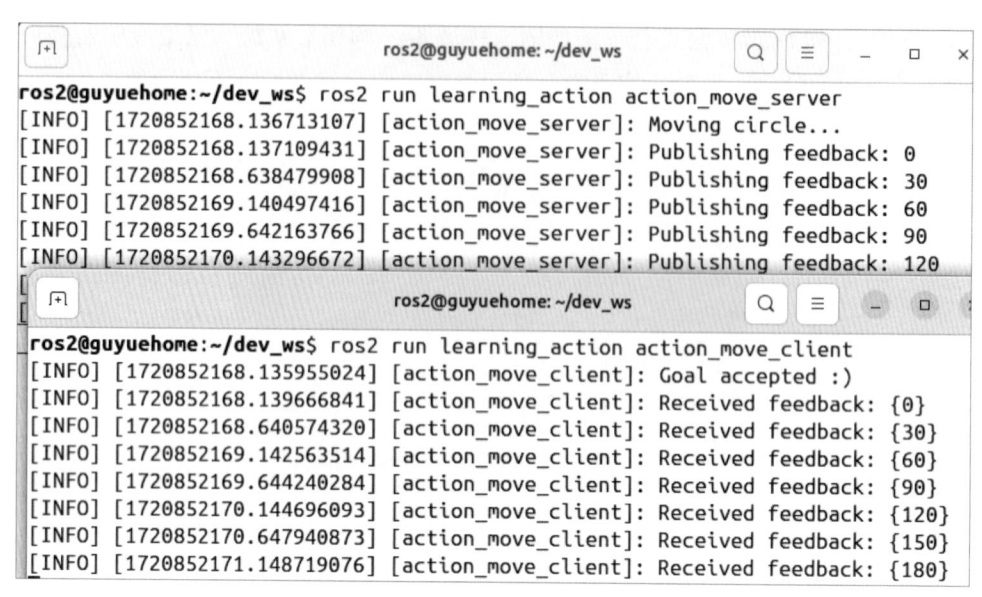

▲ 圖 2-59　動作通訊機制執行範例

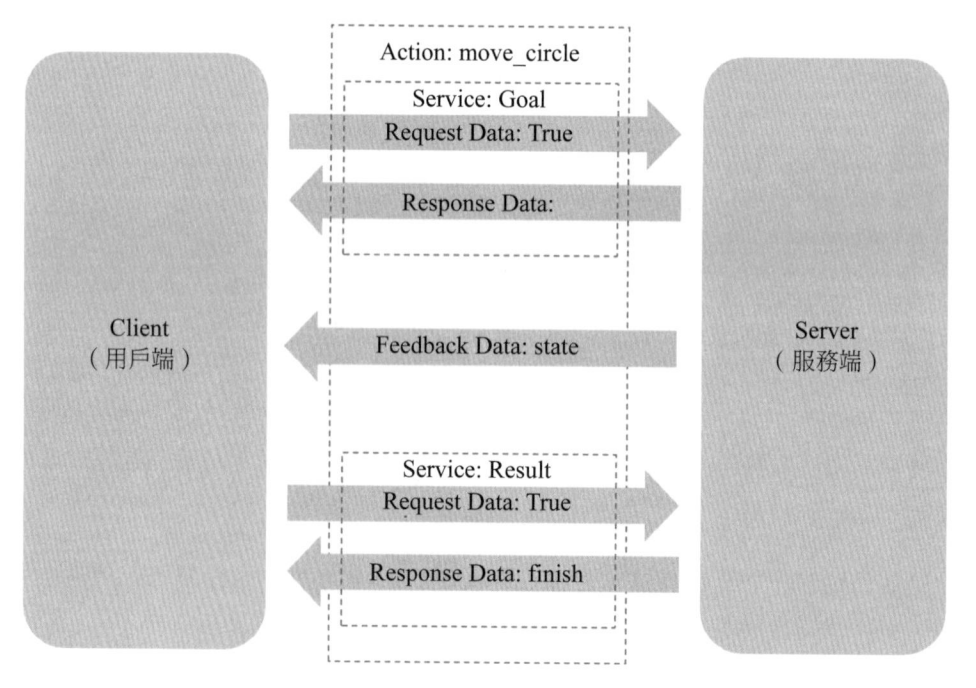

▲ 圖 2-60　動作通訊機制資料互動示意

2.8.4 動作介面的定義方法

2.8.3 節的範例中使用的動作訊息格式並不是 ROS 2 中的標準定義,而是透過 MoveCircle.action 檔案自訂的,以該動作介面的定義檔案為例,我們一起學習一下動作介面的自訂方法。

透過 2.7 節的學習,大家已經知道自訂介面檔案儲存在功能套件中,MoveCircle.action 檔案儲存在 learning_interface/action 資料夾中,內容如下。

```
bool enable      # 定義動作的目標,表示動作開始的指令
---
bool finish      # 定義動作的結果,表示是否成功執行
---
int32 state      # 定義動作的回饋,表示當前執行到的位置
```

動作介面包含以下三部分。

- 動作的目標:當 enable 為 true 時,表示開始運動。
- 動作的執行結果:當 finish 為 true 時,表示動作執行完成。
- 動作的週期回饋:表示當前機器人旋轉的角度。

完成定義後,需要在功能套件的 CMakeLists.txt 中配置編譯選項,讓編譯器在編譯過程中根據介面定義自動生成不同語言的程式。

```
...
// 尋找相關相依套件
find_package(rosidl_default_generators REQUIRED)
// 宣告 action 檔案定義和儲存位址
rosidl_generate_interfaces(${PROJECT_NAME}
  "action/MoveCircle.action"
)
...
```

配置完成後就可以編譯功能套件,編譯後就會生成不同語言的介面檔案。具體細節和 2.7 節介紹的自訂話題和服務的一致,這裡不再贅述。

2.8.5 服務端程式設計方法（Python）

先來看一下以上動作範例中服務端的實現方法，Python 版本的實現程式在 learning_action/action_move_server.py 中，詳細解析如下。

```python
import time
import rclpy                                               # ROS 2 Python 介面函式庫
from rclpy.node    import Node                             # ROS 2 節點類別
from rclpy.action import ActionServer                      # ROS 2 動作服務端類別
from learning_interface.action import MoveCircle           # 自訂的圓周運動介面

class MoveCircleActionServer(Node):
    def __init__(self, name):
        super().__init__(name)                             # ROS 2 節點父類別初始化

        # 建立動作服務端（介面類別型、動作名稱、回呼函式）
        self._action_server = ActionServer(
            self,
            MoveCircle,
            'move_circle',
            self.execute_callback)

    # 執行收到動作目標之後的處理函式
    def execute_callback(self, goal_handle):
        self.get_logger().info('Moving circle...')
        # 建立一個動作回饋資訊的訊息
        feedback_msg = MoveCircle.Feedback()
        # 從 0 到 360°，執行圓周運動，並週期性回饋資訊
        for i in range(0, 360, 30):
            # 建立回饋資訊，表示當前執行到的角度
            feedback_msg.state = i
            self.get_logger().info('Publishing feedback: %d' % feedback_msg.state)
            # 發佈回饋資訊
            goal_handle.publish_feedback(feedback_msg)
            time.sleep(0.5)

        goal_handle.succeed()                              # 動作執行成功
        result = MoveCircle.Result()                       # 建立結果訊息
        result.finish = True
```

2.8 動作：完整行為的流程管理

```
        return result                              # 回饋最終動作執行的結果

def main(args=None):                               # ROS 2 節點主入口 main 函式
    rclpy.init(args=args)                          # ROS 2 Python 介面初始化
    node = MoveCircleActionServer("action_move_server")  # 建立 ROS 2 節點物件並進行初始化
    rclpy.spin(node)                               # 循環等待 ROS 2 退出
    node.destroy_node()                            # 銷毀節點實例
    rclpy.shutdown()                               # 關閉 ROS 2 Python 介面
```

根據以上程式實現，可以總結出動作服務端的實現流程，如圖 2-61 所示。

▲ 圖 2-61　動作通訊中服務端的實現流程

首先，進行 ROS 2 環境的初始化，配置 ROS 2 的通訊介面；隨後，建立並初始化節點實例，包括設置必要的參數和初始化組件；接著，使用 ActionServer() 方法建立服務端物件，需要設置服務端的介面類別型、動作名稱和回呼函式；當服務端物件被建立並啟動後，它將等待使用者端發送動作目標。收到動作目標後，服務端將呼叫指定的回呼函式 execute_callback() 執行圓周運動，並週期性回饋進度資訊給使用者端（如當前的角度）；動作完成時，服務端將呼叫 goal_handle.succeed() 來標記完成資訊，並建立一個結果訊息 MoveCircle.Result()，其中包含了執行結果（如是否完成）；最後，在節點結束時，停止所有元件，銷毀節點實例，並關閉 ROS 2 環境以釋放資源。

2.8.6　使用者端程式設計方法（Python）

再來看以上動作範例中使用者端的實現方法，Python 版本的實現程式在 learning_action/ action_move_client.py 中，詳細解析如下。

```
import rclpy                                                  # ROS 2 Python 介面函式庫
from rclpy.node    import Node                                # ROS 2 節點類別
from rclpy.action import ActionClient                         # ROS 2 動作使用者端類別
from learning_interface.action import MoveCircle              # 自訂的圓周運動介面
```

第 2 章　ROS 2 核心原理：建構機器人的基石

```python
class MoveCircleActionClient(Node):
    def __init__(self, name):
        super().__init__(name)                    # ROS 2 節點父類別初始化
        # 建立動作使用者端（介面類別型、動作名稱）
        self._action_client = ActionClient(self, MoveCircle, 'move_circle')

    # 建立一個發送動作目標的函式
    def send_goal(self, enable):
        # 建立一個動作目標的訊息
        goal_msg = MoveCircle.Goal()
        # 設置動作目標為啟用，希望機器人開始運動
        goal_msg.enable = enable

        # 等待動作的服務端啟動
        self._action_client.wait_for_server()
        # 非同步方式發送動作的目標
        self._send_goal_future = self._action_client.send_goal_async(
            goal_msg,                              # 動作目標
            feedback_callback=self.feedback_callback)   # 處理週期回饋訊息的回呼函式

        # 設置一個服務端收到目標之後回饋時的回呼函式
        self._send_goal_future.add_done_callback(self.goal_response_callback)

    # 建立一個服務端收到目標之後回饋時的回呼函式
    def goal_response_callback(self, future):
        goal_handle = future.result()              # 接收動作的結果
        if not goal_handle.accepted:               # 如果動作被拒絕執行
            self.get_logger().info('Goal rejected :(')
            return

        # 動作被順利執行
        self.get_logger().info('Goal accepted :)')
        # 非同步獲取動作最終執行的結果回饋
        self._get_result_future = goal_handle.get_result_async()
        # 設置一個收到最終結果的回呼函式
        self._get_result_future.add_done_callback(self.get_result_callback)

    # 建立一個收到最終結果的回呼函式
```

2.8 動作：完整行為的流程管理

```python
    def get_result_callback(self, future):
        result = future.result().result      # 讀取動作執行的結果
        self.get_logger().info('Result: {%d}' % result.finish)

    # 建立處理週期回饋訊息的回呼函式
    def feedback_callback(self, feedback_msg):
        feedback = feedback_msg.feedback     # 讀取回饋的資料
        self.get_logger().info('Received feedback: {%d}' % feedback.state)

def main(args=None):                                       # ROS 2 節點主入口 main 函式
    rclpy.init(args=args)                                  # ROS 2 Python 介面初始化
    node = MoveCircleActionClient("action_move_client")    # 建立 ROS 2 節點物件並進行初始化
    node.send_goal(True)                                   # 發送動作目標
    rclpy.spin(node)                                       # 循環等待 ROS 2 退出
    node.destroy_node()                                    # 銷毀節點實例
    rclpy.shutdown()                                       # 關閉 ROS 2 Python 介面
```

根據以上程式實現，大家可以總結出動作使用者端程式設計實現的主要流程，如圖 2-61 所示：

程式設計介面初始化 ➡ 建立節點並初始化 ➡ 建立用戶端物件 ➡ 發送動作目標 ➡ 處理動作回應及處理動作執行結果 ➡ 銷毀節點並關閉介面

▲ 圖 2-62 動作通訊中使用者端的實現流程

在 ROS 2 環境中，首先，初始化 ROS 2 節點，並配置必要的通訊介面；接著，建立並初始化一個 ROS 2 節點實例，該實例將作為動作服務端的宿主。在節點初始化過程中，設置必要的參數，如節點名稱、命名空間等；然後，使用 ActionServer 類別建立動作服務端物件。建立時，需要指定動作介面類別型、動作名稱，以及一個回呼函式，該回呼函式將在動作目標到達時被呼叫以執行動作邏輯；動作服務端啟動後，它將等待使用者端發送動作目標。一旦接收到動作目標，服務端將呼叫之前指定的回呼函式。

在這個回呼函式中，服務端將執行具體的動作邏輯，例如在本範例中執行圓周運動；在執行動作的過程中，服務端將週期性地發佈回饋訊息給使用者端，這些回饋訊息包含了當前動作的執行狀態（如當前的角度、速度等）。使用者端可以根據這些回饋訊息更新介面或進行其他處理。當動作執行完成後，服務端將呼叫 goal_handle.succeed() 方法標記動作成功完成，並建立一個結果訊息發送給使用者端，該訊息包含了執行的結果（如是否成功完成、最終狀態等）。最後，在節點結束時（可能是由於使用者請求、程式結束或節點異常退出），服務端將停止所有正在執行的動作，銷毀節點實例，並關閉 ROS 2 環境以釋放資源。

2.8.7 使用者端程式設計方法（C++）

對於 C++ 程式設計實現的動作，使用者端執行效果如圖 2-63 所示。

```
ros2@guyuehome:~/dev_ws$ ros2 run learning_action_cpp action_move_client
[INFO] [1720853220.800739060] [action_move_client]: Client: Sending goal
[INFO] [1720853220.802544634] [action_move_client]: Client: Goal accepted by ser
ver, waiting for result
[INFO] [1720853220.803200891] [action_move_client]: Client: Received feedback: 0
[INFO] [1720853221.804530754] [action_move_client]: Client: Received feedback: 3
0
[INFO] [1720853222.803876903] [action_move_client]: Client: Received feedback: 6
0
[INFO] [1720853223.803715434] [action_move_client]: Client: Received feedback: 9
0
[INFO] [1720853224.804044345] [action_move_client]: Client: Received feedback: 1
20
[INFO] [1720853225.803871861] [action_move_client]: Client: Received feedback: 1
50
[INFO] [1720853226.805653432] [action_move_client]: Client: Received feedback: 1
```

▲ 圖 2-63 動作通訊中使用者端的執行效果（C++）

範例程式可以在 learning_action_cpp\src\action_move_client.cpp 中找到。

```cpp
#include <iostream>
#include "rclcpp/rclcpp.hpp"                                    // ROS 2 C++ 介面函式庫
#include "rclcpp_action/rclcpp_action.hpp"                      // ROS 2 動作類別
#include "learning_interface/action/move_circle.hpp"            // 自訂的圓周運動介面
using namespace std;

class MoveCircleActionClient : public rclcpp::Node
{
    public:
        // 定義一個自訂的動作介面類別，便於後續使用
        using CustomAction = learning_interface::action::MoveCircle;
        // 定義一個處理動作請求、取消、執行的使用者端類別
```

```cpp
        using GoalHandle = rclcpp_action::ClientGoalHandle<CustomAction>;
        explicit MoveCircleActionClient(const rclcpp::NodeOptions & node_options = rclcpp::NodeOptions())
        : Node(«action_move_client», node_options)              // ROS 2節點父類別初始化
        {
            // 建立動作使用者端（介面類別型、動作名稱）
            this->client_ptr_ = rclcpp_action::create_client<CustomAction>(
                this->get_node_base_interface(),
                this->get_node_graph_interface(),
                this->get_node_logging_interface(),
                this->get_node_waitables_interface(),
                «move_circle»);
        }
        // 建立一個發送動作目標的函式
        void send_goal(bool enable)
        {
            // 檢查動作服務端是否可以使用
            if (!this->client_ptr_->wait_for_action_server(std::chrono::seconds(10)))
            {
                RCLCPP_ERROR(this->get_logger(), «Client: Action server not available after waiting»);
                rclcpp::shutdown();
                return;
            }
            // 綁定動作請求、取消、執行的回呼函式
            auto send_goal_options =
                rclcpp_action::Client<CustomAction>::SendGoalOptions();
            using namespace std::placeholders;
            send_goal_options.goal_response_callback =
                std::bind(&MoveCircleActionClient::goal_response_callback, this, _1);
            send_goal_options.feedback_callback =
                std::bind(&MoveCircleActionClient::feedback_callback, this, _1, _2);
            send_goal_options.result_callback =
                std::bind(&MoveCircleActionClient::result_callback, this, _1);
            // 建立一個動作目標的訊息
            auto goal_msg = CustomAction::Goal();
            goal_msg.enable = enable;
            // 非同步方式發送動作的目標
            RCLCPP_INFO(this->get_logger(), «Client: Sending goal»);
```

```cpp
                this->client_ptr_->async_send_goal(goal_msg, send_goal_options);
        }
    private:
        rclcpp_action::Client<CustomAction>::SharedPtr client_ptr_;
        // 建立一個服務端收到目標之後回饋時的回呼函式
        void goal_response_callback(GoalHandle::SharedPtr goal_message)
        {
            if (!goal_message)
            {
                RCLCPP_ERROR(this->get_logger(), «Client: Goal was rejected by server»);
                rclcpp::shutdown(); // Shut down client node
            }
            else
            {
                RCLCPP_INFO(this->get_logger(), «Client: Goal accepted by server, waiting for result»);
            }
        }
        // 建立處理週期回饋訊息的回呼函式
        void feedback_callback(
            GoalHandle::SharedPtr,
            const std::shared_ptr<const CustomAction::Feedback> feedback_message)
        {
            std::stringstream ss;
            ss << «Client: Received feedback: «<< feedback_message->state;
            RCLCPP_INFO(this->get_logger(), «%s», ss.str().c_str());
        }
        // 建立一個收到最終結果的回呼函式
        void result_callback(const GoalHandle::WrappedResult & result_message)
        {
            switch (result_message.code)
            {
                case rclcpp_action::ResultCode::SUCCEEDED:
                    break;
                case rclcpp_action::ResultCode::ABORTED:
                    RCLCPP_ERROR(this->get_logger(), «Client: Goal was aborted»);
                    rclcpp::shutdown(); // 關閉使用者端節點
                    return;
```

2.8 動作：完整行為的流程管理

```
                    case rclcpp_action::ResultCode::CANCELED:
                        RCLCPP_ERROR(this->get_logger(), «Client: Goal was canceled»);
                        rclcpp::shutdown(); // 關閉使用者端節點
                        return;
                    default:
                        RCLCPP_ERROR(this->get_logger(), «Client: Unknown result code»);
                        rclcpp::shutdown(); // 關閉使用者端節點
                        return;
                }
                RCLCPP_INFO(this->get_logger(), «Client: Result received: %s», (result_message.result->finish ? «true» : «false»));
                rclcpp::shutdown();           // 關閉使用者端節點
            }
};
// ROS 2 節點主入口 main 函式
int main(int argc, char * argv[])
{
    // ROS 2 C++ 介面初始化
    rclcpp::init(argc, argv);

    // 建立一個使用者端指標
    auto action_client = std::make_shared<MoveCircleActionClient>();

    // 發送動作目標
    action_client->send_goal(true);

    // 建立 ROS 2 節點物件並進行初始化
    rclcpp::spin(action_client);

    // 關閉 ROS 2 C++ 介面
    rclcpp::shutdown();

    return 0;
}
```

以上程式註釋詳細解析了每筆程式的含義，實現流程與 Python 版本完全一致，這裡不再贅述。

2.8.8 服務端程式設計方法（C++）

C++ 程式設計實現的服務端執行效果如圖 2-64 所示。

```
ros2@guyuehome:~/dev_ws$ ros2 run learning_action_cpp action_move_server
[INFO] [1720853220.802010455] [action_move_server]: Server: Received goal request: 1
[INFO] [1720853220.802986640] [action_move_server]: Server: Executing goal
[INFO] [1720853220.803096640] [action_move_server]: Server: Publish feedback
[INFO] [1720853221.803937447] [action_move_server]: Server: Publish feedback
[INFO] [1720853222.803487525] [action_move_server]: Server: Publish feedback
[INFO] [1720853223.803275565] [action_move_server]: Server: Publish feedback
```

▲ 圖 2-64 動作通訊中服務端的執行效果（C++）

範例程式可以在 learning_action_cpp\src\action_move_server.cpp 中找到。

```cpp
#include <iostream>
#include "rclcpp/rclcpp.hpp"                              // ROS 2 C++ 介面函式庫
#include "rclcpp_action/rclcpp_action.hpp"                // ROS 2 動作類別
#include "learning_interface/action/move_circle.hpp"      // 自訂的圓周運動介面
using namespace std;

class MoveCircleActionServer : public rclcpp::Node
{
    public:
        // 定義一個自訂的動作介面類別，便於後續使用
        using CustomAction = learning_interface::action::MoveCircle;
        // 定義一個處理動作請求、取消、執行的服務端
        using GoalHandle = rclcpp_action::ServerGoalHandle<CustomAction>;
        explicit MoveCircleActionServer(const rclcpp::NodeOptions & action_server_options = rclcpp::NodeOptions())
        : Node(«action_move_server», action_server_options)       // ROS 2節點父類別初始化
        {
            using namespace std::placeholders;
            // 建立動作服務端（介面類別型、動作名稱、回呼函式）
            this->action_server_ = rclcpp_action::create_server<CustomAction>(
                this->get_node_base_interface(),
                    this->get_node_clock_interface(),
```

2.8 動作：完整行為的流程管理

```cpp
                this->get_node_logging_interface(),
                this->get_node_waitables_interface(),
                «move_circle»,
                std::bind(&MoveCircleActionServer::handle_goal, this, _1, _2),
                std::bind(&MoveCircleActionServer::handle_cancel, this, _1),
                std::bind(&MoveCircleActionServer::handle_accepted, this, _1));
        }
    private:
        rclcpp_action::Server<CustomAction>::SharedPtr action_server_;   // 動作服務端
        // 回應動作目標的請求
        rclcpp_action::GoalResponse handle_goal(
            const rclcpp_action::GoalUUID & uuid,
            std::shared_ptr<const CustomAction::Goal> goal_request)
        {
            RCLCPP_INFO(this->get_logger(), "Server: Received goal request: %d", goal_request->enable);
            (void)uuid;
            // 如請求為 enable 則接受運動請求，否則拒絕
            if (goal_request->enable)
            {
                return rclcpp_action::GoalResponse::ACCEPT_AND_EXECUTE;
            }
            else
            {
                return rclcpp_action::GoalResponse::REJECT;
            }
        }
        // 回應動作取消的請求
        rclcpp_action::CancelResponse handle_cancel(
            const std::shared_ptr<GoalHandle> goal_handle_canceled_)
        {
            RCLCPP_INFO(this->get_logger(), "Server: Received request to cancel action");
            (void) goal_handle_canceled_;
            return rclcpp_action::CancelResponse::ACCEPT;
        }
        // 處理動作接受後具體執行的過程
        void handle_accepted(const std::shared_ptr<GoalHandle> goal_handle_accepted_)
```

2-93

```cpp
    {
        using namespace std::placeholders;
        // 在執行緒中執行動作過程
        std::thread{std::bind(&MoveCircleActionServer::execute, this, _1),
goal_handle_accepted_}.detach();
    }
    void execute(const std::shared_ptr<GoalHandle> goal_handle_)
    {
        const auto requested_goal = goal_handle_->get_goal();          // 動作目標
        auto feedback = std::make_shared<CustomAction::Feedback>();    // 動作回饋
        auto result = std::make_shared<CustomAction::Result>();        // 動作結果
        RCLCPP_INFO(this->get_logger(), "Server: Executing goal");
        rclcpp::Rate loop_rate(1);
        // 動作執行的過程
        for (int i = 0; (i < 361) && rclcpp::ok(); i=i+30)
        {
            // 檢查是否取消動作
            if (goal_handle_->is_canceling())
            {
                result->finish = false;
                goal_handle_->canceled(result);
                RCLCPP_INFO(this->get_logger(), "Server: Goal canceled");
                return;
            }
            // 更新回饋狀態
            feedback->state = i;
            // 發佈回饋狀態
            goal_handle_->publish_feedback(feedback);
            RCLCPP_INFO(this->get_logger(), "Server: Publish feedback");
            loop_rate.sleep();
        }
        // 動作執行完成
        if (rclcpp::ok())
        {
            result->finish = true;
            goal_handle_->succeed(result);
            RCLCPP_INFO(this->get_logger(), "Server: Goal succeeded");
        }
```

```cpp
        }
};

// ROS 2 節點主入口 main 函式
int main(int argc, char * argv[])
{
    // ROS 2 C++ 介面初始化
    rclcpp::init(argc, argv);

    // 建立 ROS 2 節點物件並進行初始化
    rclcpp::spin(std::make_shared<MoveCircleActionServer>());

    // 關閉 ROS 2 C++ 介面
    rclcpp::shutdown();

    return 0;
}
```

以上程式註釋詳細解析了每筆程式的含義，實現流程與 Python 版本完全一致，這裡不再贅述。

2.8.9 動作的命令列操作

ROS 2 動作相關的命令是「action」，常用操作如下。

```
$ ros2 action list                                        # 查看服務清單
$ ros2 action info <action_name>                          # 查看服務資料型態
$ ros2 action send_goal <action_name> <action_type> <action_data>    # 發送服務請求
```

在本節動作範例中，使用者端和服務端執行時期，可以透過 list、info 和 send_goal 查看當前系統動作的清單、查看某動作詳細資訊、發起動作等，效果如圖 2-65 所示。

第 2 章　ROS 2 核心原理：建構機器人的基石

```
ros2@guyuehome:~$ ros2 action list
/turtle1/rotate_absolute
ros2@guyuehome:~$ ros2 action info /turtle1/rotate_absolute
Action: /turtle1/rotate_absolute
Action clients: 1
    /teleop_turtle
Action servers: 1
    /turtlesim
ros2@guyuehome:~$ ros2 action send_goal /turtle1/rotate_absolute turtlesim/actio
n/RotateAbsolute "{theta: 2.57}"
Waiting for an action server to become available...
Sending goal:
     theta: 2.57

Goal accepted with ID: 53463fbe4a584f23bd43e298be9028a0

Result:
    delta: -2.559999942779541

Goal finished with status: SUCCEEDED
ros2@guyuehome:~$
```

▲ 圖 2-65　動作命令列操作範例

2.9　參數：機器人系統的全域字典

　　話題、服務、動作，不知道這三種通訊機制大家是否已經了解清楚，本節再來介紹一種 ROS 2 系統中常用的資料傳輸方式——參數（Parameter）。

2.9.1　參數是什麼

　　類似 C++ 程式設計中的全域變數，參數可以在多個節點之間共用某些資料，是 ROS 機器人系統中的全域字典。

　　參數會用於機器人開發的哪些場景呢？如圖 2-66 所示，在開發視覺辨識功能時，有很多參數會影響辨識和顯示的效果。舉例來說，在節點 A 中，需要考慮很多問題：相機連接到哪個 USB 通訊埠、使用的影像解析度是多少、曝光度和編碼格式分別是什麼等，這些問題都可以透過參數設置。節點 B 與節點 A 類似，影像辨識使用的顏色設定值是多少、影像哪部分是需要關注的核心區域、辨識過程是否需要美顏等，也都可以用參數設置。

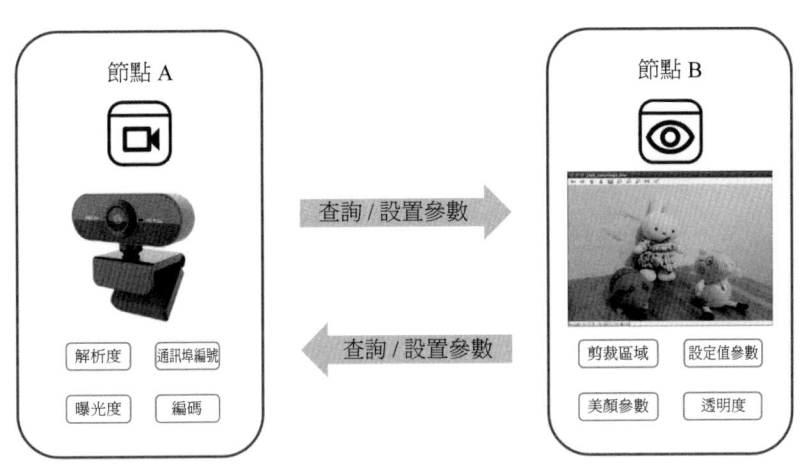

▲ 圖 2-66 視覺辨識功能中的參數範例

就像使用美顏相機一樣，可以透過滑動條或輸入框設置很多參數，不同參數被設置後，會改變執行功能的某些效果。

2.9.2 參數通訊模型

在 ROS 2 系統中，參數是以全域字典的形態存在的，這裡的字典像真實的字典一樣，由名稱和數值組成，也叫作鍵和值，合稱鍵值。如圖 2-67 所示，參數就像程式設計中的變數一樣，有一個變數名稱，然後跟一個等號，後邊就是變數值了，在使用時，存取這個變數名稱即可獲取其代表的值。

在 ROS 2 中，參數的特性非常豐富，例如某個節點建立了一個參數，其他節點都可以存取；如果某個節點對參數進行了修改，那麼其他節點也有辦法立刻同步，從而獲取最新的數值。

在預設情況下，某一個參數被修改後，使用它的節點並不會立刻被同步，ROS 2 提供了動態配置的機制，需要在程式中進行設置，透過回呼函式的方法，動態同步參數。

第 2 章　ROS 2 核心原理：建構機器人的基石

命令終端

$ rosrun ... _robot_name:="RobotA"
_max_speed:=1.0 _waypoints:=["Home"]

節點
（設置參數前）

robot_node

參數內容
robot_name:
max_speed: 0.0
waypoints: [ ]

節點
（設置參數後）

robot_node
robot_name: "RobotA"
max_speed: 1.0
waypoints:["Home"]

參數檔案（yaml）
robot_node:
　robot_name: "RobotA"
　max_speed: 1.0
　waypoints:["Home"]

▲ 圖 2-67　參數通訊模型

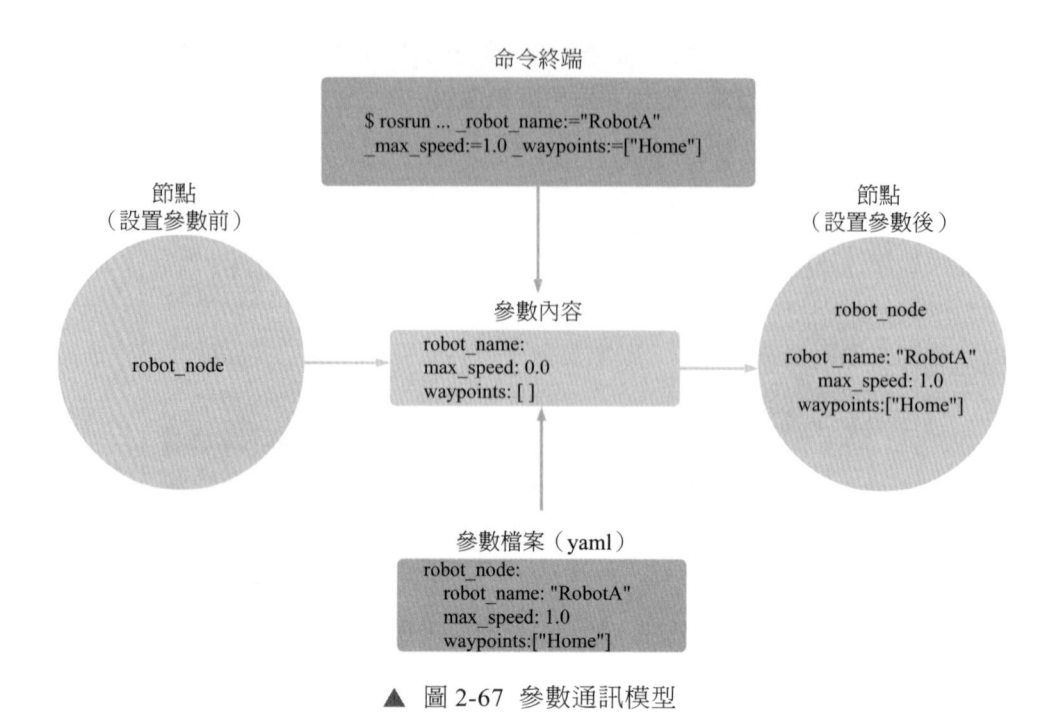

2.9.3　參數的命令列操作

在海龜的常式中，模擬器提供了不少參數，大家可以透過這個常式，熟悉參數的含義和命令列的使用方法。

啟動兩個終端，分別執行海龜模擬器和鍵盤控制節點，執行效果如圖 2-68 所示。

```
$ ros2 run turtlesim turtlesim_node
$ ros2 run turtlesim turtle_teleop_key
```

2.9 參數：機器人系統的全域字典

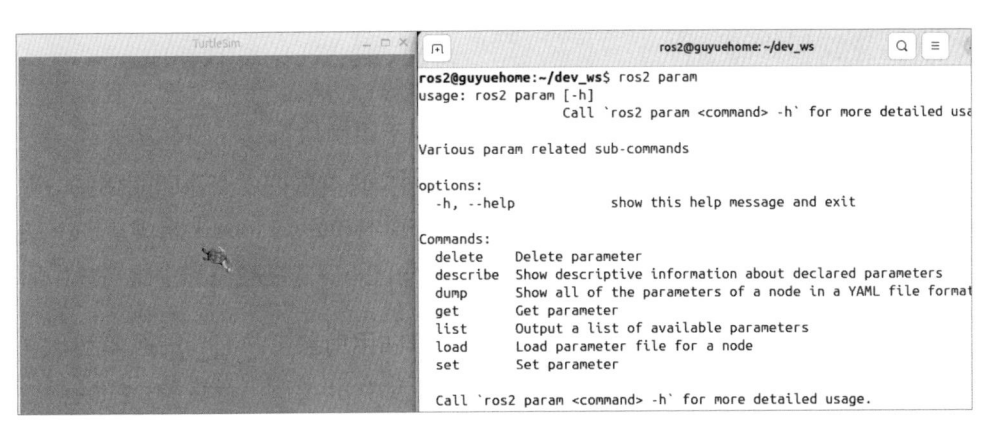

▲ 圖 2-68 海龜運動控制常式

1. 查看參數列表

當前 ROS 2 系統中有哪些參數呢？大家可以啟動一個終端，使用以下命令查詢。

```
$ ros2 param list
```

執行效果如圖 2-69 所示，詳細列出了每個節點所包含的參數名稱。

▲ 圖 2-69 海龜運動控制常式執行效果

2-99

第 2 章　ROS 2 核心原理：建構機器人的基石

2. 參數查詢與修改

如果想查詢或修改某個參數的值，那麼可以在 param 命令後加 get 或 set 子命令，執行效果如圖 2-70 所示。

```
$ ros2 param describe turtlesim background_b    # 查看某個參數的描述資訊
$ ros2 param get turtlesim background_b         # 查詢某個參數的值
$ ros2 param set turtlesim background_b 10      # 修改某個參數的值
```

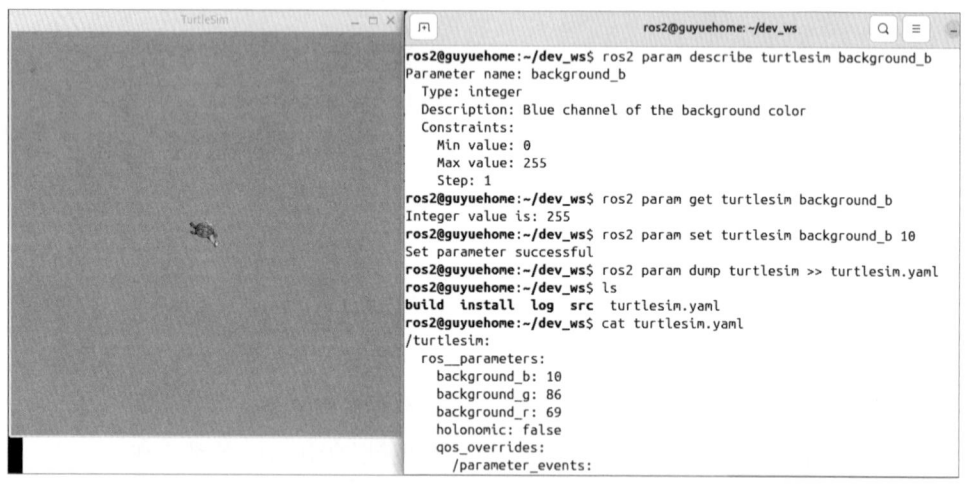

▲ 圖 2-70　參數的查詢、修改、儲存、載入執行效果

3. 參數檔案儲存與載入

一個一個查詢或修改參數太麻煩了，不如試一試使用參數檔案。

ROS 2 中的參數檔案使用 YAML 格式，可以在 param 命令後邊加 dump 子命令，將某個節點的參數都儲存到檔案中，或透過 load 命令一次性載入某個參數檔案中的所有內容，執行效果和參數檔案中的內容格式如圖 2-70 所示。

```
$ ros2 param dump turtlesim >> turtlesim.yaml   # 將某個節點的參數儲存到參數檔案中
$ ros2 param load turtlesim turtlesim.yaml      # 一次性載入某個檔案中的所有參數
```

2-100

2.9.4 參數程式設計方法（Python）

在節點程式中設置參數或讀取參數的方法相對簡單，透過幾個函式就可以實現，我們一起來學習這幾個函式的使用方法。

1. 執行效果

先來看一下範例程式的執行效果。啟動一個終端，執行第一句指令，啟動 param_declare 節點，如圖 2-71 所示，可以看到迴圈輸出的日誌資訊，「Hello」之後的「mbot」就是節點中的參數值，參數名稱是「robot_name」，如果透過命令列將這個參數值修改為「turtle」，那麼節點程式也會將該參數改回「mbot」。

```
$ ros2 run learning_parameter param_declare
$ ros2 param set param_declare robot_name turtle
```

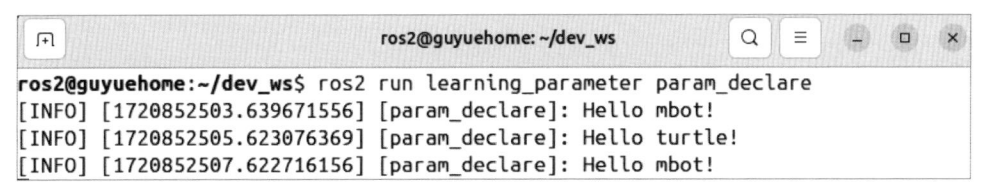

▲ 圖 2-71 參數範例的執行效果（Python）

2. 程式解析

以上範例程式是如何建立、讀取和修改參數的呢？完整實現過程在 learning_parameter/ param_declare.py 中，其中的核心程式如下。

```
...

class ParameterNode(Node):
    def __init__(self, name):
        super().__init__(name)
        self.timer = self.create_timer(2, self.timer_callback)

        # 建立一個參數，並設置參數的預設值為 mbot
```

```
        self.declare_parameter('robot_name', 'mbot')
    # 建立計時器週期性執行的回呼函式
    def timer_callback(self):
        # 從 ROS 2 系統中讀取參數 robot_name 的值
        robot_name_param = \
                        self.get_parameter('robot_name').get_parameter_value().string_value

        # 輸出日誌資訊,輸出讀取到的參數值
        self.get_logger().info('Hello %s!' % robot_name_param)

        # 重新將參數 robot_name 的值設置為 mbot
        new_name_param = rclpy.parameter.Parameter('robot_name',
                            rclpy.Parameter.Type.STRING, 'mbot')
        all_new_parameters = [new_name_param]

        # 將重新建立的參數清單更新到 ROS 2 系統
        self.set_parameters(all_new_parameters)
...
```

可以看到,declare_parameter() 方法可以建立一個參數,get_parameter() 方法可以讀取一個參數值,set_parameters() 方法可以一次性設置多個參數,這些就是參數程式設計的基本方法。

2.9.5 參數程式設計方法(C++)

使用 C++ 程式設計與使用參數的方法類似,可以透過以下命令執行 C++ 程式實現的參數範例程式,執行效果如圖 2-72 所示。

```
$ ros2 run learning_parameter_cpp param_declare
$ ros2 param set param_declare robot_name turtle
```

2.9 參數：機器人系統的全域字典

```
ros2@guyuehome:~/dev_ws$ ros2 run learning_parameter_cpp param_declare
[INFO] [1721487276.491265848] [param_declare]: Hello mbot!
[INFO] [1721487277.491618832] [param_declare]: Hello mbot!
[INFO] [1721487278.491445529] [param_declare]: Hello mbot!
[INFO] [1721487279.491438006] [param_declare]: Hello mbot!
[INFO] [1721487280.491207744] [param_declare]: Hello mbot!
[INFO] [1721487281.491375962] [param_declare]: Hello mbot!
[INFO] [1721487282.491105298] [param_declare]: Hello turtle!
[INFO] [1721487283.491897501] [param_declare]: Hello mbot!
[INFO] [1721487284.491246292] [param_declare]: Hello mbot!
[INFO] [1721487285.491181501] [param_declare]: Hello mbot!
```

```
ros2@guyuehome:~/dev_ws$ ros2 param set param_declare robot_name turtle
Set parameter successful
ros2@guyuehome:~/dev_ws$
```

▲ 圖 2-72 參數範例的執行效果（C++）

完整的範例程式在 learning_parameter_cpp\src\param_declare.cpp 中，其中的核心內容如下。

```cpp
...
class ParameterNode : public rclcpp::Node
{
    public:
        ParameterNode()
        : Node("param_declare")
        {
         // 建立一個參數，並設置參數的預設值為 mbot
            this->declare_parameter("robot_name", "mbot");
         // 建立一個計時器，定時執行回呼函式
            timer_ = this->create_wall_timer(
                1000ms, std::bind(&ParameterNode::timer_callback, this));
        }

        // 建立計時器週期性執行的回呼函式
        void timer_callback()
        {
            // 從 ROS 2 系統中讀取參數 robot_name 的值
            std::string robot_name_param =
this->get_parameter("robot_name").as_string();              // 輸出日誌資訊，輸出讀取到的參數值
            RCLCPP_INFO(this->get_logger(), "Hello %s!", r
```

```
obot_name_param.c_str());
            // 重新將參數 robot_name 的值設置為 mbot
            std::vector<rclcpp::Parameter>
all_new_parameters{rclcpp::Parameter("robot_name", "mbot")};
            // 將重新建立的參數清單更新到 ROS 2 系統
            this->set_parameters(all_new_parameters);
        }
    private:
        rclcpp::TimerBase::SharedPtr timer_;
};

...
```

類似 Python 程式中的介面，declare_parameter() 方法建立一個參數，get_parameter() 方法讀取一個參數值，set_parameters() 方法一次性設置多個參數。

2.9.6　參數應用範例：設置物件辨識的設定值

參數大家已經熟悉了，如何在機器人中應用呢？繼續最佳化物件辨識的範例！

物體辨識對光線比較敏感，由於不同環境下程式中使用的顏色設定值不同，每次在程式中修改設定值非常麻煩，因此可以把設定值提煉成參數，在執行過程中動態修改，從而大大提高程式的可維護性。

1. 執行效果

說幹就幹，大家先來看一下修改後的範例程式效果如何。啟動三個終端，分別執行：

- 相機驅動節點。
- 物件辨識節點。
- 透過命令列修改紅色的設定值，動態修改檢測效果。

```
$ ros2 run usb_cam usb_cam_node_exe
$ ros2 run learning_parameter param_object_detect
$ ros2 param set param_object_detect red_h_upper 180
```

2.9 參數：機器人系統的全域字典

在啟動的物件辨識節點中，預設程式故意將紅色設定值的上限設置為 0，如果不修改該參數，節點將無法實現物件辨識功能，執行效果如圖 2-73 所示。

▲ 圖 2-73 設定值不正確時物件辨識失敗

如圖 2-74 所示，透過命令列將紅色設定值參數的值修改為 180 之後，就可以立刻看到物件辨識效果發生變化，大家可以不斷調整參數值，從而得到最佳的檢測效果。

▲ 圖 2-74 修改設定值後物件辨識成功

2. 程式解析

以上範例程式的完整程式在 learning_parameter/param_object_detect.py 中，其中的核心內容如下。

```
...
lower_red = np.array([0, 90, 128])          # 紅色的 HSV 設定值下限
upper_red = np.array([180, 255, 255])       # 紅色的 HSV 設定值上限

class ImageSubscriber(Node):
  def __init__(self, name):
    super().__init__(name)
    # 建立訂閱者物件（訊息類型、話題名稱、訂閱者回呼函式、佇列長度）
    self.sub = self.create_subscription(Image, 'image_raw', self.listener_callback, 10)
    # 建立一個影像轉換物件，用於 OpenCV 影像與 ROS 的影像訊息的互相轉換
    self.cv_bridge = CvBridge()
    # 建立一個參數，表示設定值上限
    self.declare_parameter('red_h_upper', 0)
    # 建立一個參數，表示設定值下限
    self.declare_parameter('red_h_lower', 0)

  def object_detect(self, image):
    # 讀取設定值上限的參數值
    upper_red[0] = self.get_parameter('red_h_upper').get_parameter_value().integer_value
    # 讀取設定值下限的參數值
    lower_red[0] = self.get_parameter('red_h_lower').get_parameter_value().integer_value
    # 透過日誌輸出讀取到的參數值
    self.get_logger().info('Get Red H Upper: %d, Lower: %d' % (upper_red[0], lower_red[0]))

    # 影像從 BGR 色彩模型轉為 HSV 模型
    hsv_img = cv2.cvtColor(image, cv2.COLOR_BGR2HSV)
    # 影像二值化
    mask_red = cv2.inRange(hsv_img, lower_red, upper_red)
    # 影像中的輪廓檢測
```

```
        contours, hierarchy = cv2.findContours(mask_red, cv2.RETR_LIST, cv2.CHAIN_APPROX_
NONE)
        # 去除一些輪廓面積太小的雜訊
        for cnt in contours:
            if cnt.shape[0] < 150:
                continue
            # 得到目標所在輪廓的左上角 x、y 像素座標及輪廓範圍的寬和高
            (x, y, w, h) = cv2.boundingRect(cnt)
            # 將目標的輪廓勾勒出來
            cv2.drawContours(image, [cnt], -1, (0, 255, 0), 2)
            # 將目標的影像中心點畫出來
            cv2.circle(image, (int(x+w/2), int(y+h/2)), 5, (0, 255, 0), -1)

        # 使用 OpenCV 顯示處理後的影像效果
        cv2.imshow("object", image)
        cv2.waitKey(50)

...
```

在 object_detect() 函式中，每次進行物件辨識之前，都會透過 get_parameter() 方法獲取最新的設定值參數，如果大家透過命令列修改了參數值，下一次獲取的設定值參數就會發生變化，動態調整之後的物件辨識效果。

2.10 資料分發服務（DDS）：機器人的神經網路

在 ROS 2 系統中，話題、服務、動作通訊的具體實現過程，都依賴底層的 DDS 通訊機制，DDS 相當於 ROS 2 機器人系統中的神經網路。

2.10.1 DDS 是什麼

DDS 並不是一種新的通訊機制，在 ROS 2 使用之前，DDS 已經廣泛應用於很多領域，如圖 2-75 所示，在自動駕駛領域通常存在感知、預測、決策和定位等模組，這些模組需要高速和頻繁地交換資料，使用 DDS 可以極佳地滿足各模組之間的通訊需求。

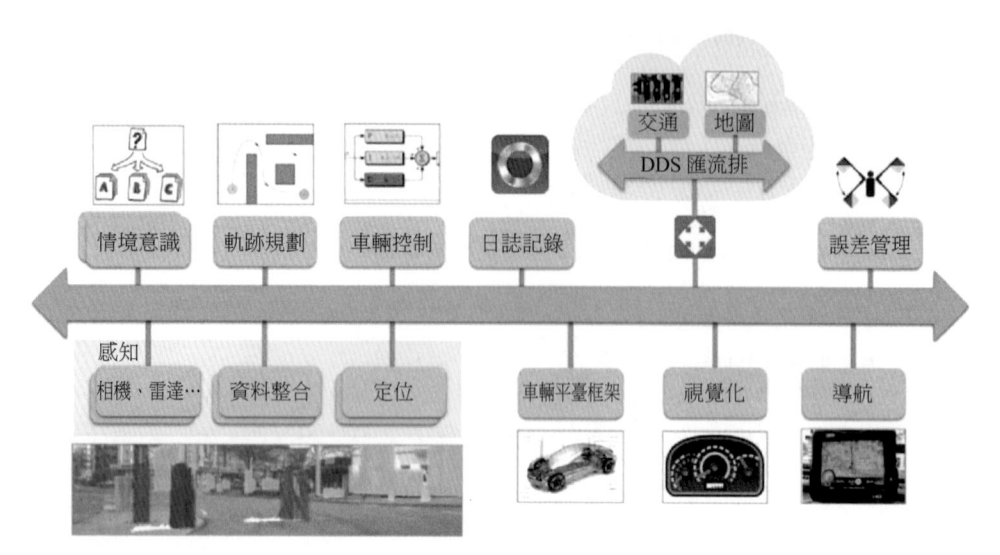

第 2 章　ROS 2 核心原理：建構機器人的基石

▲ 圖 2-75　常見通訊機制的四種模式

　　DDS 的全稱是 Data Distribution Service，也就是資料分發服務，2004 年由物件管理組織（Object Management Group，OMG）發佈和維護，是一套專門為即時系統設計的資料分發/訂閱標準，最早應用於美國海軍，解決艦船複雜網路環境中大量軟體升級的相容性問題，現在已經成為強制標準。

物件管理組織成立於 1989 年，它的使命是開發技術標準，為數以千計的垂直行業提供真實價值，除 DDS 外，該組織維護的技術標準還有很多，例如統一模組化語言 SYSML 和 UML、中介軟體標準 CORBA 等。

　　DDS 在 ROS 2 系統中的位置至關重要，所有上層建設都建立在 DDS 之上。它強調以資料為中心，提供豐富的服務品質策略，以保障資料進行即時、高效、靈活地分發，滿足各種分散式即時通訊應用需求。

　　DDS 是一種通訊的標準，就像 4G、5G 一樣，既然是標準，大家就都可以按照它來實現對應的功能，所以華為、高通有很多 5G 的技術專利，DDS 也一樣。能夠按照 DDS 標準實現的通訊系統很多，圖 2-76 底層的每個 DDS 模組，都對應某個企業或組織開發的一種 DDS 系統。

2-108

2.10 資料分發服務（DDS）：機器人的神經網路

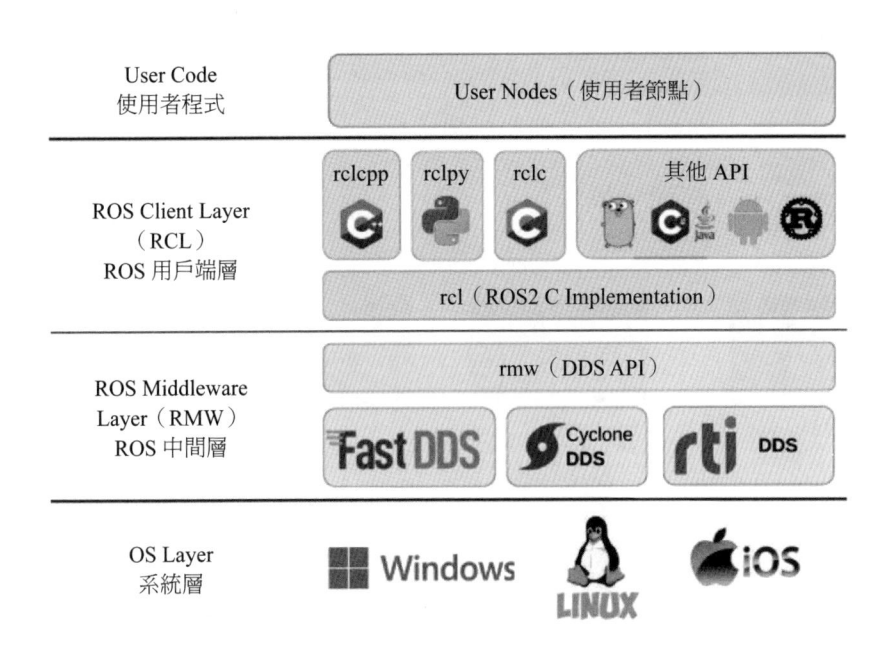

▲ 圖 2-76 ROS 2 系統架構概覽

可選用的 DDS 這麼多，該用哪一個呢？具體而言，它們肯定都符合基本標準，但還是會有性能上的差別，ROS 2 的原則就是儘量相容，讓使用者根據使用場景選擇，如果是個人開發，那麼選擇一個開放原始碼版本的 DDS 就行；如果是工業應用，那可能要選擇一個商業授權的版本。

為了實現對多個廠商 DDS 的相容，ROS 2 設計了一個 Middleware 中介軟體，也就是一個統一的標準，不管用哪家的 DDS，都可以保證上層程式設計使用的函式介面是一樣的。此時，相容性的問題就轉移給了 DDS 廠商，如果想讓自己的 DDS 進入 ROS 生態，就得按照 ROS 2 的介面標準開發驅動。

> 無論如何，ROS 2 的宗旨不變，就是提高機器人開發中的軟體重複使用率，「下層 DDS 任你換，上邊應用軟體不用變」。

在 ROS 2 的 4 大組成部分中，由於 DDS 的加入，大大提高了分散式通訊系統的綜合能力，這樣在開發機器人的過程中，我們就不需要糾結通訊的問題，可以把更多精力放在上層應用的開發上。

2.10.2 DDS 通訊模型

DDS 的核心是通訊，能夠實現通訊的模型和軟體框架非常多，一般分為 4 種模式，如圖 2-77 所示。

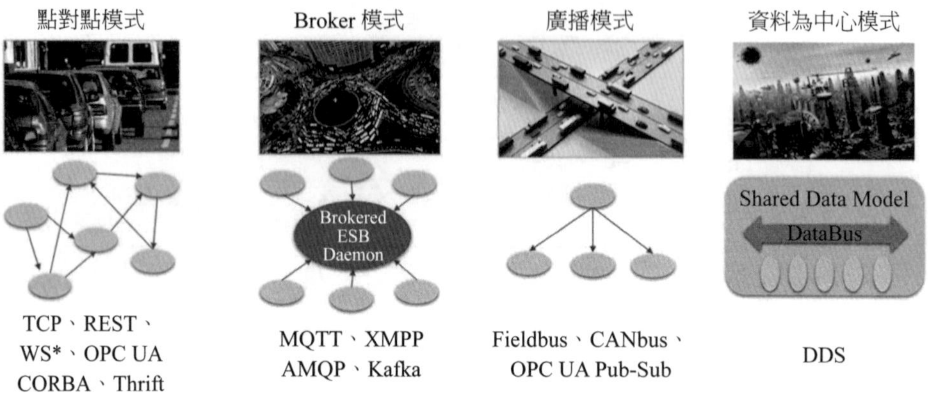

點對點模式　　　Broker 模式　　　廣播模式　　　資料為中心模式

TCP、REST、　　MQTT、XMPP、　Fieldbus、CANbus、
WS*、OPC UA　　AMQP、Kafka　　OPC UA Pub-Sub　　DDS
CORBA、Thrift

▲ 圖 2-77　常見的 4 種通訊模式

1. 點對點模式

許多使用者端連接到一個服務端，每次通訊時，通訊雙方必須建立連接。當通訊節點增加時，連接數也會增加。每個使用者端都需要知道服務端的具體位址和所提供的服務，一旦伺服器地址發生變化，所有使用者端都會受到影響。

2. Broker 模式

針對點對點模式進行了最佳化，由 Broker 集中處理所有節點的請求，並進一步找到真正能回應該服務的角色，這樣使用者端就不用關心伺服器的具體位址了。不過這樣做的問題也很明顯，Broker 作為核心，它的處理速度會影響所有節點的效率，當系統規模增長到一定程度時，Broker 就會成為整個系統的性能瓶頸。更麻煩是，如果 Broker 發生異常，則可能導致整個系統無法正常運轉。

> ROS 1 的通訊系統是 Broker 模式，一旦 Master 節點失效，整個系統都將無法正常執行。

2.10 資料分發服務（DDS）：機器人的神經網路

3. 廣播模式

所有節點都可以在通道上廣播訊息，其他節點都可以收到訊息。這個模式解決了伺服器地址的問題，而且通訊雙方不用單獨建立連接，但是廣播通道上的訊息太多了，所有節點都必須關心每筆訊息，而很多訊息和自己沒有關係，會浪費大量系統資源和通訊頻寬。

4. 資料為中心模式

這種模式與廣播模式類似，所有節點都可以在 DataBus 上發佈和訂閱訊息。它的先進之處在於，通訊中包含了很多並行的通路，每個節點都可以只關心自己感興趣的訊息，忽略自己不感興趣的訊息，有點像旋轉火鍋，各種好吃的食物都在 DataBus 上傳送，食客只需要拿自己想吃的，忽略其他食物。

DDS 採用的就是以資料為中心的通訊模式，整體優勢較為明顯。

2.10.3 品質服務策略

DDS 為 ROS 2 的通訊系統提供了哪些特性呢？如圖 2-78 所示，大家可以透過這個通訊模型了解一下。

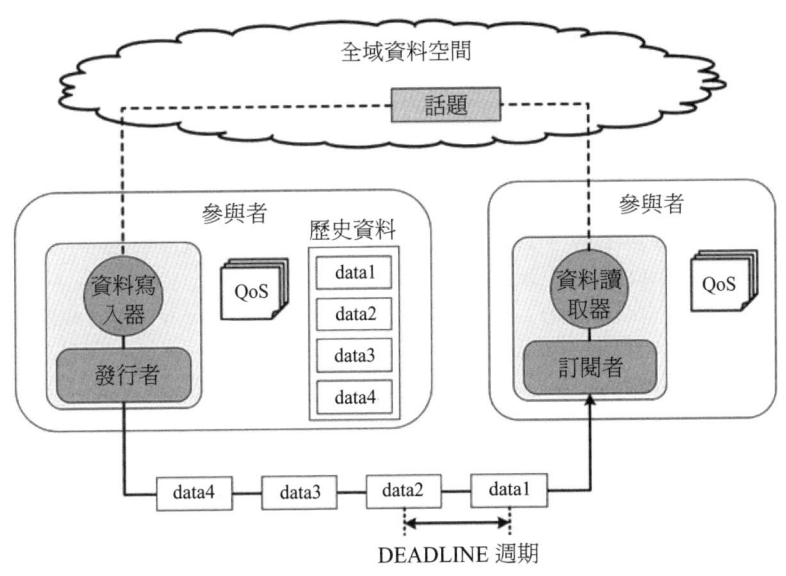

▲ 圖 2-78 ROS 2 中的 DDS 通訊模型

第 2 章　ROS 2 核心原理：建構機器人的基石

DDS 的基本結構是 Domain，Domain 將各個應用程式綁定在一起，是對全域資料空間的分組定義，只有處於同一個 Domain 小組中的節點才能互相通訊，這樣可以避免無用資料佔用資源。

DDS 的另外一個重要特性是品質服務（Quality of Service，QoS）策略。QoS 是一種網路傳輸策略，應用程式指定需要的網路傳輸品質，QoS 儘量實現這種品質要求，也可以視為是資料提供者和接收者之間的合約。

ROS 2 中常用的策略如下。

- DEADLINE：表示節點之間必須在每個截止時間內完成一次通訊。
- HISTORY：表示針對歷史資料的快取大小。
- RELIABILITY：表示資料通信的模式，BEST_EFFORT 是盡力傳輸模式，在網路情況不好時，也要保證資料流暢，但可能導致資料遺失；RELIABLE 是可信賴模式，可以在通訊中儘量保證資料的完整性，大家需要根據應用場景選擇合適的通訊模式。
- DURABILITY：可以配置為針對晚加入的節點，也保證有一定的歷史資料發送過去，讓新節點快速適應系統。

所有 QoS 策略在 ROS 2 中都可以透過以下結構配置，在 /opt/ros/jazzy/include/rmw/ rmw/types.h 中定義。

```
typedef struct RMW_PUBLIC_TYPE rmw_qos_profile_s
{
  enum rmw_qos_history_policy_e history;          // QoS 歷史訊息設置
  size_t depth;                                    // 訊息佇列的長度
  enum rmw_qos_reliability_policy_e reliability;   // QoS 可靠性策略設置
  enum rmw_qos_durability_policy_e durability;     // QoS 持久性策略設置
  struct rmw_time_s deadline;                      // 預計發送 / 接收訊息的週期
  struct rmw_time_s lifespan;                      // 訊息被視為過期且不再有效的時間
  enum rmw_qos_liveliness_policy_e liveliness;     // QoS 活躍度策略設置
  struct rmw_time_s liveliness_lease_duration;     // RMW 節點或發行者必須顯示其存活的時間
  bool avoid_ros_namespace_conventions;            // 是否規避 ROS 特定的命名空間約定
} rmw_qos_profile_t;
```

2.10 資料分發服務（DDS）：機器人的神經網路

　　如果不配置 QoS 會怎樣呢？沒關係，ROS 2 系統會使用預設的參數。大家可以在「/opt/ros/ jazzy/include/rmw/rmw/qos_profiles.h」中看到系統預設配置的 QoS 策略。

```
static const rmw_qos_profile_t rmw_qos_profile_sensor_data =
{
  RMW_QOS_POLICY_HISTORY_KEEP_LAST,
  5,
  RMW_QOS_POLICY_RELIABILITY_BEST_EFFORT,
  RMW_QOS_POLICY_DURABILITY_VOLATILE,
  RMW_QOS_DEADLINE_DEFAULT,
  RMW_QOS_LIFESPAN_DEFAULT,
  RMW_QOS_POLICY_LIVELINESS_SYSTEM_DEFAULT,
  RMW_QOS_LIVELINESS_LEASE_DURATION_DEFAULT,
  false
};

static const rmw_qos_profile_t rmw_qos_profile_parameters =
{
  RMW_QOS_POLICY_HISTORY_KEEP_LAST,
  1000,
  RMW_QOS_POLICY_RELIABILITY_RELIABLE,
  RMW_QOS_POLICY_DURABILITY_VOLATILE,
  RMW_QOS_DEADLINE_DEFAULT,
  RMW_QOS_LIFESPAN_DEFAULT,
  RMW_QOS_POLICY_LIVELINESS_SYSTEM_DEFAULT,
  RMW_QOS_LIVELINESS_LEASE_DURATION_DEFAULT,
  false
};

static const rmw_qos_profile_t rmw_qos_profile_default =
{
  RMW_QOS_POLICY_HISTORY_KEEP_LAST,
  10,
  RMW_QOS_POLICY_RELIABILITY_RELIABLE,
  RMW_QOS_POLICY_DURABILITY_VOLATILE,
  RMW_QOS_DEADLINE_DEFAULT,
  RMW_QOS_LIFESPAN_DEFAULT,
  RMW_QOS_POLICY_LIVELINESS_SYSTEM_DEFAULT,
```

```
  RMW_QOS_LIVELINESS_LEASE_DURATION_DEFAULT,
  false
};

static const rmw_qos_profile_t rmw_qos_profile_services_default =
{
  RMW_QOS_POLICY_HISTORY_KEEP_LAST,
  10,
  RMW_QOS_POLICY_RELIABILITY_RELIABLE,
  RMW_QOS_POLICY_DURABILITY_VOLATILE,
  RMW_QOS_DEADLINE_DEFAULT,
  RMW_QOS_LIFESPAN_DEFAULT,
  RMW_QOS_POLICY_LIVELINESS_SYSTEM_DEFAULT,
  RMW_QOS_LIVELINESS_LEASE_DURATION_DEFAULT,
  false
};

static const rmw_qos_profile_t rmw_qos_profile_parameter_events =
{
  RMW_QOS_POLICY_HISTORY_KEEP_LAST,
  1000,
  RMW_QOS_POLICY_RELIABILITY_RELIABLE,
  RMW_QOS_POLICY_DURABILITY_VOLATILE,
  RMW_QOS_DEADLINE_DEFAULT,
  RMW_QOS_LIFESPAN_DEFAULT,
  RMW_QOS_POLICY_LIVELINESS_SYSTEM_DEFAULT,
  RMW_QOS_LIVELINESS_LEASE_DURATION_DEFAULT,
  false
};

static const rmw_qos_profile_t rmw_qos_profile_system_default =
{
  RMW_QOS_POLICY_HISTORY_SYSTEM_DEFAULT,
  RMW_QOS_POLICY_DEPTH_SYSTEM_DEFAULT,
  RMW_QOS_POLICY_RELIABILITY_SYSTEM_DEFAULT,
  RMW_QOS_POLICY_DURABILITY_SYSTEM_DEFAULT,
  RMW_QOS_DEADLINE_DEFAULT,
  RMW_QOS_LIFESPAN_DEFAULT,
  RMW_QOS_POLICY_LIVELINESS_SYSTEM_DEFAULT,
```

```
RMW_QOS_LIVELINESS_LEASE_DURATION_DEFAULT,
    false
};
```

為什麼需要這麼多種策略呢？舉一個機器人的例子，以便大家理解。

例如遙控一個無人機航拍，如圖 2-79 所示，如果網路情況不好，那麼遙控器可以透過 RELIABLE 模式向無人機發送運動指令，保證每個命令都可以順利發送給無人機，允許有一些延遲時間；無人機傳輸影像的過程可以用 BEST_EFFORT 模式，保證視訊的流暢性，但是可能會掉幀；如果此時駭客侵入無人機的網路，可以對 ROS 2 的通訊資料進行加密，駭客將無法直接控制無人機或截取有效資料。

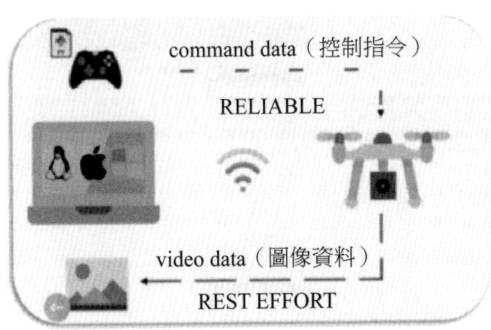

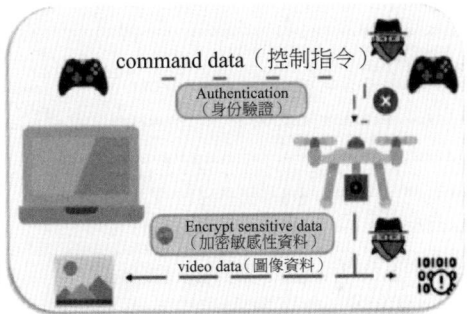

▲ 圖 2-79 不同應用場景可使用不同的 QoS 策略

DDS 的加入讓 ROS 2 的通訊系統煥然一新，多種多樣的通訊配置，可以更進一步地滿足不同場景下的機器人應用。

每種通訊機制都有自己的優缺點，DDS 雖然穩定安全，但是針對大量資料的傳輸效率較低。2023 年年底，ROS 官方發起投票，最終決定未來會逐漸支援另外一種通訊機制——Zenoh，不過時間尚久，感興趣的讀者可以關注 ROS 社區中的最新訊息。

2.10.4 命令列中配置 DDS 的 QoS

QoS 具體該如何操作呢？先來試一試在命令列中配置 DDS 的 QoS 策略。

啟動第一個終端，使用 BEST_EFFORT 模式建立一個發行者節點，迴圈發佈任意資料；在另外一個終端中，使用 RELIABLE 模式訂閱同一話題，如圖 2-80 所示。此時無法實現資料通信，因為兩者的 QoS 策略不同，只有修改為同樣的 BEST_EFFORT 模式，才能實現資料傳輸，如圖 2-81 所示。

```
$ ros2 topic pub /chatter std_msgs/msg/Int32 "data: 42" --qos-reliability best_effort
$ ros2 topic echo /chatter --qos-reliability reliable
$ ros2 topic echo /chatter --qos-reliability best_effort
```

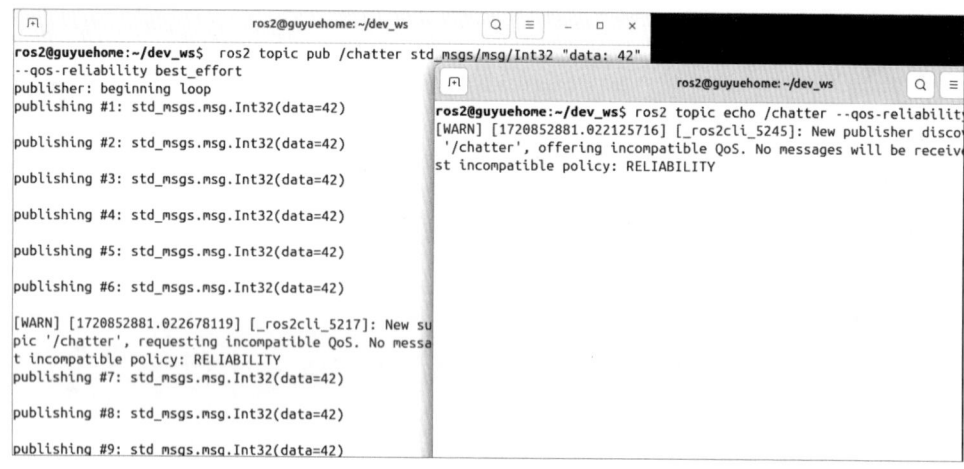

▲ 圖 2-80 當發行者與訂閱者的 QoS 策略不同時，兩者無法實現通訊

▲ 圖 2-81 當發行者與訂閱者的 QoS 策略相同時，兩者可以實現通訊

2.10 資料分發服務（DDS）：機器人的神經網路

如何查看 ROS 2 系統中每個發行者或訂閱者的 QoS 策略呢？在 ros2 topic 命令後邊加一個 "--verbose" 參數就可以了。

```
$ ros2 topic info /chatter --verbose
```

執行效果如圖 2-82 所示，其中的 QoS Profile 會詳細列出該節點的 QoS 策略。

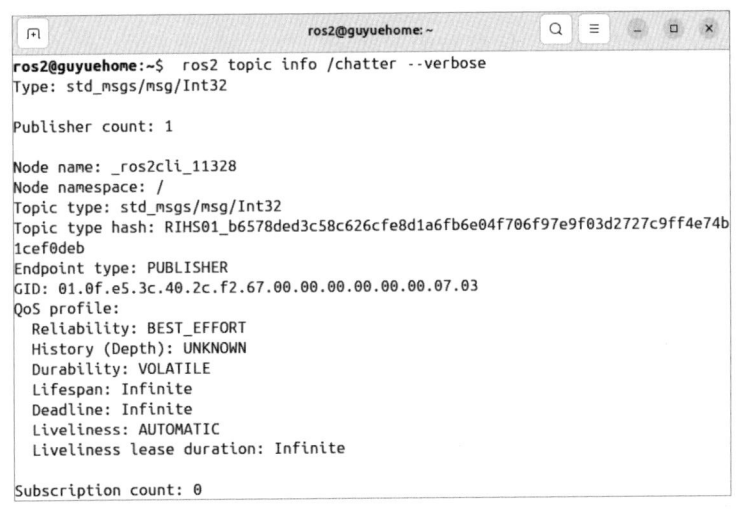

▲ 圖 2-82 查詢某節點的 QoS 策略的執行效果

2.10.5 DDS 程式設計範例

除了在命令列中操作，我們還可以在程式中配置 DDS，如圖 2-83 所示，以 Hello World 話題通訊為例，DDS 的 QoS 該如何配置呢？

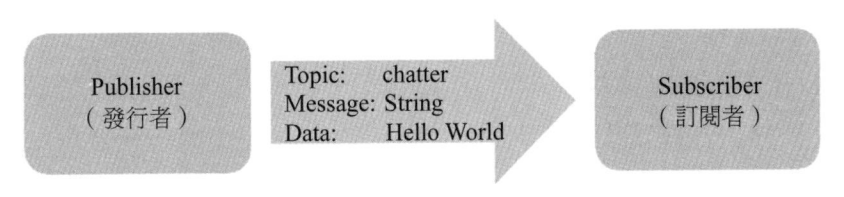

▲ 圖 2-83 Hello World 話題通訊架構

2-117

第 2 章　ROS 2 核心原理：建構機器人的基石

1. 執行效果

先來看範例程式的執行效果。啟動兩個終端，分別執行發行者和訂閱者節點。

```
$ ros2 run learning_qos qos_helloworld_pub
$ ros2 run learning_qos qos_helloworld_sub
```

兩個終端中的通訊效果如圖 2-84 所示，與 2.5 節執行的效果似乎沒有太大區別，不過此時的底層通訊策略有所不同。

▲ 圖 2-84　Hello World 話題通訊效果

2. 發行者程式解析

大家在程式中繼續找一下玄機，完整內容在 learning_qos/qos_helloworld_pub.py 中，其中和 DDS 相關的核心程式如下：

```
...
from rclpy.qos import QoSProfile, QoSReliabilityPolicy, QoSHistoryPolicy # ROS 2 QoS 類別

class PublisherNode(Node):
```

2.10 資料分發服務（DDS）：機器人的神經網路

```python
    def __init__(self, name):
        super().__init__(name)

        # 建立一個 QoS 策略
        qos_profile = QoSProfile(
            # reliability=QoSReliabilityPolicy.BEST_EFFORT,
            reliability=QoSReliabilityPolicy.RELIABLE,
            history=QoSHistoryPolicy.KEEP_LAST,
            depth=1
        )

        # 建立發行者物件（訊息類型、話題名稱、QoS 策略）
        self.pub = self.create_publisher(String, "chatter", qos_profile)
        # 建立一個計時器（定時執行的回呼函式，週期的單位為秒）
        self.timer = self.create_timer(0.5, self.timer_callback)

# 建立計時器週期性執行的回呼函式
    def timer_callback(self):
        msg = String()                    # 建立一個 String 類型的訊息物件
        msg.data = 'Hello World'          # 填充訊息物件中的訊息資料
        self.pub.publish(msg)             # 發佈話題訊息

...
```

以上程式主要修改了透過 QoSProfile() 建立需要使用的 QoS 這部分，並在建立發行者時進行了配置，實際使用中如果需要修改 QoS 策略，直接在結構中修改即可。

2. 訂閱者程式解析

在訂閱者的建立過程中，同樣需要使用類似的 QoS 配置，完整程式在 learning_qos/ qos_helloworld_sub.py 中。

```python
...
from rclpy.qos import QoSProfile, QoSReliabilityPolicy, QoSHistoryPolicy   # ROS 2 QoS 類別
```

2-119

```python
class SubscriberNode(Node):

    def __init__(self, name):
        super().__init__(name)

        # 建立一個 QoS 策略
        qos_profile = QoSProfile(
            # reliability=QoSReliabilityPolicy.BEST_EFFORT,
            reliability=QoSReliabilityPolicy.RELIABLE,
            history=QoSHistoryPolicy.KEEP_LAST,
            depth=1
        )

        # 建立訂閱者物件（訊息類型、話題名稱、訂閱者回呼函式、QoS 策略）
        self.sub = self.create_subscription(\
            String, "chatter", self.listener_callback, qos_profile)

    # 建立回呼函式，執行收到話題訊息後對資料的處理
    def listener_callback(self, msg):
        # 輸出日誌資訊，提示訂閱收到的話題訊息
        self.get_logger().info('I heard: "%s"' % msg.data)

...
```

DDS 是一個非常複雜的通訊機制，以上只是冰山一角，目的是帶領大家認識 DDS，更多使用方法和相關內容，可以參考網路資料和各 DDS 廠商的手冊。

2.11 分散式通訊

智慧型機器人的功能繁多，如果把它們都放在一台電腦裡，那麼經常會遇到運算能力不夠、處理卡頓等情況。但是如果將這些任務拆解，分配到多台電腦中執行，就可以輕鬆解決資源受限的問題。ROS 2 提供了一種可以實現多計算平臺上任務分配的方式——分散式通訊。

2.11 分散式通訊

2.11.1 分散式通訊是什麼

機器人功能是由各種節點組成的，這些節點可能位於不同的電腦中，分散式通訊可以將原本資源消耗較多的任務分配到不同平臺上，減輕計算壓力。

在常見的機器人應用程式開發中，開發者經常將機器人系統功能分別部署在端側開發板和開發側電腦上，如圖 2-85 所示。這種方式可以大大縮小機器人的尺寸，同時可以幫助開發者遠端監控機器人裝置。

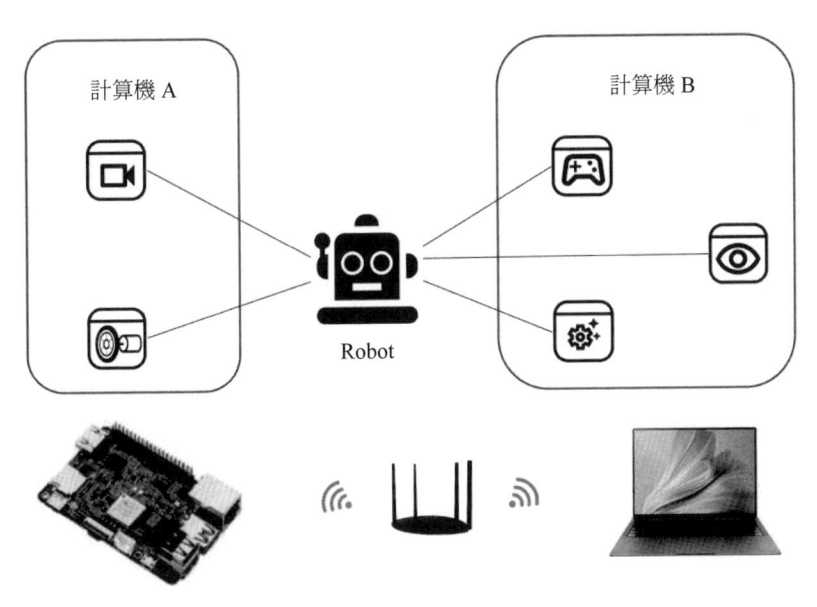

▲ 圖 2-85 分散式通訊概念示意

端側開發板可以是電腦，也可以是嵌入式開發板，例如樹莓派、RDK 等，本書範例使用的是開發板 RDK X3，其他開發板應用方法相同。

ROS 2 從設計之初就支援分散式通訊，可以快速實現同區域網下多個節點的跨裝置通訊，例如在端側開發板中實現感測器驅動、馬達控制、AI 應用等功能，在開發側電腦中實現機器人感測器資訊視覺化、遠端控制機器人運動等功能。

2.11.2 SSH 遠端網路連接

SSH（Secure Shell）是一種網路通訊協定，透過加密的連接提供了安全的命令列介面，常用於遠端登入和執行命令。

可以透過以下指令在開發側電腦中實現遠端連接端側開發板。

```
$ ssh { 使用者名稱 }@{IP 位址 }

# 舉例：
$ ssh root@192.168.1.10
```

這個命令同樣適用於 Windows 作業系統。如圖 2-86 所示，大家可以在 Windows 作業系統中開啟 PowerShell，並在終端中輸入遠端連接指令，此處的「root」是端側開發板的使用者名稱，「192.168.1.10」是端側開發板的 IP 位址。如果被存取的裝置支援 SSH 連接，則會提示輸入密碼，之後就可以成功登入，就像控制本地電腦一樣，在終端中控制遠端開發板裝置。

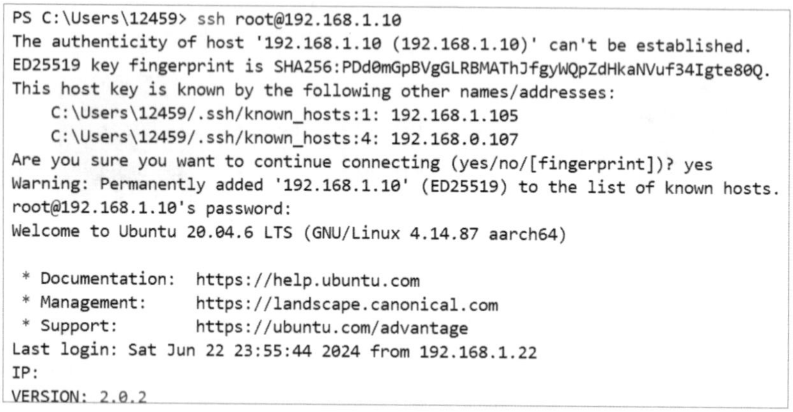

```
PS C:\Users\12459> ssh root@192.168.1.10
The authenticity of host '192.168.1.10 (192.168.1.10)' can't be established.
ED25519 key fingerprint is SHA256:PDd0mGpBVgGLRBMAThJfgyWQpZdHkaNVuf34Igte80Q.
This host key is known by the following other names/addresses:
    C:\Users\12459/.ssh/known_hosts:1: 192.168.1.105
    C:\Users\12459/.ssh/known_hosts:4: 192.168.0.107
Are you sure you want to continue connecting (yes/no/[fingerprint])? yes
Warning: Permanently added '192.168.1.10' (ED25519) to the list of known hosts.
root@192.168.1.10's password:
Welcome to Ubuntu 20.04.6 LTS (GNU/Linux 4.14.87 aarch64)

 * Documentation:  https://help.ubuntu.com
 * Management:     https://landscape.canonical.com
 * Support:        https://ubuntu.com/advantage
Last login: Sat Jun 22 23:55:44 2024 from 192.168.1.22
IP:
VERSION: 2.0.2
```

▲ 圖 2-86 電腦遠端 SSH 連接開發板範例

以上 SSH 連接遠端開發板的方法，同樣適用於連接任何支援 SSH 的裝置。

使用 PowerShell 雖然可以幫助我們快速連接遠端的開發板，但這在實際的程式開發中並不方便，此時可以使用整合式開發環境 VSCode。在 VSCode 擴充

2.11 分散式通訊

外掛程式中搜索 SSH，會彈出「Visual Studio Code Remote - SSH」的選項，下載後可以在 VSCode 介面的左下角看到一個對角符號，這就是透過 VSCode 遠端 SSH 連接其他裝置的入口，點擊後如圖 2-87 所示，可以在控制項中輸入類似「ssh root@192.168.1.0」的指令，完成後如圖 2-88 所示，這時就可以遠端撰寫其他裝置中的程式了。

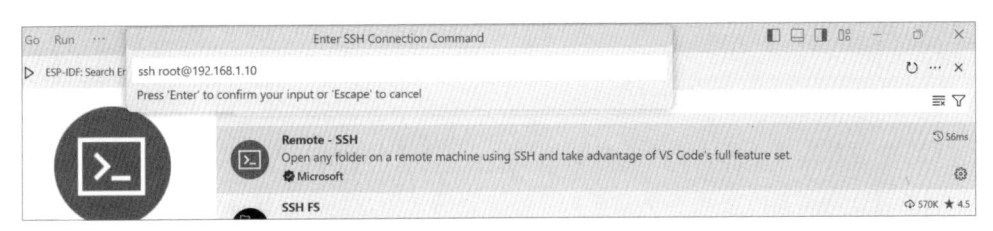

▲ 圖 2-87 VSCode SSH 遠端登入方法

▲ 圖 2-88 使用 VSCode 遠端撰寫其他裝置中的程式

2.11.3 分散式資料傳輸

我們已經透過 SSH 打通了電腦和開發板之間的連接，這是 ROS 2 分散式通訊的基礎條件。如果想讓 ROS 2 機器人中的各種節點部署到不同的裝置中，還需要做哪些工作呢？

其實 ROS 2 底層的通訊系統已經為大家準備只需要將多台裝置連接到同一個網路下，不需要做任何配置，多台裝置中的 ROS 2 節點就可以通訊了。接下

第 2 章　ROS 2 核心原理：建構機器人的基石

來還是以電腦和開發板為例，分別部署話題和服務的範例節點，試一試資料能否成功傳輸。

參考 2.11.2 節講解的方法，透過遠端 SSH 連接開發板，在開發板上執行一個話題的訂閱者。

```
$ ros2 run examples_rclcpp_minimal_subscriber subscriber_member_function    # 開發板端
```

執行前需要確保：

- 已經將對應的功能套件在開發板的 Ubuntu 環境中編譯透過，開發板上工作空間的建立和編譯方法與本章講解的方法完全相同，大家可以根據自己使用的開發板操作。
- 已經將開發板和電腦連接到同一個網路中，通常連接到同一個路由器中即可。

在終端的電腦中輸入以下指令，執行一個話題的發行者。

```
$ ros2 run examples_rclcpp_minimal_publisher publisher_member_function    # 終端電腦
```

如果在同一台電腦中，一個節點發佈話題訊息，一個節點訂閱話題訊息，則兩者會傳輸「Hello World」的字串資料。現在使用兩台裝置分別執行節點，如圖 2-89 和圖 2-90 所示，可以看到同樣的資料傳輸效果。

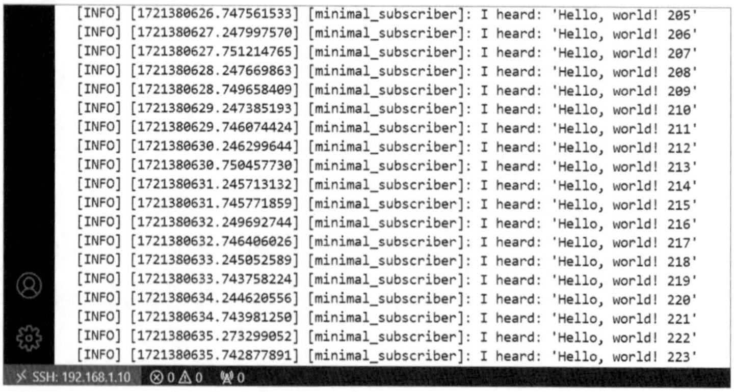

```
[INFO] [1721380626.747561533] [minimal_subscriber]: I heard: 'Hello, world! 205'
[INFO] [1721380627.247997570] [minimal_subscriber]: I heard: 'Hello, world! 206'
[INFO] [1721380627.751214765] [minimal_subscriber]: I heard: 'Hello, world! 207'
[INFO] [1721380628.247669863] [minimal_subscriber]: I heard: 'Hello, world! 208'
[INFO] [1721380628.749658409] [minimal_subscriber]: I heard: 'Hello, world! 209'
[INFO] [1721380629.247385193] [minimal_subscriber]: I heard: 'Hello, world! 210'
[INFO] [1721380629.746074424] [minimal_subscriber]: I heard: 'Hello, world! 211'
[INFO] [1721380630.246299644] [minimal_subscriber]: I heard: 'Hello, world! 212'
[INFO] [1721380630.750457730] [minimal_subscriber]: I heard: 'Hello, world! 213'
[INFO] [1721380631.245713132] [minimal_subscriber]: I heard: 'Hello, world! 214'
[INFO] [1721380631.745771859] [minimal_subscriber]: I heard: 'Hello, world! 215'
[INFO] [1721380632.249692744] [minimal_subscriber]: I heard: 'Hello, world! 216'
[INFO] [1721380632.746406026] [minimal_subscriber]: I heard: 'Hello, world! 217'
[INFO] [1721380633.245052589] [minimal_subscriber]: I heard: 'Hello, world! 218'
[INFO] [1721380633.743758224] [minimal_subscriber]: I heard: 'Hello, world! 219'
[INFO] [1721380634.244620556] [minimal_subscriber]: I heard: 'Hello, world! 220'
[INFO] [1721380634.743981250] [minimal_subscriber]: I heard: 'Hello, world! 221'
[INFO] [1721380635.273299052] [minimal_subscriber]: I heard: 'Hello, world! 222'
[INFO] [1721380635.742877891] [minimal_subscriber]: I heard: 'Hello, world! 223'
```

▲ 圖 2-89　開發板側執行訂閱者的日誌輸出

```
[INFO] [1721380657.199735929] [minimal_publisher]: Publishing: 'Hello, world! 25'
[INFO] [1721380657.699508485] [minimal_publisher]: Publishing: 'Hello, world! 266'
[INFO] [1721380658.199893850] [minimal_publisher]: Publishing: 'Hello, world! 267'
[INFO] [1721380658.699260742] [minimal_publisher]: Publishing: 'Hello, world! 268'
[INFO] [1721380659.199773906] [minimal_publisher]: Publishing: 'Hello, world! 269'
[INFO] [1721380659.701284118] [minimal_publisher]: Publishing: 'Hello, world! 270'
[INFO] [1721380660.199599860] [minimal_publisher]: Publishing: 'Hello, world! 271'
[INFO] [1721380660.699750648] [minimal_publisher]: Publishing: 'Hello, world! 272'
[INFO] [1721380661.199282179] [minimal_publisher]: Publishing: 'Hello, world! 273'
[INFO] [1721380661.699456387] [minimal_publisher]: Publishing: 'Hello, world! 274'
[INFO] [1721380662.199759064] [minimal_publisher]: Publishing: 'Hello, world! 275'
```

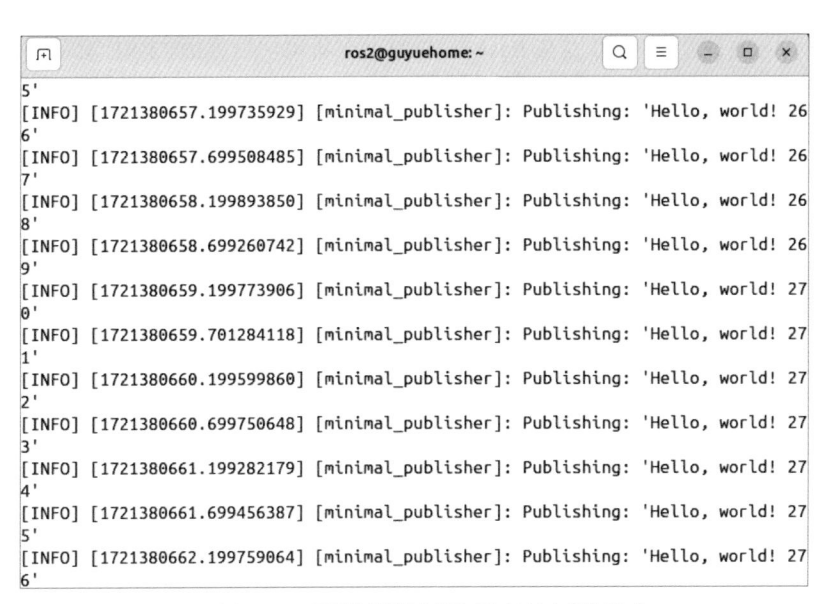

▲ 圖 2-90 電腦側執行發行者的日誌輸出

若使用虛擬機器，請將虛擬機器網路修改為橋接模式。

從以上範例可以看出，ROS 2 分散式通訊使用起來非常簡單，只需按照話題、服務等通訊機制開發節點功能，執行時期可靈活放置在不同裝置中，幾乎不需要關注通訊網路的配置。

如果一個網路中有很多電腦或開發板，我們並不希望它們可以互通互聯，而是希望它們可以分組通訊，但小組之間無法通訊，那麼怎麼做呢？這時就要用到 ROS 2 中的 DOMAIN 機制。

2.11.4　分散式網路分組

ROS 2 提供了 DOMAIN 機制，只有處於同一個 DOMAIN 小組中的裝置才能通訊。設置的方法也很簡單，只需要在執行 ROS 2 的終端中輸入以下命令，即可設置當前裝置的 DOMAIN ID，同一 DOMAIN ID 的裝置將被分配到同一個小組中，不同 DOMAIN ID 的裝置無法進行通訊。

第 2 章　ROS 2 核心原理：建構機器人的基石

為了方便使用，也可以在 bashrc 中加入以下命令，如圖 2-91 所示，這樣終端每次啟動時，都會自動設置 DOMAIN ID。

```
$ export ROS_DOMAIN_ID=<your_domain_id>   #0~255
```

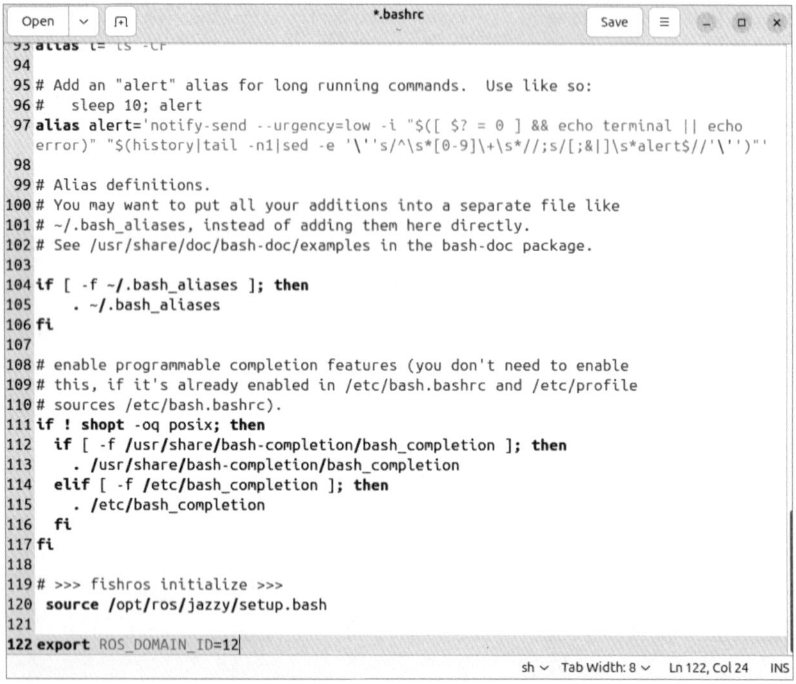

▲ 圖 2-91　DOMAIN 分組設置

2.11.5　海龜分散式通訊範例

分散式通訊網路已經建立完畢，在真實機器人應用中又該如何使用分散式通訊呢？以海龜運動控制模擬為例，可以在電腦端啟動海龜模擬器，在開發板端啟動鍵盤運動節點，模擬真實機器人的遠端遙控。

```
$ ros2 run turtlesim turtlesim_node            # 電腦端
$ ros2 run turtlesim turtle_teleop_key         # 開發板端
```

2-126

兩個節點都啟動成功後，在開發板端的鍵盤控制節點終端中操作，同樣可以控制海龜上下左右運動。

在真實機器人的應用程式開發中，類似這樣的分散式通訊的使用非常頻繁，隨著本書內容的深入，大家可以不斷加深理解。這裡需要重點理解 ROS 2 分散式通訊的基本使用方法，關於網路連接和 SSH 的使用方法，也可以參考網路上的更多教學和材料。

2.12 本章小結

第 2 章內容終於結束了，如果大家是第一次接觸 ROS 2，相信一定會很辛苦：節點、話題、服務、動作、參數、介面、DDS，需要記住的概念可真不少。先不要糾結每種概念對應的具體程式設計方法，可以在後續機器人開發的過程中，經常回顧本章的內容，透過實際應用來加深理解。當然，與 ROS 2 相關的內容可不止這些，更多關於機器人開發的工具和功能，我們將在第 3 章繼續學習。

MEMO

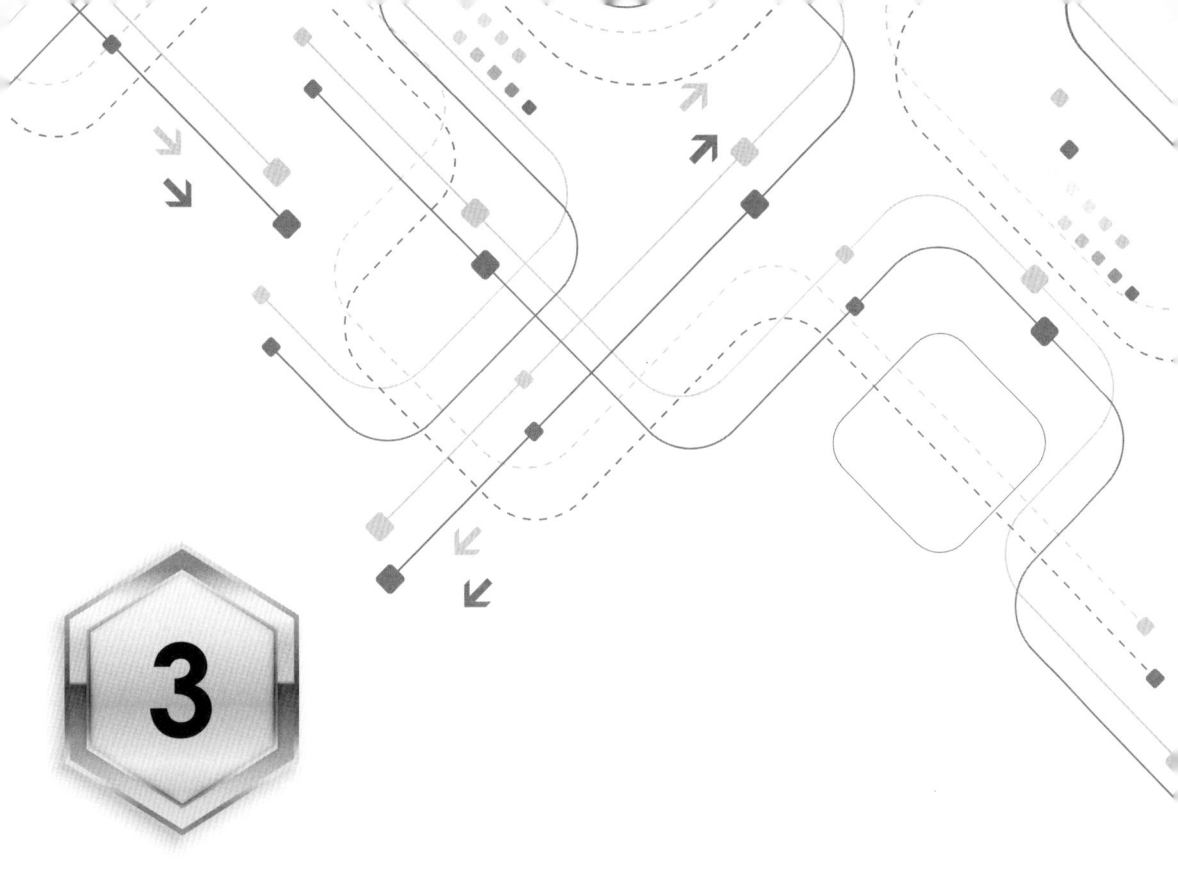

ROS 2 常用工具：
讓機器人開發更便捷

　　機器人開發設計的系統功能非常繁雜，除了開發程式，還需要進行各種節點的管理、各種資料的視覺化、各種場景的模擬等，這些都需要工具的支援，ROS 2 中有很多好用的工具，可以讓開發事半功倍，本節就帶大家一起來學習這些「神器」。

第 3 章　ROS 2 常用工具：讓機器人開發更便捷

3.1 Launch：多節點啟動與配置指令稿

一般來說我們每執行一個 ROS 節點，都需要開啟一個新的終端執行一行命令。機器人系統中節點很多，如果每次都這樣啟動會非常煩瑣，有沒有一種方式可以一次性啟動所有節點呢？

答案當然是肯定的，那就是——Launch 開機檔案，它是 ROS 中多節點啟動與配置的一種指令稿，內容的形式如下。

```
import os

from ament_index_python.packages import get_package_share_directory

from launch import LaunchDescription
from launch.actions import IncludeLaunchDescription
from launch.launch_description_sources import PythonLaunchDescriptionSource

from launch_ros.actions import Node

def generate_launch_description():
    # 設置功能套件和模擬環境的名稱
    package_name=›learning_gazebo›
    world_file_path = ‹worlds/neighborhood.world›

    # 獲取功能套件和模擬環境的路徑
    pkg_path = os.path.join(get_package_share_directory(package_name))
    world_path = os.path.join(pkg_path, world_file_path)

    # 設置機器人在模擬環境中的位置變數
    spawn_x_val = ‹0.0›
    spawn_y_val = ‹0.0›
    spawn_z_val = ‹0.0›
    spawn_yaw_val = ‹0.0›

    # 呼叫機器人底盤和感測器的開機檔案
    mbot = IncludeLaunchDescription(
        PythonLaunchDescriptionSource([os.path.join(
            get_package_share_directory(package_name),›launch›,›mbot_camera.launch.
```

3.1 Launch：多節點啟動與配置指令稿

```
py›
        )]), launch_arguments={‹use_sim_time›: ‹true›, ‹world›:world_path}.items()
)

# 呼叫 Gazebo 開機檔案，該檔案由 gazebo_ros 功能套件提供
gazebo = IncludeLaunchDescription(
    PythonLaunchDescriptionSource([os.path.join(
        get_package_share_directory(‹gazebo_ros›), ‹launch›, ‹gazebo.launch.py›)]),
)

# 呼叫 gazebo_ros 功能套件中的 spawn_entity 節點，並且輸入一系列參數
spawn_entity = Node(package=›gazebo_ros›, executable=›spawn_entity.py›,
                    arguments=[‹-topic›, ‹robot_description›,
                               ‹-entity›, ‹mbot›,
                               ‹-x›, spawn_x_val,
                               ‹-y›, spawn_y_val,
                               ‹-z›, spawn_z_val,
                               ‹-Y›, spawn_yaw_val],
                    output=›screen›)


# 執行以上配置的所有功能
return LaunchDescription([
    mbot,
    gazebo,
    spawn_entity,
])
```

　　以上 Launch 開機檔案與 Python 程式相似，沒錯，ROS 2 中的 Launch 開機檔案就是使用 Python 描述的。

　　Launch 開機檔案的核心目的是啟動節點，可以配置在命令列中輸入的各種參數，甚至可以使用 Python 原有的程式設計功能，大大提高了多節點啟動過程的靈活性。Launch 開機檔案在 ROS 中出現的頻次相當高，它就像黏合劑一樣，可以自由組裝和配置各個節點。

　　如何理解或撰寫一個 Launch 開機檔案呢？本節將透過一系列常式帶領大家逐步深入學習。

第 3 章　ROS 2 常用工具：讓機器人開發更便捷

3.1.1 多節點啟動方法

先來看看如何啟動多個節點。當我們啟動一個終端時，使用「ros2」中的 launch 命令來啟動第一個 Launch 開機檔案。

```
$ ros2 launch learning_launch simple.launch.py
```

執行成功後，可以在終端中看到發行者和訂閱者兩個節點的日誌資訊，如圖 3-1 所示。

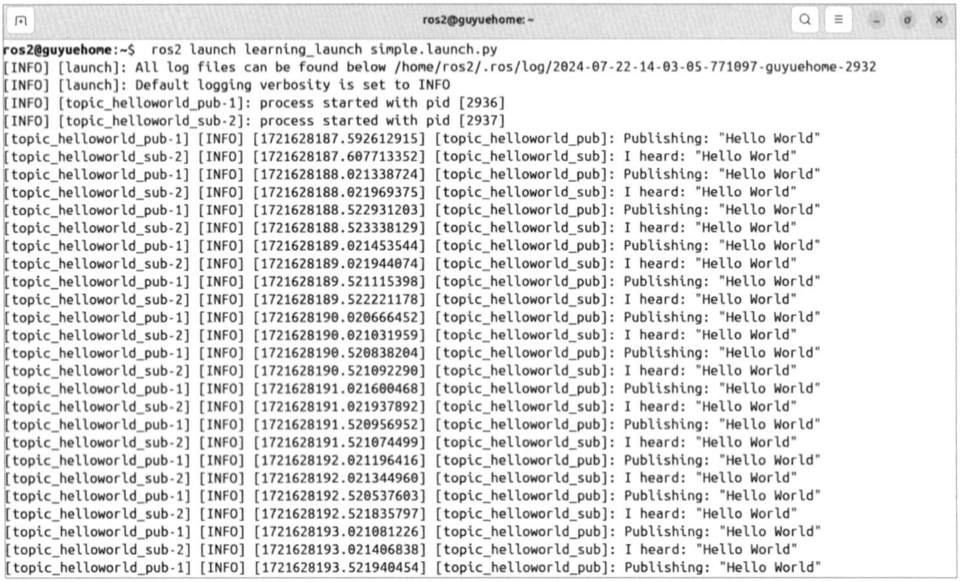

▲ 圖 3-1　執行啟動發行者和訂閱者節點的 Launch 開機檔案

這兩個節點是如何啟動的呢？奧秘都在 learning_launch/simple.launch.py 中，詳細解析如下。

```
from launch import LaunchDescription            # Launch 開機檔案的描述類別
from launch_ros.actions import Node             # 節點啟動的描述類別


def generate_launch_description():              # 自動生成 Launch 開機檔案的函式
    return LaunchDescription([                  # 傳回 Launch 開機檔案的描述資訊
```

3.1 Launch：多節點啟動與配置指令稿

```
    Node(                                       # 配置一個節點的啟動
        package='learning_topic',               # 節點所在的功能套件
        executable='topic_helloworld_pub',      # 節點的可執行檔
    ),
    Node(                                       # 配置一個節點的啟動
        package='learning_topic',               # 節點所在的功能套件
        executable='topic_helloworld_sub',      # 節點的可執行檔名
    ),
])
```

在以上 Launch 開機檔案中，generate_launch_description() 方法用來生成詳細的 Launch 啟動內容，而執行的具體資訊則描述在 LaunchDescription 中。Node() 用以確定生成這些內容的規則，是 Launch 中啟動節點的關鍵設置，有幾個節點就需要使用幾次 Node()，包括以下配置參數。

- package：功能套件名稱。
- executable：節點的可執行檔名稱。

Launch 開機檔案一般放置在功能套件的 Launch 資料夾下，使用之前需要進行編譯，編譯的規則類似於原始程式碼。Python 功能套件的編譯規則在 setup.py 中設置，需要使用 os.path.join() 將 Launch 開機檔案都複製到 install 空間下，具體內容如下。

```
    ...
    data_files=[
        ('share/ament_index/resource_index/packages',
            ['resource/' + package_name]),
        ('share/' + package_name, ['package.xml']),
        (os.path.join('share', package_name, 'launch'), glob(os.path.join('launch', '*.launch.py'))),
        (os.path.join('share', package_name, 'config'), glob(os.path.join('config', '*.*'))),
        (os.path.join('share', package_name, 'rviz'), glob(os.path.join('rviz', '*.*'))),
    ],
    ...
```

3-5

C++ 功能套件下的 Launch 編譯規則在 CMakeLists.txt 檔案中配置，同樣是將 Launch 資料夾下的所有檔案複製到 install 空間中。

```
...
install(DIRECTORY
  launch
  DESTINATION share/${PROJECT_NAME}/
)
...
```

3.1.2 命令列參數配置

大家使用 ROS 2 命令在終端中啟動節點時，還可以在命令後配置一些傳入節點程式的參數，使用 Launch 開機檔案一樣可以做到。

例如執行一個 RViz 視覺化上位機，並且載入某個設定檔，可以像下面這樣操作。

```
$ ros2 run rviz2 rviz2 -d <PACKAGE-PATH>/rviz/turtle_rviz.rviz
```

以上範例中的命令後邊還要跟一長串設定檔的路徑作為參數，稍顯複雜，如果放在 Launch 開機檔案裡，就優雅多了，兩者的執行效果相同，如圖 3-2 所示。

```
$ ros2 launch learning_launch rviz.launch.py
```

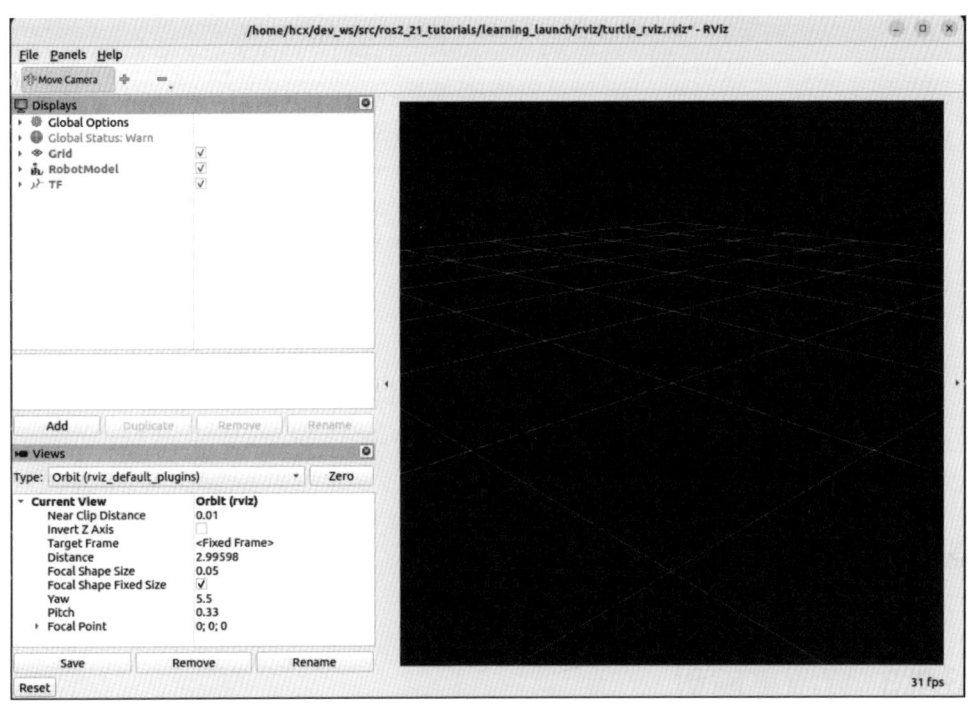

3.1 Launch：多節點啟動與配置指令稿

▲ 圖 3-2 透過 Launch 開機檔案啟動 RViz 上位機

命令列後邊的參數是如何透過 Launch 開機檔案傳入節點的呢？具體看 learning_launch rviz.launch.py 這個檔案。

```python
import os

# 查詢功能套件路徑的方法
from ament_index_python.packages import get_package_share_directory

from launch import LaunchDescription          # Launch 開機檔案的描述類別
from launch_ros.actions import Node           # 節點啟動的描述類別

def generate_launch_description():            # 自動生成 Launch 開機檔案的函式
    rviz_config = os.path.join(               # 找到設定檔的完整路徑
       get_package_share_directory('learning_launch'),
       'rviz',
    'turtle_rviz.rviz'
    )
```

3-7

```
    return LaunchDescription([              # 傳回 Launch 開機檔案的描述資訊
        Node(                                # 配置一個節點的啟動
            package='rviz2',                 # 節點所在的功能套件
            executable='rviz2',              # 節點的可執行檔名
            name='rviz2',                    # 對節點重新命名
            arguments=['-d', rviz_config]    # 載入命令列參數
        )
    ])
```

在以上 Launch 開機檔案中，rviz_config 中儲存了設定檔的詳細路徑，然後在 Node() 啟動節點時，透過 arguments 參數配置載入。

在 ROS 2 機器人開發中，也可以透過類似的方式載入節點中的參數，例如機器人模型等。

3.1.3 資源重映射

ROS 社區中的資源非常多，當使用別人的程式時，通訊的話題名稱可能不符合自己的要求，能否對類似的資源重新命名呢？為了提高軟體的重複使用性，ROS 提供了資源重映射的機制。

啟動一個終端，執行以下範例，很快就會看到兩隻海龜的模擬器介面，如圖 3-3 所示。

```
$ ros2 launch learning_launch remapping.launch.py
```

開啟一個終端，發佈以下話題，讓海龜 1 動起來，海龜 2 也會一起運動。

```
$ ros2 topic pub --rate /turtlesim1/turtle1/cmd_vel geometry_msgs/msg/Twist "{linear: {x: 2.0, y: 0.0, z: 0.0}, angular: {x: 0.0, y: 0.0, z: 1.8}}"
```

為什麼兩隻海龜都會動呢？這裡要用到 turtlesim 功能套件的另外一個節點，叫作 mimic，它的功能是訂閱某只海龜的 Pose 位置，透過計算，將其變換成一個同樣運動的速度指令，並發佈。

3.1 Launch：多節點啟動與配置指令稿

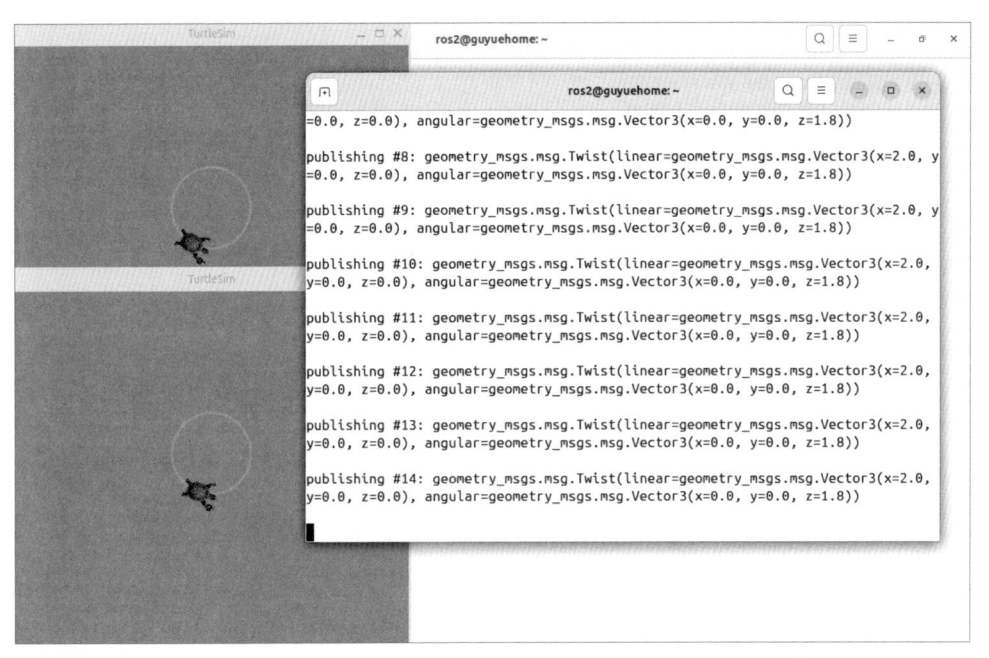

▲ 圖 3-3 透過 Launch 開機檔案啟動兩隻海龜的模擬器介面

至於 mimic 節點訂閱或發佈的話題名稱，可以透過重映射修改成對應的任意海龜的名稱，具體內容在 learning_launch/remapping.launch.py 中。

```
from launch import LaunchDescription              # Launch 開機檔案的描述類別
from launch_ros.actions import Node               # 節點啟動的描述類別

def generate_launch_description():                # 自動生成 Launch 開機檔案的函式
    return LaunchDescription([                    # 傳回 Launch 開機檔案的描述資訊
        Node(                                     # 配置一個節點的啟動
            package='turtlesim',                  # 節點所在的功能套件
            namespace='turtlesim1',               # 節點所在的命名空間
            executable='turtlesim_node',          # 節點的可執行檔名
            name='sim'                            # 對節點重新命名
        ),
        Node(                                     # 配置一個節點的啟動
            package='turtlesim',                  # 節點所在的功能套件
            namespace='turtlesim2',               # 節點所在的命名空間
            executable='turtlesim_node',          # 節點的可執行檔名
            name='sim'                            # 對節點重新命名
```

```
        ),
        Node(                                    # 配置一個節點的啟動
            package='turtlesim',                 # 節點所在的功能套件
            executable='mimic',                  # 節點的可執行檔名
            name='mimic',                        # 對節點重新命名
            remappings=[                         # 資源重映射列表
                # 將 /input/pose 話題名稱修改為 /turtlesim1/turtle1/pose
                ('/input/pose', '/turtlesim1/turtle1/pose'),

                # 將 /output/cmd_vel 話題名稱修改為 /turtlesim2/turtle1/cmd_vel
                ('/output/cmd_vel', '/turtlesim2/turtle1/cmd_vel'),
            ]
        )
])
```

在 mimic 這個節點的啟動過程中，新加入一個 remappings 配置，可以透過清單的方式設置需要重映射的資源，元組中前邊是原本的話題名稱，後邊是修改後的話題名稱，例如將 /input/pose 修改為 /turtlesim1/turtle1/pose，就像改名稱一樣，啟動後，/input/pose 話題名稱不再存在，全都變成了 /turtlesim1/turtle1/pose；同理，mimic 節點發佈的 /output/cmd_vel 話題名稱也變成了 /turtlesim2/turtle1/cmd_vel，從而控制第二隻海龜運動。

> 重映射機制是 ROS 中提高程式重複使用性的關鍵方法之一，可以在不修改程式，甚至不了解程式的情況下，直接修改通訊介面的名稱，只要介面類別型能夠匹配介面即可。

3.1.4 ROS 參數設置

在複雜的機器人系統中，參數非常多，都在程式中配置顯然是不合適的，這時可以使用 Launch 開機檔案快速配置。

先執行一個範例，啟動一個終端，執行以下命令。

```
$ ros2 launch learning_launch parameters.launch.py
```

3.1 Launch：多節點啟動與配置指令稿

如圖 3-4 所示，海龜模擬器的背景顏色改變了，這個背景顏色參數就是在 Launch 開機檔案中設置的。

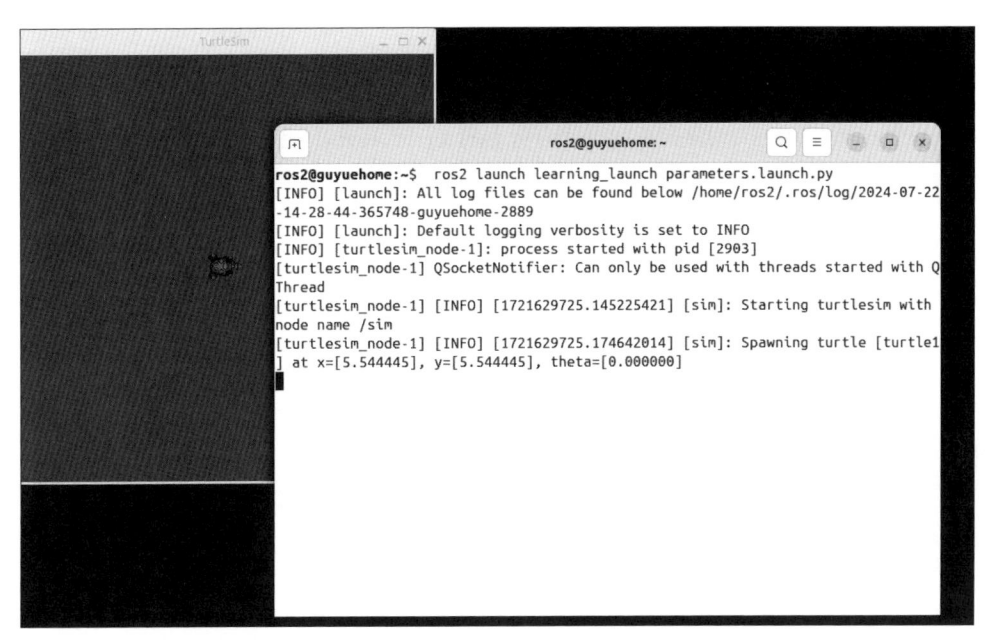

▲ 圖 3-4 透過 Launch 開機檔案修改海龜模擬器中的背景顏色參數

具體在 Launch 開機檔案中如何設置參數呢？實現程式在 learning_launch/parameters.launch.py 中。

```
from launch import LaunchDescription                          # Launch 開機檔案的描述類別
from launch.actions import DeclareLaunchArgument              # 宣告 Launch 開機檔案內使用的
Argument 類別
from launch.substitutions import LaunchConfiguration, TextSubstitution

from launch_ros.actions import Node                           # 節點啟動的描述類別

def generate_launch_description():                            # 自動生成 Launch 開機檔案的
函式
    # 建立一個 Launch 開機檔案內參數（arg）background_r
    background_r_launch_arg = DeclareLaunchArgument(
        'background_r', default_value=TextSubstitution(text='0')
    )
```

3-11

```
# 建立一個 Launch 開機檔案內參數（arg）background_g
background_g_launch_arg = DeclareLaunchArgument(
    'background_g', default_value=TextSubstitution(text='84')
)
# 建立一個 Launch 開機檔案內參數（arg）background_b
background_b_launch_arg = DeclareLaunchArgument(
    'background_b', default_value=TextSubstitution(text='122')
)

# 傳回 Launch 開機檔案的描述資訊
return LaunchDescription([
    background_r_launch_arg,                            # 呼叫以上建立的參數（arg）
    background_g_launch_arg,
    background_b_launch_arg,
    Node(                                               # 配置一個節點的啟動
        package='turtlesim',
        executable='turtlesim_node',                    # 節點所在的功能套件
        name='sim',                                     # 對節點重新命名
        parameters=[{                                   # 設置 ROS 參數列表
            'background_r': LaunchConfiguration('background_r'), # 建立參數 background_r
            'background_g': LaunchConfiguration('background_g'), # 建立參數 background_g
            'background_b': LaunchConfiguration('background_b'), # 建立參數 background_b
        }]
    ),
])
```

在 Node() 中，增加了一個 parameters 參數配置，透過字典設置參數，冒號左邊是參數名稱，右邊是參數值，例如這裡設置了 background_r、background_g、background_b 三個參數。

在以上 Launch 開機檔案中，還會有另外一個「參數」的概念——argument，雖然它和 parameter 都被譯為「參數」，但它們的含義不同。

- argument：僅限 Launch 開機檔案內部使用，方便呼叫某些數值，透過 DeclareLaunchArgument() 定義，透過 LaunchConfiguration() 呼叫。
- parameter：ROS 的參數，方便在節點中使用某些數值，直接設置在節點的 parameters 字典中。

3.1 Launch：多節點啟動與配置指令稿

在 Launch 開機檔案中一個一個地設置參數還是略顯麻煩，當參數比較多時，建議使用參數檔案進行載入，實現方式在 learning_launch/parameters_yaml.launch.py 中。

```
import os

from ament_index_python.packages import get_package_share_directory  # 查詢功能套件路徑的方法
from launch import LaunchDescription                    # Launch 開機檔案的描述類別
from launch_ros.actions import Node                     # 節點啟動的描述類別

def generate_launch_description():                      # 自動生成 Launch 開機檔案的函式
    config = os.path.join(                              # 找到參數檔案的完整路徑
        get_package_share_directory('learning_launch'),
        'config',
        'turtlesim.yaml'
        )

    return LaunchDescription([                          # 傳回 Launch 開機檔案的描述資訊
        Node(                                           # 配置一個節點的啟動
            package='turtlesim',                        # 節點所在的功能套件
            executable='turtlesim_node',                # 節點的可執行檔名
            namespace='turtlesim2',                     # 節點所在的命名空間
            name='sim',                                 # 對節點重新命名
            parameters=[config]                         # 載入參數檔案
            )
    ])
```

以上呼叫的參數檔案是 turtlesim.yaml，詳細的參數設置格式如下，使用 YAML 語法描述。

```
/turtlesim2/sim:
  ros__parameters:
    background_b: 0
    background_g: 0
    background_r: 0
```

3-13

3.1.5 Launch 開機檔案巢狀結構包含

在複雜的機器人系統中，Launch 開機檔案也會有很多，此時大家可以使用類似程式設計中的 include 機制，讓 Launch 開機檔案巢狀結構包含，下面以 learning_launch/namespaces.launch.py 為例說明。

```
import os

from ament_index_python.packages import get_package_share_directory   # 查詢功能套件路徑的方法

from launch import LaunchDescription                              # Launch 開機檔案的描述類別
from launch.actions import IncludeLaunchDescription               # 節點啟動的描述類別
from launch.launch_description_sources import PythonLaunchDescriptionSource
from launch.actions import GroupAction                            # Launch 開機檔案中的執行動作
from launch_ros.actions import PushRosNamespace                   # ROS 命名空間配置

def generate_launch_description():                                # 自動生成 Launch 開機檔案的函式
    parameter_yaml = IncludeLaunchDescription(                    # 包含指定路徑下的另外一個 Launch 開機檔案
        PythonLaunchDescriptionSource([os.path.join(
            get_package_share_directory('learning_launch'), 'launch'),
            '/parameters_nonamespace.launch.py'])
    )

    # 對指定 Launch 開機檔案中啟動的功能加上命名空間，避免與已有的資源名稱衝突
    parameter_yaml_with_namespace = GroupAction(
        actions=[
            PushRosNamespace('turtlesim2'),
            parameter_yaml]
    )

    return LaunchDescription([                                    # 傳回 Launch 開機檔案的描述資訊
        parameter_yaml_with_namespace
    ])
```

在以上 Launch 開機檔案中，IncludeLaunchDescription() 方法可以包含指定路徑下的其他 Launch 開機檔案。同時，程式中出現了命名空間的設置，因為不確定外部 Launch 開機檔案中有沒有和當前 Launch 開機檔案名稱相同的節點、參數、話題等資源，比較保險的方式就是給外部 Launch 中所有的資源都加一個命名空間，這樣就不會產生衝突了。

> 這裡「命名空間」的概念和 C++ 等物件導向程式語言中的「命名空間」的概念及功能相似，大家可以參考和理解。

3.2 tf：機器人座標系管理系統

座標系是大家非常熟悉的概念，也是機器人學的重要基礎。在一個完整的機器人系統中，會存在很多座標系，這些座標系之間的位置關係該如何管理，難道要自己寫公式推導？當然不用，ROS 2 給大家提供了一個座標系的管理神器——tf（transform）。

> 在 ROS 2 中，小寫的 tf 一般表示座標系管理系統及對應的函式庫檔案，大寫的 TF 一般表示座標系視覺化元件。

3.2.1 機器人中的座標系

機器人中都有哪些座標系呢？

如圖 3-5 所示，在工業機器人中，機器人安裝的位置叫作基座標系（Base Frame）；機器人安裝位置在外部環境下的參考系叫作世界座標系（World Frame）；機器人末端夾爪的位置叫作工具座標系（Tool Frame）；外部被操作物體的位置叫作目標座標系（Object Frame），在機械臂抓取外部物體的過程中，這些座標系之間的關係也在跟隨變化。

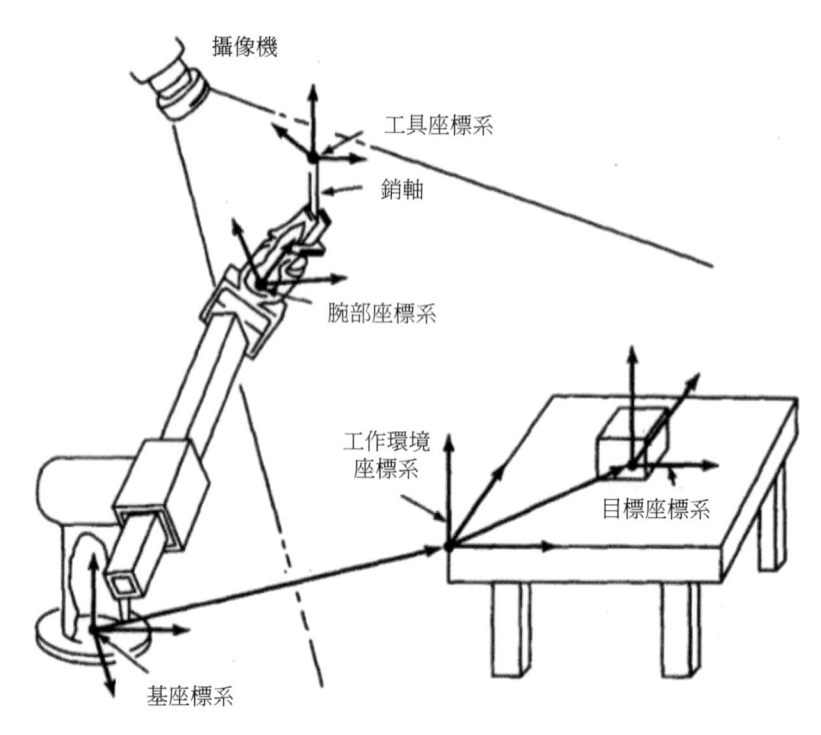

第 3 章　ROS 2 常用工具：讓機器人開發更便捷

▲ 圖 3-5　工業機器人應用中常見的座標系

如圖 3-6 所示，在移動機器人中，一個移動機器人的中心點是基座標系（base_link）[①]；雷達所在的位置叫作雷達座標系（laser_link）；機器人要移動，里程計會計算累積的移動位姿，這個位姿的參考系叫作里程計座標系（odom）；里程計會累積誤差和漂移，地圖座標系（map）可以提供一個更穩定的參考系。

座標系之間的關係複雜，有些是相對固定的，有些是不斷變化的，看似簡單的座標系也在空間範圍內變得複雜，良好的座標系管理系統就顯得格外重要了。

關於座標系變換的基礎理論，每本機器人學的教材都會講解，可以將座標系變換分解為平移和旋轉兩部分，透過一個 4×4 的矩陣進行描述，在空間中畫出座標系，兩個座標系之間的變換就是向量的數學變換，如圖 3-7 所示。

[①] 工業機器人和智慧移動機器人對於基座標系的英文表示不同。

3.2 tf：機器人座標系管理系統

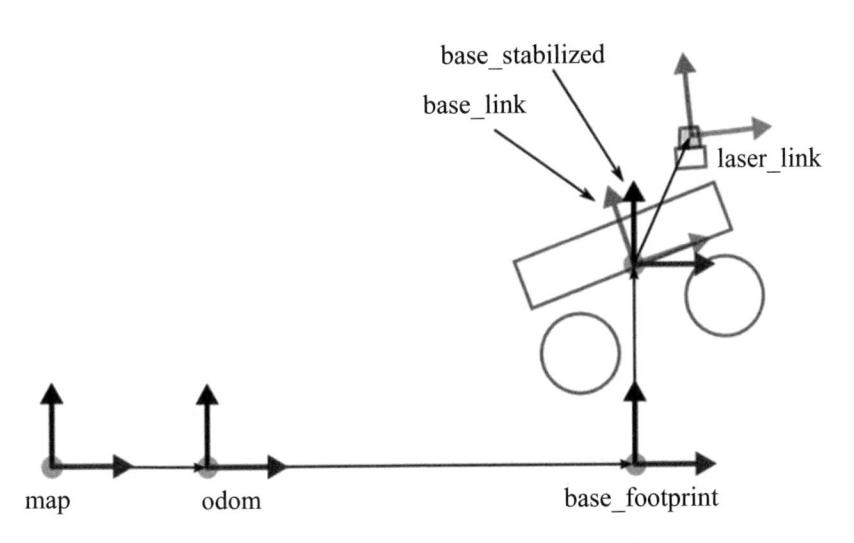

▲ 圖 3-6 移動機器人應用中常見的座標系

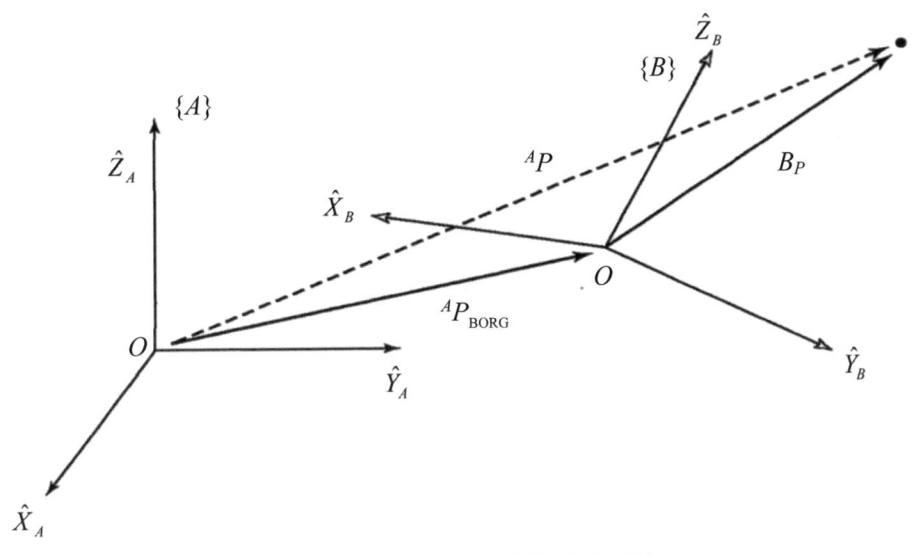

▲ 圖 3-7 座標系變換的基礎理論

ROS 2 中 tf 功能的底層原理，就是對這些數學變換進行了封裝，詳細的理論知識大家可以參考機器人學的教材，本書主要講解 tf 座標管理系統的使用方法。

3.2.2 tf 命令列操作

ROS 2 中的 tf 該如何使用呢？我們先透過兩隻海龜的範例，了解一下基於座標系的機器人跟隨演算法。

這個範例需要先安裝相應的功能套件，然後透過一個 Launch 開機檔案啟動，之後就可以控制其中一隻海龜運動，另外一隻海龜也會自動跟隨運動。功能套件的安裝命令如下。

```
$ sudo apt install ros-jazzy-turtle-tf2-py ros-jazzy-tf2-tools
$ sudo pip3 install transforms3d
```

安裝成功後，在終端中輸入以下命令，啟動海龜跟隨範例及鍵盤控制節點。

```
$ ros2 launch turtle_tf2_py turtle_tf2_demo.launch.py
$ ros2 run turtlesim turtle_teleop_key
```

啟動成功後就可以看到海龜模擬器的介面，當透過鍵盤控制一隻海龜運動時，另一隻海龜也會跟隨運動，如圖 3-8 所示。

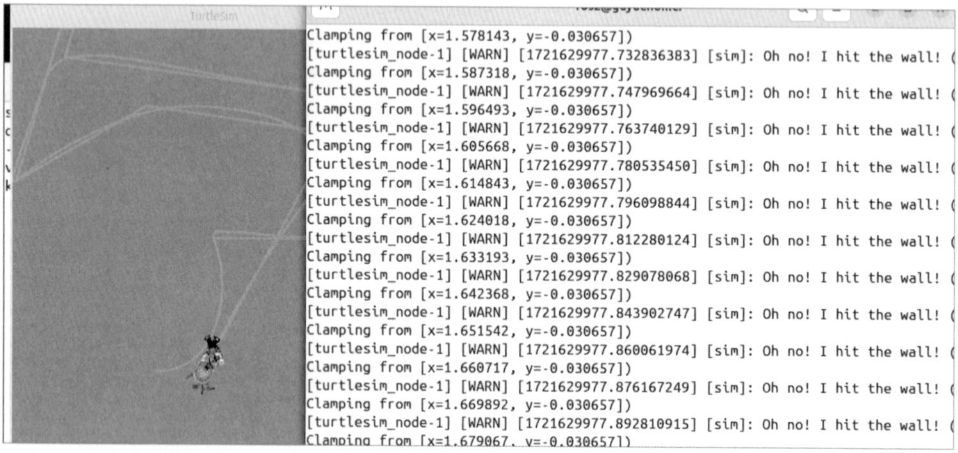

▲ 圖 3-8 海龜運動跟隨範例的執行效果

3.2 tf：機器人座標系管理系統

1. 查看 tf 樹

在當前執行的兩隻海龜中，有哪些座標系呢？大家可以透過一個小工具來查看。

```
$ ros2 run tf2_tools view_frames
```

預設在當前終端路徑下會生成一個 frames.pdf 檔案，開啟之後，就可以看到系統中各個座標系之間的關係了，如圖 3-9 所示。

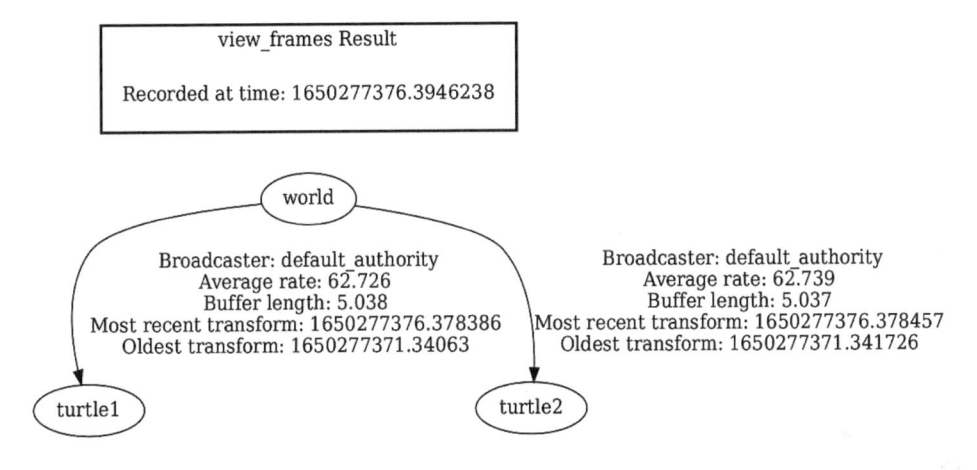

```
┌─────────────────────────────────────┐
│         view_frames Result          │
│ Recorded at time: 1650277376.3946238│
└─────────────────────────────────────┘

                  (world)
                 /       \
                /         \
Broadcaster: default_authority    Broadcaster: default_authority
Average rate: 62.726              Average rate: 62.739
Buffer length: 5.038              Buffer length: 5.037
Most recent transform: 1650277376.378386  Most recent transform: 1650277376.378457
Oldest transform: 1650277371.34063        Oldest transform: 1650277371.341726
        |                                   |
    (turtle1)                           (turtle2)
```

▲ 圖 3-9 透過 view_frames 工具查看座標系結構

2. 查詢座標變換資訊

只看到座標系的結構還不行，如果大家想知道某兩個座標系之間的具體關係，那麼可以透過 tf2_echo 這個工具查看。

```
$ ros2 run tf2_ros tf2_echo turtle2 turtle1
```

執行成功後，終端中就會迴圈輸出由平移和旋轉兩部分組成的座標系的變換數值，同時提供旋轉矩陣的數值，如圖 3-10 所示。

3-19

第 3 章　ROS 2 常用工具：讓機器人開發更便捷

```
ros2@guyuehome:~$ ros2 run tf2_ros tf2_echo turtle2 turtle1
[INFO] [1721662219.486825522] [tf2_echo]: Waiting for transform turtle2 -> turt
le1: Invalid frame ID "turtle2" passed to canTransform argument target_frame - f
rame does not exist
At time 1721662219.865260107
- Translation: [0.001, 0.000, 0.000]
- Rotation: in Quaternion [0.000, 0.000, -0.820, 0.572]
- Rotation: in RPY (radian) [0.000, 0.000, -1.924]
- Rotation: in RPY (degree) [0.000, 0.000, -110.222]
- Matrix:
  -0.346   0.938   0.000   0.001
  -0.938  -0.346  -0.000   0.000
  -0.000   0.000   1.000   0.000
   0.000   0.000   0.000   1.000
At time 1721662220.873456579
- Translation: [0.001, -0.000, 0.000]
- Rotation: in Quaternion [0.000, 0.000, -0.820, 0.572]
- Rotation: in RPY (radian) [0.000, 0.000, -1.924]
- Rotation: in RPY (degree) [0.000, 0.000, -110.235]
- Matrix:
  -0.346   0.938   0.000   0.001
  -0.938  -0.346  -0.000  -0.000
  -0.000   0.000   1.000   0.000
   0.000   0.000   0.000   1.000
```

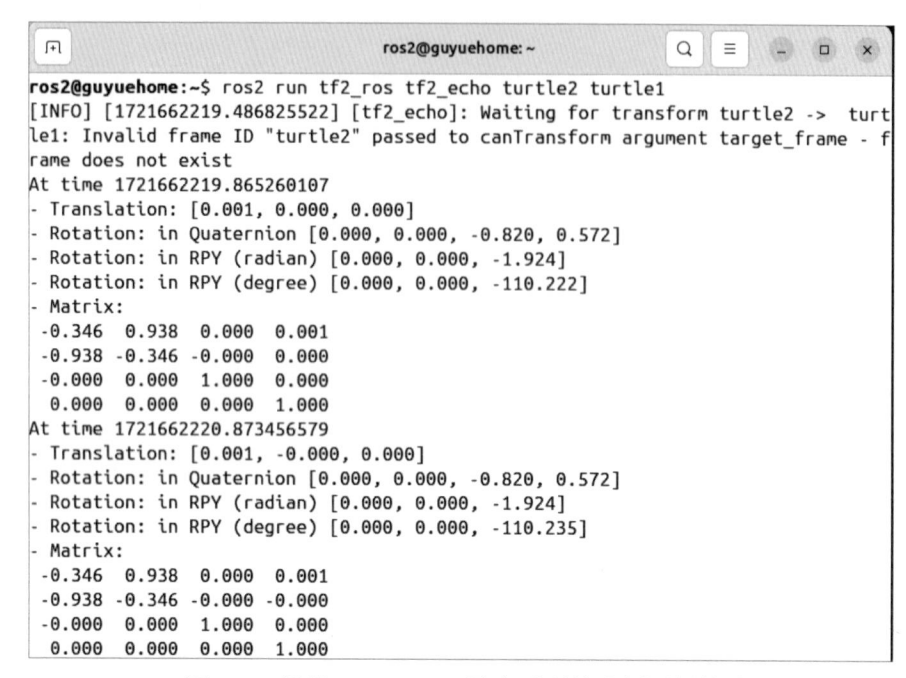

▲ 圖 3-10　透過 tf2_echo 工具查看到的座標系變換資訊

3. 座標系視覺化

看數值還不直觀？那麼可以試試視覺化軟體。

```
$ ros2 run rviz2 rviz2 -d $(ros2 pkg prefix --share turtle_tf2_py)/rviz/turtle_rviz.
rviz
```

透過鍵盤控制海龜運動，RViz 中的座標軸就會開始移動，如圖 3-11 所示，這樣是不是更加直觀了呢？

海龜跟隨運動的範例很有意思，這背後的原理是怎樣的呢？大家不要著急，我們一起了解 tf 的使用方法，繼續深入學習。

> RViz 是 ROS 2 中強大的視覺化平臺，3.4 節會詳細介紹。

3.2 tf：機器人座標系管理系統

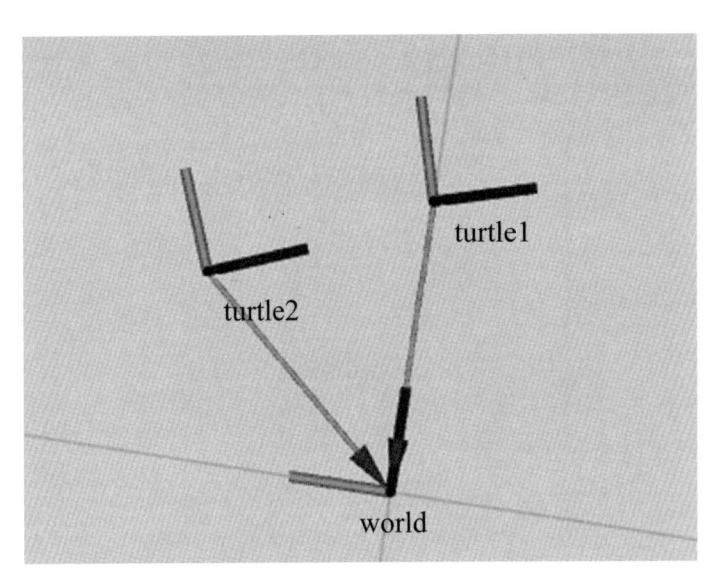

▲ 圖 3-11 透過 RViz 工具查看到的座標視覺化效果

3.2.3 靜態 tf 廣播（Python）

tf 的主要作用是對座標系進行管理，透過廣播的機制即時更新整個座標結構樹的變化，接下來我們就嘗試建立並廣播兩個簡單的座標系關係。

座標系變換中最為簡單的應該是相對位置不發生變化的情況，例如對於一棟房子，只要不拆，它的位置就不會變化。類似情況在機器人系統中也很常見，例如雷射雷達和機器人底盤之間的位置關係，安裝好後基本不會變化。在 tf 中，這種情況也被稱為靜態 tf 變換，我們一起來看看它在程式中的實現。

啟動終端，執行以下命令。

```
$ ros2 run learning_tf static_tf_broadcaster
$ ros2 run tf2_tools view_frames
```

可以看到，當前系統中存在兩個座標系，如圖 3-12 所示，一個是 world，一個是 house，兩者之間的相對位置不會發生改變，透過一個靜態的 tf 物件進行維護。

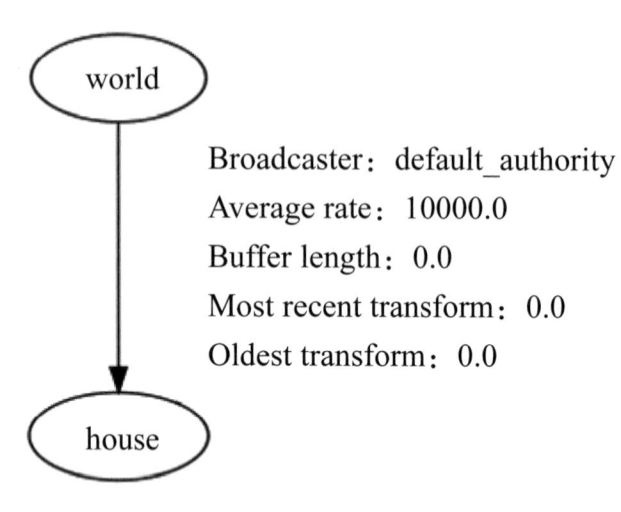

第 3 章　ROS 2 常用工具：讓機器人開發更便捷

```
              world
                │
                ▼           Broadcaster：default_authority
              house         Average rate：10000.0
                            Buffer length：0.0
                            Most recent transform：0.0
                            Oldest transform：0.0
```

▲ 圖 3-12　靜態 tf 廣播範例中的座標系結構

　　這個範例節點是如何建立座標系並且靜態 tf 廣播變換的呢？完整程式在 learning_tf/static_tf_broadcaster.py 中。

```python
import rclpy                                              # ROS 2 Python 介面函式庫
from rclpy.node import Node                               # ROS 2 節點類別
from geometry_msgs.msg import TransformStamped            # 座標變換訊息
import tf_transformations                                 # tf 座標變換函式庫

# tf 靜態座標系廣播器類別
from tf2_ros.static_transform_broadcaster import StaticTransformBroadcaster

class StaticTFBroadcaster(Node):
    def __init__(self, name):
        super().__init__(name)                            # ROS 2 節點父類別初始化
        self.tf_broadcaster = StaticTransformBroadcaster(self)   # 建立一個 tf 廣播器物件

        # 建立一個座標變換的訊息物件
        static_transformStamped = TransformStamped()
        # 設置座標變換訊息的時間戳記
```

```python
            static_transformStamped.header.stamp = self.get_clock().now().to_msg()
            # 設置一個座標變換的來源座標系
            static_transformStamped.header.frame_id = 'world'
            # 設置一個座標變換的目標座標系
            static_transformStamped.child_frame_id  = 'house'
            # 設置座標變換中的 x、y、z 向平移
            static_transformStamped.transform.translation.x = 10.0
            static_transformStamped.transform.translation.y = 5.0
            static_transformStamped.transform.translation.z = 0.0
            # 將尤拉角轉為四元數（roll, pitch, yaw）
            quat = tf_transformations.quaternion_from_euler(0.0, 0.0, 0.0)

            # 設置座標變換中的 x、y、z 向旋轉（四元數）
            static_transformStamped.transform.rotation.x = quat[0]
            static_transformStamped.transform.rotation.y = quat[1]
            static_transformStamped.transform.rotation.z = quat[2]
            static_transformStamped.transform.rotation.w = quat[3]

            # 廣播靜態座標變換，廣播後兩個座標系的位置關係保持不變
            self.tf_broadcaster.sendTransform(static_transformStamped)

def main(args=None):
    rclpy.init(args=args)                                      # ROS 2 Python 介面初始化
    node = StaticTFBroadcaster("static_tf_broadcaster")        # 建立 ROS 2 節點物件並進行初始化
    rclpy.spin(node)                                           # 循環等待 ROS 2 退出
    node.destroy_node()                                        # 銷毀節點物件
    rclpy.shutdown()
```

在以上程式中，當需要廣播一個靜態 tf 時，首先透過靜態座標系廣播器類別 StaticTransformBroadcaster 建立一個物件 tf_broadcaster，用於後續廣播的操作；接下來使用 TransformStamped() 實例化一個座標變換訊息的物件 static_transformStamped；然後將靜態座標系變換的數值填充到 static_transformStamped 中，包括時間戳記 header.stamp、來源座標系 frame_id、目標座標系 child_frame_id、xyz 三軸的平移變換 translation、xyz 三軸的旋轉變換 rotation；最後透過 sendTransform() 方法將靜態 tf 的變換資訊廣播出去。

3.2.4 靜態 tf 廣播（C++）

使用 C++ 程式同樣可以實現靜態 tf 廣播，啟動終端後，可以執行以下命令，啟動 C++ 撰寫的靜態 tf 廣播範例。

```
$ ros2 run learning_tf_cpp static_tf_broadcaster
$ ros2 run tf2_tools view_frames
```

執行成功後的座標系結構和圖 3-12 一致，同樣是建立了兩個座標系，一個是 world，一個是 house，兩者之間的相對位置不會發生改變，透過一個靜態的 tf 物件維護。

完整的程式實現在 learning_tf_cpp/src/static_tf_broadcaster.cpp 中。

```
#include "rclcpp/rclcpp.hpp"                              // ROS 2 C++介面函式庫
#include "tf2/LinearMath/Quaternion.h"                    // 四元數計算函式庫
#include "tf2_ros/static_transform_broadcaster.h"         // tf 靜態座標系廣播器類別
#include "geometry_msgs/msg/transform_stamped.hpp"        // 座標變換訊息

class StaticTFBroadcaster : public rclcpp::Node
{
    public:
        explicit StaticTFBroadcaster()
        : Node("static_tf_broadcaster")           // ROS 2節點父類別初始化
        {
            // 建立一個 tf 廣播器物件
            tf_static_broadcaster_ =
std::make_shared<tf2_ros::StaticTransformBroadcaster>(this);

            // 廣播靜態座標變換，廣播後兩個座標系的位置關係保持不變
            this->make_transforms();
        }

    private:
        void make_transforms()
        {
            // 建立一個座標變換的訊息物件
            geometry_msgs::msg::TransformStamped t;
```

```cpp
            // 設置座標變換訊息的時間戳記
            t.header.stamp = this->get_clock()->now();
            // 設置一個座標變換的來源座標系
            t.header.frame_id = "world";
            // 設置一個座標變換的目標座標系
            t.child_frame_id = "house";

            // 設置座標變換中的 x、y、z 向平移
            t.transform.translation.x = 10.0;
            t.transform.translation.y = 5.0;
            t.transform.translation.z = 0.0;

            // 將尤拉角轉為四元數（roll, pitch, yaw）
            tf2::Quaternion q;
            q.setRPY(0.0, 0.0, 0.0);

            // 設置座標變換中的 x、y、z 向旋轉（四元數）
            t.transform.rotation.x = q.x();
            t.transform.rotation.y = q.y();
            t.transform.rotation.z = q.z();
            t.transform.rotation.w = q.w();

            // 廣播靜態座標變換
            tf_static_broadcaster_->sendTransform(t);
        }

        std::shared_ptr<tf2_ros::StaticTransformBroadcaster> tf_static_broadcaster_;
};

int main(int argc, char * argv[])
{
    // ROS 2 C++ 介面初始化
    rclcpp::init(argc, argv);
    // 建立 ROS 2 節點物件並進行初始化，循環等待 ROS 2 退出
    rclcpp::spin(std::make_shared<StaticTFBroadcaster>());
    // 關閉 ROS 2 C++ 介面
    rclcpp::shutdown();
```

```
    return 0;
}
```

以上程式註釋已經詳細解析了每行程式碼的含義，實現流程與 Python 版本完全一致，這裡不再贅述。

3.2.5 動態 tf 廣播（Python）

在靜態 tf 的廣播中，兩個座標系並不會隨著時間的變化而變化，在機器人應用中，往往存在更多相對位姿會發生變化的座標系關係，這類座標系需要動態 tf 廣播進行維護。

以海龜模擬器為例，如圖 3-13 所示，假設海龜模擬器的左下角是一個全域座標系，叫作 world，海龜中心的座標系叫作 turtlename（可以根據實際的海龜名稱修改，例如 turtle1、turtle2），當海龜運動時，turtlename 相對於 world 就會發生座標系運動，以此就可以對海龜進行定位了。

▲ 圖 3-13 海龜模擬器中的座標系

3.2 tf：機器人座標系管理系統

與以上原理類似，在開發 ROS 機器人系統時，tf 座標系的相對位置可以用來定位機器人，大家在後邊的學習中會經常用到 tf。

執行範例，查看動態 tf 的廣播效果。啟動三個終端，分別執行以下命令。

```
$ ros2 run turtlesim turtlesim_node
$ ros2 run learning_tf turtle_tf_broadcaster --ros-args -p turtlename:=turtle1
$ ros2 run tf2_tools view_frames
```

在啟動 turtle_tf_broadcaster 時，以上命令中的 --ros-args 表示透過命令列輸入一些 ROS 參數，-p 表示 parameter，程式中預設的海龜座標系名稱使用 parameter 參數進行設置，這裡透過命令列直接輸入海龜的名稱 turtle1，如果使用其他海龜的名稱，直接修改參數設置即可。

再次開啟生成的 pdf 檔案，可以看到出現了 world 和 turtle1 兩個座標系，如圖 3-14 所示。

```
world
  │
  ▼
turtle1
```

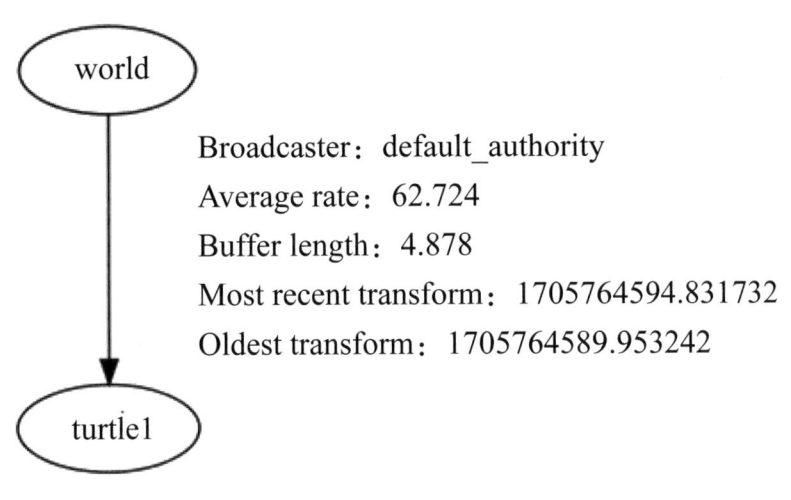

Broadcaster：default_authority
Average rate：62.724
Buffer length：4.878
Most recent transform：1705764594.831732
Oldest transform：1705764589.953242

▲ 圖 3-14 動態 tf 廣播範例中的座標系結構

第 3 章　ROS 2 常用工具：讓機器人開發更便捷

以上動態 tf 廣播節點的程式在 learning_tf/learning_tf/turtle_tf_broadcaster.py 中，詳細內容如下。

```python
import rclpy                                              # ROS 2 Python 介面函式庫
from rclpy.node import Node                               # ROS 2 節點類別
from geometry_msgs.msg import TransformStamped            # 座標變換訊息
import tf_transformations                                 # tf 座標變換函式庫
from tf2_ros import TransformBroadcaster                  # tf 座標變換廣播器
from turtlesim.msg import Pose                            # turtlesim 海龜位置訊息

class TurtleTFBroadcaster(Node):

    def __init__(self, name):
        super().__init__(name)                            # ROS 2 節點父類別初始化

        self.declare_parameter('turtlename', 'turtle')    # 建立一隻海龜名稱的參數

        # 優先使用外部設置的參數值，否則使用預設值
        self.turtlename = self.get_parameter('turtlename').get_parameter_value().string_value
        # 建立一個 tf 座標變換的廣播物件並初始化
        self.tf_broadcaster = TransformBroadcaster(self)
        # 建立一個訂閱者，訂閱海龜的位置訊息
        self.subscription = self.create_subscription(
            Pose,
            f'/{self.turtlename}/pose',                   # 使用從參數中獲取的海龜名稱
            self.turtle_pose_callback, 1)

    # 建立一個處理海龜位置訊息的回呼函式，將位置訊息轉換成座標變換
    def turtle_pose_callback(self, msg):
        # 建立一個座標變換的訊息物件
        transform = TransformStamped()
        # 設置座標變換訊息的時間戳記
        transform.header.stamp = self.get_clock().now().to_msg()
        # 設置一個座標變換的來源座標系
        transform.header.frame_id = 'world'
        # 設置一個座標變換的目標座標系
        transform.child_frame_id = self.turtlename
```

```python
        # 設置座標變換中的 x、y、z 向平移
        transform.transform.translation.x = msg.x
        transform.transform.translation.y = msg.y
        transform.transform.translation.z = 0.0

        # 將尤拉角轉為四元數（roll, pitch, yaw）
        q = tf_transformations.quaternion_from_euler(0, 0, msg.theta)
        # 設置座標變換中的 x、y、z 向旋轉（四元數）
        transform.transform.rotation.x = q[0]
        transform.transform.rotation.y = q[1]
        transform.transform.rotation.z = q[2]
        transform.transform.rotation.w = q[3]

        # 廣播座標變換，海龜位置變化後，將及時更新座標變換資訊
        self.tf_broadcaster.sendTransform(transform)

def main(args=None):
    rclpy.init(args=args)                                # ROS 2 Python 介面初始化
    node = TurtleTFBroadcaster("turtle_tf_broadcaster")  # 建立 ROS 2 節點物件並進行
初始化
    rclpy.spin(node)                                     # 循環等待 ROS 2 退出
    node.destroy_node()                                  # 銷毀節點實例
    rclpy.shutdown()                                     # 關閉 ROS 2 Python 介面
```

相比靜態 tf 廣播使用的 StaticTransformBroadcaster，動態 tf 廣播使用的是 TransformBroadcaster，而且因為座標系的變換關係動態變化，所以需要週期廣播以更新 tf 資料，其他部分實現的方法類似。

3.2.6 動態 tf 廣播（C++）

使用 C++ 程式同樣可以實現動態 tf 廣播，啟動三個終端，分別執行以下命令，啟動 C++ 撰寫的動態 tf 廣播範例。

```
$ ros2 run turtlesim turtlesim_node
$ ros2 run learning_tf_cpp turtle_tf_broadcaster --ros-args -p turtlename:=turtle1
$ ros2 run tf2_tools view_frames
```

第 3 章　ROS 2 常用工具：讓機器人開發更便捷

生成的 tf 座標系結構與圖 3-14 一致，完整程式在 learning_tf_cpp/src/turtle_tf_broadcaster.cpp 中，詳細內容如下。

```cpp
#include <functional>
#include <memory>
#include <sstream>
#include <string>

#include "rclcpp/rclcpp.hpp"                          // ROS 2 C++ 介面函式庫
#include "tf2/LinearMath/Quaternion.h"                // 四元數運算函式庫
#include "tf2_ros/transform_broadcaster.h"            // tf 座標變換廣播器
#include "turtlesim/msg/pose.hpp"                     // turtlesim 海龜位置訊息
#include "geometry_msgs/msg/transform_stamped.hpp"    // 座標變換訊息

class TurtleTFBroadcaster : public rclcpp::Node
{
    public:
        TurtleTFBroadcaster()
        : Node("turtle_tf_broadcaster")      // ROS 2節點父類別初始化
        {
            // 建立一個海龜名稱的參數
            turtlename_ = this->declare_parameter<std::string>("turtlename", «turtle»);

            // 建立一個 tf 座標變換的廣播物件並初始化
            tf_broadcaster_ = std::make_unique<tf2_ros::TransformBroadcaster>(*this);

            // 使用從參數中獲取的海龜名稱
            std::ostringstream stream;
            stream << "/" << turtlename_.c_str() << "/pose";
            std::string topic_name = stream.str();

            // 建立一個訂閱者，訂閱海龜的位置訊息
            subscription_ = this->create_subscription<turtlesim::msg::Pose>(
                topic_name, 10,
                std::bind(&TurtleTFBroadcaster::turtle_pose_callback, this, std::placeholders::_1));
        }
```

3-30

```cpp
    private:
        // 建立一個處理海龜位置訊息的回呼函式，將位置訊息轉換成座標變換
        void turtle_pose_callback(const std::shared_ptr<turtlesim::msg::Pose> msg)
        {
            // 建立一個座標變換的訊息物件
            geometry_msgs::msg::TransformStamped t;

            // 設置座標變換訊息的時間戳記
            t.header.stamp = this->get_clock()->now();
            // 設置一個座標變換的來源座標系
            t.header.frame_id = "world";
            // 設置一個座標變換的目標座標系
            t.child_frame_id = turtlename_.c_str();

            // 設置座標變換中的 x、y、z 向平移
            t.transform.translation.x = msg->x;
            t.transform.translation.y = msg->y;
            t.transform.translation.z = 0.0;

            // 將尤拉角轉為四元數（roll, pitch, yaw）
            tf2::Quaternion q;
            q.setRPY(0, 0, msg->theta);
            // 設置座標變換中的 x、y、z 向旋轉（四元數）
            t.transform.rotation.x = q.x();
            t.transform.rotation.y = q.y();
            t.transform.rotation.z = q.z();
            t.transform.rotation.w = q.w();

            // 廣播座標變換，海龜位置變化後，將及時更新座標變換資訊
            tf_broadcaster_->sendTransform(t);
        }

        rclcpp::Subscription<turtlesim::msg::Pose>::SharedPtr subscription_;
        std::unique_ptr<tf2_ros::TransformBroadcaster> tf_broadcaster_;
        std::string turtlename_;
};

int main(int argc, char * argv[])
{
```

第 3 章　ROS 2 常用工具：讓機器人開發更便捷

```
// ROS 2 Python 介面初始化
rclcpp::init(argc, argv);
// 建立 ROS 2 節點物件並進行初始化，循環等待 ROS 2 退出
rclcpp::spin(std::make_shared<TurtleTFBroadcaster>());
// 關閉 ROS 2 C++ 介面
rclcpp::shutdown();
return 0;
}
```

以上程式註釋已經詳細解析了每行程式碼的含義，實現流程與 Python 版本完全一致，這裡不再贅述。

3.2.7 tf 監聽（Python）

實現了 tf 的靜態和動態廣播，兩個座標系的變化描述清楚了，使用時又該如何查詢呢？我們再來學習一下如何查詢兩個座標系之間的位置關係，tf 將其稱為座標監聽。

啟動兩個終端，分別執行靜態 tf 廣播節點和監聽節點，執行成功後可以在終端中看到週期性刷新的座標關係，如圖 3-15 所示。

```
$ ros2 run learning_tf static_tf_broadcaster
$ ros2 run learning_tf tf_listener
```

```
ros2@guyuehome:~$ ros2 run learning_tf tf_listener
[INFO] [1721663041.866367821] [tf_listener]: Get world --> house transform: [-10
.000000, -5.000000, 0.000000] [0.000000, -0.000000, 0.000000]
[INFO] [1721663042.832081290] [tf_listener]: Get world --> house transform: [-10
.000000, -5.000000, 0.000000] [0.000000, -0.000000, 0.000000]
[INFO] [1721663043.832736085] [tf_listener]: Get world --> house transform: [-10
.000000, -5.000000, 0.000000] [0.000000, -0.000000, 0.000000]
[INFO] [1721663044.832339659] [tf_listener]: Get world --> house transform: [-10
.000000, -5.000000, 0.000000] [0.000000, -0.000000, 0.000000]
[INFO] [1721663045.832631784] [tf_listener]: Get world --> house transform: [-10
.000000, -5.000000, 0.000000] [0.000000, -0.000000, 0.000000]
[INFO] [1721663046.832307446] [tf_listener]: Get world --> house transform: [-10
.000000, -5.000000, 0.000000] [0.000000, -0.000000, 0.000000]
[INFO] [1721663047.832950875] [tf_listener]: Get world --> house transform: [-10
.000000, -5.000000, 0.000000] [0.000000, -0.000000, 0.000000]
[INFO] [1721663048.832351508] [tf_listener]: Get world --> house transform: [-10
.000000, -5.000000, 0.000000] [0.000000, -0.000000, 0.000000]
```

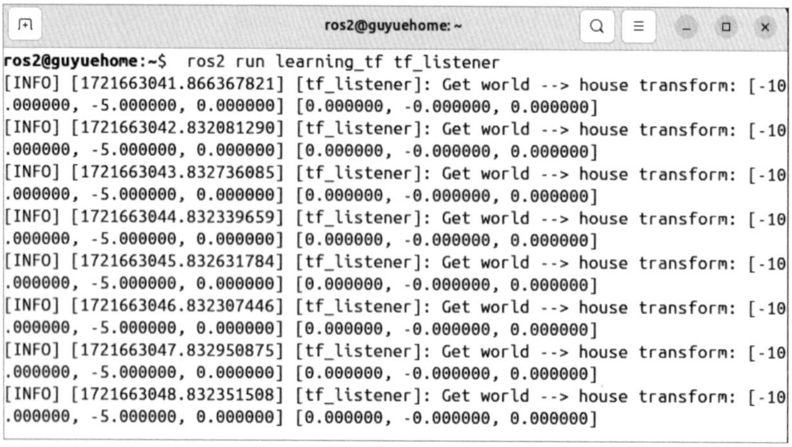

▲ 圖 3-15　透過 tf 監聽並輸出兩個座標系的關係

3.2 tf：機器人座標系管理系統

　　以上節點如何透過 tf 監聽兩個座標的關係呢？完整實現程式在 learning_tf/tf_listener.py 中。

```python
import rclpy                                              # ROS 2 Python 介面函式庫
from rclpy.node import Node                               # ROS 2 節點類別
import tf_transformations                                 # tf 座標變換函式庫
from tf2_ros import TransformException                    # tf 座標變換的異常類別
from tf2_ros.buffer import Buffer                         # 儲存座標變換資訊的緩衝類別
from tf2_ros.transform_listener import TransformListener  # 監聽座標變換的監聽器類別

class TFListener(Node):

    def __init__(self, name):
        super().__init__(name)                            # ROS 2 節點父類別初始化

        # 建立一個來源座標系名稱的參數
        self.declare_parameter('source_frame', 'world')
        # 優先使用外部設置的參數值，否則使用預設值
        self.source_frame = \
                self.get_parameter( 'source_frame').get_parameter_value().string_value
        # 建立一個目標座標系名稱的參數
        self.declare_parameter('target_frame', 'house')
        # 優先使用外部設置的參數值，否則使用預設值
        self.target_frame = self.get_parameter('target_frame').get_parameter_value().string_value

        # 建立儲存座標變換資訊的緩衝區
        self.tf_buffer = Buffer()
        # 建立座標變換的監聽器
        self.tf_listener = TransformListener(self.tf_buffer, self)
        # 建立一個固定週期的計時器，處理座標資訊
        self.timer = self.create_timer(1.0, self.on_timer)

    def on_timer(self):
        try:
            # 獲取 ROS 的當前時間
            now = rclpy.time.Time()

            # 監聽當前時刻來源座標系到目標座標系的座標變換
```

3-33

```
                trans = self.tf_buffer.lookup_transform(
                    self.target_frame,
                    self.source_frame,
                    now)
            # 如果座標變換獲取失敗，則進入異常報告
            except TransformException as ex:
                self.get_logger().info(
                    f'Could not transform {self.target_frame} to {self.source_frame}: {ex}')
                return

            pos  = trans.transform.translation      # 獲取位置資訊
            quat = trans.transform.rotation         # 獲取姿態資訊（四元數）
            euler = tf_transformations.euler_from_quaternion([quat.x, quat.y, quat.z, quat.w])
            self.get_logger().info('Get %s --> %s transform: [%f, %f, %f] [%f, %f, %f]'
                % (self.source_frame, self.target_frame, pos.x, pos.y, pos.z, euler[0], euler[1], euler[2]))

def main(args=None):
    rclpy.init(args=args)                           # ROS 2 Python 介面初始化
    node = TFListener("tf_listener")                # 建立 ROS 2 節點物件並進行初始化
    rclpy.spin(node)                                # 循環等待 ROS 2 退出
    node.destroy_node()                             # 銷毀節點實例
    rclpy.shutdown()                                # 關閉 ROS 2 Python 介面
```

在以上程式中，當需要監聽某兩個座標系的關係時，首先透過 tf 的監聽器類別 TransformListene 建立一個物件 tf_listener，用於後續監聽操作；同時需要建立一個 tf_buffer，作為儲存座標變換資訊的緩衝區；然後透過 lookup_transform() 方法，輸入任意兩個座標系的名稱，就可以查詢兩者之間的位姿關係了；查詢結果會儲存到 trans 中，包含 xyz 三軸的平移變換 translation、xyz 三軸的旋轉變換 rotation。

tf 監聽並不區分 tf 是靜態廣播還是動態廣播，只要是在 ROS 2 機器人系統中已存在的座標系即可。所以如果想監聽動態 tf 廣播，則可以執行動態 tf 廣播節點和監聽節點，同時修改以上程式中的目標座標系參數為「turtle1」，一邊控

3.2 tf：機器人座標系管理系統

制海龜運動，一邊就可以看到不斷變化的 tf 座標系關係了，詳細的執行過程如下。這裡需要啟動四個終端，分別執行以下命令。

```
$ ros2 run turtlesim turtlesim_node
$ ros2 run learning_tf turtle_tf_broadcaster --ros-args -p turtlename:=turtle1
$ ros2 run learning_tf tf_listener --ros-args -p target_frame:=turtle1
$ ros2 run turtlesim turtle_teleop_key
```

啟動成功後，透過鍵盤節點控制海龜運動，此時就可以在 tf 監聽節點的終端中，看到不斷刷新的海龜座標了，如圖 3-16 所示。

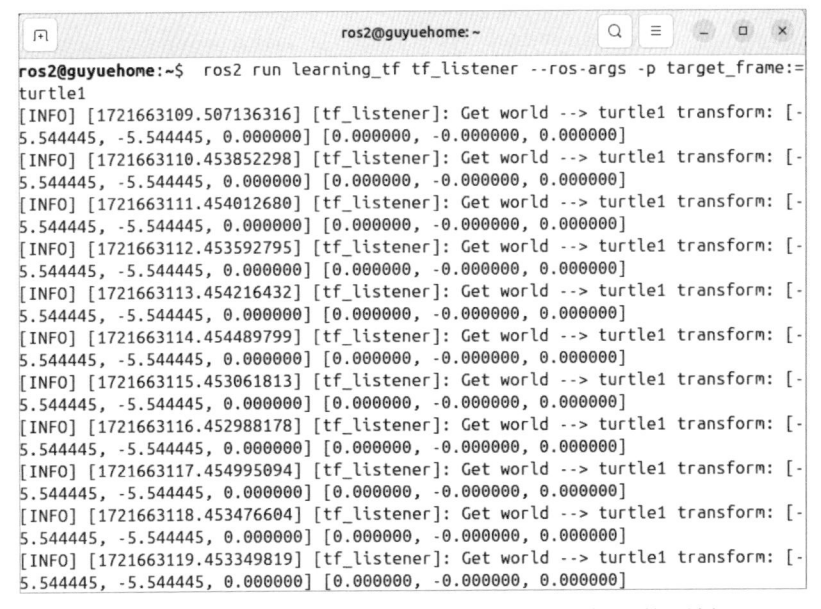

▲ 圖 3-16 透過 tf 監聽並輸出兩個動態座標系的關係

3.2.8 tf 監聽（C++）

使用 C++ 程式同樣可以實現 tf 監聽，大家啟動兩個終端，執行以下節點，可以在終端中看到週期性顯示的座標系關係，如圖 3-17 所示。

```
$ ros2 run learning_tf_cpp static_tf_broadcaster
$ ros2 run learning_tf_cpp tf_listener
```

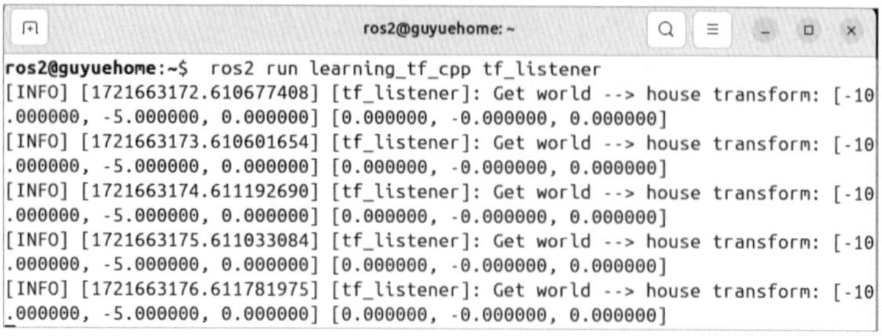

第 3 章　ROS 2 常用工具：讓機器人開發更便捷

```
ros2@guyuehome:~$ ros2 run learning_tf_cpp tf_listener
[INFO] [1721663172.610677408] [tf_listener]: Get world --> house transform: [-10
.000000, -5.000000, 0.000000] [0.000000, -0.000000, 0.000000]
[INFO] [1721663173.610601654] [tf_listener]: Get world --> house transform: [-10
.000000, -5.000000, 0.000000] [0.000000, -0.000000, 0.000000]
[INFO] [1721663174.611192690] [tf_listener]: Get world --> house transform: [-10
.000000, -5.000000, 0.000000] [0.000000, -0.000000, 0.000000]
[INFO] [1721663175.611033084] [tf_listener]: Get world --> house transform: [-10
.000000, -5.000000, 0.000000] [0.000000, -0.000000, 0.000000]
[INFO] [1721663176.611781975] [tf_listener]: Get world --> house transform: [-10
.000000, -5.000000, 0.000000] [0.000000, -0.000000, 0.000000]
```

▲ 圖 3-17　透過 tf 監聽並輸出兩個座標系的關係

具體程式實現在 learning_tf_cpp/src/tf_listener.cpp 中，詳細內容如下。

```cpp
#include <chrono>
#include <functional>
#include <memory>
#include <string>

#include "rclcpp/rclcpp.hpp"
#include "tf2/exceptions.h"
#include "tf2_ros/transform_listener.h"
#include "tf2_ros/buffer.h"

using namespace std::chrono_literals;
class TFListener : public rclcpp::Node
{
    public:
        TFListener()
        : Node("tf_listener")    //ROS 2 節點父類別初始化
        {
            // 建立一個目標座標系名稱的參數，優先使用外部設置的參數值，否則用預設值
            target_frame_ = this->declare_parameter<std::string>("target_frame", "house");

            // 建立儲存座標變換資訊的緩衝區
            tf_buffer_ = std::make_unique<tf2_ros::Buffer>(this->get_clock());

            // 建立座標變換的監聽器
            tf_listener_ = std::make_shared<tf2_ros::TransformListener>(*tf_buffer_);
            // 建立一個固定週期的計時器，處理座標資訊
```

```cpp
            timer_ = this->create_wall_timer(1s, std::bind(&TFListener::on_timer,
this));
        }
    private:
        void on_timer()
        {
            // 設置來源座標系和目標座標系的名稱
            std::string target_frame = target_frame_.c_str();
            std::string source_frame = "world";
            geometry_msgs::msg::TransformStamped trans;

            // 監聽當前時刻來源座標系到目標座標系的座標變換
            try {
                trans = tf_buffer_->lookupTransform(
                        target_frame, source_frame, tf2::TimePointZero);
            } catch (const tf2::TransformException & ex) {
                // 如果座標變換獲取失敗，則進入異常報告
                RCLCPP_INFO(
                    this->get_logger(), «Could not transform %s to %s: %s»,
                    target_frame.c_str(), source_frame.c_str(), ex.what());
                return;
            }

            // 將四元數轉為尤拉角
            tf2::Quaternion q(
                trans.transform.rotation.x,
                trans.transform.rotation.y,
                trans.transform.rotation.z,
                trans.transform.rotation.w);
            tf2::Matrix3x3 m(q);
            double roll, pitch, yaw;
            m.getRPY(roll, pitch, yaw);

            // 輸出查詢到的座標資訊
            RCLCPP_INFO(
                this->get_logger(), "Get %s --> %s transform: [%f, %f, %f] [%f, %f,
%f]",
                source_frame.c_str(), target_frame.c_str(),
                trans.transform.translation.x, trans.transform.translation.y,
```

```
                trans.transform.translation.z, roll, pitch, yaw);
        }
        rclcpp::TimerBase::SharedPtr timer_{nullptr};
        std::shared_ptr<tf2_ros::TransformListener> tf_listener_{nullptr};
        std::unique_ptr<tf2_ros::Buffer> tf_buffer_;
        std::string target_frame_;
};
int main(int argc, char * argv[])
{
    // ROS 2 C++ 介面初始化
    rclcpp::init(argc, argv);
    // 建立 ROS 2 節點物件並進行初始化，循環等待 ROS 2 退出
    rclcpp::spin(std::make_shared<TFListener>());
    // 關閉 ROS 2 C++ 介面
    rclcpp::shutdown();
    return 0;
}
```

以上程式註釋已經詳細解析了每行程式碼的含義，實現流程與 Python 版本完全一致，這裡不再贅述。

如果想監聽動態 tf 的廣播，那麼也可以在四個終端中分別執行以下節點，執行效果如圖 3-18 所示。

```
$ ros2 run turtlesim turtlesim_node
$ ros2 run learning_tf_cpp turtle_tf_broadcaster --ros-args -p turtlename:=turtle1
$ ros2 run learning_tf_cpp tf_listener --ros-args -p target_frame:=turtle1
$ ros2 run turtlesim turtle_teleop_key
```

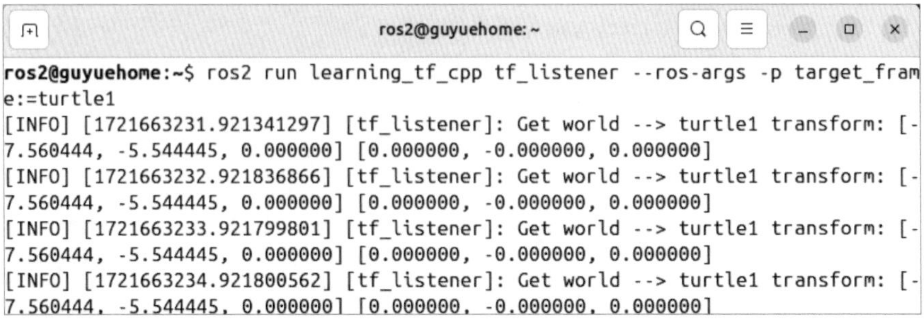

▲ 圖 3-18 透過 tf 監聽並輸出兩個動態座標系的關係

3.2 tf：機器人座標系管理系統

大家現在已經熟悉了 tf 的基本使用方法，繼續挑戰兩隻海龜運動跟隨的範例吧！

3.2.9 tf 綜合應用範例：海龜跟隨（Python）

還是之前海龜跟隨的範例，大家可以自己透過程式來實現，看一下實現的效果是否一致。啟動終端後，透過以下命令啟動範例功能。

```
$ ros2 launch learning_tf turtle_following_demo.launch.py
$ ros2 run turtlesim turtle_teleop_key
```

看到的效果和 ROS 2 附帶的常式相同，如圖 3-19 所示。

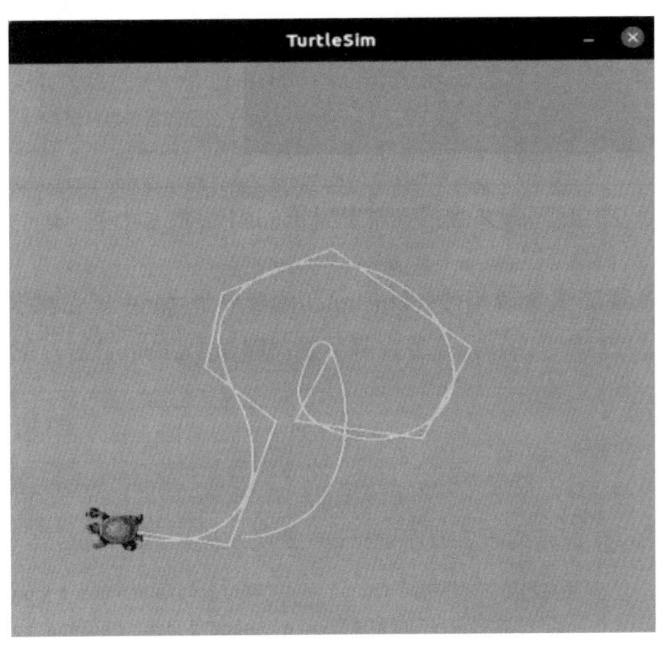

▲ 圖 3-19 兩隻海龜運動跟隨範例執行效果

1. 原理解析

在海龜模擬器中，可以定義三個座標系，如圖 3-20 所示，模擬器的全域座標系叫作 world，以模擬器左下角作為座標系的原點；turtle1 和 turtle2 座標系在

3-39

第 3 章　ROS 2 常用工具：讓機器人開發更便捷

兩隻海龜的中心，並且跟隨海龜運動，這樣，turtle1 和 world 座標系的相對位置就可以表示海龜 1 在模擬器中的位置，海龜 2 的位置同理。

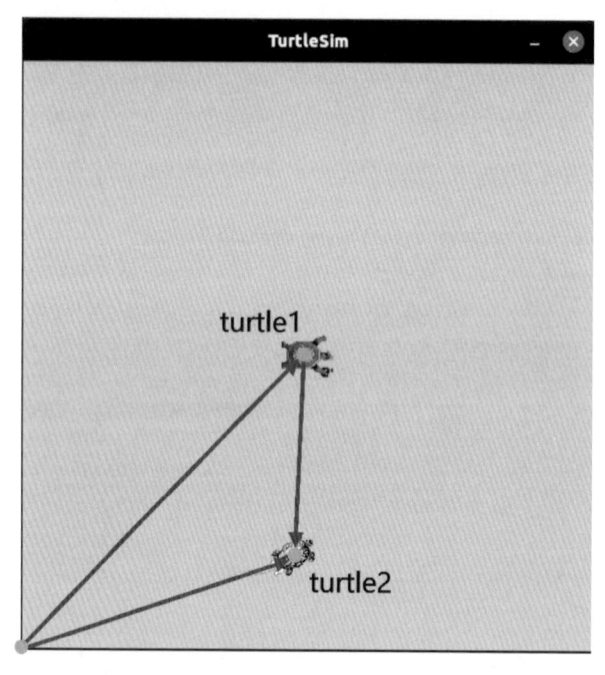

▲ 圖 3-20　海龜模擬器中的座標系定義

要實現海龜 2 向海龜 1 運動，可以將兩者連線，再加一個箭頭，怎麼樣，是不是想起了高中時學習的向量計算？我們說座標變換的描述方法就是向量，所以用 tf 就可以極佳地解決海龜跟隨問題。

向量的長度表示距離，方向表示角度，有了距離和角度，再設置一個時間係數，不就可以計算得到速度了嗎？然後封裝速度訊息、發佈話題，海龜 2 訂閱該訊息就可以沿著向量方向動起來了。

所以這個常式的核心就是透過座標系實現向量的計算。兩隻海龜會不斷運動，向量也得按照某個週期刷新，這就得用上 tf 的動態廣播與監聽了。

原理分析清楚了，接下來詳細看一下程式中是如何實現的。

2. Launch 開機檔案解析

先來看一下剛才執行的 learning_tf/launch/turtle_following_demo.launch.py 中的 Launch 開機檔案，其中啟動了四個節點，分別是：

- 海龜模擬器。
- 海龜 1 的座標系廣播。
- 海龜 2 的座標系廣播。
- 海龜跟隨運動控制。

```python
from launch import LaunchDescription
from launch.actions import DeclareLaunchArgument
from launch.substitutions import LaunchConfiguration
from launch_ros.actions import Node

def generate_launch_description():
    return LaunchDescription([
        Node(
            package='turtlesim',
            executable='turtlesim_node',
            name='sim'
        ),
        Node(
            package='learning_tf',
            executable='turtle_tf_broadcaster',
            name='broadcaster1',
            parameters=[
                {'turtlename': 'turtle1'}
            ]
        ),
        DeclareLaunchArgument(
            'target_frame', default_value='turtle1',
            description='Target frame name.'
        ),
        Node(
            package='learning_tf',
            executable='turtle_tf_broadcaster',
            name='broadcaster2',
```

```
            parameters=[
                {'turtlename': 'turtle2'}
            ]
        ),
        Node(
            package='learning_tf',
            executable='turtle_following',
            name='listener',
            parameters=[
                {'target_frame': LaunchConfiguration('target_frame')}
            ]
        ),
])
```

在以上 Launch 開機檔案裡，兩個座標系的廣播重複使用了 turtle_tf_broadcaster 節點，透過傳入的參數名稱修改廣播的座標系名稱。

3. 座標系動態廣播

海龜 1 和海龜 2 在 world 座標系下的座標變換，是在 turtle_tf_broadcaster 節點中實現的，除了海龜座標系的名稱不同，針對兩隻海龜的功能是一樣的，具體的程式實現已經在 3.2.5 節和 3.2.6 節中詳細講解過，這裡不再贅述。

4. 海龜跟隨

座標系正常廣播了，接下來就可以訂閱兩隻海龜的位置關係，並且將其轉為速度指令進行控制。完整程式實現在 learning_tf/turtle_following.py 中，詳細內容如下。

```
import math
import rclpy                                                          # ROS 2 Python 介面函式庫
from rclpy.node import Node                                           # ROS 2 節點類別
import tf_transformations                                             # tf 座標變換函式庫
from tf2_ros import TransformException                                # tf 座標變換的異常類別
from tf2_ros.buffer import Buffer                                     # 儲存座標變換資訊的緩衝類別
from tf2_ros.transform_listener import TransformListener              # 監聽座標變換的監聽器類別
from geometry_msgs.msg import Twist                                   # ROS 2 速度控制訊息
from turtlesim.srv import Spawn                                       # 海龜生成的服務介面
```

3.2 tf：機器人座標系管理系統

```python
class TurtleFollowing(Node):

    def __init__(self, name):
        super().__init__(name)                          # ROS 2 節點父類別初始化

        # 建立一個來源座標系名稱的參數
        self.declare_parameter('source_frame', 'turtle1')
        # 優先使用外部設置的參數值，否則用預設值
        self.source_frame = self.get_parameter(
            'source_frame').get_parameter_value().string_value
        # 建立儲存座標變換資訊的緩衝區
        self.tf_buffer = Buffer()
        # 建立座標變換的監聽器
        self.tf_listener = TransformListener(self.tf_buffer, self)

        # 建立一個請求產生海龜的使用者端
        self.spawner = self.create_client(Spawn, 'spawn')
        # 是否已經請求海龜生成服務的標識位元
        self.turtle_spawning_service_ready = False
        # 海龜是否產生成功的標識位元
        self.turtle_spawned = False

        # 建立跟隨運動海龜的速度話題
        self.publisher = self.create_publisher(Twist, 'turtle2/cmd_vel', 1)
        # 建立一個固定週期的計時器，控制跟隨海龜的運動
        self.timer = self.create_timer(1.0, self.on_timer)

    def on_timer(self):
        from_frame_rel = self.source_frame          # 來源座標系
        to_frame_rel   = 'turtle2'                   # 目標座標系

        # 如果已經請求海龜生成服務
        if self.turtle_spawning_service_ready:
            if self.turtle_spawned:                  # 如果跟隨海龜已經生成
                try:
                    now = rclpy.time.Time()          # 獲取 ROS 的當前時間

                    # 監聽當前時刻來源座標系到目標座標系的座標變換
                    trans = self.tf_buffer.lookup_transform(
```

3-43

```python
                    to_frame_rel,
                    from_frame_rel,
                    now)
            # 如果座標變換獲取失敗,則輸出異常報告
            except TransformException as ex:
                self.get_logger().info(
                    f'Could not transform {to_frame_rel} to {from_frame_rel}: {ex}')
                return

            msg = Twist()                       # 建立速度控制訊息
            scale_rotation_rate = 1.0           # 根據海龜角度,計算角速度
            msg.angular.z = scale_rotation_rate * math.atan2(
                trans.transform.translation.y,
                trans.transform.translation.x)

            scale_forward_speed = 0.5           # 根據海龜距離,計算線速度
            msg.linear.x = scale_forward_speed * math.sqrt(
                trans.transform.translation.x ** 2 +
                trans.transform.translation.y ** 2)

            self.publisher.publish(msg)         # 發佈速度指令,海龜跟隨運動
        # 如果跟隨海龜沒有生成
        else:
            if self.result.done():              # 查看海龜是否生成
                self.get_logger().info(
                    f'Successfully spawned {self.result.result().name}')
                self.turtle_spawned = True
            else:                               # 依然沒有生成跟隨海龜
                self.get_logger().info('Spawn is not finished')
    else:                                       # 如果沒有請求海龜生成服務
        if self.spawner.service_is_ready():     # 如果海龜生成伺服器已經準備就緒
            request = Spawn.Request()           # 建立一個請求的資料

            # 設置請求資料的內容,包括海龜名稱、xy 位置、姿態
            request.name = 'turtle2'
            request.x = float(4)
            request.y = float(2)
            request.theta = float(0)
```

```
                    self.result = self.spawner.call_async(request)   # 發送服務請求
                    self.turtle_spawning_service_ready = True        # 設置標識位元,表示
已經發送請求
            else:
                # 海龜生成伺服器還沒準備就緒的提示
                self.get_logger().info('Service is not ready')

def main(args=None):
    rclpy.init(args=args)                             # ROS 2 Python 介面初始化
    node = TurtleFollowing("turtle_following")        # 建立 ROS 2 節點物件並進行初始化
    rclpy.spin(node)                                  # 循環等待 ROS 2 退出
    node.destroy_node()                               # 銷毀節點物件
    rclpy.shutdown()                                  # 關閉 ROS 2 Python 介面
```

以上透過兩隻海龜運動跟隨的範例,向大家演示了如何使用 ROS 2 中的 tf 座標管理系統實現各種座標系的建立、更新和監聽,當機器人系統變得更加複雜時,就可以使用類似的方法維護其中的座標系。

> 在複雜的機器人系統中,座標系的數量很多,一般透過機器人 URDF 建模的方法提前設置好座標系的相對關係,相關內容在第 4 章進行講解。

3.2.10 tf 綜合應用範例:海龜跟隨(C++)

同樣的海龜跟隨案例,C++ 也可以實現。

1. Launch 開機檔案解析

C++ 版本範例使用的 Launch 開機檔案是 learning_tf_cpp/launch/turtle_following_ demo.launch.py,其中同樣啟動了 4 個節點,分別是:

- 海龜模擬器。
- 海龜 1 的座標系廣播。
- 海龜 2 的座標系廣播。
- 海龜運動跟隨控制。

3-45

2. 座標系動態廣播

海龜 1 和海龜 2 在 world 座標系下的座標變換,是在 turtle_tf_broadcaster 節點中實現的,除了海龜座標系的名稱不同,針對兩隻海龜的功能是一樣的,具體的程式實現已經在 3.2.5 節和 3.2.6 節中詳細講解過,這裡不再贅述。

3. 海龜跟隨

座標系正常廣播了,接下來可以訂閱兩隻海龜的位置關係,並且將其轉為速度指令進行控制。C++ 版本完整程式實現在 learning_tf_cpp/src/turtle_following.cpp 中,詳細內容如下。

```cpp
#include <chrono>
#include <functional>
#include <memory>
#include <string>
#include "geometry_msgs/msg/transform_stamped.hpp"
#include "geometry_msgs/msg/twist.hpp"
#include "rclcpp/rclcpp.hpp"
#include "tf2/exceptions.h"
#include "tf2_ros/transform_listener.h"
#include "tf2_ros/buffer.h"
#include "turtlesim/srv/spawn.hpp"
using namespace std::chrono_literals;
class TurtleFollowing : public rclcpp::Node
{
public:
    TurtleFollowing()
        : Node("turtle_tf2_frame_listener"),
        turtle_spawning_service_ready_(false),
        turtle_spawned_(false)                        //ROS 2節點父類別初始化
    {
        // 建立一個目標座標系名稱的參數,優先使用外部設置的參數值,否則使用預設值
        target_frame_ = this->declare_parameter<std::string>("target_frame", "turtle1");
        // 建立儲存座標變換資訊的緩衝區
        tf_buffer_ = std::make_unique<tf2_ros::Buffer>(this->get_clock());
```

3.2 tf：機器人座標系管理系統

```cpp
        // 建立座標變換的監聽器
        tf_listener_ = std::make_shared<tf2_ros::TransformListener>(*tf_buffer_);
        // 建立一個請求產生海龜的使用者端
        spawner_ = this->create_client<turtlesim::srv::Spawn>("spawn");
        // 建立跟隨運動海龜的速度話題
        publisher_ = this->create_publisher<geometry_msgs::msg::Twist>("turtle2/cmd_vel", 1);
        // 建立一個固定週期的計時器，處理座標資訊
        timer_ = this->create_wall_timer(
            1s, std::bind(&TurtleFollowing::on_timer, this));
    }
private:
    void on_timer()
    {
        // 設置來源座標系和目標座標系的名稱
        std::string fromFrameRel = target_frame_.c_str();
        std::string toFrameRel = "turtle2";
        if (turtle_spawning_service_ready_) {
            if (turtle_spawned_) {
                geometry_msgs::msg::TransformStamped t;

                // 監聽當前時刻來源座標系到目標座標系的座標變換
                try {
                    t = tf_buffer_->lookupTransform(
                        toFrameRel, fromFrameRel,
                        tf2::TimePointZero);
                } catch (const tf2::TransformException & ex) {
                    // 如果座標變換獲取失敗，則輸出異常報告
                    RCLCPP_INFO(
                        this->get_logger(), "Could not transform %s to %s: %s",
                        toFrameRel.c_str(), fromFrameRel.c_str(), ex.what());
                    return;
                }

                // 建立速度控制訊息
                geometry_msgs::msg::Twist msg;
                // 根據海龜角度，計算角速度
                static const double scaleRotationRate = 1.0;
                msg.angular.z = scaleRotationRate * atan2(
```

```cpp
                t.transform.translation.y,
                t.transform.translation.x);

            // 根據海龜距離,計算線速度
            static const double scaleForwardSpeed = 0.5;
            msg.linear.x = scaleForwardSpeed * sqrt(
                pow(t.transform.translation.x, 2) +
                pow(t.transform.translation.y, 2));

            // 發佈速度指令,海龜跟隨運動
            publisher_->publish(msg);
        } else {
            // 查看海龜是否生成
            RCLCPP_INFO(this->get_logger(), "Successfully spawned");
            turtle_spawned_ = true;
        }
    } else {
        // 如果海龜生成伺服器已經準備就緒
        if (spawner_->service_is_ready()) {
            // 建立一個請求的資料,設置請求資料的內容,包括海龜名稱、xy 位置、姿態
            auto request = std::make_shared<turtlesim::srv::Spawn::Request>();
            request->x = 4.0;
            request->y = 2.0;
            request->theta = 0.0;
            request->name = "turtle2";
            // 發送服務請求
            using ServiceResponseFuture =
            rclcpp::Client<turtlesim::srv::Spawn>::SharedFuture;
            auto response_received_callback = [this](ServiceResponseFuture future) {
                auto result = future.get();
                if (strcmp(result->name.c_str(), "turtle2") == 0) {
                    // 設置標識位元,表示已經發送請求
                    turtle_spawning_service_ready_ = true;
                } else {
                    RCLCPP_ERROR(this->get_logger(), "Service callback result mismatch");
                }
```

```cpp
                };
                auto result = spawner_->async_send_request(request,
                                  response_received_callback);
            } else {
                // 海龜生成伺服器還沒準備就緒的提示
                RCLCPP_INFO(this->get_logger(), "Service is not ready");
            }
        }
    }
    bool turtle_spawning_service_ready_;
    bool turtle_spawned_;
    rclcpp::Client<turtlesim::srv::Spawn>::SharedPtr spawner_{nullptr};
    rclcpp::TimerBase::SharedPtr timer_{nullptr};
    rclcpp::Publisher<geometry_msgs::msg::Twist>::SharedPtr publisher_{nullptr};
    std::shared_ptr<tf2_ros::TransformListener> tf_listener_{nullptr};
    std::unique_ptr<tf2_ros::Buffer> tf_buffer_;
    std::string target_frame_;
};

int main(int argc, char * argv[])
{
    // ROS 2 C++ 介面初始化
    rclcpp::init(argc, argv);
    // 建立 ROS 2 節點物件並進行初始化，循環等待 ROS 2 退出
    rclcpp::spin(std::make_shared<TurtleFollowing>());
    // 關閉 ROS 2 C++ 介面
    rclcpp::shutdown();
    return 0;
}
```

3.3 Gazebo：機器人三維物理模擬平臺

　　利用 ROS 進行機器人開發，機器人當然是主角，但如果大家手邊沒有實物機器人怎麼辦呢？沒問題，機器人三維物理模擬平臺 Gazebo 可以「無中生有」，幫大家虛擬一個機器人。

3.3.1 Gazebo 介紹

Gazebo 是 ROS 中最為常用的三維物理模擬平臺，支援動力學引擎，可以實現高品質的圖形著色，不僅可以模擬機器人及週邊環境，還可以加入摩擦力、彈性係數等物理屬性，如圖 3-21 所示。

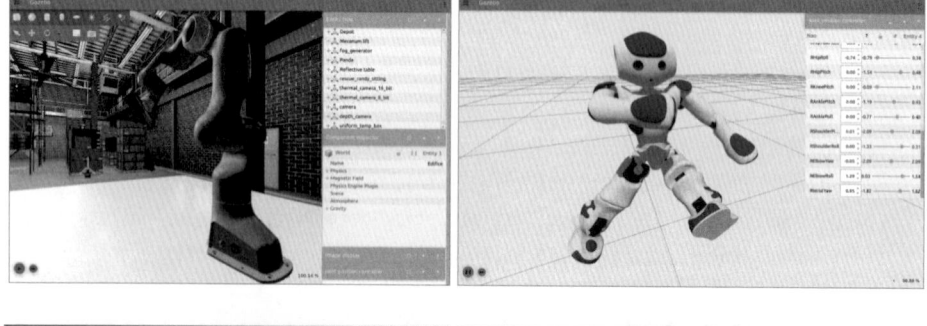

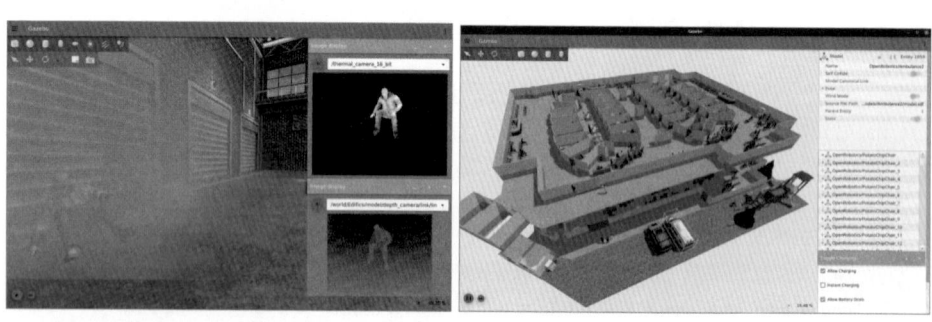

▲ 圖 3-21 基於 Gzaebo 的機器人模擬

例如開發一輛火星車，可以在 Gazebo 中模擬火星表面的環境；再如開發一台無人機，續航和限飛等原因導致無法頻繁用實物做實驗，此時不妨先使用 Gazebo 進行模擬，等演算法開發得差不多了，再部署到實物上去測試運行。Gazebo 模擬平臺可以幫助大家驗證機器人演算法、最佳化機器人設計、測試機器人場景應用，為機器人開發提供更靈活的方法。

Gazebo 起源於 2002 年，比 ROS 的歷史更長。2009 年，工程師在開發 ROS 和 PR2 的過程中，實現了在 Gazebo 中的模擬，自此 Gazebo 成為 ROS 社區中被使用最多的一種模擬器。之後，Gazebo 與 ROS 相伴成長，成為 OSRF 基金會管理的兩個核心專案。

3.3 Gazebo：機器人三維物理模擬平臺

和 ROS 1/ROS 2 類似，Gazebo 也有兩個大的版本，分別是 Gazebo Classic 和 Gazebo Sim。如名稱一般，Gazebo Classic 是一個經典版本，很多 ROS 桌上出版都會預設安裝，社區中也有很多相關資源。如圖 3-22 所示，最後一個 Gazebo Classic 版本 11.0 發佈於 2020 年，將在 2025 年停止維護，Ubuntu24.04 和 ROS 2 Jazzy 也不再支援它。

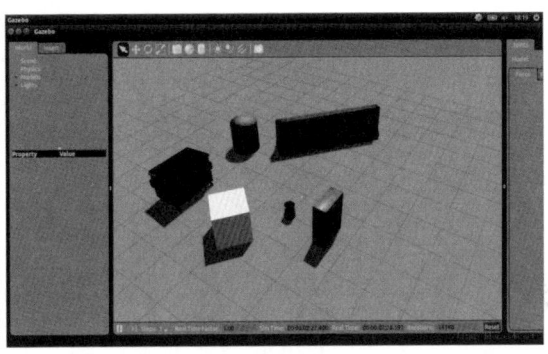

▲ 圖 3-22 Gazebo Classic 的版本迭代和軟體介面

Gazebo Sim 經歷了自底向上的重新設計和開發，如表 3-1 所示，在 2019 年正式發佈第一個版本，新增了更多模擬特性，例如對柔性物體的模擬支援、更靈活的模組化外掛程式機制等。當時為了與 Gazebo Classic 區分，官方啟用了另外一個名稱——Ignition，不過開發者還是更願意使用 Gazebo 這個名稱，於是在 Ignition 逐漸穩定後，官方將它的名稱改回了 Gazebo。

隨著 2025 年 Gazebo Classic 停止更新，ROS 社區推薦大家儘快把相關工作遷移到最新版本的 Gazebo 上。

▼ 表 3-1 Gazebo 版本及相關資訊

版本名稱	發佈時間	停止支援時間	備註
Gazebo-J	Sep,2025	Sep,2030	LTS
Gazebo-I	Sep,2024	Sep,2026	
Harmonic	Sep,2023	Sep,2028	LTS
Garden	Sep,2022	Nov,2024	

第 3 章　ROS 2 常用工具：讓機器人開發更便捷

版本名稱	發佈時間	停止支援時間	備註
Fortress	Sep,2021	Sep,2026	LTS
Edifice	Mar,2021	Mar,2022	EOL
Dome	Sep,2020	Dec,2021	EOL
Citadel	Dec,2019	Dec,2024	LTS
Blueprint	May,2019	Dec,2020	EOL
Acropolis	Feb,2019	Sep,2019	EOL

本書 Gazebo 相關的內容均以 Gazebo Harmonic 版本為平臺演示，新舊兩個版本的 Gazebo 不完全相容，使用 Gazebo Classic 可能存在啟動失敗的風險。

說了這麼多，Gazebo 該如何使用呢？大家不妨先讓它「跑」起來，熟悉一下。

以下是 Gazebo 官方舉出的詳細安裝步驟，如果第一次使用或希望透過更簡單的方式安裝，那麼也可以使用本書書附程式中的快捷安裝指令稿——ros_install.sh，在該指令稿所在的路徑下，透過在終端輸入 ./ros_install.sh 指令，跟隨提示即可完成安裝。

可以透過以下命令直接安裝與 Gazebo 相關的所有套件。

```
# 安裝相關相依
$ sudo apt-get update
$ sudo apt-get install lsb-release wget gnupg

# 安裝 Gazebo Harmonic
$ sudo wget [Gazebo 官方金鑰 URL] -O /usr/share/keyrings/pkgs-osrf-archive-keyring.gpg
$ echo "deb [arch=$(dpkg --print-architecture)
signed-by=/usr/share/keyrings/pkgs-osrf-archive-keyring.gpg] [Gazebo 軟體來源基底位址 ]
$(lsb_release -cs) main" | sudo tee /etc/apt/sources.list.d/gazebo-stable.list > /dev/null
$ sudo apt-get update
$ sudo apt-get install gz-harmonic
```

3.3 Gazebo：機器人三維物理模擬平臺

```
# 安裝 Jazzy gz 功能套件
$ sudo apt install ros-jazzy-ros-gz
```

需要參考 Gazebo 官方手冊中的 Install 章節，將上面的 [Gazebo 官方金鑰 URL] 及 [Gazebo 軟體來源基底位址] 修改為最新的連結位址。

安裝完成後，就可以透過以下命令啟動 Gazebo 了。

```
$ gz sim
```

稍等片刻就可以開啟如圖 3-23 所示的介面，預設會讓大家選擇需要執行的範例。

選擇範例並點擊「RUN」後，正式進入模擬環境的介面。如圖 3-24 所示，Gazebo 的中間區域是模型的顯示區，右側顯示各種模型的狀態和參數，大家可以先將左上角工具列中的一些規則物體放置在顯示區感受一下。

如使用虛擬機器執行，則可能出現模擬區域無顯示或持續閃爍的現象，需要關閉虛擬機器設置中的「加速 3D 影像」選項。

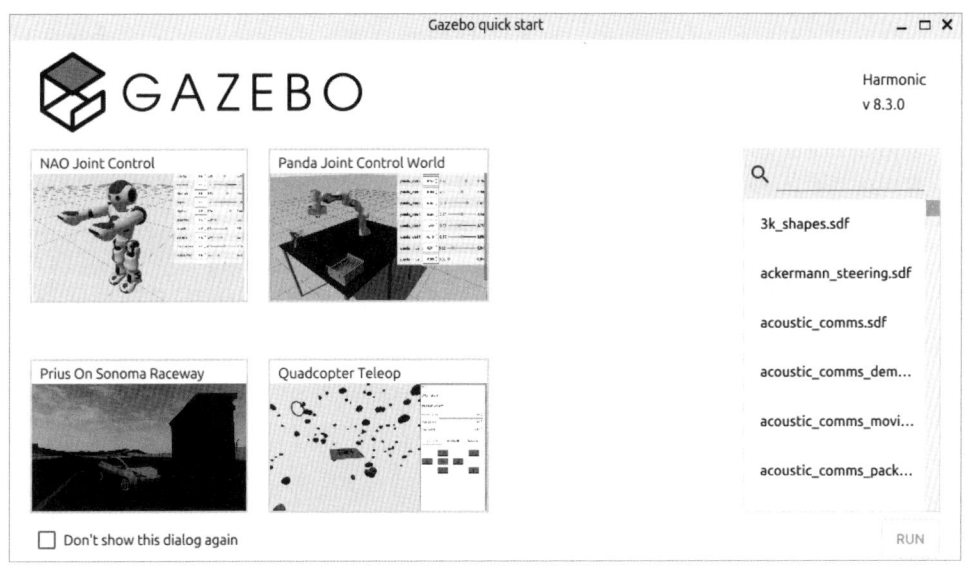

▲ 圖 3-23 Gazebo 啟動後的範例選擇介面

3-53

第 3 章　ROS 2 常用工具：讓機器人開發更便捷

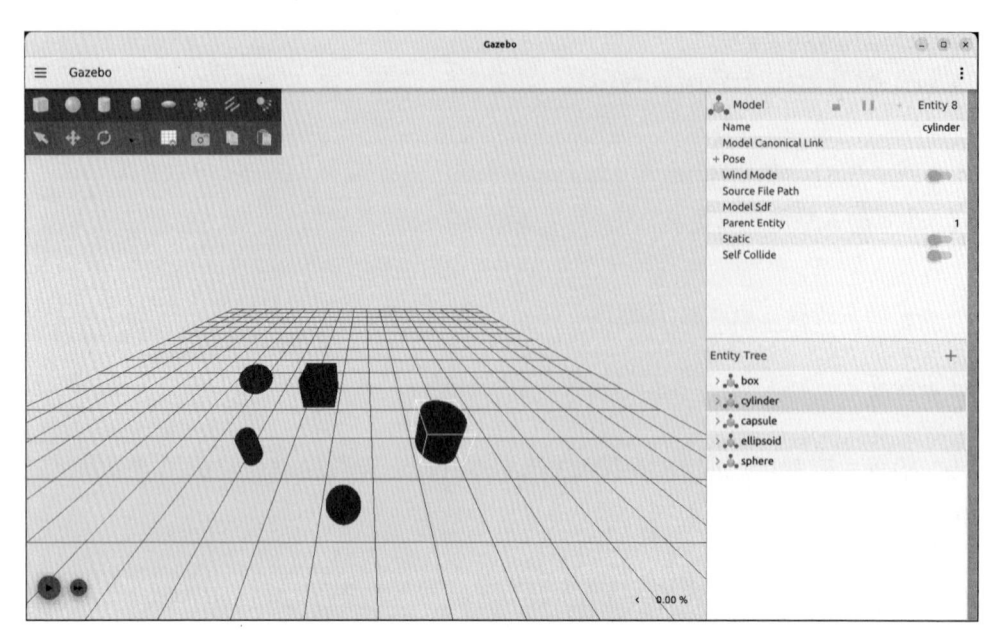

▲ 圖 3-24　Gazebo 模擬環境介面

3.3.2　機器人模擬範例

認識了 Gazebo，接下來是不是該試試機器人模擬啦？說幹就幹！

關閉之前執行的所有常式，重新開機兩個終端，分別執行以下命令，先啟動一個機器人模擬環境，再啟動一個鍵盤控制節點。

```
$ ros2 launch ros_gz_sim_demos diff_drive.launch.py
$ ros2 run teleop_twist_keyboard teleop_twist_keyboard --ros-args -r cmd_vel:=model/vehicle_blue/cmd_vel
```

模擬環境啟動成功，如圖 3-25 所示，此時可以在 Gazebo 中看到兩個移動機器人底盤。

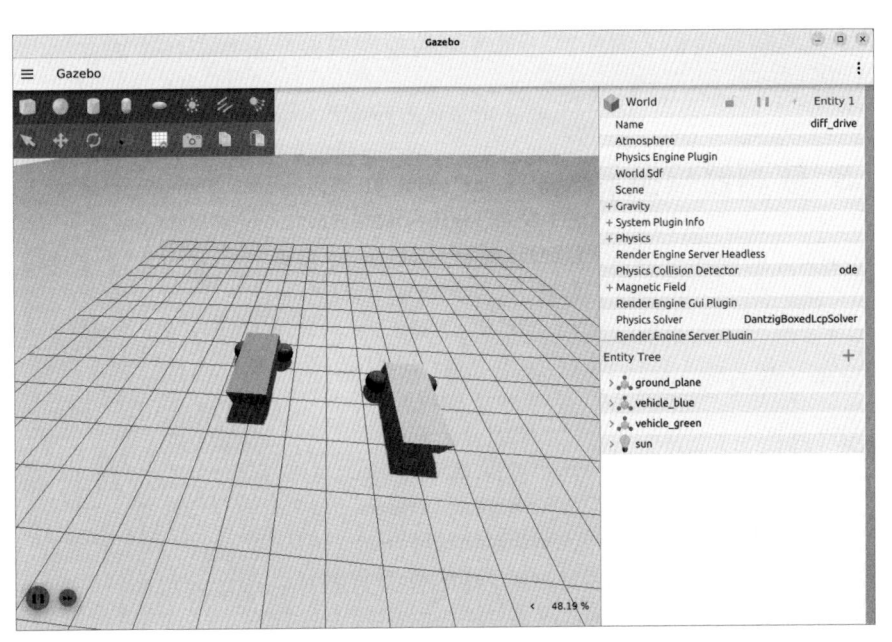

3.3 Gazebo：機器人三維物理模擬平臺

▲ 圖 3-25 在 Gazebo 中模擬兩個機器人

在鍵盤控制節點的終端中，透過「i」「j」「,」「l」四個按鍵，可以控制其中一個機器人前後左右運動。如果想控制另外一個機器人運動，則可以將鍵盤節點的速度控制話題的名稱重映射為 model/vehicle_blue/cmd_vel，如圖 3-26 所示。

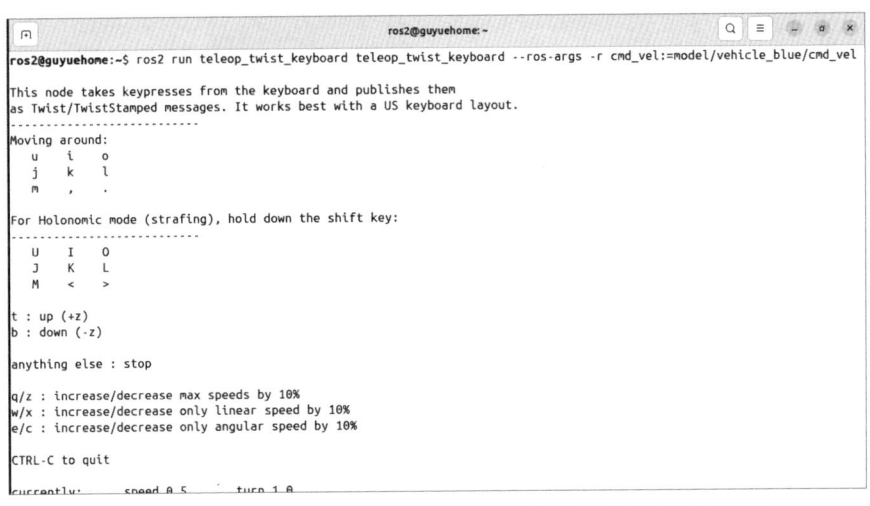

▲ 圖 3-26 重映射速度話題名稱，控制第二個機器人運動

第 3 章　ROS 2 常用工具：讓機器人開發更便捷

以上模擬過程和之前學習的海龜運動控制模擬非常相似，不過此時的機器人和模擬環境已經比之前複雜多了。

3.3.3　感測器模擬範例

Gazebo 的模擬功能非常強大，除了可以模擬機器人，還可以模擬常用的感測器，這裡以相機為例，帶領大家體驗一下感測器的模擬效果。

開啟一個終端，輸入以下命令。

```
$ ros2 launch ros_gz_sim_demos rgbd_camera_bridge.launch.py
```

執行成功後，會開啟 Gazebo 模擬介面和 RViz 上位機，如圖 3-27 所示。大家可以在 Gazebo 中直接看到 RGBD 相機模擬後發佈的圖像資料。

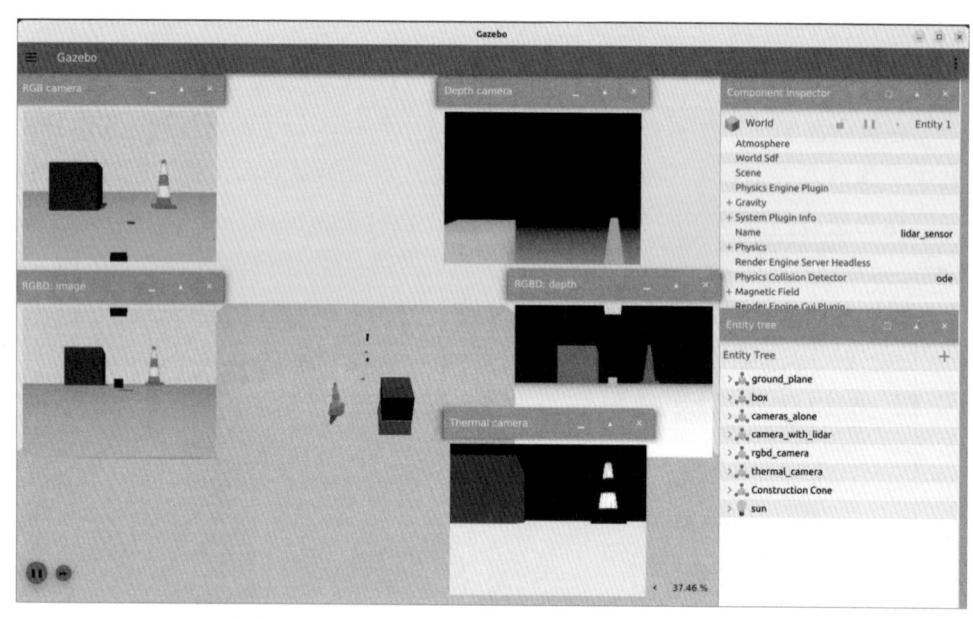

▲ 圖 3-27　Gazebo 感測器模擬的資料視覺化效果

此時在開啟的 RViz 上位機中，同樣可以看到模擬的感測器資料，效果如圖 3-28 所示。

Gazebo 的模擬功能還有很多，第 4 章會帶領大家深入學習如何建構機器人的模擬模型，並讓機器人在模擬環境中完成各種各樣的功能。

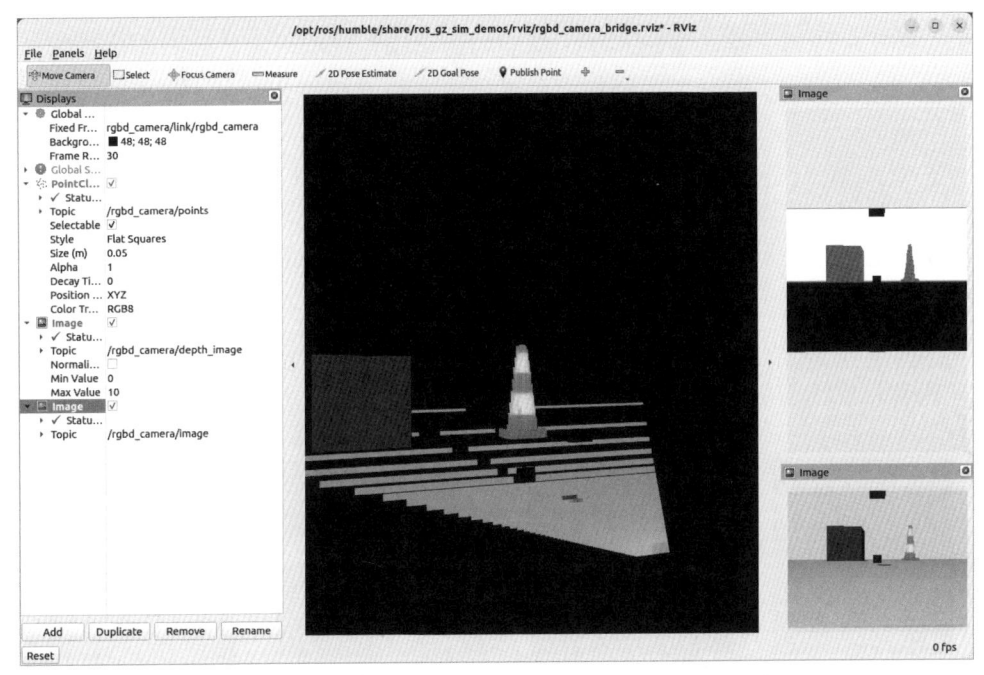

▲ 圖 3-28　RViz 中 RGBD 相機模擬資料的視覺化效果

3.4　RViz：資料視覺化平臺

大家有沒有想過一個問題，機器人「眼」中的世界是什麼樣的呢？怎麼樣才能夠看到機器人的相機拍攝到的影像？這就涉及視覺化顯示的範圍了，本節將介紹一位 ROS 2 中的重量級嘉賓——RViz，一款三維視覺化顯示的神器。

第 3 章　ROS 2 常用工具：讓機器人開發更便捷

3.4.1　RViz 介紹

機器人開發過程中需要實現各種各樣的功能，如果只是從資料層面進行分析，會比較困難，例如拿出 0~255 之間的數字卡片，問大家這幅影像描述的內容是什麼？那麼大家肯定一臉懵。如果把這些數字代表的影像著色出來，就一目了然了。

類似的場景還有很多，如圖 3-29 所示。舉例來說，對於機器人模型，大家需要知道自己設計的模型是什麼樣子的，模型內部許多的座標系在運動過程中處於哪些位置；對於機械臂運動規劃和移動機器人自主導航，大家希望看到機器人週邊的環境、規劃的路徑，當然還有相機、雷射雷達等感測器的資訊。資料是用來進行計算的，視覺化的效果才是給人看的。

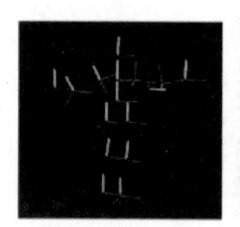

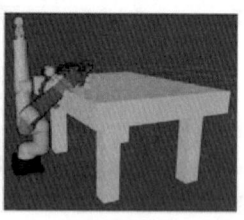

機器人模型　　　座標　　　運動規劃　　　導航

▲ 圖 3-29　機器人應用程式開發中常見的資料視覺化場景

所以，資料視覺化可以大大提高機器人應用程式開發的效率，而 RViz 就是這樣一款用於機器人開發的資料視覺化軟體，機器人模型、感測器資訊、環境資訊等，都可以透過 RViz 快速著色並顯示。

> RViz 是 ROS 中最常用的軟體之一，跟隨 ROS 2 的迭代也進行了全新升級，升級後的產品被稱為 RViz 2。

3.4 RViz：資料視覺化平臺

RViz 的核心框架是基於 Qt 視覺化工具打造的開放式平臺，出廠時附帶機器人常用的視覺化顯示外掛程式，只要大家按照 ROS 中的訊息發佈對應的話題資料，就可以看到圖形化的效果，如圖 3-30 所示。如果大家對顯示效果不滿意，或想增加某些新的顯示項目，那麼也可以在 RViz 中開發更多視覺化外掛程式，從而打造自己的機器人應用的上位機。

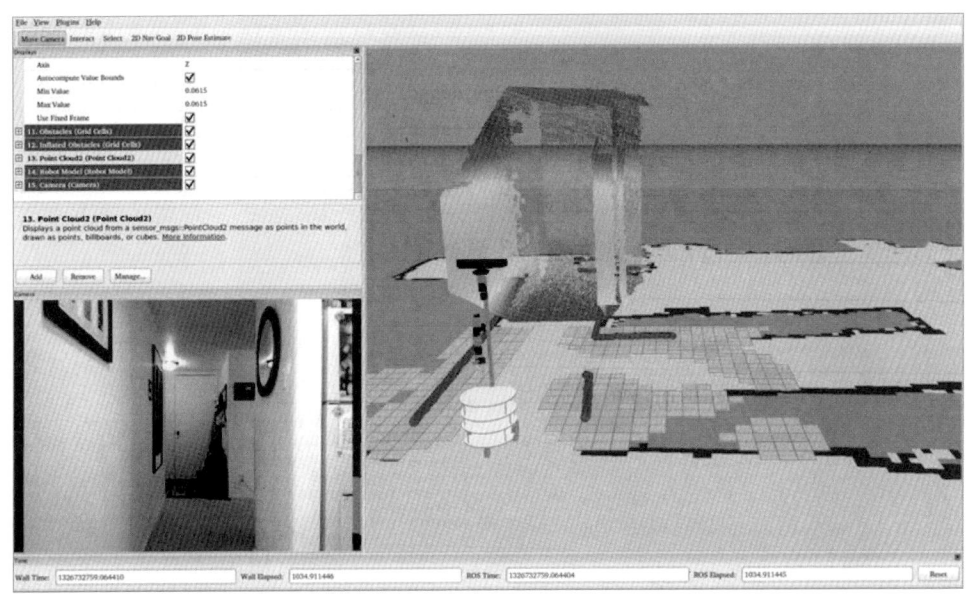

▲ 圖 3-30 在 RViz 中顯示機器人模型、地圖、相機等資訊

既然是視覺化軟體，當然會有介面。大家透過一個終端，使用以下命令即可啟動 RViz。

```
$ ros2 run rviz2 rviz2
```

> RViz 已經整合在完整版的 ROS 中，一般不需要單獨安裝。

第 3 章　ROS 2 常用工具：讓機器人開發更便捷

執行成功後，可以看到如圖 3-31 所示的介面。

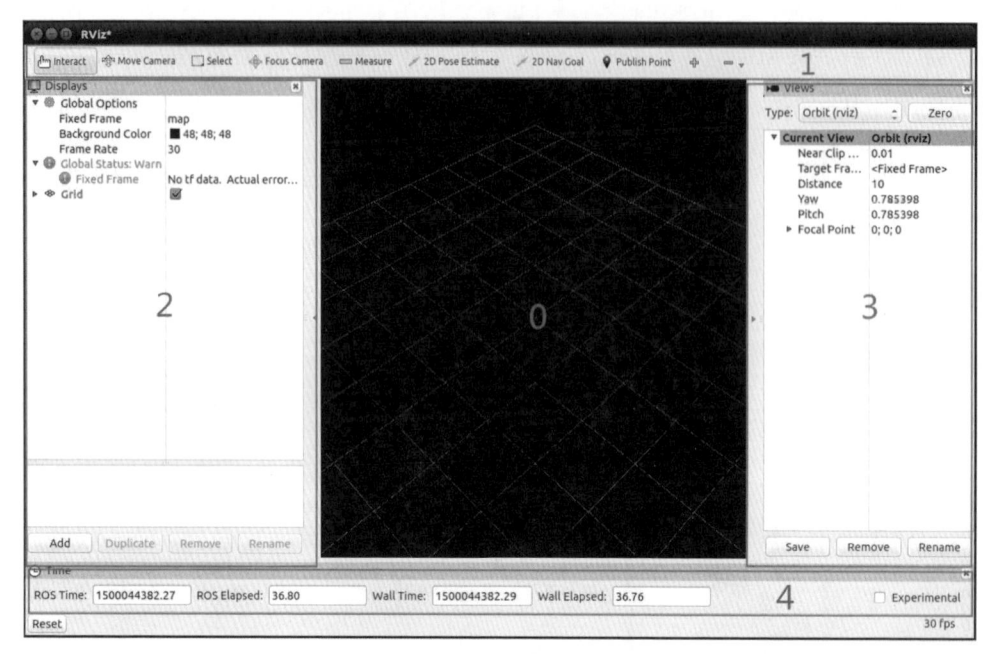

▲ 圖 3-31　RViz 的執行介面

在 RViz 的介面中，主要包含以下幾部分。

- 0：3D 視圖區，用於視覺化顯示資料，目前沒有任何資料，所以顯示黑色背景。
- 1：工具列，提供角度控制、目標設置、發佈地點等工具。
- 2：顯示項清單，用於顯示當前增加的顯示外掛程式，可以配置每個外掛程式的屬性。
- 3：角度設置區，可以選擇多種觀測角度。
- 4：時間顯示區，顯示當前的系統時間和 ROS 時間。

3.4 RViz：資料視覺化平臺

接下來，如何讓資料在 RViz 中視覺化呢？

3.4.2 資料視覺化操作流程

使用 RViz 進行資料視覺化的前提是有資料，視覺化的資料需要以指定的訊息類型正常發佈，這樣大家就可以在 RViz 中使用對應的外掛程式訂閱該訊息，並實現視覺化著色。具體操作流程如下。

首先，增加顯示資料的外掛程式。點擊 RViz 介面左側下方的「Add」按鍵，RViz 會將預設支援的所有資料型態的顯示外掛程式羅列出來，如圖 3-32 所示。

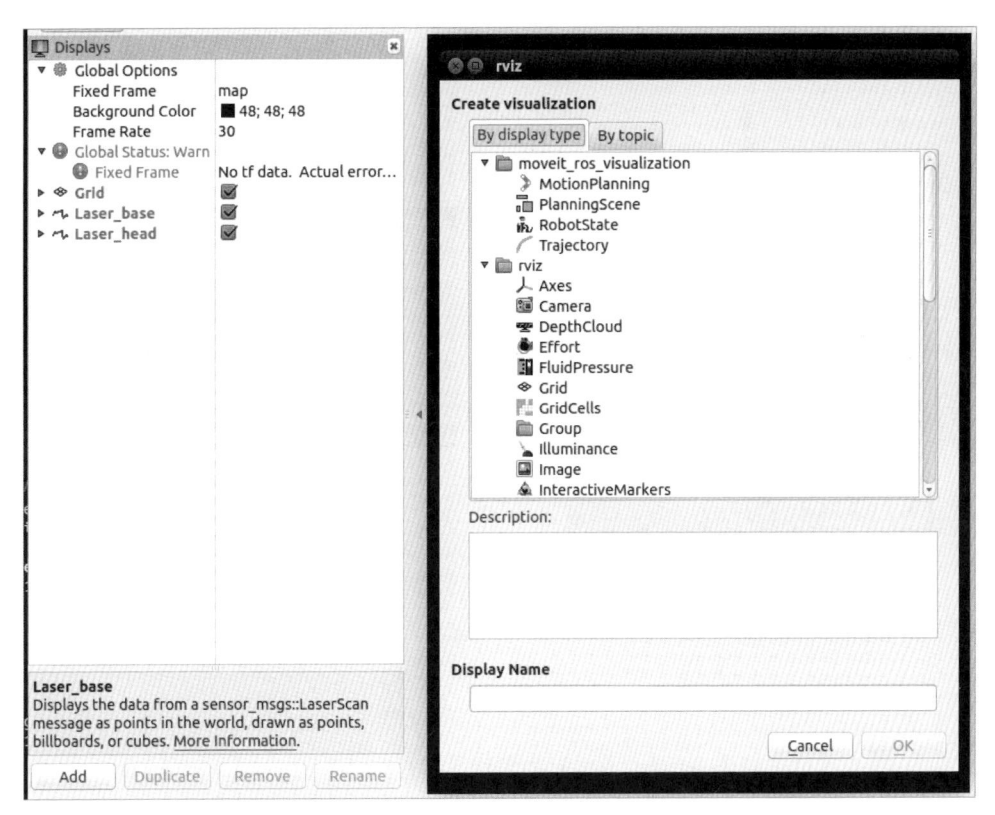

▲ 圖 3-32 RViz 中的顯示外掛程式清單

3-61

第 3 章　ROS 2 常用工具：讓機器人開發更便捷

在清單中選擇需要的資料型態顯示外掛程式，然後在「Display Name」裡填入一個唯一的名稱，用來命名顯示的資料。例如顯示兩個雷射感測器的資料，可以增加兩個 Laser Scan 類型的外掛程式，分別命名為 Laser_base 和 Laser_head。

增加完成後，RViz 左側的 Dispaly 中會列出已經增加的顯示外掛程式；點擊外掛程式清單前的加號，可以開啟一個屬性清單，根據需求設置屬性，如圖 3-33 所示。通常情況下，「Topic」屬性較為重要，用來設置該顯示外掛程式所訂閱的資料來源，只有訂閱成功，才會在中間的顯示區出現視覺化的資料。

如果視覺化顯示有問題，那麼可以先檢查屬性區域的「Status」狀態，如圖 3-34 所示。Status 有四種狀態：OK、Warning、Error 和 Disabled，如果顯示的狀態不是 OK，那麼可以查看具體的錯誤資訊，並詳細檢查資料發佈是否正常。

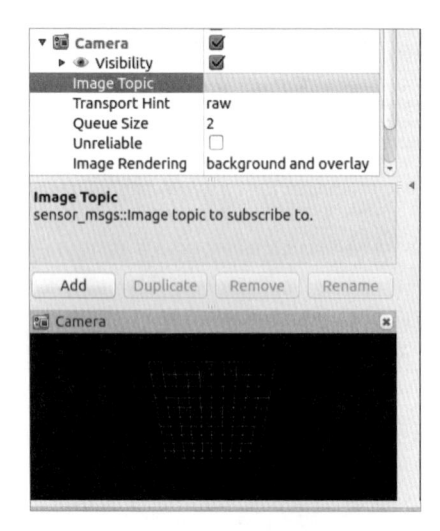

▲ 圖 3-33　RViz 中顯示外掛程式的屬性

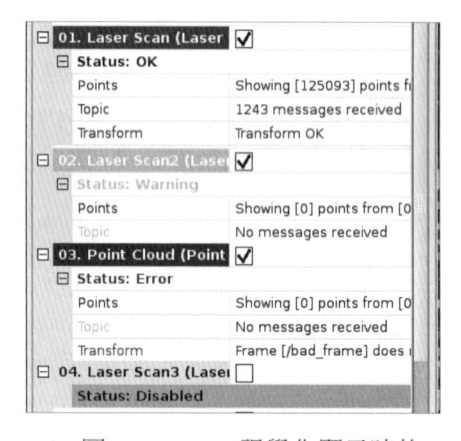

▲ 圖 3-34　RViz 視覺化顯示時的 Status 狀態

了解了 RViz 資料視覺化的設置流程，大家一起跟隨接下來的範例操作一下。

3.4　RViz：資料視覺化平臺

3.4.3　應用範例一：tf 資料視覺化

在 3.2 節的海龜跟隨運動範例中，涉及多個座標系的動態變換，只看資料很難理解，如果能夠看到座標相對變化的視覺化效果就好了。本節就以此為例，透過 RViz 動態顯示 tf 的資料變化。

啟動兩個終端，分別執行以下命令，執行海龜跟隨運動的範例。

```
$ ros2 launch learning_tf turtle_following_demo.launch.py
$ ros2 run turtlesim turtle_teleop_key
```

接下來啟動 RViz，將左側全域配置中的「Fixed Frame」修改為海龜跟隨範例中的全域座標系「world」，如圖 3-35 所示。

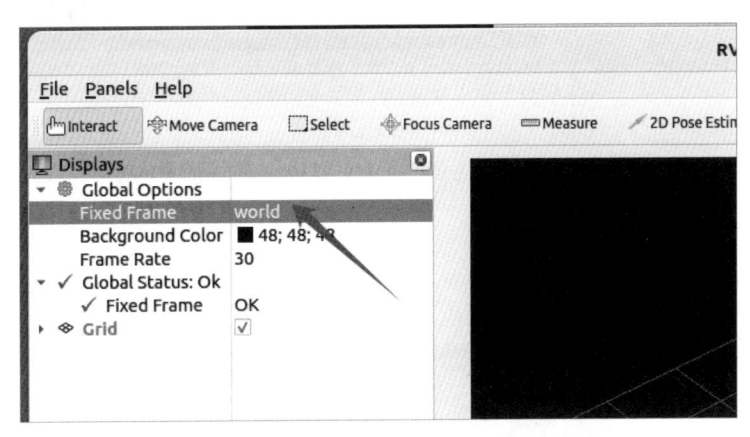

▲ 圖 3-35　設置 RViz 中的全域座標系

點擊左下角的「Add」按鈕，如圖 3-36 所示，在彈出的外掛程式列表視窗中找到 tf 的顯示外掛程式，然後點擊「OK」按鈕。

3-63

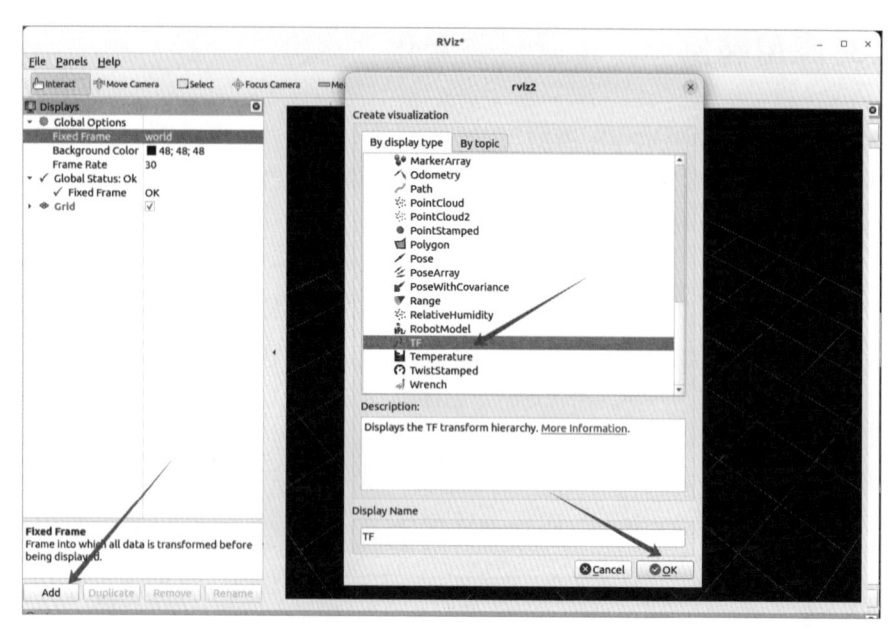

第 3 章　ROS 2 常用工具：讓機器人開發更便捷

▲ 圖 3-36　在 RViz 中增加 TF 顯示外掛程式

如圖 3-37 所示，回到 RViz 的主介面後，很快就可以看到 world、turtle1、turtle2 三個座標系了。

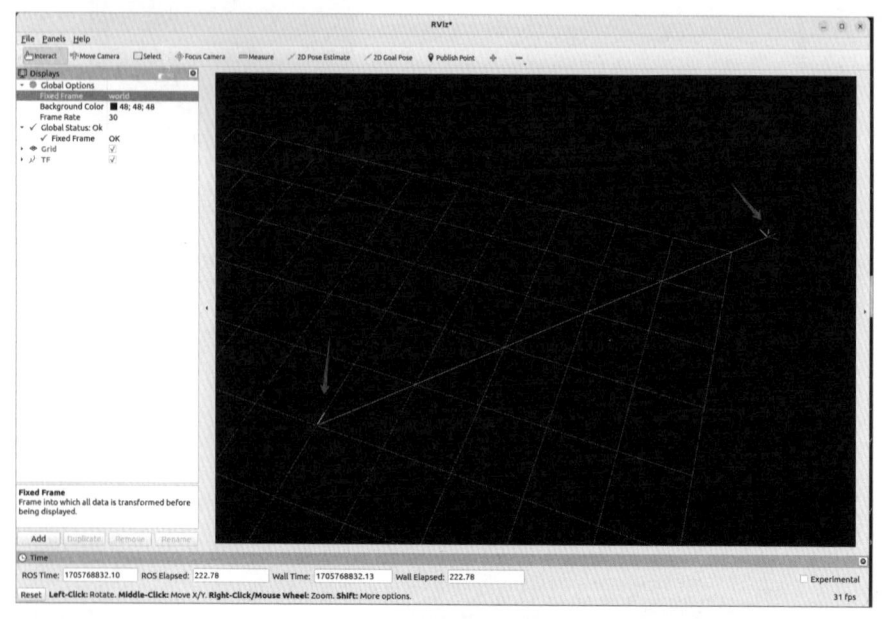

▲ 圖 3-37　在 RViz 主介面中視覺化顯示座標系的效果

3.4 RViz：資料視覺化平臺

如果覺得顯示的資訊不夠清晰，那麼還可以繼續配置左側 TF 顯示外掛程式的參數，此時透過鍵盤控制海龜運動，也可以即時看到 tf 座標系的位姿變化，如圖 3-38 所示。

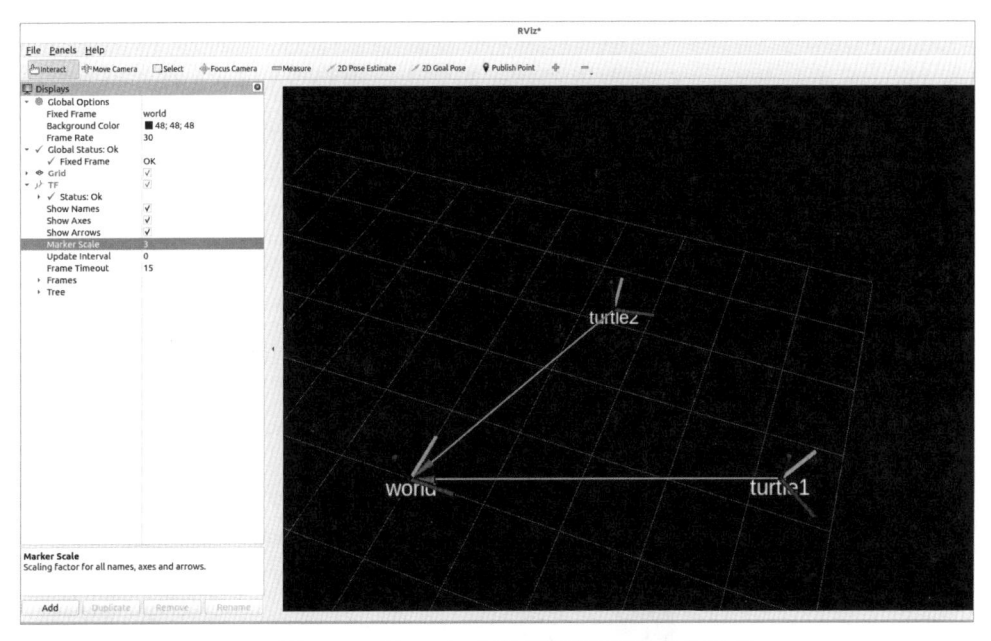

▲ 圖 3-38 在 RViz 中設置座標系視覺化效果

使用 RViz 對資料視覺化是不是很方便？在座標系繁多的機器人應用中，透過幾步操作就可以動態監控各種位姿的變化。

3.4.4 應用範例二：圖像資料視覺化

在第 2 章的學習中，我們已經可以使用 ROS 中的相機驅動節點獲取影像訊息了，那麼影像訊息到底是什麼樣的呢？本節就用 RViz 把影像視覺化。

請先連接好相機裝置，然後啟動一個終端，執行以下命令，讓相機驅動節點「跑」起來。

```
$ ros2 run usb_cam usb_cam_node_exe
```

3-65

第 3 章　ROS 2 常用工具：讓機器人開發更便捷

此處如果使用虛擬機器，則需要先將相機與虛擬機器連接：點擊功能表列中的「虛擬機器」選項，選擇「可行動裝置」，找到需要連接的相機型號，點擊「連接」按鈕。

接下來啟動 RViz，如圖 3-39 所示，點擊左下角的「Add」，在彈出的外掛程式列表視窗中找到 Image 的顯示外掛程式，然後點擊「OK」按鈕。

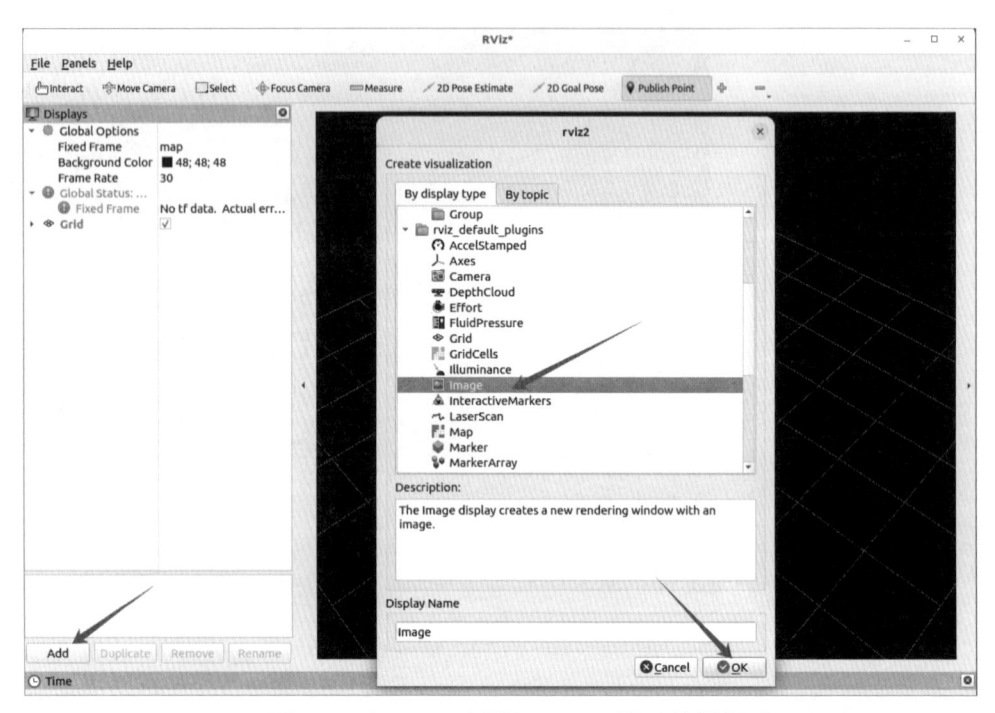

▲ 圖 3-39　在 RViz 中增加 Image 顯示外掛程式

在 RViz 介面中很快就可以看到一個影像顯示視窗，只是當前還沒有任何資訊顯示出來，先不用著急，我們需要繼續配置 Image 顯示外掛程式訂閱的影像話題。

在左側顯示項清單中找到剛才選擇的 Image 顯示外掛程式，然後配置其訂閱的話題名為「image_raw」，如圖 3-40 所示，此時就可以順利看到當前的影像了。

3-66

3.4 RViz：資料視覺化平臺

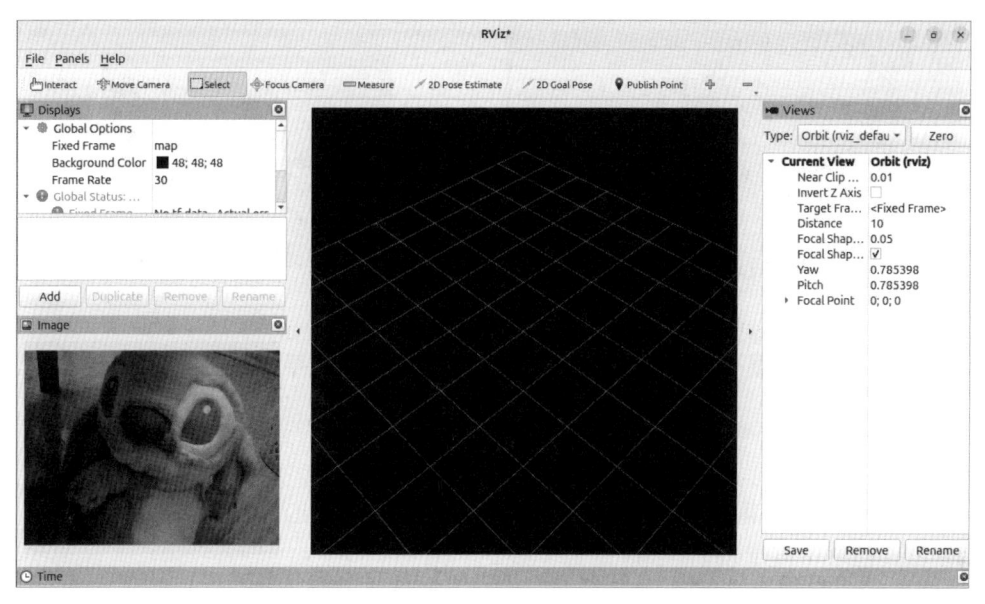

▲ 圖 3-40 RViz 中的影像視覺化效果

機器人中各種各樣的感測器資料和功能資料都可以使用類似的方法進行配置和視覺化，大家可以基於 RViz 打造一款自己的人機互動軟體。

RViz 中預設支援的顯示外掛程式很多，但有時候也不能完全滿足大家的需求，此時可以借助 RViz 的外掛程式機制，基於 Qt 開發自己的外掛程式，讓 RViz 更加個性化。

3.4.5 Gazebo 與 RViz 的關係

透過以上範例，相信大家對 RViz 視覺化平臺的使用流程已經比較熟悉了。Gazebo 和 RViz 的視覺化功能對比如圖 3-41 所示，為了避免混淆，我們還要再強調一下。

3-67

第 3 章　ROS 2 常用工具：讓機器人開發更便捷

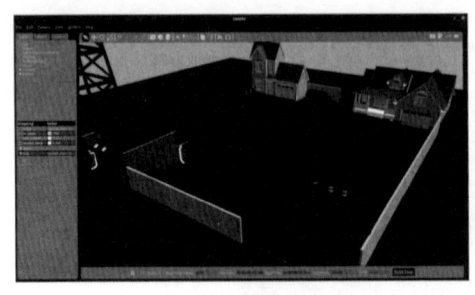

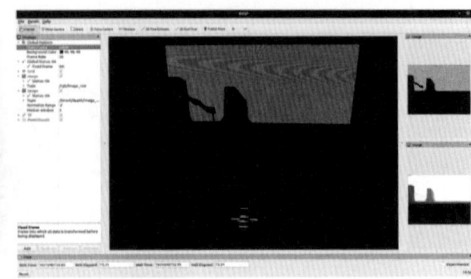

Gazebo　　　　　　　　　　　　RViz

模擬平臺：創造資料　　　　　視覺化平臺：顯示資料

▲ 圖 3-41　Gazebo 與 RViz 的視覺化功能對比

- Gazebo 是**模擬平臺**，核心功能是**創造資料**，如果沒有機器人或感測器，那麼可以透過 Gazebo 虛擬。

- RViz 是**視覺化平臺**，核心功能是**顯示資料**，需要透過模擬或實物提供資料，如果沒有資料，那麼也是「巧婦難為無米之炊」。

所以，我們在使用 Gazebo 進行機器人模擬時，通常也會啟動 RViz 來顯示模擬環境的各種資訊。如果使用真實機器人進行開發，則不一定會用到 Gazebo，但還是會用 RViz 顯示真實機器人的模型、地圖、感測器等資訊。

3.5　rosbag：資料記錄與重播

為了方便偵錯和測試機器人，ROS 提供了一個資料錄製與重播的功能套件——rosbag，它可以幫助開發者錄製 ROS 執行時期的訊息資料，並在離線狀態下重播。

本節將透過海龜常式介紹 rosbag 資料錄製和重播的實現方法。

3-68

3.5 rosbag：資料記錄與重播

3.5.1 記錄資料

首先啟動鍵盤控制海龜常式所需的所有節點。

```
$ ros2 run turtlesim turtlesim_node
$ ros2 run turtlesim turtle_teleop_key
```

啟動成功後，在終端中可以透過鍵盤控制海龜移動，並透過以下命令查看當前 ROS 中存在哪些話題。

```
$ ros2 topic list -v
```

如圖 3-42 所示，此時會看到類似的話題清單。

▲ 圖 3-42　海龜運動控制範例中的話題清單

接下來使用 rosbag 抓取這些話題的訊息，並且打包成一個檔案放置到指定資料夾中。

```
$ mkdir ~/bagfiles
$ cd ~/bagfiles
$ ros2 bag record /turtle1/cmd_vel
```

record 就是資料記錄的子命令。輸入命令後，如圖 3-43 所示，很快就會開始錄製話題訊息並打包儲存，透過終端中的日誌資訊也可以看到當前錄製的話題名稱。

```
ros2@guyuehome:~/bagfiles$ ros2 bag record /turtle1/cmd_vel
[INFO] [1721663629.467249128] [rosbag2_recorder]: Press SPACE for pausing/resumi
ng
[INFO] [1721663629.495220987] [rosbag2_recorder]: Listening for topics...
[INFO] [1721663629.495319410] [rosbag2_recorder]: Event publisher thread: Starti
ng
[INFO] [1721663629.504293473] [rosbag2_recorder]: Subscribed to topic '/turtle1/
cmd_vel'
[INFO] [1721663629.504557159] [rosbag2_recorder]: Recording...
[INFO] [1721663629.505507241] [rosbag2_recorder]: All requested topics are subsc
ribed. Stopping discovery...
```

▲ 圖 3-43 使用 rosbag 的 record 命令錄製話題訊息

大家可以在終端中控制海龜不斷移動，然後在資料錄製的終端中按下「Ctrl+C」複合鍵，即可停止錄製。進入剛才建立的資料夾 ~/bagfiles 中，會有一個以 ros2 開頭並以時間戳記命名的資料夾，裏面就是錄製的資料檔案了。

如果想錄製多個話題訊息，那麼可以使用以下命令，執行效果如圖 3-44 所示。

```
$ ros2 bag record -o subset /turtle1/cmd_vel /turtle1/pose
```

```
ros2@guyuehome:~/bagfiles$ ros2 bag record -o subset /turtle1/cmd_vel /turtle1/p
ose
[INFO] [1721663652.098458500] [rosbag2_recorder]: Press SPACE for pausing/resumi
ng
[INFO] [1721663652.449573672] [rosbag2_recorder]: Listening for topics...
[INFO] [1721663652.449887679] [rosbag2_recorder]: Event publisher thread: Starti
ng
[INFO] [1721663652.480242306] [rosbag2_recorder]: Subscribed to topic '/turtle1/
pose'
[INFO] [1721663652.486959440] [rosbag2_recorder]: Subscribed to topic '/turtle1/
cmd_vel'
[INFO] [1721663652.487842867] [rosbag2_recorder]: Recording...
[INFO] [1721663652.490111492] [rosbag2_recorder]: All requested topics are subsc
ribed. Stopping discovery...
```

▲ 圖 3-44 使用 rosbag 的 record 命令錄製多個話題訊息

在以上的命令操作中，-o 表示自訂的資料類別檔案名稱，這樣就不會使用時間戳記命名生成的資料檔案了。

3.5.2 重播資料

資料錄製完成後，可以使用錄製的資料檔案重播資料。rosbag 功能套件提供了 info 命令，可以查看資料檔案的詳細資訊，命令的使用格式如下。

3.5 rosbag：資料記錄與重播

```
$ ros2 bag info <your bagfile>
```

使用 info 命令查看剛才錄製的資料檔案，可以看到如圖 3-45 所示的資訊。

```
ros2@guyuehome:~/bagfiles$ ros2 bag info subset/
Files:              subset_0.mcap
Bag size:           102.3 KiB
Storage id:         mcap
ROS Distro:         jazzy
Duration:           21.983s
Start:              Jul 22 2024 23:54:12.493 (1721663652.493)
End:                Jul 22 2024 23:54:34.476 (1721663674.476)
Messages:           1375
Topic information:  Topic: /turtle1/cmd_vel | Type: geometry_msgs/msg/Twist | Cou
nt: 0 | Serialization Format: cdr
                    Topic: /turtle1/pose | Type: turtlesim/msg/Pose | Count: 1375
 | Serialization Format: cdr
Service:            0
Service information:
```

▲ 圖 3-45 使用 rosbag 的 info 命令查看資料檔案的詳細資訊

從以上資訊中，大家可以看到資料檔案中包含的話題、訊息類型、訊息數量等資訊。

接下來，終止之前開啟的 turtle_teleop_key 鍵盤控制節點，並重新啟動 turtlesim_node，使用以下命令重播所錄製的話題資料。

```
$ ros2 bag play <your bagfile>
```

在短暫的等待後，資料開始重播，海龜的運動軌跡應該與錄製過程中的完全相同，在終端上也可以看到如圖 3-46 所示的資訊。

```
ros2@guyuehome:~/bagfiles$ ros2 bag play subset/
[INFO] [1721663740.409652449] [rosbag2_player]: Set rate to 1
[INFO] [1721663740.438565688] [rosbag2_player]: Adding keyboard callbacks.
[INFO] [1721663740.439346001] [rosbag2_player]: Press SPACE for Pause/Resume
[INFO] [1721663740.439559791] [rosbag2_player]: Press CURSOR_RIGHT for Play Next
 Message
[INFO] [1721663740.439599802] [rosbag2_player]: Press CURSOR_UP for Increase Rat
e 10%
[INFO] [1721663740.439629855] [rosbag2_player]: Press CURSOR_DOWN for Decrease R
ate 10%
[INFO] [1721663740.439888815] [rosbag2_player]: Playback until timestamp: -1
```

▲ 圖 3-46 使用 rosbag 的 play 命令重播資料檔案

第 3 章　ROS 2 常用工具：讓機器人開發更便捷

3.6 rqt：模組化視覺化工具箱

ROS 中的 RViz 功能已經很強大了，不過在某些場景下，我們可能還需要一些輕量的視覺化工具。例如只顯示一個相機的影像，如果使用 RViz 會有點麻煩，此時可以使用 ROS 提供的另外一個模組化視覺化工具——rqt。

3.6.1 rqt 介紹

rqt 與 RViz 一樣，也是基於 Qt 視覺化工具開發的，在使用前，需要透過以下命令安裝，然後就可以透過 rqt 命令啟動了。

```
$ sudo apt install ros-jazzy-rqt
$ rqt
```

如圖 3-47 所示，rqt 中可以載入很多小模組，每個模組都可以實現一個具體的功能。

在實際操作時，可以點擊工具列中的「Plugins」，從中選擇需要使用的模組，如圖 3-48 所示。

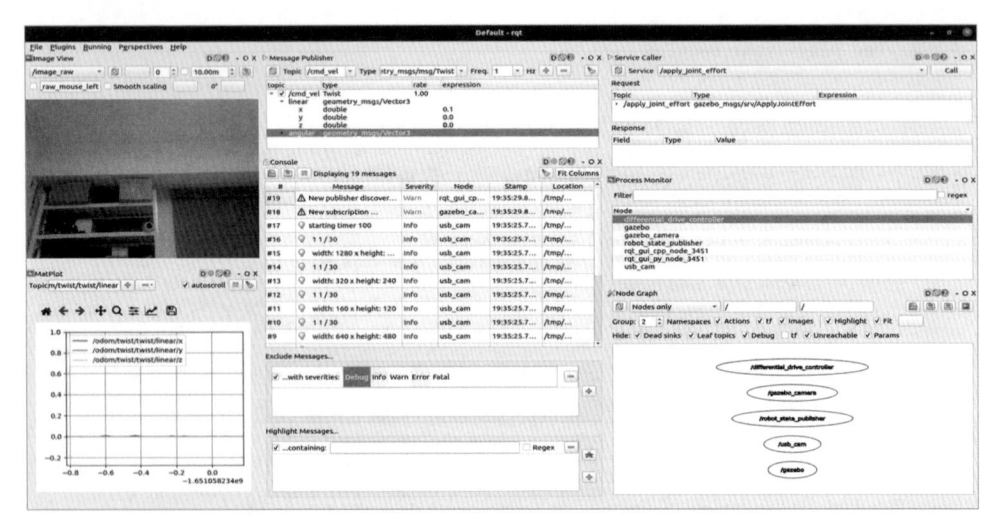

▲ 圖 3-47　rqt 視覺化工具的介面

3.6 rqt：模組化視覺化工具箱

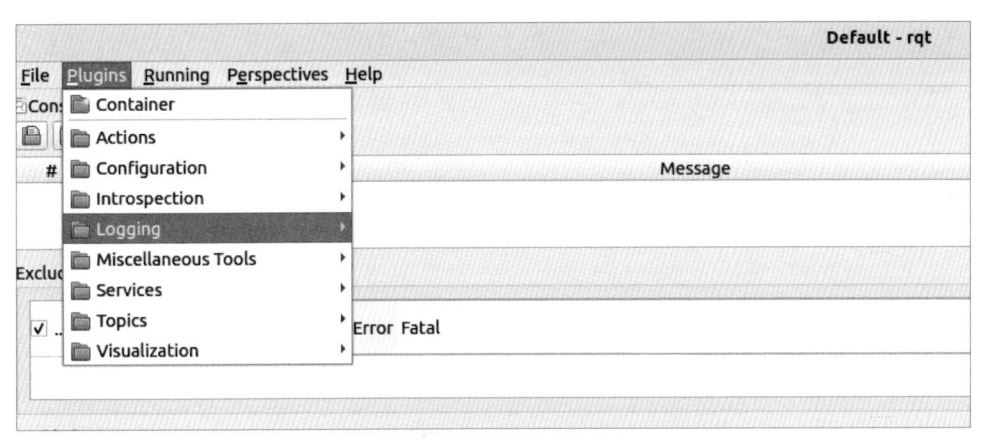

▲ 圖 3-48 在 rqt 中選擇需要使用的模組

個別模組也可以透過快捷指令啟動。接下來我們以幾個常用模組為例，一起學習 rqt 的基本使用方法。

3.6.2 日誌顯示

日誌顯示模組用來視覺化和過濾 ROS 中的日誌訊息，包括 info、warn、error 等級別的日誌。日誌顯示模組的啟動方法有兩種，一種是在 rqt 啟動後，在「Plugins」中找到「Console」，在 rqt 介面中開啟；另一種是直接使用以下命令開啟。

```
$ ros2 run rqt_console rqt_console
```

以上兩種方式開啟的日誌顯示模組相同，都可以看到如圖 3-49 所示的介面。

第 3 章　ROS 2 常用工具：讓機器人開發更便捷

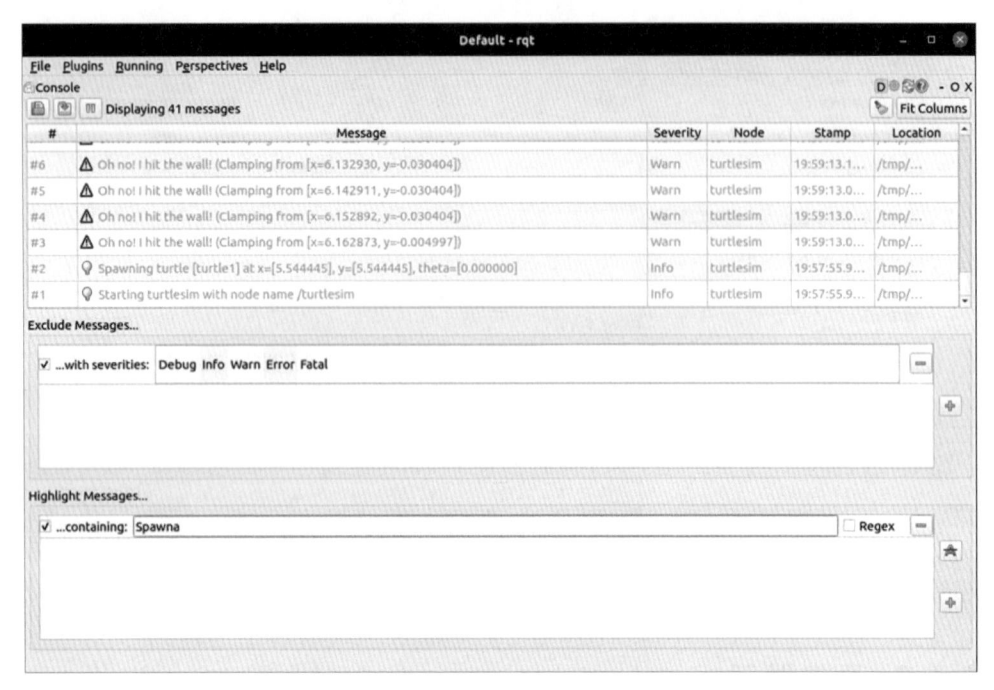

▲ 圖 3-49　rqt 中的日誌顯示模組介面

當系統中有不同等級的日誌訊息時，rqt_console 的介面中會依次顯示這些日誌的相關內容，包括日誌內容、時間戳記、等級等。當日誌較多時，也可以使用該工具進行過濾顯示。

3.6.3 影像顯示

影像顯示模組類似於 RViz 中訂閱 Image 話題的外掛程式，可以視覺化當前 ROS 中的影像訊息，啟動方法有兩種：一種是在 rqt 啟動後，在「Plugins」中找到「Image View」，在 rqt 介面中開啟該模組；還有一種是直接使用以下命令開啟。

```
$ ros2 run rqt_image_view rqt_image_view
```

以上兩種方式開啟的日誌顯示模組相同，啟動成功後，選擇訂閱的影像話題，就可以看到如圖 3-50 所示的視覺化效果。

3.6 rqt：模組化視覺化工具箱

▲ 圖 3-50　rqt 中的影像顯示模組

3.6.4　發佈話題 / 服務資料

我們不僅可以在命令列中發佈話題或服務，還可以透過 rqt 工具視覺化地發佈這些資料。例如透過 rqt 中的話題發佈（Message Publisher）模組或服務呼叫（Service Caller）模組發佈海龜的運動指令，或新產生一隻海龜，執行效果如圖 3-51 所示。

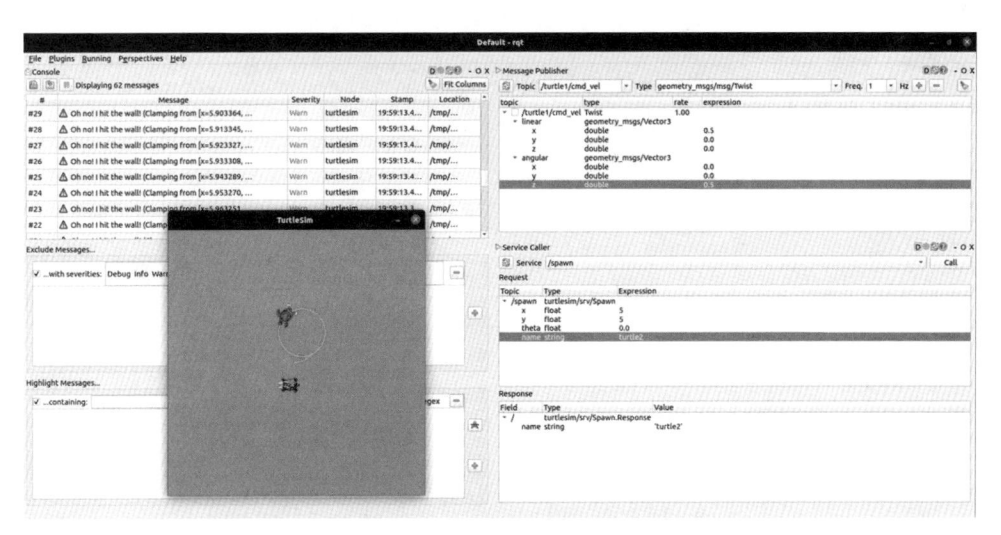

▲ 圖 3-51　rqt 中的話題發佈模組或服務呼叫模組

3.6.5 繪製資料曲線

rqt 中還有一個繪製資料曲線的模組，可以將需要顯示的資料在 xy 座標系中使用曲線描繪出來，便於表現機器人速度、位置等資訊隨時間的變化趨勢。

在 rqt 中開啟「MatPlot」就可以彈出二維座標系，然後在介面上方的 Topic 輸入框中輸入繪製的話題訊息，如果不確定話題名稱，那麼可以在終端中使用「ros2 topic list」命令查看。

例如在海龜常式中，描繪海龜 x、y 座標變化的效果如圖 3-52 所示。

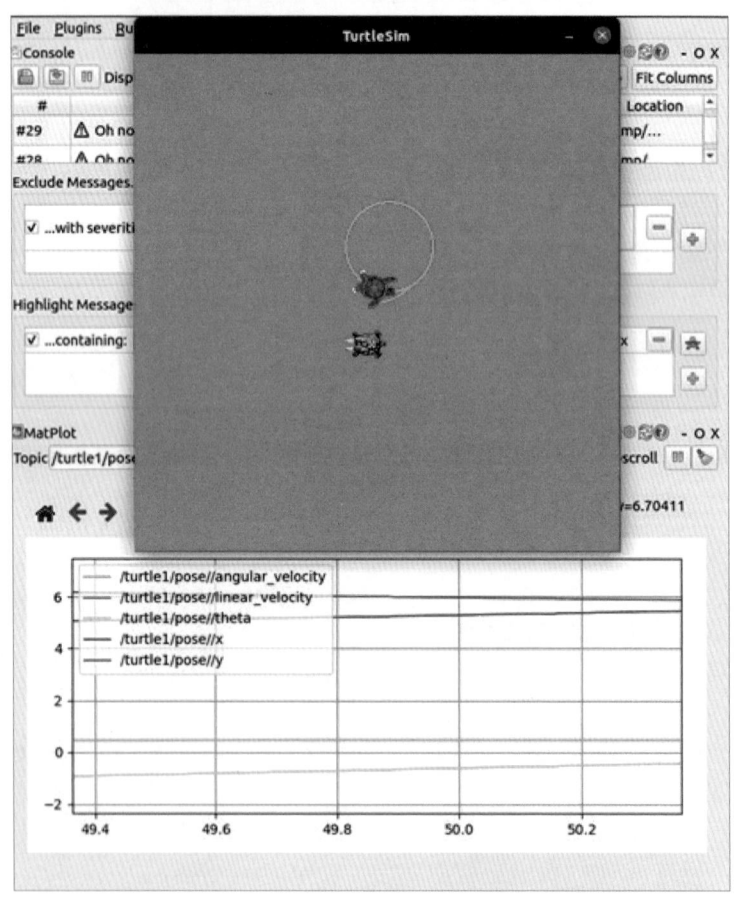

▲ 圖 3-52 rqt 中的繪製資料曲線模組

3.6.6 資料封包管理

資料封包管理模組可以視覺化播放 rosbag 資料封包，類似於播放機，可以透過控制進度指示器快速定位到需要播放的位置。

在 rqt 中開啟「Bag」模組，以 3.5 節錄制的海龜運動資料封包為例，執行效果如圖 3-53 所示。

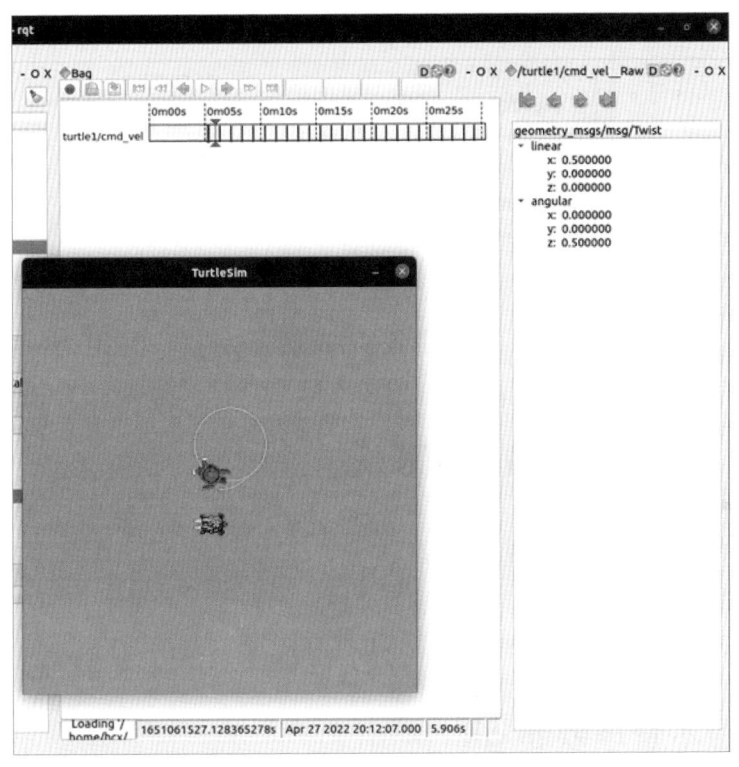

▲ 圖 3-53 rqt 中的資料封包管理模組

3.6.7 節點視覺化

複雜的 ROS 機器人系統中會有很多節點，我們可以使用 rqt 中的節點視覺化模組快速了解完整系統中的節點關係，它可以以圖形化的方式，動態顯示當前 ROS 中的節點計算圖。

在 rqt 中開啟「Node Graph」模組，啟動成功後就會自動辨識當前 ROS 中執行的所有節點，以海龜模擬為例，節點的視覺化顯示效果如圖 3-54 所示。

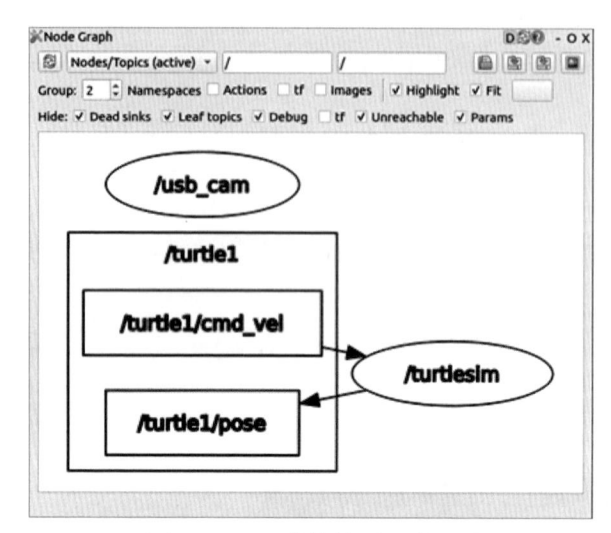

▲ 圖 3-54　rqt 中的節點視覺化模組

3.7　ROS 2 開發環境配置

開發 ROS 機器人肯定離不開程式撰寫，本書提供了大量範例原始程式，如何查看、撰寫、編譯這些原始程式呢？我們需要先做一些準備工作，以便提高開發的效率。本節為大家推薦兩款重要的開發工具——git 和 VSCode。

3.7.1　版本管理軟體 git

git 是一個版本管理軟體，它是因 Linux 而生的。

Linux 發展迅速，有成千上萬人為其貢獻程式，這些程式有修復 bug 的，有貢獻新硬體驅動的，有增加系統新特性的。人工審核、合併這上千萬行程式是不可能的，這就需要一款可以高效管理所有程式的軟體，讓開發者看到每次提交的變更程式是針對哪裡的，並自動判斷會不會與已有程式衝突，甚至在多個不同版本之間切換，等等。Linux 之父 Linus 設計並開發了版本管理工具——git，

3.7 ROS 2 開發環境配置

並將其廣泛應用於軟體開發領域。大家常聽到的開放原始碼專案網站 GitHub，以及碼雲 Gitee，都在使用 git 工具管理許多開放原始碼專案的程式。

在 Linux 中安裝 git 的方法非常簡單，直接在終端中使用以下命令就可以完成安裝。

```
$ sudo apt install git
```

git 常見的命令如下。

```
# 下載一個專案和它的整個程式歷史
$ git clone [url]

# 增加指定檔案到暫存區
$ git add [file1] [file2] ...
# 增加指定目錄到暫存區，包括子目錄
$ git add [dir]
# 增加目前的目錄的所有檔案到暫存區
$ git add .

# 刪除工作區檔案，並且將刪除操作的檔案放入暫存區
$ git rm [file1] [file2] ...
# 提交暫存區到倉庫區
$ git commit -m [message]

# 列出所有本地分支
$ git branch
# 列出所有遠端分支
$ git branch -r
# 列出所有本地分支和遠端分支
$ git branch -a
# 新建一個分支，但依然停留在當前分支
$ git branch [branch-name]
# 新建一個分支，並切換到該分支
$ git checkout -b [branch]

# 顯示有變更的檔案
$ git status
# 顯示當前分支的版本歷史
```

3-79

第 3 章　ROS 2 常用工具：讓機器人開發更便捷

```
$ git log

# 下載遠端倉庫的所有變動
$ git fetch [remote]
# 顯示所有遠端倉庫
$ git remote -v
# 顯示某個遠端倉庫的資訊
$ git remote show [remote]

# 取回遠端倉庫的變化，並與本地分支合併
$ git pull [remote] [branch]
# 上傳本地指定分支到遠端倉庫
$ git push [remote] [branch]

# 重置暫存區的指定檔案，與上一次 commit 保持一致，但工作區不變
$ git reset [file]
# 重置暫存區與工作區，與上一次 commit 保持一致
$ git reset --hard
# 重置當前分支的指標為指定 commit，同時重置暫存區，但工作區不變
$ git reset [commit]
# 重置當前分支的 HEAD 為指定 commit，同時重置暫存區和工作區，與指定 commit 一致
$ git reset --hard [commit]

# 設置提交程式時的使用者資訊
$ git config [--global] user.name "[name]"
$ git config [--global] user.email "[email address]"
```

版本管理軟體 git 是軟體開發中極其常用的工具，它功能強大、命令繁多，這裡只是拋磚引玉，更多詳細內容及 git 使用者端工具的使用方法參見網路資料。

3.7.2　整合式開發環境 VSCode

Visual Studio Code（簡稱 VSCode）是微軟於 2015 年推出的一款輕量級但功能強大的整合式開發環境（IDE）。它支援 Windows、Linux 和 macOS 作業系統，並且擁有豐富的擴充元件，幫助開發者快速架設專案，已成為開發者手中的一款重要工具。

3.7 ROS 2 開發環境配置

可以在 VSCode 官網下載安裝最新版本的軟體，安裝完成並開啟軟體後，在左側的工具列中點擊「Extensions」進入擴充外掛程式安裝視窗，可以在搜索欄輸入想要使用的外掛程式，找到後點擊安裝即可。

如圖 3-55 所示，在 VSCode 的外掛程式倉庫中，有不少與 ROS 相關的外掛程式，可以幫助大家提高程式的開發效率。

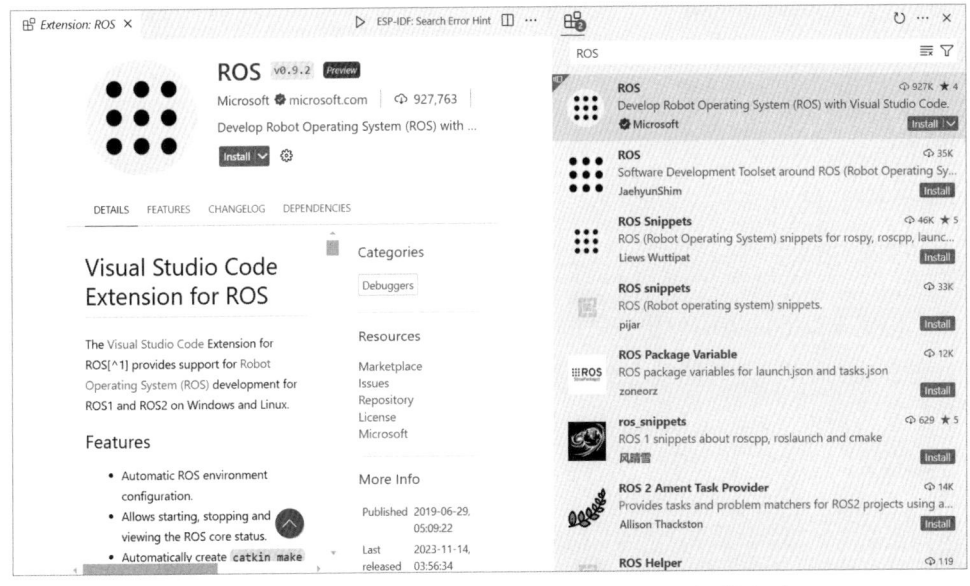

▲ 圖 3-55 VSCode 中有大量與 ROS 相關的外掛程式

為了便於後續 ROS 2 的開發與偵錯，這裡推薦一些外掛程式，如表 3-2 所示，大家可以根據自己的實際情況安裝使用，無限擴充 VSCode 的功能。

▼ 表 3-2 VSCode 下 ROS 開發推薦元件

外掛程式名稱	主要功能
Chinese（中文）Language Pack for Visual Studio Code	中文語言套件
Python	Python 外掛程式
C/C++	C++ 外掛程式
CMake	CMake 外掛程式

3-81

第 3 章　ROS 2 常用工具：讓機器人開發更便捷

外掛程式名稱	主要功能
vscode-icons	圖示最佳化，可以讓左側檔案樹的圖示更美觀
ROS	ROS 外掛程式，自動配置相關環境，並支援語法反白
Msg Language Support	ROS 介面定義檔案語法反白，支援 msg、srv、action
Visual Studio IntelliCode	程式自動補全
URDF	URDF 語法支援
Markdown All in One	Markdown 語法支援
Remote - SSH	SSH 遠端連接外掛程式

使用 VSCode 完成外掛程式的配置後，就可以開啟本書提供的原始程式碼，如圖 3-56 所示，與其他整合式開發環境類似，大家可以在其中開啟任意程式檔案並進行修改，也可以直接開啟終端輸入命令，還可以連接遠端的電腦裝置進行開發。

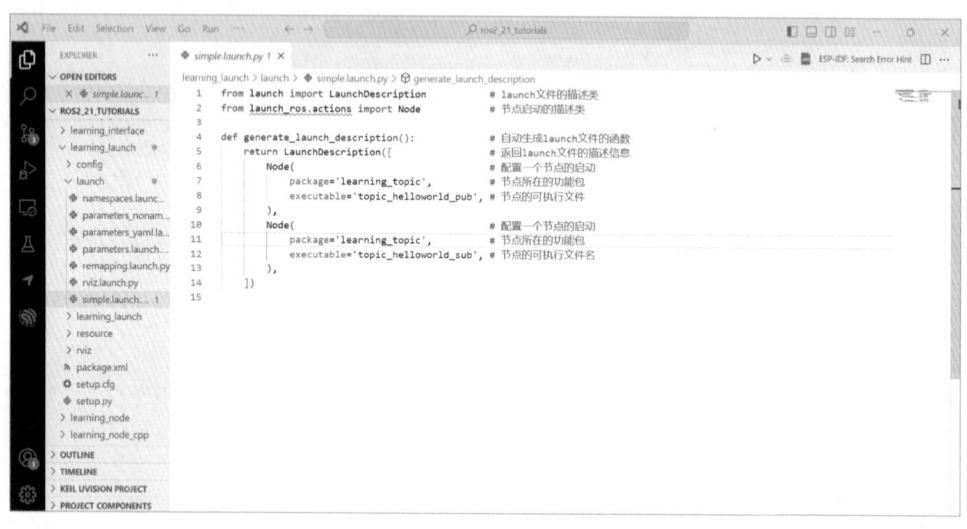

▲ 圖 3-56　VSCode 程式編輯介面

VSCode 支援的外掛程式許多，功能非常強大，以上只作為個人推薦，大家也可以在網上搜索，配置最適合自己的開發環境。

3.8 本章小結

本章介紹了 ROS 2 中的常用工具，透過學習這些工具的使用方法，大家應該明白了以下問題。

（1）如果希望一次性啟動並配置多個 ROS 節點，應該使用什麼方法？

（2）ROS 2 中的 tf 是如何管理系統中繁雜的座標系的，我們又該如何使用 tf 廣播、監聽系統中的座標變換？

（3）RViz 是什麼，它可以實現哪些功能？rqt 工具箱又提供了哪些視覺化工具？

（4）如果沒有真實機器人，那麼有沒有辦法在 ROS 中透過模擬的方式來學習 ROS 開發呢？需要用到什麼工具？

（5）機器人往往涉及重複性的偵錯工作，有沒有辦法使用 ROS 錄製各種資料封包，進行離線分析呢？

本書關於 ROS 2 的基礎部分到這裡就告一段落了，下面將正式進入機器人設計與開發部分，使用 ROS 2 架設完整的機器人系統。

MEMO

第 2 部分

ROS 2
機器人設計

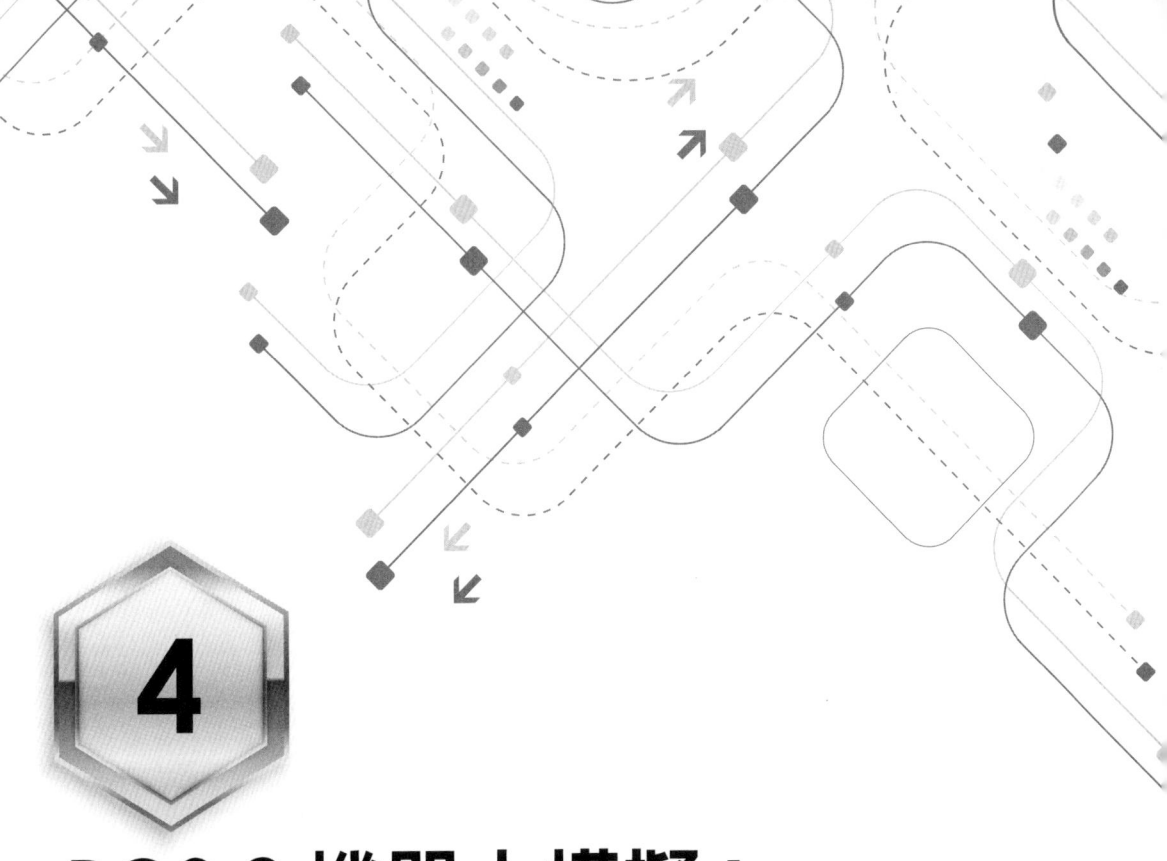

ROS 2 機器人模擬：
零成本玩轉機器人

完成了 ROS 2 基礎原理的學習，大家肯定已經摩拳擦掌準備把機器人玩起來了！

說到機器人，就會和錯綜複雜的硬體有關係，大家肯定會有疑問，如果自己沒有機器人該怎麼辦呀？玩轉機器人不一定需要很高的成本，使用模擬系統一樣可以學習和開發機器人。本章帶領大家一起「零成本」建構一款模擬機器人，並在模擬環境裡讓它「動得了」「看得見」。

4.1 機器人的定義與組成

即使是建構機器人的模擬模型，也需要了解機器人的基本概念和組成，否則都不知道如何製作模型，更不清楚如何選擇感測器、執行器。

第 4 章　ROS 2 機器人模擬：零成本玩轉機器人

機器人的概念起源於 1920 年的科幻小說《羅素姆萬能機器人》，原意是「苦工、勞役」，可見人類最初對機器人的幻想就是幫助大家釋放勞動力、提高生產力。時至今日，機器人的概念被不斷泛化，關於機器人的定義也眾說紛紜，機器人並沒有標準而統一的定義。

舉例來說，大家在百度百科中可以看到這樣的定義：機器人（Robot）是一種能夠半自主或全自主工作的智慧型機器，能夠透過程式設計和自動控制來執行諸如作業或移動等任務。

而美國機器人工業協會是這樣定義機器人的：機器人是一種用於移動各種材料、零件、工具或專用裝置，透過可程式化動作來執行各種任務，並具有程式設計能力的多功能操作機。

還有很多不同的定義，它們之間有相似點，也有不同點，核心都是將機器人看作工具，以工具的使用目的來描述機器人。無論如何定義，機器人的組成結構變化並不大。舉例來說，從控制的角度來分析，機器人由四部分組成，分別是執行機構、驅動系統、傳感系統和控制系統，如圖 4-1 所示。

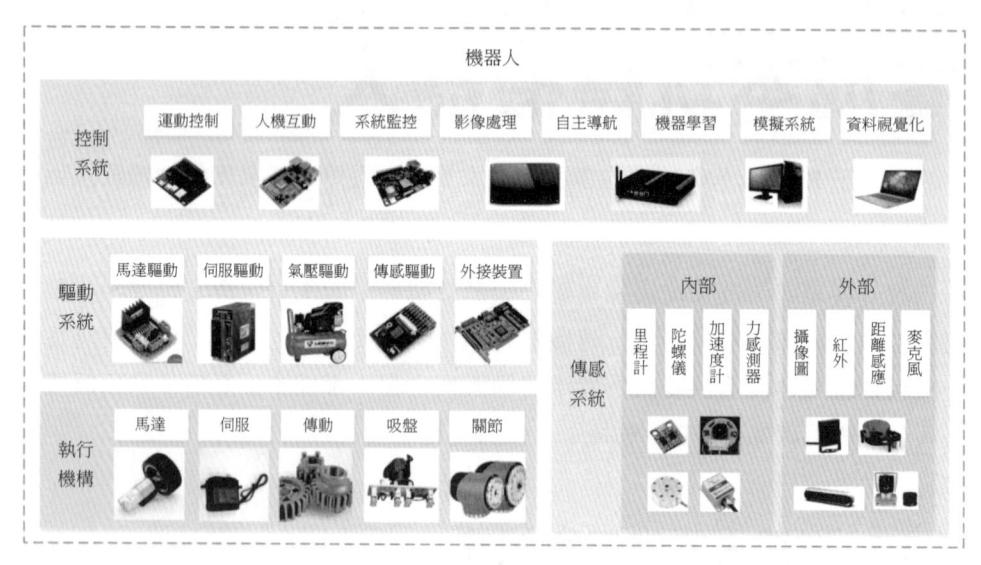

▲ 圖 4-1　機器人的四大組成部分（控制角度）

4.1 機器人的定義與組成

1. 執行機構

　　執行機構是機器人運動的重要裝置，舉例來說，移動機器人需要「移動」，馬達或舵機就是執行該運動的裝置。當然，並不是所有運動的末端都需要配置一個馬達，例如一輛汽車，一般只有一個馬達或引擎，如何讓四個輪子產生不同的轉速呢？這就需要一套實現動力分配的傳動系統，也就是常說的差速器。除了移動機器人，在一些工業機器人或協作機器人中，驅動機器人的關節馬達、抓取物體的吸盤夾爪，也可以看作執行機構。

2. 驅動系統

　　為了讓執行機構準確執行動作，還需要在執行機構前連接一套驅動系統，例如要讓機器人的馬達按照 1m/s 的速度旋轉，那麼如何動態調整電壓、電流，達到準確的轉速呢？馬達驅動器會負責實現該功能。

　　驅動系統根據執行機構的類型確定，例如直流馬達的驅動系統，有可能是一塊嵌入式馬達驅動電路板；工業上常用的伺服馬達，一般會用到專業的伺服驅動器。此外，驅動系統還包含氣動裝置的氣壓驅動，類似鍵盤滑鼠的外接裝置驅動，以及各種各樣的感測器驅動等，確保機器人的各項裝置都可以正常使用。

3. 傳感系統

　　機器人的感知能力主要依賴傳感系統，可以分為內部傳感和外部傳感。

　　內部傳感用來感知機器人的自身狀態，例如透過里程計感知機器人的位置資訊，透過加速度計感知機器人各運動方向的加速度資訊，透過力感測器感知機器人與外部的相互作用力等。

　　與內部傳感相反，外部傳感幫助機器人感知外部資訊，例如使用相機感知外部環境的彩色影像資訊，利用雷射雷達、聲納、超音波等距離感測器，感知某個角度範圍內的障礙物距離等。

4. 控制系統

控制系統是機器人的大腦，一般由硬體＋軟體組成，硬體大多採用運算資源豐富的處理器，例如筆記型電腦、RDK、樹莓派等，其中執行各種應用程式，以實現各種功能，例如讓機器人建立未知環境的地圖、運動到送餐地點，或辨識某一目標物體等。智慧型機器人的核心演算法，幾乎都是在控制系統中完成的，這也是機器人軟體開發的主要部分。

機器人的四大組成部分相互依賴、相互連接，組成了一個完整的機器人控制回路，如圖 4-2 所示。

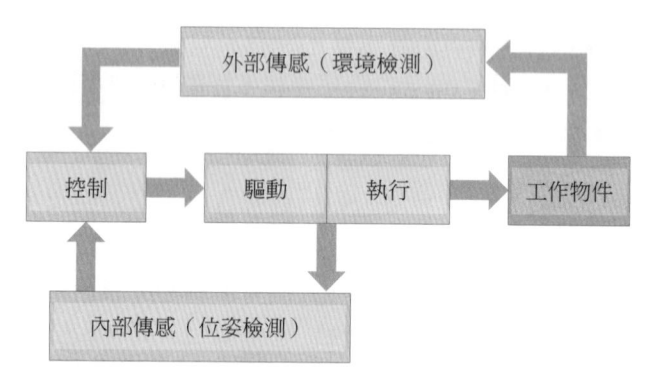

▲ 圖 4-2 機器人四大組成部分的相互關係

如果把機器人和人對比，那麼

- **執行機構**相當於機器人的手和腳，執行具體的動作，同時和外部環境產生關係。
- **驅動系統**相當於機器人的肌肉和骨骼，為身體提供源源不斷的動力。
- **傳感系統**相當於機器人的感官和神經，完成內部與外部的資訊擷取，並且回饋給大腦做處理。
- **控制系統**相當於機器人的大腦，實現各種任務和資訊的處理，下發控制命令。

隨著機器人軟硬體的日新月異，這四大組成部分也在不斷進化或最佳化，共同推進著機器人向智慧化邁進。

接下來，我們繼續透過 ROS 2 中的機器人建模方法，按照機器人的四大組成部分建構一個虛擬機器人，進一步了解機器人的組成原理。

4.2 URDF 機器人建模

ROS 是機器人作業系統，當然要給機器人使用，不過在使用之前，還得讓 ROS 認識一下機器人，如何把機器人「介紹」給 ROS 呢？

ROS 專門提供了一種機器人建模方法——統一機器人描述格式（Unified Robot Description Format，URDF），用來描述機器人外觀、性能等屬性。URDF 不僅可以清晰描述機器人自身的模型，還可以描述機器人的外部環境，如圖 4-3 所示，圖中的桌子也可以看作一個模型。

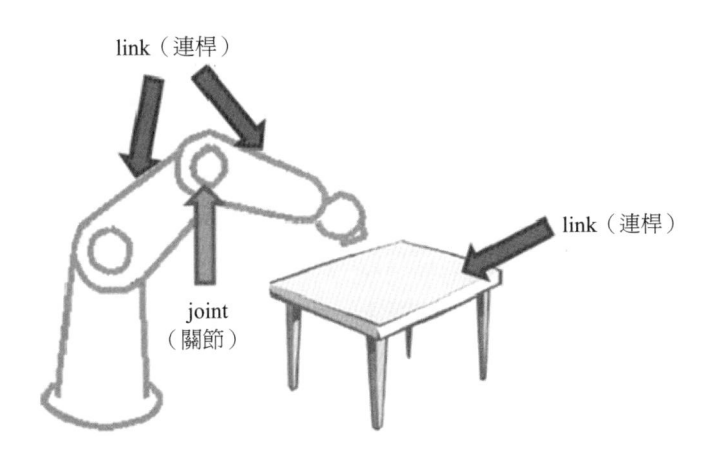

▲ 圖 4-3 ROS 中的 URDF 機器人建模

URDF 模型檔案使用 XML 格式，以下就是一個機器人的 URDF 模型，乍看上去，有點像網頁開發的原始程式碼，由一系列尖括號包圍的標籤和其中的屬性組合而成。

第 4 章 ROS 2 機器人模擬：零成本玩轉機器人

```xml
<?xml version="1.0" ?>
<robot name="mbot">

    <!-- 基座連桿 -->
    <link name="base_link">
        <visual>
            <!-- 基座原點與全域座標系重合，無偏移和旋轉 -->
            <origin xyz="0 0 0" rpy="0 0 0" />
            <geometry>
                <!-- 外觀形狀為圓柱體，高度 0.16m，半徑 0.20m -->
                <cylinder length="0.16" radius="0.20"/>
            </geometry>
            <material name="yellow">
                <!-- 外觀顏色的 RGBA 值，黃色，不透明 -->
                <color rgba="1 0.4 0 1"/>
            </material>
        </visual>
    </link>

    <!-- 左輪關節 -->
    <joint name="left_wheel_joint" type="continuous">
        <!-- 原點相對父連桿在 xyz 三軸上偏移 (0, 0.19, -0.05)m，無旋轉 -->
        <origin xyz="0 0.19 -0.05" rpy="0 0 0"/>
        <!-- 父連桿為 base_link -->
        <parent link="base_link"/>
        <!-- 子連桿為 left_wheel_link -->
        <child link="left_wheel_link"/>
        <!-- 兩個連桿圍繞關節的 y 軸旋轉 -->
        <axis xyz="0 1 0"/>
    </joint>

    <!-- 左輪連桿 -->
    <link name="left_wheel_link">
        <visual>
            <!-- 連桿相對關節在 xyz 三軸上無偏移，旋轉為 (1.5707, 0, 0) 弧度 -->
            <origin xyz="0 0 0" rpy="1.5707 0 0" />
            <geometry>
                <!-- 外觀形狀為圓柱體，半徑 0.06m，長度 0.025m -->
```

```xml
                <cylinder radius="0.06" length="0.025"/>
            </geometry>
            <material name="white">
            <!-- 外觀顏色的 RGBA 值，白色，透明度 0.9 -->
                <color rgba="1 1 1 0.9"/>
            </material>
        </visual>
    </link>

</robot>
```

如何使用這樣一個檔案描述機器人呢？以人的手臂為例，人的手臂由大臂和小臂組成，它們無法獨自運動，必須透過一個手肘關節連接，才能透過肌肉驅動，產生相對運動。在機器人建模中，大臂和小臂類似於獨立的剛體部分，稱為連桿（link），手肘類似於馬達驅動部分，稱為關節（joint）。

所以在 URDF 建模過程中，關鍵任務是透過 <link> 和 <joint>，描述清楚每個連桿和關節的關鍵資訊。

4.2.1 連桿的描述

<link> 標籤描述機器人某個剛體部分的外觀和物理屬性，包括尺寸（size）、顏色（color），形狀（shape），慣性矩陣（inertial matrix），碰撞參數（collision properties）等。

機器人的連桿結構一般如圖 4-4 所示，其基本的 URDF 描述語法如下。

```xml
<link name="<link name>">
    <inertial> . . . . . . </inertial>
    <visual> . . . . . . </visual>
    <collision> . . . . . . </collision>
</link>
```

<visual> 標籤描述機器人 link 部分的外觀參數，<inertial> 標籤描述 link 的慣性參數，而 <collision> 標籤描述 link 的碰撞屬性。

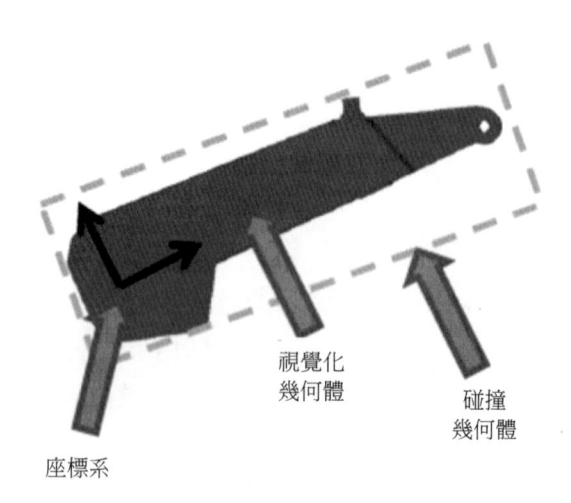

▲ 圖 4-4 機器人 URDF 模型中的 link

以這個機械臂連桿為例，它的 link 描述如下。

```
<link name="link_arm">
    <!-- 視覺化部分 -->
    <visual>
        <!-- 視覺化使用 STL 檔案 -->
        <geometry>
            <mesh filename="link_arm.stl"/>
        </geometry>
        <!-- 原點位於 (0, 0, 0)，無旋轉 -->
        <origin xyz="0 0 0" rpy="0 0 0" />
    </visual>
    <!-- 碰撞檢測部分 -->
    <collision>
        <!-- 碰撞檢測使用圓柱體 -->
        <geometry>
            <cylinder length="0.5" radius="0.1"/>
```

```
            </geometry>
            <!-- 原點位於 (0, 0, -0.05)，無旋轉 -->
            <origin xyz="0 0 -0.05" rpy="0 0 0"/>
        </collision>
    </link>
```

<link> 標籤中的 name 表示該連桿的名稱，大家可以自訂，在 joint 連接 link 時，會用到這個名稱。

<link> 中的 <visual> 部分用來描述機器人的外觀，例如：

- <geometry> 表示幾何形狀，使用 <mesh> 呼叫一個在三維軟體中提前設計好的藍色外觀模型——link_arm.stl，這樣模擬模型看上去和真實機器人是一致的。

- <origin> 表示座標系相對初始位置的偏移，分別是 x、y、z 方向上的平移和 roll、pitch、raw 旋轉，如果不需要偏移，則全為 0。

程式的第二部分 <collision> 用於描述碰撞參數，其中的內容似乎和 <visual> 一樣，也有 <geometry> 和 <origin>。二者看似相同，其實區別還是比較大的。

- <visual> 部分重在描述機器人看上去的狀態，也就是視覺效果。

- <collision> 部分描述機器人運動過程中的狀態，例如機器人與外界如何接觸算作碰撞。

在這個機器人模型中，視覺可看到的實體部分透過 <visual> 描述，在實際控制過程中，這樣複雜的外觀在計算碰撞檢測時要求的算力較高，為了簡化計算，將碰撞檢測用的模型簡化為實體外虛線框出來的圓柱體，也就是 <collision> 中 <geometry> 描述的形狀。<origin> 座標系偏移與此相似，可以描述剛體質心的偏移。

第 4 章　ROS 2 機器人模擬：零成本玩轉機器人

對於移動機器人，<link> 也可以用來描述機器人的底盤、輪子等部分，如圖 4-5 所示。

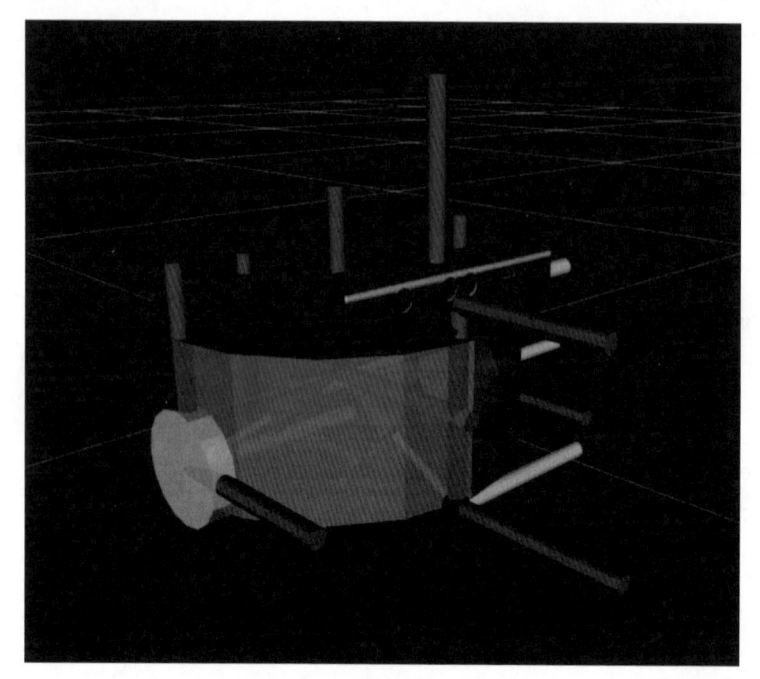

▲ 圖 4-5　移動機器人中的 link

4.2.2　關節的描述

機器人模型中的剛體最終要透過關節連接之後，才能產生相對運動。<joint> 標籤用來描述機器人關節的運動學和動力學屬性，包括關節運動的位置和速度限制。根據機器人的關節運動形式，可以將其分為六種類型，如表 4-1 所示。

4.2 URDF 機器人建模

▼ 表 4-1 機器人關節運動形式

關節類型	描述	舉例
continuous	旋轉關節，可以圍繞單軸無限旋轉	小車的輪子
revolute	旋轉關節，類似於 continuous，但是有旋轉的角度極限	機械臂的關節
prismatic	滑動關節，沿某一軸線移動的關節，帶有位置極限	直線馬達
planar	平面關節，允許在平面正交方向上平移或旋轉	-
floating	浮動關節，允許進行平移、旋轉運動	-
fixed	固定關節，不允許運動的特殊關節	固定在機器人底盤上的相機

和人的關節一樣，機器人關節的主要作用是連接兩個剛體連桿，這兩個連桿分別被稱為父連桿（parent link）和子連桿（child link），如圖 4-6 所示，其中 link_1 是 parent link，link_2 是 child link，兩個 link 透過 joint_2 關節連接，並產生相對運動。

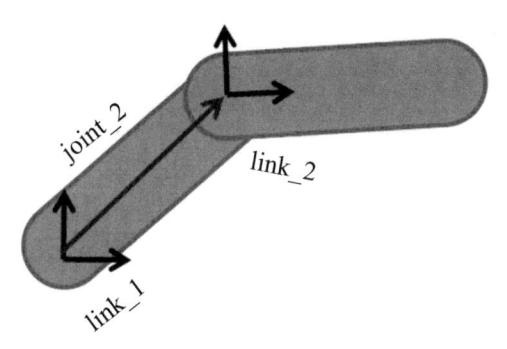

▲ 圖 4-6 機器人 URDF 模型中的關節

第 4 章　ROS 2 機器人模擬：零成本玩轉機器人

以上機器人的關節在 URDF 模型中使用以下 XML 內容描述，包括關節的名稱、運動類型等。

```xml
<joint name="joint_2" type="revolute">
    <!-- 父連桿為 link_1 -->
    <parent link="link_1"/>
    <!-- 子連桿為 link_2 -->
    <child link="link_2"/>
    <!-- 關節的原點位於 (0.2, 0.2, 0)，無旋轉 -->
    <origin xyz="0.2 0.2 0" rpy="0 0 0"/>
    <!-- 關節繞 z 軸旋轉 -->
    <axis xyz="0 0 1"/>
    <!-- 關節角度限制，下限為 -π，上限為 π，角速度為 1.0 -->
    <limit lower="-3.14" upper="3.14" velocity="1.0"/>
</joint>
```

- <parent>：描述父連桿。

- <child>：描述子連桿，子連桿會相對父連桿發生運動。

- <origin>：表示兩個連桿座標系之間的關係，也就是圖 4-6 中的向量，可以視為這兩個連桿該如何安裝到一起。

- <axis>：表示關節運動軸的單位向量，例如 z 等於 1，代表旋轉運動圍繞 z 軸的正方向進行。

- <limit>：表示運動的限位值，包括關節運動的上下限位、速度限制、力矩限制等。

ROS 中平移的預設單位是 m，旋轉的單位是弧度（不是度），所以這裡的 3.14 表示可以在 -180° 到 180° 之間運動，線速度單位是 m/s，角速度單位是 rad/s。

4.2.3 完整機器人模型

最終所有的 <link> 和 <joint> 標籤完成了對機器人各部分的描述和組合,將它們放在一個 <robot> 標籤中,形成了完整的機器人模型,如圖 4-7 所示。

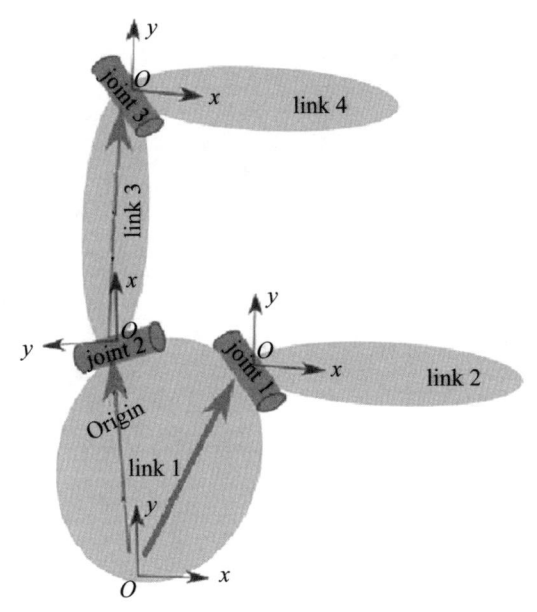

▲ 圖 4-7 完整的機器人 URDF 模型

一個完整的 URDF 模型檔案的描述架構如下。

```
<robot name="<name of the robot>">
<link> ....... </link>
<link> ....... </link>
<joint> ....... </joint>
<joint> ....... </joint>
</robot>
```

對於具體的 URDF 模型,不用著急了解程式的細節,先找 <link> 和 <joint>,了解這個機器人是由哪些部分組成的,摸清楚全域架構之後再看程式細節。

4.3 建立機器人 URDF 模型

為了加深對 URDF 的認識，本節從零建立一個簡單的兩輪差速機器人底盤，如圖 4-8 所示。

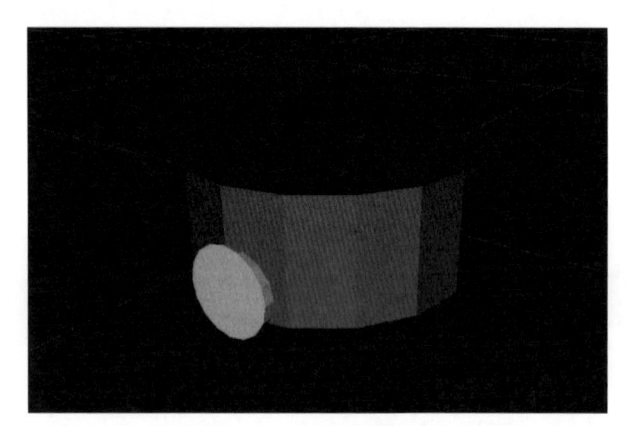

▲ 圖 4-8 兩輪差速機器人底盤的 URDF 模型

4.3.1 機器人模型功能套件

完整的機器人模型放置在 learning_urdf 功能套件中，功能套件中的資料夾如圖 4-9 所示。

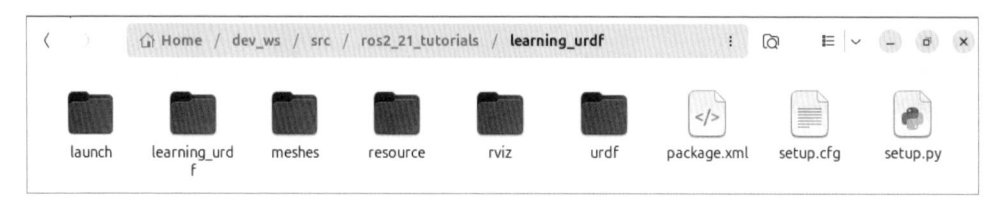

▲ 圖 4-9 learning_urdf 功能套件中的資料夾

- launch：儲存相關開機檔案。
- meshes：放置 URDF 中引用的模型著色檔案。
- rviz：儲存 RViz 的設定檔。
- urdf：存放機器人模型的 URDF 或 xacro 檔案。

4.3.2 機器人模型視覺化

我們先看一下這個模型的整體效果,分析其中的 link 和 joint。

啟動一個終端,輸入以下命令。

```
$ ros2 launch learning_urdf display.launch.py
```

很快就可以在彈出的 RViz 中看到機器人模型,如圖 4-10 所示,可以使用滑鼠的左、中、右三鍵拖曳觀察。

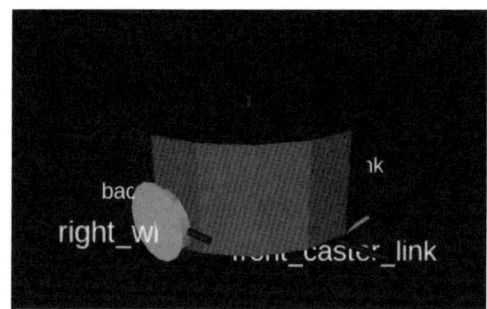

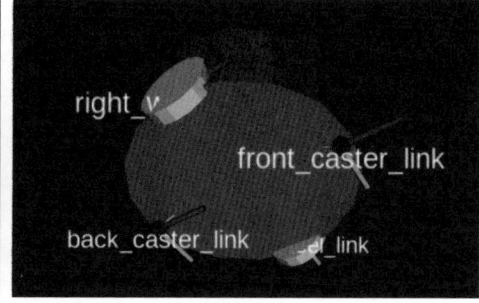

▲ 圖 4-10 在 RViz 中看到的機器人 URDF 模型

從視覺化效果來看,這個機器人底盤模型擁有 5 個 link 和 4 個 joint。其中,5 個 link 包括一個機器人底盤、左右兩個驅動輪、前後兩個萬向輪;4 個 joint 負責將驅動輪、萬向輪安裝到底盤之上,並設置相應的連接方式。

以上分析對不對呢?可以在模型檔案的路徑下,使用 urdf_to_graphviz 工具來確認,啟動命令如下。

```
$ urdf_to_graphviz mbot_base.urdf      # 在模型所在的資料夾下執行
```

運行成功後會產生一個 PDF 檔案,開啟之後就可以看到 URDF 模型分析的結果,如圖 4-11 所示。

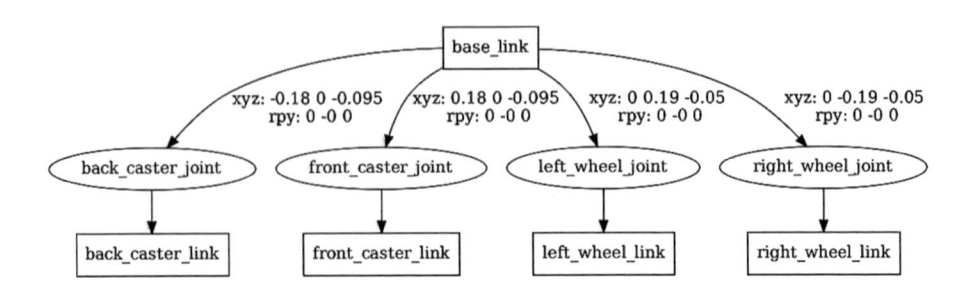

第 4 章　ROS 2 機器人模擬：零成本玩轉機器人

▲ 圖 4-11　使用 urdf_to_graphviz 工具分析 URDF 模型結構

遇到複雜的機器人模型時，urdf_to_graphviz 可以幫助大家快速整理模型的主要框架，清晰顯示所有 link 和 joint 之間的關係。

以上內容使用 RViz 顯示了機器人的 URDF 模型，使用的 display.launch.py 內容如下。

```python
from ament_index_python.packages import get_package_share_path
from launch import LaunchDescription
from launch.actions import DeclareLaunchArgument
from launch.conditions import IfCondition, UnlessCondition
from launch.substitutions import Command, LaunchConfiguration
from launch_ros.actions import Node
from launch_ros.parameter_descriptions import ParameterValue

def generate_launch_description():
    # 獲取 learning_urdf 套件的共用路徑
    urdf_tutorial_path = get_package_share_path('learning_urdf')

    # 預設的 URDF 模型路徑和 RViz 設定檔路徑
    default_model_path = urdf_tutorial_path / 'urdf/mbot_base.urdf'
    default_rviz_config_path = urdf_tutorial_path / 'rviz/urdf.rviz'

    # 宣告啟動參數：是否啟用 joint_state_publisher_gui，預設為 false
    gui_arg = DeclareLaunchArgument(
        name='gui',
        default_value='false',
```

```python
        choices=['true', 'false'],
        description='Flag to enable joint_state_publisher_gui'
    )

    # 宣告啟動參數：模型路徑，預設為 URDF 檔案的絕對路徑
    model_arg = DeclareLaunchArgument(
        name='model',
        default_value=str(default_model_path),
        description='Absolute path to robot urdf file'
    )

    # 宣告啟動參數：RViz 設定檔路徑，預設為 RViz 設定檔的絕對路徑
    rviz_arg = DeclareLaunchArgument(
        name='rvizconfig',
        default_value=str(default_rviz_config_path),
        description='Absolute path to rviz config file'
    )

    # 定義機器人描述參數，使用 xacro 將 URDF 檔案轉為 ROS 參數
    robot_description = ParameterValue(
        Command(['xacro ', LaunchConfiguration('model')]),
        value_type=str
    )

    # 建立 robot_state_publisher 節點，發佈機器人的狀態資訊
    robot_state_publisher_node = Node(
        package='robot_state_publisher',
        executable='robot_state_publisher',
        parameters=[{'robot_description': robot_description}]
    )

    # 根據 gui 參數條件啟動 joint_state_publisher 節點或 joint_state_publisher_gui 節點
    joint_state_publisher_node = Node(
        package='joint_state_publisher',
        executable='joint_state_publisher',
        condition=UnlessCondition(LaunchConfiguration('gui'))  # 如果 gui 參數為 false，則執行
    )
```

第 4 章　ROS 2 機器人模擬：零成本玩轉機器人

```
    joint_state_publisher_gui_node = Node(
        package='joint_state_publisher_gui',
        executable='joint_state_publisher_gui',
        condition=IfCondition(LaunchConfiguration('gui'))  # 如果 gui 參數為 true，則執行
    )

    # 建立 RViz 節點，載入指定的 RViz 設定檔
    rviz_node = Node(
        package='rviz2',
        executable='rviz2',
        name='rviz2',
        output='screen',
        arguments=['-d', LaunchConfiguration('rvizconfig')],  # 使用 -rvizconfig 參數載入設定檔
    )

    # 傳回 LaunchDescription 物件，包含所有定義的啟動動作和參數
    return LaunchDescription([
        gui_arg,
        model_arg,
        rviz_arg,
        joint_state_publisher_node,
        joint_state_publisher_gui_node,
        robot_state_publisher_node,
        rviz_node
    ])
```

以上 launch 檔案啟動了四個節點。

- robot_state_publisher_node：將機器人各個 link、joint 之間的關係，透過 tf 的形式，整理成三維姿態資訊發佈。
- joint_state_publisher_node：發佈每個 joint（除 fixed 類型）的狀態。
- joint_state_publisher_gui_node：與 joint_state_publisher_node 類似，會多一個視覺化的控制視窗，可以透過滑動條控制 joint。
- rviz_node：RViz 視覺化平臺節點。

4.3 建立機器人 URDF 模型

以上四個節點會讀取 launch 檔案中定義的關鍵參數。

- urdf_tutorial_path：URDF 模型檔案所在的功能套件。
- default_model_path：URDF 模型在功能套件下的詳細路徑。
- default_rviz_config_path：RViz 啟動後載入的設定檔。
- gui_arg：是否啟動 joint_state_publisher_gui_node 的視覺化控制視窗。

如果將 gui_arg 參數改為 true，那麼重新編譯並執行 display.launch.py 後，不僅啟動了 RViz，而且出現了一個名為「Joint State Publisher」的 UI 介面，如圖 4-12 所示，在控制介面中用滑鼠滑動控制條，RViz 中對應的機器人輪子就會開始轉動。

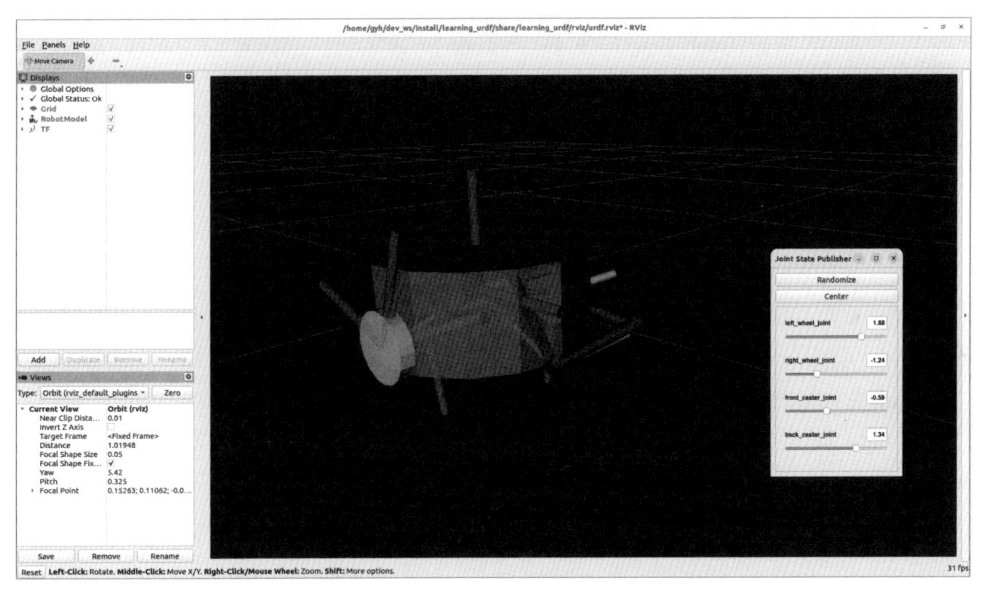

▲ 圖 4-12 透過 Joint State Publisher 介面控制 joint 運動

這裡的 display.launch.py 檔案可多次重複使用，大家可以將其複製到任意 URDF 模型的功能套件中，修改檔案中的 urdf_tutorial_path、default_model_path、default_rviz_config_path 參數，就可以快速顯示其他模型。

4.3.3 機器人模型解析

看到了機器人建模的結果，接下來分析 URDF 是如何描述這個模型的。完整的模型檔案是 learning_urdf/urdf/mbot_base.urdf，詳細內容如下。

```
<?xml version="1.0" ?>
<robot name="mbot">

    <!-- 基座連桿 -->
    <link name="base_link">
        <visual>
            <!-- 視覺化設置 -->
            <origin xyz=" 0 0 0" rpy="0 0 0" /> <!-- 原點位於 (0, 0, 0)，無旋轉 -->
            <geometry>
                <cylinder length="0.16" radius="0.20"/> <!-- 圓柱體，高度 0.16，半徑 0.20 -->
            </geometry>
            <material name="yellow">
                <color rgba="1 0.4 0 1"/> <!-- 黃色材質 -->
            </material>
        </visual>
    </link>

    <!-- 左輪關節 -->
    <joint name="left_wheel_joint" type="continuous">
        <origin xyz="0 0.19 -0.05" rpy="0 0 0"/> <!-- 原點位於 (0, 0.19, -0.05)，無旋轉 -->
        <parent link="base_link"/> <!-- 父連桿為 base_link -->
        <child link="left_wheel_link"/> <!-- 子連桿為 left_wheel_link -->
        <axis xyz="0 1 0"/> <!-- 繞 y 軸旋轉 -->
    </joint>

    <!-- 左輪連桿 -->
    <link name="left_wheel_link">
        <visual>
            <origin xyz="0 0 0" rpy="1.5707 0 0" /> <!-- 原點位於 (0, 0, 0)，旋轉為 (1.5707, 0, 0) -->
            <geometry>
                <cylinder radius="0.06" length="0.025"/> <!-- 圓柱體，半徑 0.06，長度 0.025
```

```xml
-->
            </geometry>
            <material name="white">
                <color rgba="1 1 1 0.9"/> <!-- 白色材質,透明度 0.9 -->
            </material>
        </visual>
    </link>

    <!-- 右輪關節 -->
    <joint name="right_wheel_joint" type="continuous">
        <origin xyz="0 -0.19 -0.05" rpy="0 0 0"/> <!-- 原點位於 (0, -0.19, -0.05),無旋轉 -->
        <parent link="base_link"/> <!-- 父連桿為 base_link -->
        <child link="right_wheel_link"/> <!-- 子連桿為 right_wheel_link -->
        <axis xyz="0 1 0"/> <!-- 繞 y 軸旋轉 -->
    </joint>

    <!-- 右輪連桿 -->
    <link name="right_wheel_link">
        <visual>
            <origin xyz="0 0 0" rpy="1.5707 0 0" /> <!-- 原點位於 (0, 0, 0),旋轉為 (1.5707, 0, 0) -->
            <geometry>
                <cylinder radius="0.06" length="0.025"/> <!-- 圓柱體,半徑 0.06,長度 0.025 -->
            </geometry>
            <material name="white">
                <color rgba="1 1 1 0.9"/> <!-- 白色材質,透明度 0.9 -->
            </material>
        </visual>
    </link>

    <!-- 前支撐輪關節 -->
    <joint name="front_caster_joint" type="continuous">
        <origin xyz="0.18 0 -0.095" rpy="0 0 0"/> <!-- 原點位於 (0.18, 0, -0.095),無旋轉 -->
        <parent link="base_link"/> <!-- 父連桿為 base_link -->
        <child link="front_caster_link"/> <!-- 子連桿為 front_caster_link -->
        <axis xyz="0 1 0"/> <!-- 繞 y 軸旋轉 -->
```

```xml
        </joint>

        <!-- 前支撐輪連桿 -->
        <link name="front_caster_link">
            <visual>
                <origin xyz="0 0 0" rpy="0 0 0"/> <!-- 原點位於 (0, 0, 0),無旋轉 -->
                <geometry>
                    <sphere radius="0.015" /> <!-- 球體,半徑 0.015 -->
                </geometry>
                <material name="black">
                    <color rgba="0 0 0 0.95"/> <!-- 黑色材質,透明度 0.95 -->
                </material>
            </visual>
        </link>

        <!-- 後支撐輪關節 -->
        <joint name="back_caster_joint" type="continuous">
            <origin xyz="-0.18 0 -0.095" rpy="0 0 0"/> <!-- 原點位於 (-0.18, 0, -0.095),無旋轉 -->
            <parent link="base_link"/> <!-- 父連桿為 base_link -->
            <child link="back_caster_link"/> <!-- 子連桿為 back_caster_link -->
            <axis xyz="0 1 0"/> <!-- 繞 y 軸旋轉 -->
        </joint>

        <!-- 後支撐輪連桿 -->
        <link name="back_caster_link">
            <visual>
                <origin xyz="0 0 0" rpy="0 0 0"/> <!-- 原點位於 (0, 0, 0),無旋轉 -->
                <geometry>
                    <sphere radius="0.015" /> <!-- 球體,半徑 0.015 -->
                </geometry>
                <material name="black">
                    <color rgba="0 0 0 0.95"/> <!-- 黑色材質,透明度 0.95 -->
                </material>
            </visual>
        </link>

</robot>
```

4.3 建立機器人 URDF 模型

分析以上模型描述的關鍵部分。

```xml
<?xml version="1.0" ?>
<robot name="mbot">
```

首先需要宣告該檔案使用 XML 描述,然後使用 <robot> 根標籤定義一個機器人模型,並定義該機器人模型的名稱是「mbot」。

```xml
<link name="base_link">
    <visual>
        <origin xyz=" 0 0 0" rpy="0 0 0" />
        <geometry>
            <cylinder length="0.16" radius="0.20"/>
        </geometry>
        <material name="yellow">
            <color rgba="1 0.4 0 1"/>
        </material>
    </visual>
</link>
```

第一段程式描述機器人的底盤 link,<visual> 標籤定義底盤的外觀屬性,在顯示和模擬中,RViz 或 Gazebo 會按照這裡的描述將機器人模型呈現出來。這裡將機器人底盤抽象成一個圓柱結構,使用 <cylinder> 標籤定義這個圓柱的半徑和高,然後宣告這個底盤圓柱在空間內的三維座標位置和旋轉姿態。底盤中心位於介面的中心點,所以使用 <origin> 設置起點座標為介面的中心座標。此外,使用 <material> 標籤設置機器人底盤的顏色——黃色,其中的 <color> 是黃色的 RGBA 值。

```xml
<joint name="left_wheel_joint" type="continuous">
    <origin xyz="0 0.19 -0.05" rpy="0 0 0"/>
    <parent link="base_link"/>
    <child link="left_wheel_link"/>
    <axis xyz="0 1 0"/>
</joint>
```

第二段程式定義了第一個 joint，用來連接機器人底盤和左輪，該 joint 的類型是 continuous，這種類型的 joint 可以圍繞一個軸旋轉，很適合輪子這種結構。<origin> 標籤定義了 joint 的起點，將起點設置到安裝輪子的位置，即輪子和底盤連接的位置。<axis> 標籤定義該 joint 的旋轉軸是正 y 軸，輪子在運動時就會圍繞 y 軸旋轉。

```
<link name="left_wheel_link">
    <visual>
        <origin xyz="0 0 0" rpy="1.5707 0 0" />
        <geometry>
            <cylinder radius="0.06" length = "0.025"/>
        </geometry>
        <material name="white">
            <color rgba="1 1 1 0.9"/>
        </material>
    </visual>
</link>
```

上述程式描述了左輪的模型。將馬達的外形抽象成圓柱體，圓柱體的半徑為 0.06m，高為 0.025m，顏色為白色。由於圓柱體預設垂直於地面建立，所以需要透過 <origin> 標籤把圓柱體圍繞 x 軸旋轉 90°（使用弧度表示大約為 1.5707），才能成為馬達的模樣。

機器人底盤模型的其他部分都採用類似的方式描述，這裡不再贅述。

> 建議大家動手修改 URDF 中不同的參數，然後透過 RViz 查看修改後的效果，從而更直觀地理解各座標、旋轉軸、關節類型等關鍵參數的意義和設置方法。

4.4 XACRO 機器人模型最佳化

我們已經建立了一個簡單的差速機器人底盤模型，如果機器人結構的複雜度增加，那麼 URDF 模型檔案也會逐漸變得冗長，有沒有辦法精簡 URDF 檔案

4.4 XACRO 機器人模型最佳化

呢?想像一下,如果大多數機器人的輪子相同,那是否可以把「輪子」定義成一個「函式」,在不同的位置多次呼叫呢?這樣就不用反覆描述同樣的輪子了。

為了提高建模的效率,ROS 2 中提供了一個 URDF 檔案格式的升級版本——XACRO。同樣是建立機器人 URDF 模型,XACRO 檔案加入了更多程式設計化的實現方法,可以讓建立模型的過程更友善、更高效。

- **巨集定義**:一個小車有 4 個輪子,每個輪子都一樣,這樣就沒必要建立 4 個一樣的 link,像函式定義一樣,做一個可重複使用的模組就可以了。
- **檔案包含**:複雜機器人的模型檔案可能很長,為了切分不同的模組,例如底盤、感測器,可以把不同模組的模型放置在不同的檔案中,然後用一個整體檔案進行包含呼叫。
- **可程式化介面**:在 XACRO 模型檔案中,可以定義一些常數,描述機器人的尺寸;也定義一些變數,在呼叫巨集定義時傳遞資料;還可以在模型中做資料計算,甚至可以加入條件陳述式:如果機器人叫 A,就有相機,如果叫機器人 B,就沒有相機。

本節透過 XACRO 檔案對之前的 URDF 模型進行最佳化,需要先使用以下命令安裝必要的 XACRO 檔案解析功能套件。

```
$ sudo apt install ros-jazzy-xacro
```

4.4.1 XACRO 檔案常見語法

XACRO 檔案提供了很多類似程式語言的可程式化方法,我們先來熟悉一下它的基本語法。

1. 常數定義

在 XACRO 檔案中,<xacro:property> 標籤用來定義一些常數,例如定義一個 PI 的常數名為「M_PI」,值為「3.14159」。透過「${ }」內嵌常數名稱的方式,可以呼叫定義好的常數值,具體的實現程式如下。

4-25

第 4 章　ROS 2 機器人模擬：零成本玩轉機器人

```
<!-- 定義一個常數 M_PI=3.14159 -->
<xacro:property name="M_PI"    value="3.14159"/>


<!-- 使用「${XXXXX}」呼叫定義好的常數 -->
<origin xyz="0 0 0"    rpy="${M_PI/2} 0 0" />
```

同理，也可以把各 link 的品質、尺寸、安裝位置等值定義為常數，並且放置在模型檔案的起始位置，方便建模過程中的呼叫和修改。

2. 數學計算

在「${}」敘述中，不僅可以呼叫常數，還可以進行一些常用的數學運算，包括加、減、乘、除等，實體使用方式如下。

```
<!-- 在 ${XXXXXX} 中支援數學計算 -->
<origin xyz="0 ${(motor_length+wheel_length)/2} 0" rpy="0 0 0"/>
```

在機器人 URDF 模型中，很多位置關係和機器人的常數有關，此時可以透過數學公式計算，避免直接寫結果導致的不可讀性。

> 所有數學運算都會轉換成浮點數進行，以保證運算精度。

3. 巨集定義

`<xacro:macro>` 標籤用來宣告重複使用的程式模組，可以包含輸入參數，類似於程式設計中的函式。

```
<!-- 定義一個巨集，name 是巨集名稱，params 是巨集引數 -->
<xacro:macro name="name"   params="A B C">
      ……
</xacro:macro>

<!-- 呼叫一個巨集，使用巨集名稱呼叫，輸入巨集引數 -->
<name A= "A_value" B= "B_value" C= "C_value" />
```

標籤中的 name 表示巨集的名稱，可以自由定義；params 表示巨集的輸入參數，透過輸入參數的巨集設定，開發者可以很方便地將資料登錄巨集函式中進

4.4 XACRO 機器人模型最佳化

行設置。在機器人 URDF 模型中，經常使用巨集定義的方式定義及呼叫某些重複使用的模組，例如車輪、相機等模組，甚至可以把整個機器人定義為一個巨集，在其他模型中重複呼叫以建立多個機器人模型。

> 在 XACRO 模型檔案解析的過程中，會將巨集定義中的所有敘述內容完整插入呼叫巨集的位置。

4. 檔案包含

URDF 模型太長怎麼辦？可以將其切分為多個模型檔案，透過 <xacro:include> 來包含呼叫。

```
<!-- 檔案包含呼叫，filename 是所引用檔案的詳細路徑 -->
<xacro:include filename="$(find originbot_gazebo)/urdf/base_gazebo.xacro" />
```

這種方式很像 C/C++ 程式設計中的 include 檔案包含，包含之後就可以呼叫裏面的巨集定義了。

4.4.2 機器人模型最佳化

接下來使用 XACRO 語法，針對 4.3 節建立的 URDF 模型進行第一次最佳化。最佳化後的模型檔案是 learning_urdf/urdf/mbot_base.xacro，完整內容如下：

```
<?xml version="1.0"?>
<robot name="mbot" xmlns:xacro=[xacro 命名空間宣告連結，一般是 xacro 的 ros wiki 連結 ]

    <!-- 屬性清單 -->
    <xacro:property name="M_PI" value="3.1415926"/>      <!-- π 的值 -->
    <xacro:property name="base_radius" value="0.20"/>    <!-- 底盤半徑 -->
    <xacro:property name="base_length" value="0.16"/>    <!-- 底盤長度 -->

    <xacro:property name="wheel_radius" value="0.06"/>   <!-- 輪子半徑 -->
    <xacro:property name="wheel_length" value="0.025"/>  <!-- 輪子長度 -->
    <xacro:property name="wheel_joint_y" value="0.19"/>  <!-- 輪子關節的 y 方向偏移 -->
    <xacro:property name="wheel_joint_z" value="0.05"/>  <!-- 輪子關節的 z 方向偏移 -->
```

第 4 章　ROS 2 機器人模擬：零成本玩轉機器人

```xml
    <xacro:property name="caster_radius" value="0.015"/> <!-- 支撐輪半徑 -->
    <xacro:property name="caster_joint_x" value="0.18"/>  <!-- 支撐輪關節的x方向偏移 -->

    <!-- 定義機器人使用的顏色 -->
    <material name="yellow">
        <color rgba="1 0.4 0 1"/>            <!-- 黃色 -->
    </material>
    <material name="black">
        <color rgba="0 0 0 0.95"/>           <!-- 黑色 -->
    </material>
    <material name="gray">
        <color rgba="0.75 0.75 0.75 1"/>    <!-- 灰色 -->
    </material>

    <!-- 巨集定義：機器人輪子 -->
    <xacro:macro name="wheel" params="prefix reflect">
        <joint name="${prefix}_wheel_joint" type="continuous">
            <origin xyz="0 ${reflect*wheel_joint_y} ${-wheel_joint_z}" rpy="0 0 0"/>
            <parent link="base_link"/>
            <child link="${prefix}_wheel_link"/>
            <axis xyz="0 1 0"/>
        </joint>

        <link name="${prefix}_wheel_link">
            <visual>
                <origin xyz="0 0 0" rpy="${M_PI/2} 0 0" />
                <geometry>
                    <cylinder radius="${wheel_radius}" length="${wheel_length}"/>
                </geometry>
                <material name="gray" />
            </visual>
        </link>
    </xacro:macro>

    <!-- 巨集定義：機器人支撐輪 -->
    <xacro:macro name="caster" params="prefix reflect">
        <joint name="${prefix}_caster_joint" type="continuous">
            <origin xyz="${reflect*caster_joint_x} 0 ${-(base_length/2 + caster_radius)}" rpy="0 0 0"/>
```

4.4 XACRO 機器人模型最佳化

```xml
            <parent link="base_link"/>
            <child link="${prefix}_caster_link"/>
            <axis xyz="0 1 0"/>
        </joint>

        <link name="${prefix}_caster_link">
            <visual>
                <origin xyz="0 0 0" rpy="0 0 0"/>
                <geometry>
                    <sphere radius="${caster_radius}" />
                </geometry>
                <material name="black" />
            </visual>
        </link>
    </xacro:macro>

    <!-- 底盤連桿 -->
    <link name="base_link">
        <visual>
            <origin xyz=" 0 0 0" rpy="0 0 0" />
            <geometry>
                <cylinder length="${base_length}" radius="${base_radius}"/>
            </geometry>
            <material name="yellow" /> <!-- 黃色材質 -->
        </visual>
    </link>

    <!-- 呼叫輪子巨集定義建立左右輪 -->
    <xacro:wheel prefix="left" reflect="1"/>
    <xacro:wheel prefix="right" reflect="-1"/>

    <!-- 呼叫支撐輪巨集定義建立前後輪 -->
    <xacro:caster prefix="front" reflect="-1"/>
    <xacro:caster prefix="back"   reflect="1"/>

</robot>
```

結合 XACRO 的語法,具體分析模型發生了哪些變化。

第 4 章　ROS 2 機器人模擬：零成本玩轉機器人

1. 常數定義

```xml
<xacro:property name="M_PI" value="3.1415926"/>    <!-- π 的值 -->
<xacro:property name="base_radius" value="0.20"/>  <!-- 底盤半徑 -->
<xacro:property name="base_length" value="0.16"/>  <!-- 底盤長度 -->
...
    <!-- 底盤連桿 -->
    <link name="base_link">
        <visual>
            <origin xyz=" 0 0 0" rpy="0 0 0" />
            <geometry>
                <cylinder length="${base_length}" radius="${base_radius}"/>
            </geometry>
            <material name="yellow" />
        </visual>
    </link>
```

首先，將機器人模型的基本參數都建立成常數，例如底盤和輪子的基本尺寸，放置在模型檔案起始位置，建模過程中透過「${base_length}」的方式呼叫常數，如果需要修改這些數值，那麼直接在定義的位置修改即可，不需要修改模型。

2. 數學計算

```xml
<joint name="${prefix}_caster_joint" type="continuous">
    <origin xyz="${reflect*caster_joint_x} 0 ${-(base_length/2 + caster_radius)}" rpy="0 0 0"/>
    <parent link="base_link"/>
    <child link="${prefix}_caster_link"/>
    <axis xyz="0 1 0"/>
</joint>
```

接下來，將透過已有的計算公式推導建模過程中的一些數值關係，減少建模過程中不必要的數字，這樣，當修改常數數值時，模型相關的位姿關係也會動態變化。

3. 巨集定義

```xml
<!-- 巨集定義：機器人輪子 -->
<xacro:macro name="wheel" params="prefix reflect">
    <joint name="${prefix}_wheel_joint" type="continuous">
        <origin xyz="0 ${reflect*wheel_joint_y} ${-wheel_joint_z}" rpy="0 0 0"/>
        <parent link="base_link"/>
        <child link="${prefix}_wheel_link"/>
        <axis xyz="0 1 0"/>
    </joint>

    <link name="${prefix}_wheel_link">
        <visual>
            <origin xyz="0 0 0" rpy="${M_PI/2} 0 0" />
            <geometry>
                <cylinder radius="${wheel_radius}" length = "${wheel_length}"/>
            </geometry>
            <material name="gray" />
        </visual>
    </link>
</xacro:macro>

...
<!-- 呼叫輪子巨集定義建立左右輪 -->
<xacro:wheel prefix="left"  reflect="1"/>
<xacro:wheel prefix="right" reflect="-1"/>
```

最後，可以把重複使用的模組定義為巨集。舉例來說，將車輪相關的 link 和 joint 定義為一個巨集「wheel」，同時帶有兩個巨集引數，prefix 表示 link 和 joint 的名稱首碼，左輪和右輪的名稱不能相同；reflect 表示左輪和右輪在 y 軸上的鏡像位置，設定值為 1 或 − 1。在需要建立輪子模型的位置，直接透過 <xacro:wheel> 就可以呼叫已定義輪子的 link 和 joint 了。

透過以上最佳化，相比之前的 URDF 模型，現在的 XACRO 模型內容精簡了很多，更像是一段程式了。

4-31

第 4 章　ROS 2 機器人模擬：零成本玩轉機器人

4.4.3　機器人模型視覺化

最佳化之後的 URDF 模型是否真的和之前一致呢？我們透過 RViz 查看一下。啟動終端後輸入以下命令。

```
$ ros2 launch learning_urdf display_xacro.launch.py
```

稍等片刻，如圖 4-13 所示，在開啟的 RViz 中，可以看到和之前完全一樣的模型，我們依然可以透過 Joint State Publisher 視窗控制機器人輪子自由旋轉。

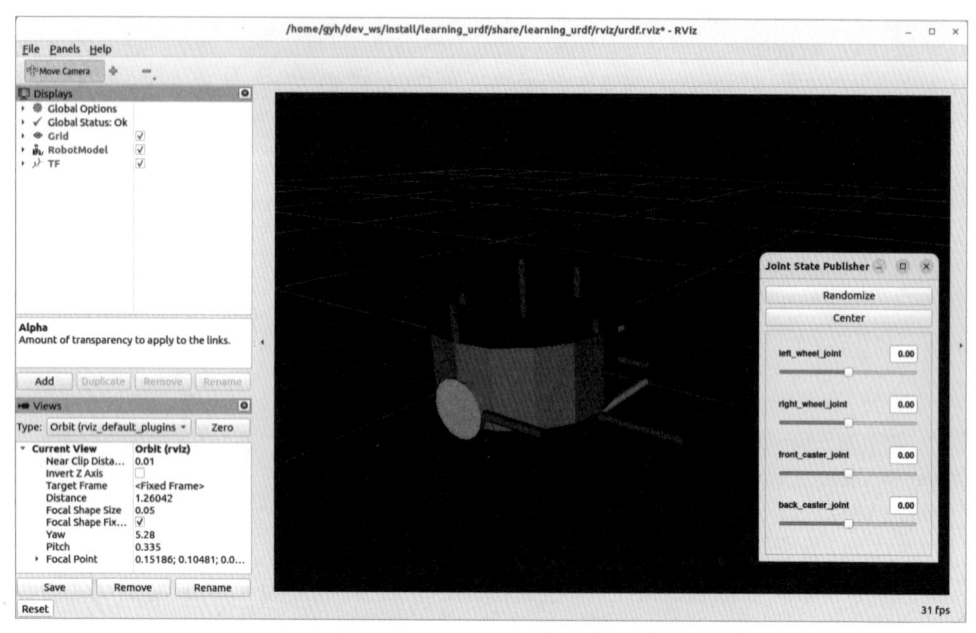

▲ 圖 4-13　使用 RViz 顯示 XACRO 模型檔案

使用 XACRO 描述機器人 URDF 模型，可讀性和可維護性更好，ROS 社區中有大量機器人模型都是透過這種方式建立的。

4.5 完善機器人模擬模型

現在，機器人模型的基礎已經建構完成，為了讓模型在模擬環境中動起來，還需要在模型中加入一些模擬必備的模組和參數。

4.5.1 完善物理參數

在 4.4 節完成的模型中，我們僅建立了模型外觀的視覺化屬性，除此之外，還需要增加物理和碰撞屬性。

這裡以機器人底盤 base_link 為例，在其中加入 <inertial> 和 <collision> 標籤，描述機器人的物理慣性屬性和碰撞屬性。

```xml
<!-- 定義圓柱體的慣性矩陣計算公式 -->
<xacro:macro name="cylinder_inertial_matrix" params="m r h">
    <inertial>
        <origin xyz="0 0 0" rpy="0 0 0"/>
        <mass value="${m}" />
        <inertia ixx="${m*(3*r*r+h*h)/12}" ixy = "0" ixz = "0"
            iyy="${m*(3*r*r+h*h)/12}" iyz = "0"
            izz="${m*r*r/2}" />
    </inertial>
</xacro:macro>

<!-- 定義機器人底盤的完整參數 -->
<link name="base_link">
    <visual>
        <origin xyz=" 0 0 0" rpy="0 0 0" />
        <geometry>
            <cylinder length="${base_length}" radius="${base_radius}"/>
        </geometry>
        <material name="yellow" />
    </visual>
    <collision>
        <origin xyz=" 0 0 0" rpy="0 0 0" />
        <geometry>
            <cylinder length="${base_length}" radius="${base_radius}"/>
```

```
            </geometry>
        </collision>
        <xacro:cylinder_inertial_matrix m="${base_mass}" r="${base_radius}" h="${base_
length}" />
    </link>
```

其中，慣性參數主要包含品質和慣性矩陣。如果是規則物體，則可以透過尺寸、品質，使用公式計算得到慣性矩陣，大家可以自行上網搜索相應的計算公式。<collision> 標籤中的內容和 <visual> 標籤中的內容幾乎一致，這是因為大家使用的模型的外觀都較為簡單規則，如果使用真實機器人的三維模型，那麼 <visual> 標籤內可以顯示更為複雜的機器人外觀。

為了減少碰撞檢測時的計算量，<collision> 中往往使用簡化後的機器人模型，例如可以將機械臂的一根連桿簡化成圓柱體或長方體。

4.5.2 增加控制器外掛程式

到目前為止，機器人還是一個靜態顯示的模型，如果要讓它動起來，那麼還需要使用 Gazebo 外掛程式。Gazebo 外掛程式賦予了 URDF 模型更加強大的功能，可以幫助模型綁定 ROS 訊息，從而完成感測器的類比輸出以及對馬達的控制，讓機器人模型更加真實。

Gazebo 中提供了一個用於控制差速的外掛程式 libignition-gazebo-diff-drive-system.so，可以透過類似以下程式進行配置，將其應用到建立好的機器人模型上。

```
<gazebo>
    <!-- 控制器外掛程式：差分驅動系統 -->
    <plugin filename="libignition-gazebo-diff-drive-system.so"
            name="ignition::gazebo::systems::DiffDrive">
        <update_rate>30</update_rate>                    <!-- 更新頻率為 30Hz -->
        <left_joint>left_wheel_joint</left_joint>        <!-- 左輪關節 -->
        <right_joint>right_wheel_joint</right_joint>     <!-- 右輪關節 -->
        <wheel_separation>${wheel_joint_y*2}</wheel_separation>    <!-- 兩個輪子間距 -->
```

4.5 完善機器人模擬模型

```xml
        <wheel_radius>${wheel_radius}</wheel_radius>      <!-- 輪子半徑 -->
        <topic>cmd_vel</topic>                            <!-- 控制指令話題 -->
        <publish_odom>true</publish_odom>                 <!-- 是否發佈里程計話題 -->
        <publish_odom_tf>true</publish_odom_tf>           <!-- 是否發佈里程計 tf -->
        <publish_wheel_tf>true</publish_wheel_tf>         <!-- 是否發佈輪子 tf -->
        <odometry_topic>odom</odometry_topic>             <!-- 里程計話題名稱 -->
        <odometry_frame>odom</odometry_frame>             <!-- 里程計座標系名稱 -->
        <robot_base_frame>base_footprint</robot_base_frame> <!-- 機器人底盤座標系 -->
    </plugin>

    <!-- 感測器外掛程式 -->
    <plugin filename="ignition-gazebo-sensors-system"
            name="ignition::gazebo::systems::Sensors">
        <render_engine>ogre2</render_engine>              <!-- 著色引擎 -->
    </plugin>

    <!-- 使用者命令外掛程式 -->
    <plugin filename="ignition-gazebo-user-commands-system"
            name="ignition::gazebo::systems::UserCommands">
    </plugin>

    <!-- 場景廣播外掛程式 -->
    <plugin filename="ignition-gazebo-scene-broadcaster-system"
            name="ignition::gazebo::systems::SceneBroadcaster">
    </plugin>

    <!-- 關節狀態發佈外掛程式 -->
    <plugin filename="ignition-gazebo-joint-state-publisher-system"
            name="ignition::gazebo::systems::JointStatePublisher">
    </plugin>

    <!-- 里程計發佈外掛程式 -->
    <plugin filename="ignition-gazebo-odometry-publisher-system"
            name="ignition::gazebo::systems::OdometryPublisher">
        <odom_frame>odom</odom_frame>                           <!-- 里程計座標系 -->
        <robot_base_frame>base_footprint</robot_base_frame>     <!-- 機器人底盤座標系 -->
    </plugin>
</gazebo>
```

在載入差速控制器外掛程式的過程中，需要配置一系列參數，其中比較關鍵的參數如下。

- <left_joint> 和 <right_joint>：左右輪轉動的關節 joint，控制器外掛程式最終需要控制這兩個 joint 轉動。
- <wheel_separation> 和 <wheel_radius>：這是機器人模型的相關尺寸，在計算差速參數時需要用到。
- <topic>：控制器訂閱的速度控制指令，在 ROS 中通常被命名為 cmd_vel。
- <publish_odom>：是否發佈里程計 odom 話題。
- <odometry_topic>：當發佈里程計話題時，里程計話題名稱的設置。
- <odometry_frame>：里程計的參考座標系，ROS 中通常命名為 odom。
- <robot_base_frame>：機器人的基座標系，一般使用 base_link 或 base_footprint。

經過對模型進行完善，這個機器人 URDF 模型已經具備了模擬能力，接下來就可以把它放到模擬環境中試一試了。

完整的機器人模擬模型在 learning_gazebo_harmonic\urdf 功能套件下，包含 mbot_gazebo.xacro 和 mbot_base_gazebo.xacro 兩個模型檔案。

4.6 Gazebo 機器人模擬

接下來將機器人模型載入到 Gazebo 中，不僅可以遙控機器人模型動起來，還可以進一步模擬相機、雷達等感測器，讓機器人感知模擬中的環境資訊。

4.6.1 在 Gazebo 中載入機器人模型

啟動一個新終端,執行以下命令。

```
$ ros2 launch learning_gazebo_harmonic load_urdf_into_gazebo_harmonic.launch.py
```

稍等片刻,Gazebo 啟動成功後,就可以看到如圖 4-14 的模擬畫面了,機器人位於介面的中心,可以透過滑鼠滾輪放大或縮小查看。

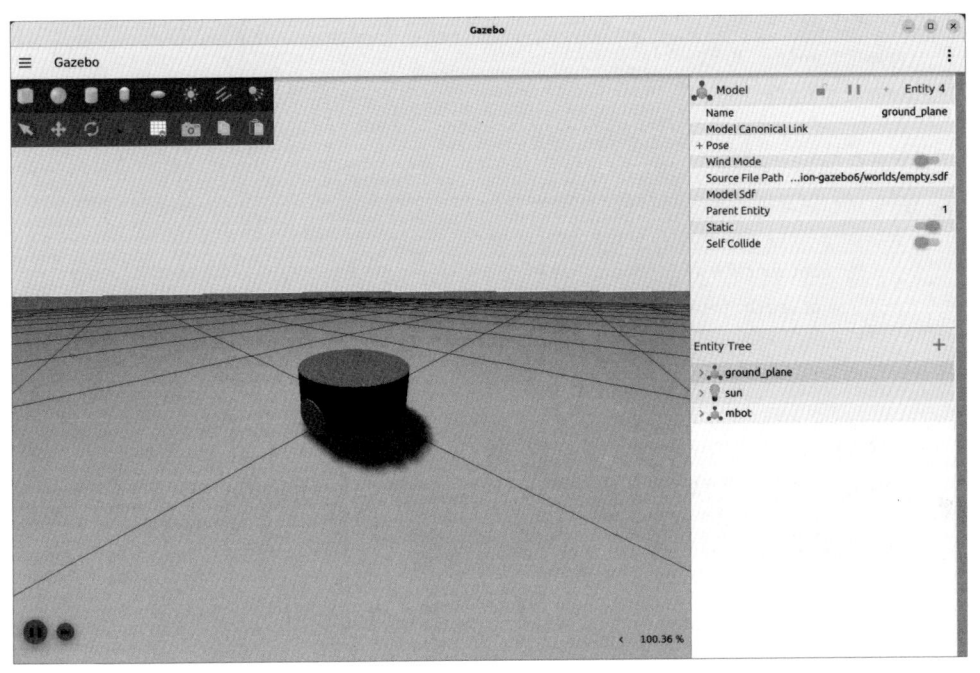

▲ 圖 4-14 在 Gazebo 中載入並顯示機器人模型

如使用虛擬機器,則可能出現模擬區域無顯示或持續閃爍的現象,需要關閉虛擬機器設置中的「加速 3D 影像」選項。

這裡使用 load_urdf_into_gazebo_harmonic.launch.py 檔案實現了 Gazebo 的啟動和機器人模型載入,詳細實現過程如下。

第 4 章 ROS 2 機器人模擬：零成本玩轉機器人

```python
...
def generate_launch_description():
    # 包含 robot_state_publisher 開機檔案
    package_name='learning_gazebo_harmonic'
    pkg_path = os.path.join(get_package_share_directory(package_name))
    xacro_file = os.path.join(pkg_path, 'urdf', 'mbot_gazebo_harmonic.xacro')
    robot_description_config = xacro.process_file(xacro_file)

    # 機器人載入後的位置和姿態
    spawn_x_val = '0.0'
    spawn_y_val = '0.0'
    spawn_z_val = '0.3'
    spawn_yaw_val = '0.0'

    # 啟動 Gazebo 模擬器
    pkg_ros_gz_sim = get_package_share_directory('ros_gz_sim')
    gazebo = IncludeLaunchDescription(
        PythonLaunchDescriptionSource(
            os.path.join(pkg_ros_gz_sim, 'launch', 'gz_sim.launch.py')),
        launch_arguments={'gz_args': '-r empty.sdf'}.items(),
    )

    # 執行 gazebo_ros 套件中的 spawner 節點，載入機器人模型
    spawn_entity = Node(package='ros_gz_sim', executable='create',
                        arguments=['-topic', 'robot_description',
                                   '-name', 'mbot',
                                   '-x', spawn_x_val,
                                   '-y', spawn_y_val,
                                   '-z', spawn_z_val,
                                   '-Y', spawn_yaw_val],
                        output='screen')

    # 建立一個 robot_state_publisher 節點
    params = {'robot_description': robot_description_config.toxml(), 'use_sim_time': True}
    node_robot_state_publisher = Node(
        package='robot_state_publisher',
        executable='robot_state_publisher',
        output='screen',
```

```
        parameters=[params]
    )

    # 啟動 ros_gz_bridge 節點，進行資料轉換
    ros_gz_bridge = Node(
        package='ros_gz_bridge',
        executable='parameter_bridge',
        parameters=[{
            'config_file': os.path.join(get_package_share_directory(package_name),
'config', 'ros_gz_bridge_mbot.yaml'),
            'qos_overrides./tf_static.publisher.durability': 'transient_local',
        }],
        output='screen'
    )

    # 啟動以上所有功能
    return LaunchDescription([
        gazebo,
        spawn_entity,
        ros_gz_bridge,
        node_robot_state_publisher,
    ])
```

在以上程式中，先設置了幾個關鍵參數。

- package_name：機器人模擬模型所在功能套件的名稱。

- pkg_path：機器人模擬模型功能套件所在的路徑。

- xacro_file：機器人模擬模型的檔案名稱。

- robot_description_config：將 XACRO 模型檔案解析為 URDF 模型格式。

- spawn_x_val，spawn_y_val，spawn_z_val，spawn_yaw_val：機器人模型在 Gazebo 中的 x、y、z 座標和 yaw 朝向角。

接下來啟動幾個關鍵節點。

- gazebo：啟動 Gazebo，並且載入一個空白環境 empty.sdf。

- spawn_entity：將機器人的 URDF 模型載入到 Gazebo 模擬環境中。

- node_robot_state_publisher：啟動 robot_state_publisher，維護機器人的 tf。
- ros_gz_bridge：啟動 parameter_bridge 節點，轉換 ROS 與 Gazebo 之間的通訊訊息，需要轉換的訊息在 ros_gz_bridge_mbot.yaml 檔案中配置。

使用 Gazebo 進行機器人模擬時，需要設置 use_sim_time 為 true，讓整個 ROS 2 系統均使用模擬時間，避免時鐘不同步造成的功能異常。

這裡需要關注 ros_gz_bridge 節點的功能，因為 Gazebo 和 ROS 之間的訊息結構不通用，所以需要一個橋接的節點進行兩者之間的資料轉換，我們只需要配置好消息結構和話題名稱，ros_gz_bridge 節點就可以實現資料的轉換了。

本節模擬功能的話題配置在 ros_gz_bridge_mbot.yaml 檔案中，內容如下。

```yaml
---
- ros_topic_name: "/cmd_vel"
  gz_topic_name: "/cmd_vel"
  ros_type_name: "geometry_msgs/msg/Twist"
  gz_type_name: "gz.msgs.Twist"
  direction: ROS_TO_GZ
- ros_topic_name: "/clock"
  gz_topic_name: "/clock"
  ros_type_name: "rosgraph_msgs/msg/Clock"
  gz_type_name: "gz.msgs.Clock"
  direction: GZ_TO_ROS
- ros_topic_name: "/odom"
  gz_topic_name: "/model/mbot/odometry"
  ros_type_name: "nav_msgs/msg/Odometry"
  gz_type_name: "gz.msgs.Odometry"
  direction: GZ_TO_ROS
- ros_topic_name: "/clock"
  gz_topic_name: "/clock"
  ros_type_name: "rosgraph_msgs/msg/clock"
  gz_type_name: "gz.msgs.Clock"
  direction: GZ_TO_ROS
- ros_topic_name: "/joint_states"
```

4.6 Gazebo 機器人模擬

```
  gz_topic_name: "/world/empty/model/mbot/joint_state"
  ros_type_name: "sensor_msgs/msg/JointState"
  gz_type_name: "gz.msgs.Model"
  direction: GZ_TO_ROS
- ros_topic_name: "/tf"
  gz_topic_name: "/model/mbot/pose"
  ros_type_name: "tf2_msgs/msg/TFMessage"
  gz_type_name: "gz.msgs.Pose_V"
  direction: GZ_TO_ROS
- ros_topic_name: "/tf_static"
  gz_topic_name: "/model/mbot/pose_static"
  ros_type_name: "tf2_msgs/msg/TFMessage"
  gz_type_name: "gz.msgs.Pose_V"
  direction: GZ_TO_ROS
```

在以上內容中，每組話題介面的配置由以下 5 個參數組成。

- ros_topic_name：ROS 中的話題名稱，如 "/cmd_vel"。
- gz_topic_name：Gazebo 系統中的話題名稱，如 "/cmd_vel"。
- ros_type_name：ROS 中的話題類型，如 "geometry_msgs/msg/Twist"。
- gz_type_name：Gazebo 系統中的話題類型，如 "gz.msgs.Twist"。
- direction：話題轉換的方向，ROS_TO_GZ 表示把 ROS 話題轉換到 Gazebo 中，GZ_TO_ROS 表示把 Gazebo 話題轉換到 ROS 中。

透過以上配置，可以將 ROS 2 中的 /cmd_vel 話題轉換到 Gazebo 系統中，控制 Gazebo 模擬環境中的機器人運動。

4.6.2 機器人運動控制模擬

機器人模型中已經加入了差速控制外掛程式 libignition-gazebo-diff-drive-system.so，可以使用差速控制器讓機器人運動。啟動機器人模擬環境後的話題清單和速度話題的詳細資訊如圖 4-15 所示。

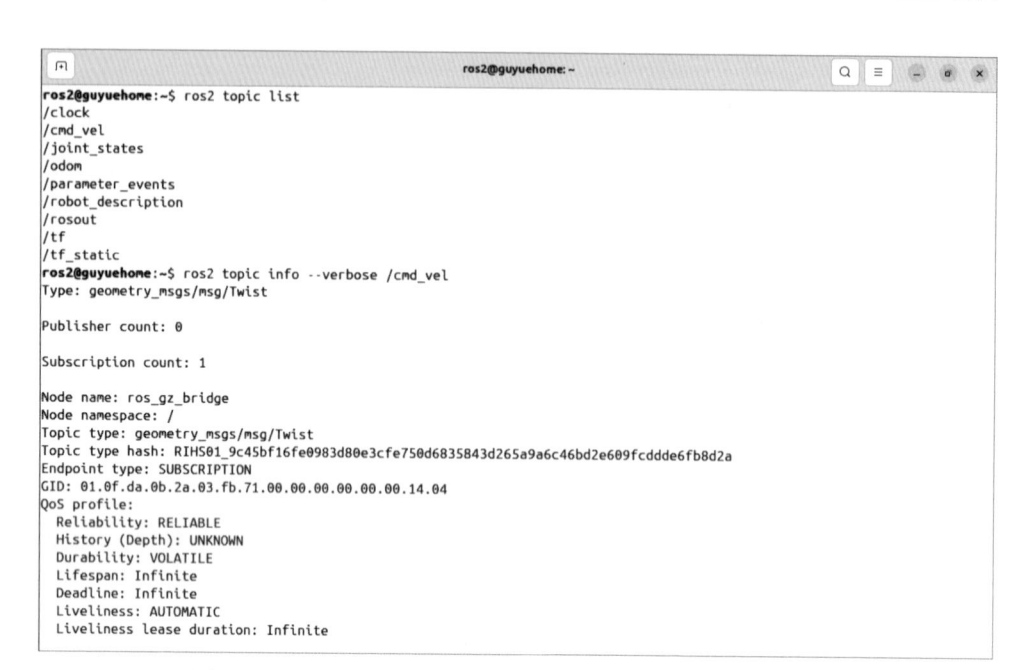

第 4 章　ROS 2 機器人模擬：零成本玩轉機器人

```
ros2@guyuehome:~$ ros2 topic list
/clock
/cmd_vel
/joint_states
/odom
/parameter_events
/robot_description
/rosout
/tf
/tf_static
ros2@guyuehome:~$ ros2 topic info --verbose /cmd_vel
Type: geometry_msgs/msg/Twist

Publisher count: 0

Subscription count: 1

Node name: ros_gz_bridge
Node namespace: /
Topic type: geometry_msgs/msg/Twist
Topic type hash: RIHS01_9c45bf16fe0983d80e3cfe750d6835843d265a9a6c46bd2e609fcddde6fb8d2a
Endpoint type: SUBSCRIPTION
GID: 01.0f.da.0b.2a.03.fb.71.00.00.00.00.00.00.14.04
QoS profile:
  Reliability: RELIABLE
  History (Depth): UNKNOWN
  Durability: VOLATILE
  Lifespan: Infinite
  Deadline: Infinite
  Liveliness: AUTOMATIC
  Liveliness lease duration: Infinite
```

▲ 圖 4-15　機器人模擬環境下的話題清單和速度話題的詳細資訊

可以看到，Gazebo 模擬中的差速控制器已經開始訂閱 cmd_vel 話題。接下來可以執行鍵盤控制節點，如圖 4-16 所示，透過敲擊鍵盤上的「i」「j」「k」「l」按鍵，鍵盤節點就會發佈對應的 cmd_vel 話題訊息來驅動機器人運動，此時機器人就會在 Gazebo 中運動了。

```
$ ros2 run teleop_twist_keyboard teleop_twist_keyboard
```

當機器人在模擬環境中撞到障礙物時，Gazebo 會根據兩者的物理屬性，決定機器人是否反彈，或障礙物是否會被推動，這也證明了 Gazebo 是一種貼近真實環境的物理模擬平臺。

我們從零建構的機器人 URDF 模型已經可以在 Gazebo 中動起來了，接下來繼續深入，為機器人模擬 RGB 相機、RGBD 相機、雷射雷達等常用感測器。

4.6 Gazebo 機器人模擬

```
ros2@guyuehome:~$ ros2 run teleop_twist_keyboard teleop_twist_keyboard
This node takes keypresses from the keyboard and publishes them
as Twist/TwistStamped messages. It works best with a US keyboard layout.
---------------------------
Moving around:
    u    i    o
    j    k    l
    m    ,    .

For Holonomic mode (strafing), hold down the shift key:
---------------------------
    U    I    O
    J    K    L
    M    <    >

t : up (+z)
b : down (-z)

anything else : stop

q/z : increase/decrease max speeds by 10%
w/x : increase/decrease only linear speed by 10%
e/c : increase/decrease only angular speed by 10%
```

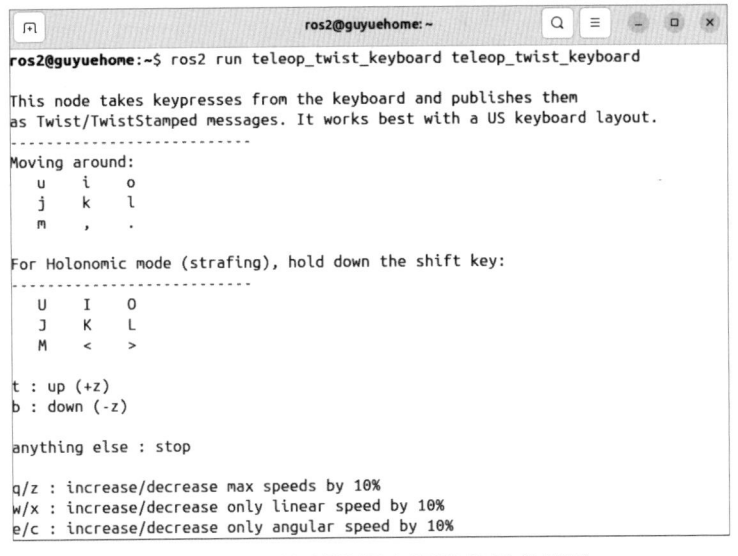

▲ 圖 4-16 控制機器人運動的鍵盤節點

4.6.3 RGB 相機模擬與視覺化

RGB 相機是機器人最為常用的一種感測器，類似於機器人模型中的差速控制器外掛程式，Gazebo 也提供了 RGB 相機的模擬外掛程式，需要在 URDF 模型中進行配置。

1. 模擬外掛程式配置

為了讓相機模型可以以模組化的方式被呼叫，這裡單獨建立了一個 RGB 相機的模型檔案 camera_gazebo_harmonic.xacro，並在其中建立了相機的巨集定義，內容如下：

```xml
<?xml version="1.0"?>
<robot xmlns:xacro=[xacro 命名空間宣告連結，一般是 xacro 的 ros wiki 連結] name="camera">

    <xacro:macro name="usb_camera" params="prefix:=camera">
        <!-- 相機連桿，設置相機的外觀、慣性矩陣和碰撞模型 -->
        <link name="${prefix}_link">
            <inertial>
                <mass value="0.1" />
```

```xml
                <origin xyz="0 0 0" />
                <inertia ixx="0.01" ixy="0.0" ixz="0.0"
                         iyy="0.01" iyz="0.0"
                         izz="0.01" />
            </inertial>
            <visual>
                <origin xyz="0 0 0" rpy="0 0 0" />
                <geometry>
                    <box size="0.01 0.04 0.04" />
                </geometry>
                <material name="black"/>
            </visual>
            <collision>
                <origin xyz="0.0 0.0 0.0" rpy="0 0 0" />
                <geometry>
                    <box size="0.01 0.04 0.04" />
                </geometry>
            </collision>
        </link>

        <!-- 配置 Gazebo 相機外掛程式的功能參數 -->
        <gazebo reference="${prefix}_link">
            <sensor type="camera" name="camera_node">
                <always_on>true</always_on>
                <ignition_frame_id>${prefix}_link</ignition_frame_id> <!-- 影像訊息的參考系 -->
                <visualize>true</visualize>
                <topic>camera</topic>              <!-- 相機發佈的影像話題名稱 -->
                <update_rate>10.0</update_rate>    <!-- 影像話題的發佈頻率 -->
                <camera name="${prefix}">
                    <horizontal_fov>1.3962634</horizontal_fov> <!-- 相機角度 -->
                    <pose>0 0 0 0 0 0</pose>
                    <image>                        <!-- 相機解析度 -->
                        <width>640</width>
                        <height>480</height>
                        <format>R8G8B8</format>
                    </image>
                    <clip>                         <!-- 相機可視距離 -->
                        <near>0.005</near>
```

```
                    <far>20.0</far>
                </clip>
                <noise>                      <!-- 相機雜訊 -->
                    <type>gaussian</type>
                    <mean>0.0</mean>
                    <stddev>0.007</stddev>
                </noise>
            </camera>
        </sensor>
    </gazebo>
  </xacro:macro>
</robot>
```

以上 RGB 相機的模型檔案主要分為兩部分。

第一部分是相機 link 的描述，使用 <visual> 描述相機外觀是一個黑色的長方體。

第二部分是 Gazebo 相機外掛程式的詳細配置，使用 <sensor> 標籤來描述感測器的各種屬性，type 表示感測器類型，name 表示相機名稱；使用 <camera> 標籤描述相機感測器參數，包括解析度、影像範圍、更新頻率、發佈話題名稱、參考座標系、雜訊參數等。

2. 介面參數配置

相機模擬會發佈影像話題，所以還需要在 ros_gz_bridge 的介面設定檔中加入影像話題相關的設置。完整內容在 ros_gz_bridge_mbot_camera.yaml 中，其中相機相關的設置如下。

```
...
- ros_topic_name: "/camera/image_raw"
  gz_topic_name: "/camera"
  ros_type_name: "sensor_msgs/msg/Image"
  gz_type_name: "gz.msgs.Image"
  direction: GZ_TO_ROS
- ros_topic_name: "/camera/camera_info"
  gz_topic_name: "/camera_info"
```

第 4 章 ROS 2 機器人模擬：零成本玩轉機器人

```
ros_type_name: "sensor_msgs/msg/CameraInfo"
gz_type_name: "gz.msgs.CameraInfo"
direction: GZ_TO_ROS
```

根據以上配置，相機發佈的影像話題將從 Gazebo 中的 /camera 轉換成 ROS 中的 /camera/image_raw；而相機的標定資訊話題將從 Gazebo 中的 /camera_info 轉換成 ROS 中的 /camera/camera_info。

3. 執行模擬環境

模型已經配置好，能不能把相機成功模擬出來，並且在 RViz 中看到影像資訊，大家拭目以待。

使用以下命令啟動模擬環境，並載入裝配了相機的機器人模型。

```
$ ros2 launch learning_gazebo_harmonic load_mbot_camera_into_gazebo_harmonic.launch.py
```

Gazebo 啟動成功後，可以看到裝配有相機的機器人模型已經載入成功，如圖 4-17 所示。

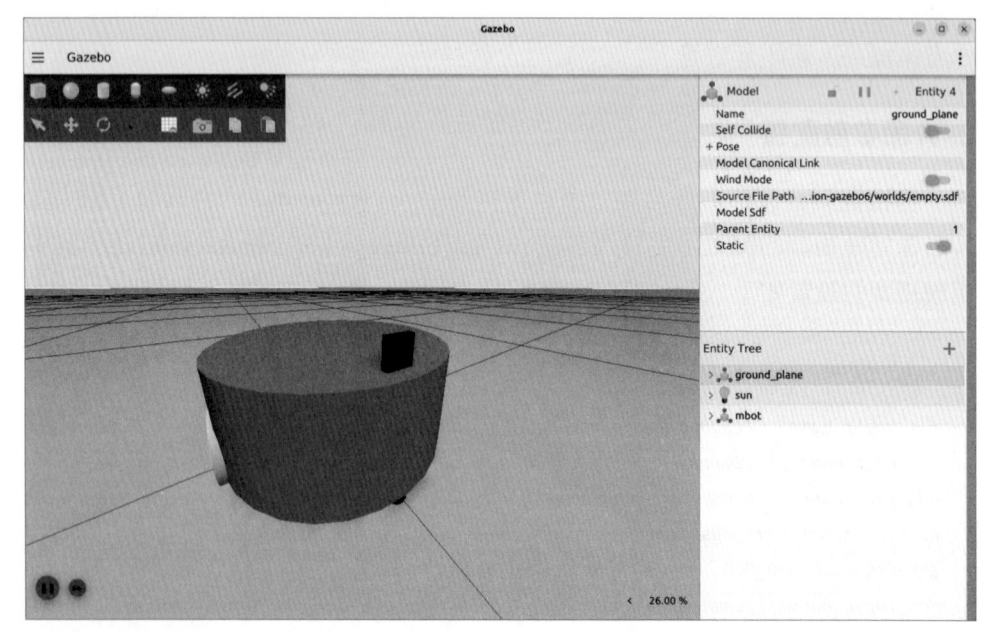

▲ 圖 4-17 在 Gazebo 中載入並顯示帶 RGB 相機的機器人模型

查看機器人模型，可以看到在機器人底盤上出現了一個黑色的長方體，這就是模擬的 RGB 相機，它真的可以看到影像嗎？先看一下當前系統中的話題清單，如圖 4-18 所示。

```
ros2@guyuehome:~$ ros2 topic list
/camera/camera_info
/camera/image_raw
/clock
/cmd_vel
/joint_states
/odom
/parameter_events
/robot_description
/rosout
/tf
/tf_static
ros2@guyuehome:~$ ros2 topic info --verbose /camera/image_raw
Type: sensor_msgs/msg/Image

Publisher count: 1

Node name: ros_gz_bridge
Node namespace: /
Topic type: sensor_msgs/msg/Image
Topic type hash: RIHS01_d31d41a9a4c4bc8eae9be757b0beed306564f7526c88ea6a4588fb9582527d47
Endpoint type: PUBLISHER
GID: 01.0f.da.0b.fb.03.4f.0c.00.00.00.00.00.00.1a.03
QoS profile:
  Reliability: RELIABLE
  History (Depth): UNKNOWN
  Durability: VOLATILE
  Lifespan: Infinite
  Deadline: Infinite
  Liveliness: AUTOMATIC
  Liveliness lease duration: Infinite
```

▲ 圖 4-18 查看機器人模擬環境下的話題清單和影像話題的詳細資訊

從話題資訊中可以看到，Gazebo 中的機器人相機已經開始發佈影像話題了。

4. 圖像資料視覺化

接下來使用 RViz 視覺化影像資訊，先啟動 RViz。

```
$ ros2 run rviz2 rviz2
```

啟動成功後，在左側 Displays 視窗中點擊「Add」，找到 Image 顯示外掛程式，確認後可以加入顯示外掛程式清單。然後將其訂閱的影像話題配置為 /camera/image_raw，可以順利看到機器人的相機影像。此時 Gazebo 模擬環境中什麼都沒有，影像資訊似乎不太明顯，大家可以在 Gazebo 中增加一些基礎的正方體、球體等，如圖 4-19 所示，影像資訊會同步更新。

第 4 章　ROS 2 機器人模擬：零成本玩轉機器人

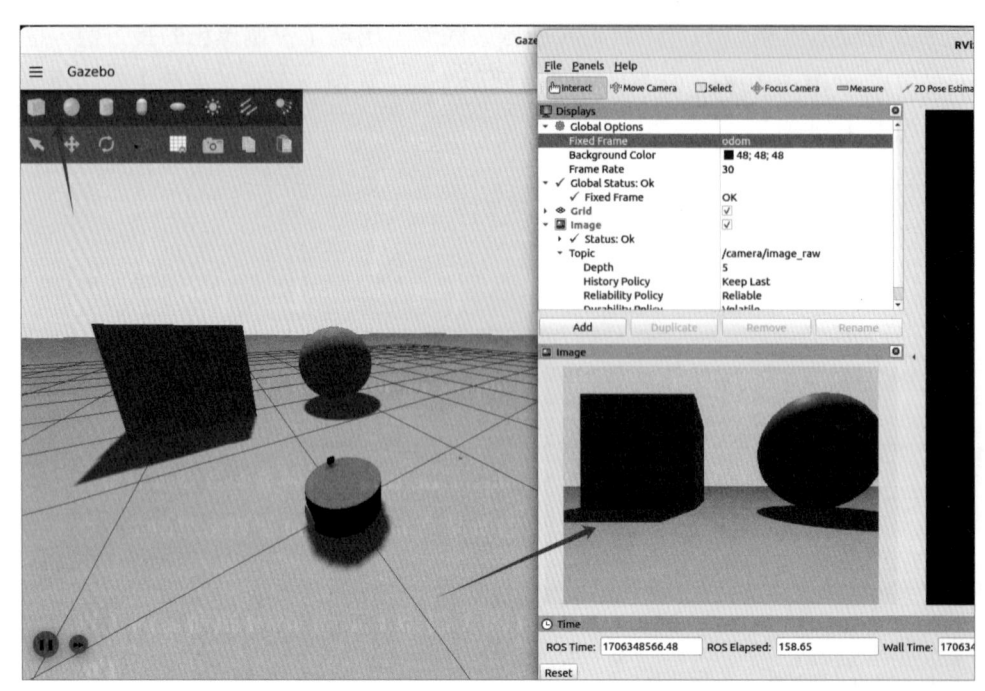

▲ 圖 4-19　使用 RViz 視覺化 Gazebo 模擬的相機影像

> 大家也可以使用更輕量的 rqt 工具顯示影像，執行命令如下：ros2 run rqt_image_view rqt_image_view。

4.6.4　RGBD 相機模擬與視覺化

　　RGB 相機不過癮，想不想試試三維相機？Realsense、Kinect 等 RGBD 相機可以獲取外部環境更為豐富的三維點雲端資料，RGBD 相機比 RGB 相機貴不少，不過透過模擬，我們可以一分錢不花地玩起來。

1. 模擬外掛程式配置

　　為了讓 RGBD 相機模型可以以模組化的方式被呼叫，這裡單獨建立了一個 RGBD 相機的模型檔案 rgbd_gazebo_harmonic.xacro，並在其中建立了相機的巨集定義，內容如下。

4.6 Gazebo 機器人模擬

```xml
<?xml version="1.0"?>
<robot xmlns:xacro=[xacro 命名空間宣告連結，一般是 xacro 的 ros wiki 連結 ] name="rgbd_camera">

    <xacro:macro name="rgbd_camera" params="prefix:=camera">
        <!-- Create rgbd reference frame -->
        <!-- Add mesh for rgbd -->
        <link name="${prefix}_link">
            <origin xyz="0 0 0" rpy="0 0 0"/>
            <visual>
                <origin xyz="0 0 0" rpy="0 0 ${M_PI/2}"/>
                <geometry>
                    <box size="0.15 0.04 0.04" />
                </geometry>
            </visual>
            <collision>
                <geometry>
                    <box size="0.07 0.3 0.09"/>
                </geometry>
            </collision>
        </link>
        <joint name="${prefix}_optical_joint" type="fixed">
            <origin xyz="0 0 0" rpy="-1.5708 0 -1.5708"/>
            <parent link="${prefix}_link"/>
            <child link="${prefix}_frame_optical"/>
        </joint>
        <link name="${prefix}_frame_optical"/>
        <gazebo reference="${prefix}_link">
            <sensor name="rgbd_camera" type="rgbd_camera">
                <camera>
                    <horizontal_fov>1.047</horizontal_fov>
                    <image>
                        <width>640</width>
                        <height>480</height>
                    </image>
                    <clip>
                        <near>0.1</near>
                        <far>100</far>
                    </clip>
                </camera>
```

4-49

```
                <always_on>1</always_on>
                <update_rate>20</update_rate>
                <visualize>true</visualize>
                <topic>rgbd_camera</topic>
                <enable_metrics>true</enable_metrics>
                <ignition_frame_id>${prefix}_link</ignition_frame_id>
            </sensor>
        </gazebo>
    </xacro:macro>
</robot>
```

這裡和 RGB 相機的配置流程類似，先使用 link 描述 RGBD 相機的外觀；接下來在 <sensor> 標籤中將感測器類型設置為 rgbd_camera，<camera> 中的參數和相機類似，設置發佈的資料話題名稱及參考座標系等參數。

2. 介面參數配置

相機模擬會發佈三維點雲和影像話題，所以還需要在 ros_gz_bridge 的介面設定檔中加入相關的設置。完整內容在 ros_gz_bridge_mbot_rgbd.yaml 中，其中 RGBD 相機的相關設置如下：

```
...
- ros_topic_name: "/rgbd_camera/image"
  gz_topic_name: "/rgbd_camera/image"
  ros_type_name: "sensor_msgs/msg/Image"
  gz_type_name: "gz.msgs.Image"
  direction: GZ_TO_ROS
- ros_topic_name: "/rgbd_camera/camera_info"
  gz_topic_name: "/rgbd_camera/camera_info"
  ros_type_name: "sensor_msgs/msg/CameraInfo"
  gz_type_name: "gz.msgs.CameraInfo"
  direction: GZ_TO_ROS
- ros_topic_name: "/rgbd_camera/depth_image"
  gz_topic_name: "/rgbd_camera/depth_image"
  ros_type_name: "sensor_msgs/msg/Image"
  gz_type_name: "gz.msgs.Image"
  direction: GZ_TO_ROS
```

```
- ros_topic_name: "/rgbd_camera/points"
  gz_topic_name: "/rgbd_camera/points"
  ros_type_name: "sensor_msgs/msg/PointCloud2"
  gz_type_name: "gz.msgs.PointCloudPacked"
  direction: GZ_TO_ROS
```

RGBD 相機發佈的話題比較多，包括 RGB 相機影像 /rgbd_camera/image、相機標定資訊 /rgbd_camera/camera_info、深度相機影像 /rgbd_camera/depth_image、相機點雲影像 /rgbd_camera/ points 等，都需要一一配置轉換。

3. 執行模擬環境

使用以下命令啟動模擬環境，並載入裝配了 RGBD 相機的機器人模型，效果如圖 4-20 所示。

```
$ ros2 launch learning_gazebo_harmonic load_mbot_rgbd_into_gazebo_harmonic.launch.py
```

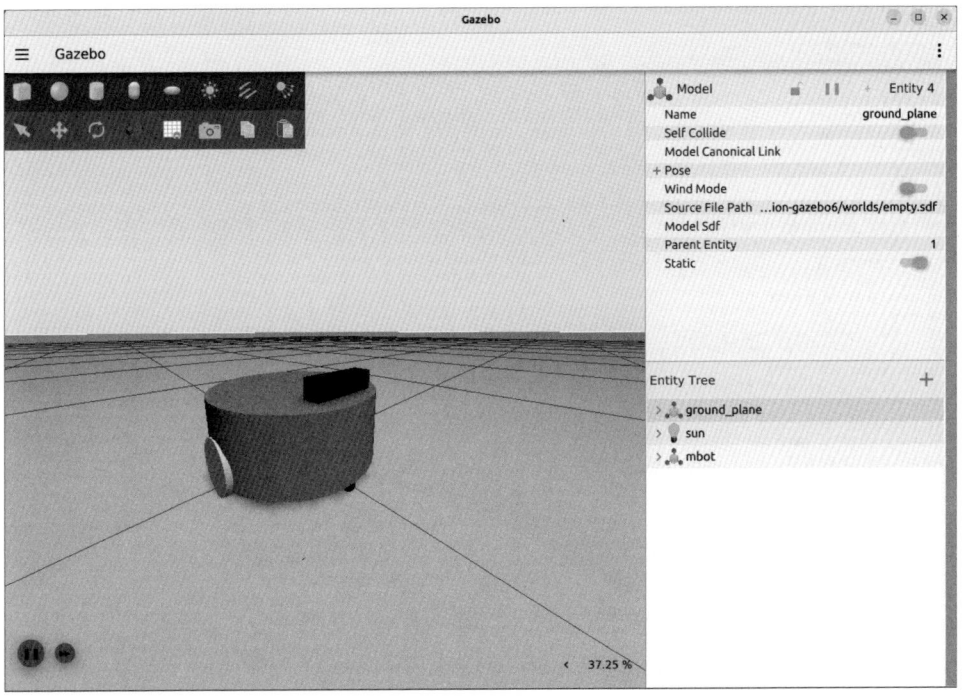

▲ 圖 4-20 在 Gazebo 中載入並顯示帶 RGBD 相機的機器人模型

4-51

第 4 章　ROS 2 機器人模擬：零成本玩轉機器人

啟動成功後，如圖 4-21 所示，在當前的話題清單中，已經產生了 RGBD 相機的相關話題。

4. 點雲端資料視覺化

接下來使用 RViz 視覺化顯示三維點雲資訊，啟動一個新終端執行 RViz。

```
$ ros2 run rviz2 rviz2
```

在 RViz 中配置 RViz 的「Fixed Frame」參考系為 odom；點擊 Add，增加 PointCloud2 類型的顯示外掛程式；修改外掛程式訂閱的話題為 /rgbd_camera/points，之後可以看到點雲端資料，如圖 4-22 所示。可以用滑鼠放大，點雲中的每個點都是由 xyz 位置和 RGB 顏色組成的。

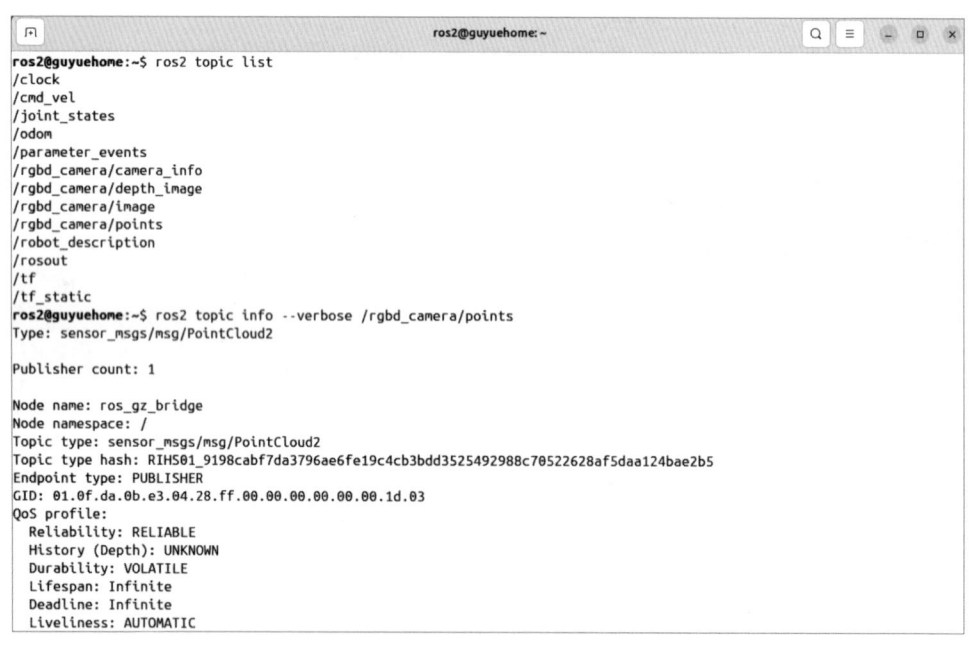

```
ros2@guyuehome:~$ ros2 topic list
/clock
/cmd_vel
/joint_states
/odom
/parameter_events
/rgbd_camera/camera_info
/rgbd_camera/depth_image
/rgbd_camera/image
/rgbd_camera/points
/robot_description
/rosout
/tf
/tf_static
ros2@guyuehome:~$ ros2 topic info --verbose /rgbd_camera/points
Type: sensor_msgs/msg/PointCloud2

Publisher count: 1

Node name: ros_gz_bridge
Node namespace: /
Topic type: sensor_msgs/msg/PointCloud2
Topic type hash: RIHS01_9198cabf7da3796ae6fe19c4cb3bdd3525492988c70522628af5daa124bae2b5
Endpoint type: PUBLISHER
GID: 01.0f.da.0b.e3.04.28.ff.00.00.00.00.00.00.1d.03
QoS profile:
  Reliability: RELIABLE
  History (Depth): UNKNOWN
  Durability: VOLATILE
  Lifespan: Infinite
  Deadline: Infinite
  Liveliness: AUTOMATIC
```

▲ 圖 4-21　查看機器人模擬環境下的話題清單和點雲話題的詳細資訊

4-52

4.6 Gazebo 機器人模擬

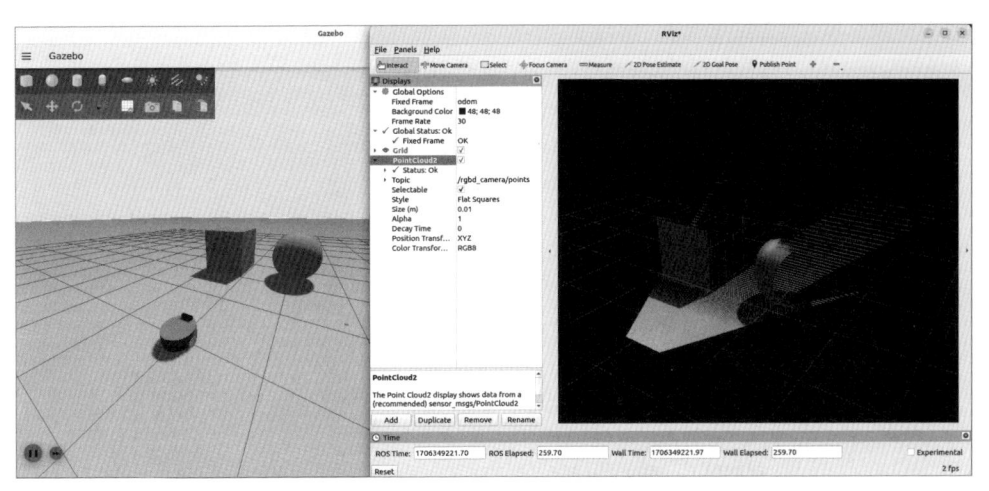

▲ 圖 4-22 使用 RViz 視覺化 Gazebo 模擬的相機影像

增加 Image 顯示外掛程式，訂閱 /rgbd_camera/image 和 /rgbd_camera/points 話題，也可以顯示 RGBD 相機獲取的 RGB 彩色影像和 Depth 深度影像。

4.6.5 雷射雷達模擬與視覺化

在 SLAM 和導航等機器人應用中，為了獲取更精確的環境資訊，往往會使用雷射雷達作為主要感測器，大家同樣可以透過 Gazebo 為模擬機器人加載一款雷射雷達。

1. 模擬外掛程式配置

為了讓雷射雷達模型可以以模組化的方式被呼叫，這裡單獨建立了一個雷射雷達的模型檔案 lidar_gazebo_harmonic.xacro，並在其中建立了雷射雷達的巨集定義，內容如下：

```
<?xml version="1.0"?>
<robot xmlns:xacro=[xacro 命名空間宣告連結，一般是 xacro 的 ros wiki 連結 ] name="laser">

    <xacro:macro name="laser_lidar" params="prefix:=laser">
        <!-- Create laser reference frame -->
        <link name="${prefix}_link">
```

4-53

```xml
            <inertial>
                <mass value="0.1" />
                <origin xyz="0 0 0" />
                <inertia ixx="0.01" ixy="0.0" ixz="0.0"
                         iyy="0.01" iyz="0.0"
                         izz="0.01" />
            </inertial>
            <visual>
                <origin xyz="0 0 0" rpy="0 0 0" />
                <geometry>
                    <cylinder length="0.05" radius="0.05"/>
                </geometry>
                <material name="black"/>
            </visual>
            <collision>
                <origin xyz="0.0 0.0 0.0" rpy="0 0 0" />
                <geometry>
                    <cylinder length="0.06" radius="0.05"/>
                </geometry>
            </collision>
        </link>
        <gazebo reference="${prefix}_link">
            <sensor type="gpu_lidar" name="gpu_lidar">
                <topic>lidar</topic>
                <update_rate>10</update_rate>
                <ray>
                    <scan>
                        <horizontal>
                            <samples>360</samples>
                            <resolution>1</resolution>
                            <min_angle>-3.14</min_angle>
                            <max_angle>3.14</max_angle>
                        </horizontal>
                        <vertical>
                            <samples>1</samples>
                            <resolution>0.01</resolution>
                            <min_angle>0</min_angle>
                            <max_angle>0</max_angle>
                        </vertical>
```

4.6 Gazebo 機器人模擬

```
                </scan>
                <range>
                    <min>0.08</min>
                    <max>10.0</max>
                    <resolution>0.01</resolution>
                </range>
            </ray>
            <alwaysOn>1</alwaysOn>
            <visualize>true</visualize>
            <ignition_frame_id>${prefix}_link</ignition_frame_id>
        </sensor>
    </gazebo>

    </xacro:macro>
</robot>
```

雷射雷達的感測器類型是 gpu_lidar，為了獲取更好的模擬效果，需要根據實際參數配置 <ray> 中的雷達參數：360° 檢測範圍、單圈 360 個採樣點、10Hz 採樣頻率，最遠 10m 檢測範圍。這裡發佈的雷射雷達 Gazebo 話題是 /lidar，後續再轉換成 scan。

2. 介面參數配置

雷射雷達模擬會發布雷達深度話題，所以還需要在 ros_gz_bridge 的介面設定檔中加入相關的設置。完整的內容在 ros_gz_bridge_mbot_lidar.yaml 中，其中雷射雷達的相關設置如下。

```
...

- ros_topic_name: "/scan"
  gz_topic_name: "/lidar"
  ros_type_name: "sensor_msgs/msg/LaserScan"
  gz_type_name: "gz.msgs.LaserScan"
  direction: GZ_TO_ROS
```

雷射雷達發佈的話題只有一個，從 Gazebo 中的 /lidar 轉換到 ROS 中的 /scan。

第 4 章　ROS 2 機器人模擬：零成本玩轉機器人

3. 執行模擬環境

使用以下命令啟動模擬環境，並載入裝配了雷射雷達的機器人，執行效果如圖 4-23 所示。

```
$ ros2 launch learning_gazebo_harmonic load_mbot_lidar_into_gazebo_harmonic.launch.py
```

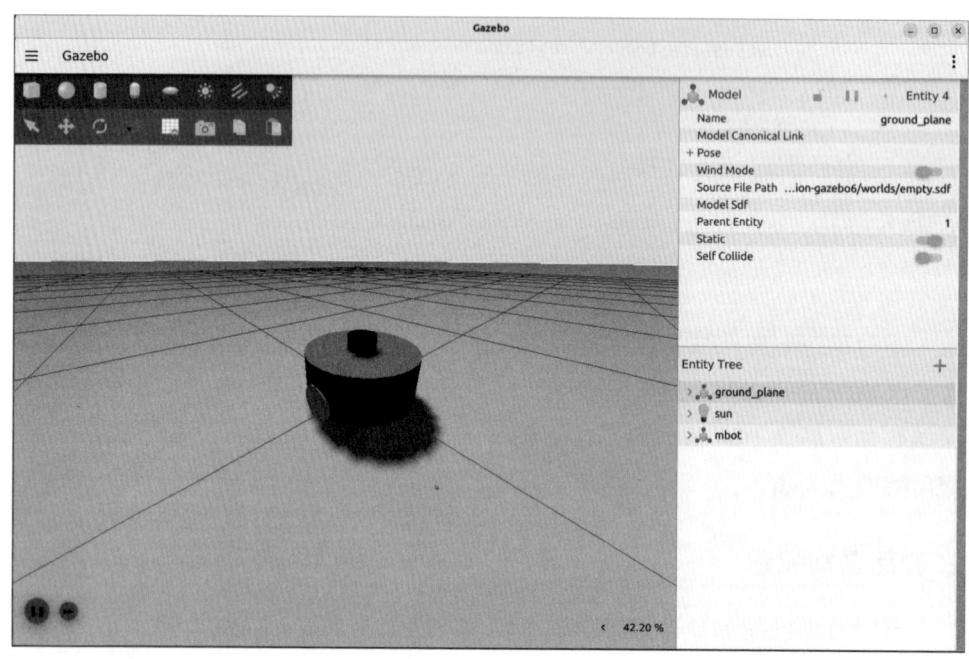

▲ 圖 4-23　在 Gazebo 中載入並顯示裝配了雷射雷達的機器人模型

4-56

4.6 Gazebo 機器人模擬

啟動成功後，如圖 4-24 所示，查看當前系統中的話題清單，確保雷射雷達的模擬外掛程式已經啟動成功。

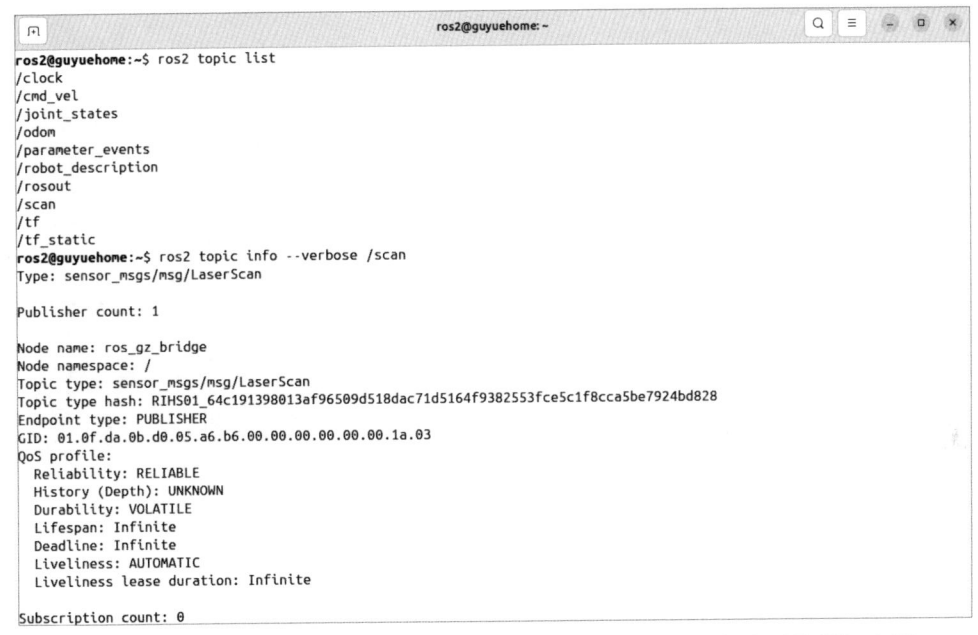

```
ros2@guyuehome:~$ ros2 topic list
/clock
/cmd_vel
/joint_states
/odom
/parameter_events
/robot_description
/rosout
/scan
/tf
/tf_static
ros2@guyuehome:~$ ros2 topic info --verbose /scan
Type: sensor_msgs/msg/LaserScan

Publisher count: 1

Node name: ros_gz_bridge
Node namespace: /
Topic type: sensor_msgs/msg/LaserScan
Topic type hash: RIHS01_64c191398013af96509d518dac71d5164f9382553fce5c1f8cca5be7924bd828
Endpoint type: PUBLISHER
GID: 01.0f.da.0b.d0.05.a6.b6.00.00.00.00.00.00.1a.03
QoS profile:
  Reliability: RELIABLE
  History (Depth): UNKNOWN
  Durability: VOLATILE
  Lifespan: Infinite
  Deadline: Infinite
  Liveliness: AUTOMATIC
  Liveliness lease duration: Infinite

Subscription count: 0
```

▲ 圖 4-24 查看機器人模擬環境下的話題清單和雷射雷達話題的詳細資訊

4. 圖像資料視覺化

使用以下命令開啟 RViz，查看雷射雷達資料。

```
$ ros2 run rviz2 rviz2
```

第 4 章　ROS 2 機器人模擬：零成本玩轉機器人

在 RViz 中將「Fixed Frame」設置為「odom」，然後增加一個 LaserScan 類型的外掛程式，修改外掛程式訂閱的話題為「/scan」，就可以看到介面中的雷射資料了，如圖 4-25 所示。

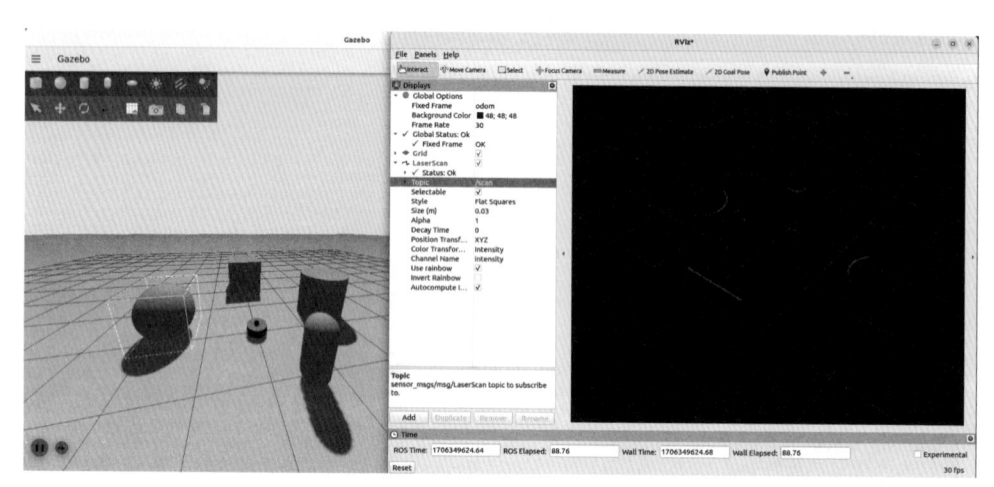

▲ 圖 4-25　使用 RViz 視覺化 Gazebo 模擬的雷射雷達資料

到此為止，Gazebo 中的機器人模型已經比較完善了，在後續章節中，我們還會在這個模擬環境的基礎上，實現更為豐富的功能。

4.7　本章小結

模擬是機器人系統開發中的重要步驟，學習完本章內容，大家應該了解了如何使用 URDF 檔案建立一個機器人模型，然後使用 XACRO 檔案最佳化該模型，並且放置到 Gazebo 模擬環境當中，讓模擬模型「動得了」「看得見」。

5

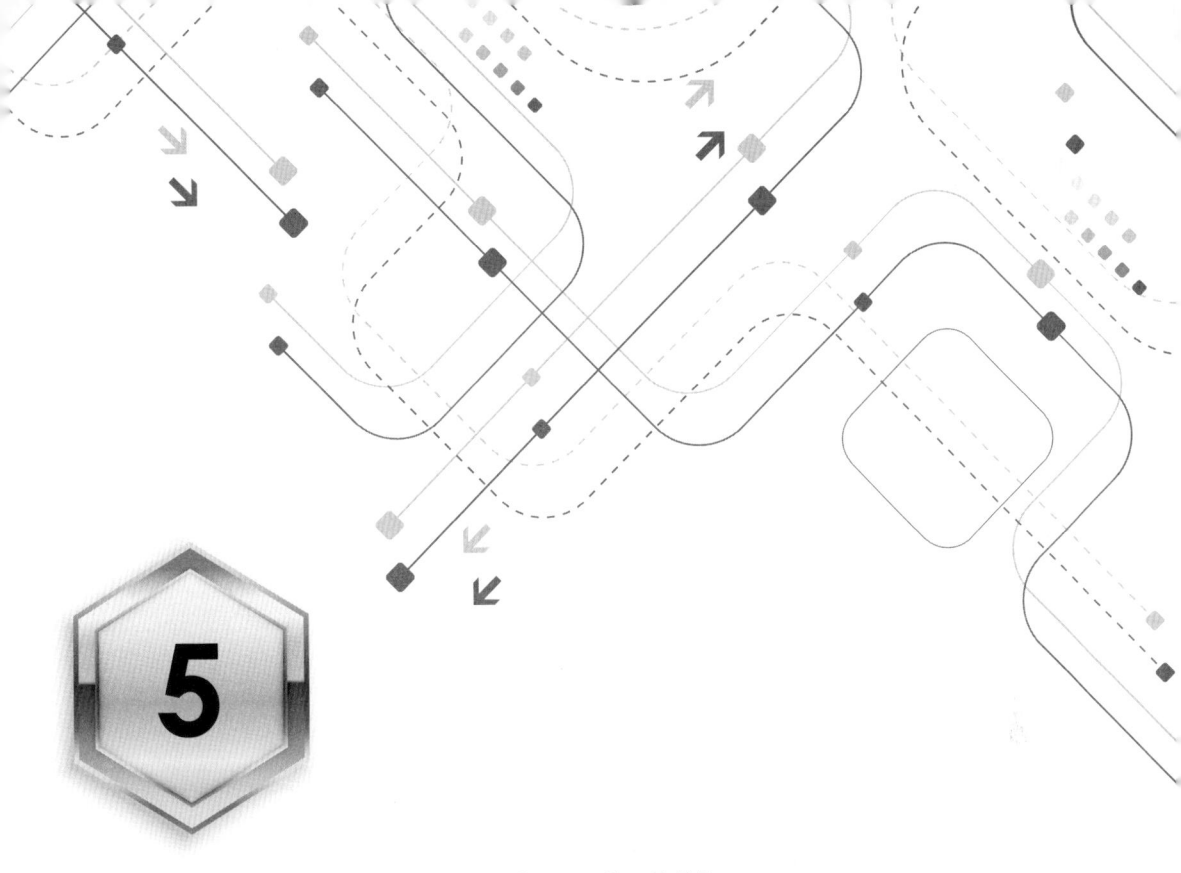

ROS 2 機器人建構：
從模擬到實物

　　在第 4 章的學習中，大家一起在模擬環境中建構了一個機器人，不僅「動得了」，還「看得見」，只不過是「虛擬」的。本章將從模擬到實物，從零設計並開發一款智慧型機器人，帶你快速了解機器人設計的完整路徑。

第 5 章　ROS 2 機器人建構：從模擬到實物

5.1 機器人從模擬到實物

透過模擬，大家已經了解了機器人的概念和組成，如何設計並開發一款真實的智慧型機器人呢？本節以智慧小車為例，從機器人的四大組成部分出發，先做一個案例剖析。

在對未知事物的探索過程中，先找一個標的物件進行深入分析，是快速了解該事物的方法之一。

5.1.1 案例剖析

這裡挑選了 ROS 社區中最為常見的一款機器人——TurtleBot3。如圖 5-1 所示，TurtleBot3 機器人的層級劃分明確，每個零組件都清晰可見，以它作為參考，可以為大家提供不少機器人學習和設計的想法。

360°雷達（用於 SLAM 建圖和導航）

可擴充結構

計算控制板（此處是樹莓派 4B 電路板）

驅動控制板（此處是 OpenCR）

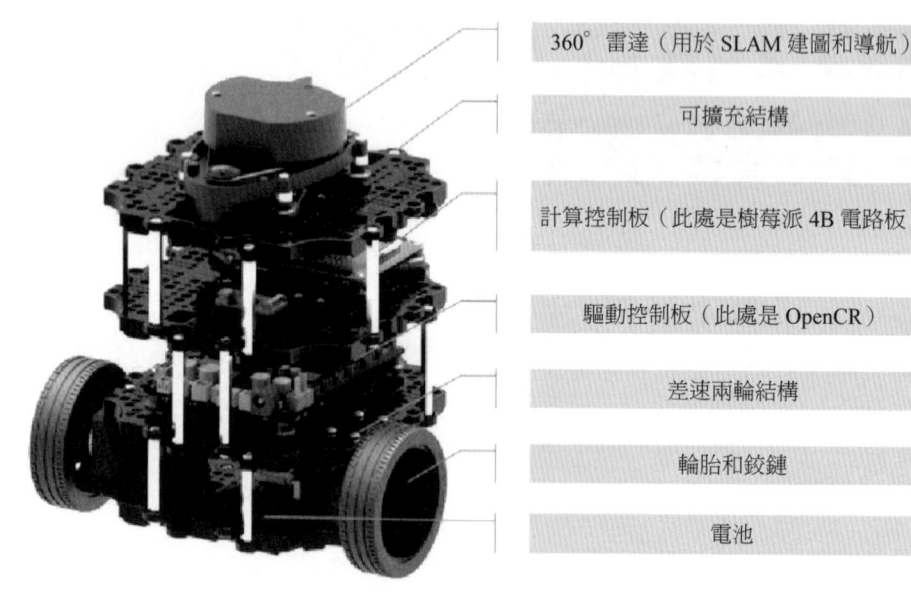

差速兩輪結構

輪胎和鉸鏈

電池

▲ 圖 5-1　TurtleBot3 機器人的組成

5-2

5.1 機器人從模擬到實物

按照機器人的四大組成部分，對 TurtleBot3 進行剖析。

1. 執行機構

TurtleBot3 使用洞洞板建構整體框架，底層安裝機器人的核心執行機構——兩台馬達，馬達輸出軸連接輪子，從而帶動整個機器人運動。

2. 驅動系統

機器人的馬達根據指令旋轉，這個過程需要驅動系統的參與。TurtleBot3 驅動系統的主要任務是控制兩個輪子按照指定的速度旋轉，依靠馬達上一層的 OpenCR（Open Controller）驅動控制板實現。OpenCR 其實就是大家常說的微控制器（或嵌入式系統），它透過控制演算法輸出馬達訊號，驅使馬達旋轉。除此之外，OpenCR 還負責整個機器人的電源管理和部分感測器的驅動。

3. 傳感系統

在內部傳感方面，TurtleBot3 的兩個馬達均帶有編碼器，可以即時回饋馬達的旋轉速度，OpenCR 驅動控制板上的 IMU 姿態感測器可以獲取機器人的加速度和角速度。在外部傳感方面，TurtleBot3 裝配有雷射雷達，可以獲取周圍障礙物的深度資訊，還可以選配攝影機，讓機器人看到周圍環境。

4. 控制系統

大量資訊最後在哪裡處理呢？沒錯，就是機器人的大腦——控制系統。TurtleBot3 將樹莓派作為控制系統的硬體載體，其中的軟體都在 ROS 環境下開發，可以實現 SLAM 地圖建構、自主導航、物體辨識等多項應用功能。

透過對 TurtleBot3 的組成進行剖析，現在大家應該對智慧小車這樣的機器人設計有一個大體的認識了。

5.1.2 機器人設計

參考 TurtleBot3 的結構，我們可以設計一台自己的智慧小車，如圖 5-2 所示。

▲ 圖 5-2 設計一台自己的智慧小車

小車的底盤是安裝各種零組件的載體，可以用金屬材料，也可以用 3D 列印。底盤下邊安裝小車的執行機構——馬達，用來驅動小車的輪子運動。為了保持運動平衡，底盤下邊還安裝了一個萬向輪。這樣小車就有了「身體」和「腿」，具備了基礎運動能力。

如圖 5-3 所示，要讓小車動起來，光有「腿」還不行，還需要「肌肉」，就是底盤上安裝的電池和運動控制器，也就是驅動系統。這部分要結合小車的功能設計實現一套嵌入式系統，類似於 TurtleBot3 的 OpenCR 控制器。

繼續建構小車的「大腦」，硬體載體可以選用 RDK、樹莓派等，甚至是電腦，至於裏面的軟體，可以使用 ROS 來開發。

身體、肌肉、大腦都有了，好像還差點啥？沒錯，傳感系統。小車不僅可以感知外部的彩色資訊，還可以感知障礙物的距離資訊，我們選擇相機和雷射雷達兩個外部感測器。除此之外，馬達上有編碼器，用來獲取車輪轉速，從而推算出機器人的位置。運動控制器上還加入了一個姿態感測器 IMU，透過獲取加速度和角速度資訊，提高機器人定位的穩定性。

到此，目標已經漸漸清晰，就是要把這樣一台智慧小車做出來，本書為這款小車取了一個代表「最初夢想」的名字——OriginBot。

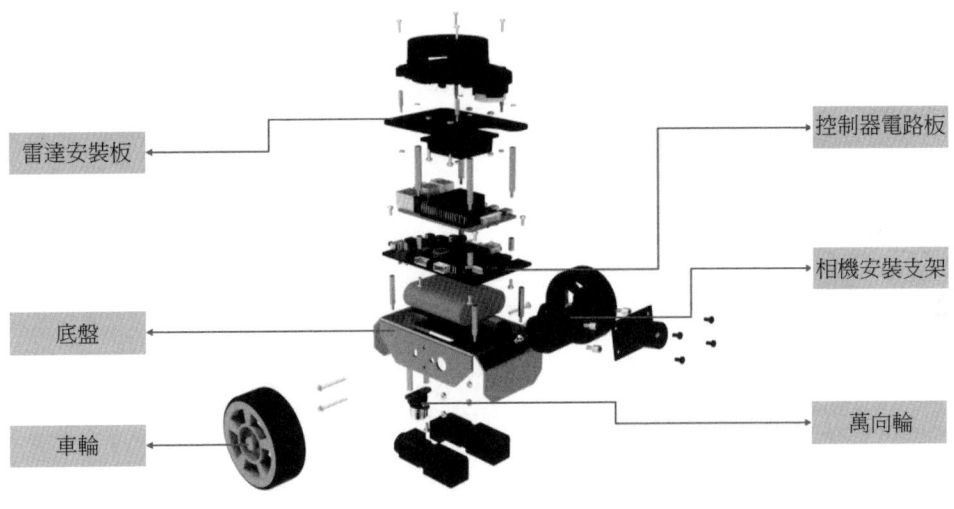

▲ 圖 5-3　智慧小車的結構剖析

OriginBot 是一個開放原始碼專案，所有相關的軟硬體資源均已開放原始碼，方便大家從零開始開發機器人，可以在 OriginBot 的 org 官網上了解更多資訊。

5.1.3 軟體架構設計

運動控制器是驅動系統的核心，主要負責馬達控制等底層驅動；應用處理器是控制系統的核心，主要負責處理應用演算法，兩者都需要進行大量的軟體程式設計，這些軟體之間的關係是什麼樣的呢？如圖 5-4 所示，我們先來了解 OriginBot 智慧小車的整體軟體框架。

第 5 章　ROS 2 機器人建構：從模擬到實物

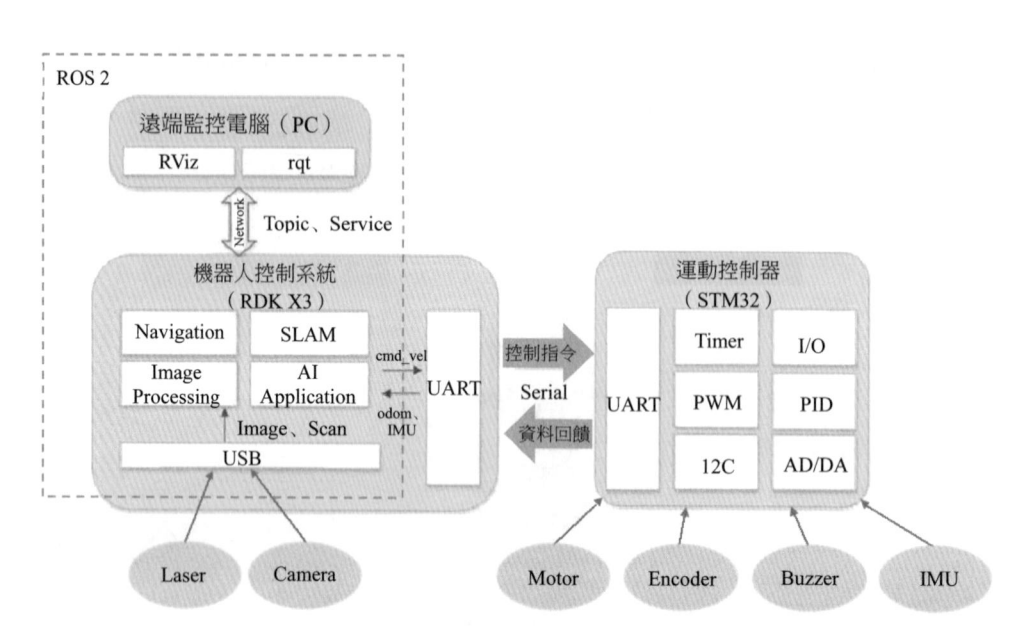

▲ 圖 5-4　OriginBot 智慧小車中的軟體架構

1. 運動控制器

驅動系統以 MCU（微控制單元）為核心，配合週邊電路組成運動控制器電路板，負責馬達控制、電源管理、感測器擴充、底層人機互動等功能，這其中各項功能的實現，都是嵌入式開發的過程，會涉及計時器、PWM、PID 等很多概念的原理和實現，並透過 I/O、序列埠、I2C、SPI 等介面與更多外部設備通訊。

2. 機器人控制系統

控制系統以 SoC（系統單晶片）為核心，以應用處理器電路板的形式提供運算資源，執行自主導航、地圖建構、影像辨識等功能，同時兼具一部分感測器驅動的任務，例如透過 USB 擷取外部相機和雷達的資訊。控制系統和驅動系統之間的資料通信透過序列埠完成，為保證通訊品質，還需要設計一套專用的通訊協定。

3. 遠端監控電腦

機器人上沒有鍵盤、滑鼠和螢幕，為了方便操控機器人，我們還需要使用自己的電腦連接機器人進行編碼和監控，使用 ROS 2 的分散式通訊框架，可以快速實現不同主機之間的資料傳輸。

在這個看似並不簡單的軟體架構中，虛線框中的應用功能基於 ROS 2 開發實現，運動控制器中的功能基於嵌入式開發實現，兩者各司其職，一個偏向上層應用，另一個偏向底層控制，共同實現機器人的各項功能。

> 在嵌入式系統中，也可以使用 Micro-ROS 框架開發，程式設計方法與 ROS 2 相似。

5.1.4 電腦端開發環境配置

了解了智慧小車的整體軟體框架，我們發現除了運動控制器和控制系統中的上下位機和通訊協定，還有一個重要角色——遠端監控電腦，也就是我們使用的電腦。

OriginBot 的開發過程幾乎都在電腦端完成，大家需要將 OriginBot 電腦端的功能套件下載並編譯好，便於後續操作使用。

1. 下載 originbot_desktop 功能套件集合

在電腦 Ubuntu 系統的工作空間中，下載 OriginBot 電腦端的功能套件。

```
$ cd ~/dev_ws/src
$ git clone 本書書附原始程式碼
```

> 以上 [本書書附原始程式碼] 需要修改為本書書附原始程式碼連結。

下載安裝套件之後就可以在目錄下看到相關的功能套件了，如圖 5-5 所示。

```
ros2@guyuehome:~/dev_ws/src/originbot_desktop$ ls
images              manuals                  originbot_demo              originbot_gazebo_fortress   originbot_navigation
install_prereq.sh   originbot_app            originbot_description       originbot_gazebo_harmonic   originbot_viz
LICENSE             originbot_deeplearning   originbot_gazebo            originbot_msgs              README.md
```

▲ 圖 5-5 originbot_desktop 中包含的功能套件

2. 安裝功能套件相依

為滿足後續開發需要，還得安裝一系列功能套件與相依函式庫，安裝過程如圖 5-6 所示。

```
$ cd ~/dev_ws/src/originbot_desktop
$ ./install_prereq.sh
```

```
ros2@guyuehome:~/dev_ws/src/originbot_desktop$ ./install_prereq.sh
[sudo] password for ros2:
Get:1 ███████████ .tuna.tsinghua.edu.cn/ros2/ubuntu noble InRelease [4,667 B]
Hit:2 ███████████ .ustc.edu.cn/ubuntu noble InRelease
Get:3 ███████████ .ustc.edu.cn/ubuntu noble-updates InRelease [126 kB]
Get:4 ███████████ .ustc.edu.cn/ubuntu noble-backports InRelease [126 kB]
Get:5 ███████████ .tuna.tsinghua.edu.cn/ros2/ubuntu noble/main amd64 Packages [922 kB]
Get:6 ███████████ .ustc.edu.cn/ubuntu noble-security InRelease [126 kB]
Get:7 ███████████ .ubuntu.com/ubuntu noble-security InRelease [126 kB]
Hit:8 ███████████ .ubuntu.com/ubuntu noble InRelease
Get:9 ███████████ .ustc.edu.cn/ubuntu noble-updates/main amd64 Packages [317 kB]
Get:10 ███████████ .ustc.edu.cn/ubuntu noble-updates/main Translation-en [82.7 kB]
Get:11 ███████████ .ubuntu.com/ubuntu noble-updates InRelease [126 kB]
Get:12 ███████████ .ustc.edu.cn/ubuntu noble-updates/main amd64 c-n-f Metadata [5,640 B]
Get:13 ███████████ .ustc.edu.cn/ubuntu noble-updates/restricted amd64 Packages [208 kB]
Get:14 ███████████ .ustc.edu.cn/ubuntu noble-updates/restricted Translation-en [40.7 kB]
Get:15 ███████████ .ustc.edu.cn/ubuntu noble-updates/universe amd64 Packages [318 kB]
Get:16 ███████████ .ustc.edu.cn/ubuntu noble-updates/universe Translation-en [133 kB]
Get:17 ███████████ .ustc.edu.cn/ubuntu noble-updates/universe amd64 c-n-f Metadata [12.5 kB]
Get:18 ███████████ .ustc.edu.cn/ubuntu noble-backports/universe amd64 Packages [10.3 kB]
Get:19 ███████████ .ustc.edu.cn/ubuntu noble-backports/universe amd64 c-n-f Metadata [1,016 B]
Get:20 ███████████ .ustc.edu.cn/ubuntu noble-security/main amd64 Packages [265 kB]
Get:21 ███████████ .ustc.edu.cn/ubuntu noble-security/main Translation-en [63.1 kB]
Get:22 ███████████ .ustc.edu.cn/ubuntu noble-security/main amd64 c-n-f Metadata [3,632 B]
Get:23 ███████████ .ustc.edu.cn/ubuntu noble-security/restricted amd64 Packages [208 kB]
Get:24 ███████████ .ustc.edu.cn/ubuntu noble-security/restricted Translation-en [40.7 kB]
Get:25 ███████████ .ustc.edu.cn/ubuntu noble-security/universe amd64 Packages [246 kB]
Get:26 ███████████ .ustc.edu.cn/ubuntu noble-security/universe Translation-en [106 kB]
```

▲ 圖 5-6 安裝 originbot_desktop 的功能套件相依

2. 編譯工作空間

接下來回到工作空間的根目錄下，編譯整個工作空間。

```
$ cd ~/dev_ws
$ colcon build
```

3. 設置環境變數

最後設置環境變數，讓系統知道工作空間的位置。

```
$ echo "~/dev_ws/install/setup.sh" >> ~/.bashrc
```

至此，OriginBot 電腦端的開發環境配置完畢。

5.1.5 機器人模擬測試

為了驗證電腦端的開發環境是否配置成功，可以啟動一個 Gazebo 模擬作為測試，具體命令如下。

```
$ ros2 launch originbot_gazebo_harmonic load_originbot_into_gazebo.launch.py
```

啟動成功後如圖 5-7 所示，可以看到，OriginBot 的簡化模型已經載入到 Gazebo 中了。

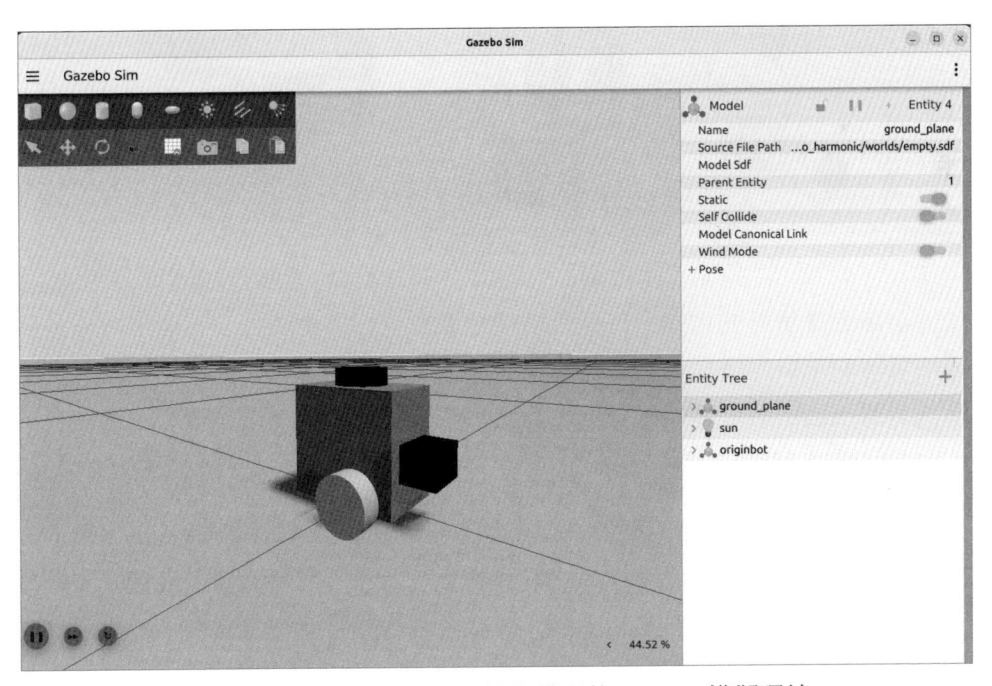

▲ 圖 5-7 載入 OriginBot 簡化模型的 Gazebo 模擬環境

第 **5** 章　ROS 2 機器人建構：從模擬到實物

5.2 驅動系統設計：讓機器人動得了

　　智慧小車 OriginBot 大概的樣子已經在大家腦海中出現了，接下來我們一步一步讓它變成機器人該有的樣子。驅動系統的核心就是一個字——動！看似簡單，卻包含機器人開發中很多經典的內容，我們慢慢來讓它動得了、動得準、動得穩。

5.2.1 馬達驅動原理：從 PWM 到 H 橋

　　機器人為什麼可以動？驅動運動的核心元件就是馬達，如圖 5-8 所示。大家可能玩過四驅車或類似的玩具，想讓小車跑得快，升級馬達是關鍵，筆者當年就多次花重金購買性能更強的馬達，換到四驅車上，速度提升是非常明顯的。

▲ 圖 5-8　四驅車中的馬達

　　市場上最常見的馬達上一般有兩個金屬片，一個是正極、一個是負極，只需把電池的正負兩級對應接上去，就形成了一個最簡單的馬達控制回路：電流從電池的正極出發，經過馬達中的繞線，在磁場的作用下產生運動，最終回到電池的負極。

　　當電池輸出的電壓高、電流大時，馬達旋轉速度快，當電池輸出的電壓低、電流小時，馬達旋轉的速度慢。四驅車要全力衝刺，馬達的轉速直接取決於電池輸出的功率，但是機器人不一樣，機器人運動的速度有快有慢，所以大家自然會想到：如果可以控制馬達兩端的電壓和電流，不就可以控制馬達的轉速嗎？

5.2 驅動系統設計：讓機器人動得了

此時就需要借助嵌入式系統，即微控制器程式設計控制輸出給馬達的電壓，從而控制馬達的轉速，此處最常用的技術就是脈衝寬度調變（PWM）。

PWM 是一種對類比訊號電位進行數位編碼的方法，透過高解析度計數器，調變出一定工作週期比的方波，透過這種方式對類比訊號的電位進行編碼，如圖 5-9 所示。

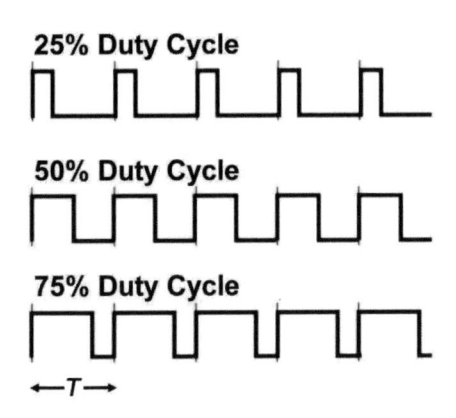

▲ 圖 5-9 PWM 的電位編碼方式

通俗來說，如果有一個 10W 的燈泡，在一小時中亮了半小時，那麼巨觀來看，它在這一小時中的功率就是 5W，相當於它的輸入電壓被降低了。同理，大家還可以透過改變這一小時中燈泡被點亮的時長，等效出不同的電壓輸入。繼續把一小時縮短為很小的時間切部分，到達一定的微分程度後，電源的通斷就可以表達電壓的變化，而這個很短的時間，就是 PWM 頻率的倒數，被點亮的時間在這個很短的時間中所佔的百分比就叫作工作週期比。

> 雖然 PWM 在盡力呈現出類比訊號的樣子，但它本質上還是數位訊號，因為在替定的任一時刻，接腳只能是高電位或低電位的。

透過 PWM 技術，可以讓數位電路產生類比訊號的效果，從而實現類似的無級控制，例如馬達轉速、螢幕亮度等。

5-11

第 5 章　ROS 2 機器人建構：從模擬到實物

OriginBot 運動控制板的核心功能之一就是產生 PWM 訊號，從而控制兩個馬達轉動，讓小車達到期望的速度。如圖 5-10 所示，我們在運動控制板的原理圖上，可以找到微控制器輸出的 PWM1~PWM4 共 4 路訊號。

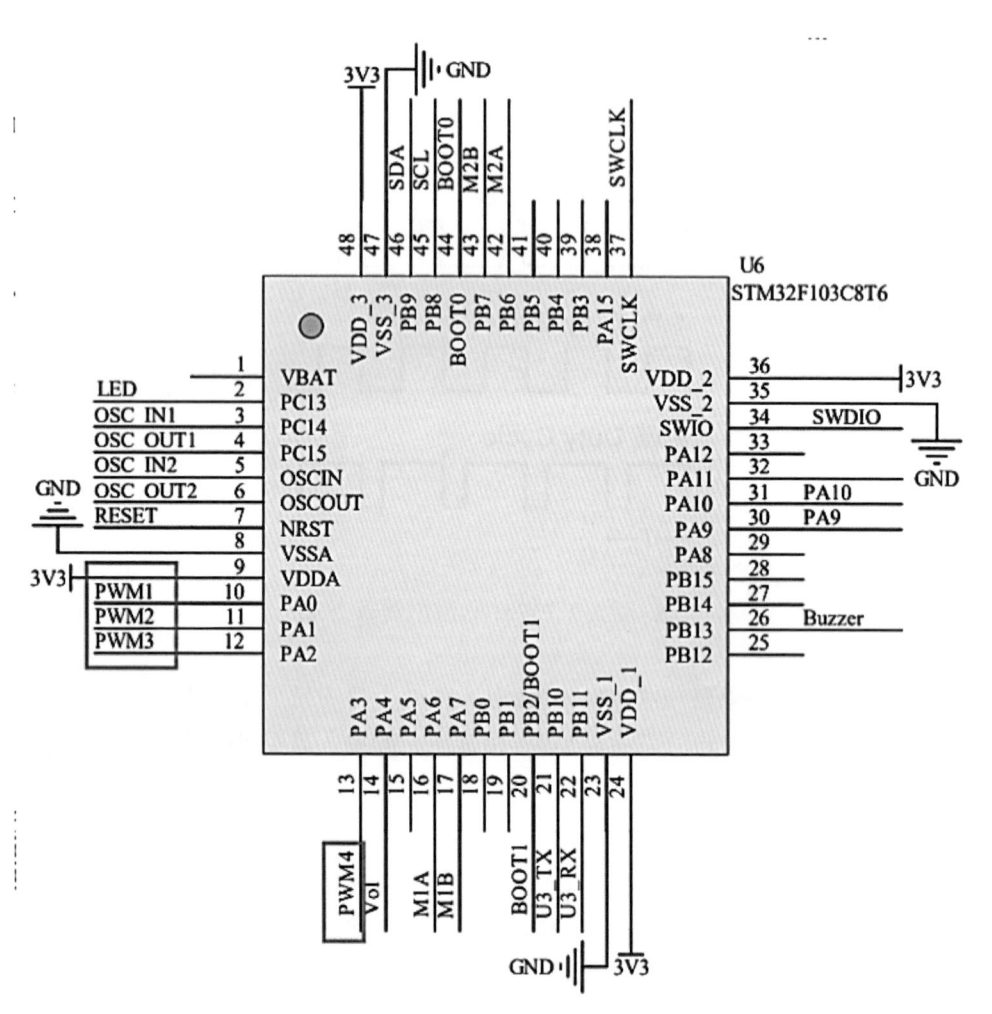

▲ 圖 5-10　微控制器接腳輸出的 4 路 PWM 訊號

OriginBot 只有兩個馬達，為什麼需要 4 路 PWM？這就衍生出來另外一個問題：一路 PWM 確實可以驅動馬達運動，但是機器人不僅要向前走，還要向後退，馬達不僅要能夠正傳，還得能反轉，反轉時馬達的正負極輸入需要反向，如何實現這個變換呢？這裡會用到經典的直流馬達 H 橋控制電路。

5.2 驅動系統設計：讓機器人動得了

H 橋是一個典型的直流馬達控制電路，因為它的電路形狀酷似字母 H，故得名「H 橋」。4 個開關組成 H 的 4 條垂直腿，而馬達就是 H 中的橫杠。H 橋的驅動原理並不複雜，如圖 5-11 所示，當只有 Q_1 和 Q_4 開啟時，馬達左側正極右側負極，正轉；當只有 Q_3 和 Q_2 開啟時，馬達右側正極左側負極，反轉。如此就可以實現馬達的正反轉，加上對應通路的 PWM 訊號，就可以控制馬達正反轉的速度了。

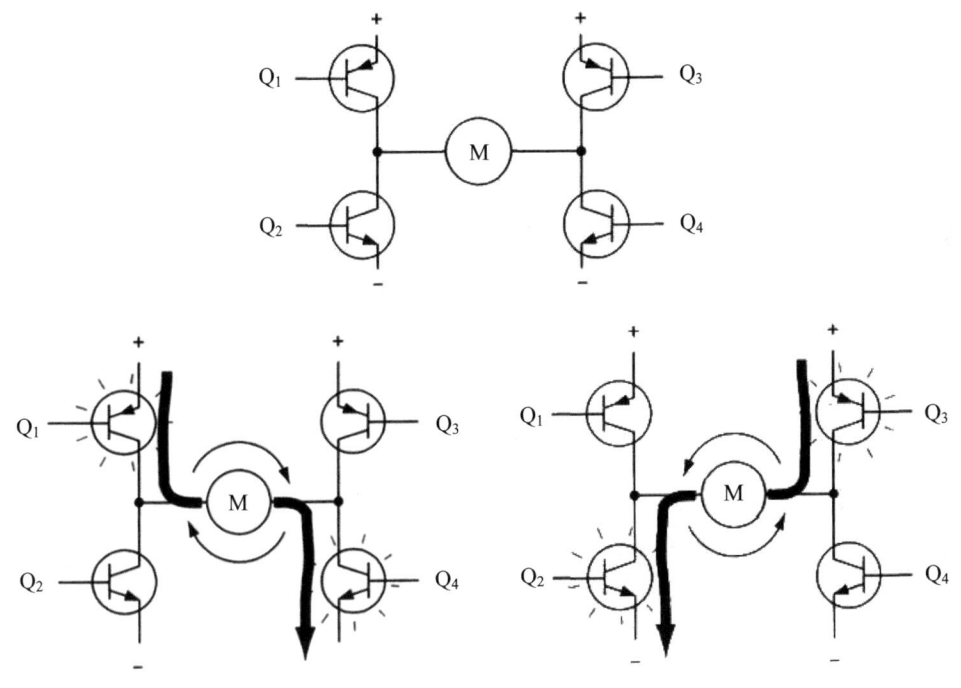

▲ 圖 5-11 直流馬達 H 橋正反轉控制原理

在實現 H 橋的電路時，可以選擇整合晶片，例如 AT8236 驅動晶片，工作原理如圖 5-12 所示。OriginBot 運動控制器使用該晶片，如圖 5-13 所示，微控制器輸出的幾路 PWM 訊號分別輸入到 IN1 和 IN2 接腳，透過 PWM 訊號的變化，就可以控制馬達的正反轉和速度了。

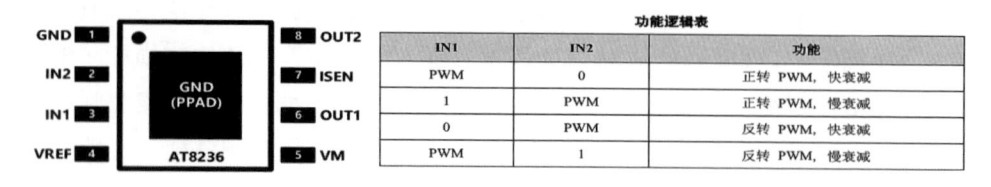

第 5 章　ROS 2 機器人建構：從模擬到實物

功能邏輯表

IN1	IN2	功能
PWM	0	正轉 PWM，快衰減
1	PWM	正轉 PWM，慢衰減
0	PWM	反轉 PWM，快衰減
PWM	1	反轉 PWM，慢衰減

▲ 圖 5-12　H 橋整合晶片 AT8236 的工作原理

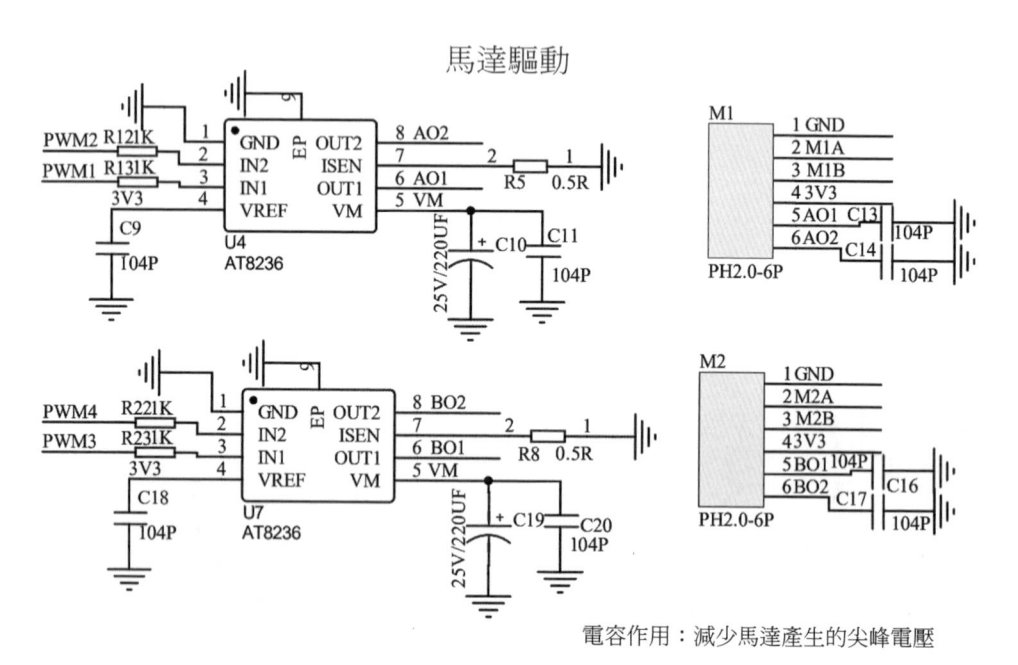

▲ 圖 5-13　OriginBot 運動控制器中的 H 橋控制電路

　　機器人的體積和重量各不相同，所以大家在開發時不僅要考慮馬達的轉速，還要考慮馬達的扭矩，也就是馬達能帶動多重的物體。類似我們使用的直流馬達，雖然其轉速非常快，但當直接輸出到輪子時，不僅轉速難以控制，扭矩也會受限，此時需要搭配另外一個工具——減速器 / 減速箱。顧名思義，減速器是在普通直流馬達的基礎上，加上書附齒輪減速箱（如圖 5-14 所示），提供較低的轉速、較大的力矩，而不同的減速比可以提供不同的轉速和力矩。

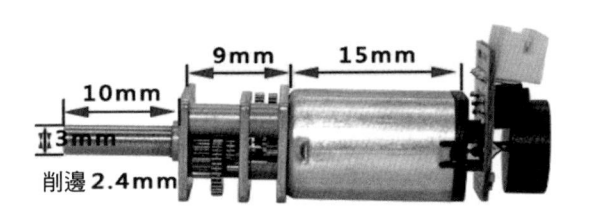

▲ 圖 5-14 與直流馬達搭配使用的減速箱

以上內容儘量透過簡單易懂的語言描述馬達驅動的基本原理和流程，具體理論和控制方法請大家參考更多權威資料。

5.2.2 馬達正反轉控製程式設計

H 橋相關的驅動是透過電路實現的，要控制馬達正反轉，關鍵是控制微控制器的 PWM 訊號。以 OriginBot 為例，想要它實現這樣的功能，需要透過開發運動控制器中的嵌入式系統來實現輸出不同工作週期比的 PWM 訊號。

一般而言，我們可以直接使用 MCU 計時器提供的 PWM 模式，透過自動重加載暫存器（TIMx_ARR）來設置計時器的輸出頻率，然後透過捕捉 / 比較暫存器（TIMx_CCRx）設置工作週期比。雖然一個計時器只有一個自動重加載暫存器，但是捕捉 / 比較暫存器有 4 個通道（TIMx_ CCR1、TIMx_CCR2、TIMx_CCR3、TIMx_CCR4），所以使用一個計時器輸出 PWM 波形時，4 個通道的頻率是相同的，而每個通道的工作週期比可以獨立設置。所以只需設置比較暫存器 TIMx_CCR1、TIMx_CCR2、TIMx_CCR3、TIMx_CCR4 的值，便可以控制輸出不同的工作週期比。

對應以上步驟的關鍵程式實現如下。

1. 馬達 PWM 初始化

```
...
// 馬達接腳初始化

...
```

```c
// 馬達 PWM 初始化
void Motor_PWM_Init(u16 arr, u16 psc)
{
  TIM_TimeBaseInitTypeDef   TIM_TimeBaseStructure;
  TIM_OCInitTypeDef    TIM_OCInitStructure;
  RCC_APB1PeriphClockCmd(RCC_APB1Periph_TIM2, ENABLE);
  // 重新將 Timer 設置為預設值
  TIM_DeInit(TIM2);

  // 設置計數溢位大小，每計 xxx 個數就產生一個更新事件
  TIM_TimeBaseStructure.TIM_Period = arr - 1 ;
  // 預分頻係數為 0，即不進行預分頻，此時 TIMER 的頻率為 72MHzre.TIM_Prescaler =0
  TIM_TimeBaseStructure.TIM_Prescaler = psc;
  // 設置時鐘分頻係數：不分頻
  TIM_TimeBaseStructure.TIM_ClockDivision = TIM_CKD_DIV1 ;
  // 向上計數模式
  TIM_TimeBaseStructure.TIM_CounterMode = TIM_CounterMode_Up;

  TIM_TimeBaseInit(TIM2, &TIM_TimeBaseStructure);

  // 設置預設值
  TIM_OCStructInit(&TIM_OCInitStructure);

  // 配置為 PWM 模式 1
  TIM_OCInitStructure.TIM_OCMode = TIM_OCMode_PWM1;
  // 比較輸出啟用
  TIM_OCInitStructure.TIM_OutputState = TIM_OutputState_Enable;
  // 設置跳變值，當計數器計數到這個值時，電位發生跳變
  TIM_OCInitStructure.TIM_Pulse = 0;
  // 當計時器計數值小於跳變值時為低電位
  TIM_OCInitStructure.TIM_OCPolarity = TIM_OCPolarity_Low;
  TIM_OC1Init(TIM2, &TIM_OCInitStructure); // 啟用通道 1
  TIM_OC1PreloadConfig(TIM2, TIM_OCPreload_Enable);

  // 配置為 PWM 模式 1
  TIM_OCInitStructure.TIM_OCMode = TIM_OCMode_PWM1;
  // 比較輸出啟用
TIM_OCInitStructure.TIM_OutputState = TIM_OutputState_Enable;
```

5.2 驅動系統設計：讓機器人動得了

```c
    // 設置跳變值，當計數器計數到這個值時，電位發生跳變
    TIM_OCInitStructure.TIM_Pulse = 0;
    // 當計時器計數值小於跳變值時為低電位
    TIM_OCInitStructure.TIM_OCPolarity = TIM_OCPolarity_Low;
    // 啟用通道 2
    TIM_OC2Init(TIM2, &TIM_OCInitStructure);
    TIM_OC2PreloadConfig(TIM2, TIM_OCPreload_Enable);


    // 配置為 PWM 模式 1
    TIM_OCInitStructure.TIM_OCMode = TIM_OCMode_PWM1;
    // 比較輸出啟用
    TIM_OCInitStructure.TIM_OutputState = TIM_OutputState_Enable;
    // 設置跳變值，當計數器計數到這個值時，電位發生跳變
    TIM_OCInitStructure.TIM_Pulse = 0;
    // 當計時器計數值小於跳變值時為低電位
    TIM_OCInitStructure.TIM_OCPolarity = TIM_OCPolarity_Low;
    // 啟用通道 3
    TIM_OC3Init(TIM2, &TIM_OCInitStructure);
    TIM_OC3PreloadConfig(TIM2, TIM_OCPreload_Enable);


    // 配置為 PWM 模式 1
    TIM_OCInitStructure.TIM_OCMode = TIM_OCMode_PWM1;
    // 比較輸出啟用
    TIM_OCInitStructure.TIM_OutputState = TIM_OutputState_Enable;
    // 設置跳變值，當計數器計數到這個值時，電位發生跳變
    TIM_OCInitStructure.TIM_Pulse = 0;
    // 當計時器計數值小於跳變值時為低電位
    TIM_OCInitStructure.TIM_OCPolarity = TIM_OCPolarity_Low;
    // 啟用通道 4
    TIM_OC4Init(TIM2, &TIM_OCInitStructure);
    TIM_OC4PreloadConfig(TIM2, TIM_OCPreload_Enable);


    // 啟用 TIM3 多載暫存器 ARR
    TIM_ARRPreloadConfig(TIM2, ENABLE);

    // 啟用計時器 2
    TIM_Cmd(TIM2, ENABLE);
}
```

2. 設置 PWM 分頻

```c
// 設置馬達速度，speed:±3600, 0 為停止
void Motor_Set_Pwm(u8 id, int speed)
{
  // 限制輸入
  if (speed > MOTOR_MAX_PULSE) speed = MOTOR_MAX_PULSE;
  if (speed < -MOTOR_MAX_PULSE) speed = -MOTOR_MAX_PULSE;

  switch (id) {
  case MOTOR_ID_1:

    Motor_m1_pwm(speed);
    break;

  case MOTOR_ID_2:

    Motor_m2_pwm(speed);
    break;

  default:
    break;
  }
}

void Motor_m1_pwm(float speed)
{
  if (speed >= 0) {
    PWM1 = 0;
    PWM2 = speed/1.5;
  } else {
    PWM1 = myabs(speed)/1.5;
    PWM2 = 0;
  }
}

void Motor_m2_pwm(float speed)
{
  if (speed >= 0) {
```

```
    PWM3 = speed/1.5;
    PWM4 = 0;
  } else {
    PWM3 = 0;
    PWM4 = myabs(speed)/1.5;
  }
}
```

3. 主函式呼叫介面實現 PWM 控制

```
...
void Motion_Set_PWM(int motor_Left, int motor_Right)
{
  Motor_Set_Pwm(MOTOR_ID_1, motor_Left);
  Motor_Set_Pwm(MOTOR_ID_2, motor_Right);
}
...
```

實現以上馬達驅動程式後，如果需要控制 OriginBot 小車向前走、向後走、向左轉、向右轉，就可以透過以下程式實現。

```
...
void system_init(void)
{
    SysTick_init(72, 10);
    UART3_Init(9600);
    UART1_Init(115200);
    jy901_init();
    Delay_Ms(1000); Delay_Ms(1000);

    Adc_Init();
    GPIO_Config();
    MOTOR_GPIO_Init();
    Motor_PWM_Init(MOTOR_MAX_PULSE, MOTOR_FREQ_DIVIDE);
    Encoder_Init();
    TIM1_Init();
    PID_Init();
```

```c
        Delay_Ms(1000);
}

int main(void)
{
    system_init();

    // 機器人運動演示
    while(1)
    {
        // 前進
        printf("Moving forward\n");
        Motion_Set_PWM(500, 500);
        Delay_Ms(2000);

        // 停止
        printf("Stopping\n");
        Motion_Set_PWM(0, 0);
        Delay_Ms(1000);

        // 後退
        printf("Moving backward\n");
        Motion_Set_PWM(-500, -500);
        Delay_Ms(2000);

        // 停止
        printf("Stopping\n");
        Motion_Set_PWM(0, 0);
        Delay_Ms(1000);

        // 左轉
        printf("Turning left\n");
        Motion_Set_PWM(-300, 300);
        Delay_Ms(1000);

        // 停止
        printf("Stopping\n");
        Motion_Set_PWM(0, 0);
        Delay_Ms(1000);
```

```
    // 右轉
    printf("Turning right\n");
    Motion_Set_PWM(300, -300);
    Delay_Ms(1000);

    // 停止
    printf("Stopping\n");
    Motion_Set_PWM(0, 0);
    Delay_Ms(2000);

    // 迴圈結束，準備重新開始
    printf("Demo cycle completed. Restarting...\n\n");
    }
}
```

在以上程式中，透過設置 Motion_Set_PWM() 中的 motor_Left 和 motor_Right，成功讓 OriginBot 的馬達實現了正反轉的速度變化，這是「動」的第一步——動得了，先讓機器人具備基本能力，只不過這個能力還需要進一步提高。

5.3 底盤運動控制：讓機器人動得穩

在機器人的實際控制中，我們不僅要控制機器人加速減速，還要控制機器人的具體速度。例如「大腦」下發 1m/s 的運動速度指令，只靠 PWM 和 H 橋雖然可以動，但無法達到精準而穩定的效果。就像騎自行車，對於某一目標速度，大家不知道自己當前的速度，所以不知道是該加速還是該減速，如果換成汽車，這個問題就好解決了，有碼表告訴大家速度，速度快了就鬆油門，反之就踩油門。機器人的馬達控制也是一樣的，大家既要知道馬達的真實速度是多少，又要結合真實速度和目標速度進行控制，這就是本節的學習目標——動得穩。

5.3.1 馬達編碼器測速原理

先來看看「動得穩」的第一個基本條件——獲取馬達的真實速度。

第 5 章　ROS 2 機器人建構：從模擬到實物

　　馬達旋轉速度這麼快，如何有效獲取它的旋轉速度呢？一般是在馬達上安裝一個感測器——編碼器。編碼器的種類很多，機器人中最常用的是光電碼盤式編碼器和霍爾式編碼器，如圖 5-15 所示。

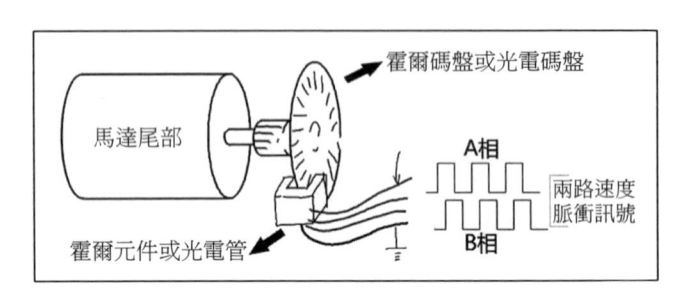

▲ 圖 5-15　編碼器測量馬達速度的原理

　　光電碼盤式編碼器的原理比較簡單，直接在馬達輸出軸上安裝一個帶有均勻開縫的碼盤，馬達旋轉帶動碼盤同速旋轉。碼盤旁有一對光電管持續發射和接收紅外線，當遇到開縫時，光線透過並被接收端接收，對應產生高電位上昇緣訊號；當離開開縫時，光線被阻擋，對應產生高電位的下降沿訊號。如此往復，光線以某種頻率穿過縫隙，光電管產生對應高低電位的脈衝訊號，就可以累積算出單位時間內檢測到的開縫數量，結合已知的碼盤一圈的開縫數量，推算出馬達的旋轉速度。舉例來說，光電碼盤有 20 個開縫，在 1s 之內光電管檢測到 100 個高電位上昇緣，也就是 100 個開縫，此時就可以計算出馬達的旋轉速度 =100/20=5 圈 /s=5×2π rad/s。

　　光電碼盤的測量精度主要取決於開縫的密度，在硬體上比較受限，除此之外，還有一種常用的編碼器——霍爾編碼器，這種編碼器會將一個霍爾感測器安裝在馬達尾部，輸出兩路電位訊號。如圖 5-16 所示，當馬達正向旋轉時，一路訊號（A）輸出超前於另一路訊號（B）；當馬達反轉時，一路訊號（A）輸出落後於另一路訊號（B）。透過這種訊號的變化，就可以知道馬達的旋轉方向，也可以透過電位變化計算得到馬達的旋轉速度。

```
         A相  ⎍⎍⎍⎍⎍
    正轉
         B相   ⎍⎍⎍⎍⎍


         A相   ⎍⎍⎍⎍⎍
    反轉
         B相  ⎍⎍⎍⎍⎍
```

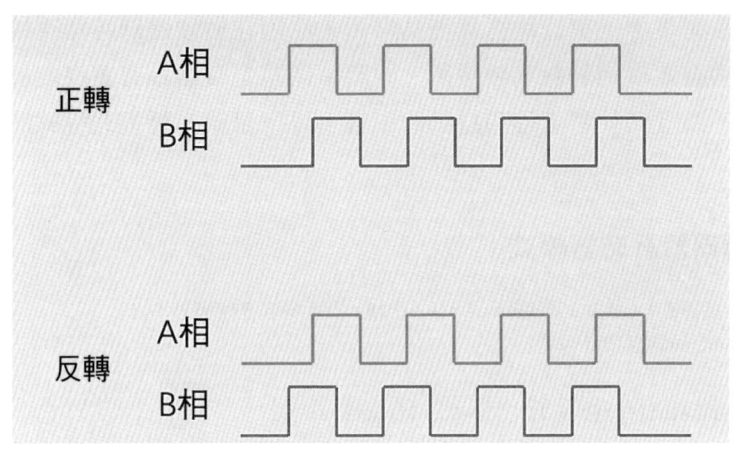

▲ 圖 5-16 霍爾編碼器測量馬達速度的原理

　　無論是光電碼盤式編碼器還是霍爾式編碼器，都是根據採樣單位時間內產生的脈衝數量計算得到馬達的旋轉速度的，結合減速器的減速比，就可以算出機器人輪子的旋轉角速度，而輪子的周長是固定的，可以進一步得到輪子的旋轉線速度。

> 這裡計算得到的只是馬達的速度和位置，並不是機器人的速度和位置，這中間還需要透過機器人的運動學模型進行轉換，這部分將在 5.4 節繼續講解。

5.3.2 編碼器測速程式設計

　　了解了編碼器測速的原理，接下來如何應用到機器人上呢？測速的核心是根據採樣單位時間內產生的脈衝數計算馬達的旋轉速度，以 OriginBot 中的運動控制板為例，一般會有兩種方式擷取脈衝資料。

- 透過外部中斷進行擷取，根據 A、B 相位差的不同判斷正負。
- 利用計時器的編碼器模式直接擷取脈衝訊號，透過硬體計數器來處理脈衝訊號。

第 5 章　ROS 2 機器人建構：從模擬到實物

在實際開發中，第二種方式更為常用，原因在於硬體計時器直接處理脈衝訊號，能夠高效率地計數高頻脈衝。同時，硬體定時器具有更高的計數精度和穩定性，不易受到軟體延遲和抖動的影響。以下是第二種方式程式設計實現的核心方法。

1. 配置編碼器計時器模式

```
// 計時器 3 的通道 1、通道 2 連接編碼器 M1A 和 M1B，對應 GPIO 的 PA6 和 PA7
void Encoder_Init_TIM3(void)
{
  TIM_TimeBaseInitTypeDef TIM_TimeBaseStructure;
  TIM_ICInitTypeDef TIM_ICInitStructure;
  GPIO_InitTypeDef GPIO_InitStructure;
  RCC_APB1PeriphClockCmd(RCC_APB1Periph_TIM3, ENABLE);

  RCC_APB2PeriphClockCmd(Hal_1A_RCC, ENABLE);
  GPIO_InitStructure.GPIO_Pin = Hal_1A_PIN;
  GPIO_InitStructure.GPIO_Mode = GPIO_Mode_IN_FLOATING;
  GPIO_Init(Hal_1A_PORT, &GPIO_InitStructure);

  RCC_APB2PeriphClockCmd(Hal_1B_RCC, ENABLE);
  GPIO_InitStructure.GPIO_Pin = Hal_1B_PIN;
  GPIO_InitStructure.GPIO_Mode = GPIO_Mode_IN_FLOATING;
  GPIO_Init(Hal_1B_PORT, &GPIO_InitStructure);

  TIM_TimeBaseStructInit(&TIM_TimeBaseStructure);
  // 預分頻器
  TIM_TimeBaseStructure.TIM_Prescaler = 0x0;
  // 設定計數器自動重裝值
  TIM_TimeBaseStructure.TIM_Period = ENCODER_TIM_PERIOD;
  // 選擇時鐘分頻：不分頻
  TIM_TimeBaseStructure.TIM_ClockDivision = TIM_CKD_DIV1;
  // TIM 向上計數
  TIM_TimeBaseStructure.TIM_CounterMode = TIM_CounterMode_Up;
  TIM_TimeBaseInit(TIM3, &TIM_TimeBaseStructure);
  // 使用編碼器模式 3
  TIM_EncoderInterfaceConfig(TIM3, TIM_EncoderMode_TI12, TIM_ICPolarity_Rising, TIM_ICPolarity_Rising);
  TIM_ICStructInit(&TIM_ICInitStructure);
```

5.3 底盤運動控制：讓機器人動得穩

```c
  TIM_ICInitStructure.TIM_ICFilter = 10;
  TIM_ICInit(TIM3, &TIM_ICInitStructure);
  TIM_ClearFlag(TIM3, TIM_FLAG_Update);
  TIM_ITConfig(TIM3, TIM_IT_Update, ENABLE);

  TIM3->CNT = 0x7fff;
  TIM_Cmd(TIM3, ENABLE);
}

// 計時器 4 的通道 1、通道 2 連接編碼器 M2A 和 M2B，對應 GPIO 的 PB6 和 PB7
void Encoder_Init_TIM4(void)
{
  TIM_TimeBaseInitTypeDef TIM_TimeBaseStructure;
  TIM_ICInitTypeDef TIM_ICInitStructure;
  GPIO_InitTypeDef GPIO_InitStructure;
  RCC_APB1PeriphClockCmd(RCC_APB1Periph_TIM4, ENABLE);

  RCC_APB2PeriphClockCmd(Hal_2A_RCC, ENABLE);
  GPIO_InitStructure.GPIO_Pin = Hal_2A_PIN;
  GPIO_InitStructure.GPIO_Mode = GPIO_Mode_IN_FLOATING;
  GPIO_Init(Hal_2A_PORT, &GPIO_InitStructure);

  RCC_APB2PeriphClockCmd(Hal_2B_RCC, ENABLE);
  GPIO_InitStructure.GPIO_Pin = Hal_2B_PIN;
  GPIO_InitStructure.GPIO_Mode = GPIO_Mode_IN_FLOATING;
  GPIO_Init(Hal_2B_PORT, &GPIO_InitStructure);

  TIM_TimeBaseStructInit(&TIM_TimeBaseStructure);
  // 預分頻器
  TIM_TimeBaseStructure.TIM_Prescaler = 0x0;
  // 設定計數器自動重裝值
  TIM_TimeBaseStructure.TIM_Period = ENCODER_TIM_PERIOD;
  // 選擇時鐘分頻：不分頻
  TIM_TimeBaseStructure.TIM_ClockDivision = TIM_CKD_DIV1;
  // TIM 向上計數
  TIM_TimeBaseStructure.TIM_CounterMode = TIM_CounterMode_Up;
  TIM_TimeBaseInit(TIM4, &TIM_TimeBaseStructure);
  // 使用編碼器模式 3
  TIM_EncoderInterfaceConfig(TIM4, TIM_EncoderMode_TI12, TIM_ICPolarity_Rising,
```

第 5 章　ROS 2 機器人建構：從模擬到實物

```
    TIM_ICPolarity_Rising);
    TIM_ICStructInit(&TIM_ICInitStructure);
    TIM_ICInitStructure.TIM_ICFilter = 10;
    TIM_ICInit(TIM4, &TIM_ICInitStructure);
    // 清除 TIM 的更新標識位元
    TIM_ClearFlag(TIM4, TIM_FLAG_Update);
    TIM_ITConfig(TIM4, TIM_IT_Update, ENABLE);

    TIM4->CNT = 0x7fff;
    TIM_Cmd(TIM4, ENABLE);
}
```

2. 讀取編碼器資料

```
// 單位時間讀取編碼器計數
s16 Encoder_Read_CNT(u8 Encoder_id)
{
    s16 Encoder_TIM = 0;

    switch(Encoder_id) {
    case ENCODER_ID_A:
    {
        Encoder_TIM = 0x7fff - (short)TIM3 -> CNT;
        TIM3 -> CNT = 0x7fff;
        break;
    }

    case ENCODER_ID_B:
    {
        Encoder_TIM = 0x7fff - (short)TIM4 -> CNT;
        TIM4 -> CNT = 0x7fff;
        break;
    }

    default:
        break;
    }

    return Encoder_TIM;
```

5.3 底盤運動控制：讓機器人動得穩

```
}
// 更新編碼器計數值
void Encoder_Update_Count(u8 Encoder_id)
{
  switch (Encoder_id) {
  case ENCODER_ID_A:
  {
    g_Encoder_A_Now -= Encoder_Read_CNT(ENCODER_ID_A);
    break;
  }

  case ENCODER_ID_B:
  {
    g_Encoder_B_Now += Encoder_Read_CNT(ENCODER_ID_B);
    break;
  }

  default:
    break;
  }
}
```

3. 計算編碼器實際速度

```
void Get_Motor_Speed(int *leftSpeed, int *rightSpeed)
{
  Encoder_Update_Count(ENCODER_ID_A);
  leftWheelEncoderNow = Encoder_Get_Count_Now(ENCODER_ID_A);
  Encoder_Update_Count(ENCODER_ID_B);
  rightWheelEncoderNow = Encoder_Get_Count_Now(ENCODER_ID_B);


  *leftSpeed = (leftWheelEncoderNow - leftWheelEncoderLast) * ENCODER_CNT_10MS_2_SPD_MM_S;
  *rightSpeed =(rightWheelEncoderNow - rightWheelEncoderLast)* ENCODER_CNT_10MS_2_SPD_MM_S;
  left_encoder_cnt += leftWheelEncoderNow - leftWheelEncoderLast;
  right_encoder_cnt += rightWheelEncoderNow - rightWheelEncoderLast;
  record_time++;
```

```
    // 記錄上一週期的編碼器資料
    leftWheelEncoderLast = leftWheelEncoderNow;
    rightWheelEncoderLast = rightWheelEncoderNow;
}
```

透過以上步驟，可以使用計時器的編碼器模式實現對馬達速度的精確測量。這種方法不僅提高了處理效率和精度，還增強了系統的可靠性和抗干擾能力。透過硬體計時器直接處理脈衝訊號，能夠在高頻脈衝下保持穩定的計數，避免了軟體插斷處理帶來的延遲和抖動問題。

獲取精確的馬達速度資料後，可以將其應用於更高級的控制演算法中，例如 PID 控制，5.3.3 節將詳細介紹。

5.3.3 馬達閉環控制方法

獲取了馬達的即時速度，接下來是「動得穩」的第二個基本條件——閉環控制。

與「閉環控制」相對的是「開環控制」，如圖 5-17 所示，燒水的過程就是一個典型的開環控制，無法得到精準的溫度，也不能持續控制水溫。

倒水 → 普通水壺 → 放在爐子上 → 等待水燒開 → 水燒開

▲ 圖 5-17 開環控制的應用範例

什麼叫閉環控制？比如機器人按照 1m/s 的速度前進，「1m/s」就是運動控制的期望值，運動控制器透過控制演算法，向馬達輸出指定的電壓、電流讓小車動起來。此時會產生一個問題：機器人的運動速度是 1m/s 嗎？使用編碼器把實際運動的速度回饋給運動控制器，實際速度小於期望速度，就加速，實際速度大於期望速度，就減速，最終控制機器人的移動速度穩定在 1m/s 左右，這樣

5.3 底盤運動控制：讓機器人動得穩

就形成了一個「閉環控制」。如果繼續以燒水的場景為例，加入對某一溫度的精準要求，就需要根據感測器測量的溫度智慧調節燒水的過程，如圖 5-18 所示。

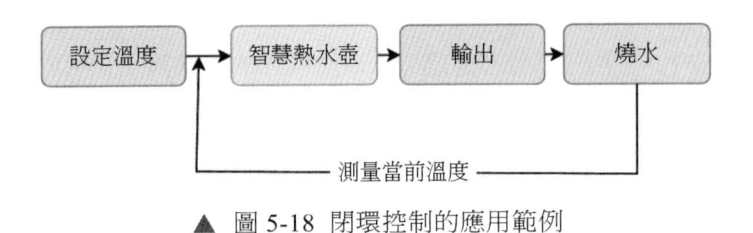

▲ 圖 5-18 閉環控制的應用範例

可以看到，開環控制和閉環控制是兩種不同的控制方法，它們的主要區別在於是否存在回饋機制。開環控制簡單，但不夠穩定和準確；閉環控制具有更好的性能，但設計和實現相對複雜。大家可以根據具體的應用場景和需求，選擇適合的方法來實現控制目標。

> 兩種控制方法並不存在絕對的優與劣，實際使用中需要根據具體的應用場景和需求，選擇適合的方法。

了解了閉環控制的基本概念，再來看具體的實現方法，這部分執行在 OriginBot 的運動控制器中，用到了一個非常經典的閉環控制方法——PID（比例 - 積分 - 微分控制），演算法框架如圖 5-19 所示。

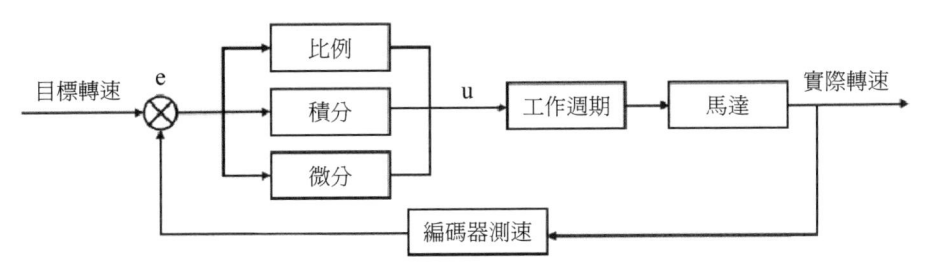

▲ 圖 5-19 PID 馬達速度閉環控制演算法框架

5-29

所謂「PID」，就是控制演算法的三個核心參數，如圖 5-20 所示。

- 比例（P）：根據當前誤差的大小，以比例的方式調整控制器輸出。較大的誤差會導致更大的輸出調整，從而加快系統的回應速度。
- 積分（I）：積分部分考慮過去一段時間內的累積誤差，用於解決系統存在的穩態誤差問題。它可以消除持續的小誤差，確保系統輸出更接近期望值。
- 微分（D）：微分部分根據誤差變化的速率進行調整，用於抑制系統的超調和震盪。它可以預測誤差變化的趨勢，有助減緩系統回應速度，從而提高系統的穩定性。

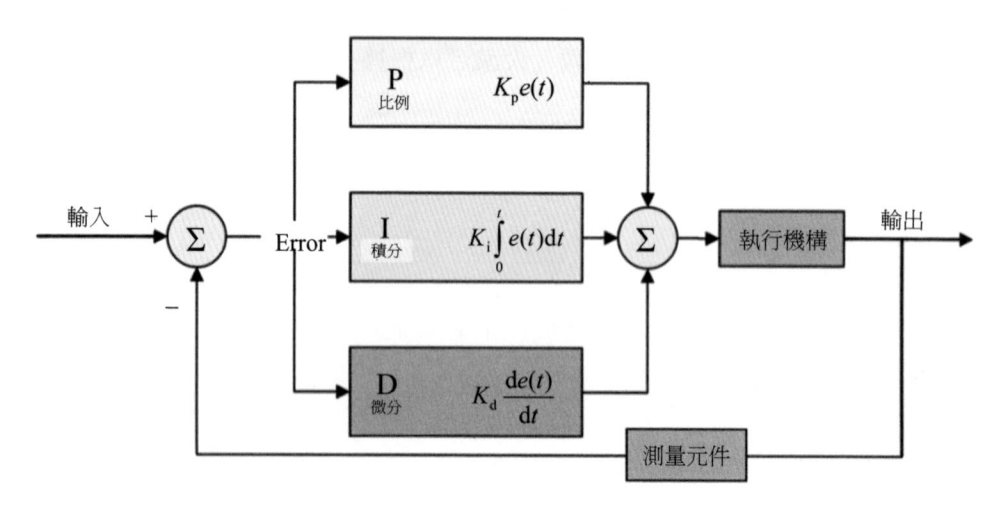

▲ 圖 5-20 PID 馬達速度閉環控制中的三個核心參數

PID 就像三位監督員，說明系統保持準確穩定的輸出，不同的參數值決定了不同的控制效果，如圖 5-21 所示。舉一個形象的例子，騎自行車時，如果偏離了方向，P 會告訴你：「哎呀，你離目標還有點遠，使勁加速吧」；有的時候路面比較崎嶇，自行車總是偏離方向，I 會記住每次的偏離，然後告訴你「我們一共偏離了這麼多次，需要儘快調整回來」；D 比較聰明，它能夠預測未來，會告訴你「嘿，前邊可能有拐彎，需要調整方向了」。

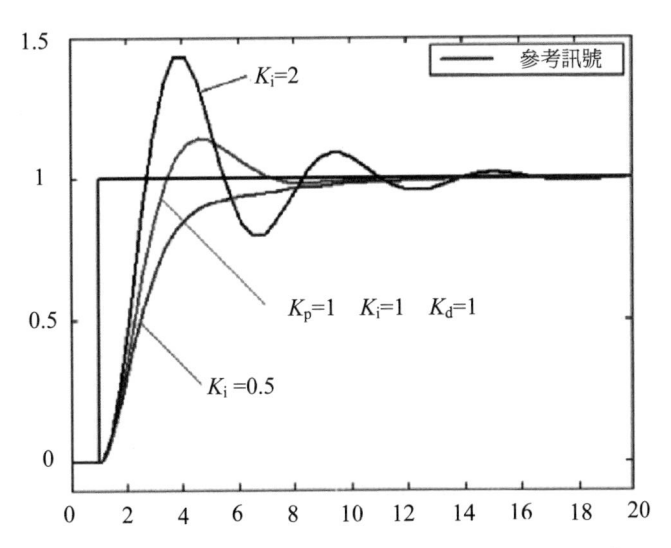

▲ 圖 5-21 PID 演算法中不同參數值決定了控制效果的不同

　　PID 就是這樣一個超級團隊。P 告訴你當前離目標有多遠，I 幫你記住過去的偏差，D 幫你預測未來的變化。合理使用這個團隊，裝置就能夠保持穩定。

　　理解了 PID 的含義，接下來看 PID 演算法的具體實現方法，常用的是位置式 PID 和增量式 PID。

1. 位置式 PID

　　在位置式 PID 中，控制器根據目標值和當前值的差異（偏差）進行調整，適用於需要維持穩定位置的系統，例如讓機器人保持在一個特定的角度上，演算法框架如圖 5-22 所示。

第 5 章　ROS 2 機器人建構：從模擬到實物

位置式 PID 控制器

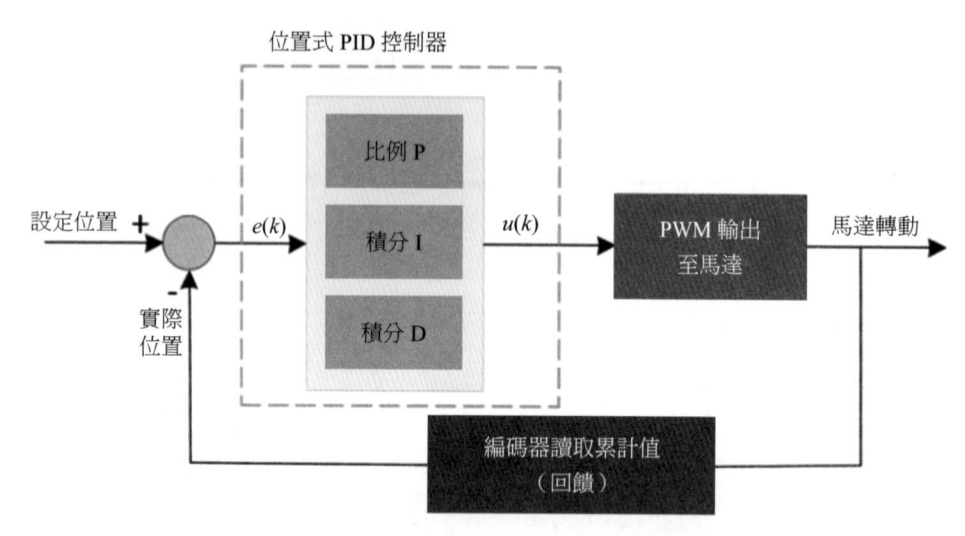

設定位置 → e(k) → [比例 P / 積分 I / 積分 D] → u(k) → PWM 輸出至馬達 → 馬達轉動

實際位置 ← 編碼器讀取累計值（回饋）

▲ 圖 5-22　位置式 PID 的演算法框架

具體的計算公式如下。

輸出 $=K_p\times$ 偏差 $+K_i\times$ 累積偏差 $+K_d\times$ 偏差變化率

$$u(t)=K_p e(t)+K_i \int_0^t e(t)\mathrm{d}t + K_d \mathrm{d}e(t)/\mathrm{d}t$$

相關參數說明如下。

- $e(t)$ 代表誤差，誤差是目標值（設定值）與實際值之間的差異。對於馬達速度控制，誤差通常表示為目標速度與實際速度之間的差值。計算公式為

  $e(t)$ ＝目標速度－實際速度

- $\int_0^t e(t)\mathrm{d}t$ 代表誤差的積分，積分項是誤差隨時間的累積和，用於消除系統的穩態誤差，即使得系統在達到目標值後能夠保持穩定。一般的公式為

  $\int e(t)\mathrm{d}t = \int$（目標速度－實際速度）$\mathrm{d}t$

- $\mathrm{d}e(t)/\mathrm{d}t$ 代表誤差的微分，微分項是誤差隨時間的變化率。它用於預測誤差的變化趨勢，從而提前進行調整，減少超調和振盪。一般的公式為

  $\mathrm{d}e(t)/\mathrm{d}t=\mathrm{d}($ 目標速度－實際速度 $)/\mathrm{d}t$

5.3 底盤運動控制：讓機器人動得穩

- K_p 代表比例項參數，比例項參數決定了誤差對控制輸出的直接影響。較大的 K_p 會使系統對誤差更加敏感，但可能導致系統振盪。一般的公式為

$$比例項 = K_p \times e(t)$$

- K_i 代表積分項參數，積分項參數決定了誤差積分對控制輸出的影響。較大的 K_i 會加快系統消除穩態誤差的速度，但可能導致系統超調。一般的公式為

$$積分項 = K_i \times \int_0^t e(t) \mathrm{d}t$$

- K_d 代表微分項參數，微分項參數決定了誤差微分對控制輸出的影響。較大的 K_d 會使系統對誤差變化更加敏感，從而減少超調和振盪。一般的公式為

$$微分項 = K_d \times \mathrm{d}e(t)/\mathrm{d}t$$

- $u(t)$ 代表控制輸出，控制輸出是 PID 控制器根據比例、積分和微分項計算的結果，用於調整馬達的 PWM 訊號，從而控制馬達速度。一般的公式為

$$u(t) = K_p\, e(t) + K_i \int_0^t e(t)\mathrm{d}t + Kd\, de(t)/\mathrm{d}t$$

進一步使用 C 程式設計實現的過程如下。

```
/**
    位置式 PID
    float g_kp = 20;
    float g_ki = 0.01;
    float g_kd = 50;
*/
float pid_calc(float target, float current){
    static float error_integral,error_last;

    // 本次誤差：目標值－當前值
    float error = target - current;
    // 誤差累計
    error_integral += error;
```

```
    // PID 演算法實現
    float pid_result = g_kp * error +
                       g_ki * error_integral +
                       g_kd * (error - error_last);
    // 記錄上一次誤差
    error_last = error;

    // 傳回 PID 結果
    return pid_result;
}
```

2. 增量式 PID

增量式 PID 控制器，顧名思義，根據誤差的增量計算控制量的變化，適用於需要對輸出進行增量調整的系統，例如調節馬達的速度，演算法框架如圖 5-23 所示。

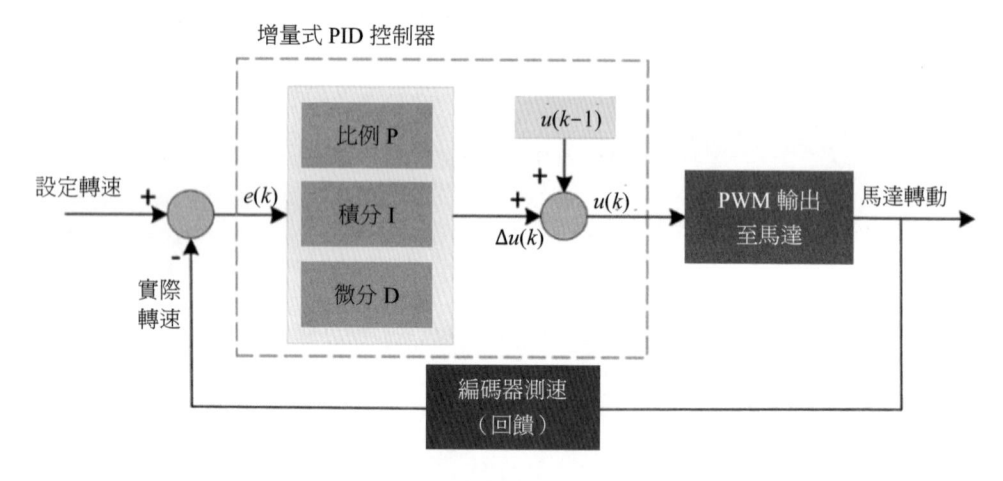

▲ 圖 5-23 增量式 PID 的演算法框架

具體的計算的公式如下。

輸出增量 $=K_p\times$ 當前偏差 $+K_i\times$ 當前偏差累積 $+K_d\times$ 當前偏差變化率

$\text{Pwm}=K_p\times[e(k)-e(k-1)]+K_i\times e(k)+K_d\times\{[e(k)-e(k-1)-e(k-1)-e(1-2)]\}$

5.3 底盤運動控制:讓機器人動得穩

相關參數說明如下。

- $e(k)$ 代表本次偏差,即當前目標值(設定值)與實際值之間的差異。對於馬達速度控制,偏差通常表示為當前目標速度與實際速度之間的差值。一般的公式為

$$e(k) = 目標速度 - 實際速度$$

- $e(k-1)$ 代表上一次的偏差,是前一個採樣週期內的目標值與實際值之間的差異。一般的公式為

$$e(k-1) = 上一次的目標速度 - 上一次的實際速度$$

- $e(k-2)$ 代表上上次的偏差,是前兩個採樣週期內的目標值與實際值之間的差異。一般的公式為

$$e(k-2) = 上上次的目標速度 - 上上次的實際速度$$

- K_p 代表比例項參數,決定了當前偏差對控制輸出的直接影響。較大的 K_p 會使系統對偏差更加敏感,但可能導致系統振盪。一般的公式為

$$比例項 = K_p \times e(k)$$

- K_i 代表積分項參數,決定了偏差積分對控制輸出的影響。它用於消除系統的穩態誤差,使系統在達到目標值後能夠保持穩定。較大的 K_i 會加快系統消除穩態誤差的速度,但可能導致系統超調。一般的公式為

$$積分項 = K_i \times \sum e(k)$$

- K_d 代表微分項參數,決定了偏差微分對控制輸出的影響。它用於預測偏差的變化趨勢,從而提前進行調整,減少超調和振盪。較大的 K_d 會使系統對偏差變化更加敏感,從而減少超調和振盪。一般的公式為

$$微分項 = K_d \times [e(k) - e(k-1)]$$

- Pwm 代表增量輸出,是 PID 控制器根據比例、積分和微分項計算的結果,用於調整馬達的 PWM 訊號,從而控制馬達速度。一般的公式為

$$\text{Pwm} = K_p \times e(k) + K_i \times \sum e(k) + K_d \times [e(k) - e(k-1)]$$

進一步使用 C 程式設計實現的過程如下。

```c
/**
增量式 PID
讀取編碼器增量，計算速度
*/
float pid_calc2(float target, float current){
    static float error_integral,error_last,error_last_last,pid_result;

    encoder_clear();

    // 本次誤差：目標值－當前值
    float error = target - current;
    // PID 演算法實現
    pid_result += g_kp * (error - error_last) +
                g_ki * error +
                g_kd * ((error - error_last) - (error_last - error_last_last));
    // 記錄上一次誤差
    error_last_last = error_last;
    error_last = error;

    // 傳回 PID 結果
    return pid_result;
}
```

整體而言，位置式 PID 關注的是絕對的偏差值，而增量式 PID 關注的是偏差值的變化，使用哪種 PID 控制方式取決於具體的應用場景和系統要求。

在 OriginBot 運動控制器的實現中，馬達閉環控制使用的是增量式 PID 演算法。

5.3.4 馬達閉環控製程式設計

PID 演算法的關鍵在於適當調整三部分的權重，以獲得理想的控制效果。該演算法被應用於許多領域，如工業控制、機器人控制、溫度調節等。那麼在 OriginBot 智慧小車中，該如何使用 PID 演算法控制馬達達到期望的速度呢？

5.3 底盤運動控制：讓機器人動得穩

馬達閉環控制部分的程式主要在 app_motion_control.c 和 pid.c 兩個程式檔案中。

在運動控制器中建立了一個 10ms 的計時器，觸發 Motion_Control_10ms() 馬達運動控制函式。

```c
void Motion_Control_10ms(void)
{
    // 獲取左右輪當前實際速度
    Get_Motor_Speed(&leftSpeedNow, &rightSpeedNow);

    if (leftSpeedSet || rightSpeedSet) {
        // 目標速度
        pid_Task_Left.speedSet = leftSpeedSet;
        pid_Task_Right.speedSet = rightSpeedSet;
        // 實際速度
        pid_Task_Left.speedNow = leftSpeedNow;
        pid_Task_Right.speedNow = rightSpeedNow;

        // 執行 PID 控制
        Pid_Ctrl(&motorLeft, &motorRight, g_attitude.yaw);

        // 設置 PWM
        Motion_Set_PWM(motorLeft, motorRight);

        g_stop_count = 0;
    }
    else {
        PID_Reset_Yaw(g_attitude.yaw);

        if (g_stop_count < MAX_STOP_COUNT + 10)
            g_stop_count++;

        // 關閉小車剎車功能
        if (g_stop_count == MAX_STOP_COUNT)
            Motor_Close_Brake();
    }
}
```

第 5 章　ROS 2 機器人建構：從模擬到實物

在以上程式中，首先獲取機器人左右輪子當前的實際速度，接下來判斷是否有輸入期望的目標速度，如果有，就儲存目標速度和實際速度，作為 PID 演算法的輸入值，得到需要輸出的 PWM 值，控制馬達達到目標速度。

PID 控制演算法的計算和輸出主要透過以下三個函式完成。

```
#define CONSTRAIN(x, min, max) ((x) < (min) ? (min) : ((x) > (max) ? (max) : (x)))

void Pid_Ctrl(int *leftMotor, int *rightMotor, float yaw)
{
    int temp_left = *leftMotor;
    int temp_right = *rightMotor;

    Pid_Calculate(&pid_Task_Left, &pid_Task_Right, yaw);

    temp_left += pid_Task_Left.Adjust;
    temp_right += pid_Task_Right.Adjust;

    *leftMotor = CONSTRAIN(temp_left, -MOTOR_MAX_PULSE, MOTOR_MAX_PULSE);
    *rightMotor = CONSTRAIN(temp_right, -MOTOR_MAX_PULSE, MOTOR_MAX_PULSE);
}

void Pid_Calculate(struct pid_uint *pid_left, struct pid_uint *pid_right, float yaw)
{
    const int steering_offset = 0;

    // 左輪速度 PID
    if (pid_left->En == 1) {
        pid_left->Adjust = -PID_Common(pid_left->speedSet, pid_left->speedNow, pid_left) - steering_offset;
    } else {
        pid_left->Adjust = 0;
        Reset_PID(pid_left);
        pid_left->En = 2;
    }

    // 右輪速度 PID
    if (pid_right->En == 1) {
        pid_right->Adjust = -PID_Common(pid_right->speedSet, pid_right->speedNow, pid_right) + steering_offset;
```

5.3 底盤運動控制：讓機器人動得穩

```c
    } else {
        pid_right->Adjust = 0;
        Reset_PID(pid_right);
        pid_right->En = 2;
    }
}

int32_t PID_Common(int setpoint, int measurement, struct pid_uint *pid)
{
    int error = measurement - setpoint;
    int32_t output;

    output = pid->previous_output +
             pid->Kp * (error - pid->previous_error) +
             pid->Ki * error +
             pid->Kd * (error - 2 * pid->previous_error + pid->pre_previous_error);

    pid->previous_output = output;
    pid->pre_previous_error = pid->previous_error;
    pid->previous_error = error;

    return CONSTRAIN(output >> 10, -pid->Ur, pid->Ur);
}

void Reset_PID(struct pid_uint *pid)
{
    pid->previous_output = 0;
    pid->previous_error = 0;
    pid->pre_previous_error = 0;
}
```

　　PID 控制系統的核心功能由三個主要函式實現：Pid_Ctrl()、Pid_Calculate() 和 PID_Common()。

　　Pid_Ctrl() 是 PID 控制器的主入口，負責處理馬達 PWM 值的輸入和輸出。首先，呼叫 Pid_Calculate() 來計算 PID 調整值；然後，將這些調整值應用到左右馬達的 PWM 值上；最後，確保調整後的 PWM 值不超過預設的最大脈衝限制，從而保護馬達。

Pid_Calculate() 負責計算左右輪的 PID 控制輸出。考慮到左右輪可能需要不同的 PID 參數設置，需要分別處理每個輪子的 PID 計算，Pid_Calculate() 還包含一個轉向偏移量，可以用於微調車輛的直線行駛能力。如果某個輪子的 PID 控制未啟用，那麼該函式會重置相應的 PID 參數並將調整值設為零。

PID_Common() 實現了具體的 PID 控制演算法，它接收設定值（期望速度）、測量值（實際速度）和 PID 參數作為輸入。函式內首先計算當前的速度誤差，然後使用經典的 PID 演算法公式計算輸出值。這個公式考慮了比例項、積分項和微分項，使用當前誤差、前一次誤差和前兩次誤差來計算。最後，函式對輸出進行縮放和限幅處理，確保控制訊號在合理範圍內。

整個 PID 控制過程透過這三個函式的協作工作，實現了對機器人左右輪速度的精確控制。大家可以透過調整 PID 參數最佳化機器人在不同情況下的運動性能。

5.4 運動學正逆解：讓機器人動得準

單一馬達的運動已經說明完畢，不過機器人可不止有一個馬達，例如 OriginBot 就有兩個馬達，單一馬達的運動與機器人整體的運動之間有什麼關係呢？本節就來揭開這部分的面紗，這也是機器人驅動的第三部分——動得準，讓機器人「指哪兒去哪兒」。

我們先回憶一下日常生活中各種機器人是如何移動的，是像掃地機器人一樣由兩輪驅動，還是像馬路上的小汽車一樣由前輪轉向運動？不同的運動方式適合不同的移動場景。如果讓機器人按照 1m/s 的速度向前走、以 30°/s 的轉速向左轉，則需要結合機器人的形態讓多個馬達協作完成，這個過程所依賴的底層原理就是——機器人運動學模型。

5.4.1 常見機器人運動學模型

常見的機器人運動學模型有以下幾種。

5.4 運動學正逆解：讓機器人動得準

1. 差速運動

　　什麼叫差速？簡單來說，就是透過兩側運動機構的速度差，驅動機器人前進或轉彎。

　　平衡車就是典型的差速驅動，如圖 5-24 所示。想像一下平衡車的運動方式，如果兩個輪子的速度相同，一起向前轉，平衡車整體就向前走；一起向後轉，平衡車整體就向後走；如果左邊輪子的速度比右邊快，平衡車就會向右轉；反之則向左轉。這就是差速運動最基本的運動方式。

▲ 圖 5-24 差速運動學模型的應用範例

　　如圖 5-25 所示，差速運動的重點是兩側輪子的速度差，是機器人最為常用的一種運動方式，又可以細分為兩輪差速、四輪差速、履帶差速等多種運動形式，它們在原理上有一些差別，但本質都是透過速度差實現對機器人的控制。

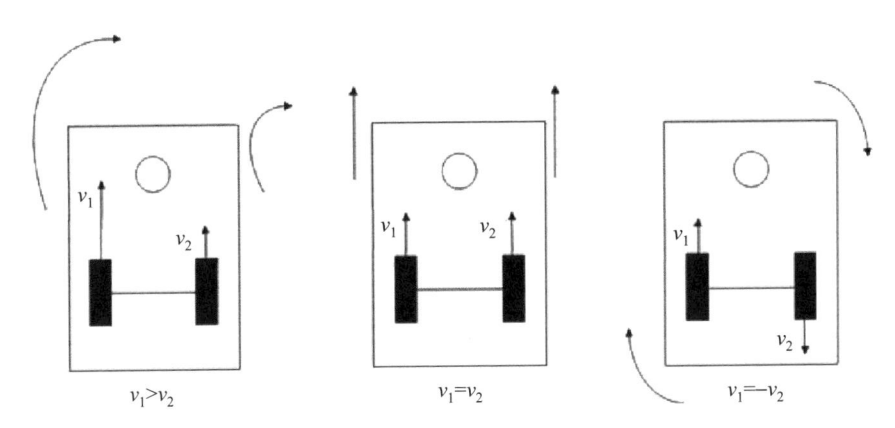

▲ 圖 5-25 差速運動學模型

5-41

說到這裡，大家可能會有疑問：每天見到的在馬路上行駛的汽車，看上去怎麼和這裡講到的差速運動不太一樣呢？

2. 阿克曼運動

說到運動，汽車絕對是最為常見的運動物體之一，如果大家了解汽車底盤或玩過模擬車模，那麼可能聽說過一個洋氣的名字——阿克曼。

差速運動在轉彎的時候摩擦力大，如果汽車也使用類似的結構，可能就得頻繁更換輪胎了。如何減少輪胎的磨損呢？從四輪差速運動的原理來看，只要儘量減少橫向的分速度，讓車輪以捲動為主，滑動摩擦力就會減小，這就得最佳化機器人的運動結構。200 多年前，很多車輛工程師都在研究這個問題。

1817 年，一位德國車輛工程師發明了一種可以儘量減小摩擦力的運動結構，1818 年，他的英國代理商 Ackermann 以此申請了專利，這就是阿克曼運動的理論原型，被稱為阿克曼運動結構或阿克曼轉向幾何。這種結構解決的核心問題就是讓車輛可以順暢轉彎。我們把汽車的運動模型簡化，分析一下阿克曼運動的基本原理，如圖 5-26 所示。

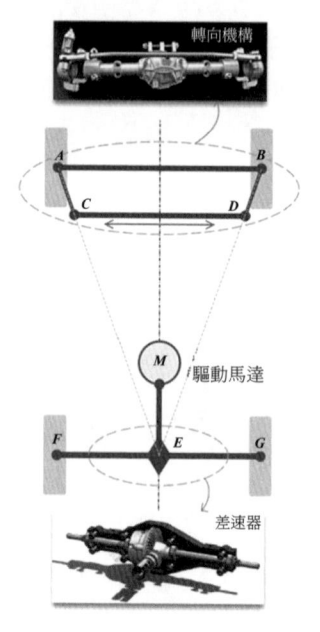

▲ 圖 5-26 阿克曼運動結構

5.4 運動學正逆解：讓機器人動得準

汽車運動的兩大核心元件分別是前邊的轉向機構，由方向盤控制前輪轉向；以及差速器，分配後輪轉向時的差速運動。

上半部分的轉向機構，可簡化為等腰梯形 ABCD，這是一個四連桿機構，連桿 AB 是基座，固定不動，連桿 CD 可以左右擺動，從而帶動連桿 AC 和 BD 轉動，連桿 CA 繞點 A 轉動，A 點與輪胎是固定連接關係，因此連桿 CA 轉動時，左前輪也在轉動。右前輪的原理也是一樣的。這兩個前輪的轉向是聯動的，都算被動輪，僅有一個自由度，由一個方向盤驅動。這種轉向方式就是阿克曼運動的核心，也被稱為阿克曼轉向機構。

下半部分的差速器，輸入端連接著驅動馬達，輸出端連接著左右兩個後輪。差速器的作用是將馬達輸出功率自動分配到左右輪，根據前輪轉向角自動調節兩個後輪的速度，因此兩個後輪是主動輪，驅動車輛運動。

如果一款機器人使用了類似的阿克曼運動結構，那麼其直線運動與四輪差速運動一樣。在轉彎時，兩個前輪可以維持兩個輪子的轉向角滿足一定的數學關係，AC 和 BD 的延長線交於點 E，在轉彎過程中，E 點始終在後輪軸線的延長線上，差速器根據轉向角度動態調整兩個後輪的轉速，儘量減小每個輪子的橫向分速度，從而避免過度磨損輪胎，如圖 5-27 所示。

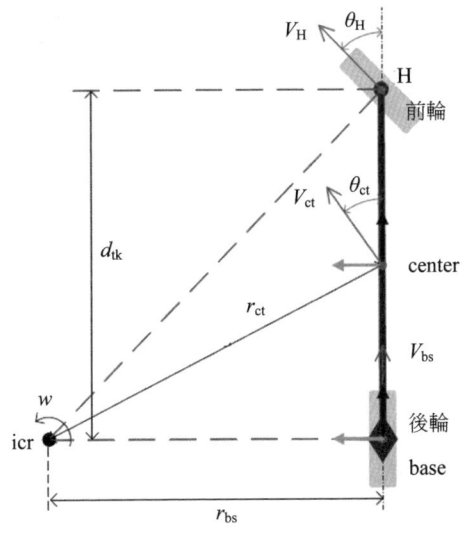

▲ 圖 5-27 阿克曼運動學模型

第 5 章　ROS 2 機器人建構：從模擬到實物

大家仔細看兩個前輪和兩個後輪的狀態，像不像兩輛並駕齊驅的自行車呢，大家「手把手」一起轉彎。沒錯，阿克曼運動學模型可以簡化為自行車模型，這兩種模型在運動機制上基本一致：車把控制前輪轉向，但沒有動力，腳蹬透過一系列齒輪，將動力傳送到後輪上，驅動自行車運動，這些齒輪相當於差速器。

整體而言，在實際應用場景中，阿克曼結構的運動穩定性較好，越障能力也不錯，多適用於室外場景。但是大家回想一下側方停車和倒車入庫，是不是噩夢般地存在？沒錯，這種運動方式在轉彎時會有一個轉彎半徑，操作起來相對沒有那麼靈活。

3. 全向運動（麥克納姆）

所謂全向運動，就是讓機器人在一個平面上「想怎麼走就怎麼走」。可以實現全向運動的方式有很多，這裡介紹其中一種——麥克納姆輪全向運動。

正如這個名稱，這種全向運動的核心就在於輪子的結構設計，也就是麥克納姆輪，使用這種輪子的運動模式非常炫酷，包括前行、橫移、斜行、旋轉及其各種組合。相較於生活中常見的橡膠輪胎，麥克納姆輪顯得與眾不同，如圖 5-28 所示，它的機械結構看上去非常複雜，由輪轂和輥子兩部分組成，輪轂是整個輪子的主體支架，輥子是安裝在輪轂上的鼓狀物，也就是很多個小輪子，兩者組成一個完整的麥克納姆輪。

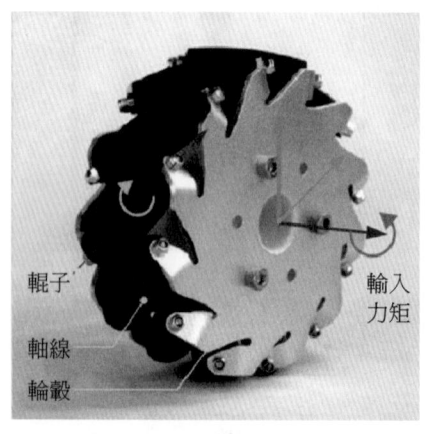

▲ 圖 5-28　麥克納姆輪的機械結構

5.4 運動學正逆解：讓機器人動得準

輥子在輪轂上的安裝角度很有學問，如圖 5-29 所示，輪轂軸線與輥子轉軸的夾角為 45°，理論上該夾角可為任意值，主要影響未來的控制參數，但市面上主流麥克納姆輪的夾角是 45°，因此這裡以 45° 為例介紹。為滿足這種幾何關係，輪轂邊緣採用折彎製程，可為輥子的轉軸提供安裝孔。但是很明顯，輥子並沒有馬達驅動，因而不能主動轉動，可以看作被動輪。馬達安裝在輪轂的旋轉軸上，驅動輪轂轉動，所以輪轂可以看作主動輪。

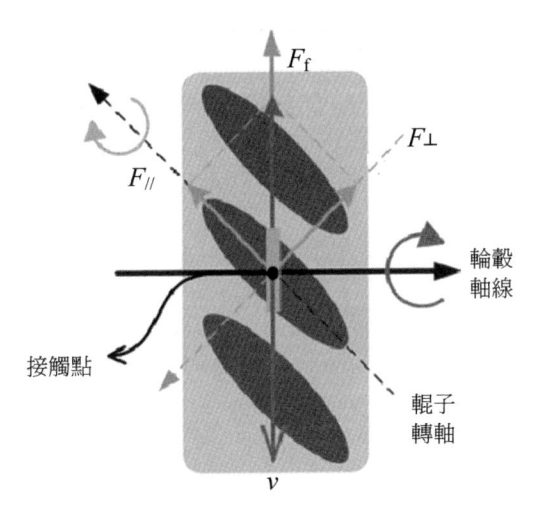

▲ 圖 5-29 麥克納姆輪的結構模型

一個麥克納姆輪開始轉動後，主動輪開始旋轉，但它並沒有與地面接觸，產生不了運動，而是帶動輥子與地面發生摩擦，從而產生運動。所以輥子與地面的摩擦分析，是麥克納姆輪運動原理的核心。

如圖 5-29 所示，在運動狀態下，地面作用於輥子的摩擦力（F_f）可以分解為滾動摩擦力（$F_\perp$）和靜摩擦力（$F_{//}$）。滾動摩擦力促使輥子轉動，相當於輥子在自轉，對於機器人整體並沒有產生驅動力，所以屬於無效運動；靜摩擦力促使輥子相對地面運動，而輥子被輪轂固定著，產生的反作用力帶動整個麥克納姆輪沿著輥子的軸線運動。所以當輪轂逆時鐘旋轉時，整個輪子的運動方向為左上 45°；當輪轂順時鐘旋轉時，整個輪子的運動方向為右下 45°。所以，改變輥子軸線和輪轂軸線的夾角，就可以改變麥克納姆輪的實際受力方向。

第 5 章　ROS 2 機器人建構：從模擬到實物

　　了解了麥克納姆輪的運動特性，把機器人的 4 個輪子都換成麥克納姆輪，透過不同角度下的速度分配，豈不就可以透過 4 個輪子的速度合成，產生不同角度的運動了？沒錯，將麥克納姆輪按照一定方式排列，就可以組成一個麥克納姆輪全向移動平臺。

　　基於麥克納姆輪的運動特點，麥克納姆輪全向移動平臺的構型有以下規律：兩前輪和兩後輪關於橫向中軸線上下對稱，兩左輪和兩右輪關於縱向中軸線左右對稱。這種對稱結構是為了平衡縱向或橫向上的分力。

　　如圖 5-30 所示，把麥克納姆輪全向移動平臺抽象為一個數學模型，分析一下機器人的全向運動原理。

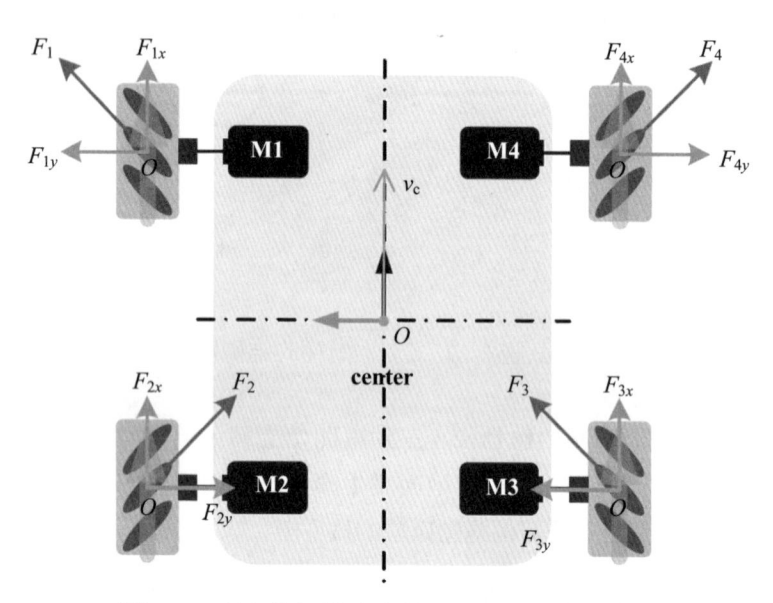

▲ 圖 5-30　麥克納姆輪全向移動平臺的運動學模型

　　靜摩擦力是驅動每個麥克納姆輪運動的力，將靜摩擦力沿著輪轂座標系的座標軸分解，可以得到一個縱向的分力和一個橫向的分力。

　　如果讓機器人向前運動，就得讓左右兩側的輪子把這裡的橫向分力抵消掉，所以兩個輪子是對稱的，如果它們不對稱，橫向分力朝一個方向，機器人就走

5.4 運動學正逆解：讓機器人動得準

偏了。如果讓機器人橫著向左運動，就得把縱向分力抵消掉，一個輪子向後轉，一個輪子向前轉。如果讓機器人斜著走怎麼辦？對側的輪子不轉就可以了，運動的這兩個輪子的合力就是斜向前 45° 的。

可見，麥克納姆輪全向移動平臺的運動就是各個輪子之間「力」的較量，這裡必須要感謝牛頓發現了力學的奧秘。當然，分力相互抵消的條件是轉速相同，這在實際場景中多少會有誤差，所以想要實現精準控制並不容易。

整體而言，麥克納姆輪全向運動的靈活性好，因為沒有轉彎半徑，適合在狹窄的空間中使用，但是力的相互抵消也帶來了能量的損耗，所以其效率不如普通輪胎，輥子的磨損也會比普通輪胎嚴重，因此適用於比較平滑的路面。此外，輥子之間是非連續的，運動過程中會有震動，最明顯的感覺就是機器人走起來雜訊明顯更大，還得另外設計懸掛機構來消除震動。

5.4.2 差速運動學原理

OriginBot 智慧小車採用相對簡單的兩輪差速運動模型，這也是在真實機器人場景中最為常用的一種方式，我們詳細學習一下這種運動模型的原理。

兩輪差速模型透過兩個驅動輪不同的轉速和轉向，使得機器人達到某個特定的角速度和線速度。若左右驅動輪的速度相同，則機器人做直線運動，若左右驅動輪的速度不同，則機器人做圓周運動。建立如圖 5-31 所示的數學模型。

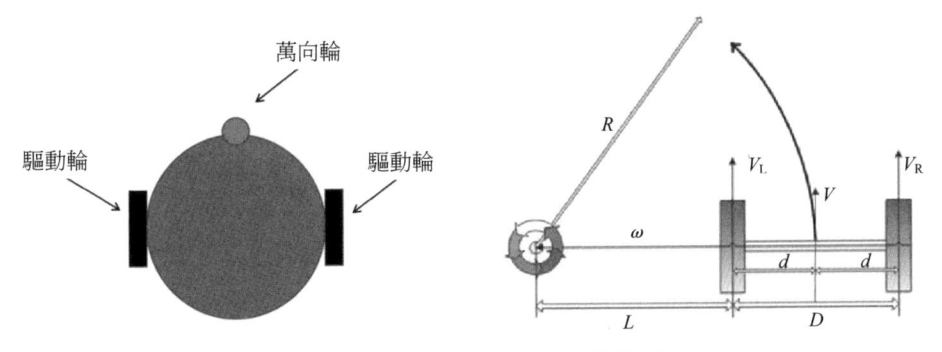

▲ 圖 5-31 差速運動的數學模型

5-47

第 5 章　ROS 2 機器人建構：從模擬到實物

其中，V_L 和 V_R 分別表示左右輪的線速度，V 表示機器人整體的線速度，ω 表示機器人整體的角速度，D 表示機器人兩個輪子的間距，R 表示機器人的旋轉半徑。

數學模型建立接下來要計算兩個問題。

1. **運動學正解：已知兩個輪子的角速度，計算機器人整體的角速度和線速度**

    高中物理講過線速度和角速度之間的關係，即

    $$V = \omega \times R$$

    所以機器人左右兩輪的線速度可以分解為

    $$V_L = \omega \times (L+D) = \omega \times (L+2d) = \omega \times (R+d) = V + \omega d$$

    $$V_R = \omega \times L = \omega \times (R-d) = V - \omega d$$

    機器人整體的線速度為

    $$V = \omega \times R$$
    $$= \omega \times (L+d)$$
    $$= \frac{2\omega L + 2\omega d}{2}$$
    $$= \frac{\omega L + \omega(L+2d)}{2}$$
    $$= \frac{V_L + V_R}{2}$$

    機器人整體的角速度為

    $$V_R - V_L = 2\omega d$$

    $$ù = \frac{V_R - V_L}{2d} = \frac{V_R - V_L}{D}$$

根據以上公式，C 程式撰寫過程如下。

```c
void kinematic_forward(float left_wheel_speed, float right_wheel_speed,
                float &robot_linear_speed, float &robot_angular_speed)
{
    // 計算機器人的線速度
    robot_linear_speed = (left_wheel_speed + right_wheel_speed) / 2.0;

    // 計算機器人的角速度
    robot_angular_speed = (right_wheel_speed - left_wheel_speed) / WHEEL_DISTANCE;
}
```

2. 運動學逆解：已知機器人整體的角速度和線速度，求解兩個輪子的速度

得到運動學正解的公式後，求解這個逆解就簡單很多了。

已知：

$$V = \frac{V_L + V_R}{2}$$

$$\omega = \frac{V_R - V_L}{D}$$

可以得到

$$V_L = \frac{V - \omega D}{2}$$

$$V_R = \frac{V + \omega D}{2}$$

根據以上公式，C 程式撰寫過程如下。

```c
void kinematic_inverse(float robot_linear_speed, float robot_angular_speed,
                float &left_wheel_speed, float &right_wheel_speed)
{
    // 計算左輪的線速度
    left_wheel_speed =
        robot_linear_speed - (robot_angular_speed * WHEEL_DISTANCE) / 2.0;

    // 計算右輪的線速度
```

5-49

```
    right_wheel_speed = 
        robot_linear_speed + (robot_angular_speed * WHEEL_DISTANCE) / 2.0;
}
```

原理了解清楚後，繼續看一下如何在 OriginBot 中透過程式實現以上運動學的正逆解運算。

5.4.3 差速運動學逆解：計算兩個輪子的轉速

根據以上原理的公式推導，OriginBot 差速運動學逆解的 C 程式實現過程如下。

```
void Motion_Inverse_SpeedSet(float linear_x, float angular_z)
{
    float left_speed_m_s, right_speed_m_s;

    // 逆運動學解算
    left_speed_m_s = linear_x - angular_z * WHEEL_TRACK / 2.0;
    right_speed_m_s = linear_x + angular_z * WHEEL_TRACK / 2.0;

    // 轉為 mm/s 並限制速度
    int16_t left = (int16_t)(left_speed_m_s * 1000);
    int16_t right = (int16_t)(right_speed_m_s * 1000);

    if (left > SPD_MM_S_MAX)
        left = SPD_MM_S_MAX;
    else if (left < -SPD_MM_S_MAX)
        left = -SPD_MM_S_MAX;

    if (right > SPD_MM_S_MAX)
        right = SPD_MM_S_MAX;
    else if (right < -SPD_MM_S_MAX)
        right = -SPD_MM_S_MAX;

    leftSpeedSet = left;
    rightSpeedSet = right;
}
```

Motion_Inverse_SpeedSet() 的作用是將獲取到的運動命令（線速度和角速度）轉為具體的左右輪速度，為差分驅動機器人的運動控制提供必要的輸入。與本節的講解不同的是，真實情況下需要考慮機器人的極限值，對計算得到的速度進行限制，確保不超過預設的最大速度 SPD_MM_S_MAX，這個步驟可以防止發送過大的速度指令給馬達。

5.4.4 差速運動學正解：計算機器人整體的速度

根據以上原理的公式推導，OriginBot 差速運動學正解的 C 程式實現過程如下。

```
void Motion_Get_Velocity(float *linear_x, float *angular_z)
{
    float left_speed_m_s = left_speed_mm_s / 1000.0;   // 轉為m/s
    float right_speed_m_s = right_speed_mm_s / 1000.0; // 轉為m/s

    *linear_x = (right_speed_m_s + left_speed_m_s) / 2.0;
    *angular_z = (right_speed_m_s - left_speed_m_s) / WHEEL_TRACK;
}
```

線速度計算使用了左右輪速度的平均值，因為在差速運動中，機器人的前進速度就是兩個輪子速度的平均值；角速度的計算則基於兩個輪子的速度差，然後除以輪距（WHEEL_TRACK）。

5.5 運動控制器中還有什麼

OriginBot 運動控制器是一個嵌入式系統，介面豐富、擴充靈活，如圖 5-32 所示，不僅實現了機器人的馬達控制，還確保了機器人底層功能的實現。

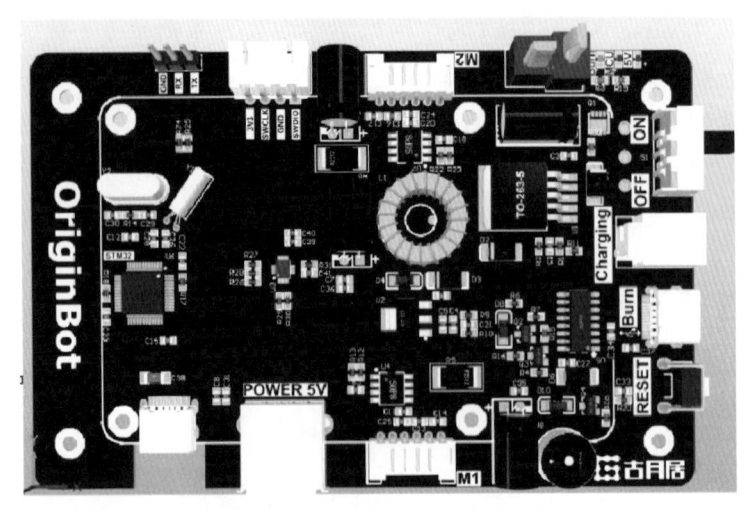

第 5 章　ROS 2 機器人建構：從模擬到實物

▲ 圖 5-32　OriginBot 運動控制器

5.5.1　電源管理：一個輸入多種輸出

　　OriginBot 智慧小車裝配有一塊 12V 的電池，如圖 5-33 所示，這塊電池不僅要驅動馬達運動，更要為小車上的用電裝置提供電能，例如微控制器、感測器、控制器等，但是這些裝置對輸入電源的要求是不一樣的，此時運動控制器上的電源管理模組就可以為這些裝置穩定提供所需要的電源訊號。

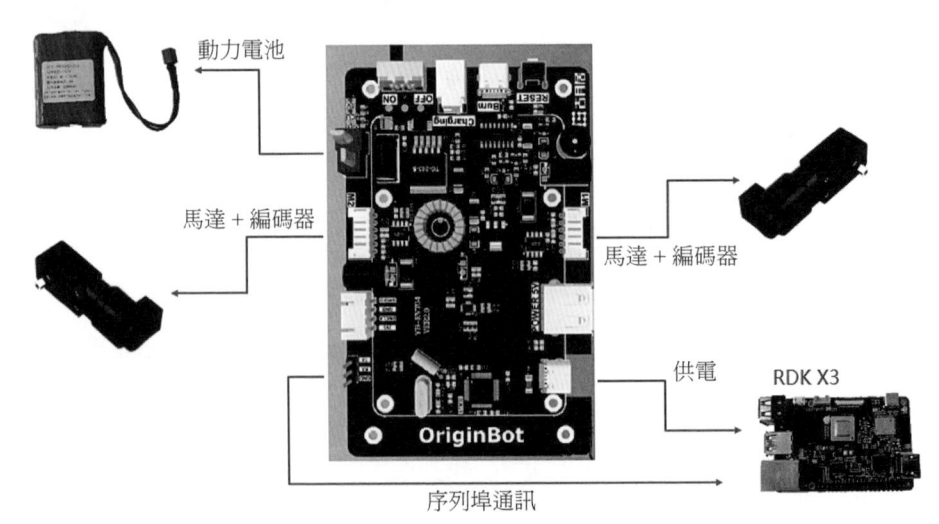

▲ 圖 5-33　OriginBot 運動控制器的電源管理

5.5 運動控制器中還有什麼

從電池連線的 T 型頭開始，12V 的電源需要經過電路轉換成不同的形式。

- 5V：為控制器 RDK X3 供電，同時透過一個 USB 介面預留對外供電的能力。

- 3.3V：為微控制器及電路板上的各種元器件供電，確保各種晶片可以穩定執行。

- 12V：為馬達驅動供電，確保馬達有強勁的動力。

圖 5-34 是 5V 穩壓電路的實現，輸入電壓為 12V，其中會使用一顆 XL4005 降壓晶片輸出 5V/4A 的電源訊號，J2 是板載的充電介面。

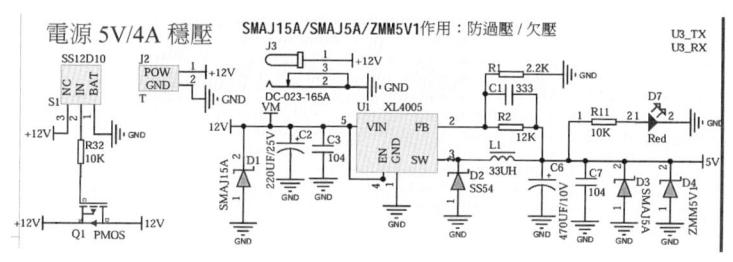

▲ 圖 5-34 OriginBot 運動控制器的 5V 穩壓電路

5V 訊號會透過運動控制器電路板上的 Type-C 介面向 RDK X3 供電，同時透過一個 USB 介面為外部其他裝置供電，如圖 5-35 所示。

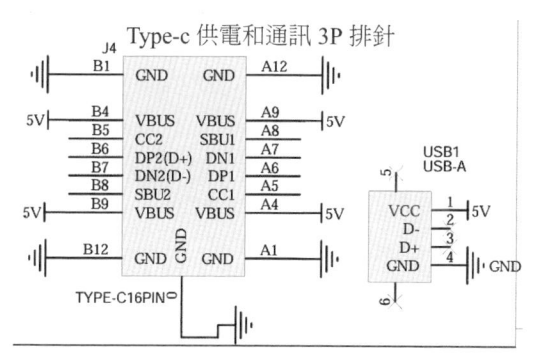

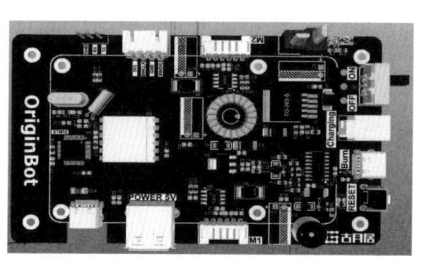

▲ 圖 5-35 OriginBot 運動控制器的 5V 輸出電路

5-53

第 5 章　ROS 2 機器人建構：從模擬到實物

5V 電源繼續使用一顆 AMS1117 晶片穩壓至 3.3V，提供給微控制器及各種元器件使用，如圖 5-36 所示。

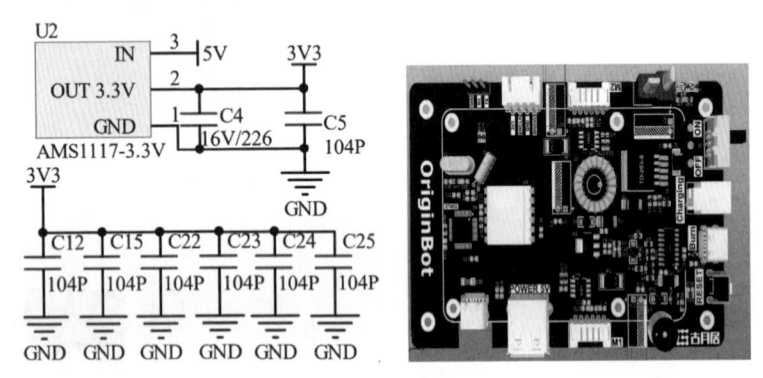

▲ 圖 5-36　OriginBot 運動控制器的 3.3V 穩壓電路

電源對機器人非常關鍵，所以運動控制器上還設計了電量檢測模組，如圖 5-37 所示。方便機器人在執行過程中即時了解自己的電池餘量，如果快沒電了，就可以警告或自動回充。

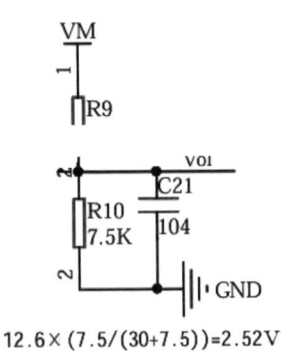

$12.6 \times (7.5/(30+7.5)) = 2.52V$

▲ 圖 5-37　OriginBot 運動控制器的電量檢測電路

5.5.2 IMU：測量機器人的姿態變化

嵌入式系統介面豐富，可以連線各種 I2C、SPI、序列埠等匯流排的感測器模組，OriginBot 運動控制器上還整合了慣性測量單元（Inertial Measurement Unit，IMU），用來檢測機器人的運動狀態，如圖 5-38 所示。

IMU 是整合了多個感測器的微機電系統（MEMS），用於測量和報告物體的運動狀態，包括角速度、線加速度和磁場資訊。IMU 通常包含以下三種感測器。

- 陀螺儀（Gyroscope）：用於測量物體的角速度，即物體繞某個軸的旋轉速度。

- 加速度計（Accelerometer）：用於測量物體的線性加速度，即物體在直線路徑上的加速度，可以檢測到由於重力、運動或震動引起的加速度變化。

- 磁力計（Magnetometer）：用於測量地磁場的強度和方向。透過與加速度計和陀螺儀的資料結合，可以進一步提高姿態估計的準確性，特別是在長時間的運動過程中。

IMU 對這些感測器資料進行處理和融合，提供物體的運動狀態資訊，如姿態、位置和速度。在實際應用中，IMU 常用於無人機、機器人、航天器、汽車等領域，用於實現導航、定位、穩定控制等功能。

為了獲得更準確的運動狀態資訊，通常會使用感測器融合演算法對各個感測器的資料進行處理和融合，如卡爾曼濾波器。

在 OriginBot 的運動控制器中，整合的 IMU 晶片是 ICM-42670-P，主要檢測機器人運動的角速度和線加速度，透過序列埠與 MCU 傳輸資料。

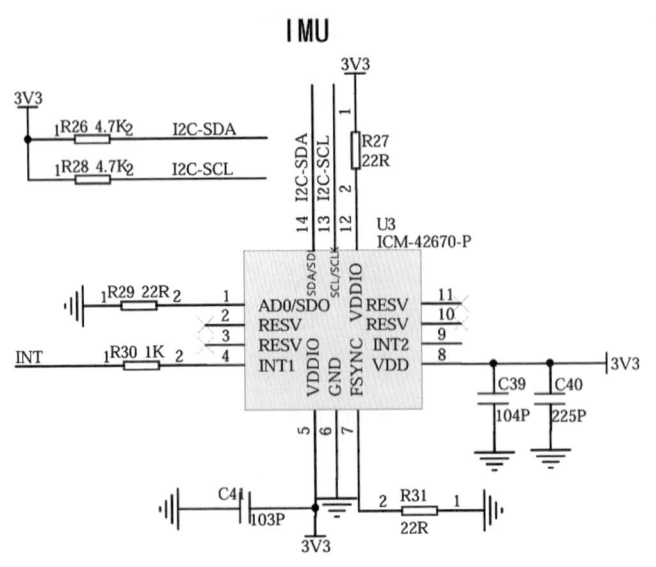

第 5 章　ROS 2 機器人建構：從模擬到實物

▲ 圖 5-38　OriginBot 運動控制器的 IMU 電路

運動控制器中針對 IMU 的核心處理程式如下。

```
// 序列埠 3 資料處理函式，序列埠每收到一個資料，就呼叫一次
void CopeSerial3Data(unsigned char ucData)
{
  static unsigned char ucRxBuffer[250];
  static unsigned char ucRxCnt = 0;

  // 將收到的資料存入緩衝區
  ucRxBuffer[ucRxCnt++] = ucData;

  // 如果資料標頭不對，則重新開始尋找 0x55 資料標頭
  if (ucRxBuffer[0] != 0x55) {
    ucRxCnt=0;
    return;
  }

  // 如果資料不滿 11 個，則傳回
  if (ucRxCnt < 11)
    return;

  // 判斷陀螺儀資料型態
```

5-56

5.5 運動控制器中還有什麼

```c
    // 部分資料需要透過維特官方提供的上位機配置，設置輸出後，陀螺儀才會發送該類別資料封包
    // 本項目僅關注加速度、角速度、角度三類資料
    switch(ucRxBuffer[1]) {
      case 0x50:   memcpy(&stcTime, &ucRxBuffer[2], 8);      break;
      case 0x51:   memcpy(&stcAcc, &ucRxBuffer[2], 8);       break; // 加速度
      case 0x52:   memcpy(&stcGyro, &ucRxBuffer[2], 8);      break; // 角速度
      case 0x53:   memcpy(&stcAngle, &ucRxBuffer[2], 8);     break; // 角度
      case 0x54:   memcpy(&stcMag, &ucRxBuffer[2], 8);       break;
      case 0x55:   memcpy(&stcDStatus, &ucRxBuffer[2], 8);break;
      case 0x56:   memcpy(&stcPress, &ucRxBuffer[2], 8);     break;
      case 0x57:   memcpy(&stcLonLat, &ucRxBuffer[2], 8);    break;
      case 0x58:   memcpy(&stcGPSV, &ucRxBuffer[2], 8);      break;
      case 0x59:   memcpy(&stcQ, &ucRxBuffer[2], 8);         break;
    }

    ucRxCnt = 0; // 清空快取區
}

// 上報陀螺儀加速度
void Acc_Send_Data(void)
{
    #define AccLEN       7
    uint8_t data_buffer[AccLEN] = {0};
    uint8_t i, checknum = 0;

    // 低位元組在前，高位元組在後
    // x 軸加速度
    data_buffer[0] = stcAcc.a[0]&0xFF;
    data_buffer[1] = (stcAcc.a[0]>>8)&0xFF;
    // y 軸加速度
    data_buffer[2] = stcAcc.a[1]&0xFF;
    data_buffer[3] = (stcAcc.a[1]>>8)&0xFF;
    // z 軸加速度
    data_buffer[4] = stcAcc.a[2]&0xFF;
    data_buffer[5] = (stcAcc.a[2]>>8)&0xFF;

    // 驗證位元的計算使用資料位元各個資料相加 & 0xFF
    for (i = 0; i < AccLEN-1; i++)
      checknum += data_buffer[i];
```

5-57

```c
  data_buffer[AccLEN-1] = checknum & 0xFF;
  UART1_Put_Char(0x55); // 幀頭
  UART1_Put_Char(0x03); // 標識位元
  UART1_Put_Char(0x06); // 資料位元長度 ( 位元組數 )

  UART1_Put_Char(data_buffer[0]);
  UART1_Put_Char(data_buffer[1]);
  UART1_Put_Char(data_buffer[2]);
  UART1_Put_Char(data_buffer[3]);
  UART1_Put_Char(data_buffer[4]);
  UART1_Put_Char(data_buffer[5]);
  UART1_Put_Char(data_buffer[6]);

  UART1_Put_Char(0xBB); // 幀尾
}

// 上報陀螺儀角速度
void Gyro_Send_Data(void)
{
  #define GyroLEN      7
  uint8_t data_buffer[GyroLEN] = {0};
  uint8_t i, checknum = 0;

  // 低位元組在前，高位元組在後
  // x 軸角速度
  data_buffer[0] = stcGyro.w[0]&0xFF;
  data_buffer[1] = (stcGyro.w[0]>>8)&0xFF;
  // y 軸角速度
  data_buffer[2] = stcGyro.w[1]&0xFF;
  data_buffer[3] = (stcGyro.w[1]>>8)&0xFF;
  // z 軸角速度
  data_buffer[4] = stcGyro.w[2]&0xFF;
  data_buffer[5] = (stcGyro.w[2]>>8)&0xFF;

  // 驗證位元的計算使用資料位元各個資料相加 & 0xFF
  for (i = 0; i < GyroLEN-1; i++)
    checknum += data_buffer[i];
```

5.5 運動控制器中還有什麼

```c
    data_buffer[GyroLEN-1] = checknum & 0xFF;
    UART1_Put_Char(0x55); // 幀頭
    UART1_Put_Char(0x04); // 標識位元
    UART1_Put_Char(0x06); // 資料位元長度 ( 位元組數 )

    UART1_Put_Char(data_buffer[0]);
    UART1_Put_Char(data_buffer[1]);
    UART1_Put_Char(data_buffer[2]);
    UART1_Put_Char(data_buffer[3]);
    UART1_Put_Char(data_buffer[4]);
    UART1_Put_Char(data_buffer[5]);
    UART1_Put_Char(data_buffer[6]);

    UART1_Put_Char(0xBB); // 幀尾
}

// 上報陀螺儀尤拉角
void Angle_Send_Data(void)
{
    #define AngleLEN         7
    uint8_t data_buffer[AngleLEN] = {0};
    uint8_t i, checknum = 0;

    // 低位元組在前,高位元組在後
    // Roll
    data_buffer[0] = stcAngle.Angle[0]&0xFF;
    data_buffer[1] = (stcAngle.Angle[0]>>8)&0xFF;
    // Pitch
    data_buffer[2] = stcAngle.Angle[1]&0xFF;
    data_buffer[3] = (stcAngle.Angle[1]>>8)&0xFF;
    // Yaw
    data_buffer[4] = stcAngle.Angle[2]&0xFF;
    data_buffer[5] = (stcAngle.Angle[2]>>8)&0xFF;

    // 驗證位元的計算使用資料位元各個資料相加 & 0xFF
    for (i = 0; i < AngleLEN-1; i++)
        checknum += data_buffer[i];

    data_buffer[AngleLEN-1] = checknum & 0xFF;
```

```
UART1_Put_Char(0x55); // 幀頭
UART1_Put_Char(0x05); // 標識位元
UART1_Put_Char(0x06); // 資料位元長度 ( 位元組數 )

UART1_Put_Char(data_buffer[0]);
UART1_Put_Char(data_buffer[1]);
UART1_Put_Char(data_buffer[2]);
UART1_Put_Char(data_buffer[3]);
UART1_Put_Char(data_buffer[4]);
UART1_Put_Char(data_buffer[5]);
UART1_Put_Char(data_buffer[6]);

UART1_Put_Char(0xBB); // 幀尾
}
```

在以上程式中，Acc_Send_Data()、Gyro_Send_Data()、Angle_Send_Data() 不斷將加速度、角速度和俯仰角資料儲存到資料快取區中，當資料幀滿後，則由 CopeSerial3Data() 將資料統一發佈到序列埠資料快取區，等待序列埠資料一併發送出去。

5.5.3 人機互動：底層狀態清晰明瞭

在開發過程中，還有一件事情很容易被忽視——人機互動。

電池快沒電了，機器人如何告訴大家？不如有個蜂鳴器警告提示！

機器人程式刷新了，如何指示程式的版本變化？不如有個 LED 顏色變一下！

機器人執行出錯了，如何一眼就讓大家看出來？不如 LED 和蜂鳴器一起提示！

所以運動控制器上專門設計了嵌入式系統中人機互動最常用的元件——蜂鳴器和 LED，電路設計如圖 5-39 所示。

5.5 運動控制器中還有什麼

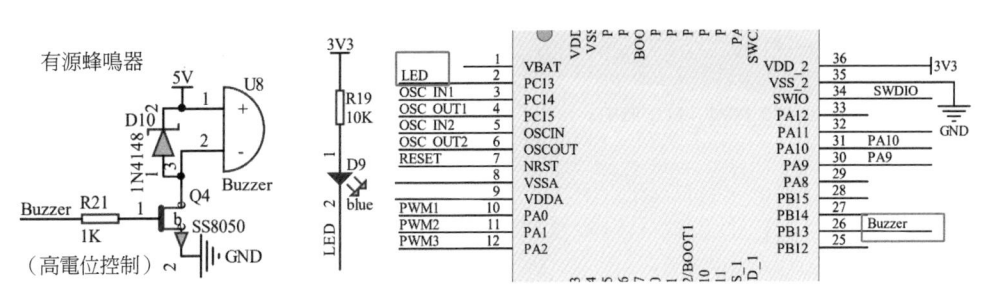

▲ 圖 5-39 OriginBot 運動控制器的蜂鳴器和 LED 電路

蜂鳴器和 LED 透過 MCU 的接腳程式設計控制，核心程式如下，大家可以根據機器人的應用功能自主設計互動的方式。

以開關 LED 為例，我們先實現 LED 的相關 API，根據圖 5-39，可以找到 LED 的 I/O 介面是 PC13，所以需要以下定義其相關介面。

```
#define BUZZER_PORT      GPIOB
#define BUZZER_PIN       GPIO_Pin_13
```

實現 LED 燈閃爍即控制 PC13 通訊埠的電壓高低，可以實現一個控制 I/O 電壓的 API。

```
void GPIO_SetBits(GPIO_TypeDef* GPIOx, uint16_t GPIO_Pin)
{
  assert_param(IS_GPIO_ALL_PERIPH(GPIOx));
  assert_param(IS_GPIO_PIN(GPIO_Pin));

  GPIOx->BSRR = GPIO_Pin;
}
```

基於 GPIO_SetBits 的 API，可以實現控制 LED 開關的 API。

```
// LED 開
void LED_ON(void)
{
  GPIO_ResetBits(LED_PORT, LED_PIN);
}

// LED 關
```

```
void LED_OFF(void)
{
  GPIO_SetBits(LED_PORT, LED_PIN);
}
```

當我們希望 LED 開時，只需要呼叫 LED_ON()；希望 LED 關時，只需要呼叫 LED_OFF()。

到這裡，運動控制器電路板上的核心功能就介紹完畢了。嵌入式系統在機器人中應用廣泛，在實際應用中往往會有更多的感測器和更複雜的功能，但萬變不離其宗，它們都透過靈活的擴充性和即時性為機器人提供穩定的底層保障，至於上層的控制系統如何實現，5.6 節將繼續講解。

5.6 機器人控制系統：從「肌肉」到「大腦」

機器人的「身體」「肌肉」都有了，還得給它設計一個「大腦」，驅動系統和傳感系統最終都會和控制系統這個「大腦」產生聯繫，這也是大家進行機器人開發的主戰場，ROS 2 就是這個主戰場上的「利器」。

5.6.1 控制系統的計算平臺

控制系統需要一個大算力應用處理器作為計算平臺，在機器人的實現中，直接放一台電腦並不合適，常用的方式是使用體積更小、功耗更低的嵌入式應用處理器，例如 RDK X3、樹莓派 5、Jetson Orin Nano 等，三者的核心參數對比如表 5-1 所示。

▼ 表 5-1 常見嵌入式應用處理器參數對比

開發板	樹莓派 5	Jetson Orin Nano	RDK X3
CPU	4 核心 A76	6 核心 A78	4 核心 A53
記憶體	4GB/8GB	4GB/8GB	2GB/4GB
AI 引擎	-	GPU/CUDA	BPU

5.6 機器人控制系統：從「肌肉」到「大腦」

開發板	樹莓派 5	Jetson Orin Nano	RDK X3
算力	-	20/40 Tops	5 Tops
擴充介面	USB/ETH/CSI/HDMI		
功耗	Max 15W	Max 15W	Max 15W
作業系統	Ubuntu 20.04/22.04	Ubuntu 20.04/22.04	Ubuntu 20.04/22.04
機器人開發框架	ROS 1/ROS 2	ROS 1/ROS 2 Isaac SDK	ROS 1/ROS 2 TROS
價格	￥450~700	￥2600~3600	￥329~399

結合 OriginBot 的設計目標，在有更好 C/P 值的前提下，希望機器人表現更多智慧化的功能。對應到計算平臺的算力支援，理論上算力越高，能夠實現的智慧化應用就越流暢，例如人體辨識、物體追蹤等。綜合評估，RDK X3 有 5 Tops 算力，相比其他計算平臺的 C/P 值優勢明顯。在機器人開發框架方面，三者都支援 ROS，RDK X3 中還提供了一套深度最佳化的 ROS 2 系統——TROS，包含大量智慧化的演算法應用。

綜上，OriginBot 選擇 RDK X3 作為智慧小車控制系統的計算平臺。

> 大家在智慧小車或機器人的設計開發中，也可以使用其他嵌入式處理器平臺，開發原理和實現過程與本書內容基本一致。

5.6.2 控制系統的燒錄與配置

接下來在 OriginBot 中的 RDK X3 上安裝系統並進行配置，為後續的開發做好準備。可以參考 RDK 官網的手冊進行安裝，OriginBot 也為大家提供了安裝 ROS 2 和 TROS 的系統鏡像。

> 以下步驟也可參考 OriginBot 的 org 官網中的最新說明，完成系統的燒錄和配置。

5-63

◆ 第 5 章　ROS 2 機器人建構：從模擬到實物

1. 硬體準備

如圖 5-40 所示，完成硬體準備。

（1）完成 OriginBot 智慧小車的組裝，注意連接好電池。

（2）找到 OriginBot 中的 SD 卡和讀卡機，稍後會在上面燒錄系統鏡像。

（3）使用一個序列埠模組，連接 RDK X3 和筆記型電腦，便於下一步看到系統鏡像的啟動資訊。

（4）如果有網線和 HDMI 顯示器，也可以先準備好，在之後的操作中用得上，如果沒有也可跳過。

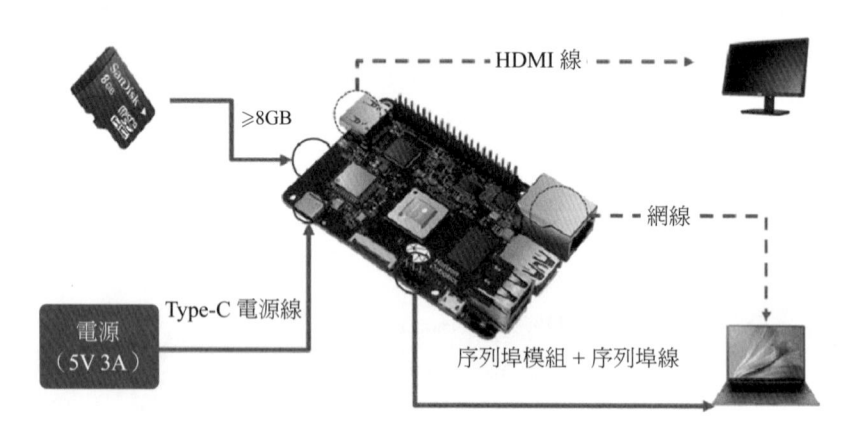

▲ 圖 5-40　RDK X3 外接裝置連接示意

硬體準備齊全之後，就可以進入第二步。

2. 安裝 Ubuntu 系統

（1）在 OriginBot 的 org 官網上，下載最新版本的 SD 卡鏡像。

（2）使用讀卡機將 SD 卡插入電腦，SD 卡容量建議 ≥16GB。

（3）啟動鏡像燒錄軟體，如圖 5-41 所示，確認 SD 卡裝置編號，選擇要燒錄的系統鏡像，然後點擊「開始」啟動燒錄，進度指示器會顯示當前的燒錄進度，燒錄完成後，即可退出軟體。

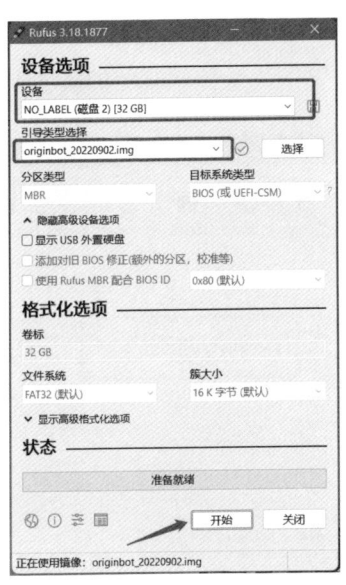

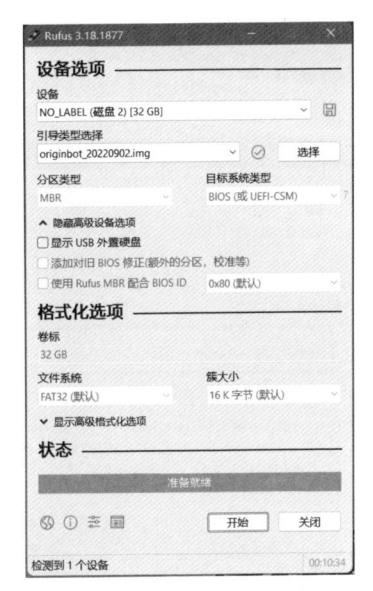

▲ 圖 5-41　使用 Rufus 軟體完成 SD 卡系統鏡像的燒錄
（編按：本圖例為簡體中文介面）

3 啟動系統

（1）確認 OriginBot 智慧小車已經正確安裝。

（2）使用序列埠模組連接機器人端 RDK X3 的偵錯序列埠，連接線序如圖 5-42 所示。

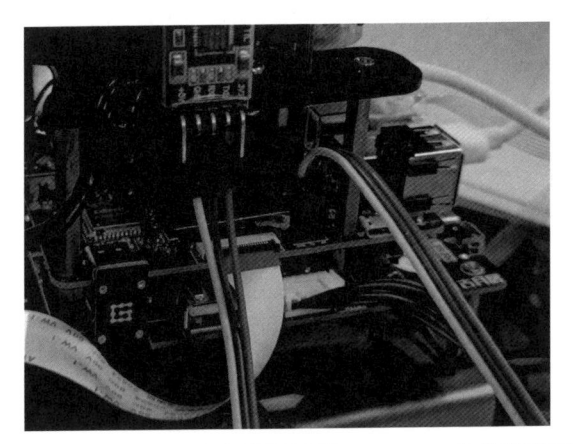

▲ 圖 5-42　使用序列埠模組連接 RDK X3 的偵錯序列埠

第 5 章　ROS 2 機器人建構：從模擬到實物

（3）將序列埠模組連接到電腦端的 USB 介面，啟動序列埠軟體，選擇序列埠裝置、設置串列傳輸速率為 921600、關閉流量控制制，如圖 5-43 所示。

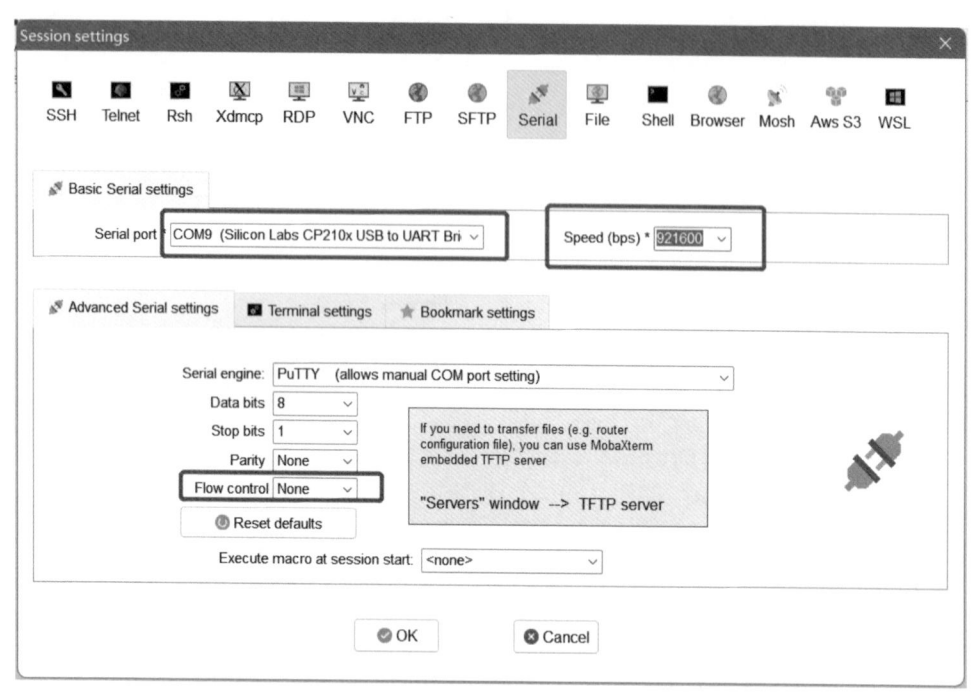

▲ 圖 5-43　設置序列埠軟體連接 RDK X3

如果此處找不到序列埠裝置，請先安裝序列埠模組的系統驅動，再重新嘗試。

（4）插入燒錄好鏡像的 SD 卡，並開啟 OriginBot 智慧小車的電源，在序列埠軟體中可以看到啟動過程輸出的日誌資訊，稍等片刻，會出現登入提示，如圖 5-44 所示，輸入使用者名稱及密碼（均為 root）。

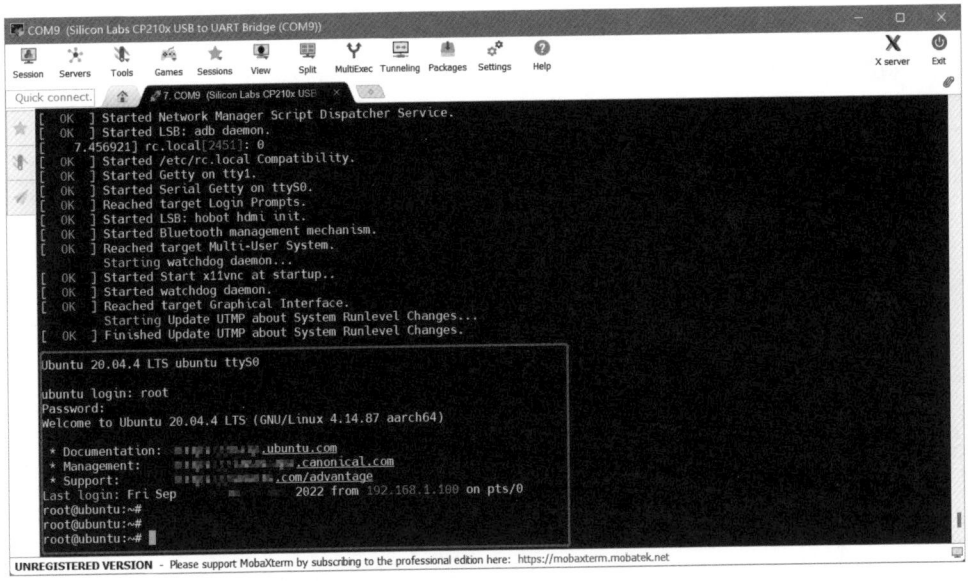

5.6 機器人控制系統：從「肌肉」到「大腦」

▲ 圖 5-44 透過序列埠登入 RDK X3 中的 Ubuntu 系統

4. 擴充 SD 卡空間

為了減少系統鏡像大小，便於下載和燒錄，系統鏡像中的空閒空間已經被壓縮，如果需要使用 SD 卡的完整空間，還需要手動擴充。

按照以上步驟啟動 RDK X3 並透過序列埠登入後，使用以下指令即可擴充，如圖 5-45 所示。

```
$ sudo growpart /dev/mmcblk2 1
$ sudo resize2fs /dev/mmcblk2p1
```

▲ 圖 5-45 擴充 SD 卡空間

5-67

第 5 章　ROS 2 機器人建構：從模擬到實物

執行成功後，重新啟動系統即可生效，使用以下命令確認系統空間擴充成功，如圖 5-46 所示，這裡使用的 SD 卡為 32GB。

```
root@ubuntu:~# df -h
Filesystem      Size  Used Avail Use% Mounted on
/dev/root        30G  8.9G   21G  31% /
devtmpfs        1.6G     0  1.6G   0% /dev
tmpfs           2.0G     0  2.0G   0% /dev/shm
tmpfs           394M  1.2M  393M   1% /run
tmpfs           5.0M     0  5.0M   0% /run/lock
tmpfs           2.0G     0  2.0G   0% /sys/fs/cgroup
tmpfs           394M     0  394M   0% /run/user/0
root@ubuntu:~#
```

▲ 圖 5-46　確認 SD 卡空間已擴充

5. 網路配置

Ubuntu 系統安裝完成後，啟動系統，參考以下命令，完成 Wi-Fi 網路的配置，如圖 5-47 所示。

```
$ sudo nmcli device wifi rescan            # 掃描 Wi-Fi 網路
$ sudo nmcli device wifi list              # 列出找到的 Wi-Fi 網路
$ sudo wifi_connect "SSID" "PASSWD"        # 連接某指定的 Wi-Fi 網路
```

```
root@ubuntu:~# sudo nmcli device wifi rescan
root@ubuntu:~# sudo nmcli device wifi list
IN-USE  BSSID              SSID            MODE   CHAN  RATE        SIGNAL  BARS  SECURITY
        A2:9D:7E:55:0A:AA  --              Infra  2     130 Mbit/s  94            --
        50:2D:BB:D0:0B:7A  midea_ca_0019   Infra  2     65 Mbit/s   82            WPA2
        34:FC:A1:9C:A7:AB  602             Infra  1     130 Mbit/s  79            WPA1 WPA2
*       9C:9D:7E:55:0A:AA  XH-Home         Infra  2     130 Mbit/s  72            WPA1 WPA2
        74:05:A5:93:24:2B  D2-501          Infra  11    270 Mbit/s  65            WPA1 WPA2
        9C:D8:63:DA:4C:22  HF-LPT130       Infra  6     135 Mbit/s  49            --
        DC:FE:18:88:30:1B  THINK-Network   Infra  11    405 Mbit/s  37            WPA1 WPA2
        FC:7C:02:40:FD:B7  quer770503      Infra  3     270 Mbit/s  29            WPA1 WPA2
        C8:8F:26:19:DC:4F  Topway_19DC4F   Infra  1     130 Mbit/s  22            WPA2
root@ubuntu:~# sudo wifi_connect "        " "       "
Device 'wlan0' successfully activated with '4ea86192-91fa-4cd0-bdd7-ae08ff69c1d7'.
```

▲ 圖 5-47　透過命令掃描並連接 Wi-Fi 網路

終端傳回資訊 successfully activated，說明 Wi-Fi 連接成功。這裡可以 Ping 一個網站確認連接，如果能夠 Ping 通，就說明網路連接成功，可以進行後續的軟體下載和更新了。

5.6 機器人控制系統：從「肌肉」到「大腦」

6. SSH 遠端登入

網路配置完成後，不受序列埠的有線約束，大家可以透過無線網路遠端 SSH 登入機器人進行開發，如圖 5-48 所示。

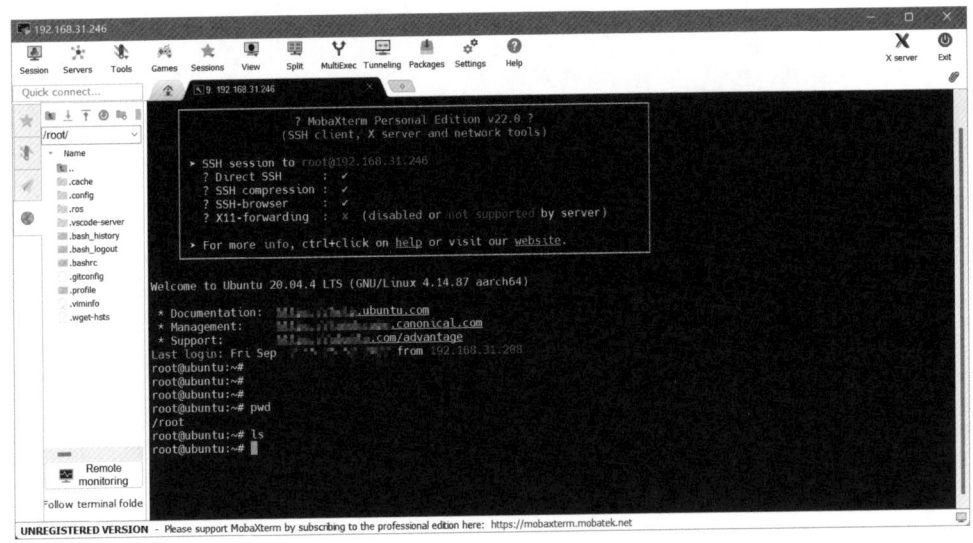

▲ 圖 5-48 透過 SSH 遠端登入 OriginBot 的 Ubuntu 系統

> 如果使用虛擬機器，則需要將網路設置為橋接模式。

7. 控制小車運動

終於完成了一系列的配置，大家可以嘗試控制小車運動，確認以上配置無誤。

SSH 連接成功後，輸入以下命令啟動機器人底盤驅動節點，輸出的日誌如圖 5-49 所示。

```
$ ros2 launch originbot_bringup originbot.launch.py
```

再啟動一個 SSH 遠端連接的終端，執行以下命令啟動鍵盤控制節點，輸出的日誌如圖 5-50 所示。

第 5 章　ROS 2 機器人建構：從模擬到實物

```
$ ros2 run teleop_twist_keyboard teleop_twist_keyboard
```

▲ 圖 5-49　啟動機器人底盤驅動節點

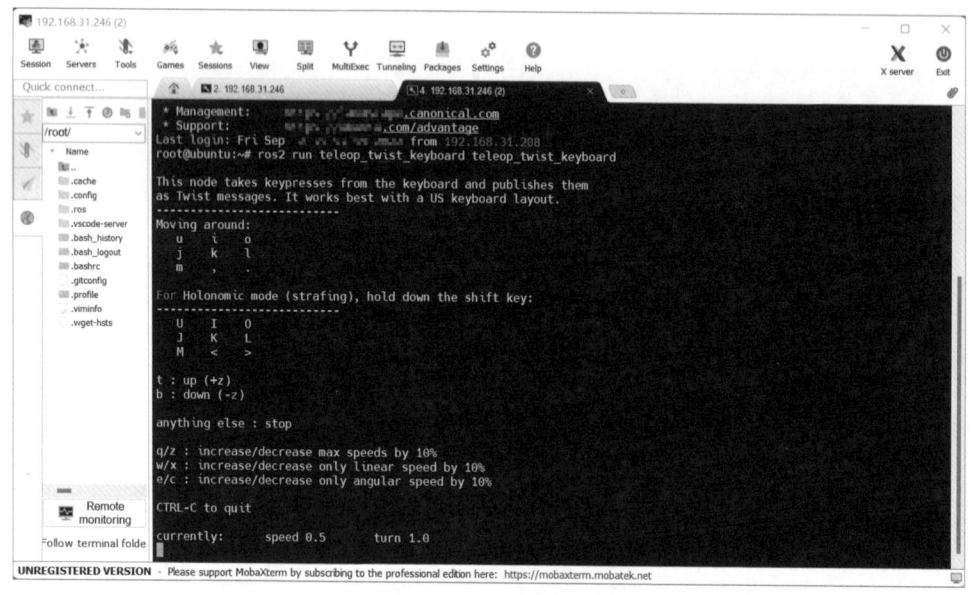

▲ 圖 5-50　啟動鍵盤控制節點

根據終端中的提示即可控制 OriginBot 智慧小車前後左右運動，也可以參考提示，動態調整小車的運動速度。

現在，我們既可以控制海龜運動，也可以控制 Gazebo 中的機器人模型運動，終於可以控制實物機器人運動啦，為自己鼓鼓掌吧！

5.7 本章小結

本章從模擬建模過渡到實物開發，首先剖析了 TurtleBot3，並建構了智慧小車 OriginBot；然後一步一步透過建構運動控制器電路板，實現了機器人驅動系統的核心功能，包括馬達驅動、閉環控制、運動學解算、電源管理、IMU 驅動、底層人機互動等；最後介紹了控制系統與驅動系統的軟體架構，讓大家對軟體開發有一個更全面的認識。本章，我們完成了機器人的巨觀設計和底層開發，從第 6 章開始，我們將繼續從底向上，逐步開發與實現控制系統中的各項功能。

第 5 章　ROS 2 機器人建構：從模擬到實物

MEMO

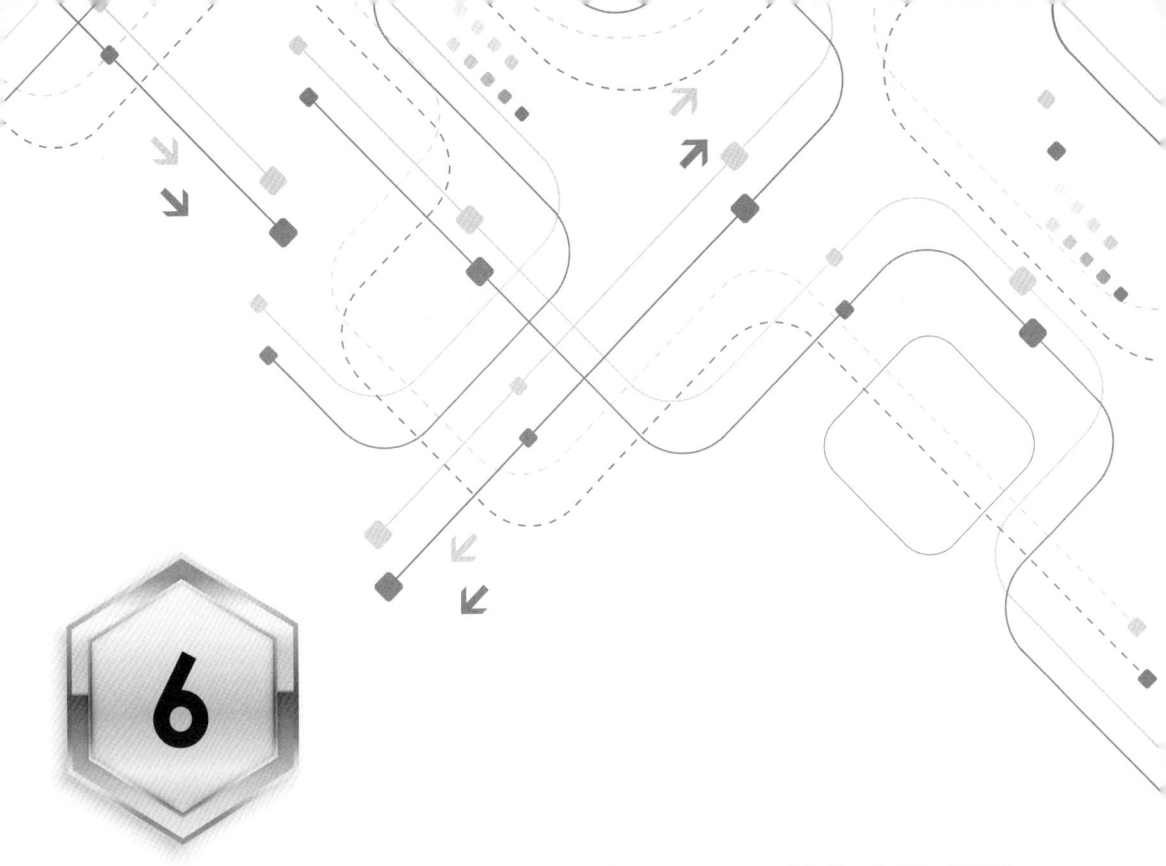

ROS 2 控制與感知：讓機器人動得了、看得見

在第 5 章，我們完成了驅動系統的架設，讓機器人動起來了，但此時的機器人還只能完成基礎運動，感測器也只能完成對自身狀態的感知。本章將介紹如何進一步在控制系統中架設機器人的 ROS 2 驅動，並為機器人裝上「眼睛」，讓它看到周圍的環境。

第 6 章　ROS 2 控制與感知：讓機器人動得了、看得見

▍6.1 機器人通訊協定開發

在機器人運動控制的智慧化與靈活性方面，儘管透過嵌入式程式設計已經可以初步驅動機器人行動，但這種方式存在一定的局限性，舉例來說，每次微調或更新程式都需要重新編譯並燒錄到運動控制器，同時運動控制器的有限運算能力也很難滿足機器人的智慧化需求。

因此，建構一個高效且強大的「大腦」是讓機器人智慧化的關鍵。這個「大腦」不僅需要卓越的運算能力支援複雜演算法的高效執行與即時處理，還需要具備高度的可擴充性，方便機器人後續技術的整合與升級。同時，確保「大腦」與運動控制器之間資料的穩定、高效同步也至關重要，這是實現精準控制、快速回應及智慧決策的前提。

如圖 5-4 所示，機器人控制系統和運動控制器之間有一座「橋樑」，造成讓二者之間的資料快速、正確、穩定互傳的作用。如何架設這座「橋樑」呢？這需要機器人硬體和軟體的協作支援。以 OriginBot 機器人為例，在硬體上，控制系統和運動控制器之間的資料通信透過序列埠完成；在軟體上，需要設計一套通訊資料的協定，類似人類交流使用語言的語法，讓二者能夠互相通訊。

> 在序列埠通訊的協定中，規定了資料封包的內容，它由起始位元、主體資料、驗證位元以及停止位元組成，通訊雙方的資料封包格式要約定一致才能正常收發資料。

6.1.1 通訊協定設計

在機器人所應用的各行各業，通訊協定的概念普遍存在，以保障大量資料的高效傳輸。針對 OriginBot 機器人的資料傳輸需求，本書設計了一套較為簡單實用的通訊協定，其資料幀的協定格式如表 6-1 所示。

6.1 機器人通訊協定開發

▼ 表 6-1 OriginBot 通訊協定的資料框架格式

幀頭	標識位元	長度	資料位					驗證位	幀尾
0x55	0x0*	0x06	0x**	0x**	0x**	0x**	0x**	0x**	0xBB

資料幀的第一位元組是幀頭，固定使用 0x55 表示，0x55 並沒有實際含義，它的主要功能是告訴接收者後續位元組是一個資料幀。資料幀的第二位元組是標識位元，表示該幀資料內容的具體含義，OriginBot 功能標識位元說明如表 6-2 所示。

▼ 表 6-2 OriginBot 功能標識位元說明

標識位元	資料定義
0x01	速度控制
0x02	速度回饋
0x03	IMU 加速度
0x04	IMU 角速度
0x05	IMU 尤拉角
0x06	感測器資料
0x07	LED、蜂鳴器狀態、IMU 校準
0x08	左馬達 PID 參數
0x09	右馬達 PID 參數

當接收到的標識位元是 0x01 時，表示該幀資料位元的內容用來控制機器人的速度；當接收到的標識位元是 0x02 時，表示該幀資料位元的含義是實際速度的回饋值，依此類推，不同的標識位元表示後續資料位元的不同物理意義。

資料幀的第三位元組表示資料位元的位元組長度，此處統一設定為 0x06，也就是說，每個資料幀可攜帶 6 位元組的實際內容。

為提高資料框架格式的相容性，如果資料內容超過 6 位元組，那麼也可以修改此處的位元組長度，以適應更為複雜的資料傳輸需求。

資料幀的第 4~9 位元組是資料位元，根據標識位元的定義，表示不同的資料含義，例如當標識位元是 0x02 時，資料位元的 6 位元組就表示機器人左右馬達的旋轉方向和速度。

資料幀的第 10 位元組是驗證位元，用於驗證資料的正確性，常用的驗證方式有互斥驗證、同位，也可以自己訂製驗證方式。OriginBot 的資料驗證方式是將資料位元全部求和後，再和 0xFF 進行與操作，從而得到驗證位元的資料值。在實際應用中，如果收到的驗證位元和資料位元求和，再與 0xFF 之後得到的結果不同，就說明該幀資料在傳輸過程中出現了問題，這一段資料幀就會被忽略。

資料幀最後的位元組是幀尾，表示資料幀的結束，此處固定使用 0xBB 表示。

6.1.2 通訊協定範例解析

了解了通訊協定的設計，接下來看看不同情況下的資料幀範例。

1. 速度控制（0x01）

速度控制的資料幀由上位機發送給下位機，也就是由控制系統這個「大腦」發送給運動控制器，速度控制資料框架格式與範例如表 6-3 所示。

> 由於機器人的控制系統與運動控制器多為上下層關係，一般會將控制系統稱為「上位機」，運動控制器稱為「下位機」。通訊協定將完成上下位機之間的資料傳輸。

6.1 機器人通訊協定開發

▼ 表 6-3 速度控制資料框架格式與範例

資料幀	幀頭	標識位元	長度	資料位					驗證位	幀尾
^	^	^	^	左馬達控制		右馬達控制			^	^
^	^	^	^	方向	左馬達速度（mm/s）	方向	右馬達速度（mm/s）		^	^
^	^	^	^	0x00：反轉 0xFF：正轉	低位元位元組	高位元位元組	0x00：反轉 0xFF：正轉	低位元位元組	高位元位元組	**	0xBB
範例	0x55	0x01	0x06	0x00	0x20	0x00	0xFF	0x20	0x00	0x3F	0xBB

在以上範例的資料幀中，控制系統下發的速度指令控制左馬達反轉，右馬達正轉，具體旋轉的速度值透過 2 位元組描述，如左馬達的高位元位元組是 0x00，低位元位元組是 0x20，疊加到一起就是 0x0020，轉為十進位數字後為 32，單位為 mm/s，結合左馬達的控制方向，左馬達控制旋轉的速度為 -32mm/s。同理，右側馬達控制旋轉的速度為 32mm/s。

將 6 個資料位元求和得到驗證位元，即 0x00+0x20+0x00+0xFF+0x20+0x00=0x013F，再逐位元與 0xFF，得到驗證位元為 0x3F。

2. 速度回饋（0x02）

速度回饋由運動控制器採樣編碼器數值後累加得到，透過下位機發送給上位機的控制系統，其資料框架格式與範例如表 6-4 所示。

第 6 章　ROS 2 控制與感知：讓機器人動得了、看得見

▼ 表 6-4　速度回饋資料框架格式與範例

資料幀	幀頭	標識位元	長度	資料位					驗證位	幀尾
^	^	^	^	左馬達控制		右馬達控制			^	^
^	^	^	^	方向	左馬達速度（mm/s）	方向	右馬達速度（mm/s）		^	^
^	^	^	^	0x00：反轉 0xFF：正轉	低位元位元組	高位元位元組	0x00：反轉 0xFF：正轉	低位元位元組	高位元位元組	**	0xBB
範例	0x55	0x02	0x06	0xFF	0x00	0x00	0xFF	0x00	0x00	0xFE	0xBB

速度回饋值的單位是 mm/s，資料值也是由高 8 位元和低 8 位元組成，共 16 位元組。在以上範例的資料幀中，左右兩側輪子的旋轉速度均為 0，6 位元組的資料位元累加就是 0xFF+0xFF=0x01FE，再逐位元與 0xFF 得到驗證位元 0xFE。

3. IMU 資料（0x03~0x05）

IMU 資料較多，分為三組分別傳輸，由運動控制器發送給控制系統，其資料框架格式與範例如表 6-5 所示。

6.1 機器人通訊協定開發

▼ 表 6-5 IMU 資料框架格式與範例

IMU 加速度

資料幀	幀頭	標識位元	長度	資料位 x軸加速度 低位元組	資料位 x軸加速度 高位元組	資料位 y軸加速度 低位元組	資料位 y軸加速度 高位元組	資料位 z軸加速度 低位元組	資料位 z軸加速度 高位元組	驗證位	幀尾
範例	0x55	0x03	0x06	0x00	0xAF	0x00	0x0D	0x08	0x23	0xE7	0xBB

IMU 角速度

資料幀	幀頭	標識位元	長度	資料位 x軸加速度 低位元組	資料位 x軸加速度 高位元組	資料位 y軸加速度 低位元組	資料位 y軸加速度 高位元組	資料位 z軸加速度 低位元組	資料位 z軸加速度 高位元組	驗證位	幀尾
範例	0x55	0x04	0x06	0x00	0x00	0x00	0x00	0x00	0x00	0x00	0xBB

IMU 尤拉角

資料幀	幀頭	標識位元	長度	資料位 ROLL 低位元組	資料位 ROLL 高位元組	資料位 PITCH 低位元組	資料位 PITCH 高位元組	資料位 YAW 低位元組	資料位 YAW 高位元組	驗證位	幀尾
範例	0x55	0x05	0x06	0x00	0x40	0xFC	0x94	0xB9	0xE2	0x6B	0xBB

加速度的單位是 m/s^2，角速度的單位是 °/s，尤拉角的單位是 °，分別包含 x、y、z 三軸的資料，類似速度值的描述，每個資料都由高 8 位元和低 8 位元組成。

4. 其他感測器資料（0x06）

運動控制器中部分感測器的數值會回饋給控制系統，例如電池的電壓，透過感測器資料幀傳輸，其資料框架格式與範例如表 6-6 所示。

▼ 表 6-6　其他感測器資料框架格式與範例

資料幀	幀頭	標識位元	長度	資料位 電壓值（V） 整數	資料位 電壓值（V） 小數位	資料位 感測器預留 1	資料位 感測器預留 1	資料位 感測器預留 2	資料位 感測器預留 2	驗證位	幀尾
範例	0x55	0x06	0x06	0x0c	0x16	0x00	0x00	0x00	0x00	0x22	0xBB

以上資料位元描述的電池電壓為 12.22V，另外預留了兩個資料位元，可供未來傳輸更多感測器資料，例如超音波等。

5. 運動控制器配置（0x07）

運動控制器上還有一些外接裝置提供給開發者使用，例如 LED、蜂鳴器，當機器人遇到特定情況時可以亮燈、警示進行提示。另外，該資料幀還整合了 IMU 的校準設置，當機器人啟動或 IMU 漂移嚴重時，即可透過校準實現重新標定。該資料幀由控制系統發送給運動控制器，其資料框架格式與範例如表 6-7 所示。

▼ 表 6-7　運動控制器配置資料框架格式與範例

資料幀	幀頭	標識位元	長度	資料位 LED 啟用控制 0xFF：點亮 0x00：熄滅	資料位 LED 狀態	資料位 蜂鳴器 啟用控制 0xFF：啟動 0x00：關閉	資料位 蜂鳴器 狀態	資料位 IMU 校準 啟用控制 0xFF：校準 0x00：無操作	資料位 IMU 校準 狀態	驗證位	幀尾
範例	0x55	0x07	0x06	0xFF	0x00	0x00	0x00	0x00	0x00	0xFF	0xBB

在以上範例的資料幀中，控制系統將設置運動控制器上的 LED 為開，並關閉蜂鳴器，同時不需要校準 IMU 的資料。

6. PID 參數（0x08~0x09）

為了讓機器人實現更好的運動控制效果，運動控制器中實現了基於 PID 的馬達閉環控制，但是兩個馬達的 PID 參數各有不同，此時可以在控制系統中透過以下資料幀修改某台馬達閉環控制的 PID 參數，從而實現不同的運動控制效果，其資料框架格式與範例如表 6-8 所示。

▼ 表 6-8　PID 參數資料框架格式與範例

資料幀	幀頭	標識位元	長度	資料位 P 低位元組	資料位 P 高位元組	資料位 I 低位元組	資料位 I 高位元組	資料位 D 低位元組	資料位 D 高位元組	驗證位	幀尾
範例	0x55	0x08	0x06	0x10	0x27	0x00	0x00	0x64	0x00	0x9B	0xBB
	0x55	0x09	0x06	0x98	0x3A	0x00	0x00	0xC8	0x00	0x9A	0xBB

在以上範例的資料幀中，控制系統將設置機器人左輪的 PID 參數為 P=10，I=0，D=0.1；右輪的 PID 參數為 P=15，I=0，D=0.2。

> 由於 PID 參數的數值較小，實際控制參數 = 資料位數值 /1000

透過如上設計，就實現了 OriginBot 機器人控制系統與運動控制器之間的通訊協定，接下來繼續介紹如何在上、下位機中進一步利用通訊協定實現具體功能。

6.1.3　運動控制器端協定開發（下位機）

運動控制器作為機器人的「下位機」，可以透過通訊協定將底層感測器的資料回饋給「上位機」，並接收、執行「上位機」下發的指令，功能邏輯如圖 6-1 所示。

第 6 章　ROS 2 控制與感知：讓機器人動得了、看得見

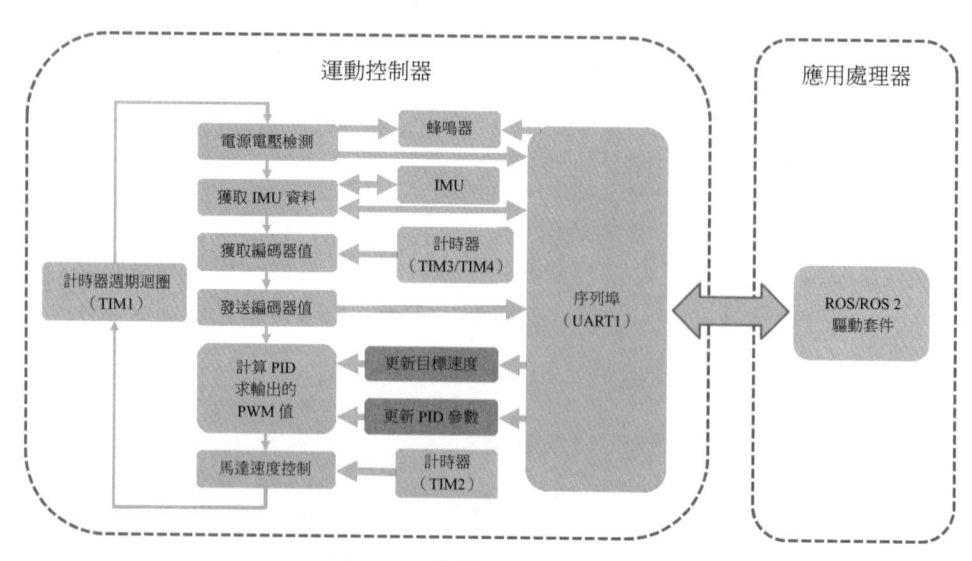

▲ 圖 6-1　下位機通訊協定處理框架

運動控制器中的主程式有一個大迴圈，按照順序不斷迴圈完成電源電壓檢測、IMU 資料獲取、編碼器資料獲取與發送、接收速度指令並計算輸出 PWM、馬達運動控制等任務。執行過程中透過序列埠與應用處理器即時通訊，具體需要完成的通訊協定功能如表 6-9 所示。

▼ 表 6-9　上下位機功能說明

功能分類	資料傳輸方向	實現功能	週期
指令接收	應用處理器→運動控制器 （上位機→下位機）	・接收速度指令並控制運動 ・接收 LED、蜂鳴器指令並修改狀態 ・接收 IMU 校準指令並完成校準 ・接收馬達 PID 參數並完成更新	100ms
資料回饋	應用處理器←運動控制器 （上位機←下位機）	・回饋馬達速度指令 ・回饋 IMU 狀態 ・回饋電池電量等感測器資訊	40ms

程式倉庫位址請參考前言中的說明。

1. 指令接收

對應如上功能，指令接收在運動控制器端的實現在 originbot_controller 下的 protocol.c 檔案中，核心程式如下。

```c
// 接收序列埠單字節資料並儲存
void Upper_Data_Receive(u8 Rx_Temp)
{
  switch (RxFlag) {
  case 0:   // 幀頭
  {
    if (Rx_Temp == 0x55) {
      RxBuffer[0] = 0x55;
      RxFlag = 1;
    } else {
      RxFlag = 0;
      RxBuffer[0] = 0x0;
    }
    break;
  }

  case 1: // 標識位元
  {
    if (Rx_Temp == 0x01 || Rx_Temp == 0x07 || Rx_Temp == 0x08) {
      RxBuffer[1] = Rx_Temp;
      RxFlag = 2;
      RxIndex = 2;
    } else {
      RxFlag = 0;
      RxBuffer[0] = 0;
      RxBuffer[1] = 0;
    }
    break;
  }

  case 2: // 資料位元長度
  {
    // 資料幀總位元組數 = 幀頭+標識位元+長度+驗證位元+幀尾（5 bytes）+資料位元
    New_CMD_length = Rx_Temp+5;
```

```c
  if (New_CMD_length >= PTO_MAX_BUF_LEN) {
    RxIndex = 0;
    RxFlag = 0;
    RxBuffer[0] = 0;
    RxBuffer[1] = 0;
    New_CMD_length = 0;
    break;
  }
  RxBuffer[RxIndex] = Rx_Temp;
  RxIndex++;
  RxFlag = 3;
  break;
}

case 3: // 讀取剩餘的所有欄位
{
  RxBuffer[RxIndex] = Rx_Temp;
  RxIndex++;
  if (RxIndex >= New_CMD_length && RxBuffer[New_CMD_length-1] == 0xBB) {
    New_CMD_flag = 1;
    RxIndex = 0;
    RxFlag = 0;
  }
  break;
}

default:
  break;
}
```

序列埠收到資料後，會跳躍到 Upper_Data_Receive() 函式，透過 RxFlag 區分接收資料在資料幀中的含義。

- 如果 RxFlag=0（預設值），判斷當前收到的資料是否為幀頭標識 0x55，如果是，則將 RxFlag 置位為 1；如果不是，則繼續等待幀頭。
- 當 RxFlag=1 時，說明當前收到的資料表示標識位元，進一步判斷，如果資料為 0x01、0x07、0x08，則為上位機下發的指令，將 RxFlag 置位

6.1 機器人通訊協定開發

- 為 2，繼續接收後續資料；否當前收到的資料有誤，放棄當前已收到的資料，重新置位 RxFlag 為 0，等待下一幀的資料。

- 當 RxFlag=2 時，收到的資料表示資料位元的位元組長度，加上資料幀的幀頭、標識位元、長度、驗證位元、幀尾，就是完整一幀資料的位元組長度，儲存在 New_CMD_length 變數中。如果其長度超過快取區大小，則清空快取及標識位元重新等待幀頭資料；否則將 RxFlag 置位為 3，開始接收後續資料。

- 如果 RxFlag=3，則繼續快取資料幀中的資料位元、驗證位元、幀尾，讀取完成後重置 RxFlag 為 0，一幀資料讀取完成，繼續等待下一幀資料。

讀取一幀完整的資料後，需要按照通訊協定的格式，對資料內容進行解析，並完成對應的功能，具體程式實現如下。

```c
// 指令解析，傳入接收到的完整指令及其長度
void Parse_Cmd_Data(u8 *data_buf, u8 num)
{
  #if ENABLE_CHECKSUM
  // 計算驗證
  int sum = 0;
  for (u8 i = 3; i < (num - 2); i++)
    sum += *(data_buf + i);
  sum = sum & 0xFF;

  u8 recvSum = *(data_buf + num - 2);
  if (!(sum == recvSum))
    return;
  #endif

  // 判斷幀頭
  if (!(*(data_buf) == 0x55))
    return;

  u8 func_id = *(data_buf + 1);
  switch (func_id) {
  // 判斷功能字：速度控制
  case FUNC_MOTION:
```

```c
{
  u8 index_l = *(data_buf + 3);
  u16 left = *(data_buf + 5);
  left = (left << 8) | (*(data_buf + 4));

  u8 index_r = *(data_buf + 6);
  u16 right = *(data_buf + 8);
  right = (right << 8) | (*(data_buf + 7));

  Motion_Test_SpeedSet(index_l, left, index_r, right);
  break;
}

// 判斷功能字：LED、蜂鳴器狀態、IMU 校準
case FUNC_BEEP_LED:
{
  u8 led_ctrl_en = *(data_buf + 3);    // 啟用控制欄位
  u8 led = *(data_buf + 4);             // 狀態欄位
  if (led_ctrl_en) {
    if (led)
      LED_ON();
    else
      LED_OFF();
  }

  u8 buzzer_ctrl_en = *(data_buf + 5); // 啟用控制欄位
  u8 buzzer = *(data_buf + 6);          // 狀態欄位
  if (buzzer_ctrl_en) {
    if (buzzer)
      BUZZER_ON();
    else
      BUZZER_OFF();
  }

  u8 calibration_ctrl_en = *(data_buf + 7);  // 啟用控制欄位
  u8 calibration = *(data_buf + 8);           // 狀態欄位
  if (calibration_ctrl_en && calibration)
    jy901_calibration();
```

6.1 機器人通訊協定開發

```c
      break;
    }

    // 判斷功能字：左輪 PID 參數
    case FUNC_SET_LEFT_PID:
    {
      u16 kp_recv = *(data_buf + 4);
      kp_recv = (kp_recv << 8) | *(data_buf + 3);

      u16 ki_recv = *(data_buf + 6);
      ki_recv = (ki_recv << 8) | *(data_buf + 5);

      u16 kd_recv = *(data_buf + 8);
      kd_recv = (kd_recv << 8) | *(data_buf + 7);

      float kp = (float)kp_recv / 1000.0;
      float ki = (float)ki_recv / 1000.0;
      float kd = (float)kd_recv / 1000.0;

      Left_Pid_Update_Value(kp, ki, kd);
      break;
    }

// 判斷功能字：右輪 PID 參數
    case FUNC_SET_RIGHT_PID:
    {
      u16 kp_recv = *(data_buf + 4);
      kp_recv = (kp_recv << 8) | *(data_buf + 3);

      u16 ki_recv = *(data_buf + 6);
      ki_recv = (ki_recv << 8) | *(data_buf + 5);

      u16 kd_recv = *(data_buf + 8);
      kd_recv = (kd_recv << 8) | *(data_buf + 7);

      float kp = (float)kp_recv / 1000.0;
      float ki = (float)ki_recv / 1000.0;
      float kd = (float)kd_recv / 1000.0;
```

第 6 章　ROS 2 控制與感知：讓機器人動得了、看得見

```
    Right_Pid_Update_Value(kp, ki, kd);
    break;
  }

  default:
    break;
  }
}
```

　　當進入解析函式 Parse_Cmd_Data() 後，程式會先累加資料位元並將結果與驗證位元進行比對，如果驗證失敗，則說明資料接收存在錯誤，直接退出函式。如果驗證正常，那麼接下來判斷幀頭和之後的標識位元。

- FUNC_MOTION：如果標識位元為速度控制，則解析資料位元中的速度指令，並且透過 Motion_Test_SpeedSet() 函式控制兩個輪子按照指定速度旋轉。

- FUNC_BEEP_LED：如果標識位元為蜂鳴器和 LED 控制，則解析資料位元中對應的 I/O 狀態，並完成狀態控制。

- FUNC_SET_LEFT_PID：如果標識位元為左輪 PID 參數，則解析資料位元中對應左輪的 PID 參數，並動態更新左輪運動控制所使用的 kp、ki、kd 參數。

- FUNC_SET_RIGHT_PID：如果標識位元為右輪 PID 參數，則解析資料位元中對應右輪的 PID 參數，並動態更新右輪運動控制所使用的 kp、ki、kd 參數。

2. 資料回饋

　　運動控制器透過通訊協定週期性回饋馬達速度等狀態，具體實現的程式在 app_motion_ control.c 等模組程式中，這裡以馬達速度回饋為例，介紹協定的封裝及發送過程。

```
// 上報馬達速度
void Motion_Send_Data(void)
{
  // 計算本次上報時應當上報的速度
```

6.1 機器人通訊協定開發

```c
left_speed_mm_s = left_encoder_cnt * ENCODER_CNT_10MS_2_SPD_MM_S / record_time;
right_speed_mm_s = right_encoder_cnt * ENCODER_CNT_10MS_2_SPD_MM_S / record_time;
record_time = 0;
left_encoder_cnt = 0;
right_encoder_cnt = 0;

#define MotionLEN       7
uint8_t data_buffer[MotionLEN] = {0};
uint8_t i, checknum = 0;

if (left_speed_mm_s < 0) {
  data_buffer[0] = 0x00;
  uint16_t spd = (uint16_t)fabs(left_speed_mm_s);
  data_buffer[1] = spd&0xFF;
  data_buffer[2] = (spd>>8)&0xFF;
} else {
  data_buffer[0] = 0xFF;
  uint16_t spd = (uint16_t)left_speed_mm_s;
  data_buffer[1] = spd&0xFF;
  data_buffer[2] = (spd>>8)&0xFF;
}

if (right_speed_mm_s < 0) {
  data_buffer[3] = 0x00;
  uint16_t spd = (uint16_t)fabs(right_speed_mm_s);
  data_buffer[4] = spd&0xFF;
  data_buffer[5] = (spd>>8)&0xFF;
} else {
  data_buffer[3] = 0xFF;
  uint16_t spd = (uint16_t)right_speed_mm_s;
  data_buffer[4] = spd&0xFF;
  data_buffer[5] = (spd>>8)&0xFF;
}

// 驗證位元的計算使用資料位元各個資料相加 & 0xFF
for (i = 0; i < MotionLEN - 1; i++)
  checknum += data_buffer[i];

data_buffer[MotionLEN - 1] = checknum & 0xFF;
```

第 6 章　ROS 2 控制與感知：讓機器人動得了、看得見

```
    UART1_Put_Char(0x55); // 幀頭
    UART1_Put_Char(0x02); // 標識位元
    UART1_Put_Char(0x06); // 資料位元長度 ( 位元組數 )

    UART1_Put_Char(data_buffer[0]);
    UART1_Put_Char(data_buffer[1]);
    UART1_Put_Char(data_buffer[2]);
    UART1_Put_Char(data_buffer[3]);
    UART1_Put_Char(data_buffer[4]);
    UART1_Put_Char(data_buffer[5]);
    UART1_Put_Char(data_buffer[6]);

    UART1_Put_Char(0xBB); // 幀尾
}
```

Motion_Send_Data() 函式在主迴圈中被週期性呼叫，並回饋當前機器人的左右輪速度。程式會先讀取左右輪的速度，並將該速度封裝成通訊協定的資料幀，透過序列埠發送給「上位機」。在通訊協定的封裝過程中，幀頭、標識位元、資料位元長度、幀尾都是確定值，可以直接賦值，資料位元中的速度則需要額外分解為方向、高位元、低位元，並且計算出驗證位元給上位機驗證。

IMU 等狀態回饋的方法類似，這裡不再贅述，大家可以參考相關程式。

6.1.4　應用處理器端協定開發（上位機）

與運動控制器類似，上位機完成應用功能的處理後，也需要透過通訊協定下發控制指令，並接收「下位機」回饋的狀態，上位機通訊協定處理框架如圖 6-2 所示。

上位機中同樣建立了一個週期穩定的迴圈，在迴圈中不斷把應用功能計算得到的速度指令封裝成序列埠資料，下發給運動控制器執行，同時接收運動控制器回饋的速度、加速度、角速度等狀態，進一步上傳給應用功能，幫助機器人完成應用功能的閉環。

6.1 機器人通訊協定開發

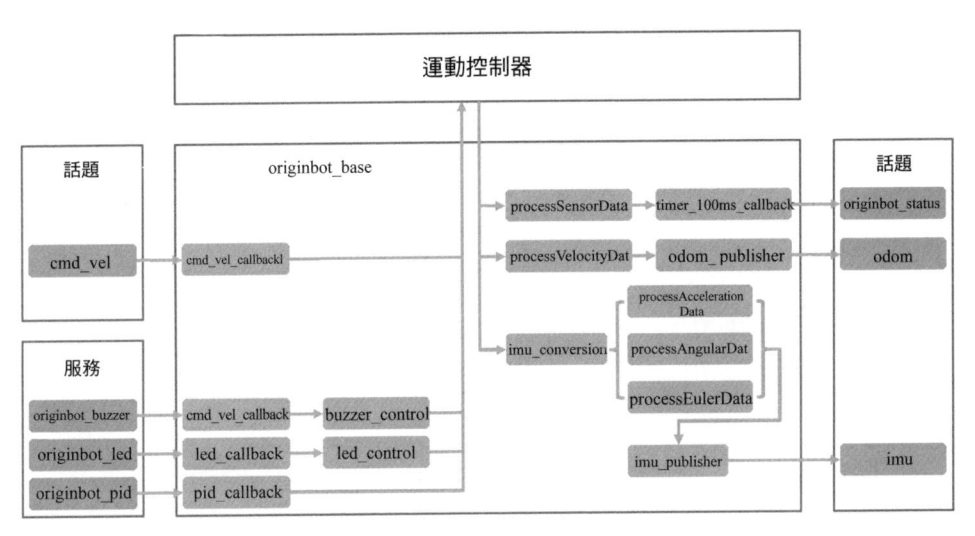

▲ 圖 6-2 上位機通訊協定處理框架

1. 指令發送

以 OriginBot 機器人運動指令的發送為例，當機器人上層應用（如導航、鍵盤控制）計算得到某一機器人的運動速度後，需要透過序列埠發送給運動控制器執行，通訊協定的封裝過程在 OriginBot 下的 originbot_base.cpp 程式檔案中。

```
void OriginbotBase::cmd_vel_callback(const geometry_msgs::msg::Twist::SharedPtr msg)
{
    DataFrame cmdFrame;
    float leftSpeed = 0.0, rightSpeed = 0.0;

    float x_linear = msg->linear.x;
    float z_angular = msg->angular.z;

    // 差分輪運動學模型求解
    leftSpeed  = x_linear - z_angular * ORIGINBOT_WHEEL_TRACK / 2.0;
    rightSpeed = x_linear + z_angular * ORIGINBOT_WHEEL_TRACK / 2.0;

    if (leftSpeed < 0)
        cmdFrame.data[0] = 0x00;
    else
        cmdFrame.data[0] = 0xff;
```

6-19

第 6 章　ROS 2 控制與感知：讓機器人動得了、看得見

```
    cmdFrame.data[1] = int(abs(leftSpeed) * 1000) & 0xff; // 速度值從 m/s 變為 mm/s
    cmdFrame.data[2] = (int(abs(leftSpeed) * 1000) >> 8) & 0xff;

    if (rightSpeed < 0)
        cmdFrame.data[3] = 0x00;
    else
        cmdFrame.data[3] = 0xff;

    // 速度值從 m/s 變為 mm/s
    cmdFrame.data[4] = int(abs(rightSpeed) * 1000) & 0xff;
    cmdFrame.data[5] = (int(abs(rightSpeed) * 1000) >> 8) & 0xff;

    cmdFrame.check = (cmdFrame.data[0] + cmdFrame.data[1] + cmdFrame.data[2] +
                     cmdFrame.data[3] + cmdFrame.data[4] + cmdFrame.data[5]) & 0xff;

    // 封裝速度命令的資料幀
    cmdFrame.header = 0x55;
    cmdFrame.id     = 0x01;
    cmdFrame.length = 0x06;
    cmdFrame.tail   = 0xBB;
    try
    {
        serial_.write(&cmdFrame.header, sizeof(cmdFrame)); // 向序列埠發送資料
    }

    catch (serial::IOException &e)
    {
        // 如果發送資料失敗，則輸出錯誤資訊
        RCLCPP_ERROR(this->get_logger(), "Unable to send data through serial port");
    }

    // 考慮平穩停車的計數值
    if((fabs(x_linear)>0.0001) || (fabs(z_angular)>0.0001))
        auto_stop_count_ = 0;
}
```

在 ROS 2 開發中，機器人的速度指令一般由話題 cmd_vel 進行傳遞，所以上層應用輸出的速度指令會透過 cmd_vel 話題進入 originbot_base 節點，觸發

6.1 機器人通訊協定開發

cmd_vel_callback() 回呼函式對速度資料進行解析。解析過程中先將機器人整體的線速度和角速度根據機器人的運動學模型分解為兩個車輪的速度,接下來根據通訊協定填充資料幀,然後補充幀頭、幀尾和驗證位元,最後透過 serial_.write() 方法將資料幀寫入序列埠,下位機就可以被動串行口中讀取到資料幀並進行解析和運動控制了。

> 運動學模型相關的理論內容,請參考 5.4 節的講解。

LED、蜂鳴器的控制與 PID 參數的設置同理,都是按照通訊協定填充資料幀,並寫入序列埠即可。

2. 資料接收

應用處理器還會在迴圈中不斷讀取序列埠中的資料,從而獲取下位機回饋的資訊,序列埠讀取的過程在 readRawData() 函式中實現。

```
void OriginbotBase::readRawData()
{
    uint8_t rx_data = 0;
    DataFrame frame;

    while (rclcpp::ok())
    {
        // 讀取 1 位元組資料,尋找幀頭
        auto len = serial_.read(&rx_data, 1);
        if (len < 1)
            continue;

        // 發現幀頭後開始處理資料幀
        if(rx_data == 0x55)
        {
            // 讀取完整的資料幀
            serial_.read(&frame.id, 10);

            // 判斷幀尾是否正確
            if(frame.tail != 0xBB)
            {
```

```
            RCLCPP_WARN(this->get_logger(), "Data frame tail error!");
            continue;
        }

        frame.header = 0x55;

        // 幀驗證
        if(checkDataFrame(frame))
        {
            // 處理幀資料
            processDataFrame(frame);
        }
        else
        {
            RCLCPP_WARN(this->get_logger(), "Data frame check failed!");
        }
    }
}
```

機器人啟動後，readRawData() 函式會在一個單獨的執行緒中迴圈執行序列埠的讀取任務。當收到的資料為幀頭資料，即 0x55 時，由於每個資料封包的資料長度相同，所以接下來一次性讀取該幀資料的所有資訊，如果最後一位元資料是幀尾 0xBB，則說明資料幀完整。然後進一步透過驗證位元判斷該幀資料是否有異常，沒有異常則透過 processDataFrame() 函式處理資料內容。

```
// 處理傳入的資料幀，根據資料幀的 ID 呼叫相應的處理函式
void OriginbotBase::processDataFrame(DataFrame &frame)
{
    // 使用 switch 敘述根據資料幀的 ID 進行分支處理
    switch(frame.id)
    {
    case FRAME_ID_VELOCITY:                    // 如果資料幀的 ID 是速度幀
        processVelocityData(frame);            // 呼叫處理速度資料的函式
        break;
```

6.1 機器人通訊協定開發

```
    case FRAME_ID_ACCELERATION:              // 如果資料幀的 ID 是加速度幀
        processAccelerationData(frame);      // 呼叫處理加速度數據的函式
        break;

    case FRAME_ID_ANGULAR:                   // 如果資料幀的 ID 是角速度幀
        processAngularData(frame);           // 呼叫處理角速度資料的函式
        break;

    case FRAME_ID_EULER:                     // 如果資料幀的 ID 是尤拉角幀
        processEulerData(frame);             // 呼叫處理尤拉角資料的函式
        break;

    case FRAME_ID_SENSOR:                    // 如果資料幀的 ID 是感測器資料幀
        processSensorData(frame);            // 呼叫處理感測器資料的函式
        break;

    default:
        RCLCPP_ERROR(this->get_logger(), "Frame ID Error[%d]", frame.id);
        break;
    }
}
```

　　processDataFrame() 中根據資料幀的標識位元判斷當幀資料的內容，並且透過不同的函式實現資料處理。假設收到的資料幀是感測器資料，其中包含了機器人的電池電量，此時就會透過 processSensorData() 完成資料幀中資料的讀取，並且儲存到機器人狀態的變數中，供上層應用使用。

```
void OriginbotBase::processSensorData(DataFrame &frame)
{
    robot_status_.battery_voltage = (float)frame.data[0] + ((float)frame.data[1]/100.0);
}
```

> 其他資料的接收方法類似，這裡不再贅述。

第 6 章　ROS 2 控制與感知：讓機器人動得了、看得見

6.2 機器人 ROS 2 底盤驅動開發

了解了機器人通訊協定的設計及其在上下位機中的開發，接下來需要大家進一步將這些資料變成機器人功能的真實驅動，在機器人的「大腦」中用好這些資料。本節將在應用處理器中帶領大家開發機器人底盤的 ROS 2 功能驅動。

6.2.1 機器人 ROS 2 底盤驅動

機器人是一個複雜的系統工程，從上到下涉及很多功能模組，各部分需要分工合作才能達到最高的開發效率。為了高效溝通，各部分之間只需要把必要的資料發給對方。但如果開發者都按照自己的習慣進行訊息定義，就會造成資料遺失或介面錯誤的情況，所以在正式開發之前，通常需要提前約定一個規範，便於後續的合作和分發。

本書第 2 章介紹了 ROS 2 的通訊機制，ROS 2 的資料傳輸需要在一個相同的 msg 或 srv 介面定義下才能實現，其資料通信框架如圖 6-3 所示。舉例來說，透過鍵盤控制機器人運動，發送的速度指令就是 ROS 2 標準定義的線速度和角速度，至於這個速度如何在運動控制器中實現，則由之前開發的運動控制器完成。

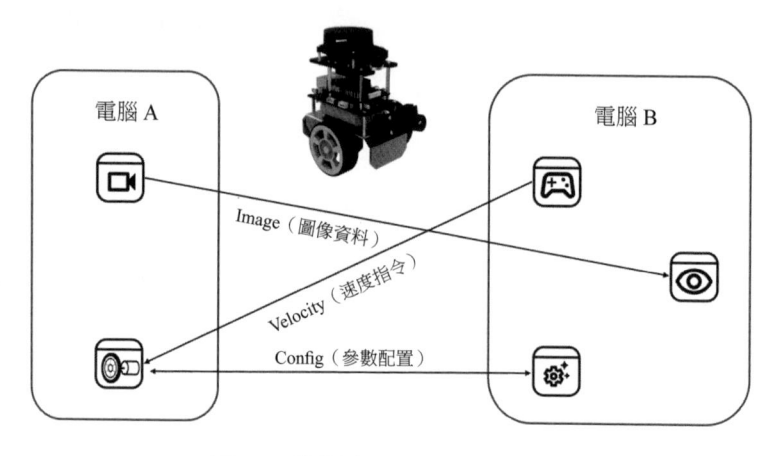

▲ 圖 6-3　機器人 ROS 2 資料通信框架

6.2 機器人 ROS 2 底盤驅動開發

再舉例來說，機器人上裝有相機，開發者要將相機的圖像資料發送給上位機顯示，或進一步完成影像處理。這個圖像資料也是 ROS 2 標準定義的，類似程式設計中的資料結構，按照這樣的標準定義，兩個節點的功能也被極佳地解耦，它們可能是不同的程式設計師開發的，雙方只要遵循指定的規則，就可以把各自開發好的功能完美結合到一起。

所以，要想使用 ROS 2 開發一款智慧型機器人，就需要按照 ROS 2 的規則把需要通訊的資料封裝好，這些封裝好的功能套件被稱為機器人 ROS 2 底層驅動。

如圖 6-2 所示，originbot_base 是 OriginBot 中的 ROS 2 底盤驅動節點，該節點提供的話題和服務如表 6-10 所示，開發者可以使用這些介面進一步完成上層應用的開發。

▼ 表 6-10 OriginBot 機器人 ROS 2 底盤驅動節點中的介面

資料內容	傳輸方向	介面類別型	介面名稱	資料型態
速度指令	上層應用→底盤驅動	話題	cmd_vel	geometry_msgs::msg::Twist
里程計	底盤驅動→上層應用	話題	odom	nav_msgs::msg::Odometry
機器人狀態	底盤驅動→上層應用	話題	originbot_status	originbot_msgs::msg::OriginbotStatus
蜂鳴器狀態	上層應用→底盤驅動	服務	originbot_buzzer	originbot_msgs::srv::OriginbotBuzzer
LED 狀態	上層應用→底盤驅動	服務	originbot_led	originbot_msgs::srv::OriginbotLed
左輪 PID 參數	上層應用→底盤驅動	服務	originbot_left_pid	originbot_msgs::srv::OriginbotPID
右輪 PID 參數	上層應用→底盤驅動	服務	originbot_right_pid	originbot_msgs::srv::OriginbotPID
tf 座標系	底盤驅動→上層應用	tf	-	tf2_ros::TransformBroadcaster

第 6 章　ROS 2 控制與感知：讓機器人動得了、看得見

相關介面的具體實現在 originbot_base.cpp 中 OriginbotBase 的建構函式中定義，具體程式實現如下。

```
// 建立里程計、機器人狀態的發行者
odom_publisher_   = this->create_publisher<nav_msgs::msg::Odometry>("odom", 10);
status_publisher_ =
this->create_publisher<originbot_msgs::msg::OriginbotStatus>("originbot_status", 10);

// 建立速度指令的訂閱者
cmd_vel_subscription_ =
this->create_subscription<geometry_msgs::msg::Twist>("cmd_vel", 10,
std::bind(&OriginbotBase::cmd_vel_callback, this, _1));

// 建立控制蜂鳴器和 LED 的服務
buzzer_service_ =
this->create_service<originbot_msgs::srv::OriginbotBuzzer>("originbot_buzzer",
std::bind(&OriginbotBase::buzzer_callback, this, _1, _2));
led_service_ =
this->create_service<originbot_msgs::srv::OriginbotLed>("originbot_led",
std::bind(&OriginbotBase::led_callback, this, _1, _2));
left_pid_service_ =
this->create_service<originbot_msgs::srv::OriginbotPID>("originbot_left_pid",
std::bind(&OriginbotBase::left_pid_callback, this, _1, _2));
right_pid_service_ =
this->create_service<originbot_msgs::srv::OriginbotPID>("originbot_right_pid",
std::bind(&OriginbotBase::right_pid_callback, this, _1, _2));

// 建立 tf 廣播器
tf_broadcaster_ = std::make_unique<tf2_ros::TransformBroadcaster>(*this);
```

1. 上層應用→底盤驅動

無論是 SLAM 建圖還是自主導航，又或是視覺應用，都離不開對機器人的運動控制，所以機器人需要一個速度控制的介面，ROS 2 中一般把 cmd_vel 話題作為機器人速度控制的話題。

6.2 機器人 ROS 2 底盤驅動開發

在 OriginBot 機器人中，當上層應用節點發佈 cmd_vel 話題資料時，originbot_base 驅動節點中的 cmd_vel 話題訂閱者就可以得到線速度和角速度訊息，並完成運動學解算，將機器人的整體速度換算成兩個輪子的速度，透過通訊協定中定義的資料幀下發給運動控制器，由運動控制器完成 PID 閉環控制，讓馬達轉起來。

如果要修改運動控制器中的 PID 參數，則可以透過 Service 實現，例如 originbot_base 驅動節點實現了 PID 參數動態配置的服務。大家可以回憶本書第 2 章介紹的服務通訊，當服務端完成計算後會將結果回饋給呼叫該服務的節點，這裡就是將 PID 是否設置完成的結果回饋給使用者端。

除此之外，OriginBot 機器人上設計了 LED、蜂鳴器等功能，同樣利用服務進行了封裝，originbot_base 驅動節點作為伺服器，一旦有使用者端發送請求，就會把請求的指令透過序列埠發送給運動控制器，開啟或關閉 LED 和蜂鳴器，最後向使用者端回饋結果。

> 這裡的話題和服務的實現，就是 ROS 2 中核心概念的典型應用，大家之前學習了 ROS 2 的基礎理論，在這裡就派上用場了。

2. 底盤驅動→上層應用

上層應用不僅要給機器人發指令，還需要知道機器人的很多狀態資訊，這些資訊由運動控制器回饋給應用處理器中的 ROS 2 驅動節點 originbot_base，再分別封裝成對應的 ROS 2 話題，回饋給訂閱該資料的應用節點。

對於移動機器人而言，最為常用的回饋資訊就是里程計 odom 和姿態感測器 imu 話題訊息。odom 記錄機器人當前的位姿，imu 記錄機器人即時的加速度和角速度，兩者都是機器人定位的基礎資料。

透過學習第 5 章，我們已經可以在運動控制器中讀取 odom 和 imu 的資料，並且透過學習 6.1 節，我們可以透過通訊協定的資料幀向 ROS 2 驅動節點發送 originbot_base。只需要將這些資料封裝成 ROS 2 標準定義的訊息，再透過 ROS 2 中的發行者物件發佈出來就可以。

第 6 章　ROS 2 控制與感知：讓機器人動得了、看得見

此外，為了方便偵錯，ROS 2 還專門設置了機器人狀態 originbot_status 這個自訂的訊息結構，它會將機器人的電量、LED 和蜂鳴器狀態發佈出來，便於大家查看或使用。

本節的內容不僅適用於開發 OriginBot 機器人，也同樣適合在 ROS 1 或 ROS 2 環境下開發絕大部分移動機器人的 ROS 底盤驅動。

6.2.2　速度控制話題的訂閱

運動是機器人至關重要的功能，不同形態機器人的運動方式也不盡相同，有類似 OriginBot 的差速運動，有類似無人機的飛行運動，還有類似人形機器人的步態控制。對於 ROS 2，無論是哪種形態的機器人，各種應用功能輸出的運動指令都是 Twist 訊息的 cmd_vel 話題，這就需要開發機器人的工程師做好對應該話題的底盤驅動開發，實現不同運動結構的底層控制。

以 OriginBot 機器人為例，當收到來自上層應用（如自主導航、鍵盤控制）發佈的速度話題 cmd_vel 後，如何控制機器人運動起來呢？

如圖 6-4 所示，originbot_base 節點訂閱 cmd_vel 話題，一旦收到話題訊息，就會透過 cmd_vel_callback() 回呼函式處理收到的 Twist 速度。

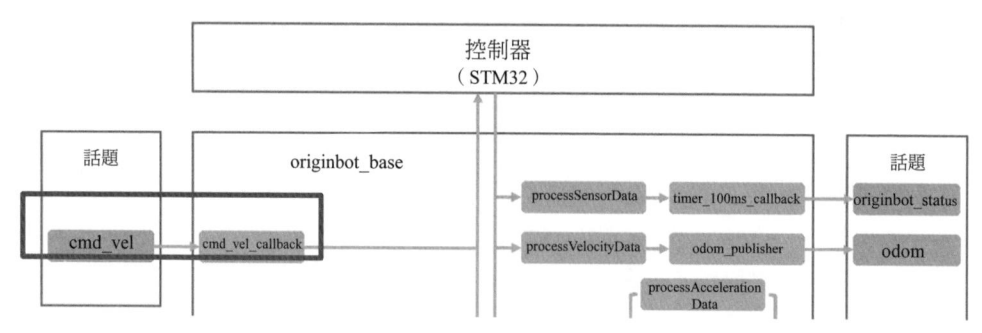

▲ 圖 6-4　OriginBot 機器人運動控制方塊圖

6.2 機器人 ROS 2 底盤驅動開發

OriginBot 底盤驅動中速度控制功能的具體程式如下。

```cpp
void OriginbotBase::cmd_vel_callback(const geometry_msgs::msg::Twist::SharedPtr msg)
{
    DataFrame cmdFrame;
    float leftSpeed = 0.0, rightSpeed = 0.0;

    float x_linear = msg->linear.x;
    float z_angular = msg->angular.z;

    // 差分輪運動學模型求解
    leftSpeed  = x_linear - z_angular * ORIGINBOT_WHEEL_TRACK / 2.0;
    rightSpeed = x_linear + z_angular * ORIGINBOT_WHEEL_TRACK / 2.0;

    if (leftSpeed < 0)
        cmdFrame.data[0] = 0x00;
    else
        cmdFrame.data[0] = 0xff;
    cmdFrame.data[1] = int(abs(leftSpeed) * 1000) & 0xff; // 速度值從 m/s 變為 mm/s
    cmdFrame.data[2] = (int(abs(leftSpeed) * 1000) >> 8) & 0xff;

    if (rightSpeed < 0)
        cmdFrame.data[3] = 0x00;
    else
        cmdFrame.data[3] = 0xff;
    cmdFrame.data[4] = int(abs(rightSpeed) * 1000) & 0xff; // 速度值從 m/s 變為 mm/s
    cmdFrame.data[5] = (int(abs(rightSpeed) * 1000) >> 8) & 0xff;

    cmdFrame.check = (cmdFrame.data[0] + cmdFrame.data[1] + cmdFrame.data[2] +
                      cmdFrame.data[3] + cmdFrame.data[4] + cmdFrame.data[5]) & 0xff;

    // 封裝速度命令的資料幀
    cmdFrame.header = 0x55;
    cmdFrame.id     = 0x01;
    cmdFrame.length = 0x06;
    cmdFrame.tail   = 0xBB;
    try
    {
        serial_.write(&cmdFrame.header, sizeof(cmdFrame)); // 向序列埠發送資料
    }
```

第 6 章　ROS 2 控制與感知：讓機器人動得了、看得見

```
catch (serial::IOException &e)
{
    // 如果發送資料失敗，則輸出錯誤資訊
    RCLCPP_ERROR(this->get_logger(), "Unable to send data through serial port");
}

// 考慮平穩停車的計數值
if((fabs(x_linear)>0.0001) || (fabs(z_angular)>0.0001))
    auto_stop_count_ = 0;
}
```

Twist 訊息包含兩部分：一是線速度（linear），二是角速度（angular），每個速度又由 x、y、z 三個分量組成。對於平面差速移動的機器人來講，只有 x 方向的線速度（即前後運動）和圍繞 z 軸的角速度（即左右旋轉）有效，根據兩輪差速的運動學模型，就可以求解得到兩個輪子的速度指令，然後將其封裝成通訊資料幀，透過序列埠發送給運動控制器執行。

關於運動學模型相關的理論內容，請參考 5.4 節的講解。

如圖 6-5 所示，以鍵盤控制為例，我們一起體驗一下機器人速度控制中話題的發佈與訂閱過程。

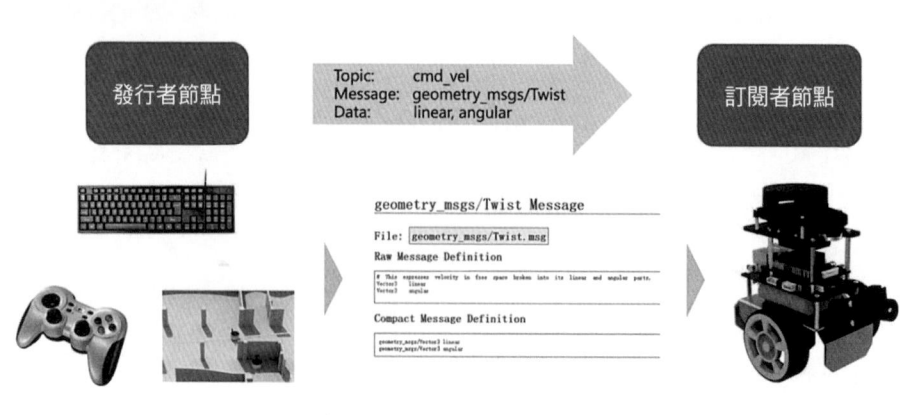

▲ 圖 6-5　ROS 2 運動控制方式

6-30

6.2 機器人 ROS 2 底盤驅動開發

首先透過 SSH 遠端登入 OriginBot 機器人中的 Ubuntu 系統，啟動兩個終端分別輸入以下命令。

```
# 啟動機器人底盤節點 originbot_base
$ ros2 launch originbot_bringup originbot.launch.py

# 啟動鍵盤控制節點
$ ros2 run teleop_twist_keyboard teleop_twist_keyboard
```

關於 SSH 軟體的使用，請參考 2.11 節的內容。

第一行指令將啟動機器人的底盤節點 originbot_base，其中會訂閱 cmd_vel 話題，如圖 6-6 所示。

▲ 圖 6-6 啟動機器人底盤節點

第二行指令啟動鍵盤控制節點，讀取鍵盤按鍵後發佈 cmd_vel 話題，這樣兩個節點就可以相互通訊。類似於控制海龜模擬，此時可以根據圖 6-7 所示的終端中的資訊操作 OriginBot 機器人運動。

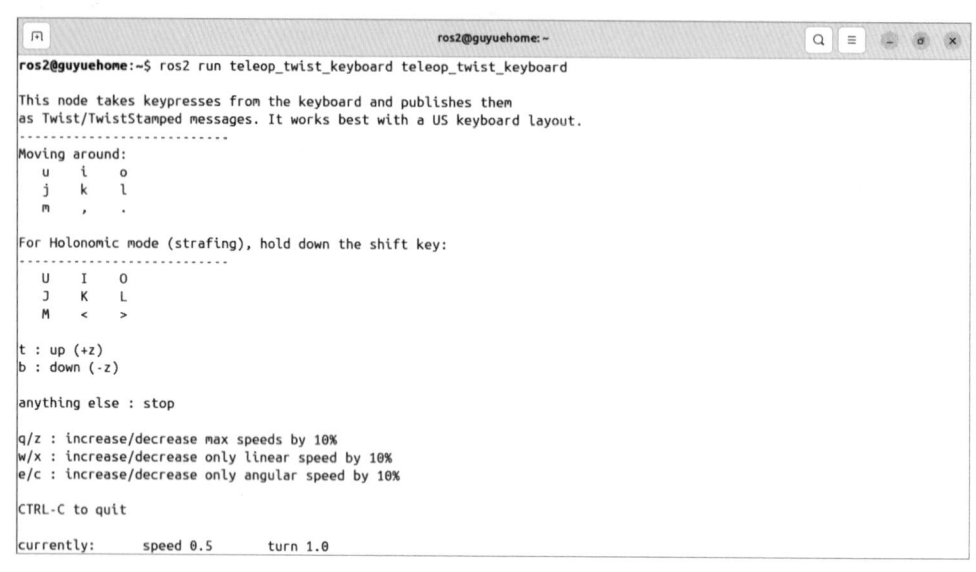

第 6 章 ROS 2 控制與感知：讓機器人動得了、看得見

```
ros2@guyuehome:~$ ros2 run teleop_twist_keyboard teleop_twist_keyboard

This node takes keypresses from the keyboard and publishes them
as Twist/TwistStamped messages. It works best with a US keyboard layout.
---------------------------
Moving around:
   u    i    o
   j    k    l
   m    ,    .

For Holonomic mode (strafing), hold down the shift key:
---------------------------
   U    I    O
   J    K    L
   M    <    >

t : up (+z)
b : down (-z)

anything else : stop

q/z : increase/decrease max speeds by 10%
w/x : increase/decrease only linear speed by 10%
e/c : increase/decrease only angular speed by 10%

CTRL-C to quit

currently:     speed 0.5      turn 1.0
```

▲ 圖 6-7 啟動鍵盤控制節點

6.2.3 里程計話題與 tf 的維護

　　現在已經可以透過話題訂閱讓機器人動起來了，此時 OriginBot 機器人會發生位置變化，隨著機器人的不斷運動，如何確定它每時每刻的位置呢？這涉及機器人定位。

　　在 ROS 2 系統中，里程計是機器人定位的重要方式，OriginBot 機器人中使用編碼器為里程計提供資料，在運動控制器中週期性採樣兩個輪子編碼器回饋的速度訊號，並且上傳到應用處理器中。接下來，originbot_base 節點需要將速度進一步封裝成 odom 里程計話題，同時不斷刷新 tf 座標樹，讓上層應用知道當前機器人的位置，如圖 6-8 所示。

> 里程計根據速度對時間的積分求得位置，這種方法對誤差十分敏感，所以精確的資料獲取、裝置標定、資料濾波等措施是十分必要的。

　　里程計中的機器人姿態涉及很多座標關係，大家需要先了解 ROS 2 中關於位姿資料的基本規則。首先是單位，關於距離的單位預設是米（m），關於時間

6.2 機器人 ROS 2 底盤驅動開發

的單位預設是秒（s），關於速度的單位預設是米 / 秒（m/s），關於角的單位是弧度（rad）。

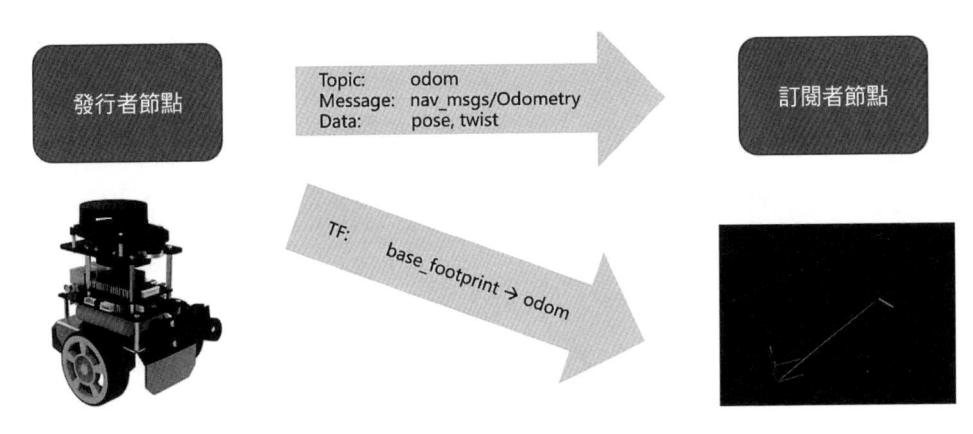

▲ 圖 6-8 odom 里程計話題發佈

其次是方向，如圖 6-9 所示，ROS 2 預設的原則是右手座標系。大家伸出右手，食指所指的是 x 軸的正方向，中指所指的是 y 軸的正方向，拇指所指的是 z 軸的正方向，所以機器人向前走，相當於給它一個 x 方向上的正速度，機器人向右平移，相當於給它一個 y 方向上的負速度。至於旋轉，還是使用右手定則，彎曲四指，拇指是旋轉軸的正方向，四指彎曲的方向就是旋轉的正方向。舉例來說，機器人在地面上向左轉就是正的角速度，向右轉就是負的角速度。

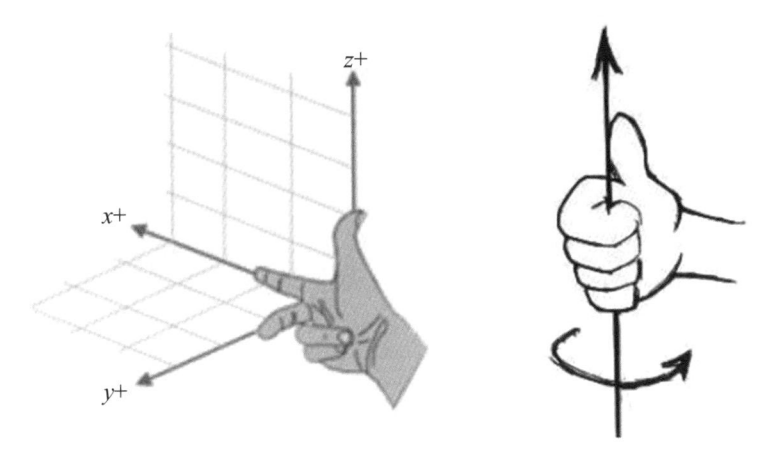

▲ 圖 6-9 ROS 2 中的座標系方向（右手座標系）

第 6 章　ROS 2 控制與感知：讓機器人動得了、看得見

體驗一下機器人運動過程中的位置變化。首先，透過 SSH 遠端登入 OriginBot，在兩個終端分別輸入以下命令，啟動機器人的底盤和鍵盤控制節點。

```
$ ros2 launch originbot_bringup originbot.launch.py
$ ros2 run teleop_twist_keyboard teleop_twist_keyboard
```

接下來，在安裝好 ROS 2 且和機器人處於同一網路的電腦上啟動一個終端，輸入以下命令啟動 RViz 視覺化軟體。

```
$ ros2 run rviz2 rviz2
```

RViz 啟動成功後，在 Fixed Frame 下拉清單中選擇 odom，點擊「Add」增加 tf 顯示項，此時可以在 RViz 中看到代表機器人位姿的 base_footprint 座標系和代表里程計座標原點的 odom 座標系，這兩個座標系之間的相對關係，就表示機器人使用里程計的定位結果。透過鍵盤控制機器人運動，可以即時看到兩個座標系之間的位姿變化，如圖 6-10 所示。

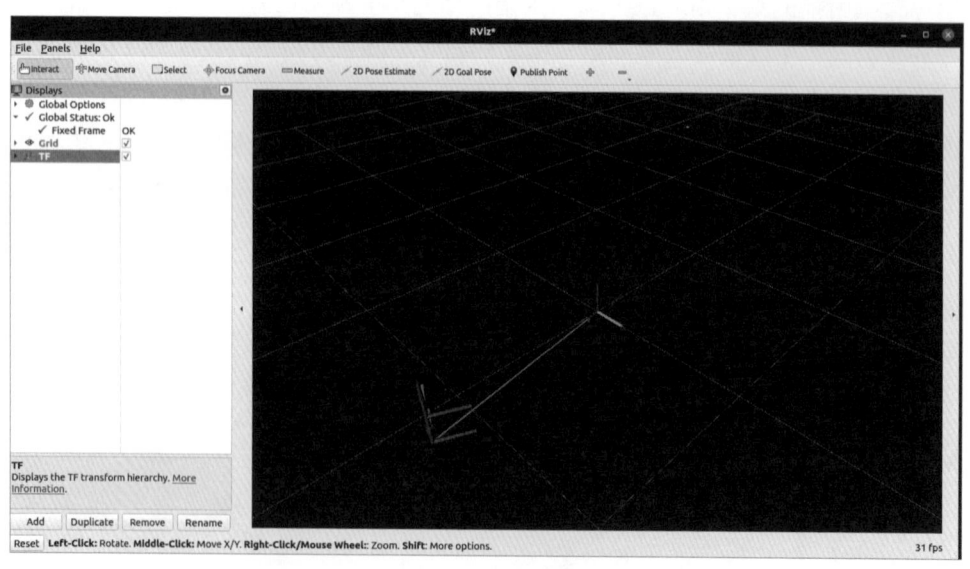

▲ 圖 6-10　透過 RViz 顯示機器人的 tf 座標系關係

這裡的里程計定位過程是如何實現的呢？

1. 里程計積分計算

　　運動控制器透過編碼器即時擷取 OriginBot 機器人左右兩個輪子的速度，並且將其封裝成通訊協定的資料幀。透過序列埠將這些資料幀上傳到應用處理器中的 originbot_base 節點，然後進入 processVelocityData 函式解析速度資料，並且透過運動學模型積分計算當前的里程位姿，再透過 odom 話題將其發佈出去，完整的程式實現如下。

```
void OriginbotBase::processVelocityData(DataFrame &frame)
{
    float left_speed = 0.0, right_speed = 0.0;
    float vx = 0.0, vth = 0.0;
    float delta_th = 0.0, delta_x = 0.0, delta_y = 0.0;

    // 計算兩個週期之間的時間差
    static rclcpp::Time last_time_ = this->now();
    current_time_ = this->now();

    float dt = (current_time_.seconds() - last_time_.seconds());
    last_time_ = current_time_;

    // 獲取機器人兩側輪子的速度，完成單位轉換 mm/s --> m/s
    uint16_t dataTemp = frame.data[2];
    float speedTemp = (float)((dataTemp << 8) | frame.data[1]);
    if (frame.data[0] == 0)
        left_speed = -1.0 * speedTemp / 1000.0;
    else
        left_speed = speedTemp / 1000.0;

    dataTemp = frame.data[5];
    speedTemp = (float)((dataTemp << 8) | frame.data[4]);
    if (frame.data[3] == 0)
        right_speed = -1.0 * speedTemp / 1000.0;
    else
        right_speed = speedTemp / 1000.0;

    // 透過兩側輪子的速度，計算機器人整體的線速度和角速度，透過校正參數進行校準
    vx   = correct_factor_vx_  * (left_speed + right_speed) / 2;
```

```
    vth = correct_factor_vth_ * (right_speed - left_speed) / ORIGINBOT_WHEEL_TRACK;

    // 計算里程計單週期內的姿態
    delta_x = vx * cos(odom_th_) * dt;
    delta_y = vx * sin(odom_th_) * dt;
    delta_th = vth * dt;

    // 計算里程計的累積姿態
    odom_x_  += delta_x;
    odom_y_  += delta_y;
    odom_th_ += delta_th;

    // 校正姿態角度，讓機器人處於 -180°~180° 之間
    if(odom_th_ > M_PI)
        odom_th_ -= M_PI*2;
    else if(odom_th_ < (-M_PI))
        odom_th_ += M_PI*2;

    // 發佈里程計話題，完成 tf 廣播
    odom_publisher(vx, vth);
}
```

里程計在各個類型的機器人中運用十分廣泛，以上程式是里程計積分計算位姿的常用框架，這裡對關鍵程式再做拆分解析。

```
// 計算兩個週期之間的時間差
static rclcpp::Time last_time_ = this->now();
current_time_ = this->now();

float dt = (current_time_.seconds() - last_time_.seconds());
last_time_ = current_time_;
```

里程計透過速度對時間的積分得到位移，時間間隔至關重要，這裡定義了兩個靜態變數 last_time_ 和 current_time_，分別記錄上一次和這一次執行 processVelocityData 函式的時間戳記，將時間戳記相減得到本次積分所需的時間間隔 dt。

6.2 機器人 ROS 2 底盤驅動開發

```
// 獲取機器人兩側輪子的速度,完成單位轉換 mm/s --> m/s
uint16_t dataTemp = frame.data[2];
float speedTemp = (float)((dataTemp << 8) | frame.data[1]);
if (frame.data[0] == 0)
    left_speed = -1.0 * speedTemp / 1000.0;
else
    left_speed = speedTemp / 1000.0;

dataTemp = frame.data[5];
speedTemp = (float)((dataTemp << 8) | frame.data[4]);
if (frame.data[3] == 0)
    right_speed = -1.0 * speedTemp / 1000.0;
else
    right_speed = speedTemp / 1000.0;
```

接下來解析運動控制器回饋兩個輪子的速度值 left_speed 和 right_speed,並且轉換成 ROS 2 通用速度單位——m/s,速度數值的正負號表示輪子的正轉或反轉。

```
// 透過兩側輪子的速度,計算機器人整體的線速度和角速度,透過校正參數進行校準
vx  = correct_factor_vx_  * (left_speed  + right_speed) / 2;
vth = correct_factor_vth_ * (right_speed - left_speed) / ORIGINBOT_WHEEL_TRACK;
```

有了兩個輪子的速度,結合兩輪差速的運動學模型,繼續求解以機器人中心為原點的線速度和角速度。

為此處增加了兩個線性校正係數 correct_factor_vx_ 和 correct_factor_vth_,用於校準實際距離和理論積分距離之間的線性偏差。

```
// 計算里程計單週期內的姿態
delta_x = vx * cos(odom_th_) * dt;
delta_y = vx * sin(odom_th_) * dt;
delta_th = vth * dt;

// 計算里程計的累積姿態
odom_x_  += delta_x;
odom_y_  += delta_y;
odom_th_ += delta_th;
```

獲得了時間間隔 dt 和機器人的速度 vx、vth，現在就可以計算在 dt 時間內機器人的 x 向位移 delta_x、y 向位移 delta_y、圍繞 z 軸的旋轉角度 delta_th，然後透過靜態變數 odom_x_、odom_y_、odom_th_ 累加所有時間間隔內的位移和旋轉，這樣就透過積分的方式獲得了機器人當前的座標位置和旋轉角度。

```
// 校正姿態角度，讓機器人處於 －180°~180° 之間
if (odom_th_ > M_PI)
    odom_th_ -= M_PI*2;
else if (odom_th_ < (-M_PI))
    odom_th_ += M_PI*2;

// 發佈里程計話題，完成 tf 廣播
odom_publisher(vx, vth);
```

由於使用積分方法，當機器人旋轉超過 180° 後，角度值會超過 π，為了保持機器人的角度值永遠處於 $\pm\pi$ 之間，這裡額外做了姿態校正。

完成以上所有處理後，就可以透過 odom_publisher() 函式發佈 odom 話題，並且更新 tf 座標樹。

2. 里程計話題發佈與 tf 座標系維護

在 ROS 2 系統中，里程計話題所使用的訊息是 nav_msgs/msg/Odometry，詳細定義如下。

```
# 包含里程資料參考座標系的名稱 frame_id
std_msgs/Header header
    builtin_interfaces/Time stamp
        int32 sec
        uint32 nanosec
    string frame_id

# 機器人基座標系
string child_frame_id

# 參考座標系下的機器人位姿估計，包含位置 ( 座標 ) 和姿態 ( 四元數 )
geometry_msgs/PoseWithCovariance pose
    Pose pose
```

```
        Point position
            float64 x
            float64 y
            float64 z
        Quaternion orientation
            float64 x 0
            float64 y 0
            float64 z 0
            float64 w 1
    float64[36] covariance

# 參考座標系下的機器人狀態估計，包含線速度和角速度
geometry_msgs/TwistWithCovariance twist
    Twist twist
        Vector3  linear
            float64 x
            float64 y
            float64 z
        Vector3  angular
            float64 x
            float64 y
            float64 z
    float64[36] covariance
```

里程計訊息包含兩部分。

- pose：機器人當前位置座標，包括機器人的 x、y、z 三軸位置與方向參數，以及用於校正誤差的協方差矩陣。

- twist：機器人當前的運動狀態，包括 x、y、z 三軸的線速度與角速度，以及用於校正誤差的協方差矩陣。

在上述訊息結構中，除速度與位置的關鍵資訊外，還包含用於濾波演算法的協方差矩陣。在精度要求不高的機器人系統中，可以使用預設的協方差矩陣；而在精度要求較高的系統中，需要先對機器人精確建模，再透過模擬、實驗等方法確定該矩陣的具體數值。

第 6 章　ROS 2 控制與感知：讓機器人動得了、看得見

接下來，在 odom_publisher() 函式中，將計算好的里程計數據封裝為 Odometry 訊息，並且發佈出去，具體的程式實現如下。

```cpp
void OriginbotBase::odom_publisher(float vx, float vth)
{
    auto odom_msg = nav_msgs::msg::Odometry();

    // 里程資料計算
    odom_msg.header.frame_id = "odom";
    odom_msg.header.stamp = this->get_clock()->now();
    odom_msg.pose.pose.position.x = odom_x_;
    odom_msg.pose.pose.position.y = odom_y_;
    odom_msg.pose.pose.position.z = 0;

    tf2::Quaternion q;
    q.setRPY(0, 0, odom_th_);
    odom_msg.child_frame_id = "base_footprint";
    odom_msg.pose.pose.orientation.x = q[0];
    odom_msg.pose.pose.orientation.y = q[1];
    odom_msg.pose.pose.orientation.z = q[2];
    odom_msg.pose.pose.orientation.w = q[3];

    const double odom_pose_covariance[36] = {1e-3, 0, 0, 0, 0, 0,
                                             0, 1e-3, 0, 0, 0, 0,
                                             0, 0, 1e6, 0, 0, 0,
                                             0, 0, 0, 1e6, 0, 0,
                                             0, 0, 0, 0, 1e6, 0,
                                             0, 0, 0, 0, 0, 1e-9};
    const double odom_pose_covariance2[36]= {1e-3, 0, 0, 0, 0, 0,
                                             0, 1e-3, 0, 0, 0, 0,
                                             0, 0, 1e6, 0, 0, 0,
                                             0, 0, 0, 1e6, 0, 0,
                                             0, 0, 0, 0, 1e6, 0,
                                             0, 0, 0, 0, 0, 1e-9};

    odom_msg.twist.twist.linear.x = vx;
    odom_msg.twist.twist.linear.y = 0.00;
    odom_msg.twist.twist.linear.z = 0.00;
```

```cpp
    odom_msg.twist.twist.angular.x = 0.00;
    odom_msg.twist.twist.angular.y = 0.00;
    odom_msg.twist.twist.angular.z = vth;

    const double odom_twist_covariance[36] = {1e-3, 0, 0, 0, 0, 0,
                                              0, 1e-3, 1e-9, 0, 0, 0,
                                              0, 0, 1e6, 0, 0, 0,
                                              0, 0, 0, 1e6, 0, 0,
                                              0, 0, 0, 0, 1e6, 0,
                                              0, 0, 0, 0, 0, 1e-9};
    const double odom_twist_covariance2[36] = {1e-3, 0, 0, 0, 0, 0,
                                               0, 1e-3, 1e-9, 0, 0, 0,
                                               0, 0, 1e6, 0, 0, 0,
                                               0, 0, 0, 1e6, 0, 0,
                                               0, 0, 0, 0, 1e6, 0,
                                               0, 0, 0, 0, 0, 1e-9};

    if (vx == 0 && vth == 0)
         memcpy(&odom_msg.pose.covariance, odom_pose_covariance2, sizeof(odom_pose_covariance2)),
             memcpy(&odom_msg.twist.covariance, odom_twist_covariance2, sizeof(odom_twist_covariance2));
    else
         memcpy(&odom_msg.pose.covariance, odom_pose_covariance, sizeof(odom_pose_covariance)),
             memcpy(&odom_msg.twist.covariance, odom_twist_covariance, sizeof(odom_twist_covariance));

    // 發佈里程計話題
    odom_publisher_->publish(odom_msg);

    geometry_msgs::msg::TransformStamped t;

    t.header.stamp = this->get_clock()->now();
    t.header.frame_id = "odom";
    t.child_frame_id  = "base_footprint";

    t.transform.translation.x = odom_x_;
    t.transform.translation.y = odom_y_;
```

```
        t.transform.translation.z = 0.0;

        t.transform.rotation.x = q[0];
        t.transform.rotation.y = q[1];
        t.transform.rotation.z = q[2];
        t.transform.rotation.w = q[3];

        if(pub_odom_){
            // 廣播里程計 tf
            tf_broadcaster_->sendTransform(t);
        }
    }
```

以上程式首先建立里程計訊息 odom_msg，並將之前計算好的里程計數據 odom_x_、odom_y_ 填充進去。在姿態資料部分，Odometry 訊息中的姿態描述使用的是四元數，而之前計算的姿態是尤拉角，兩者意義相同但描述方法不同，所以需要使用 tf2::Quaternion 提供的 setRPY() 方法將尤拉角轉為四元數。此外，Odometry 訊息中還包含協方差矩陣，可用於未來的濾波計算。里程計訊息填充完畢後，就可以透過 odom_publisher_ 發佈，便於上層應用訂閱使用機器人的定位資料。

在 ROS 2 系統中，除了發佈 Odom 資料，還需要透過 tf 維護機器人本體與外界環境之間的位姿關係，所以 odom_publisher() 函式還根據里程計數據、透過 tf_broadcaster_ 廣播更新了 tf。

以上就是機器人里程計相關話題發佈和 tf 更新維護的程式實現。

6.2.4 機器人狀態的動態監控

里程計是機器人重要的狀態資料，除此之外，機器人的狀態資料通常還有電池電量、I/O 狀態等。OriginBot 機器人也進行了這部分的設計和實現。

由於每個機器人能夠提供的狀態不完全一樣，ROS 2 中並沒有針對類似訊息的標準定義，大家可以透過訊息介面自訂的方式來實現，例如本書針對 OriginBot 機器人設計了 originbot_msgs/msg/OriginbotStatus 訊息。

6.2 機器人 ROS 2 底盤驅動開發

```
float32 battery_voltage              # 電池電量，單位 V
bool buzzer_on                       # 機器人上蜂鳴器的狀態，true 表示開啟，false 表示關閉
bool led_on                          # 機器人上 LED 的狀態，true 表示開啟，false 表示關閉
```

這些機器人的狀態資料都是從運動控制器週期性回饋到應用處理器中的，資料解析後儲存到程式對應的變數中，具體的程式實現如下。

```
void OriginbotBase::timer_100ms_callback()
{
    ...

    // 發佈機器人的狀態資訊
    originbot_msgs::msg::OriginbotStatus status_msg;

    status_msg.battery_voltage = robot_status_.battery_voltage;
    status_msg.buzzer_on = robot_status_.buzzer_on;
    status_msg.led_on = robot_status_.led_on;

    status_publisher_->publish(status_msg);
}
```

在 OriginBot ROS 2 底盤驅動節點的建構函式 OriginbotBase() 中，建立一個週期為 100ms 的計時器，按照 10Hz 的頻率觸發 timer_100ms_callback() 回呼函式，建立機器人的狀態訊息 status_msg。填充當前最新的狀態資訊後，透過 status_publisher_ 發佈出去。如果其他應用或終端需要查看機器人的狀態，就可以訂閱 originbot_status 話題獲取該資訊。

例如透過命令列的方式，訂閱 originbot_status 話題，結果如圖 6-11 所示。

```
$ ros2 topic echo /originbot_status
```

> 訂閱 originbot_status 話題前，請確保已透過以下命令啟動機器人底盤節點 ros2 launch originbot_bringup originbot.launch.py。

6-43

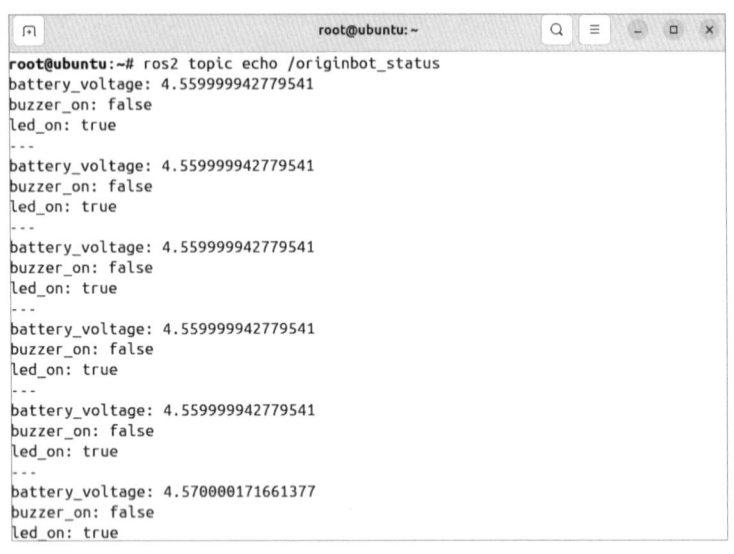

第 6 章　ROS 2 控制與感知：讓機器人動得了、看得見

▲ 圖 6-11　訂閱 originbot_status 話題

在機器人狀態中顯示的蜂鳴器和 LED 該如何控制呢？可以使用 Service 服務機制實現對應的介面驅動，不過需要自訂服務機制的介面 originbot_msgs/srv/OriginbotBuzzer 和 originbot_msgs/srv/OriginbotLed，它們的資料結構相同。

```
bool on         # I/O 控制指令，true 開啟，false 關閉
---
bool result     # 回饋 I/O 控制結果，true 表示成功，false 表示失敗
```

以蜂鳴器的介面驅動為例，詳細的程式實現如下。

```
bool OriginbotBase::buzzer_control(bool on)
{
    DataFrame configFrame;

    // 封裝蜂鳴器指令的資料幀
    configFrame.header  = 0x55;
    configFrame.id      = 0x07;
    configFrame.length  = 0x06;
    configFrame.data[0] = 0x00;
    configFrame.data[1] = 0x00;
    configFrame.data[2] = 0xFF;
```

```cpp
    if(on)
        configFrame.data[3]= 0xFF;
    else
        configFrame.data[3]= 0x00;

    configFrame.data[4]= 0x00;
    configFrame.data[5]= 0x00;
    configFrame.check = (configFrame.data[0] + configFrame.data[1] + configFrame.data[2] +
                configFrame.data[3] + configFrame.data[4] + configFrame.data[5]) & 0xff;
    configFrame.tail   = 0xBB;

    try
    {
        serial_.write(&configFrame.header, sizeof(configFrame)); // 向序列埠發送資料
    }

    catch (serial::IOException &e)
    {
        // 如果發送資料失敗,則輸出錯誤資訊
        RCLCPP_ERROR(this->get_logger(), "Unable to send data through serial port");
    }

    return true;
}

void OriginbotBase::buzzer_callback(const
std::shared_ptr<originbot_msgs::srv::OriginbotBuzzer::Request>  request,
std::shared_ptr<originbot_msgs::srv::OriginbotBuzzer::Response> response)
{
    robot_status_.buzzer_on = request->on;

    if(buzzer_control(robot_status_.buzzer_on))
    {
        RCLCPP_INFO(this->get_logger(), "Set Buzzer state to %d", robot_status_.buzzer_on);
        response->result = true;
    }
    else
```

第 6 章　ROS 2 控制與感知：讓機器人動得了、看得見

```
    {
        RCLCPP_WARN(this->get_logger(), "Set Buzzer state error [%d]", 
robot_status_.buzzer_on);
        response->result = false;
    }
}
```

　　當有使用者端請求蜂鳴器控制的服務後，底盤驅動中的伺服器進入 buzzer_callback() 回呼函式，根據請求中的 I/O 控制指令 request->on，使用 buzzer_control() 函式封裝通訊協定的資料幀，然後透過 serial_.write() 函式發送到運動控制器端操作蜂鳴器 I/O。如果控制成功，則伺服器回饋結果 true，否則回饋 false。

　　也可以透過以下命令控制蜂鳴器開啟或關閉，如圖 6-12 所示，在終端中可以看到服務回饋的結果。

```
## 開啟蜂鳴器
$ ros2 service call /originbot_buzzer originbot_msgs/srv/OriginbotBuzzer "'on': true"

## 關閉蜂鳴器
$ ros2 service call /originbot_buzzer originbot_msgs/srv/OriginbotBuzzer "'on': false"
```

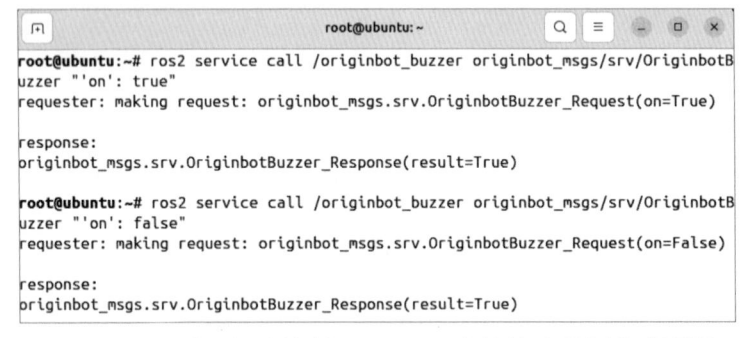

▲ 圖 6-12　透過服務控制 OriginBot 中的蜂鳴器開啟或關閉

　　與機器人上蜂鳴器的控制方式相同，OriginBot 的底盤驅動中還實現了 LED 的控制和 PID 參數的修改，具體程式的實現這裡不再贅述，大家可以在終端中使用以下服務呼叫動態控制。

```
## 開啟 LED
$ ros2 service call /originbot_led originbot_msgs/srv/OriginbotLed "'on': true"
## 關閉 LED
$ ros2 service call /originbot_led originbot_msgs/srv/OriginbotLed "'on': false"

## 設置左輪的 PID 控制參數
$ ros2 service call /originbot_left_pid originbot_msgs/srv/OriginbotPID "{'p': 10, 'i': 0, 'd': 0.1}"
## 設置右輪的 PID 控制參數
$ ros2 service call /originbot_right_pid originbot_msgs/srv/OriginbotPID "{'p': 10, 'i': 0, 'd': 0.1}"
```

到這裡為止，基於 ROS 2 的核心概念和分散式通訊網路，以 OriginBot 機器人為例，我們實現了機器人底盤的 ROS 2 驅動開發，在此之上，後續章節將繼續架設機器人的上層應用功能！

6.3 機器人運動程式設計與視覺化

完成 ROS 2 底盤驅動開發後，就可以透過 ROS 2 控制機器人運動並獲取感測器資訊了。本節從機器人最基礎的運動功能開始，架設一個簡單的運動控制應用。

在海龜模擬器的應用中，大家透過命令列發佈速度指令，讓海龜走出一個圓形軌跡，本節將嘗試讓實物機器人走出一個圓形軌跡。

6.3.1 ROS 2 速度控制訊息定義

6.2 節介紹了 ROS 2 機器人運動控制通常將 cmd_vel 話題作為介面，機器人底盤驅動會解析 cmd_vel 發佈的訊息，這個訊息的類型是 Twist，其中具體的資料結構是什麼樣的呢？大家可以使用以下指令查看，其結構如圖 6-13 所示。

```
$ ros2 interface show geometry_msgs/msg/Twist
```

第 6 章　ROS 2 控制與感知：讓機器人動得了、看得見

```
ros2@guyuehome:~$ ros2 interface show geometry_msgs/msg/Twist
# This expresses velocity in free space broken into its linear and angular parts
.
Vector3  linear
         float64 x
         float64 y
         float64 z
Vector3  angular
         float64 x
         float64 y
         float64 z
```

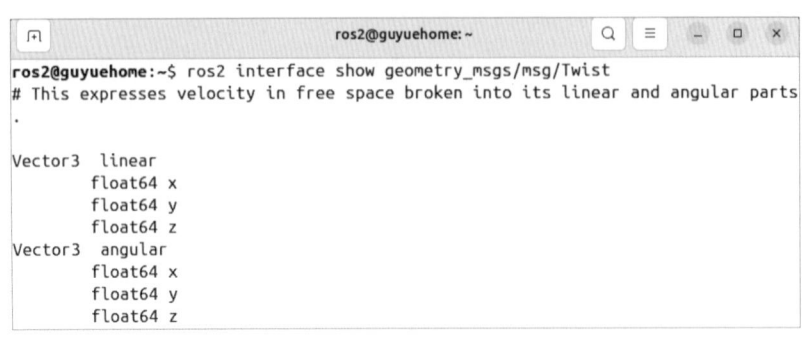

▲ 圖 6-13　Twist 訊息結構

可以看到，Twist 訊息非常簡潔，只包含線速度和角速度兩個向量，每個向量由 x、y、z 三軸的分量組成，無論是地上跑的、天上飛的、水下游的機器人，只要在三維世界中運動，都可以透過 Twist 訊息傳遞速度指令。

> 再次強調，在 ROS 2 系統中，線速度預設的單位是 m/s，角速度預設的單位是 rad/s。根據右手座標系原則確定方向，向前走是 x 正方向，向左轉是圍繞 z 軸旋轉的正方向。

在機器人 ROS 2 底盤驅動中，已經整合了速度指令的訂閱者，如果要控制機器人走一個圓，只需要建立一個線速度和角速度的 Twist 訊息，並透過速度話題發佈。

大家可以使用控制海龜的方式，直接在命令列中發佈 OriginBot 的速度話題。

```
$ ros2 topic pub --rate 1 /cmd_vel geometry_msgs/msg/Twist "{linear: {x: 0.2, y: 0.0, z: 0.0}, angular: {x: 0.0, y: 0.0, z: 0.8}}"
```

以上命令以 1Hz 的頻率發佈 x 軸平移線速度為 0.2m/s、z 軸旋轉角速度為 0.8rad/s，此時啟動機器人的底盤，就可以看到機器人自動走出一個圓形的軌跡了，效果如圖 6-14 所示。

6.3 機器人運動程式設計與視覺化

▲ 圖 6-14 機器人圓周運動效果

6.3.2 運動程式設計與視覺化

除了透過命令列發佈話題，更常用的方式是撰寫程式發佈速度話題，這樣更容易整合到機器人應用中。舉例來說，機器人看到前邊有障礙物，透過程式發佈速度話題，調轉方向躲過障礙物。

我們先執行完整的常式看一下效果。啟動 OriginBot 機器人的底盤後，在機器人或同網路的電腦端執行以下指令，執行過程如圖 6-15 所示。

```
$ ros2 run originbot_demo draw_circle
```

▲ 圖 6-15 執行機器人圓周運動節點

6-49

第 6 章　ROS 2 控制與感知：讓機器人動得了、看得見

啟動成功後，就可以看到機器人像圖 6-14 所示那樣，開始做圓周運動了。

繼續深入學習以上節點的程式設計方法，程式檔案是 originbot_demo/draw_circle.py，完整內容如下。

```python
import rclpy                                  # ROS 2 Python 介面函式庫
from rclpy.node import Node                   # ROS 2 節點類別
from geometry_msgs.msg import Twist           # 速度話題的訊息

"""
建立一個發行者節點
"""
class PublisherNode(Node):

    def __init__(self, name):
        super().__init__(name)                # ROS 2 節點父類別初始化
        # 建立發行者物件（訊息類型、話題名稱、佇列長度）
        self.pub    = self.create_publisher(Twist, 'cmd_vel', 10)
        # 建立一個計時器（單位為 s 的週期，定時執行的回呼函式）
        self.timer = self.create_timer(0.5, self.timer_callback)

    def timer_callback(self):                 # 建立計時器週期性執行的回呼函式
        twist = Twist()                       # 建立一個 Twist 類型的訊息物件
        twist.linear.x  = 0.2                 # 填充訊息物件中的線速度
        twist.angular.z = 0.8                 # 填充訊息物件中的角速度
        self.pub.publish(twist)               # 發佈話題訊息
        self.get_logger().info('Publishing: "linear: %0.2f, angular: %0.2f"' % (twist.linear.x, twist.angular.z))

def main(args=None):                          # ROS 2 節點主入口 main 函式
    rclpy.init(args=args)                     # ROS 2 Python 介面初始化
    node = PublisherNode("draw_circle")       # 建立 ROS 2 節點物件並進行初始化
    rclpy.spin(node)                          # 循環等待 ROS 2 退出
    node.destroy_node()                       # 銷毀節點實例
    rclpy.shutdown()                          # 關閉 ROS 2 Python 介面
```

以上程式的程式設計方法與 2.5.4 節講解的話題發行者節點相似，不同點如下。

6.4 相機驅動與圖像資料

- 發行者發佈的話題名稱不一樣，這裡是 cmd_vel，目的是控制機器人運動。
- 訊息類型不一樣，這裡是 Twist，對應填充的也是 Twist 訊息結構中的線速度和角速度。

其他流程完全一樣，所以只要熟悉話題發佈和訂閱者的大框架，換成任何一種話題和訊息都可以輕鬆應對。

6.4 相機驅動與圖像資料

我們已經可以透過遙控或程式設計控制機器人運動啦，這還不夠，還得讓機器人看得見外部的環境，接下來就為機器人插上「眼睛」——相機。

6.4.1 常用相機類型

相機是機器人的「眼睛」，可以讓機器人看到外邊的世界，常見的相機有一元相機、二元相機、三維相機等，如圖 6-16 所示。

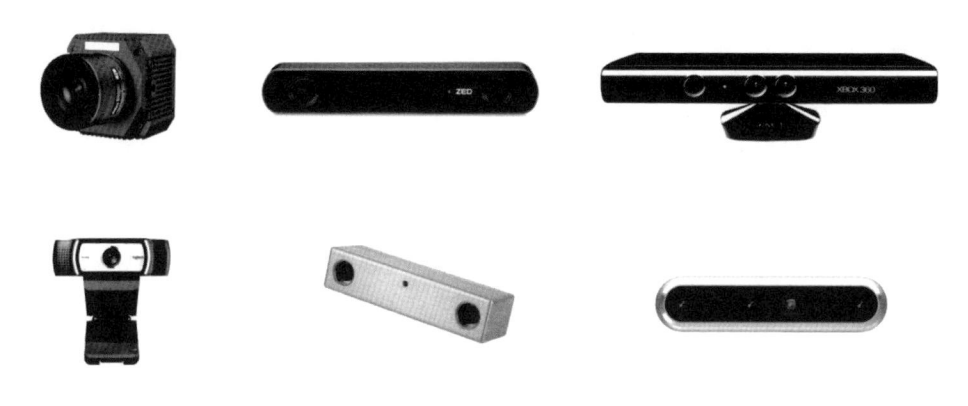

▲ 圖 6-16 常見的相機

第 6 章　ROS 2 控制與感知：讓機器人動得了、看得見

一元相機的原理相對簡單，如圖 6-17 所示，光線透過鏡頭進入相機內部的感光感測器，然後將類比訊號轉為數位訊號，之後就可以得到很多像素組成的影像資訊，在控制系統中實現影像處理、物體辨識等應用。

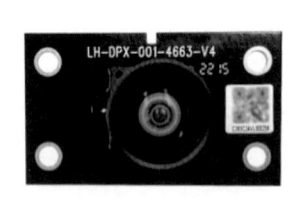

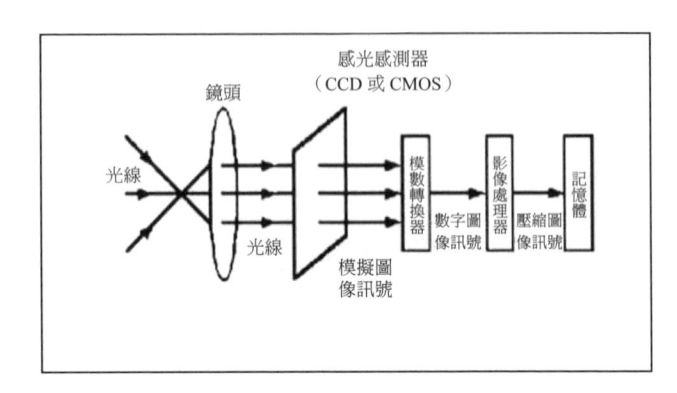

▲ 圖 6-17　一元相機成像原理

傳統視覺相機獲取的是二維影像，缺少空間深度資訊，隨著工作要求越來越複雜，3D 視覺技術出現。該技術不僅有效解決了複雜物體的模式辨識和 3D 測量難題，還能實現更加複雜的人機互動功能，得到越來越廣泛的應用。目前，工業領域主流的 3D 視覺技術方案主要有三種：飛行時間（ToF）法、結構光法、二元立體視覺法。這些 3D 視覺技術也帶來了相機硬體的變革，相應的核心感測器和半導體晶片技術發展迅速。

隨著半導體行業的發展，機器視覺系統逐漸整合化、小型化、智慧化，很多智慧相機看上去小巧玲瓏，不過巴掌大小，但其內部整合了高速處理器，可以輸出辨識結果，省去了外接的處理器。

針對機器人常用的視覺感測器，ROS 2 中幾乎都有標準的驅動套件和訊息定義。先來看看最為常用的二維彩色相機，以筆記型電腦上的相機為例，我們先使用 ROS 2 驅動套件讓它「跑」起來。

6.4.2 相機驅動與視覺化

2.5 節介紹了如何使用 usb_cam 功能套件啟動相機節點，我們回顧一下操作流程。首先透過以下命令安裝 usb_cam 功能套件，安裝過程如圖 6-18 所示。

```
$ sudo apt install ros-jazzy-usb-cam
```

```
ros2@guyuehome:~$ sudo apt install ros-jazzy-usb-cam
Reading package lists... Done
Building dependency tree... Done
Reading state information... Done
The following packages will be upgraded:
  ros-jazzy-usb-cam
1 upgraded, 0 newly installed, 0 to remove and 552 not upgraded.
Need to get 169 kB of archives.
After this operation, 0 B of additional disk space will be used.
Get:1 http[illegible]tsinghua.edu.cn/ros2/ubuntu noble/main amd64 ros-jazzy
-usb-cam amd64 0.8.1-1noble.20240731.165845 [169 kB]
Fetched 169 kB in 0s (422 kB/s)
(Reading database ... 313212 files and directories currently installed.)
Preparing to unpack .../ros-jazzy-usb-cam_0.8.1-1noble.20240731.165845_amd64.deb
 ...
Unpacking ros-jazzy-usb-cam (0.8.1-1noble.20240731.165845) over (0.8.1-1noble.20
240703.180939) ...
Setting up ros-jazzy-usb-cam (0.8.1-1noble.20240731.165845) ...
```

▲ 圖 6-18 安裝 usb_cam 功能套件

安裝完成後，就可以使用以下命令驅動筆記型電腦上的相機。

```
$ ros2 run usb_cam usb_cam_node_exe
```

此處如果使用的是虛擬機器，需要先將相機連接到虛擬機器中：點擊功能表列中的「虛擬機器」選項，選擇「可行動裝置」，找到需要連接的相機型號，點擊「連接」。

執行成功後可以使用 ROS 2 Qt 工具箱中的 rqt_image_view 查看圖像資料。

```
$ ros2 run rqt_image_view rqt_image_view
```

啟動成功後，在功能表列的下拉清單中選擇影像話題 image_raw，就可以看到當前相機的即時畫面了，如圖 6-19 所示。

第 6 章　ROS 2 控制與感知：讓機器人動得了、看得見

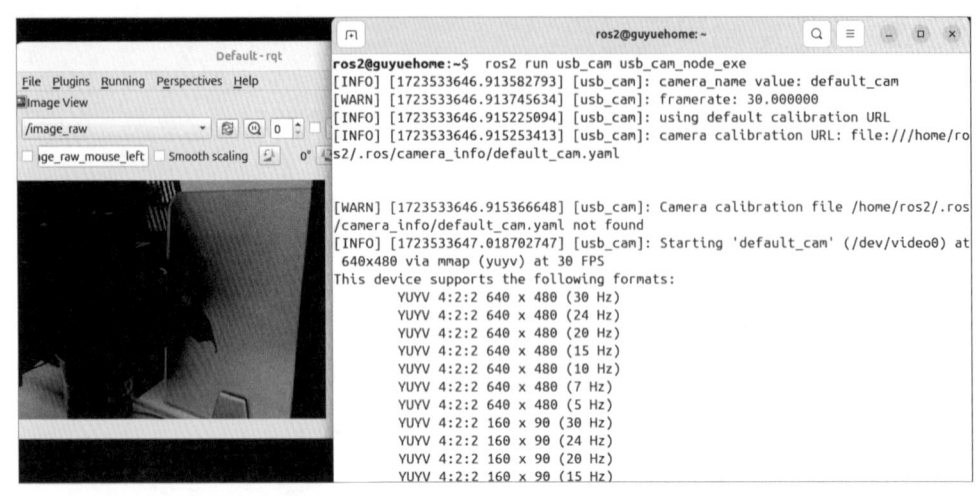

▲ 圖 6-19　透過 rqt_image_view 查看相機影像

在某些情況下，可能需要訂閱多個圖像資料，那麼也可以使用 usb-cam 功能套件提供的另一種啟動方式。

```
$ ros2 launch usb_cam camera.launch.py
```

以上 launch 檔案會將圖像資料分配到一個命名空間 camera1 下，對應的影像話題也會變成 /camera1/image_raw，如圖 6-20 所示，這樣就避免了多個影像話題名稱的衝突。

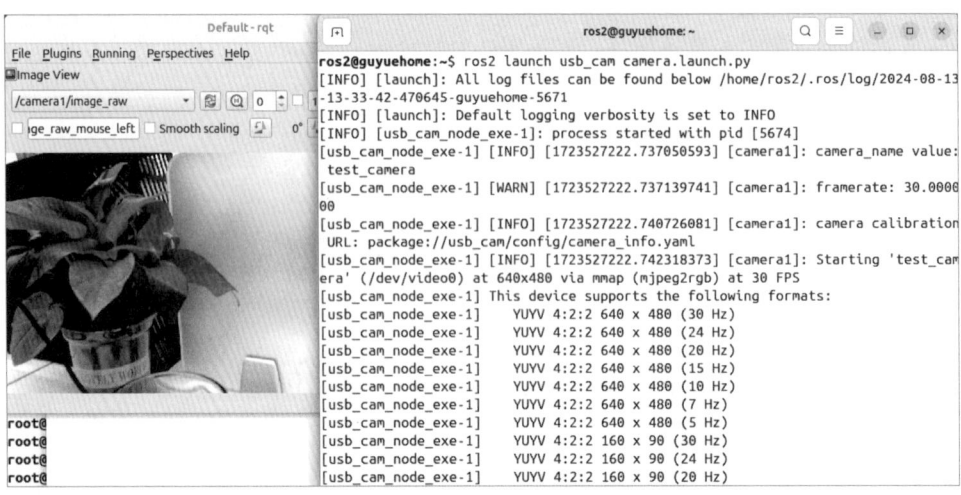

▲ 圖 6-20　執行 usb_cam 功能套件中的 launch 檔案並顯示影像

6.4 相機驅動與圖像資料

這裡使用的 usb_cam 功能套件是基於 V4L 協定封裝的 USB 相機驅動套件，核心節點是 usb_cam_node_exe，相關的話題和主要參數如表 6-11 和表 6-12 所示。

▼ 表 6-11 usb_cam 功能套件中的話題

	名稱	類型	描述
話題發佈	~<camera_name>/image	sensor_msgs/Image	發佈圖像資料

▼ 表 6-12 usb_cam 功能套件中的參數

參數	類型	預設值	描述
video_device	string	"/dev/video0"	相機裝置編號
image_width	int	640	影像橫向解析度
image_height	int	480	影像縱向解析度
framerate	int	30	每秒顯示畫面
camera_info_url	string	"package://usb_cam/config/camera_info.yaml"	相機校準檔案路徑
camera_name	string	"test_camera"	相機名稱
pixel_format	string	"mjpeg2rgb"	像素編碼： yuyv2rgb：V4L2 捕捉格式為 YUYV，ROS 2 影像編碼為 RGB8 uyvy2rgb：V4L2 捕捉格式為 UYVY，ROS 2 影像編碼為 RGB8 mjpeg2rgb：V4L2 捕捉格式為 MJPEG，ROS 2 影像編碼為 RGB8 rgb8：V4L2 捕捉格式和 ROS 2 影像編碼都為 RGB8

參數	類型	預設值	描述
pixel_format	string	"mjpeg2rgb"	yuyv：V4L2 捕捉格式和 ROS 2 影像編碼都為 YUYV uyvy：V4L2 捕捉格式和 ROS 2 影像編碼都為 UYVY m4202rgb8：V4L2 捕捉格式為 M420（又名 YUV420），ROS 2 影像編碼為 RGB8 mono8：V4L2 捕捉格式和 ROS 2 影像編碼都為 MONO8 mono16：V4L2 捕捉格式和 ROS 2 影像編碼都為 MONO16 y102mono8：V4L2 捕捉格式為 Y10（又名 MONO10），ROS 2 影像編碼為 MONO8
io_method	string	"mmap"	I/O 通道： read：在使用者和核心空間之間複製視訊幀 mmap：在核心空間分配的記憶體映射緩衝區 userptr：在使用者空間分配的記憶體緩衝區

6.4.3 ROS 2 影像訊息定義

無論是 USB 相機還是 RGBD 相機，發佈的圖像資料格式都多種多樣，在處理資料之前，最好先了解這些資料的格式。

RGB 相機啟動成功後，可以使用以下命令查看當前系統中的影像話題，效果如圖 6-21 所示。

```
$ ros2 topic info -v /image_raw
```

```
ros2@guyuehome:~$ ros2 topic info -v /camera1/image_raw
Type: sensor_msgs/msg/Image

Publisher count: 1

Node name: camera1
Node namespace: /
Topic type: sensor_msgs/msg/Image
Topic type hash: RIHS01_d31d41a9a4c4bc8eae9be757b0beed306564f7526c88ea6a4588fb9582527d47
Endpoint type: PUBLISHER
GID: 01.0f.6a.4c.29.17.f8.fa.00.00.00.00.00.00.18.03
QoS profile:
  Reliability: RELIABLE
  History (Depth): UNKNOWN
  Durability: VOLATILE
  Lifespan: Infinite
  Deadline: Infinite
  Liveliness: AUTOMATIC
  Liveliness lease duration: Infinite

Subscription count: 1

Node name: rqt_gui_cpp_node_5471
Node namespace: /
Topic type: sensor_msgs/msg/Image
Topic type hash: RIHS01_d31d41a9a4c4bc8eae9be757b0beed306564f7526c88ea6a4588fb9582527d47
Endpoint type: SUBSCRIPTION
GID: 01.0f.6a.4c.5f.15.cf.99.00.00.00.00.00.00.26.04
QoS profile:
  Reliability: BEST_EFFORT
```

▲ 圖 6-21 查看影像話題資訊

影像話題的訊息類型是 sensor_msgs/Image，這是 ROS 2 定義的一種原始影像訊息類型，可以使用以下命令查看訊息的詳細定義，如圖 6-22 所示。

```
$ ros2 interface show sensor_msgs/msg/Image
```

第 6 章　ROS 2 控制與感知：讓機器人動得了、看得見

```
ros2@guyuehome:~$ ros2 interface show sensor_msgs/msg/Image
# This message contains an uncompressed image
# (0, 0) is at top-left corner of image

std_msgs/Header header # Header timestamp should be acquisition time of image
        builtin_interfaces/Time stamp
                int32 sec
                uint32 nanosec
        string frame_id
                                # Header frame_id should be optical frame of camera
                                # origin of frame should be optical center of cameara
                                # +x should point to the right in the image
                                # +y should point down in the image
                                # +z should point into to plane of the image
                                # If the frame_id here and the frame_id of the CameraInfo
                                # message associated with the image conflict
                                # the behavior is undefined

uint32 height                   # image height, that is, number of rows
uint32 width                    # image width, that is, number of columns

# The legal values for encoding are in file include/sensor_msgs/image_encodings.hpp
# If you want to standardize a new string format, join
# ros-users@lists.ros.org and send an email proposing a new encoding.

string encoding         # Encoding of pixels -- channel meaning, ordering, size
                        # taken from the list of strings in include/sensor_msgs/image_encodings.hpp

uint8 is_bigendian      # is this data bigendian?
uint32 step             # Full row length in bytes
uint8[] data            # actual matrix data, size is (step * rows)
```

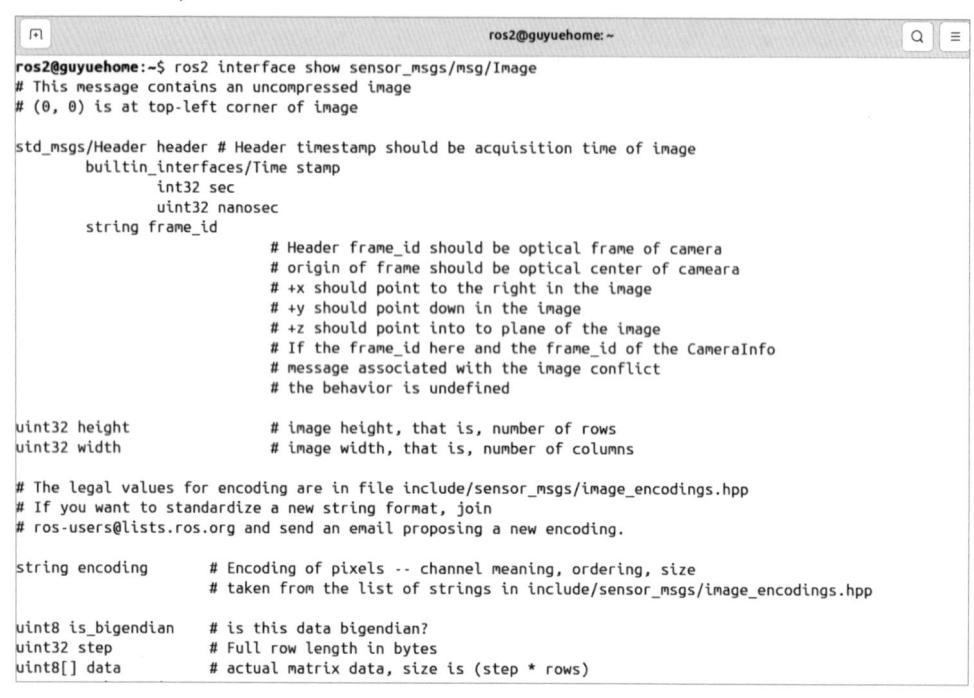

▲ 圖 6-22　sensor_msgs/Image 影像訊息類型的定義

在以上 sensor_msgs/Image 訊息的定義中：

- header 表示訊息表頭，包含影像的序號、時間戳記和綁定座標系。

- height 表示影像的縱向解析度，即影像包含多少行像素，例如 480。

- width 表示影像的橫向解析度，即影像包含多少列像素，例如 640。

- encoding 表示影像的編碼格式，包含 RGB、YUV 等常用格式，不涉及影像壓縮編碼。

- is_bigendian 表示圖像資料的大小端儲存模式。

- step 表示一行圖像資料的位元組數量，作為資料的步進值參數，例如影像一行有 640 個像素，step 就等於 width×3=640×3=1920 位元組。

- data 表示儲存圖像資料的陣列，大小為 step×height 位元組，例如解析度為 640 像素 ×480 像素的相機影像，根據該公式就可以算出一幀影像的資料大小是 1920×480=921600 位元組，即 0.9216MB。

6.4 相機驅動與圖像資料

一幀解析度為 640 像素 ×480 像素的影像的資料量就接近 1MB，如果按照 30 幀 /s 的每秒顯示畫面計算，那麼相機每秒產生的資料量就接近 30MB，如果是更高畫質的影像，那麼原始影像的資料量將非常龐大！如此大的資料量在實際應用中是接受不了的，尤其在遠端傳輸影像的場景中，影像佔用的頻寬過大，會對無線網路造成很大壓力。在實際應用中，影像在傳輸前往往會進行壓縮處理，ROS 2 也設計了壓縮影像的訊息類型——sensor_msgs/CompressedImage，該訊息類型的定義如圖 6-23 所示。

```
ros2@guyuehome:~$ ros2 interface show sensor_msgs/msg/CompressedImage
# This message contains a compressed image.

std_msgs/Header header # Header timestamp should be acquisition time of image
        builtin_interfaces/Time stamp
                int32 sec
                uint32 nanosec
        string frame_id
                        # Header frame_id should be optical frame of camera
                        # origin of frame should be optical center of cameara
                        # +x should point to the right in the image
                        # +y should point down in the image
                        # +z should point into to plane of the image

string format
                        # Specifies the format of the data
                        # Acceptable values differ by the image transport used:
                        # - compressed_image_transport:
                        #     ORIG_PIXFMT; CODEC compressed [COMPRESSED_PIXFMT]
                        #   where:
                        #   - ORIG_PIXFMT is pixel format of the raw image, i.e.
                        #     the content of sensor_msgs/Image/encoding with
                        #     values from include/sensor_msgs/image_encodings.h
                        #   - CODEC is one of [jpeg, png, tiff]
                        #   - COMPRESSED_PIXFMT is only appended for color images
                        #     and is the pixel format used by the compression
                        #     algorithm. Valid values for jpeg encoding are:
                        #     [bgr8, rgb8]. Valid values for png encoding are:
                        #     [bgr8, rgb8, bgr16, rgb16].
```

▲ 圖 6-23 sensor_msgs/CompressedImage 壓縮影像訊息類型的定義

壓縮影像訊息相比原始影像訊息的定義要簡單不少，除了訊息表頭，只包含影像的壓縮編碼格式 format 和儲存圖像資料的 data 陣列。影像壓縮編碼格式包含 JPEG、PNG、BMP 等，每種編碼格式對資料的結構都進行了詳細定義，所以在訊息類型的定義中省去了很多不必要的資訊。

6.4.4 三維相機驅動與視覺化

三維相機的種類也不少，很多驅動已經整合在 ROS 2 生態中，這裡以圖 6-24 所示的 RealSense 為例，介紹其驅動安裝與視覺化過程。

第 6 章　ROS 2 控制與感知：讓機器人動得了、看得見

▲ 圖 6-24　RealSense 三維相機

在安裝 RealSense 的 ROS 2 驅動套件之前，還需要安裝 RealSense 的官方 SDK，具體方法可以參考 RealSense 的官方網站。

SDK 安裝完成後 就可以繼續安裝 RealSense 的 ROS 2 驅動套件了。

```
$ sudo apt install ros-jazzy-realsense2-*
```

安裝成功後，使用以下命令啟動 RealSense 相機驅動節點。

```
$ ros2 launch realsense2_camera rs_launch.py
```

三維相機的影像是什麼樣的呢？啟動 RViz，設置 Fix Frame 為 camera_link，透過 Add 增加 PointCloud2 顯示項和 Image 顯示項，分別設置點雲端資料和圖像資料的話題名稱，就可以看到如圖 6-25 所示的三維影像效果。

▲ 圖 6-25　在 RViz 中查看三維點雲端資料

6-60

6.4 相機驅動與圖像資料

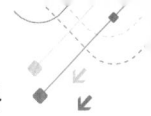

6.4.5 ROS 2 點雲訊息定義

三維點雲端資料的訊息類型是什麼呢？可以使用以下命令查看，如圖 6-26 所示。

```
$ ros2 interface show sensor_msgs/msg/PointCloud2
```

```
ros2@guyuehome:~$ ros2 interface show sensor_msgs/msg/PointCloud2
# This message holds a collection of N-dimensional points, which may
# contain additional information such as normals, intensity, etc. The
# point data is stored as a binary blob, its layout described by the
# contents of the "fields" array.
#
# The point cloud data may be organized 2d (image-like) or 1d (unordered).
# Point clouds organized as 2d images may be produced by camera depth sensors
# such as stereo or time-of-flight.

# Time of sensor data acquisition, and the coordinate frame ID (for 3d points).
std_msgs/Header header
        builtin_interfaces/Time stamp
                int32 sec
                uint32 nanosec
        string frame_id

# 2D structure of the point cloud. If the cloud is unordered, height is
# 1 and width is the length of the point cloud.
uint32 height
uint32 width

# Describes the channels and their layout in the binary data blob.
PointField[] fields
        uint8 INT8     = 1
        uint8 UINT8    = 2
        uint8 INT16    = 3
        uint8 UINT16   = 4
        uint8 INT32    = 5
        uint8 UINT32   = 6
        uint8 FLOAT32  = 7
        uint8 FLOAT64  = 8
```

▲ 圖 6-26 sensor_msgs/msg/PointCloud2 三維點雲訊息類型的定義

在 sensor_msgs/msg/PointCloud2 訊息的定義中：

- height 表示點雲影像的縱向解析度，即影像包含多少行像素。

- width 表示點雲影像的橫向解析度，即影像包含多少列像素。
- fields 表示每個點的資料型態。
- is_bigendian 表示資料的大小端儲存模式。
- point_step 表示單點的資料位元組步進值。
- row_step 表示一列資料的位元組步進值。
- data 表示點雲端資料的儲存陣列，總位元組大小為 row_step×height。
- is_dense 表示是否有無效點。

點雲端資料中每個像素的三維座標都是浮點數，而且還包含圖像資料，所以單幀資料量很大。如果使用分散式網路傳輸，在頻寬有限的前提下，需要考慮能否滿足穩定的資料傳輸要求，或將資料壓縮後再進行傳輸。

6.5 雷射雷達驅動與視覺化

除了使用相機查看環境資訊，機器人還可以透過雷射雷達獲取障礙物距離、環境輪廓等資訊，同時，雷射雷達也是機器人建構 SLAM 地圖、自主導航的常用感測器。

6.5.1 常見雷射雷達類型

雷射雷達是一種常見的感測器，能夠精確地測量周圍環境的距離和形狀，廣泛應用於自動駕駛、無人機、保全監控等場景。可以根據獲取資料的豐富度進行分類。

1. 單線雷射雷達

如圖 6-27 所示，單線雷射雷達使用單一雷射光束進行測量，透過旋轉或擺動的方式，將雷射束髮射到周圍的環境中，然後透過計算雷射傳回的時間來測量物體的距離和角度。

6.5 雷射雷達驅動與視覺化

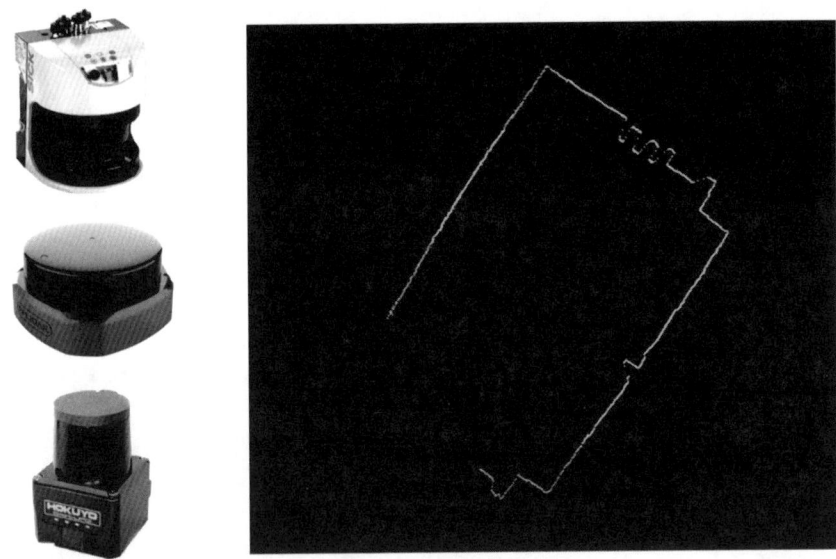

▲ 圖 6-27 常見單線雷射雷達及資料形態

單線雷射雷達結構簡單、成本較低，適用於對成本敏感或對環境感知需求不高的場景，如家用掃地機器人、低速自動駕駛、保全巡檢等。不過由於只有一條雷射光束，單線雷射雷達的掃描範圍和資料獲取速度有限，通常只能在一個平面上進行 360° 掃描，擷取到的資料較少，對於高精度和複雜環境的感知能力較弱。

OriginBot 機器人使用的就是單線雷射雷達，雷射頭發射雷射，接收頭接收反射光，然後透過幾何關係或飛行時間測量採樣點的距離，原理示意如圖 6-28 所示。

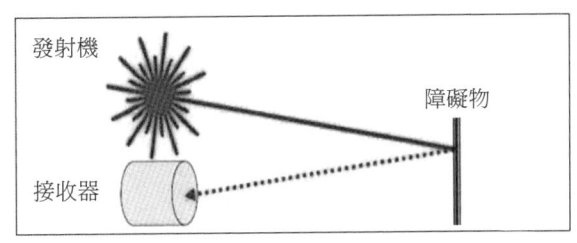

▲ 圖 6-28 單線雷射雷達原理示意圖

6-63

第 6 章 ROS 2 控制與感知：讓機器人動得了、看得見

雷達上還有一個馬達，帶動發射和接收頭勻速旋轉，一邊轉一邊檢測，就可以得到 360° 範圍內大量採樣點的距離，從而獲取雷達所在平面中的障礙物深度資訊。

2. 多線雷射雷達

如圖 6-29 所示，多線雷射雷達使用多筆雷射光束進行測量，每條雷射光束能夠在不同的角度進行掃描，從而在較短的時間內獲取更全面的環境資訊。

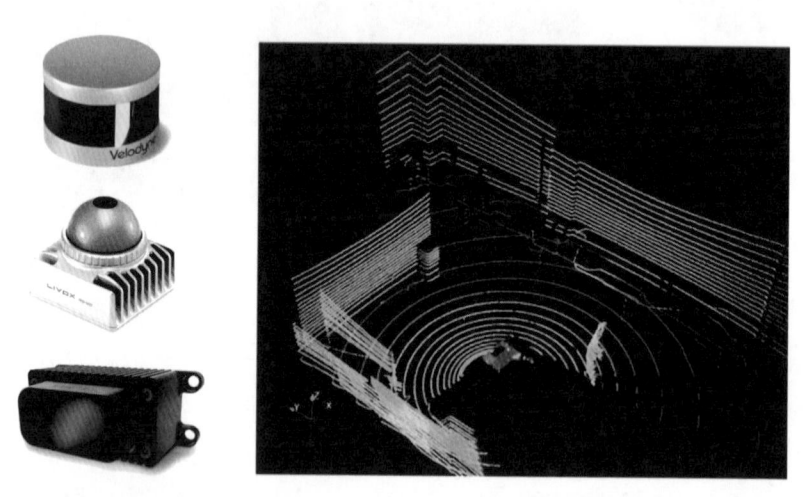

▲ 圖 6-29 常見多線雷射雷達及資料形態

多線雷射雷達可以同時在多個平面上進行掃描，覆蓋範圍更廣，可以在較大程度上還原複雜環境的三維模型，常用於自動駕駛汽車、無人機、智慧交通系統等需要高精度、高可靠性環境感知的領域。相較於單線雷射雷達，多線雷射雷達可以在更短的時間內擷取更多的環境資料，從而提高了對快速變化的環境的適應能力。不過由於需要更多的發射器和接收器，多線雷射雷達的成本和結構複雜度相對較高。

6.5.2 ROS 2 雷達訊息定義

針對單線雷射雷達，ROS 2 在 sensor_msgs 套件中定義了專用訊息——LaserScan，用於儲存雷射雷達的資料，具體定義如圖 6-30 所示。

6.5 雷射雷達驅動與視覺化

```
ros2@guyuehome:~$ ros2 interface show sensor_msgs/msg/LaserScan
# Single scan from a planar laser range-finder
#
# If you have another ranging device with different behavior (e.g. a sonar
# array), please find or create a different message, since applications
# will make fairly laser-specific assumptions about this data

std_msgs/Header header # timestamp in the header is the acquisition time of
        builtin_interfaces/Time stamp
                int32 sec
                uint32 nanosec
        string frame_id
                            # the first ray in the scan.
                            #
                            # in frame frame_id, angles are measured around
                            # the positive Z axis (counterclockwise, if Z is up)
                            # with zero angle being forward along the x axis

float32 angle_min           # start angle of the scan [rad]
float32 angle_max           # end angle of the scan [rad]
float32 angle_increment     # angular distance between measurements [rad]

float32 time_increment      # time between measurements [seconds] - if your scanner
                            # is moving, this will be used in interpolating position
                            # of 3d points
float32 scan_time           # time between scans [seconds]

float32 range_min           # minimum range value [m]
float32 range_max           # maximum range value [m]

float32[] ranges            # range data [m]
                            # (Note: values < range_min or > range_max should be discarded)
```

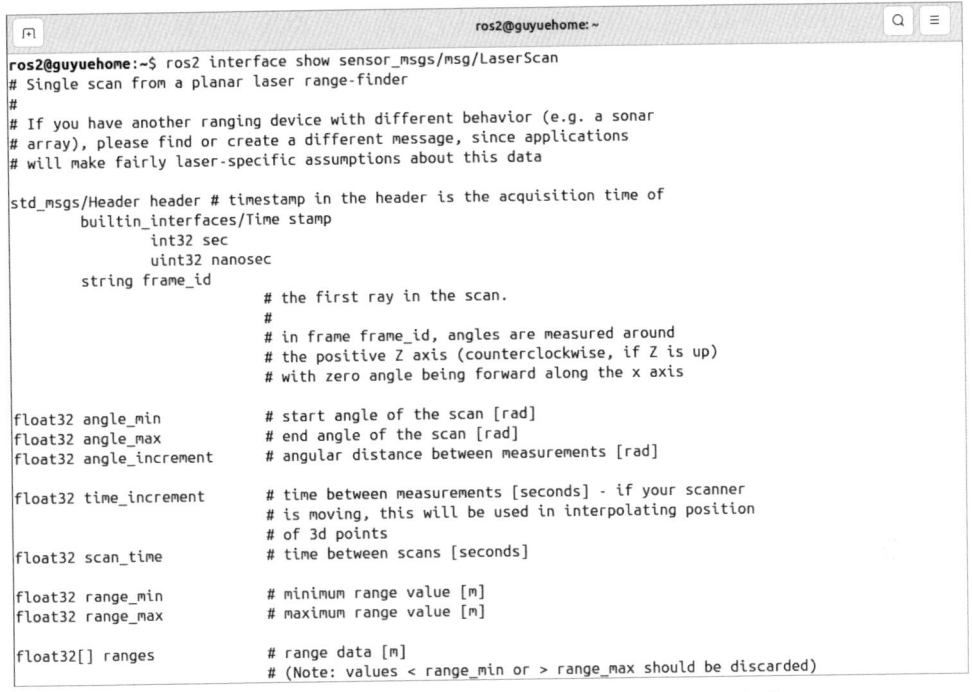

▲ 圖 6-30 sensor_msgs/LaserScan 訊息類型的定義

- angle_min：可檢測範圍的起始角度。

- angle_max：可檢測範圍的終止角度，與 angle_min 組成雷射雷達的可檢測範圍。

- angle_increment：擷取的相鄰資料幀之間的角度步進值。

- time_increment：擷取的相鄰資料幀之間的時間步進值，當感測器處於相對運動狀態時進行補償。

- scan_time：擷取一幀資料所需要的時間。

- range_min：最近可檢測深度的設定值。

- range_max：最遠可檢測深度的設定值。

- ranges：一幀深度資料的儲存陣列。

以上是雷達的基本配置，執行過程中不會有太大變化，真正的深度資訊都儲存在最後的 ranges 陣列中，例如一圈有 360 個點，這 360 個點的深度資訊就都存在這裡，大家在使用時可以直接讀取這個資料。

類似相機、雷射雷達這樣的感測器標準定義，在 ROS 2 中有很多，這也是 ROS 2 保證軟體重複使用性的重要方法。不管我們使用哪家公司生產的感測器，最終得到是一致的資料結構，上層演算法不需要考慮底層裝置的影響。

針對多線雷射雷達，ROS 2 中使用的訊息與三維相機相同，都是 6.4.5 節介紹的 sensor_msgs/ msg/PointCloud2。

6.5.3 雷射雷達驅動與資料視覺化

OriginBot 機器人上搭載了一款單線雷射雷達，適合室內移動機器人使用，可以 6Hz 的頻率檢測 360° 範圍內的障礙資訊，最遠檢測距離是 12m。針對這款雷射雷達，ROS 2 驅動套件中有豐富的參數配置，大家可以根據實際需求設置通訊埠編號、串列傳輸速率、座標系名稱、測量距離等參數。

```
# ROS 2 節點參數配置
ros__parameters:
  # 序列埠名稱，用於與雷射雷達通訊
  serialport_name: "/dev/ttyUSB0"

  # 序列埠串列傳輸速率，用於設置與雷射雷達通訊的速率
  serialport_baud: 115200

  # 雷射雷達資料幀的 ID，用於在 ROS 2 中標識資料所屬的座標系
  frame_id: "laser_frame"

  # 是否使用固定解析度模式，如果為 false，則可能根據配置或環境自動調整
  resolution_fixed: false

  # 是否自動重新連接，如果與雷射雷達的連接斷開，則嘗試重新連接
  auto_reconnect: true

  # 是否反轉資料（例如角度或距離），通常用於解決硬體安裝方向問題
  reversion: false

  # 是否反轉掃描方向，影響掃描資料的方向性
  inverted: false
```

6.5 雷射雷達驅動與視覺化

```
# 掃描的最小角度，單位為。
angle_min: -180.0

# 掃描的最大角度，單位為。
angle_max: 180.0

# 測量的最小距離，單位通常為 m
range_min: 0.001

# 測量的最大距離，單位通常為 m
range_max: 64.0

# 掃描速度，掃描一圈所需的時間
aim_speed: 6.0

# 取樣速率，影響資料發佈的頻率
sampling_rate: 3

# 是否允許改變角度偏移量，用於校準掃描資料的起始角度
angle_offset_change_flag: false

# 角度偏移量，用於調整掃描資料的起始角度
angle_offset: 0.0

# 忽略陣列字串，通常用於指定需要忽略的特定資料點或區域
ignore_array_string: ""

# 是否啟用滑動視窗濾波器，用於平滑資料
filter_sliding_enable: true

# 滑動視窗濾波器的跳躍設定值，用於檢測並忽略異常值
filter_sliding_jump_threshold: 50

# 是否啟用滑動視窗濾波器的最大範圍限制
filter_sliding_max_range_flag: false

# 滑動視窗濾波器的最大範圍限制值
filter_sliding_max_range: 8000

# 滑動視窗濾波器的大小
```

6-67

```
filter_sliding_window: 3

# 是否啟用尾部濾波器的距離限制
filter_tail_distance_limit_flag: false

# 尾部濾波器的距離限制值
filter_tail_distance_limit_value: 8000

# 尾部濾波器的等級，影響濾波的強度和效果
filter_tail_level: 8

# 尾部濾波器的鄰居數量，用於在定義濾波時考慮相鄰點數量
filter_tail_neighbors: 0
```

遠端登入 OriginBot 後，就可以使用雷射雷達獲取資訊了，使用以下命令啟動雷射雷達的驅動節點。

```
$ ros2 launch originbot_bringup originbot.launch.py use_lidar:=true
```

如果想查看更多關於雷射雷達發佈的資訊，還可以使用以下命令，如圖 6-31 所示。

```
$ ros2 topic echo /scan
```

```
ros2@guyuehome:~$ ros2 topic echo /scan
header:
  stamp:
    sec: 1723531046
    nanosec: 733666186
  frame_id: laser_link
angle_min: -3.1415927410125732
angle_max: 3.1415927410125732
angle_increment: 0.01259155385196209
time_increment: 0.0003285326820332557
scan_time: 0.16393780708312988
range_min: 0.0010000000474974513
range_max: 64.0
ranges:
- 0.0
- 0.0
- 2.440999984741211
- 2.427999973297119
- 2.4170000553131104
- 2.4089999198913574
- 2.4189999103546143
- 0.0
- 1.5700000524520874
```

▲ 圖 6-31 輸出雷射雷達發佈的話題訊息

6.6 IMU 驅動與資料視覺化

終端中的雷射資料並不形象，難以理解，可以使用 RViz 在圖形化介面下顯示雷射雷達資料。將 Fixed Frame 修改為 laser，點擊 Add 按鈕增加 LaserScan 顯示外掛程式，設置外掛程式訂閱 /scan 話題，就可以看到如圖 6-32 所示的雷射雷達資料了。

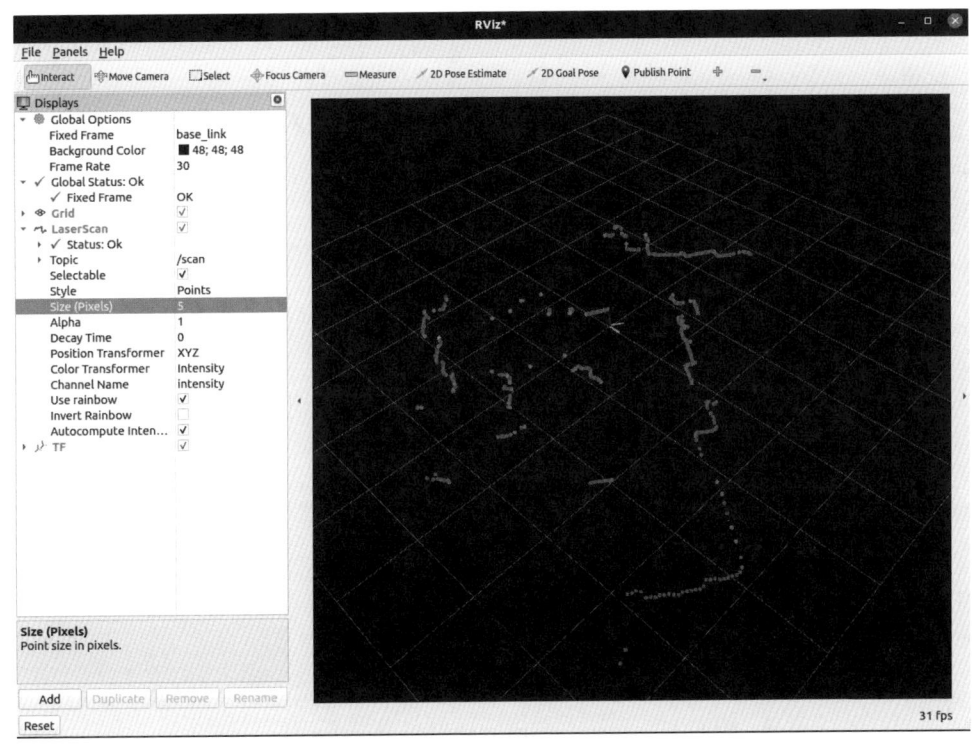

▲ 圖 6-32 在 RViz 中顯示雷射雷達資料

6.6 IMU 驅動與資料視覺化

OriginBot 機器人中的 IMU 整合在運動控制器上，由運動控制器透過序列埠得到 IMU 的即時資料，再透過通訊協定傳輸到應用處理器中，在底盤驅動裡進一步封裝為 ROS 2 中的 IMU 話題。

IMU 資料中所包含的加速度和角速度不太直觀，這裡透過 ROS 2 中的視覺化工具讓這些資料更易於理解。

6-69

6.6.1 ROS 2 IMU 訊息定義

先來了解一下 ROS 2 中的 IMU 訊息定義,可以透過以下命令查詢,結果如圖 6-33 所示。

```
$ ros2 interface show sensor_msgs/msg/Imu
```

```
ros2@guyuehome:~$ ros2 interface show sensor_msgs/msg/Imu
# This is a message to hold data from an IMU (Inertial Measurement Unit)
#
# Accelerations should be in m/s^2 (not in g's), and rotational velocity should be in rad/sec
#
# If the covariance of the measurement is known, it should be filled in (if all you know is the
# variance of each measurement, e.g. from the datasheet, just put those along the diagonal)
# A covariance matrix of all zeros will be interpreted as "covariance unknown", and to use the
# data a covariance will have to be assumed or gotten from some other source
#
# If you have no estimate for one of the data elements (e.g. your IMU doesn't produce an
# orientation estimate), please set element 0 of the associated covariance matrix to -1
# If you are interpreting this message, please check for a value of -1 in the first element of each
# covariance matrix, and disregard the associated estimate.

std_msgs/Header header
        builtin_interfaces/Time stamp
                int32 sec
                uint32 nanosec
        string frame_id
geometry_msgs/Quaternion orientation
        float64 x 0
        float64 y 0
        float64 z 0
        float64 w 1
float64[9] orientation_covariance # Row major about x, y, z axes
geometry_msgs/Vector3 angular_velocity
        float64 x
        float64 y
        float64 z
```

▲ 圖 6-33 sensor_msgs/msg/Imu 訊息類型的定義

在 IMU 的訊息定義中,主要包含了三個核心內容:四元數姿態、角速度向量、線加速度向量,每部分同時帶有一個協方差矩陣參數,便於對資料進行濾波計算。

6.6.2 IMU 驅動與視覺化

IMU 中的姿態和速度如何視覺化呢？RViz 中已經提供了對應的外掛程式，可以方便大家看到對應的 IMU 資料變化。

透過 SSH 遠端連接 OriginBot 後，在終端中輸入以下指令，即可啟動機器人底盤及 IMU 節點，如圖 6-34 所示。

```
$ ros2 launch originbot_bringup originbot.launch.py use_imu:=true
```

```
root@ubuntu:~# ros2 launch originbot_bringup originbot.launch.py use_imu:=true
[INFO] [launch]: All log files can be found below /root/.ros/log/2024-08-13-14-25-50-351513-ubuntu-6149
[INFO] [launch]: Default logging verbosity is set to INFO
[INFO] [originbot_base-1]: process started with pid [6151]
[INFO] [static_transform_publisher-2]: process started with pid [6153]
[INFO] [static_transform_publisher-3]: process started with pid [6155]
[originbot_base-1] Loading parameters:
[originbot_base-1]                 - port name: ttyS3
[originbot_base-1]                 - correct factor vx: 0.8980
[originbot_base-1]                 - correct factor vth: 0.8740
[originbot_base-1]                 - auto stop on: 0
[originbot_base-1]                 - use imu: 1
[static_transform_publisher-2] [INFO] [1723530350.793000793] [static_transform_publisher_u9yLZ6XLtsRkI9MI]: Spinning until killed publishing transform from '/base_footprint' to '/base_link'
[static_transform_publisher-3] [INFO] [1723530350.793448430] [static_transform_publisher_4WXpnNKaqeqIqIfl]: Spinning until killed publishing transform from '/base_link' to '/imu_link'
[originbot_base-1] [INFO] [1723530350.804431487] [originbot_base]: originbot serial port opened
[originbot_base-1] [INFO] [1723530351.316538811] [originbot_base]: IMU calibration ok.
[originbot_base-1] [INFO] [1723530351.817221609] [originbot_base]: OriginBot Start, enjoy it.
```

▲ 圖 6-34 啟動 OriginBot 底盤和 IMU 節點

在同一網路中的電腦端，透過以下命令安裝 RViz 的 IMU 外掛程式。

```
$ sudo apt install ros-jazzy-rviz-imu-plugin
```

安裝完成後，啟動 RViz，如圖 6-35 所示，增加 IMU 顯示項外掛程式，並且設置訂閱的話題名為 imu，此時就可以看到視覺化的 IMU 資訊，搖動機器人，RViz 中的座標軸也會跟隨運動。

第 6 章　ROS 2 控制與感知：讓機器人動得了、看得見

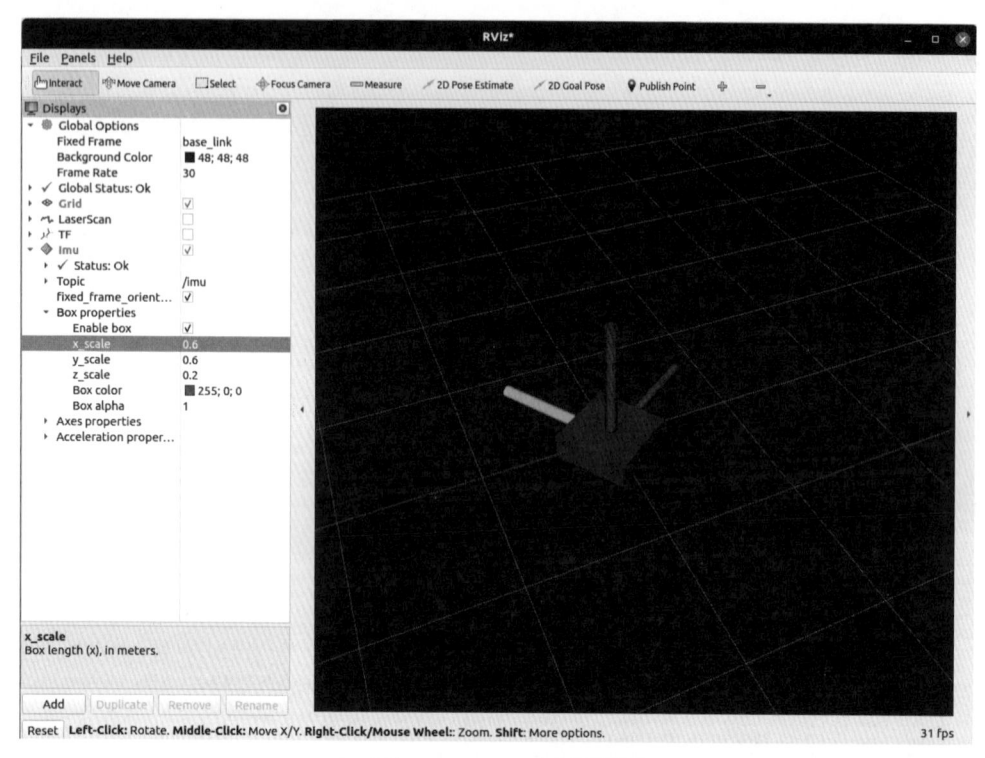

▲ 圖 6-35　IMU 資料視覺化

6.7　本章小結

　　透過對本章內容的學習，我們成功建構了運動控制器與應用處理器之間的通訊協定，確保兩者間資料傳輸的高效與穩定。在控制系統的建構過程中，我們進一步應用了 ROS 2 的核心概念，對資料進行了系統化封裝，透過 ROS 2 的話題和服務機制，實現了控制指令的下發與機器人狀態的回饋。同時，我們還透過 ROS 2 提供的各種功能套件，快速實現了對機器人的運動控制，以及多種常用感測器的驅動與視覺化，讓機器人動得了、看得見！

　　到這裡為止，本書的第 2 部分已經結束，我們共同架設了 OriginBot 機器人，第 3 部分將繼續講解機器人的應用程式開發，帶領大家一起實現更多智慧化的機器人功能。

第 3 部分

ROS 2
機器人應用

7

ROS 2 視覺應用：讓機器人看懂世界

　　對人類而言，超過 90% 的資訊是透過視覺獲取的。眼睛作為大量視覺資訊的感測器，將資訊傳遞給大腦這個「處理器」進行處理，之後大家才能理解外部環境並建立自己的世界觀。那麼，如何使機器人也能理解外部環境呢？我們首先想到的方法是為機器人裝配一雙「眼睛」，使其能夠像人類一樣理解世界。然而，這個過程對機器人來說要複雜得多。本章將和大家一起探討機器人中的視覺處理技術。

　　在不久的將來，機器人也許會成為每個家庭中的一員，可以處理繁雜的家務工作，例如圖 7-1 所示的這款機器人。它想完成洗碗的工作，需要先透過視覺找到碗的位置，然後分析該如何進行抓取，並將碗放入洗碗機中，再關閉洗碗

第 7 章　ROS 2 視覺應用：讓機器人看懂世界

機的門。除了洗碗，這款機器人還可以疊衣服、置放物品、倒紅酒、插花，這些任務的完成，都離不開機器視覺的參與。

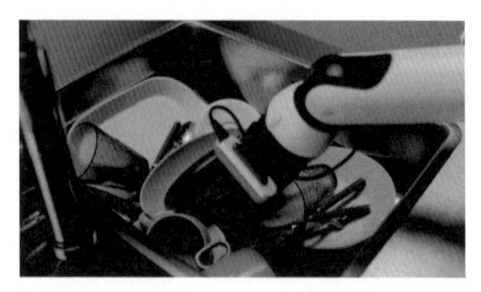

▲ 圖 7-1　家庭服務機器人演示

7.1　機器視覺原理簡介

機器視覺，就是用電腦來模擬人的視覺功能，但這並不僅是人眼的簡單延伸，更重要的是像人腦一樣，可以從客觀事物的影像中提取資訊，進行處理並加以理解，最終用於實際檢測、控制等場景。

獲取影像資訊相對簡單，但想讓機器人理解影像中千變萬化的物品，就難上加難了。為了解決這一系列複雜的問題，機器視覺成為一個涉獵廣泛的交叉學科，橫跨人工智慧、神經生物學、物理學、電腦科學、影像處理、模式辨識等諸多領域，如圖 7-2 所示。時至今日，在各個領域中，都有大量開發者或組織參與其中，也累積了許多技術，不過依然有很多問題亟待解決，機器視覺的研究也將是一項長久的工作。

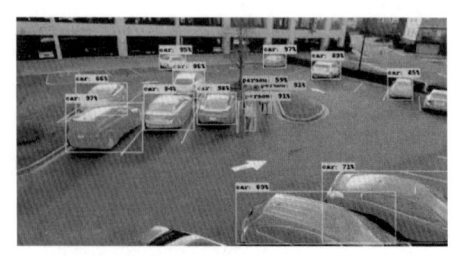

▲ 圖 7-2　機器視覺在工業和交通領域的應用範例

7.1 機器視覺原理簡介

機器視覺相關的關鍵技術不少，例如視覺影像的擷取和訊號處理，這主要是透過感測器擷取外部光訊號的過程，光訊號最終會轉變成數位電路的訊號，便於下一步處理。獲取影像之後，更重要的是要辨識影像中的物體、確定物體的位置，或檢測物品的變化，這就要用到模式辨識或機器學習等技術，這部分也是當今機器視覺研究的重點。

和人類的兩隻眼睛不同，機器用於獲取影像的感測器種類較為豐富，可以是一個相機，也可以是兩個相機，還可以是三個、四個、很多個相機。這些相機不僅可以獲取顏色資訊，還可以獲取深度或能量資訊（紅外相機）。人類視覺擅長對複雜、非結構化的場景進行定性解釋，但機器視覺憑藉速度、精度和可重複性等優勢，非常適合對結構化場景進行定量測量，當然，這也會給後期的處理帶來一些計算壓力。

在工業領域，機器視覺系統已經被廣泛用於自動檢驗、工件加工、裝配自動化，以及生產程序控制等工作。隨著機器人的快速發展和廣泛應用，機器視覺也逐漸被應用於農業、AMR 物流、服務、無人駕駛等各種機器人，活躍在農場、物流、倉儲、交通、醫院等多種環境中。

一般來講，典型的機器視覺系統可以分為如圖 7-3 所示的三部分：影像擷取、影像分析和控制輸出。

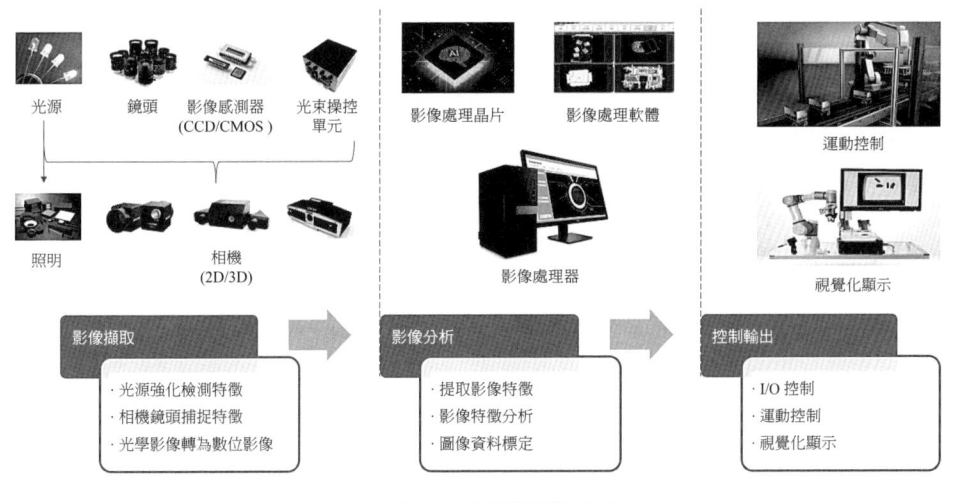

▲ 圖 7-3 機器視覺系統

第 7 章　ROS 2 視覺應用：讓機器人看懂世界

1. 影像擷取

　　影像擷取注重對原始光學訊號的採樣，是整個視覺系統的傳感部分，核心是相機和相關的配件。其中光源用於照明待檢測的物體，並凸顯其特徵，以便讓相機更進一步地捕捉影像。光源是影響機器視覺系統成像品質的重要因素，好的光源和照明效果對機器視覺判斷影響很大。當前，機器視覺的光源已經突破人眼的可見光範圍，其光譜範圍跨越紅外線（IR）、可見光、紫外光（UV）乃至 X 射線波段，可實現更精細和更廣泛的檢測，滿足特殊成像需求。

　　相機被喻為機器視覺系統的「眼睛」，承擔著影像資訊擷取的重要任務。影像感測器又是相機的核心元器件，主要有 CCD 和 CMOS 兩種類型，其工作原理是將相機鏡頭接收到的光學訊號轉化為數位訊號。選擇合適的相機是機器視覺系統設計的重要環節，不僅直接決定了影像擷取的品質和速度，也與整個系統的執行模式相關。

2. 影像分析

　　影像處理系統接收到相機傳來的數位影像後，透過各種軟體演算法進行影像特徵提取、特徵分析和資料標定，最後進行判斷。這是各種視覺演算法研究最為集中的部分，從傳統的模式辨識演算法，到當前熱門的各種機器學習方法，都是為了讓機器更進一步地理解環境。

　　對於人來講，辨識某個物體是蘋果似乎理所當然，但是對於機器人來講，這需要提取各種各樣不同種類、顏色、形狀的蘋果的特徵，然後訓練得到一個蘋果的「模型」，再透過這個模型對即時影像做匹配，從而分析面前這個東西到底是不是蘋果。

3. 控制輸出

　　在機器人系統中，視覺辨識的結果最終要和機器人的某些行為綁定，也就是第 3 部分——控制輸出，包含 I/O 介面、運動控制、視覺化顯示等。當影像處理系統完成影像分析後，將判斷的結果發給機器人控制系統，接下來由機器人完成運動控制。舉例來說，視覺辨識到了抓取目標的位置，透過 I/O 介面控制夾爪完成抓取和放置，這個過程中辨識的結果和運動的狀態，都可以在上位機中顯示，方便大家監控。

就機器視覺而言，在這三部分中，影像分析佔據了絕對的核心，涉及的方法、使用的各種軟體或框架非常多，如 OpenCV、YOLO 等，這也是後續開發的主要部分。

7.2 ROS 2 相機標定

在第 6 章中，我們已經可以透過 ROS 2 的相機驅動獲取影像，這是視覺處理的第一步——影像擷取。但資料是否可靠、品質是否滿足要求？這就需要引入一些其他的方法最佳化擷取到的資料，例如本節將要介紹的相機標定。

相機這種精密儀器對光學器件的要求較高，由於相機內部與外部的一些原因，生成的物體影像往往會發生扭曲，為避免資料來源造成的誤差，需要對相機的參數進行標定。ROS 2 官方提供了用於一元和二元相機標定的功能套件——camera_calibration。

7.2.1 安裝相機標定功能套件

首先使用以下命令安裝相機標定功能套件 camera_calibration，安裝過程如圖 7-4 所示。

```
$ sudo apt install ros-jazzy-camera-calibration
```

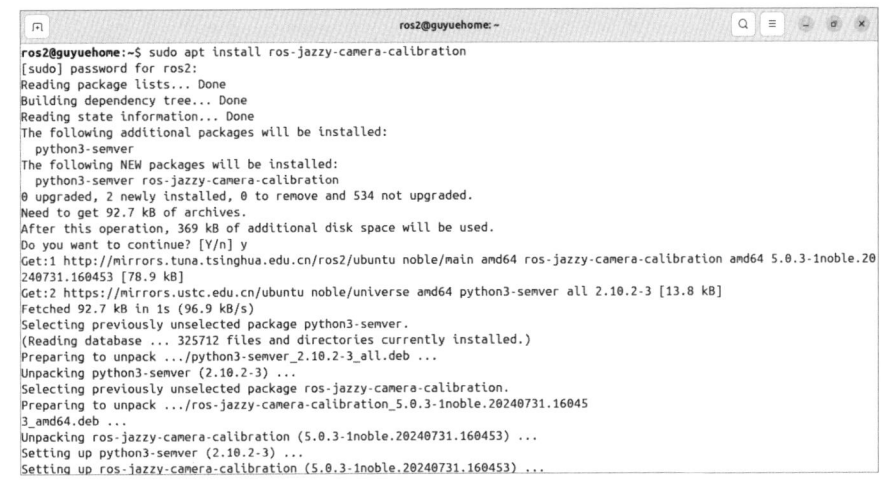

▲ 圖 7-4 camera_calibration 功能套件安裝

第 7 章　ROS 2 視覺應用：讓機器人看懂世界

標定需要用到圖 7-5 所示的棋盤格圖案的標定靶，可以在本書書附原始程式中找到（learning_cv/ docs/checkerboard.pdf），請大家將該標定靶列印出來貼到硬紙板上以備使用。

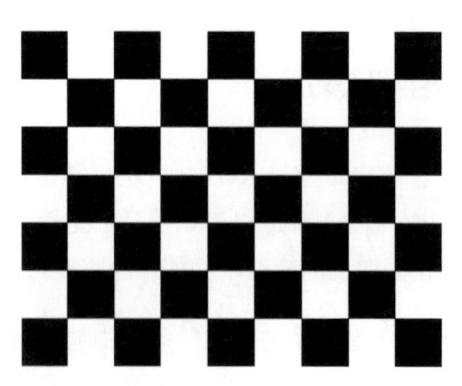

▲ 圖 7-5 棋盤格圖案的標定靶

在實際應用中，為提高標定品質，需要採用精度更高的標定靶，這裡列印的標定靶僅用於功能演示。

7.2.2　執行相機標定節點

一切準備就緒後開始標定相機。首先使用以下命令啟動 USB 相機。

```
$ ros2 launch usb_cam camera.launch.py
```

根據使用的相機和標定靶棋盤格尺寸，相應修改以下參數，執行命令後即可啟動標定程式。

```
$ ros2 run camera_calibration cameracalibrator --size 8x6 --square 0.024 --ros-args -r image:=camera/image_raw -p camera:=/default_cam
```

cameracalibrator 標定程式需要輸入以下參數。

- size：標定棋盤格的內部角點個數，這裡使用的棋盤一共有 6 行，每行有 8 個內部角點。

7.2 ROS 2 相機標定

- square：這個參數對應每個棋盤格的邊長，單位是 m。
- image：設置相機發佈的影像話題。
- camera：相機名稱，這裡使用 usb_cam 預設的相機名稱 default_cam。

7.2.3 相機標定流程

標定程式啟動成功後，將標定靶放置在相機視野範圍內，就可以看到圖 7-6 所示的介面。

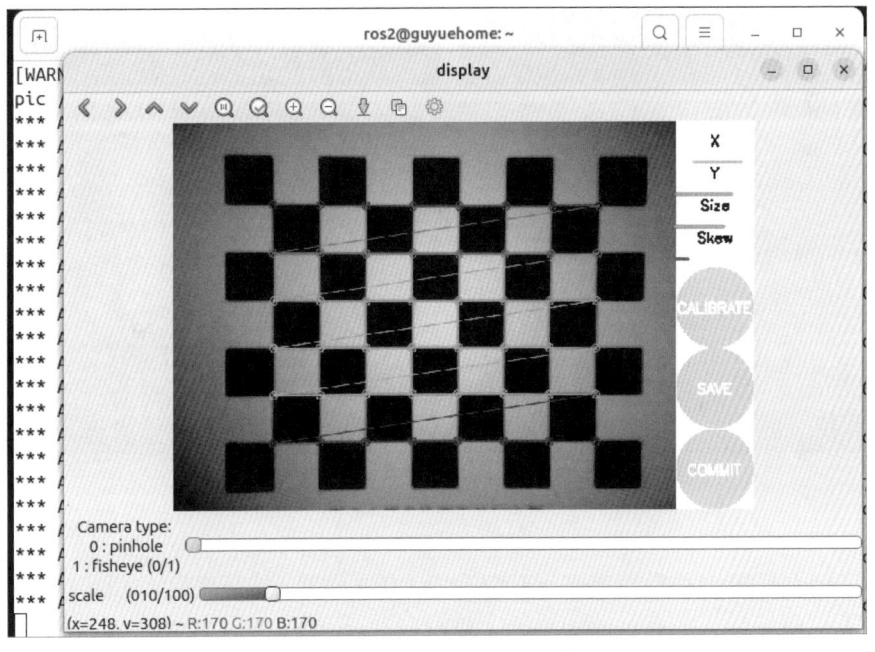

▲ 圖 7-6 相機標定程式介面

在標定成功前，右邊的按鈕都為灰色，不能點擊。為了提高標定的準確性，如圖 7-7 所示，需要儘量讓標定靶出現在相機視野範圍內的各個區域，介面右上角的進度指示器會提示標定進度。

- X：標定靶在相機視野中的左右移動。
- Y：標定靶在相機視野中的上下移動。

第 7 章　ROS 2 視覺應用：讓機器人看懂世界

- Size：標定靶在相機視野中的前後移動。
- Skew：標定靶在相機視野中的傾斜轉動。

▲ 圖 7-7　相機標定過程

　　不斷在視野中移動標定靶，直到「CALIBRATE」按鈕變色，如圖 7-8 所示，此時表示標定程式的參數擷取完成，點擊「CALIBRATE」按鈕，標定程式將開始自動計算相機的標定參數。

7.2 ROS 2 相機標定

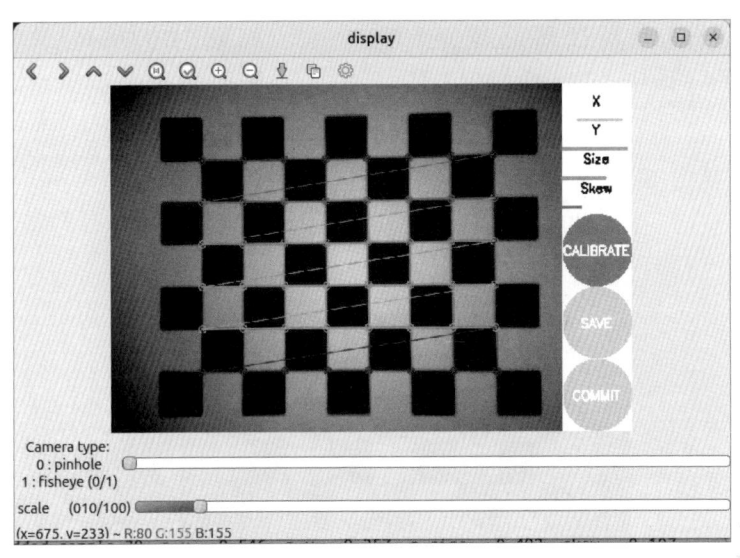

▲ 圖 7-8 標定資料獲取完成

這個過程需要等待一段時間，介面可能會變成灰色無回應狀態，千萬不要關閉。

參數計算完成後，介面恢復正常，如圖 7-9 所示，終端中會顯示標定結果。

```
**** Calibrating ****
mono pinhole calibration...
D = [0.13253276543829817, -0.19779337134923225, 0.004649580943336633, -0.002919483913585071, 0.0]
K = [625.3352879487251, 0.0, 317.6752609244677, 0.0, 624.8248401453104, 251.09351130531206, 0.0, 0.0, 1.0]
R = [1.0, 0.0, 0.0, 0.0, 1.0, 0.0, 0.0, 0.0, 1.0]
P = [640.0031127929688, 0.0, 315.55411273779646, 0.0, 0.0, 638.8068237304688, 252.44464320203588, 0.0, 0.0, 0.0, 1.0, 0.0
]
None
# oST version 5.0 parameters


[image]

width
640

height
480

[narrow_stereo]

camera matrix
625.335288 0.000000 317.675261
0.000000 624.824840 251.093511
0.000000 0.000000 1.000000

distortion
0.132533 -0.197793 0.004650 -0.002919 0.000000

rectification
1.000000 0.000000 0.000000
0.000000 1.000000 0.000000
```

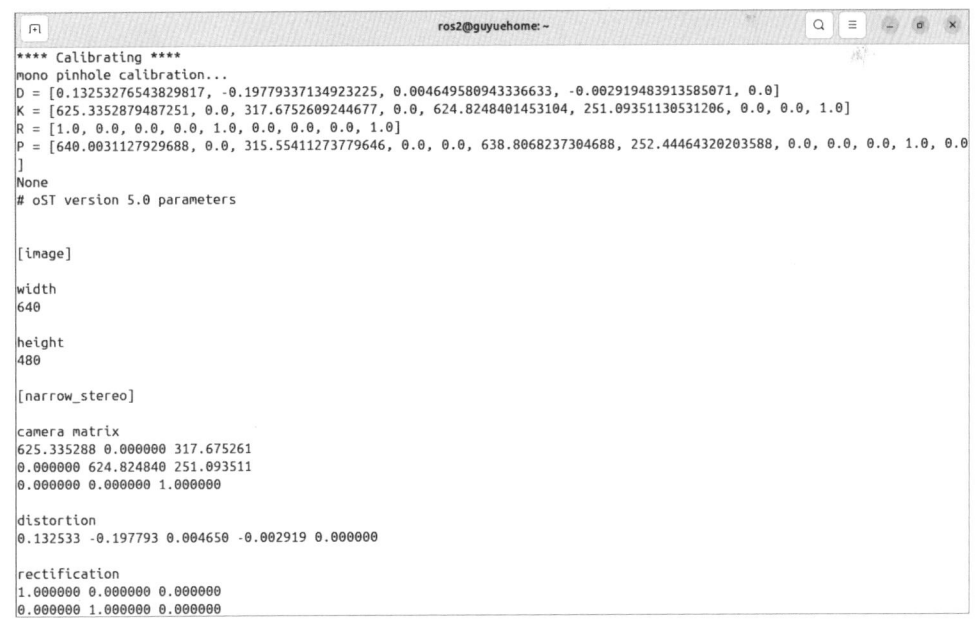

▲ 圖 7-9 終端中的標定結果

第 7 章　ROS 2 視覺應用：讓機器人看懂世界

生成標定資料後傳回標定影像介面，如圖 7-10 所示，「SAVE」和「COMMIT」按鈕的顏色會變化。

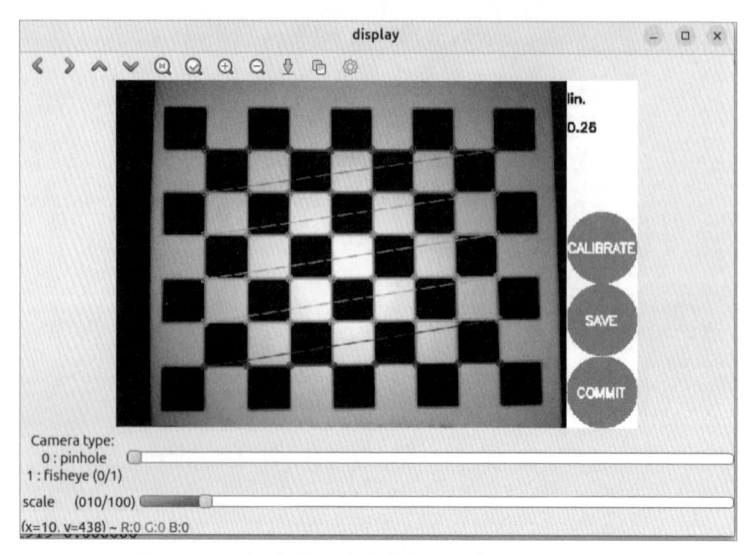

▲ 圖 7-10　生成標定資料後即可儲存和提交資料

點擊「SAVE」按鈕，標定參數將被儲存到預設的資料夾下，如圖 7-11 所示，可以在終端中看到該路徑。

```
projection
640.003113 0.000000 315.554113 0.000000
0.000000 638.806824 252.444643 0.000000
0.000000 0.000000 1.000000 0.000000

('Wrote calibration data to', '/tmp/calibrationdata.tar.gz')
```

▲ 圖 7-11　標定參數的儲存路徑

點擊「COMMIT」選項，提交資料並退出程式。開啟 /tmp 資料夾，就可以看到標定結果的壓縮檔 calibrationdata.tar.gz。該檔案解壓後的內容如圖 7-12 所示，從中可以找到名為 ost.yaml 的標定結果檔案，將該檔案複製出來，重新命名就可以使用了。

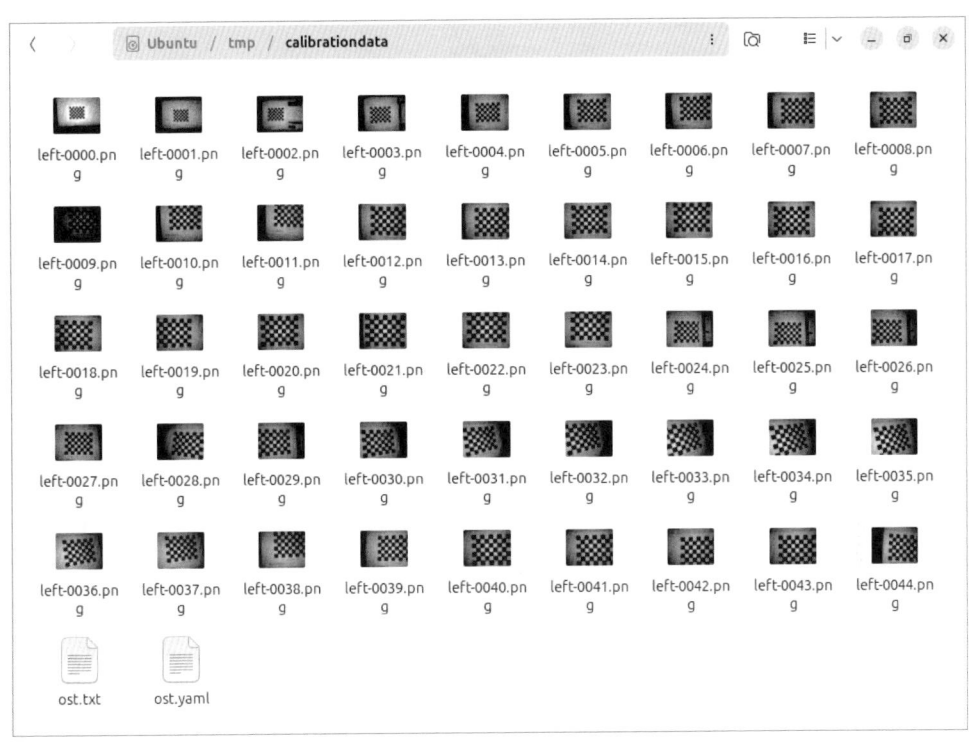

▲ 圖 7-12　標定後生成的所有檔案

7.2.4 相機標定檔案的使用

標定相機生成的設定檔是 .yaml 格式的，需要在啟動相機時載入，載入的方式有多種，大家可以根據實際情況選擇。

方法 1：將標定檔案放置在預設路徑下

usb_cam 相機驅動節點啟動時，會預設從 ~/.ros/camera_info/ 路徑下載入標定檔案，所以大家可以將設定檔命名為相機名稱後放置到該路徑下，如圖 7-13 所示。

第 7 章　ROS 2 視覺應用：讓機器人看懂世界

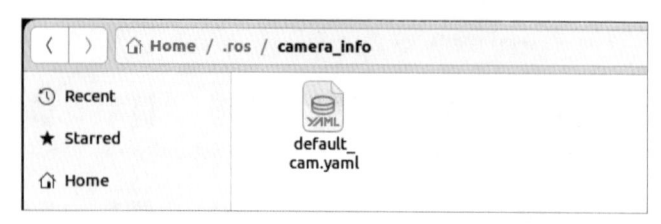

▲ 圖 7-13　相機標定檔案的預設位置

~/.ros/ 是主資料夾下的隱藏檔案，預設不顯示，在 Ubuntu 中可以透過快速鍵 Ctrl+H 顯示隱藏檔案。

設定檔拷貝到該路徑後，不僅需要修改檔案名稱，還需要開啟檔案確認相機名稱是否正確，此處使用的相機名為 default_cam，檔案中的標定參數如下。

```
image_width: 640
image_height: 480
camera_name: default_cam
camera_matrix:
  rows: 3
  cols: 3
  data: [625.33529,   0.      , 317.67526,
           0.      , 624.82484, 251.09351,
           0.      ,   0.     ,   1.      ]
distortion_model: plumb_bob
distortion_coefficients:
  rows: 1
  cols: 5
  data: [0.132533, -0.197793, 0.004650, -0.002919, 0.000000]
rectification_matrix:
  rows: 3
  cols: 3
  data: [1., 0., 0.,
         0., 1., 0.,
         0., 0., 1.]
projection_matrix:
  rows: 3
  cols: 4
  data: [640.00311,   0.      , 315.55411,   0.      ,
```

7.2 ROS 2 相機標定

```
0.      , 638.80682, 252.44464, 0.      ,
0.      , 0.       , 1.       , 0.      ]
```

關閉 usb_cam 相機驅動節點後重新執行，就可以看到載入標定檔案的日誌了，如圖 7-14 所示。

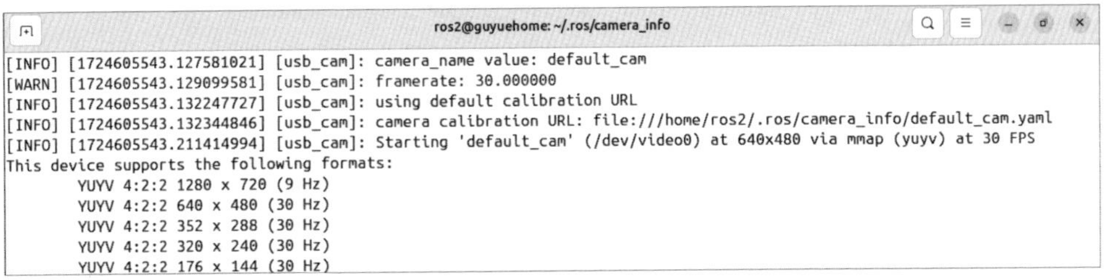

```
ros2@guyuehome: ~/.ros/camera_info
[INFO] [1724605543.127581021] [usb_cam]: camera_name value: default_cam
[WARN] [1724605543.129099581] [usb_cam]: framerate: 30.000000
[INFO] [1724605543.132247727] [usb_cam]: using default calibration URL
[INFO] [1724605543.132344846] [usb_cam]: camera calibration URL: file:///home/ros2/.ros/camera_info/default_cam.yaml
[INFO] [1724605543.211414994] [usb_cam]: Starting 'default_cam' (/dev/video0) at 640x480 via mmap (yuyv) at 30 FPS
This device supports the following formats:
        YUYV 4:2:2 1280 x 720 (9 Hz)
        YUYV 4:2:2 640 x 480 (30 Hz)
        YUYV 4:2:2 352 x 288 (30 Hz)
        YUYV 4:2:2 320 x 240 (30 Hz)
        YUYV 4:2:2 176 x 144 (30 Hz)
```

▲ 圖 7-14 相機驅動啟動時自動載入標定參數檔案

方法 2：啟動相機驅動節點時手動設置載入路徑

usb_cam 相機驅動節點是根據參數獲取標定檔案路徑後進行載入的，因此可以在啟動該節點時，在指令後加上標定檔案的路徑。例如將標定檔案放置在預設路徑下，在啟動相機時，也可以透過以下指令載入。

```
$ ros2 run usb_cam usb_cam_node_exe --ros-args -p
camera_info_url:=file:///home/guyuehome/.ros/camera_info/default_cam.yaml
```

方法 3：透過參數檔案載入

usb_cam 節點中有很多可以配置的參數，可以將這些參數放置到一個參數檔案中，在啟動節點時一次性載入，其中就包含標定檔案的路徑。

開啟 usb_cam 功能套件下的 config 資料夾，其中已經包含參數檔案的範例 params_1.yaml。

```
/**:
    ros__parameters:
      video_device: "/dev/video0"
      framerate: 30.0
      io_method: "mmap"
      frame_id: "camera"
```

7-13

第 7 章　ROS 2 視覺應用：讓機器人看懂世界

```
      pixel_format: "mjpeg2rgb"  # see usb_cam/supported_formats for list of supported
formats
      av_device_format: "YUV422P"
      image_width: 640
      image_height: 480
      camera_name: "test_camera"
      camera_info_url: "package://usb_cam/config/camera_info.yaml"
      brightness: -1
      contrast: -1
      saturation: -1
      sharpness: -1
      gain: -1
      auto_white_balance: true
      white_balance: 4000
      autoexposure: true
      exposure: 100
      autofocus: false
      focus: -1
```

其中，camera_info_url 參數就表示標定檔案的路徑，可以根據實際路徑修改。修改完成後，再次執行相機節點時，載入該參數檔案即可，執行效果如圖 7-15 所示，可以看到載入參數檔案的日誌提示。

```
$ ros2 run usb_cam usb_cam_node_exe --ros-args --params-file
/opt/ros/jazzy/share/usb_cam/config/params_1.yaml
```

```
ros2@guyuehome:/opt/ros/jazzy/share/usb_cam/config$  ros2 run usb_cam usb_cam_node_exe --ros-args --params-file /opt/ros/
jazzy/share/usb_cam/config/params_1.yaml
[INFO] [1724605839.122144664] [usb_cam]: camera_name value: test_camera
[WARN] [1724605839.122374897] [usb_cam]: framerate: 30.000000
[INFO] [1724605839.123818136] [usb_cam]: camera calibration URL: package://usb_cam/config/camera_info.yaml
[INFO] [1724605839.183215788] [usb_cam]: Starting 'test_camera' (/dev/video0) at 640x480 via mmap (mjpeg2rgb) at 30 FPS
This device supports the following formats:
        YUYV 4:2:2 1280 x 720 (9 Hz)
        YUYV 4:2:2 640 x 480 (30 Hz)
        YUYV 4:2:2 352 x 288 (30 Hz)
        YUYV 4:2:2 320 x 240 (30 Hz)
```

▲ 圖 7-15　相機標定檔案載入

如果大家覺得在命令列後邊加參數檔案不太方便，那麼可以透過 launch 檔案的方式進行載入，以下內容在 /opt/ros/jazzy/share/usb_cam/launch/camera.launch.py 中。

7.2 ROS 2 相機標定

```python
...

from camera_config import CameraConfig, USB_CAM_DIR

# 定義一個攝影機配置清單
CAMERAS = []
# 增加一個攝影機配置到清單中
CAMERAS.append(
    CameraConfig(
        name='camera',
        param_path=Path(USB_CAM_DIR, 'config', 'params_1.yaml')
    )
)

    # 解析命令列參數
    parser = argparse.ArgumentParser(description='usb_cam demo')
    parser.add_argument('-n', '--node-name', dest='node_name', type=str,
                        help=' 裝置的名稱 ', default='usb_cam')

    # 建立攝影機節點列表
    camera_nodes = [
        Node(
            package='usb_cam', executable='usb_cam_node_exe', output='screen',
            name=camera.name,
            namespace=camera.namespace,
            parameters=[camera.param_path],
            remappings=camera.remappings
        )
        for camera in CAMERAS
    ]

    # 建立一個組動作，包含所有攝影機節點
    camera_group = GroupAction(camera_nodes)

...
```

以上開機檔案中引入了一個相機組，大家可以設置其中的設定檔和命名空間，此處分別是 params_1.yaml 和 camera，如圖 7-16 所示，啟動該 launch 檔案時可以看到輸出的結果在 camera 命名空間下。

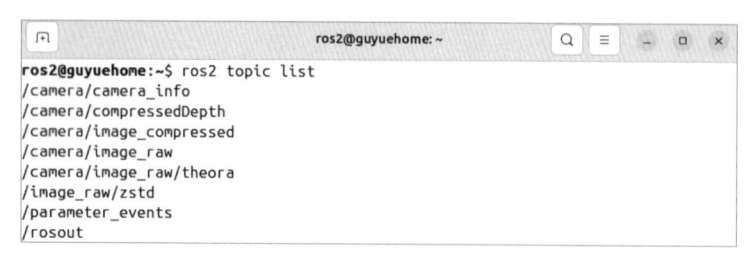

▲ 圖 7-16 帶有命名空間的相機話題清單

如果相機沒有發生變化，那麼只需執行一次相機標定。

7.2.5 二元相機標定

camera_calibration 功能套件還支援二元相機的標定。啟動二元相機的驅動後，ROS 2 系統中應該同時存在兩個相機的影像話題，此時可以透過以下指令啟動標定程式。

```
$ ros2 run camera_calibration cameracalibrator \
  --size=8x6 \
  --square=0.024 \
  --approximate=0.3 \
  --no-service-check \
  --ros-args --remap /left:=/left/image_rect \
  --remap /right:=/right/image_rect
```

其中，left 對應左側相機的影像話題名稱，right 對應右側相機的影像話題名稱，根據實際情況修改即可。執行成功後可以看到如圖 7-17 所示的介面，包含左右兩個相機的影像。

▲ 圖 7-17 二元相機標定

接下來的標定過程與一元相機完全一致，標定結束後會生成一個二元相機的標定檔案，使用方法依然與一元相機一致，這裡不再贅述。

相機標定完成後，就可以繼續開發影像處理功能了，開發過程中使用最多的函式庫是 OpenCV。

7.3 OpenCV 影像處理

OpenCV（Open Source Computer Vision Library）是一個基於 BSD 許可發行的跨平臺開放原始碼電腦視覺函式庫，可以執行在 Linux、Windows 和 macOS 等作業系統上。OpenCV 由一系列 C 函式和少量 C++ 類別組成，同時提供 C++、Python、Ruby、MATLAB 等語言的介面，實現了影像處理和電腦視覺方面的很多通用演算法，而且對非商業應用和商業應用都是免費的。

7.3.1 安裝 OpenCV

基於 OpenCV 函式庫可以快速開發機器視覺方面的應用，ROS 2 中已經整合了 OpenCV 函式庫和相關的介面功能套件，如圖 7-18 所示，大家可以使用以下命令安裝。

```
$ sudo apt install ros-jazzy-vision-opencv libopencv-dev python3-opencv
```

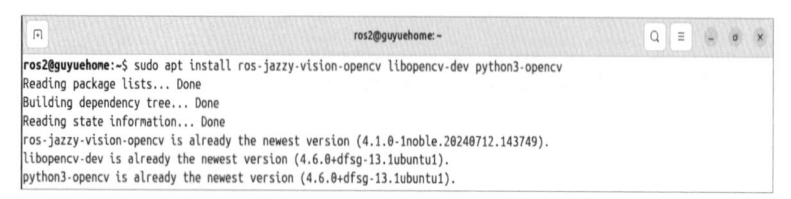

▲ 圖 7-18 安裝 ROS 2 OpenCV 函式庫

7.3.2 在 ROS 2 中使用 OpenCV

ROS 2 為開發者提供了與 OpenCV 的介面功能套件——cv_bridge。如圖 7-19 所示，開發者可以透過該功能套件，將 ROS 2 中的影像訊息轉換成 OpenCV 格式的影像，並且呼叫 OpenCV 函式庫進行各種影像處理；或將 OpenCV 處理後的資料轉換成 ROS 2 的影像訊息，透過話題進行發佈，實現各節點之間的影像傳輸。

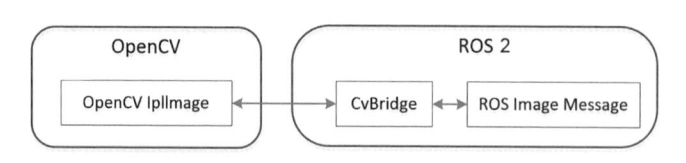

▲ 圖 7-19 cv_bridge 功能套件的作用

「bridge」的概念在 ROS 中經常出現，其主要功能是在兩個資料結構不相容的系統之間完成資料轉換，在它們之間架設一座可以互通資料的「橋樑」，擴充功能，例如 cv_bridge（ROS 與 OpenCV 之間的資料轉換）、gazebo_bridge（ROS 與 Gazebo 之間的資料轉換）、web_bridge（ROS 與 Web Json 之間的資料轉換），等等。

7.3 OpenCV 影像處理

接下來透過一個簡單的常式,介紹如何使用 cv_bridge 完成 ROS 2 與 OpenCV 之間的影像轉換。在該常式中,一個 ROS 2 節點訂閱相機驅動發佈的影像訊息,然後將其轉換成 OpenCV 的圖像資料進行顯示,最後將該 OpenCV 格式的影像轉換回 ROS 2 影像訊息發佈並顯示。

啟動三個終端,分別執行以下命令,啟動該常式。

```
$ ros2 run usb_cam usb_cam_node_exe
$ ros2 run learning_cv cv_bridge_test
$ ros2 run rqt_image_view rqt_image_view
```

常式執行的效果如圖 7-20 所示,圖中左邊是透過 cv_bridge 將 ROS 2 影像訊息轉換成 OpenCV 圖像資料之後的顯示效果,使用 OpenCV 函式庫在影像左上角繪製了一個紅色的圓;圖中右邊是將 OpenCV 圖像資料再次透過 cv_bridge 轉換成 ROS 2 影像訊息後的顯示效果,左右兩幅影像應該完全一致。

▲ 圖 7-20 cv_bridge 常式的執行效果

第 7 章 ROS 2 視覺應用：讓機器人看懂世界

實現該常式的原始程式 learning_cv/cv_bridge_test.py 內容如下。

```python
import rclpy                                          # 匯入 ROS 2 Python 函式庫
from rclpy.node import Node                           # 從 rclpy 模組匯入 Node 類別
from sensor_msgs.msg import Image                     # 匯入用於影像訊息的類型
from cv_bridge import CvBridge                        # 匯入 CvBridge，用於 ROS 2 和 OpenCV
之間的影像轉換
import cv2                                            # 匯入 OpenCV 函式庫
import numpy as np                                    # 匯入 NumPy 函式庫

class ImageSubscriber(Node):                          # 定義一個名為 ImageSubscriber 的
類別，繼承自 Node
    def __init__(self, name):
        super().__init__(name)                        # 初始化 Node 類別

        # 建立一個訂閱者，訂閱 image_raw 話題
        self.sub = self.create_subscription(
            Image, 'image_raw', self.listener_callback, 10)

        # 建立一個發行者，發佈 cv_bridge_image 話題
        self.pub = self.create_publisher(
            Image, 'cv_bridge_image', 10)

        # 建立一個 CvBridge 物件
        self.cv_bridge = CvBridge()

    def listener_callback(self, data):
        # 將 ROS 影像訊息轉為 OpenCV 圖像資料
        image = self.cv_bridge.imgmsg_to_cv2(data, 'bgr8')

        (rows, cols, channels) = image.shape          # 獲取影像的尺寸和
通道數
        if cols > 60 and rows > 60:                   # 如果影像足夠大
            cv2.circle(image, (60, 60), 30, (0, 0, 255), -1)  # 在影像上繪製一個圓
        cv2.imshow("Image window", image)             # 顯示影像視窗
        cv2.waitKey(3)                                # 等待 3 毫秒

        # 將修改後的 OpenCV 圖像資料轉換回 ROS 影像訊息並發佈
        self.pub.publish(self.cv_bridge.cv2_to_imgmsg(image, "bgr8"))
```

7.3 OpenCV 影像處理

```
def main(args=None):                                    # 定義 main 函式
    rclpy.init(args=args)                               # 初始化 ROS 2
    node = ImageSubscriber("cv_bridge_test")            # 建立 ImageSubscriber 類別的實例
    rclpy.spin(node)                                    # 保持節點執行，處理回呼函式
    node.destroy_node()                                 # 銷毀節點
    rclpy.shutdown()                                    # 關閉 ROS 2
```

分析以上常式程式的關鍵部分。

```
from cv_bridge import CvBridge         # ROS 2 與 OpenCV 影像轉換類別
import cv2                             # OpenCV 影像處理函式庫
```

要呼叫 OpenCV，必須先匯入 OpenCV 模組，另外還需要匯入 cv_bridge 所需要的一些模組。

```
        self.sub = self.create_subscription(
            Image, 'image_raw', self.listener_callback, 10)
        self.pub = self.create_publisher(
            Image, 'cv_bridge_image', 10)
        self.cv_bridge = CvBridge()
```

程式中定義了一個訂閱者 sub 接收原始影像訊息，然後定義一個發行者 pub 發佈 OpenCV 處理後的影像訊息，此外還定義一個 CvBridge 的控制碼，用於呼叫相關的轉換介面。

```
image = self.cv_bridge.imgmsg_to_cv2(data, 'bgr8')
```

imgmsg_to_cv2() 介面的功能是將 ROS 2 影像訊息轉換成 OpenCV 圖像資料，該介面有兩個輸入參數，第一個參數指向影像訊息流，第二個參數用來定義轉換的圖像資料格式。

```
self.pub.publish(self.cv_bridge.cv2_to_imgmsg(image, "bgr8"))
```

cv2_to_imgmsg() 介面的功能是將 OpenCV 格式的圖像資料轉換成 ROS 2 影像訊息，該介面同樣要求輸入圖像資料串流和資料格式這兩個參數。

第 7 章　ROS 2 視覺應用：讓機器人看懂世界

從這個常式來看，ROS 2 中呼叫 OpenCV 的方法並不複雜，熟悉 imgmsg_to_cv2()、cv2_to_imgmsg() 這兩個介面函式的使用方法就可以了。

關於 OpenCV 與 ROS 2 的基礎應用，第 2 章的應用範例中已經進行了多次講解，大家可以回顧一下。

接下來透過幾個視覺應用，幫助大家打通 ROS 2 開發機器人視覺功能的「任督二脈」。

7.4　視覺應用一：視覺巡線

如何讓機器人更進一步地適應環境，儘量減少對環境的依賴呢？如果有一個具備「眼睛」這一特殊屬性的相機，那麼是不是可以透過視覺動態分析環境資訊，從而控制機器人運動呢？例如對於路面上行駛的汽車，道路線就相當於一個訊號，可以告知駕駛員知道該往哪走，至於路兩旁是山還是海，其實影響並不大。

7.4.1　基本原理與實現框架

按照道路線指引的邏輯，假設也給機器人鋪設一個專用的道路線，機器人不用關心周圍到底有什麼障礙物，哪裡有線就往哪裡走，這樣就將一個複雜的路徑規劃問題簡化成了路徑追蹤問題。至於視覺或其他感測器，其作用就是輔助機器人尋找道路線在哪裡。

這種方法其實在工業界已經普及，例如常見的 AGV 物流機器人，工廠環境複雜，為了讓機器人可以穩定快速地執行，工廠會為機器人鋪設專用的道路標識，如圖 7-21 所示，這個標識可能是 QR Code 標籤，也可能是有明顯顏色的道路線，還可能是磁導線，總之就是給機器人一個明確的執行訊號，包括減速、分叉、停止等，機器人按照這個訊號行駛就可以了。

7.4 視覺應用一：視覺巡線

▲ 圖 7-21 AGV 物流機器人及其專用道路標識

回到巡線功能，其原理也是類似的，如圖 7-22 所示，機器人發現道路線出現在視野的左側，於是向左轉，偏得越厲害，轉向的速度就可以給得越大，只要盡量保持道路線在視野的中間即可。

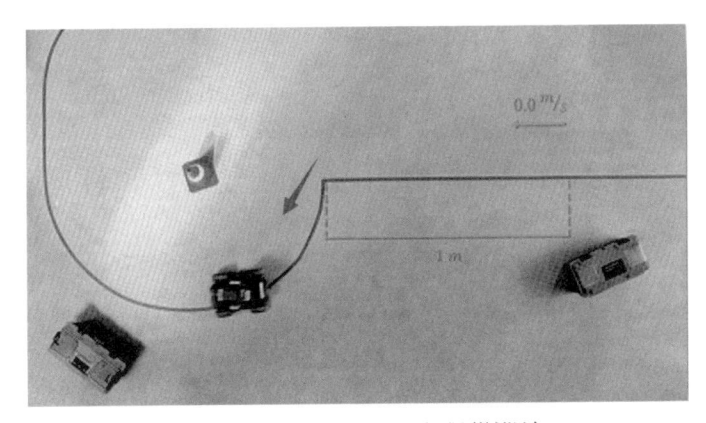

▲ 圖 7-22 移動機器人視覺巡線

想法清楚了，接下來就要開始動手操作了。根據上述說明的原理及 OpenCV 的實現方式，可以將機器人巡線運動的過程分為六個步驟。

（1）影像輸入：透過相機驅動發佈影像資訊。

（2）二值化處理：對輸入圖形進行二值化處理，獲取目標線路。

（3）索引路徑線：定位目標路徑線位置。

（4）計算路徑線座標：根據目標路徑線計算目標座標位置。

（5）計算速度指令：透過路徑線座標計算速度指令。

第 7 章　ROS 2 視覺應用：讓機器人看懂世界

（6）指令輸出：發佈速度控制指令。

7.4.2 機器人視覺巡線模擬

我們先來嘗試在模擬環境下實現視覺巡線功能。常式程式存放在 originbot_desktop 倉庫中，先來看一下最終的演示效果。

透過以下命令啟動該常式。

```
$ ros2 launch originbot_gazebo_harmonic load_originbot_into_line_follower_gazebo.launch.py
```

Gazebo 啟動成功後，如圖 7-23 所示，可以看到黃色的路徑線，模擬機器人在路徑線的起點處。

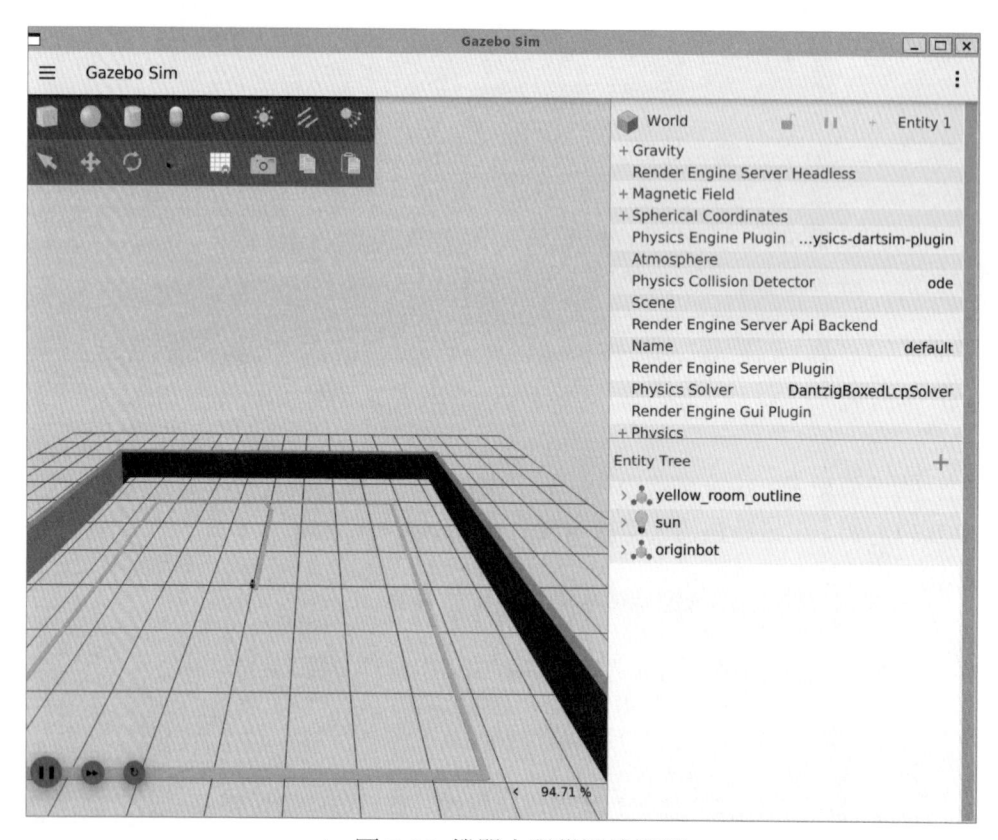

▲ 圖 7-23 機器人視覺巡線模擬

7-24

7.4 視覺應用一：視覺巡線

啟動 RViz，增加 Image 顯示項，就可以看到即時的圖像資料，如圖 7-24 所示。

```
$ ros2 run rviz2 rviz2
```

▲ 圖 7-24 查看機器人視覺巡線的即時影像

重新開啟一個終端，啟動視覺巡線功能。

```
$ ros2 run originbot_demo line_follower
```

啟動成功後，模擬機器人開始巡線運動，同時彈出一個巡線檢測結果的即時顯示視窗，如圖 7-25 所示。

7-25

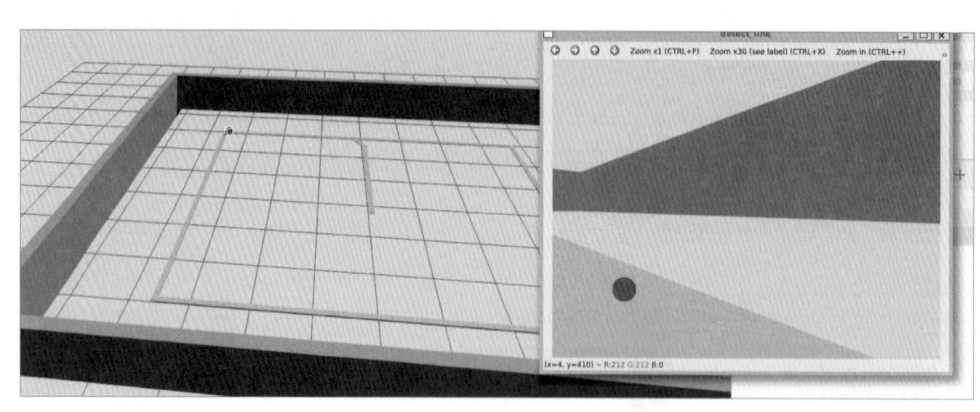

第 7 章　ROS 2 視覺應用：讓機器人看懂世界

▲ 圖 7-25　機器人視覺巡線流程

實現該常式的原始程式 originbot_demo/originbot_dem/line_follower.py 內容如下。

```python
import rclpy
from rclpy.node import Node
from sensor_msgs.msg import Image
from geometry_msgs.msg import Twist

import numpy as np
import cv2
import cv_bridge

# 建立 ROS 和 OpenCV 之間的橋接器
bridge = cv_bridge.CvBridge()

def image_callback(msg):
    # 將 ROS 影像訊息轉為 OpenCV 影像格式
    image_input = bridge.imgmsg_to_cv2(msg, desired_encoding='bgr8')

    # 將影像從 BGR 轉為 HSV 顏色空間
    hsv = cv2.cvtColor(image_input, cv2.COLOR_BGR2HSV)
    # 定義黃色的 HSV 設定值範圍
    lower_yellow = np.array([10, 10, 10])
    upper_yellow = np.array([255, 255, 250])
    # 建立遮罩以只獲取黃色區域
    mask = cv2.inRange(hsv, lower_yellow, upper_yellow)
```

7.4 視覺應用一：視覺巡線

```python
    # 獲取影像的高度、寬度和深度
    h, w, d = image_input.shape
    # 定義搜索區域
    search_top = int(3*h/4)
    search_bot = int(3*h/4 + 20)
    mask[0:search_top, 0:w] = 0
    mask[search_bot:h, 0:w] = 0

    # 計算遮罩的質心
    M = cv2.moments(mask)
    if M['m00'] > 0:
        cx = int(M['m10']/M['m00'])
        cy = int(M['m01']/M['m00'])
        # 在質心位置繪製紅色小數點
        cv2.circle(image_input, (cx, cy), 20, (0,0,255), -1)
        # 開始控制邏輯
        err = cx - w/2
        twist = Twist()
        twist.linear.x = 0.2
        twist.angular.z = -float(err) / 500
        publisher.publish(twist)
        # 結束控制邏輯

    # 顯示處理後的影像
    cv2.imshow("detect_line", image_input)
    cv2.waitKey(3)

def main():
    rclpy.init()
    global node
    node = Node('follower')

    global publisher
    publisher = node.create_publisher(Twist, '/cmd_vel',
rclpy.qos.qos_profile_system_default)
    subscription = node.create_subscription(Image, 'camera/image_raw',
                                            image_callback,
                                            rclpy.qos.qos_profile_sensor_data)
```

第 7 章　ROS 2 視覺應用：讓機器人看懂世界

```
    rclpy.spin(node)

try:
    main()
except (KeyboardInterrupt, rclpy.exceptions.ROSInterruptException):
    # 發送空訊息以停止機器人
    empty_message = Twist()
    publisher.publish(empty_message)

    # 清理節點並關閉 rclpy
    node.destroy_node()
    rclpy.shutdown()
    exit()
```

我們一起分析以上常式的程式。

```
    subscription = node.create_subscription(Image, 'camera/image_raw',
                                            image_callback,
                                            rclpy.qos.qos_profile_sensor_data)
```

第 1 步，輸入影像。在這個例子中，使用了 ROS 2 的訂閱功能 node.create_subscription 來接收相機發佈的圖像資料。第 1 個參數宣告接收的資料格式是 Image，即影像格式；第 2 個參數是所訂閱的話題名稱，表明訂閱的是相機發佈的原始圖像資料；第 3 個參數是回呼函式的名稱 image_callback，這表示每當收到一幀影像時，ROS 2 就會自動呼叫 image_callback 函式進行處理；第 4 個參數是關於 ROS 2 的 QoS 機制，確保資料的可靠傳輸。

```
    image_input = bridge.imgmsg_to_cv2(msg,desired_encoding='bgr8')

    hsv = cv2.cvtColor(image_input, cv2.COLOR_BGR2HSV)
    lower_yellow = np.array([ 10,  10,  10])
    upper_yellow = np.array([255, 255, 250])
    mask = cv2.inRange(hsv, lower_yellow, upper_yellow)
```

7.4 視覺應用一：視覺巡線

第 2 步是影像二值化。這一步使用 cv_bridge 將 ROS 擷取的影像訊息轉換成 OpenCV 能夠處理的格式，這樣就可以使用 OpenCV 提供的豐富的影像處理功能。接著，將 RGB 顏色空間轉為 HSV 顏色空間，這樣可以更方便地進行顏色辨識。然後，透過設定設定值將目標顏色（黃色）提取出來，形成二值化的影像。

```
h, w, d = image_input.shape
search_top = int(3*h/4)
search_bot = int(3*h/4 + 20)
mask[0:search_top, 0:w] = 0
mask[search_bot:h, 0:w] = 0
```

第 3 步，索引路徑線。路徑線索引之後就可以獲取追蹤目標點的最佳位置。這一步對影像進行了裁剪，只保留了中間部分，去除了影像頂部和底部的干擾，處理後就可以將注意力集中在可能存在路徑線的區域，從而提高路徑線檢測的準確性和效率。

```
M = cv2.moments(mask)
if M['m00'] > 0:
  cx = int(M['m10']/M['m00'])
  cy = int(M['m01']/M['m00'])
```

第 4 步，計算路徑線座標。這一步利用 OpenCV 的 cv2.moments() 函式計算遮罩影像中黃色區域的質心座標 (cx, cy)。這些座標將用於確定路徑線的位置。如果黃色區域的質心有效（即 m00 大於零），則計算質心座標 cx 和 cy，表示路徑線的位置。

```
err = cx - w/2
twist = Twist()
twist.linear.x = 0.2
twist.angular.z = -float(err) / 500
```

第 5 步，計算速度指令，根據路徑線中心點在相機視野中的偏差大小，線性換算成機器人的角速度，線速度為固定值 0.2m/s。

```
publisher.publish(twist)
```

7-29

第 6 步，將計算得到的速度控制訊息發佈到 ROS 2 話題 /cmd_vel，這樣就能控制機器人運動，使其跟隨黃色線行駛。

7.4.3 真實機器人視覺巡線

以 OriginBot 為例，看一下機器人模擬巡線在真實機器人上的實現效果如何。

這裡需要啟動三個終端，分別執行三個主要的功能。

```
# 機器人終端 1：啟動機器人底盤驅動節點
$ export RMW_IMPLEMENTATION=rmw_cyclonedds_cpp
$ ros2 launch originbot_bringup originbot.launch.py use_camera:=true

# 機器人終端 2：執行視覺巡線節點，並且發佈速度控制話題，控制機器人速度
$ export RMW_IMPLEMENTATION=rmw_cyclonedds_cpp
$ ros2 run originbot_linefollower follower

# 電腦端：訂閱機器人相機看到的影像
$ ros2 run rqt_image_view rqt_image_view
```

為了保證影像的即時性，這裡將使用的 DDS 切換為 cyclonedds，避免因為 DDS 切片導致影像延遲。

現在機器人已經開始沿著一條黑色路徑線慢慢運動。大家也可以在開啟的 rqt_image_view 中訂閱辨識結果的影像話題，看一下路徑線辨識的即時效果，紅色點通常會一直壓在所辨識到路徑線的中心位置，如圖 7-26 所示。

▲ 圖 7-26 真實機器人視覺巡線效果

7.5 視覺應用二：QR Code 辨識

大家可能會發現真實機器人巡線的過程並不穩定，這是因為影像處理的過程與所處的環境相關，不同環境之下的顏色設定值不同，我們還需要結合實際環境偵錯工具中的顏色設定值。

以上真實機器人巡線運動的程式實現在 originbot_linefollower/follower.py 中，與 7.4.2 節模擬環境下機器人視覺巡線的實現過程幾乎一樣，這裡不再贅述。

7.5 視覺應用二：QR Code 辨識

在日常生活中，我們每天接觸最多的影像辨識場景是什麼？掃 QR Code 一定是其中之一。

如圖 7-27 所示，微信登入要掃 QR Code，手機支付要掃 QR Code，使用共用單車也要掃 QR Code。除了這些在日常生活中已經非常普及的場景，QR Code 在工業生產中也被廣泛使用，例如標記物料型號，或儲存產品的生產資訊。

▲ 圖 7-27 QR Code 應用

深入生活、生產各個環節的 QR Code，是在一維條碼的基礎上發展而來的。一維條碼能夠儲存的資訊量有限，QR Code 在平面上擴充了一個維度，使用黑白相間的圖形來記錄資訊，內容就豐富多了。

既然 QR Code 可以儲存很多資訊，那有沒有可能和機器人應用結合？當然沒有問題，很多機器人應用場景中有 QR Code 辨識需求。QR Code 辨識和機器人視覺巡線類似，同樣可以使用 ROS 2 與 OpenCV 結合的方式，讓機器人辨識 QR Code 並執行預先在 QR Code 中設定的一些動作。

7.5.1 QR Code 掃描函式庫——Zbar

Zbar 是一個開放原始碼的條碼和 QR Code 掃描函式庫，可以用於快速辨識和解碼條碼和 QR Code。安裝起來也非常簡單，只需要執行以下命令。

```
$ sudo apt install libzbar-dev
```

Zbar 函式庫的功能主要包含以下 4 部分。

1. 影像獲取與前置處理

Zbar 函式庫首先需要獲取輸入影像，可以是相機捕捉的即時影像，也可以是已儲存的靜態影像檔。在處理之前，通常需要對影像進行前置處理，如灰度化、降噪、邊緣檢測等，以提高後續解碼的準確性和效率。

2. 符號定位與定位模式

Zbar 函式庫使用影像處理技術來定位輸入影像中的條碼或 QR Code 符號。對於不同類型的符號（如 QR Code、一維條碼等），Zbar 會採用不同的定位演算法和策略來確定符號的位置和邊界。對於 QR Code，通常會檢測其定位模式（Finder Patterns）以及可能的三個定位角。

3. 符號解碼

一旦符號被正確定位，Zbar 函式庫就會進行解碼操作。對於一維條碼，這涉及解析條形的寬度和間距資訊，然後將它們映射到特定的編碼規則（如 EAN-13、Code 128 等）。對於 QR Code，Zbar 函式庫會解析圖案中的資料矩陣，根據 QR 碼或 Data Matrix 碼的編碼規則提取資料。

4. 資料輸出與應用整合

Zbar 函式庫解碼成功後，會輸出辨識到的資料內容，如文字、網址、數字等。這些資料可以被進一步處理，用於應用程式的功能實現，如自動填充表單、商品資訊查詢、登入驗證等。

7.5 視覺應用二：QR Code 辨識

7.5.2 相機辨識 QR Code

了解完 QR Code 辨識的原理後，我們先在本地電腦上執行一下相機辨識 QR Code 的範例。

originbot_desktop 程式倉庫中包含 QR Code 辨識的功能套件——originbot_qrcode_detect，可以使用以下命令執行功能套件。

```
# 電腦終端1：啟動相機節點
$ ros2 launch usb_cam camera.launch.py

# 電腦終端2：啟動 QR Code 辨識節點
$ ros2 run originbot_qrcode_detect originbot_qrcode_detect

# 電腦終端3：啟動視覺化介面
$ rqt
```

執行以上命令後，可以看到圖 7-28 所示的畫面。

畫面左側是 rqt 介面顯示的 QR Code 辨識介面，會顯示 QR Code 的定位和辨識結果；畫面右側是終端輸出的資訊「Learn Robotics Go to Guyuehome」，這就是 QR Code 中的資訊。

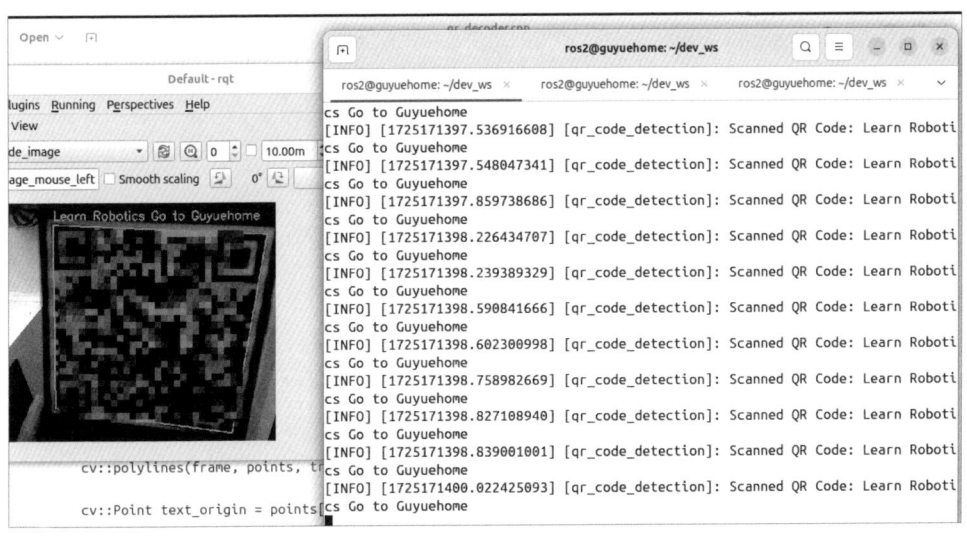

▲ 圖 7-28 QR Code 辨識結果

7-33

第 7 章　ROS 2 視覺應用：讓機器人看懂世界

　　以上功能是如何透過程式實現的呢？完整功能的實現在 originbot_qrcode_detect/src/ qr_decoder.cpp 中，內容如下。

```cpp
#include "rclcpp/rclcpp.hpp"
#include "sensor_msgs/msg/image.hpp"
#include <cv_bridge/cv_bridge.hpp>
#include "opencv2/opencv.hpp"
#include "opencv2/imgproc.hpp"
#include "opencv2/imgcodecs.hpp"
#include "opencv2/highgui.hpp"
#include "zbar.h"
#include <std_msgs/msg/string.hpp>

class QrCodeDetection : public rclcpp::Node
{
public:
  QrCodeDetection() : Node("qr_code_detection")
  {
    subscription_ = this->create_subscription<sensor_msgs::msg::Image>(
      "/camera/image_raw", 10, std::bind(&QrCodeDetection::imageCallback, this,
      std::placeholders::_1));

    qr_code_pub_ = this->create_publisher<std_msgs::msg::String>("qr_code", 10);
    image_pub_ = this->create_publisher<sensor_msgs::msg::Image>("qr_code_image", 10);
  }

private:
  void imageCallback(const sensor_msgs::msg::Image::SharedPtr msg)
  {
    try {
      cv_bridge::CvImagePtr cv_ptr = cv_bridge::toCvCopy(msg,
sensor_msgs::image_encodings::BGR8);
      cv::Mat frame = cv_ptr->image;
      cv::Mat gray;
      cv::cvtColor(frame, gray, cv::COLOR_BGR2GRAY);

      zbar::ImageScanner scanner;
      scanner.set_config(zbar::ZBAR_NONE, zbar::ZBAR_CFG_ENABLE, 1);
      zbar::Image zbar_image(frame.cols, frame.rows, "Y800", (uchar *)gray.data,
```

7.5 視覺應用二：QR Code 辨識

```cpp
frame.cols * frame.rows);
      scanner.scan(zbar_image);

      for (zbar::Image::SymbolIterator symbol = zbar_image.symbol_begin();
           symbol != zbar_image.symbol_end(); ++symbol) {
        std::string qr_code_data = symbol->get_data();
        RCLCPP_INFO(this->get_logger(), "Scanned QR Code: %s", qr_code_data.c_str());

        // 發佈 QR Code 資料
        auto qr_code_msg = std_msgs::msg::String();
        qr_code_msg.data = qr_code_data;
        qr_code_pub_->publish(qr_code_msg);

        // 在影像上繪製 QR Code 邊界和資訊
        std::vector<cv::Point> points;
        for (int i = 0; i < symbol->get_location_size(); i++) {
          points.push_back(cv::Point(symbol->get_location_x(i),
            symbol->get_location_y(i)));
        }
        cv::polylines(frame, points, true, cv::Scalar(0, 255, 0), 2);

        cv::Point text_origin = points[0];
        text_origin.y -= 10;   // 將文字位置稍微上移
        cv::putText(frame, qr_code_data, text_origin, cv::FONT_HERSHEY_SIMPLEX, 0.8,
          cv::Scalar(0, 255, 0), 2);
      }

      // 發佈帶有 QR Code 標記的影像
      sensor_msgs::msg::Image::SharedPtr out_img =
        cv_bridge::CvImage(std_msgs::msg::Header(), "bgr8", frame).toImageMsg();
      image_pub_->publish(*out_img);
    }
    catch (cv_bridge::Exception &e) {
      RCLCPP_ERROR(this->get_logger(), "cv_bridge exception: %s", e.what());
      return;
    }
  }

  rclcpp::Subscription<sensor_msgs::msg::Image>::SharedPtr subscription_;
```

```
  rclcpp::Publisher<std_msgs::msg::String>::SharedPtr qr_code_pub_;
  rclcpp::Publisher<sensor_msgs::msg::Image>::SharedPtr image_pub_;
};

int main(int argc, char *argv[])
{
  rclcpp::init(argc, argv);
  rclcpp::spin(std::make_shared<QrCodeDetection>());
  rclcpp::shutdown();
  return 0;
}
```

重點分析以上程式的關鍵內容。

```
subscription_ = this->create_subscription<sensor_msgs::msg::Image>(
    "/camera/image_raw", 10, std::bind(&QrCodeDetection::imageCallback, this,
    std::placeholders::_1));
```

首先透過訂閱影像話題的資料捕捉影像，每接收到一次影像訊息就執行一次回呼函式。正以下面的程式，每接收一次 image 話題資料就執行一次 imageCallback 的程式。

```
    // 遍歷辨識到的 QR 碼
    for (zbar::Image::SymbolIterator symbol = zbar_image.symbol_begin();
         symbol != zbar_image.symbol_end(); ++symbol) {
      const char *qrCode_msg = symbol->get_data().c_str();
      RCLCPP_INFO(this->get_logger(), "Scanned QR Code: %s", qrCode_msg);

      auto sign_com_msg = std_msgs::msg::String();
      sign_com_msg.data = qrCode_msg;

      // 發佈 QR 碼內容
      auto qr_code_msg = std_msgs::msg::String();
      qr_code_msg.data = qr_code_data;
      qr_code_pub_->publish(qr_code_msg);
```

7.5 視覺應用二：QR Code 辨識

在收到話題資料進入回呼函式後，進一步實現 QR Code 的定位與解析。先按照要求將輸入的影像進行灰度化處理，然後呼叫 Zbar 函式庫的 QR Code 定位和 scan 方法進行辨識，最後發佈辨識結果。

```
// 在影像上繪製 QR Code 邊界和資訊
std::vector<cv::Point> points;
for (int i = 0; i < symbol->get_location_size(); i++) {
  points.push_back(cv::Point(symbol->get_location_x(i),
  symbol->get_location_y(i)));
}
cv::polylines(frame, points, true, cv::Scalar(0, 255, 0), 2);

cv::Point text_origin = points[0];
text_origin.y -= 10;   // 將文字位置稍微上移
cv::putText(frame, qr_code_data, text_origin, cv::FONT_HERSHEY_SIMPLEX, 0.8,
cv::Scalar(0, 255, 0), 2);
}

// 發佈帶有 QR Code 標記的影像
sensor_msgs::msg::Image::SharedPtr out_img =
cv_bridge::CvImage(std_msgs::msg::Header(), "bgr8", frame).toImageMsg();
image_pub_->publish(*out_img);
```

此外，還可以將 QR Code 結果和影像資訊進行融合，可以使用以上 OpenCV 的介面實現。

7.5.3 真實機器人相機辨識 QR Code

以 OriginBot 機器人為例，大家可以繼續體驗 QR Code 辨識在真實機器人上執行的效果。

使用終端 SSH 連接 OriginBot 機器人後，執行以下指令。

```
$ ros2 launch qr_code_detection qr_code_detection.launch.py
```

啟動攝影機時，需要載入標定檔案，否則可能無法辨識 QR Code。

第 7 章　ROS 2 視覺應用：讓機器人看懂世界

執行成功後，在同一網路的 PC 端開啟瀏覽器，輸入 http://IP:8000，選擇「web 展示端」，即可查看影像和演算法效果，如圖 7-29 所示。

▲ 圖 7-29　機器人 QR Code 辨識效果

> 此處網頁連結中的「IP」需要修改為 OriginBot 的實際 IP 位址。

以上真實機器人 QR Code 辨識的程式實現在 originbot_example/qr_code_detect 功能套件中，與本地實現 QR Code 辨識的實現過程幾乎一樣，這裡不再贅述。

7.5.4　真實機器人 QR Code 跟隨

機器人既然能夠辨識 QR Code 了，那麼是否可以根據 QR Code 的內容做一些其他的事情呢？最簡單的就是 QR Code 運動控制，我們一起來看一下如何串聯 QR Code 辨識和機器人的運動控制功能。

以 OriginBot 機器人為例，遠端登入機器人系統後，開啟三個終端，分別輸入以下命令，啟動機器人並執行 QR Code 辨識和追蹤功能。

```
# 終端1：啟動機器人運動底盤
$ ros2 launch originbot_bringup originbot.launch.py
```

7.5 視覺應用二：QR Code 辨識

```
# 終端 2：啟動 QR Code 辨識
$ ros2 launch qr_code_detection qr_code_detection.launch.py

# 終端 3：啟動 QR Code 控制節點
$ ros2 run qr_code_control qr_code_control_node
```

接下來，將之前列印好的 QR Code 放在機器人面前，機器人就會根據辨識出來的結果前後左右運動，如圖 7-30 所示。

▲ 圖 7-30 機器人 QR Code 辨識與控制

基於 QR Code 的辨識結果，需要重新撰寫一個處理辨識結果的節點，即 qr_code_control_node 節點，這個節點的作用就是讓機器人根據 QR Code 的內容進行運動，關鍵程式如下。

```python
def setTwist(self, linear_x, angular_z):
    # 限制線性速度和角速度的範圍
    linear_x = max(min(linear_x, 0.1), -0.1)
    angular_z = max(min(angular_z, 1.0), -1.0)

    # 設置機器人的移動速度
    self.twist.linear.x = linear_x
```

7-39

```
    self.twist.angular.z = angular_z

def setTwistWithQrInfo(self, qrcode_info: String):
    # 解析 QR 碼資訊
    info = qrcode_info.data

    # 根據 QR 碼資訊調整機器人的移動方向和速度
    if 'Front' in info:
        self.setTwist(0.1, 0.0)          # 向前移動
    elif 'Back' in info:
        self.setTwist(-0.1, 0.0)         # 向後移動
    elif 'Left' in info:
        self.setTwist(0.0, 0.4)          # 向左轉
    elif 'Right' in info:
        self.setTwist(0.0, -0.4)         # 向右轉
    else:
        self.setTwist(0.0, 0.0)          # 停止移動

    # 發佈控制命令
    self.pubControlCommand()
```

以上程式和我們之前學習的機器人視覺巡線控制類似，透過訂閱 QR Code 辨識結果來控制機器人前後左右運動，QR Code 在視野中的位置偏左，就讓機器人向左運動，反之則向右運動；然後將速度指令輸入 pubControlCommand 函式，透過話題發佈控制機器人運動。

QR Code 資訊豐富，辨識穩定。除了這裡演示的 QR Code 跟隨控制，還可以將 QR Code 貼到某些物體上，將物體辨識簡化為對 QR Code 的辨識；也可以讓機器人在導航過程透過掃描 QR Code 確定自己的當前位置，減少全域累積誤差。QR Code 的應用場景非常多，大家可以繼續探索。

7.6 機器學習應用一：深度學習視覺巡線

我們使用 OpenCV 開發了機器人視覺巡線，讓小車跟隨路徑線運動。然而，基於 OpenCV 的影像辨識受光線影響較大，一旦場地等環境變化，就需要重新

7.6 機器學習應用一：深度學習視覺巡線

調整設定值，有沒有可能讓機器人自主適應環境的變化呢？也就是讓機器人自己來學習。

7.6.1 基本原理與實現框架

相比傳統影像處理，深度學習能夠讓機器視覺適應更多的變化，從而提高複雜環境下的精確程度。與傳統的範本匹配方式不同，深度學習的開發方法發生了本質變化，常用的開發流程如圖 7-31 所示。

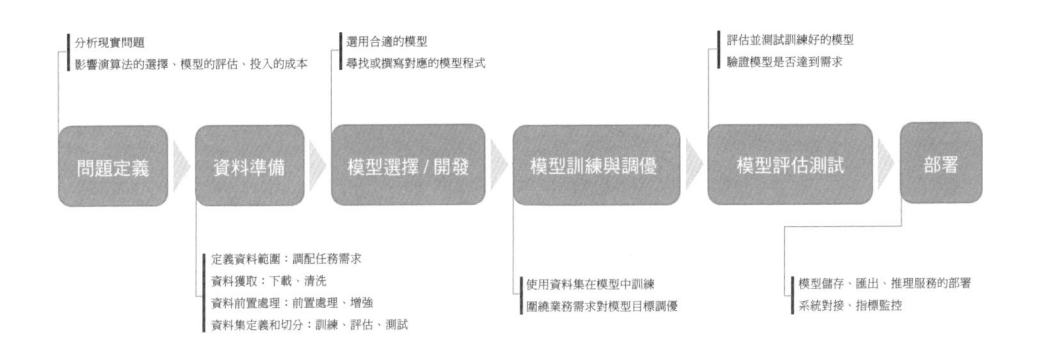

▲ 圖 7-31 深度學習的開發流程

機器學習的核心目的是解決問題，主要可以分為 6 個步驟。

（1）**問題定義**：要解決的問題是什麼？例如對於視覺巡線，就是辨識路徑線在影像中的位置。

（2）**資料準備**：針對要解決的問題準備資料。例如準備各種巡線場景的圖像資料，標注後供機器學習使用。

（3）**模型選擇 / 開發**：模型就是處理資料的一套流程，也就是大家常聽說的 CNN 卷積神經網路、GAN 生成對抗網路、RNN 循環神經網路等。

（4）**模型訓練與調優**：將資料放入模型中，透過訓練得到最佳的參數。該過程可以視為機器的學習過程。

7-41

第 7 章　ROS 2 視覺應用：讓機器人看懂世界

（5）**模型評估測試**：就像小測驗一樣，拿一些資料給訓練好的模型，觀察最後的效果。

（6）**部署**：一切準備就緒後，就可以把訓練好的模型放到機器人上了，也就是正式把知識傳授給某個機器人，讓它解決之前提出的問題。

7.6.2　深度學習視覺巡線應用

本節將帶領大家一起在真實機器人中執行基於深度學習的視覺巡線功能。

以 OriginBot 機器人為例，透過終端 SSH 連接機器人後，可以在終端中執行以下兩行指令，介面如圖 7-32 所示。

```
# 進入功能套件目錄
$ cd /userdata/dev_ws/src/originbot/originbot_deeplearning/line_follower_perception/

# 執行基於深度學習的視覺巡線功能
$ ros2 run line_follower_perception line_follower_perception --ros-args -p model_path:=model/resnet18_224x224_nv12.bin -p model_name:=resnet18_224x224_nv12
```

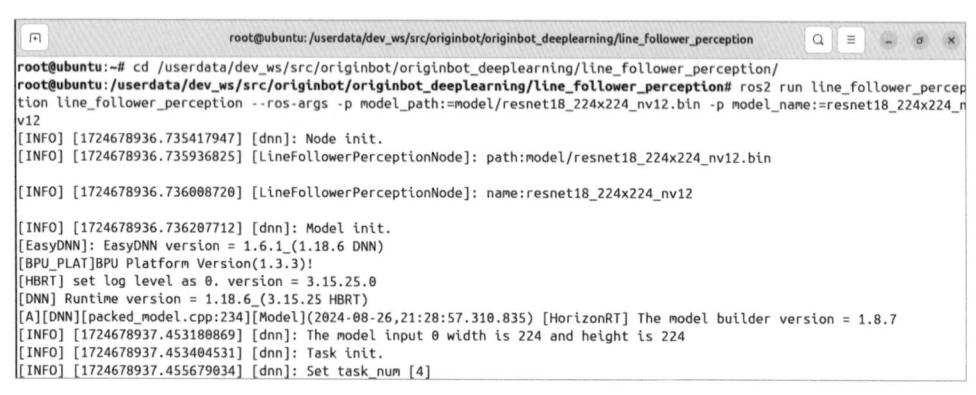

▲ 圖 7-32　執行基於深度學習的視覺巡線功能

以上兩行命令的作用是執行巡線模型，然後只需啟動相機檔案即可執行巡線案例。

將 OriginBot 機器人放置到巡線的場景中，在機器人端啟動兩個終端，分別執行以下命令。

7.6 機器學習應用一：深度學習視覺巡線

```
# 機器人中的終端 1：啟動零拷貝模式下的攝影機驅動，加速內部的影像處理效率
$ ros2 launch originbot_bringup camera_internal.launch.py
```

```
# 機器人中的終端 2：啟動機器人底盤
$ ros2 launch originbot_bringup originbot.launch.py
```

啟動成功後，就可以看到機器人開始巡線運動了，如圖 7-33 所示。

▲ 圖 7-33 OriginBot 機器人基於深度學習的視覺巡線

體驗了深度學習視覺巡線，大家是不是發現這種方式更加順暢呢？接下來，我們繼續學習如何在自己的機器人上透過深度學習實現視覺巡線的功能。

7.6.3 資料獲取與模型訓練

問題已經很明確了，就是要控制機器人巡線運動，所以接下來需要做的是資料獲取和模型訓練。

7.4 節已經定義巡線的解決路徑是設定一個座標點，並且明確了可以透過座標點在視野中的位置偏差來控制機器人的走向。使用深度學習的方法也是一樣，二者的區別是辨識路徑線中心點的方法不同，而辨識之後的控制方法完全相同。

想要使用深度學習的方法辨識路徑線，就需要透過大量資料「教」機器人辨認路徑線，這就涉及資料集的製作，也就是對擷取到的圖像資料進行路徑點座標標注，一張影像對應一個（x，y）的位置，作為一個資料，如果生成了一系列資料就成為一個資料集，而後就可以將資料集輸入模型進行訓練。

第 7 章　ROS 2 視覺應用：讓機器人看懂世界

資料獲取和標注的方法有很多，大家可以逐幀儲存機器人擷取的影像，並且使用工具進行標注。OriginBot 則專門開發了一個即時線上擷取和標注的功能節點，在啟動機器人和相機後，可以透過以下命令執行。

```
# 電腦端
$ cd ~/dev_ws/src/originbot_desktop/originbot_deeplearning/line_follower_model
$ ros2 run line_follower_model annotation
```

在執行的節點中，程式會訂閱最新的影像話題，將其剪裁後透過一個視覺化視窗顯示出來，資料獲取成功後，點擊畫面垂直方向上路徑線的中心處，即完成對該幀圖像資料的標注，如圖 7-34 所示。

▲ 圖 7-34　路徑線圖像資料擷取與標注

以上資料標注功能的程式實現在 originbot_deeplearning/line_follower_model/line_follower_ model/annotation_member_function.py 中，大家有興趣可以詳細查閱。

標注完成後，敲擊確認鍵，程式自動將該影像儲存至當前路徑下的 image_dataset 資料夾中，並且儲存標記結果。影像命名方式為 xy_[x 座標]_[y 座標]_[uuid].jpg，其中，uuid 為影像唯一標識符號，避免出現相同的檔案名稱。

透過不斷調整機器人在巡線場景中的位置，循環完成以上資料獲取和標注過程，資料集中建議至少包含 100 張影像。當環境或場地變化時，也可以擷取對應的影像一起訓練，提高模型的適應性。擷取完成後的資料集如圖 7-35 所示。

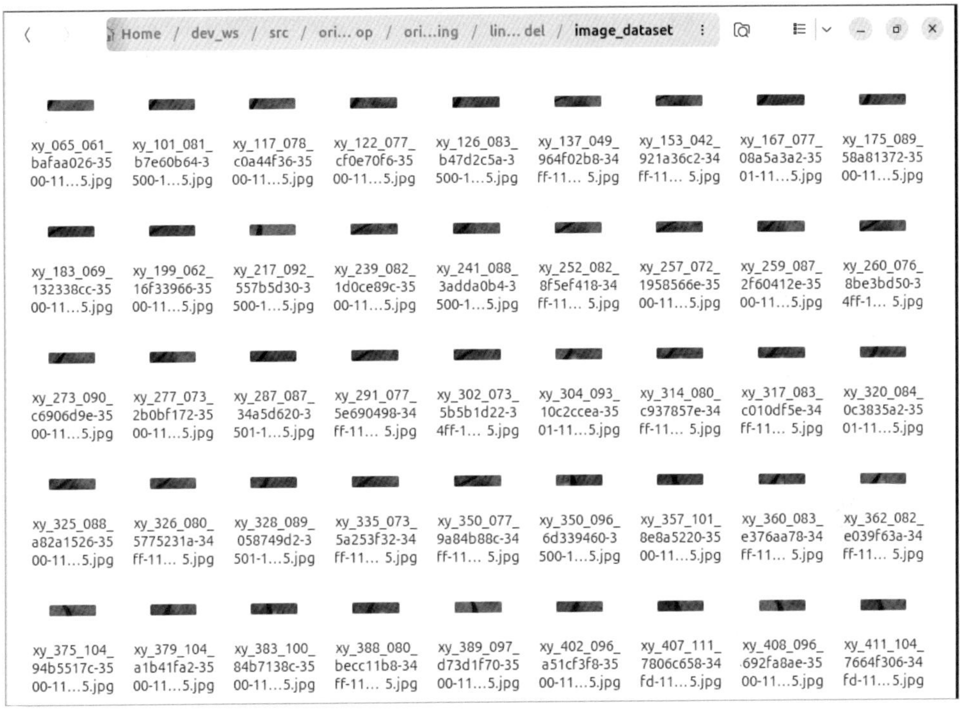

7.6 機器學習應用一：深度學習視覺巡線

▲ 圖 7-35 視覺巡線圖像資料集範例

　　理論上，完成標注的資料集越多，未來提供給模型訓練的資料就越多，訓練得到的模型效果也越好。這就類似於機器人學習的資料越多，學習的成果就越好。

　　完成資料集的準備後，就可以著手準備將標注好的資料登錄模型中進行訓練了。然而，在開始訓練前還要做一個重要的決策：選擇哪個模型最適合要完成的任務？

　　卷積神經網路（Convolutional Neural Network，CNN）是目前廣泛用於影像、自然語言處理等領域的深度神經網路模型。1998 年，Lecun 等人提出了一種基於梯度的反向傳播演算法用於文件的辨識。在這個神經網路中，卷積層（Convolutional Layer）扮演著至關重要的角色。隨著運算能力的不斷增強，一些大型的 CNN 網路開始在影像領域中展現出巨大的優勢，2012 年，Krizhevsky 等人提出了 AlexNet 網路結構，並在 ImageNet 影像分類競賽中以超過之前 11%

7-45

的優勢獲得了冠軍。隨後，不同的學者提出了一系列的網路結構並不斷刷新 ImageNet 的成績，其中比較經典的網路包括 VGG、GoogLeNet 和 ResNet。

卷積神經網路由輸入層、卷積層、池化層、全連接層及輸出層組成，其結構如圖 7-36 所示。

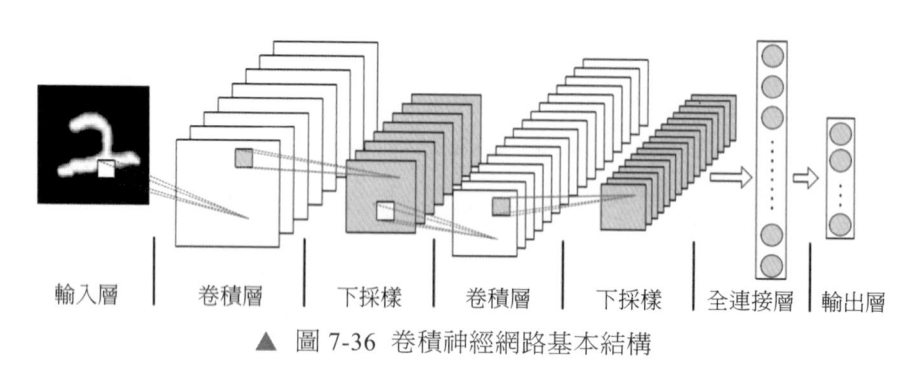

▲ 圖 7-36 卷積神經網路基本結構

綜合考慮模型的成熟度、訓練模型對 CPU/GPU 的硬體要求，這裡的視覺巡線功能選擇一種經典的 CNN 網路模型——殘差神經網路（ResNet）。ResNet 是由微軟研究院的何愷明、張祥雨、任少卿、孫劍等人提出的，在 2015 年的 ImageNet 大規模視覺辨識挑戰（ImageNet Large Scale Visual Recognition Challenge，ILSVRC）中獲得了冠軍。ResNet 巧妙地利用了 shortcut 連接，解決了深度網路中模型退化的問題，是當前應用最為廣泛的 CNN 特徵提取網路之一。在 ResNet 包含的多個規模的網路模型中，常用的 ResNet18 網路結構如圖 7-37 所示。

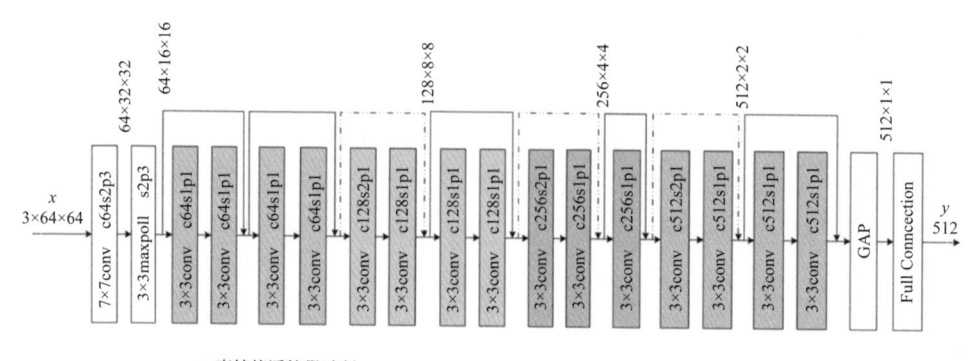

▲ 圖 7-37 ResNet18 網路結構

為了輸出路徑線座標值 (x, y)，這裡需要修改 ResNet18 網路 FC 輸出為 2，即直接輸出路徑線的 (x, y) 座標值。ResNet18 的影像輸入解析度為 224 像素×224 像素。

選定模型後，可以使用 PyTorch 或 Tensorflow 等深度學習框架進行程式實現，此處使用 PyTorch 進行程式實現。

完成深度學習開發環境的配置後，可以執行以下命令，利用電腦的 CPU 資源訓練視覺巡線的模型。

```
# 電腦端
$ cd ~/dev_ws/src/originbot_desktop/originbot_deeplearning/line_follower_model
$ ros2 run line_follower_model training
```

訓練過程相對漫長，請耐心等待。訓練完成後會產生模型檔案，如圖 7-38 所示。

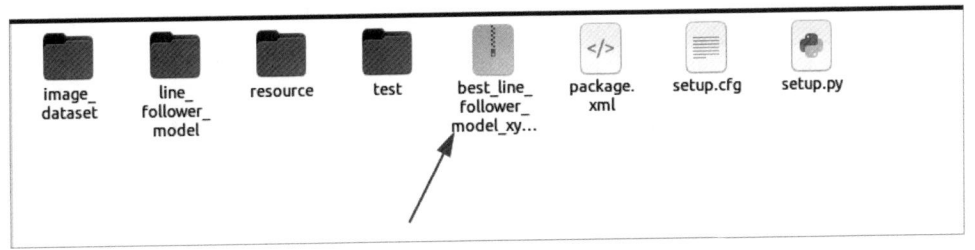

▲ 圖 7-38 訓練產生的模型檔案

以上模型訓練的完整程式實現在 originbot_deeplearning/line_follower_model/line_follower_ model/training_member_function.py 中，學習前需要具備一些 PyTorch 深度學習的基礎知識，大家有興趣可以詳細查閱。

7.6.4 模型效果評估測試

模型訓練結束後，還需要驗證模型的效果，如果效果好就可以繼續部署使用，如果效果不好則需要繼續調整資料或最佳化模型重新訓練。

第 7 章　ROS 2 視覺應用：讓機器人看懂世界

在終端中執行以下命令，啟動一個驗證程式，顯示模型對某圖像資料集推理的結果，使用一個紅色的點標記辨識到的路徑線中點，同時在終端中輸出 (x, y) 的座標值，如圖 7-39 所示。

```
# 電腦端
$ cd ~/dev_ws/src/originbot_desktop/originbot_deeplearning/line_follower_model
$ python3 line_follower_model/verify.py
```

以上模型驗證的完整程式實現在 originbot_deeplearning/line_follower_model/line _ follower_ model/verify.py 中，學習前需要具備一些 PyTorch 深度學習的基礎知識，大家有興趣可以詳細查閱。

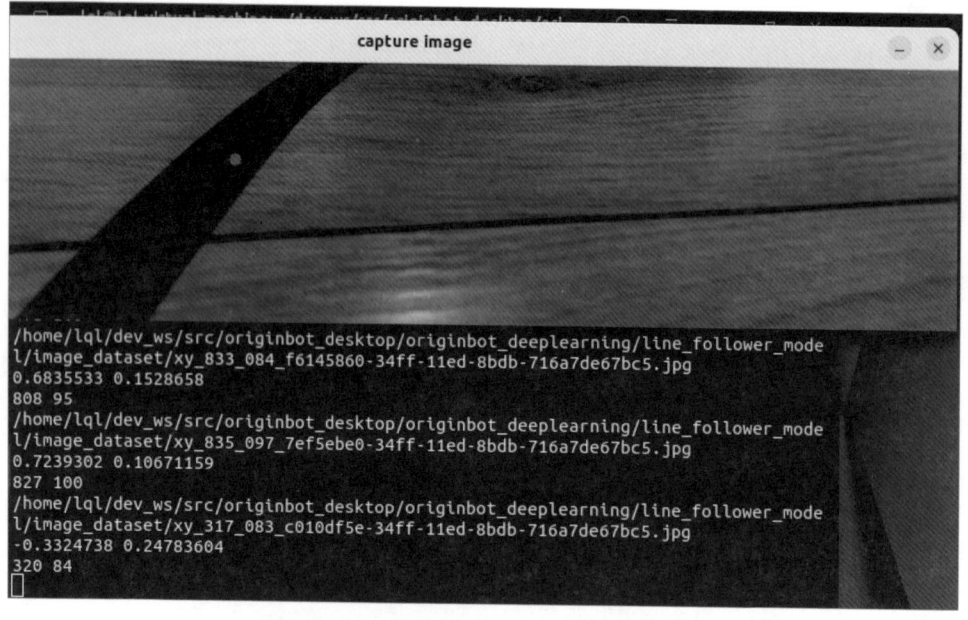

▲ 圖 7-39　電腦端驗證模型檔案的效果

7.6.5　在機器人中部署模型

模型訓練和驗證完畢，深度學習的開發工作已經完成了一大半，接下來需要將訓練好的模型部署在機器人端。這裡存在一個問題：訓練是在電腦上完成的，機器人上使用的晶片架構不同、算力性能不同、運算子支援不同，是否能執行訓練好的模型？這就需要一套標準化的流程，如圖 7-40 所示。

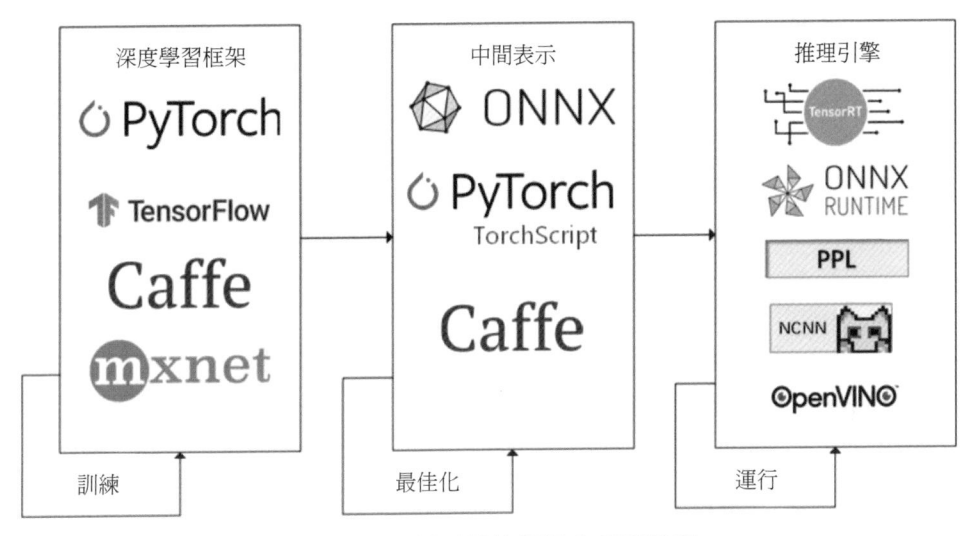

▲ 圖 7-40 模型轉換與量化部署流程

為了讓模型能夠部署到某一環境上，開發者可以使用任意一種深度學習框架定義網路結構，如 PyTorch 或 TensorFlow，並透過模型訓練確定網路中的參數。之後，模型的結構和參數會被轉換成隻描述網路結構的中間表示，一些針對網路結構的最佳化會在中間表示上進行。最後，用硬體導向的高性能程式設計框架撰寫程式，從而高效完成深度學習網路中運算子的推理。引擎會把中間表示轉換成特定的檔案格式，並在對應的硬體平臺上高效執行模型。

這樣的部署流程可以解決模型部署中的兩大問題。

（1）使用對接深度學習框架和推理引擎的中間表示，開發者不必擔心如何在新環境中執行複雜的框架。

（2）透過中間表示的網路結構最佳化，以及推理引擎對運算的底層最佳化，模型的運算效率可以大幅提升。

接下來，以部署視覺巡線模型到 OriginBot 機器人中的 RDK X3 為例，介紹真實環境下如何量化部署深度學習模型。

第 7 章　ROS 2 視覺應用：讓機器人看懂世界

我們已經完成模型訓練的第 1 步，接下來只需要完成中間表示和引擎推理即可。具體來說就是兩個中間過程——模型轉換和板端部署。

1. 模型轉換

正式介紹模型轉換之前，我們需要了解開放神經網路交換格式（Open Neural Network Exchange，ONNX）。ONNX 是 Meta（原臉書）和微軟在 2017 年共同發佈的用於標準描述計算圖的一種格式。目前，在數家機構的共同維護下，ONNX 已經對接了多種深度學習框架和多種推理引擎，被視為連接深度學習框架和推理引擎的橋樑，就像編譯器的中間語言一樣。

ONNX 聽上去很複雜，但是具體到模型轉換過程，其實只需要使用 torch.onnx.export 這個介面函式即可。

```
torch.onnx.export(model,
                  x,
                  "./best_line_follower_model_xy.onnx",
                  export_params=True,
                  opset_version=11,
                  do_constant_folding=True,
                  input_names=['input'],
                  output_names=['output'])
```

其中，torch.onnx.export 是 PyTorch 附帶的把模型轉換成 ONNX 格式的函式。前三個參數的含義分別是要轉換的模型、模型的任意一組輸入、匯出的 ONNX 檔案的檔案名稱。轉換模型時，需要原模型和輸出檔案名稱是很容易理解的，但為什麼需要為模型提供一組輸入呢？從 PyTorch 的模型到 ONNX 的模型，本質上是一種語言上的翻譯，需要像編譯器一樣徹底解析原模型的程式，記錄所有控制流。所以給定一組輸入，再實際執行一遍模型就可以把這組輸入對應的計算圖記錄下來，儲存為 ONNX 格式。export 函式用的就是追蹤匯出方法，需要給定任意一組輸入，讓模型「跑」起來。

在剩下的參數中，opset_version 表示 ONNX 運算子集的版本，input_names、output_names 分別是輸入、輸出 tensor 的名稱。

7.6 機器學習應用一：深度學習視覺巡線

在 OriginBot 機器人的深度學習開發環境中，可以執行以下命令生成 ONNX 模型，最終生成的 ONNX 模型如圖 7-41 所示。

```
$ cd ~/dev_ws/src/originbot_desktop/originbot_deeplearning/line_follower_model
$ ros2 run line_follower_model generate_onnx
```

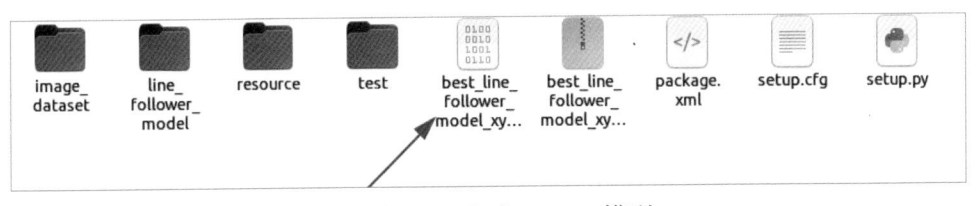

▲ 圖 7-41 生成 ONNX 模型

完成 ONNX 模型轉換之後，還需要讓 ONNX 模型根據部署的硬體在被板端最佳化的推理框架中執行，如果 ONNX 不支援這一行為，則需要將其進一步轉化為能被支援的模型，此時就需要引出 AI 工具鏈，也就是模型轉換的工具。

OriginBot 機器人使用 RDK X3 作為機器人的「大腦」，具備 5Tops 算力的 AI 引擎，如果將模型部署在這個 AI 引擎上，就需要使用書附的 AI 工具鏈，快速實現 ONNX 模型到 .bin 模型的轉換。

使用 RDK X3 工具鏈完成模型轉換的詳細步驟請參考 OriginBot 的 ORG 官網。

2. 板端部署

模型轉換後，就獲得了可以在 RDK X3 上執行的定點模型，如何將其部署在 RDK X3 上，實現影像獲取、模型推理、運動控制功能呢？將編譯生成的定點模型 resnet18_224x224_ nv12.bin 複製到 OriginBot 端 line_follower_perception 功能套件下的 model 資料夾中，替換原有的模型，並且重新編譯工作空間。

編譯完成後，可以透過以下命令部署模型，其中參數 model_path 和 model_name 指定模型的路徑和名稱。

```
# 機器人端
$ cd /userdata/dev_ws/src/originbot/originbot_deeplearning/line_follower_perception/
```

```
$ ros2 run line_follower_perception line_follower_perception --ros-args -p
model_path:=model/resnet18_224x224_nv12.bin -p model_name:=resnet18_224x224_nv12
```

接下來參考 7.6.1 節中的操作步驟完成機器人相機和底盤的啟動，機器人就會開始巡線運動啦！

7.7 機器學習應用二：YOLO 物件辨識

物件辨識是電腦視覺領域的核心問題之一，其任務是給定一張影像或是一個視訊幀，讓電腦定位出這個目標的位置並且知道目標物是什麼，即輸出目標的 Bounding Box（邊框）及對應的標籤。透過物件辨識輸出的目標物類別和位置就成為機器人理解世界以及做複雜任務的重要手段之一。例如機器人結合機械臂，透過物件辨識可以實現視覺抓取；機器人結合移動元件可以實現目標追蹤，等等。

「你只看一次：統一的即時物件辨識」（You Only Look Once: Unified, Real-Time Object Detection，YOLO）是一種將深度學習物件辨識與機器人應用相結合的演算法。本節將透過將 YOLO 物件辨識部署在真實機器人上，幫助大家進一步加深對機器人結合深度學習應用的理解。

7.7.1 基本原理與實現框架

在正式引入 YOLO 演算法之前，我們需要了解機器學習的基本流程和原理。除了 7.6.1 節講到的 6 個步驟，我們通常將機器學習流程分為三部分，也就是機器學習的三板斧：策略（模型）、損失函式及最佳化演算法。

- 策略（模型）：可以比喻為一個學習者或工匠，它是一個具體的實體，用來執行特定的任務或解決問題，在機器學習中，策略指模型的選擇和架構。

- 損失函式：可以看作策略（模型）的導師或評判標準，它量化了模型預測與實際觀察之間的差異或「損失」。

7.7 機器學習應用二：YOLO 物件辨識

- 最佳化演算法：類似於模型學習過程中的「指揮家」，指導模型朝著正確的方向前進，使損失最小化。

如圖 7-42 所示，視覺領域內最常見的三類問題分別是物體分類、物件辨識及語義分割。

▲ 圖 7-42 物體分類、物件辨識及語義分割

在 YOLO 演算法發佈之前，物件辨識領域通常使用 R-CNN 或 Fast R-CNN 等兩階段演算法。這類演算法的一般想法是 proposal+ 分類（proposal 提供位置資訊，分類提供類別資訊）。這樣雖然可以實現高精度辨識，但是辨識速度較慢。

在兩階段演算法盛行時，YOLO 從天而降，將兩階段合二為一，變為單階段演算法。即在輸出層同時輸出目標分類和目標位置。從機器學習的角度來看，就是將分類問題變為回歸問題。

為什麼 YOLO 可以這麼快呢？如圖 7-43 所示。

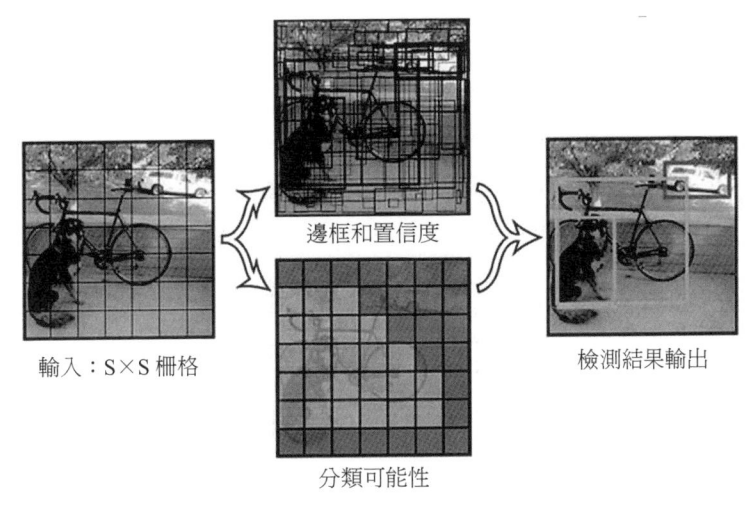

▲ 圖 7-43 YOLO 演算法想法

7-53

先看策略部分,當影像輸入 YOLO 的網路中,YOLO 會將輸入的影像劃分成為固定大小的網格,對於每個網格,YOLO 會透過一個卷積神經網路進行單次前向傳遞預測一個固定數量的邊界框,每個邊界框包含 5 個主要的屬性描述,即

- **邊界框中心的 x 座標(bx)**:通常是相對於影像寬度的比例值,設定值範圍在 0 到 1 之間。
- **邊界框中心的 y 座標(by)**:通常是相對於影像高度的比例值,設定值範圍在 0 到 1 之間。
- **邊界框的寬度(bw)**:通常是相對於影像寬度的比例值。
- **邊界框的高度(bh)**:通常是相對於影像高度的比例值。
- **置信度(conf)**:這是一個 0 到 1 之間的值,表示模型預測邊界框中含有目標的置信度,同時包含邊界框預測的準確性。

除了這五個參數,YOLO 還會為每個邊界框輸出類別機率。這些機率表示模型對邊界框中包含特定類別目標的預測置信度。舉例來說,如果 YOLO 模型被訓練用來檢測 3 個類別的目標,那麼對每個邊界框,模型還會輸出 3 個機率值,分別對應這 3 個類別。完成上面的步驟後,就可以在每個網格中獲取目標可能包含的資訊,那麼如何評判預測的準確性呢?這就需要損失函式發揮作用了。YOLO 的損失函式綜合考慮了目標位置的回歸精度、目標存在的置信度及類別預測的準確性。具體來說,損失函式包括以下內容。

- **位置誤差(Bounding Box Regression Loss)**:衡量預測邊界框位置與真實位置之間的差異。
- **置信度誤差(Object Confidence Loss)**:評估模型對目標存在與否的置信度預測。
- **類別誤差(Class Loss)**:用於分類問題,衡量預測的類別與真實類別之間的交叉熵損失。

最佳化目標是最小化以上三部分損失的加權和,透過反向傳播來調整模型參數,以使損失函式達到最小值。

7.7 機器學習應用二：YOLO 物件辨識

最後就獲得了每個網格中的預測資料，但這裡會出現一個問題：同一個目標可能被多個 Bounding Box 框選。此時 YOLO 提出了一種十分有效的方式，也就是大名鼎鼎的非最大抑制（Non-Maximum Suppression）——根據置信度和重疊程度篩選出最佳的邊界框，這樣就完成了一個非常有效的物件辨識流程。

隨著人工智慧領域的發展，YOLO 演算法也在快速迭代，如圖 7-44 所示。

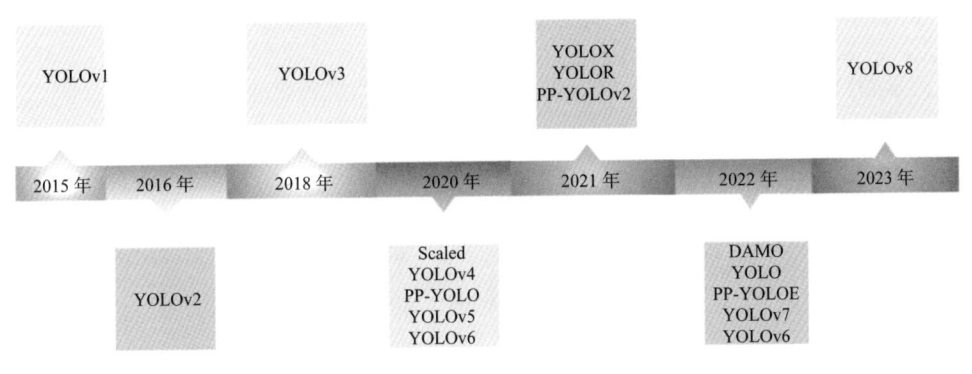

▲ 圖 7-44 YOLO 演算法迭代時間線

7.7.2 YOLO 物件辨識部署

在正式開始介紹 YOLO 演算法部署前，大家可以先體驗一下 YOLO 演算法的效果。

1. 程式分支切換

```
# 首先執行 git clone 指令拉取 YOLOv5 的程式，然後切換到 v2.0 的分支以適應板端支援的運算子
$ git checkout v2.0
```

2. 配置 Conda 環境，下載相依

```
# 建立一個名為 yolov5 的新 Conda 環境，並指定 Python 版本為 3.7
$ conda create -n yolov5 python=3.7
# 啟動名為 yolov5 的 Conda 環境
$ conda activate yolov5
# 在啟動的環境中安裝 PyTorch、torchvision、torchaudio，以及對應的 CUDA 11.7 支援
$ conda install pytorch torchvision torchaudio pytorch-cuda=11.7 -c pytorch -c nvidia
```

第 7 章　ROS 2 視覺應用：讓機器人看懂世界

```
# 安裝 requirements.txt 檔案中列出的所有 Python 套件
$ pip install -r requirements.txt -i https://pypi.tuna.tsinghua.edu.cn/simple
# 安裝 apex 函式庫
$ pip install apex -i https://pypi.tuna.tsinghua.edu.cn/simple
```

3. 驗證基本環境

```
$ python3 detect.py --source ./inference/images/ --weights yolov5s.pt --conf 0.4
```

執行成功後，就可以看到如圖 7-45 所示的物件辨識結果了。

▲ 圖 7-45　YOLOv5 官方範例

7.7 機器學習應用二：YOLO 物件辨識

YOLOv5 有 YOLOv5n、YOLOv5s、YOLOv5m、YOLOv5l、YOLOv5x 五個版本，如圖 7-46 所示，這幾個模型的結構基本一樣，不同的是模型深度 depth_multiple 和模型寬度 width_multiple 這兩個參數。其中，YOLOv5n 是 YOLOv5 系列中深度最小、特徵圖的寬度最小的網路，是專為小算力行動裝置最佳化得到的，其他四個版本在此基礎上不斷加深、不斷加寬，以提供更高的處理能力和精度。

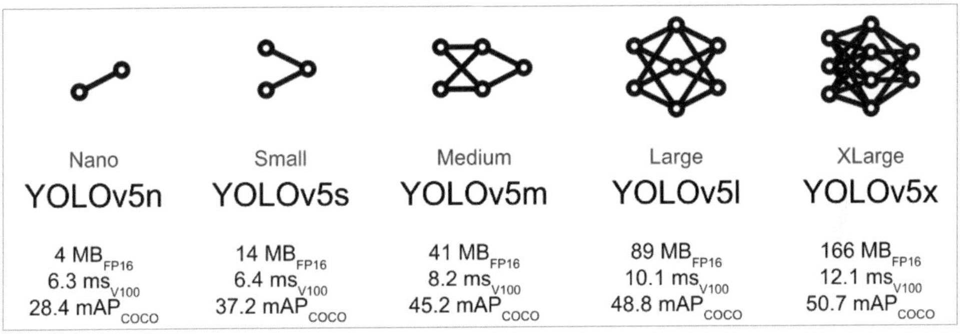

▲ 圖 7-46 YOLOv5 演算法的版本

7.7.3 資料獲取與模型訓練

OriginBot 機器人上部署了基於 YOLOv5 的足球辨識功能，大家可以連接機器人後執行以下命令。

```
# 機器人終端 1：啟動足球辨識節點
$ ros2 run play_football play_football

# 機器人終端 2：啟動相機節點
$ ros2 launch originbot_bringup camera_internal.launch.py
```

執行後即可看到圖 7-47 所示介面，終端中輸出了辨識的位置、類型，以及是足球的可能性。

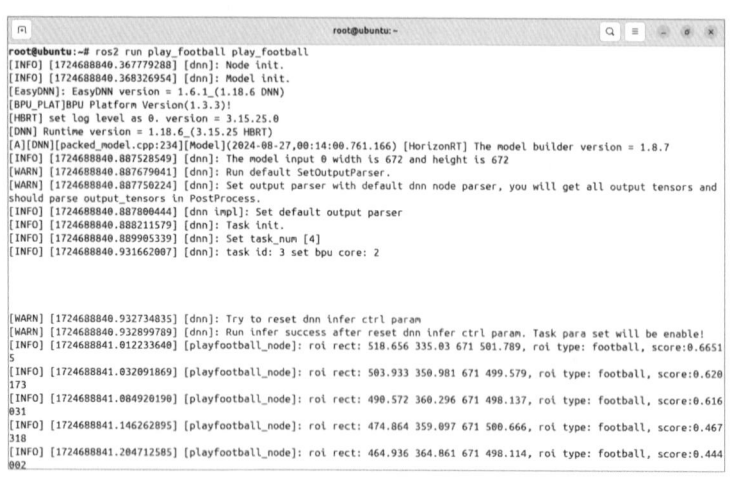

第 7 章　ROS 2 視覺應用：讓機器人看懂世界

▲ 圖 7-47　OriginBot 基於 YOLOv5 辨識足球

接下來詳細講解這套物件辨識功能是如何實現的，板端部署流程如圖 7-48 所示。

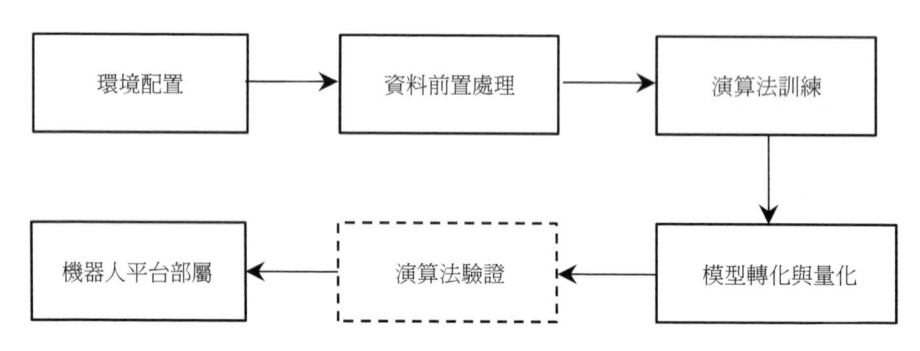

▲ 圖 7-48　深度學習板端部署流程

資料獲取流程與 7.6.3 節一致，可以透過以下命令執行一個資料獲取和標註節點，一邊獲取圖像資料，一邊標註影像。

```
$ cd  ~/dev_ws/src/originbot_desktop/originbot_deeplearning/yolo_detection
$ ros2 run image_annotation annotation
```

執行成功後會顯示即時影像，如圖 7-49 所示，點擊畫面鎖定當前幀。通過點擊、釋放滑鼠畫出一個矩形，並按下 1、2 等鍵進行類別選擇，當標注完前幀

7-58

7.7 機器學習應用二：YOLO 物件辨識

所有目標物後，按下確認鍵，即可將 image 和 label 儲存到指定資料夾，按「Q」鍵退出標註功能。

▲ 圖 7-49 圖像資料的擷取與標註

可以在程式中更改儲存路徑。

完成資料獲取和標註之後便進入模型訓練階段。YOLO 有很多版本，應該選擇哪個版本呢？對於機器人開發部署，並不是版本越新越好，還需要考慮是否支援所有的運算子，就像將 PyTorch/TensorFlow 訓練的模型轉為 ONNX 中間表示檔案後，還需要進一步將中間表示檔案轉為特定硬體平臺的最佳化格式，並在對應硬體平臺上高效執行。在這個過程中，推理引擎和相關工具鏈的支援至關重要，它們需要能夠正確解釋和最佳化模型中的所有運算子。如果某些新引入的運算子或結構不被支援，則可能導致轉換失敗或性能下降。

以 OriginBot 機器人中的 RDK X3 為例，經過查閱其運算子支援列表，可以發現 YOLOv5 2.0 版本的演算法能夠支援的運算子最多，這也表示這個版本在板端執行的效果更大機率是最好的。所以此處選擇 YOLOv5 2.0 版本演算法。

參考 7.7.2 節完成 YOLO 開發環境的配置之後，就可以在電腦端使用標註好的資料訓練自己的模型了。

第 7 章 ROS 2 視覺應用：讓機器人看懂世界

```
$ python train.py --img 672 --batch 16 --epochs 1 --data /home/lql /yolo/data/data/
data.yaml --weights yolov5s.pt
```

訓練過程相對漫長，請大家耐心等待，終端中會不斷更新訓練的進度，如圖 7-50 所示。

0/199	0.78G	0.1131	0.02598	0	0.1391	1	640	0	0	0.01334	0.003544	0.02795	0.01251	0
1/199	0.828G	0.0668	0.02181	0	0.08862	3	640	1	0.03571	0.2785	0.1383	0.01893	0.009623	0
2/199	0.828G	0.06393	0.0196	0	0.08353	2	640	1	0.05058	0.2444	0.09602	0.01709	0.007993	0
3/199	0.828G	0.0575	0.0173	0	0.07481	4	640	0.09755	0.2857	0.1238	0.04216	0.016	0.007107	0
4/199	0.828G	0.06524	0.01389	0	0.07913	1	640	0.3237	0.2738	0.1744	0.09684	0.02103	0.006053	0
5/199	0.828G	0.06114	0.01553	0	0.07667	1	640	0.1215	0.2026	0.1167	0.05307	0.0187	0.006474	0
6/199	0.828G	0.06479	0.01346	0	0.07825	0	640	0.2304	0.4286	0.4615	0.1618	0.02042	0.00519	0
7/199	0.828G	0.05279	0.01447	0	0.06726	2	640	0.1476	0.9286	0.3881	0.1799	0.01507	0.006122	0
8/199	0.828G	0.05196	0.01234	0	0.0643	2	640	0.1221	0.6786	0.4814	0.2524	0.01781	0.005745	0
9/199	0.828G	0.05158	0.01363	0	0.06521	0	640	0.1156	0.7857	0.2098	0.05092	0.01757	0.005764	0
10/199	0.828G	0.05357	0.0118	0	0.06538	3	640	0.1963	0.6429	0.3061	0.1216	0.0136	0.005621	0
11/199	0.828G	0.04162	0.0111	0	0.05272	1	640	0.1219	0.9643	0.3338	0.1903	0.01407	0.006497	0
12/199	0.828G	0.04104	0.01057	0	0.05162	2	640	0.15	0.9643	0.3046	0.1704	0.01261	0.005897	0
13/199	0.828G	0.04044	0.009435	0	0.04988	2	640	0.1597	1	0.5213	0.2901	0.01284	0.005335	0
14/199	0.828G	0.0366	0.009919	0	0.04652	1	640	0.1502	1	0.4542	0.2397	0.0129	0.006808	0
15/199	0.828G	0.03753	0.008634	0	0.04616	1	640	0.1791	1	0.3941	0.1704	0.01152	0.005965	0
16/199	0.828G	0.03411	0.008694	0	0.04281	1	640	0.1651	1	0.3817	0.1697	0.01205	0.008087	0
17/199	0.828G	0.03327	0.007722	0	0.04099	1	640	0.1944	0.9643	0.2411	0.1201	0.01111	0.006437	0
18/199	0.828G	0.03303	0.008499	0	0.04153	1	640	0.1733	0.9643	0.2978	0.1812	0.01133	0.006325	0
19/199	0.828G	0.02984	0.008281	0	0.03812	0	640	0.1722	0.9643	0.3667	0.2169	0.009854	0.006877	0
20/199	0.828G	0.0322	0.008233	0	0.04043	0	640	0.193	0.9643	0.3268	0.2116	0.01024	0.006561	0
21/199	0.828G	0.02827	0.007886	0	0.03615	2	640	0.1531	1	0.3546	0.2461	0.009892	0.007907	0

▲ 圖 7-50 YOLO 模型訓練過程

訓練完成後，可以在訓練結果目錄下看到模型相關的評估結果，如圖 7-51 所示。

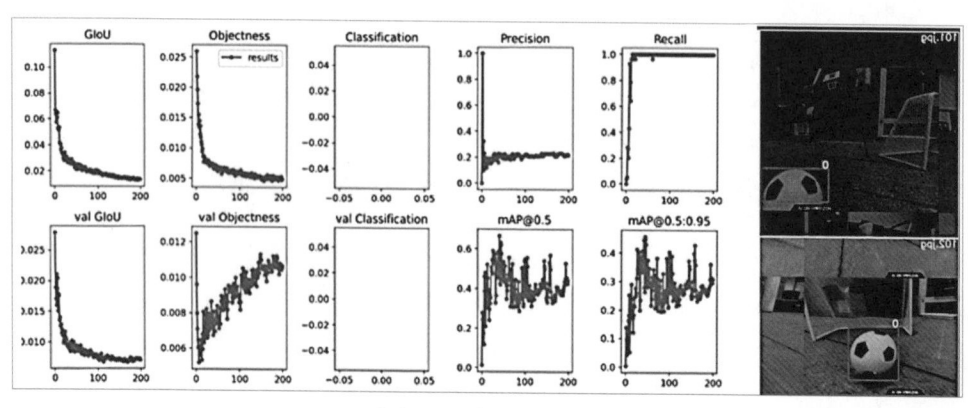

▲ 圖 7-51 模型評估結果

此外，可以在 weights 目錄下看到 best.pt 檔案，這個就是最後訓練生成的模型檔案。接下來需要將模型轉換成中間表示檔案 ONNX 及部署到 OriginBot 機器人 RDK X3 上的 .bin 檔案，詳細的操作步驟與 7.6.5 節相同，這裡不再贅述。

> 模型轉換和量化部署的詳細步驟也可以參考 OriginBot 的官網。

最終部署到 OriginBot 機器人上的 .bin 模型的執行效果如圖 7-52 所示，可以即時準確地辨識影像中的足球目標。

▲ 圖 7-52 基於 YOLO 的物件辨識

7.7.4 機器人物件辨識與跟隨

完成了模型的訓練及轉換，現在不妨將 .bin 檔案複製到 OriginBot 上讓機器人動起來。

這裡可以基於足球目標的檢測，進一步實現機器人辨識並追蹤足球運動，甚至實現踢球的功能。

```
# 機器人終端 1
$ ros2 run play_football play_football

# 機器人終端 2
$ ros2 launch originbot_bringup camera_internal.launch.py
```

第 7 章　ROS 2 視覺應用：讓機器人看懂世界

```
# 機器人終端 3
$ ros2 launch originbot_bringup originbot.launch.py
```

此時可以看到 OriginBot 追蹤足球進行運動了，如圖 7-53 所示。

▲ 圖 7-53　OriginBot 機器人基於 YOLO 的物件辨識與跟隨

7.6 和 7.7 節重點介紹機器學習在機器人中的應用流程，涉及較多機器學習相關的理論與實踐，這裡不再展開講解，大家可以參考其他資料，以及 OriginBot 官網上的內容。

7.8　本章小結

本章從機器視覺的基本原理開始，介紹了相機資料獲取及標定方式，然後重點介紹了如何使用 OpenCV 進行機器人視覺開發，並延伸出 OpenCV 處理視覺的局限性，講解了如果透過深度學習解決機器人視覺檢測問題。在深度學習結合機器人應用的過程中，以 OriginBot 為例演示了如何進行 AI 模型的訓練、轉換、量化和部署，涉及較多機器學習相關的理論與實踐，大家可以參考其他資料，以及 OriginBot ORG 官網上的詳細操作進一步學習。

接下來我們將進入下一個篇章，SLAM 和自主導航！

8

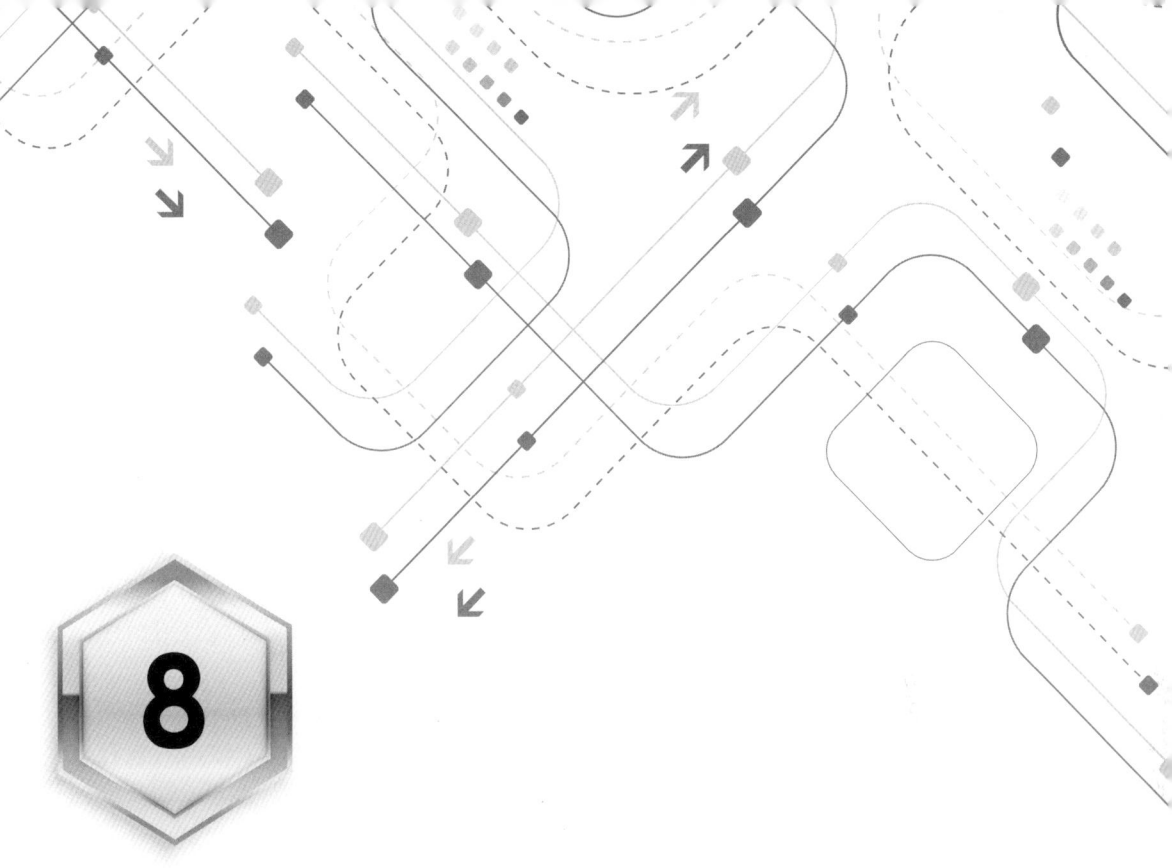

ROS 2 地圖建構：讓機器人理解環境

在與機器人的日常互動中，大家有沒有想過這樣一些問題：送餐機器人為什麼可以準確地將美食送過來？掃地機器人為什麼可以掃到家中的每個角落？智慧駕駛汽車又為什麼可以對周圍環境瞭若指掌？這些問題的背後都離不開一項重要的技術——SLAM，即時定位與地圖建構。

8.1 SLAM 地圖建構原理

閉上眼睛，想像自己正在一個未知的房間中，你想了解所處的環境，於是張開手臂，一點一點觸控周圍的牆壁，沿著牆慢慢走。不一會兒，你感覺似乎摸到了一個熟悉的地方，又回到了起點，這時你隱約感覺到所在的房間是一個

第 8 章　ROS 2 地圖建構：讓機器人理解環境

長方體，你正在房間的某個牆壁邊緣。沒錯，你已經了解了未知環境的大致地圖和自己所處的位置。

可以睜開眼睛了，回想一下剛才的過程，這就是 SLAM，手臂是感測器，最後得到的結果就是感知到的地圖和定位資訊。

8.1.1　SLAM 是什麼

簡單來講，SLAM（Simultaneous Localization And Mapping，即時定位與地圖建構）就是機器人來到一個未知空間，不知道自己在哪裡，也不知道周圍環境什麼樣，接下來需要透過感測器逐步建立對環境的認知，並且確定自己所處的位置。

這裡出現了兩個關鍵字：自主定位和地圖建構。也就是說，機器人會在未知的環境中，一邊確定自己的位置，一邊建構地圖，最後輸出如圖 8-1 所示的地圖資訊。

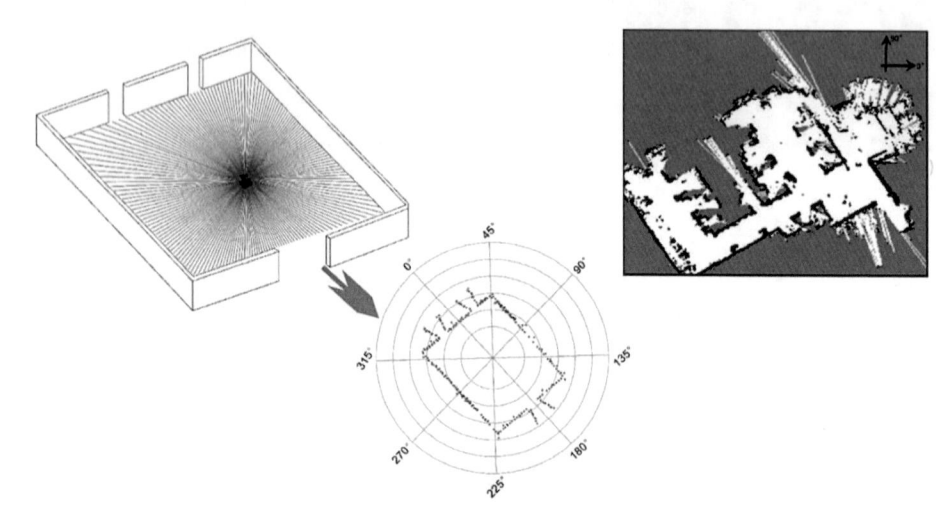

▲ 圖 8-1　SLAM 地圖建構示意圖

8.1 SLAM 地圖建構原理

把 SLAM 抽象為一個黑盒,在使用時,它的輸入是機器人的感測器資訊,包括感知環境資訊的外部感測器,以及感知自身狀態的內部感測器;輸出是機器人的定位結果和環境地圖。

定位結果比較好理解,無非就是機器人的 x、y、z 座標和姿態角度,如果在室外,那麼可能還有 GPS 資訊。那環境地圖是什麼樣的呢?如圖 8-2 所示的幾張影像,其實都是 SLAM 建立的地圖,主要是對環境的描述,格式上包括柵格地圖、點雲地圖、稀疏點地圖和拓撲地圖等。

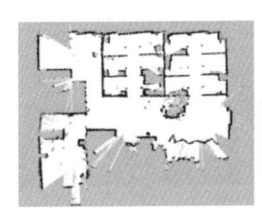

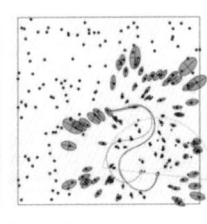

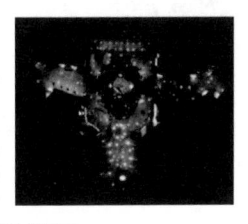

▲ 圖 8-2 各種 SLAM 地圖建構演算法輸出的地圖範例

整體而言,SLAM 並不是一種具體的演算法,而是一種技術,能夠實現這種技術的演算法有很多。如今,SLAM 已經成為移動機器人必備的一項基本技能,其重要性可想而知。

如圖 8-3 所示,一架搭載了三維相機和雷射雷達的無人機,正在探索一棟從未到過的房屋。房屋很大,操控者希望利用機器人建立每一層的地圖,於是遠端操控無人機,透過機載攝影機觀察房間內的環境,同時利用三維相機和雷射雷達,透過 SLAM 演算法建立所到之處的環境地圖,也就是圖中左側的三維地圖。隨著機器人一層一層完成探索,環境地圖也會逐漸完善,最終展現出整個房子的內部狀態,也就是 SLAM 建構輸出的完整地圖。

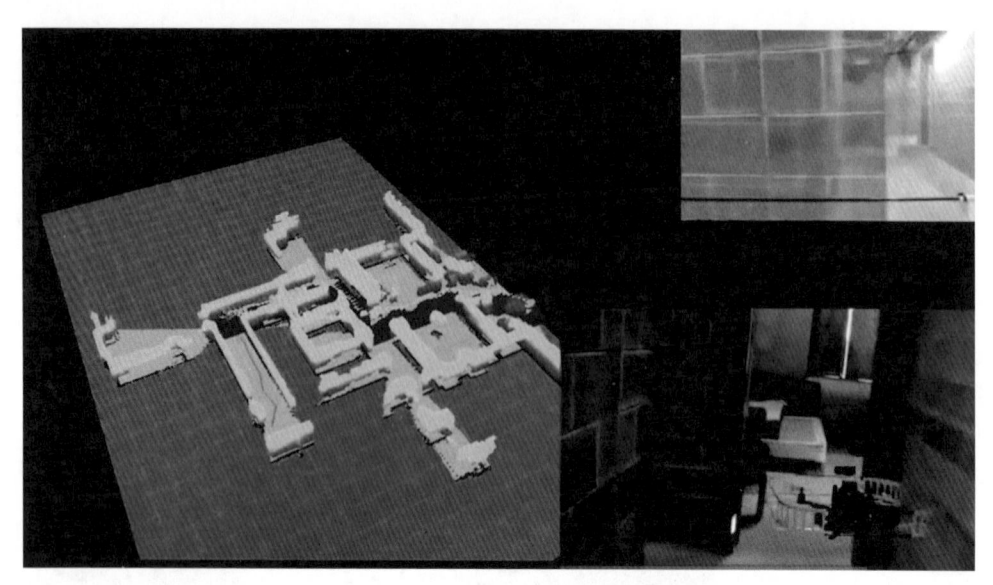

第 8 章　ROS 2 地圖建構：讓機器人理解環境

▲ 圖 8-3　無人機 SLAM 地圖建構

　　類似以上 SLAM 過程，如果有一個未知的神秘空間，人類無法直接進入，那麼可以放一架無人機，人只需在遠端操作，就可以很快建立未知空間的全貌地圖。類似的功能還可以應用於自然災害後的現場勘探、森林防護過程中的遠端巡檢，還有軍事領域的諸多無人化場景。

　　SLAM 技術不僅可以根據靜態物體建構周圍的環境，也能處理動態場景。自動駕駛汽車是一個非常複雜的系統，路面上除了有道路、建築、指示燈等環境物體，還有大量行人和車輛，此時，就需要汽車透過多種感測器綜合感知環境資訊，動態建立環境地圖，同時在地圖中辨識哪些是人、哪些是建築物、哪些是其他汽車，幫助控制系統做出運動決策。如圖 8-4 所示，自動駕駛汽車中的 SLAM 演算法根據三維雷達的點雲資料，即時建構路面上的地圖資訊，完成駕駛任務。

8.1 SLAM 地圖建構原理

▲ 圖 8-4　自動駕駛汽車 SLAM 地圖建構

8.1.2　SLAM 基本原理

了解了 SLAM 的基本概念，接下來繼續探究 SLAM 的基本原理。從之前的內容中，我們知道能夠實現 SLAM 技術的演算法很多，本節主要介紹多數演算法使用的典型結構。

如圖 8-5 所示，在 SLAM 演算法的典型結構中，包括前端和後端兩部分，前端處理輸入的原始資料，後端做全域定位和地圖閉環。

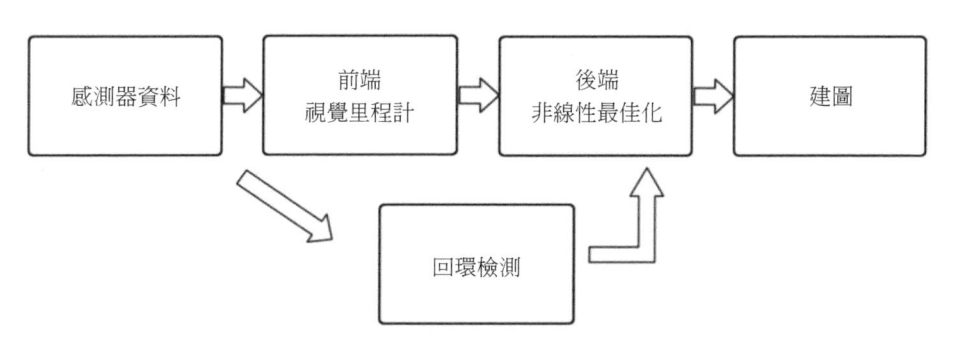

▲ 圖 8-5　SLAM 演算法的典型結構

8-5

第 8 章　ROS 2 地圖建構：讓機器人理解環境

繼續展開，如圖 8-6 所示，將環境感知器和位姿感測器得到的資料作為 SLAM 系統的輸入。

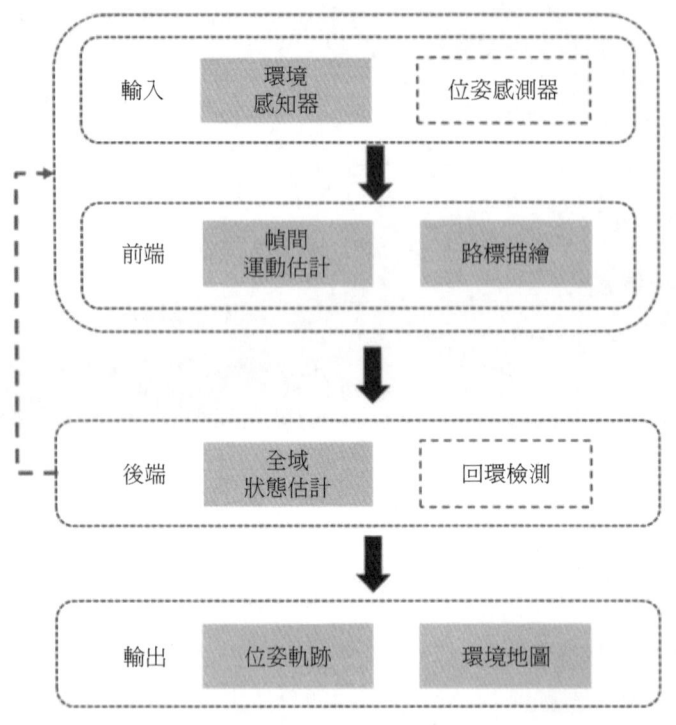

▲ 圖 8-6　SLAM 演算法的前後端功能

SLAM 前端利用輸入的感測器資訊，對各種特徵點做選擇、提取和匹配，從中提取幀間運動估計與局部路標描繪，得到一個短時間內的位姿。

SLAM 後端在前端結果之上繼續估計系統的狀態及不確定性，輸出位姿軌跡及環境地圖。回環檢測（Loop Closure）透過檢測當前場景與歷史場景的相似性，判斷當前位置是否在之前被存取過，從而糾正位姿軌跡的偏移。

後端演算法是 SLAM 演算法的核心，它能夠實現全域狀態估計，常用濾波、最佳化等方法進行處理。2000 年以前，SLAM 後端以濾波法為主，但是濾波法存在累積誤差、線性化誤差、樣本數大的問題，而最佳化法可以更進一步地利用歷史資料，兼顧效率和精度，逐漸成為主流方法。

8.1 SLAM 地圖建構原理

經過這一系列複雜的過程,就獲得了由機器人即時位姿連接而成的一條運動軌跡,以及周圍環境的地圖。

8.1.3 SLAM 後端最佳化

針對不同的 SLAM 演算法,前端和後端的實現存在差異。前端演算法需要針對不同的感測器輸入進行不同的處理,例如針對視覺演算法的特徵點匹配,或是針對雷達演算法的幀間匹配,需要提取和匹配特徵點或關鍵點,以估計感測器的運動和環境的變化。後端演算法通常負責最佳化整個地圖和路徑,確保全域一致性和精度。只有透過前端和後端的協作工作,SLAM 系統才能在未知環境中建構精確的地圖並實現自主定位。

後端演算法可以分為兩大類,一類是圖最佳化演算法,另一類是基於濾波器的最佳化演算法。

1. 圖最佳化演算法

最佳化演算法將 SLAM 問題表示為一個圖,這裡的「圖」指電腦和資料結構中的圖結構,包含節點和邊。在 SLAM 中,一個完整的圖代表了整個 SLAM 的運動過程,其中節點代表機器人的位姿或地圖中的特徵點,邊則表示這些位姿或特徵點之間的相對關係。

舉例來說,如果用 X_1 和 X_2 表示兩個節點,它們之間的約束就可以表示為 X_1 到 X_2 的轉換(X_1 的逆右乘 X_2),這樣就形成了一個由多個節點和邊組成的圖。圖最佳化的目標是最佳化 SLAM 過程中累積的誤差。具體來說,當機器人從 X_1 出發,最終到達 X_n 時,可能會發現 X_n 與 X_1 的環境特徵相似,這種現象的背後實現就是回環檢測。回環檢測的結果可以幫助機器人確定 X_1 與 X_n 的相對位置,這個位置的估計基於兩個參考值,即直接從 X_1 到 Xn 的觀測結果和從 X_1 經過 X_2、X_3 等中間節點到達 X_n 的累積路徑。圖最佳化演算法透過非線性最佳化技術,如高斯 - 牛頓法或 Levenberg-Marquardt 法,最小化這兩個參考值之間的誤差,從而最佳化所有節點的位姿和地圖的準確性。

如圖 8-7 所示，假設機器人在一個室內環境中導航。從起點 X_1 出發，機器人沿著一條路徑透過多個中間點（X_2, X_3, …, X_{n-1}）最終到達 X_n。由於感測器的誤差和外界環境的影響，每次移動都可能引入小的位姿估計誤差，這些誤差會隨時間累積。如果在 X_n 處，機器人觀測到的環境與 X_1 非常相似，透過回環檢測，機器人就可以確定它已經回到接近起點的位置。此時，圖最佳化演算法在 X_1 和 X_n 之間增加一個新的約束邊，並調整所有節點的位姿，以使整個路徑的位姿估計與新的約束相符，從而減小累積在 X_n 處的較大誤差。

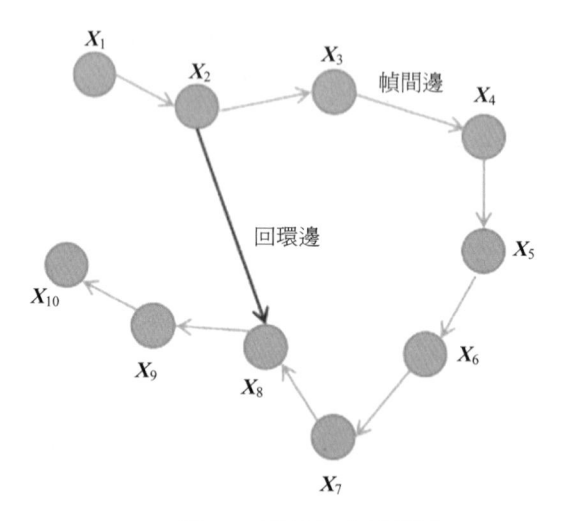

▲ 圖 8-7 圖最佳化演算法

透過圖最佳化的過程，原本累積在 X_n 處的較大誤差獲得了糾偏。圖最佳化演算法利用回環檢測提供的新資訊來「拉直」整個路徑的位姿估計，使其更加符合實際的環境觀測。目前，圖最佳化演算法是最主流的 SLAM 後端演算法，如本章後續使用的 Cartographer 就使用了圖最佳化進行後端處理。

2. 基於濾波器的最佳化演算法

基於濾波器的最佳化演算法透過遞迴估計處理機器人在未知環境中的定位和地圖建構問題。背後的原理主要是利用貝氏濾波器連續更新機器人的狀態估計，如卡爾曼濾波器、擴充卡爾曼濾波器或粒子濾波器等。整個過程包括狀態預測、實際測量、資料連結和狀態更新。

8.1 SLAM 地圖建構原理

在基於濾波器的 SLAM 中，機器人的每次移動或觀測都被視為一個更新步驟，其中，機器人的狀態包括位姿（位置和方向）及其對環境的部分地圖資訊。每當機器人從一個位置移動到另一個位置，或透過其感測器進行觀測時，濾波器就會更新狀態估計。

如圖 8-8 所示，同樣假設機器人在室內環境導航。機器人從起點開始，透過其感測器收集周圍環境的資料。機器人在移動過程中，每到達一個新的位置，就會使用這些感測器資料來更新其對環境的認知。基於濾波器的方法會利用這些連續的觀測資料，透過預測和更新步驟遞迴地精細化機器人的位姿估計。

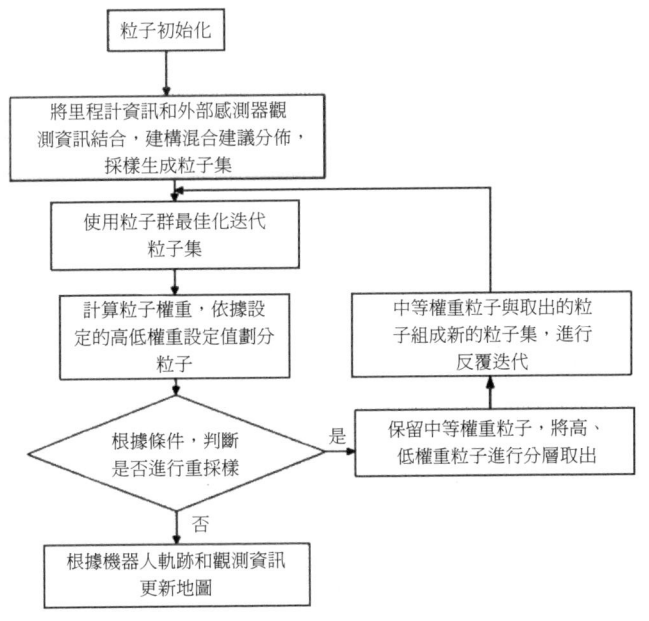

▲ 圖 8-8 基於濾波器的最佳化演算法流程

在預測步驟中，濾波器根據機器人的控制輸入（例如常見的里程計或 IMU 資訊）預測其可能的新位置。在更新步驟中，當機器人進行觀測時，濾波器會將觀測資料與預測狀態進行比較，並調整估計以減少預測和實際觀測之間的差異。這個過程不斷重複，隨著時間的演進，估計的準確性逐漸提高。

透過這種方式，基於濾波器的 SLAM 可以有效處理感測器雜訊和環境中的不確定性，逐步建構出環境的詳細地圖，並即時更新機器人的位姿估計。

8-9

第 8 章　ROS 2 地圖建構：讓機器人理解環境

這種演算法的優點和缺點非常明顯：演算法更新資料時，只根據當前的實際值進行預測比對，忽略之前預測過的資料，所以每次更新的計算量基本一致且較小；但是，如果之前的資料存在誤差，那麼無法修復累積了誤差的 SLAM 建圖資料。常見的基於濾波器後端的 SLAM 演算法有 Gmapping 等。

8.2 SLAM Toolbox 地圖建構

SLAM Toolbox 是一種開放原始碼的 SLAM 演算法框架，由 Steve Macenski 在 Simbe Robotics 創立，支援雷射雷達、攝影機和 IMU 等多種感測器的融合計算。該演算法使用了一種被稱為 Bundle Adjustment 的最佳化方法最佳化機器人的位姿和地圖，不僅提供了常規移動機器人所需的 2D SLAM 功能，還包括了一些高級特性，如地圖的連續細化、重映射，以及基於最佳化的定位模式等，是機器人開發者目前最常使用的雷射 SLAM 演算法之一。

8.2.1　演算法原理介紹

slam_toolbox 是一個執行在 ROS 中的同步模式節點，透過訂閱雷射掃描和里程計數據生成機器人的地圖和位姿估計，實現了 SLAM Toolbox 演算法，整體可以分為三部分，如圖 8-9 所示。

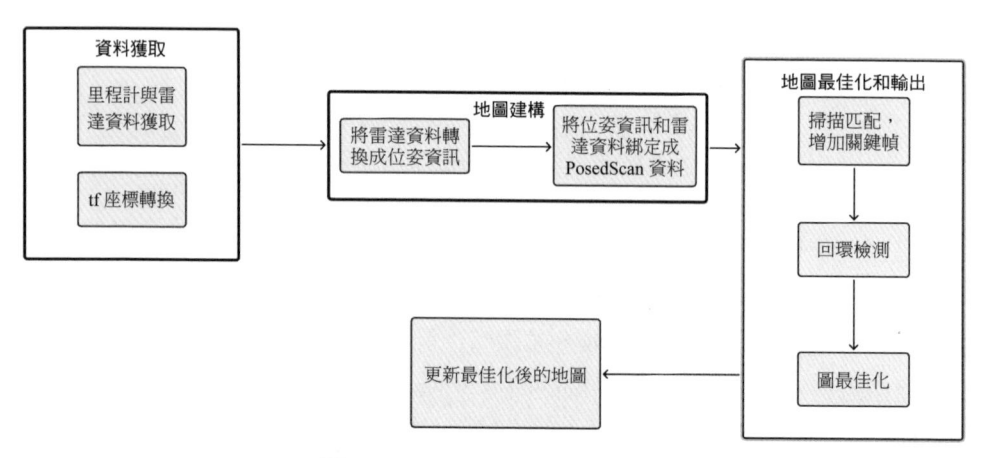

▲ 圖 8-9　SLAM Toolbox 演算法結構

1. 資料獲取

演算法專門設置了一個 ROS 節點即時收集來自機器人里程計和雷達感測器的資料，此時可以獲取機器人的位置、速度和環境的掃描資料。此外，節點還負責發佈從地圖到里程計的座標變換資訊，這些組成了後續資料處理和地圖建構的基礎。

2. 地圖建構

SLAM Toolbox 使用掃描匹配演算法最佳化從里程計獲得初步位姿資料，以提高位姿的準確性，與此同時，系統會進行回環檢測，如果檢測到回環，那麼位姿圖將進行相應的最佳化處理，以糾正累積的導航誤差。

3. 地圖最佳化和輸出

SLAM Toolbox 專門設置了一個最佳化器，定期對整個位姿圖進行最佳化，精確更新機器人的位姿估計。這些最佳化後的位姿資料被用來計算和發佈最新的地圖到里程計的變換，同時用於生成和更新機器人所依賴的地圖。

8.2.2 安裝與配置方法

SLAM Toolbox 演算法已經整合在 ROS 2 的軟體來源中，可以透過以下命令安裝。

```
$ sudo apt install ros-jazzy-slam-toolbox
```

> 如果需要學習 slam_toolbox 的原始程式，那麼需要使用原始程式安裝的方式，具體安裝步驟可以參考 slam_toolbox 的程式倉庫。

8.2.3 模擬環境中的 SLAM Toolbox 地圖建構

slam_toolbox 功能套件的使用非常簡單，這裡先以模擬環境為例，帶大家一起體驗 SLAM Toolbox 演算法的建圖過程。

第 8 章　ROS 2 地圖建構：讓機器人理解環境

啟動第一個終端，使用以下命令啟動模擬環境。

```
$ ros2 launch learning_gazebo_harmonic load_mbot_lidar_into_maze_gazebo_harmonic.launch.py
```

稍等片刻，啟動成功後，如圖 8-10 所示，可以看到包含機器人模型的模擬環境。

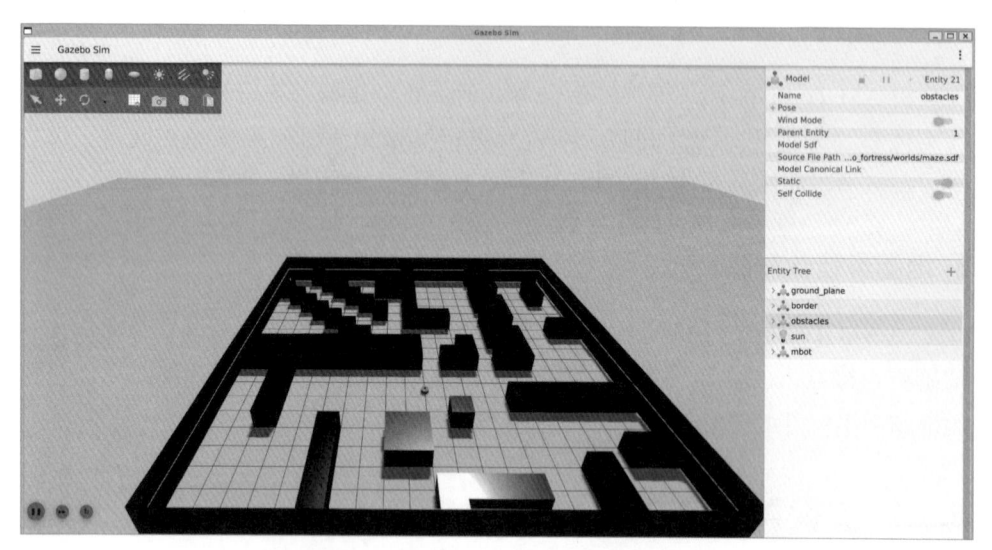

▲ 圖 8-10　機器人 SLAM 建圖模擬環境

接下來，啟動 SLAM Toolbox 地圖建構演算法和 RViz 上位機。

```
# 啟動 slam_toolbox 功能套件中的演算法節點
$ ros2 launch slam_toolbox online_async_launch.py

# 新開一個終端啟動 RViz
$ ros2 launch originbot_viz display_slam.launch.py
```

如果一切正常，如圖 8-11 所示，那麼可以看到帶有地圖的 RViz 介面。如果此時沒有顯示地圖資訊，那麼可以點擊「Add」後選擇「Map」顯示項外掛程式，然後配置訂閱地圖的話題，就可以看到正在建立的地圖效果了！

8.2 SLAM Toolbox 地圖建構

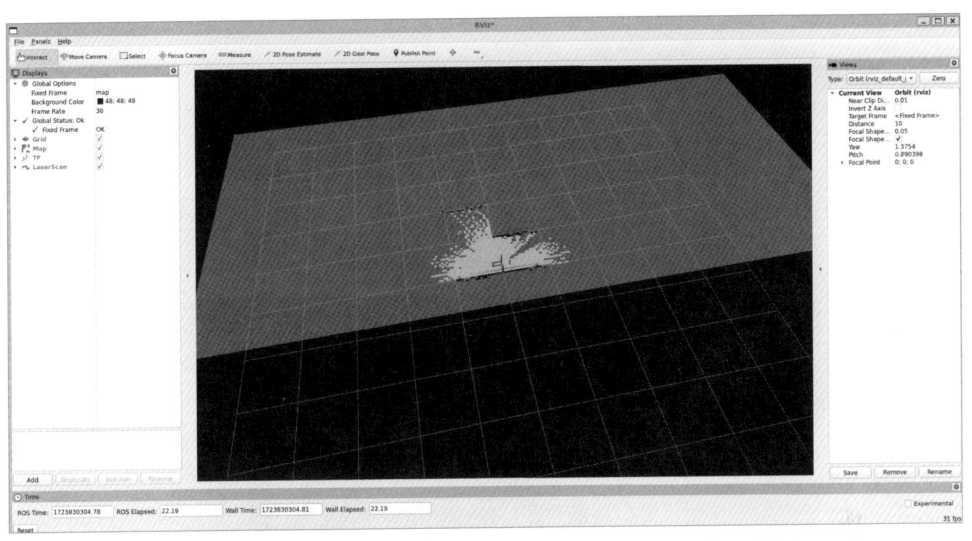

▲ 圖 8-11 在 RViz 中看到的 SLAM Toolbox 建圖效果

此時，RViz 中只顯示了機器人週邊一小片資訊，為了讓機器人建立環境的完整地圖，還需要控制機器人不斷探索未知空間。透過以下命令啟動一個鍵盤控制節點。

```
$ ros2 run teleop_twist_keyboard teleop_twist_keyboard
```

在鍵盤控制的終端中，點擊鍵盤的上下左右鍵，控制機器人探索未知的環境，RViz 中也會逐漸出現地圖的全貌，如圖 8-12 所示。

控制機器人完成所有區域的地圖建構後，可以將地圖型儲存為一個本地檔案，需要使用一個叫作 nav2_map_server 的工具，使用以下命令安裝。

```
$ sudo apt install ros-jazzy-nav2-map-server
```

然後，使用以下命令儲存地圖，並將其命名為「cloister」。

```
$ ros2 run nav2_map_server map_saver_cli -t map -f cloister
```

以上命令會將地圖型儲存到終端的當前路徑下，共有兩個檔案，其中，.pgm 是地圖的資料檔案，.yaml 是地圖的描述檔案，如圖 8-13 所示。

8-13

第 8 章　ROS 2 地圖建構：讓機器人理解環境

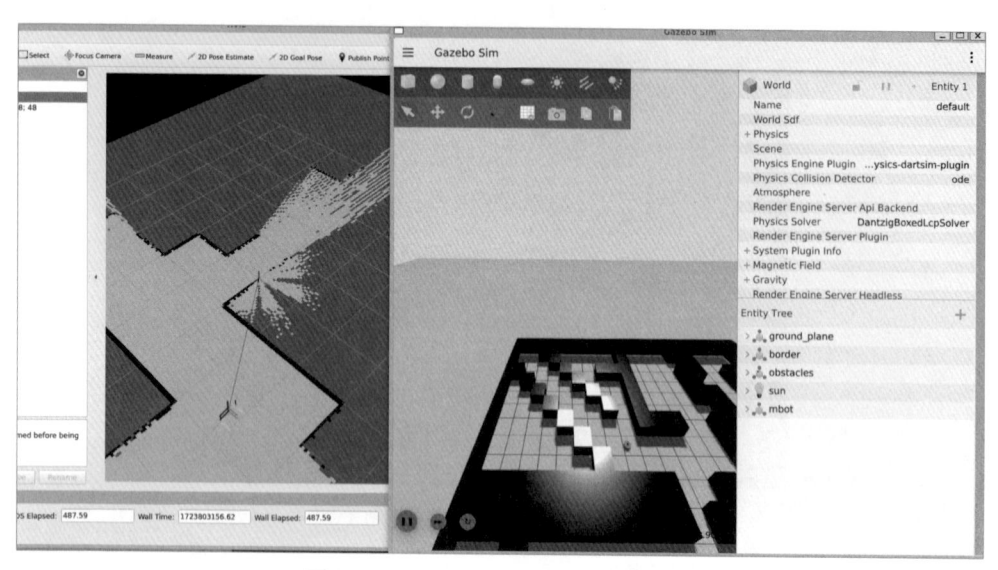

▲ 圖 8-12　SLAM Toolbox 地圖建構過程

▲ 圖 8-13　使用 nav2_map_server 儲存建立好的地圖

在後續使用導航時，需要將地圖的兩個檔案複製到導航功能套件中。

8.2.4　真實機器人 SLAM Toolbox 地圖建構

在模擬環境中完成了 SLAM Toolobox 演算法的建圖，大家肯定還不過癮，如果換成真實機器人，又該如何實現類似的 SLAM 過程呢？接下來以 OriginBot 機器人為例，進一步實現真實機器人的 SLAM。

8.2 SLAM Toolbox 地圖建構

先來看真實機器人使用 SLAM Toolbox 演算法的建圖效果。首先需要 SSH 連接到 OriginBot 機器人，啟動機器人底盤節點，該節點發佈機器人的里程計數據和雷達資料，這也是 SLAM 演算法必要的感測器輸入資料。

```
# 啟動機器人的底盤
$ ros2 launch originbot_bringup originbot.launch.py use_lidar:=true

# 執行 SLAM Toolobox 地圖建構演算法
$ ros2 launch slam_toolbox online_async_launch.py
```

此時，SLAM Toolobox 演算法已經在機器人中執行起來了，如何看到 SLAM 的動態效果呢？在同一個網路下的電腦上執行以下命令，啟動 RViz 上位機，可以看到如圖 8-14 所示的建圖效果。

```
# 電腦端
$ ros2 launch originbot_viz display_slam.launch.py
```

電腦與機器人必須在同一個區域網中。

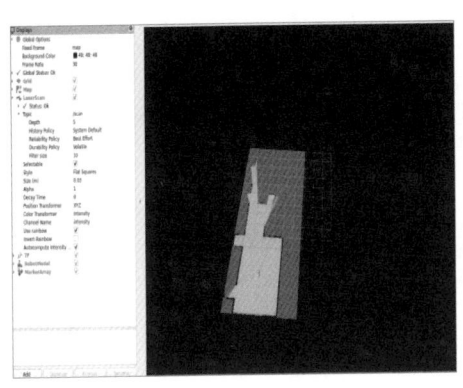

▲ 圖 8-14 使用 OriginBot 執行 SLAM Toolbox 演算法的過程

如何讓機器人把整個房間的環境完整建構出來呢？如圖 8-15 所示，還要執行以下命令啟動鍵盤控制節點。

```
$ ros2 run teleop_twist_keyboard teleop_twist_keyboard
```

8-15

第 8 章　ROS 2 地圖建構：讓機器人理解環境

鍵盤控制可以在電腦端執行，也可以在機器人端執行。

啟動後根據日誌提示按下 z 鍵，先降低機器人的運動速度，讓機器人有足夠的時間完成演算法，提高 SLAM 的建圖精度。接下來控制小車移動，同步觀察 RViz 中的地圖變化，大家會發現小車在真實環境中移動時，RViz 中的 tf 座標也在隨之變化，同時，介面中的地圖資訊逐漸完整，直至機器人完成探索，輸出完整的地圖。

完成地圖建構後，還需要將建立好的地圖型儲存下來，可以執行以下命令啟動 nav2_map_serve 節點，將地圖型儲存為以「my_map」命名的檔案。

```
$ ros2 run nav2_map_server map_saver_cli -t map -f my_map
```

儲存成功後，在命令執行的路徑下，就可以看到 .pgm 的地圖資料檔案和 .yaml 的地圖描述檔案了。使用影像編譯軟體開啟 .pgm 檔案，可以看到如圖 8-16 所示的地圖，這就是透過 SLAM 演算法實現的環境感知，後續自主導航時，可以繼續基於這張地圖實現導航功能。

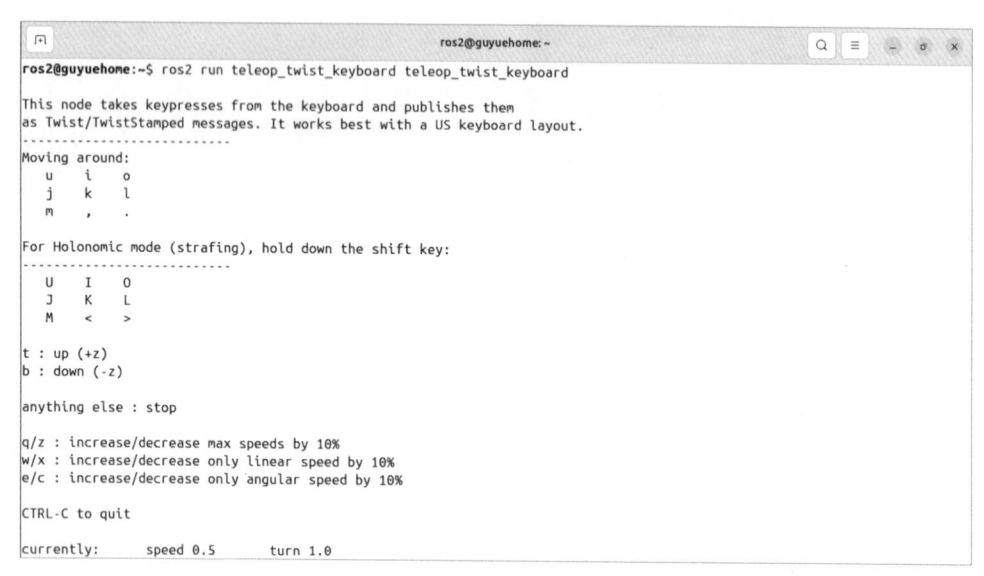

```
ros2@guyuehome:~$ ros2 run teleop_twist_keyboard teleop_twist_keyboard
This node takes keypresses from the keyboard and publishes them
as Twist/TwistStamped messages. It works best with a US keyboard layout.
---------------------------
Moving around:
   u    i    o
   j    k    l
   m    ,    .

For Holonomic mode (strafing), hold down the shift key:
---------------------------
   U    I    O
   J    K    L
   M    <    >

t : up (+z)
b : down (-z)

anything else : stop

q/z : increase/decrease max speeds by 10%
w/x : increase/decrease only linear speed by 10%
e/c : increase/decrease only angular speed by 10%

CTRL-C to quit

currently:      speed 0.5       turn 1.0
```

▲ 圖 8-15　啟動 OriginBot 機器人鍵盤控制節點

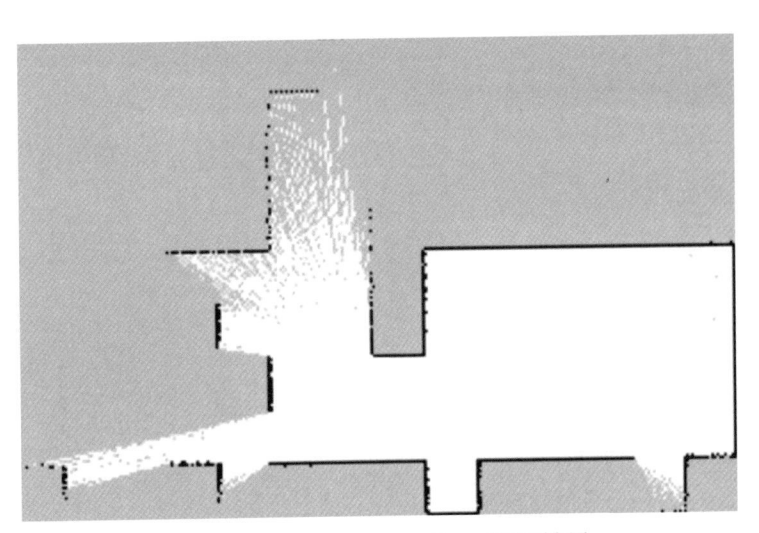

▲ 圖 8-16 SLAM Toolbox 建圖結果

8.3 Cartographer：二維地圖建構

Cartographer 是 Google 推出的一套基於圖最佳化的 SLAM 演算法，可以實現機器人在二維或三維條件下的定位及建圖功能，設計這套演算法的主要目的是讓機器人在運算資源有限的情況下，依然可以即時獲取精度較高的地圖，是目前實踐應用最廣泛的雷射 SLAM 演算法之一。

8.3.1 演算法原理介紹

如圖 8-17 所示，Cartographer 演算法主要分為兩部分。第一部分被稱為 Local SLAM，也就是 SLAM 的前端，這部分會基於雷射雷達資訊建立並維護一系列的子圖 Submap，這些子圖就是一系列柵格地圖。每當有新的雷達資料登錄，系統就會透過一些匹配演算法將其插入子圖的最佳位置。

第 8 章　ROS 2 地圖建構：讓機器人理解環境

因為子圖會產生累積誤差，所以演算法的第二部分——Global SLAM，是 SLAM 的後端，它的主要功能是透過閉環檢測消除累積誤差，每當一個子圖建構完成後，就不會再有新的雷達資料插入子圖中，演算法也會將這個子圖加入閉環檢測中。

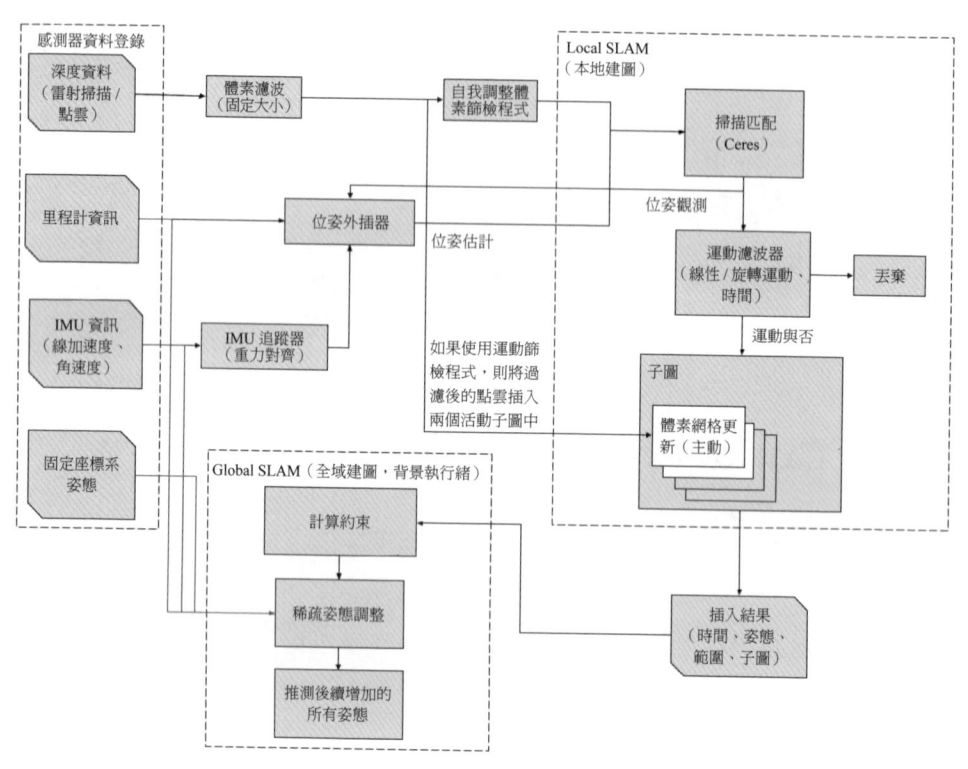

▲ 圖 8-17　Cartographer 演算法的結構

整體而言，Local SLAM 生成一個個的拼圖塊，而 Global SLAM 完成整個拼圖。

8.3.2 安裝與配置方法

Cartographer 演算法已經整合在 ROS 2 的軟體來源中，可以透過以下命令安裝。

```
$ sudo apt install ros-jazzy-cartographer
$ sudo apt install ros-jazzy-cartographer-ros
```

> 如果需要學習 Cartographer 的原始程式，那麼需要使用原始程式安裝的方式，具體安裝步驟可以參考 Cartographer 社區官網。

安裝完成後，還需要針對使用的機器人配置一些參數。Cartographer 演算法參數許多，不過也提供了標準化的參數範本，只需要參考修改其中的部分參數即可。

以基於二維雷射雷達的 Cartographer 為例，參數配置與詳細解析如下。

```
include "map_builder.lua"
include "trajectory_builder.lua"

options = {
  map_builder = MAP_BUILDER,                    -- map_builder.lua 的配置資訊
  trajectory_builder = TRAJECTORY_BUILDER,      -- trajectory_builder.lua 的配置資訊
  map_frame = "map",                            -- 地圖座標系的名稱
  tracking_frame = "base_footprint",            -- 追蹤座標系，一般是機器人基座標系的
名稱
  published_frame = "odom",                     -- 發佈定位資訊所使用的里程計座標系名稱
  odom_frame = "odom",                          -- 機器人現有里程計座標系的名稱
  provide_odom_frame = false,                   -- 是否需要演算法發佈里程計資訊
  publish_frame_projected_to_2d = false,        -- 是否只發佈二維姿態資訊
  use_odometry = true,                          -- 是否使用機器人里程計
  use_nav_sat = false,                          -- 是否使用 GPS
  use_landmarks = false,                        -- 是否使用路標
  num_laser_scans = 1,                          -- 訂閱雷射雷達 LaserScan 話題的數量
  num_multi_echo_laser_scans = 0,               -- 訂閱多回波技術雷射雷達話題的數量
```

8-19

第 8 章　ROS 2 地圖建構：讓機器人理解環境

```
    num_subdivisions_per_laser_scan = 1,          -- 將一幀雷射雷達資料分割為幾次處理
    num_point_clouds = 0,                         -- 是否使用點雲端資料
    lookup_transform_timeout_sec = 0.2,           -- 查詢 tf 座標變換資料的逾時時間
    submap_publish_period_sec = 0.3,              -- 發佈 submap 子圖的週期，單位為 s
    pose_publish_period_sec = 5e-3,               -- 發佈姿態的週期，單位為 s
    trajectory_publish_period_sec = 30e-3,        -- 發佈軌跡的週期，單位為 s
    rangefinder_sampling_ratio = 1.,              -- 測距儀的採樣頻率
    odometry_sampling_ratio = 1.,                 -- 里程計數據取樣速率
    fixed_frame_pose_sampling_ratio = 1.,         -- 固定座標系位姿取樣速率
    imu_sampling_ratio = 1.,                      -- IMU 資料取樣速率
    landmarks_sampling_ratio = 1.,                -- 路標資料取樣速率
}

-- 是否使用 2D 建圖
MAP_BUILDER.use_trajectory_builder_2d = true
-- 雷射雷達監測的最小距離，單位為 m
TRAJECTORY_BUILDER_2D.min_range = 0.1
-- 雷射雷達監測的最大距離，單位為 m
TRAJECTORY_BUILDER_2D.max_range = 8
-- 將無效雷射資料設置為該數值，以便濾波時使用
TRAJECTORY_BUILDER_2D.missing_data_ray_length = 0.5
-- 是否使用 IMU 的資料
TRAJECTORY_BUILDER_2D.use_imu_data = false
-- 是否使用 CSM 雷射匹配
TRAJECTORY_BUILDER_2D.use_online_correlative_scan_matching = true
-- 兩幀雷射雷達資料的最小角度
TRAJECTORY_BUILDER_2D.motion_filter.max_angle_radians = math.rad(0.1)
-- 全域約束當前最小得分（當前 node 與當前 submap 的匹配得分）
POSE_GRAPH.constraint_builder.min_score = 0.7
-- 全域約束全域最小得分（當前 node 與全域 submap 的匹配得分）
POSE_GRAPH.constraint_builder.global_localization_min_score = 0.7

return options
```

8.3.3 模擬環境中的 Cartographer 地圖建構

講解完 Cartographer 的基本原理，接下來以機器人模擬為例，帶領大家完成 Cartographer 的配置和使用。

OriginBot 的功能套件中包含在模擬環境下的 Cartographer 地圖建構功能，功能套件的名稱為 originbot_navigation，其中的開機檔案為 cartographer_gazebo.launch.py，詳細內容如下。

```python
import os
from ament_index_python.packages import get_package_share_directory
from launch import LaunchDescription
from launch.substitutions import LaunchConfiguration
from launch_ros.actions import Node
from launch_ros.substitutions import FindPackageShare

def generate_launch_description():
######### 節點參數配置 #########
    # 導航功能套件的路徑
    navigation2_dir = get_package_share_directory('originbot_navigation')
    # 是否使用模擬時間，這裡使用 Gazebo，所以配置為 true
    use_sim_time = LaunchConfiguration('use_sim_time', default='true')
    # 建構地圖的解析度
    resolution = LaunchConfiguration('resolution', default='0.05')
    # 發佈地圖資料的週期
    publish_period_sec = LaunchConfiguration('publish_period_sec', default='1.0')
    # 參數設定檔在功能套件中的資料夾路徑
    configuration_directory = LaunchConfiguration('configuration_directory',default= os.path.join(navigation2_dir, 'config') )
    # 參數設定檔的名稱
    configuration_basename = LaunchConfiguration('configuration_basename', default='lds_2d.lua')
    # RViz 視覺化顯示的設定檔路徑
    rviz_config_dir = os.path.join(navigation2_dir, 'rviz')+"/slam.rviz"
```

第 8 章　ROS 2 地圖建構：讓機器人理解環境

```python
######### 啟動節點：cartographer_node、cartographer_occupancy_grid_node、rviz2 #########
    cartographer_node = Node(
        package='cartographer_ros',
        executable='cartographer_node',
        name='cartographer_node',
        output='screen',
        parameters=[{'use_sim_time': use_sim_time}],
        arguments=['-configuration_directory', configuration_directory,
                   '-configuration_basename', configuration_basename])

    cartographer_occupancy_grid_node = Node(
        package='cartographer_ros',
        executable='cartographer_occupancy_grid_node',
        name='cartographer_occupancy_grid_node',
        output='screen',
        parameters=[{'use_sim_time': use_sim_time}],
        arguments=['-resolution', resolution, '-publish_period_sec', publish_period_sec])

    rviz_node = Node(
        package='rviz2',
        executable='rviz2',
        name='rviz2',
        arguments=['-d', rviz_config_dir],
        parameters=[{'use_sim_time': use_sim_time}],
        output='screen')

    ld = LaunchDescription()
    ld.add_action(cartographer_node)
    ld.add_action(cartographer_occupancy_grid_node)
    ld.add_action(rviz_node)

    return ld
```

以上 Launch 檔案將 SLAM 過程涉及的節點和參數都執行起來。整體框架如圖 8-18 所示，主要包含兩個節點。

8.3 Cartographer：二維地圖建構

```
/laserscan ─┐         ┌─→ /scan ──┐
            │         │           ├─→ /cartographer_node ─→ /submap_list ─→ /occupancy_grid_node
/diff_drive ─┘         └─→ /odom ──┘
```

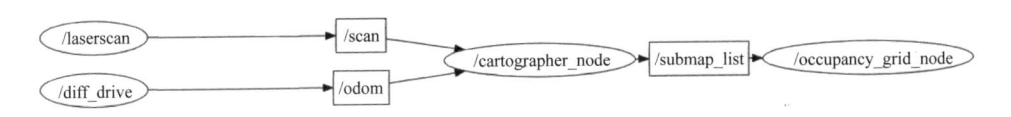

▲ 圖 8-18　Cartographer 功能節點框架

- /cartographer_node 節點：從 /scan 和 /odom 話題接收資料進行計算，輸出 /submap_list 資料，需要接收演算法設定檔中的參數。
- /occupancy_grid_node 節點：接收 /submap_list 子圖列表，然後將其拼接成 map 並發佈，需要配置地圖解析度和更新週期兩個參數。

以上 Launch 檔案將載入 Cartographer 的演算法參數，參數檔案為 lds_2d.lua，內容與 8.3.2 節完全一致。

接下來可以正式開始 Cartographer SLAM。啟動第一個終端，使用以下命令啟動模擬環境。

```
$ ros2 launch learning_gazebo_harmonic load_mbot_lidar_into_gazebo_harmonic.launch.py
```

啟動成功後，如圖 8-19 所示，可以看到包含機器人模型的模擬環境。

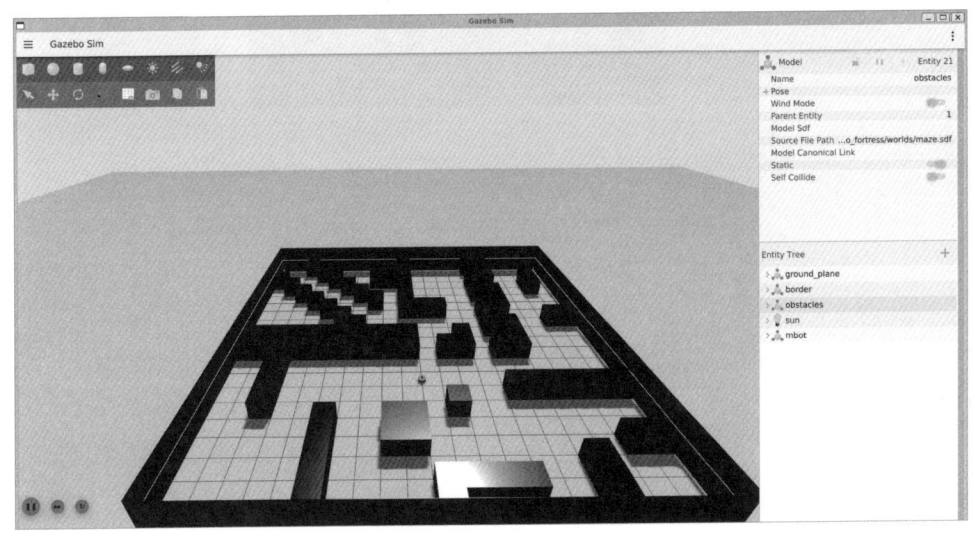

▲ 圖 8-19　機器人 SLAM 建圖模擬環境

第 8 章　ROS 2 地圖建構：讓機器人理解環境

接下來啟動 Cartographer 地圖建構演算法和 RViz 上位機。

```
$ ros2 launch originbot_navigation cartographer_gazebo.launch.py
```

如果一切正常，如圖 8-20 所示，那麼應該可以看到帶有地圖的 RViz 介面。如果此時沒有顯示地圖資訊，那麼可以點擊「Add」後選擇「Map」顯示項外掛程式，然後配置訂閱地圖的話題，就可以看到正在建立的地圖效果啦！

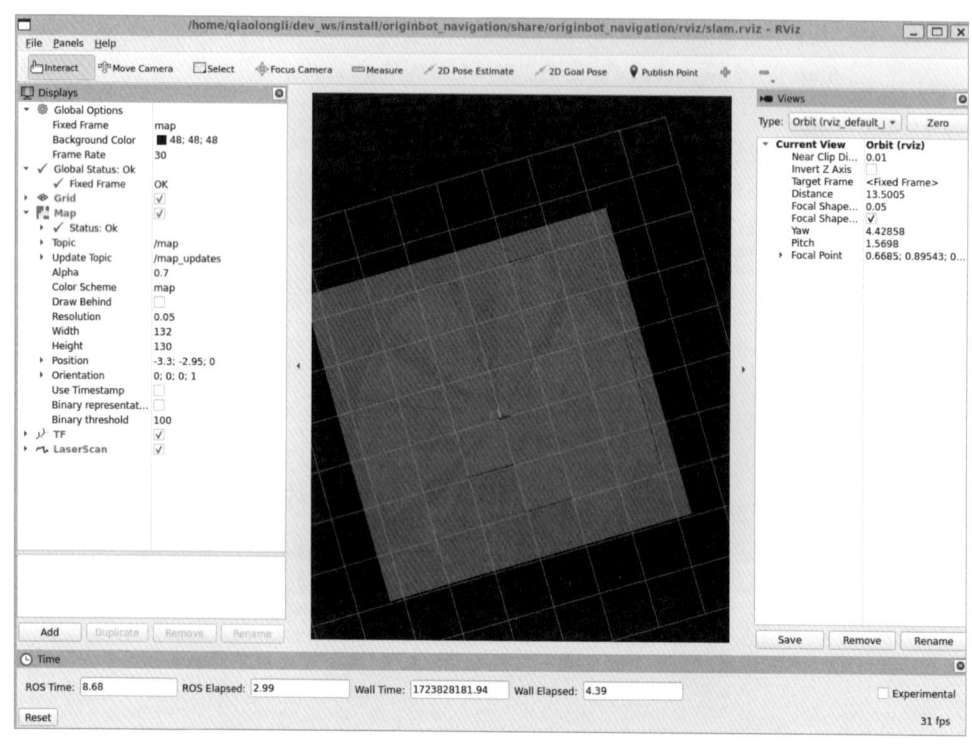

▲ 圖 8-20　在 RViz 中看到的 Cartographer 建圖效果

此時，RViz 中只顯示了機器人週邊一小片資訊，為了讓機器人建立環境的完整地圖，還需要控制機器人不斷探索未知空間。啟動一個鍵盤控制節點。

```
$ ros2 run teleop_twist_keyboard teleop_twist_keyboard
```

在鍵盤控制的終端中，透過鍵盤的上下左右鍵控制機器人探索未知的環境，RViz 中會逐漸出現地圖的全貌，如圖 8-21 所示。

8.3 Cartographer：二維地圖建構

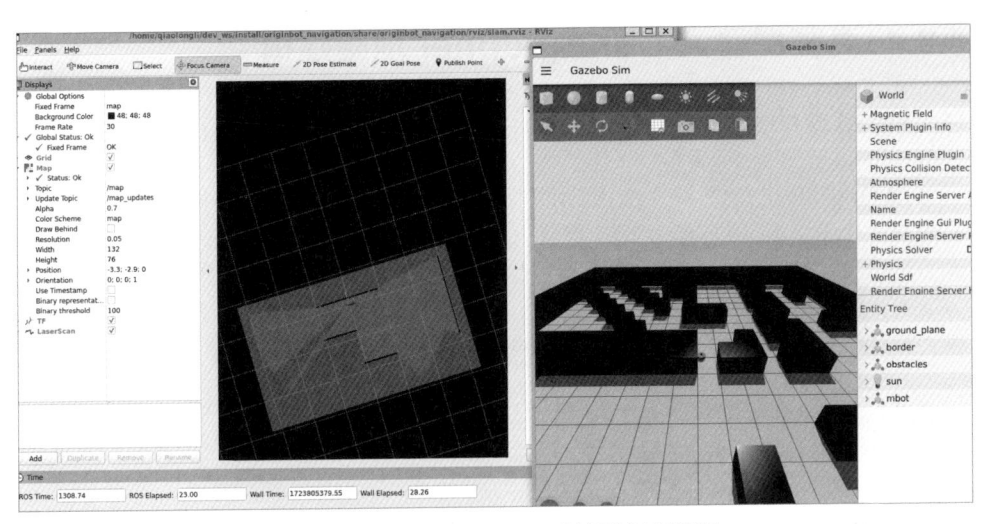

▲ 圖 8-21 Cartographer 地圖建構過程

控制機器人完成所有區域的地圖建構後，使用 nav2_map_server 工具將地圖型儲存到本地資料夾中，並命名為「cloister」，執行的命令如下。

```
$ ros2 run nav2_map_server map_saver_cli -t map -f cloister
```

以上命令會將地圖型儲存到終端的當前路徑下，共有兩個檔案，其中 .pgm 是地圖的資料檔案，.yaml 是地圖的描述檔案，如圖 8-22 所示。

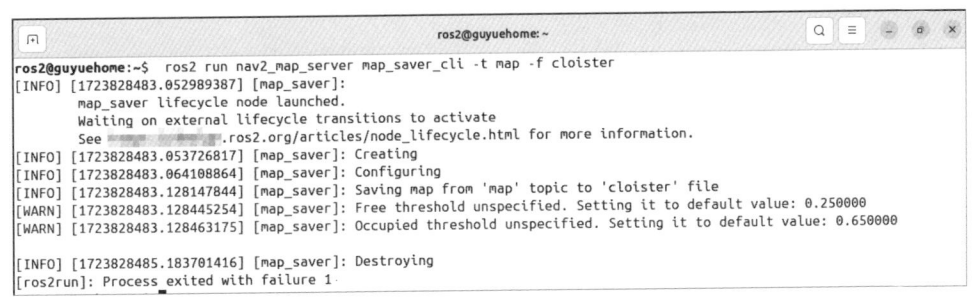

▲ 圖 8-22 使用 nav2_map_server 儲存建立好的地圖

在後續使用導航時，需要將地圖的兩個檔案複製到導航功能套件中。

8-25

8.3.4 真實機器人 Cartographer 地圖建構

體驗完模擬環境下的建圖,接下來可以在機器人上執行 Cartographer。

以 OriginBot 為例,分別啟動兩個終端,遠端 SSH 連接到機器人上,然後在機器人上執行以下命令。

```
# 終端 1:啟動機器人的底盤
$ ros2 launch originbot_bringup originbot.launch.py use_lidar:=true

# 終端 2:執行 Cartographer 地圖建構演算法
$ ros2 launch originbot_navigation cartographer.launch.py
```

此時 Cartographer 已經在機器人端執行起來了,如何看到 SLAM 的動態效果呢?在同一個網路下的電腦上執行以下指令,啟動 RViz 上位機。

```
# 電腦端
$ ros2 launch originbot_viz display_slam.launch.py
```

電腦與機器人必須在同一個區域網中。

如圖 8-23 所示,在啟動成功的 RViz 中可以看到與 8.3.3 節類似的 SLAM 效果。

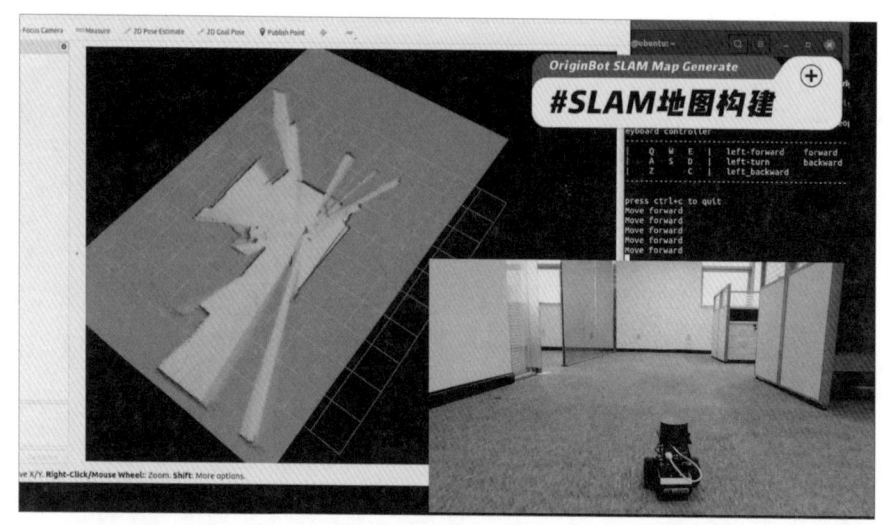

▲ 圖 8-23 使用 OriginBot 進行 Cartographer 地圖建構

8.3 Cartographer：二維地圖建構

當然，如果想建構出完整的房間地圖，還要執行以下命令啟動鍵盤控制節點，如圖 8-24 所示，啟動後控制機器人探索環境。

```
$ ros2 run teleop_twist_keyboard teleop_twist_keyboard
```

鍵盤控制系統可以在電腦端執行，也可以在機器人端執行。

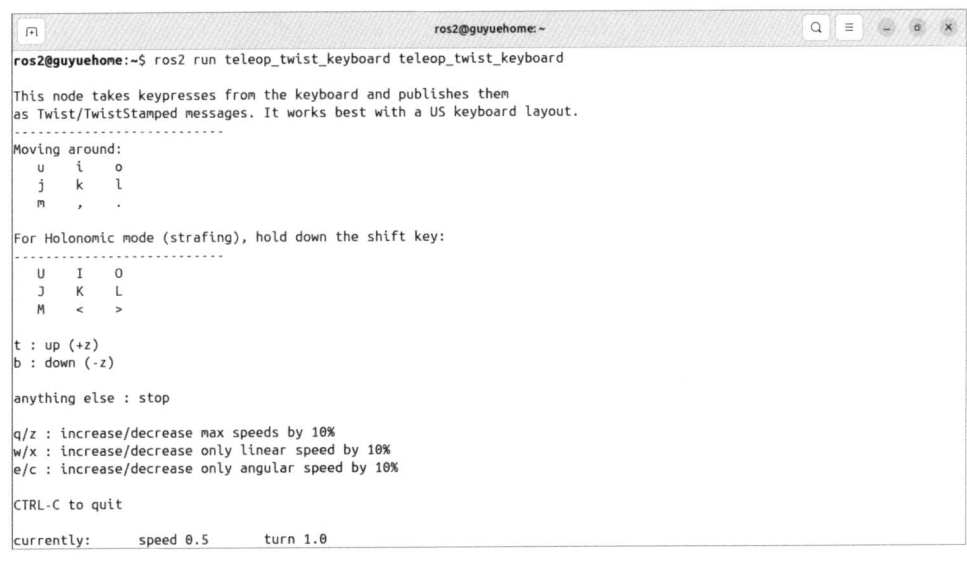

▲ 圖 8-24 啟動 OriginBot 機器人鍵盤控制節點

完成地圖建構後，還需要將建立好的地圖型儲存下來，可以執行以下命令啟動 nav2_map_server 節點，將地圖型儲存為以「cloister」命名的檔案。

```
$ ros2 run nav2_map_server map_saver_cli -t map -f cloister
```

儲存成功後，在執行命令的路徑下，就可以看到 .pgm 和 .yaml 檔案了。使用影像編譯軟體開啟 .pgm 檔案，可以看到如圖 8-25 所示的地圖，這就是透過 SLAM 演算法完成的環境感知。後續自主導航時，可以繼續基於這張地圖完成路徑規劃。

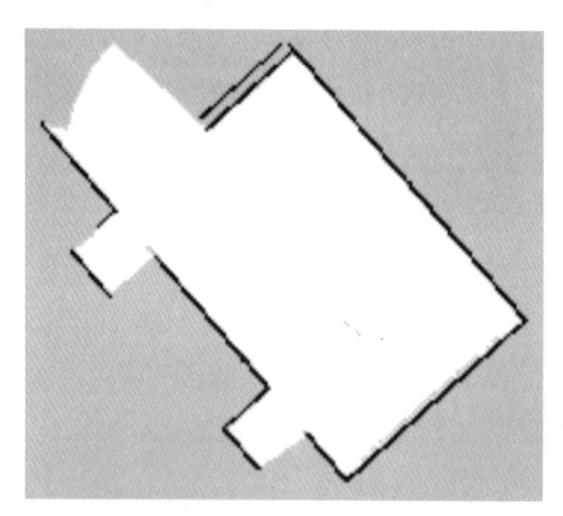

第 8 章　ROS 2 地圖建構：讓機器人理解環境

▲ 圖 8-25　Cartographer 建圖結果

8.4　ORB：視覺地圖建構

二維 SLAM 建立的地圖是一個平面，但我們所在的空間是三維的，是否可以讓機器人建立一個和人類看到的環境一樣的三維地圖呢？當然也是可以的，而且演算法也很多。

ORB_SLAM 是基於特徵點的即時一元 SLAM 系統，能夠即時解算攝像機的移動軌跡，同時建構簡單的三維點雲地圖，在大範圍中做閉環檢測，並且即時進行全域重定位，不僅可以用於透過手持裝置獲取一組連續影像，也可以用於在汽車行駛過程中獲取連續影像。ORB-SLAM 由 Raul Mur-Artal、J. M. M. Montiel 和 Juan D. Tardos 於 2015 年發表在 *IEEE Transactions on Robotics* 上。

8.4.1　演算法原理介紹

如圖 8-26 所示，ORB_SLAM 演算法系統分為特徵追蹤（Feature Tracking）、局部建圖（Local Mapping）和回環與地圖型合併（Loop Closing）三大執行緒，並維護地圖及視覺詞典兩巨量資料結構。

8.4 ORB：視覺地圖建構

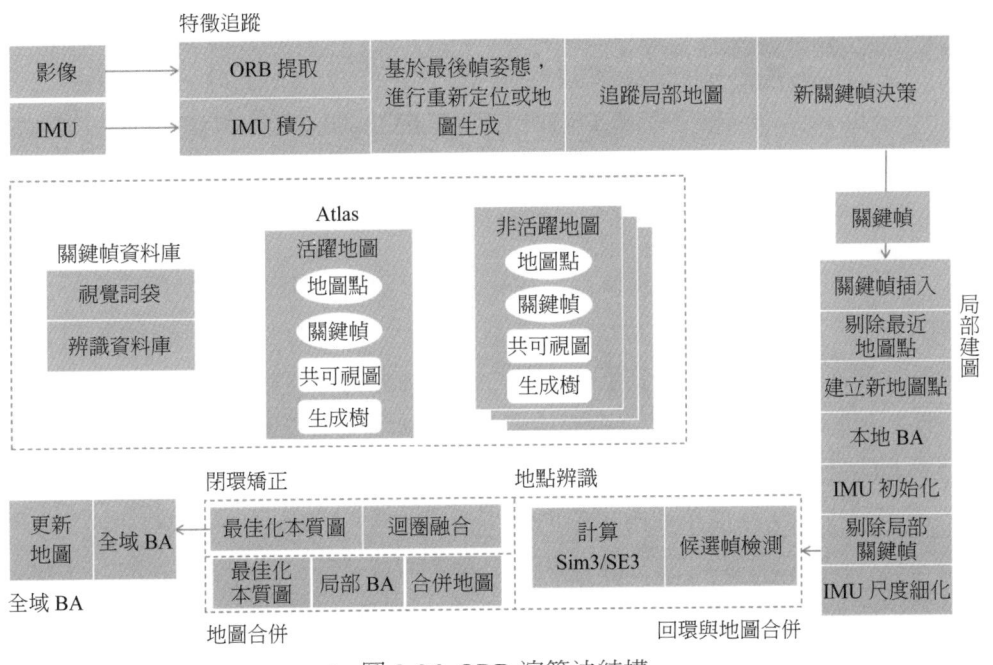

▲ 圖 8-26 ORB 演算法結構

1. 特徵追蹤

　　當接收到圖像資料時，追蹤執行緒首先在影像上提取角點特徵（ORB 特徵）。在系統剛啟動時，由於一元 VSLAM 系統缺乏尺度資訊，需要先利用對極幾何進行初始化，這時需要相機在空間中移動一小段距離以保證對極約束的有效性，ORB_SLAM 在初始化中會啟動兩個執行緒對本質矩陣和單應矩陣同時進行估計，最後選擇效果最好的模型進行初始化。

　　初始化完成後，系統就獲得了帶尺度資訊的初始地圖。對於後面接收到的每一張影像，都利用特徵點的匹配關係計算出當前幀的位姿。在獲得當前幀位姿後，ORB_SLAM 會在局部地圖中將具有共視關係影像上的特徵點也投影到當前影像上，以尋找更多的匹配點，並利用新找到的匹配點再次對相機位姿進行最佳化，這一步被稱為局部地圖追蹤。在完成這些步驟後，會根據當前影像相對於上一幀運動的距離及匹配到的特徵點數量，判斷當前影像是否有條件成為關鍵幀，如果可以，則會進行局部建圖；如果不可以，則繼續處理下一幀。

2. 局部建圖

在每次新生成一個關鍵幀之後，便會進入局部建圖執行緒。新的關鍵幀的插入會使 ORB_SLAM 更新其「生成樹」（Spanning Tree）、共視圖（Covisibility Graph），以及本質圖（Essential Graph）。這些資料結構維護關鍵幀之間的相對位移關係及共視關係。更新完這些資料結構，就完成了關鍵幀的插入。

接下來是剔除不可靠地圖點，如果能觀測到某個地圖點的關鍵幀數量少於某設定值，那麼這個地圖點的作用就不大了，可以剔除。剔除後生成新的地圖點，如果新檢測到的特徵點能夠匹配之前未匹配的地圖點，就可以恢復深度，並產生新的 3D 地圖點。之後對新的關鍵幀、與其有共視關係的局部地圖幀，以及它們能看到的地圖點進行局部最佳化，透過新的約束關係提高局部地圖精度。局部追蹤和局部最佳化利用了中期資料連結，是 ORB_SLAM 精度高的一大原因。在完成局部最佳化後，ORB_SLAM 會對容錯的關鍵幀（一幀上的大部分地圖點，能被其他關鍵幀看到）進行剔除。這種關鍵幀的剔除機制在 ORB_SLAM 中被稱為適者生存機制，是其能在一個地方長期執行，而關鍵幀數量不至於無限制增長的關鍵設計。

3. 回環與地圖型合併

對於每個關鍵幀，在完成局部建圖後，會進入回環檢測階段。ORB_SLAM 會使用 DBoW 函式庫檢索可能的回環幀，對檢測結果進行幾何一致性檢驗。透過幾何一致性檢驗後，如果發生了回環，則計算當前幀與回環幀之間的 Sim3 關係，即平移向量、旋轉矩陣和尺度向量。利用該資訊建立當前幀及其共視圖，以及回環幀及其共視圖之間的約束關係，這一步被稱為回環融合。最後對帶回環約束關係的本質圖進行最佳化，完成對整個地圖的調整。如果沒有發生回環，則把當前幀的特徵描述子資訊加入視覺詞典，與新的關鍵幀進行匹配。

在整個系統中，特徵追蹤部分被稱為前端，局部建圖和地圖型合併部分被稱為後端。前端的主要職責是檢測特徵，並尋找盡可能多的資料連結。後端則基於前端給的初始估計及資料連結進行最佳化，消除觀測誤差及累計誤差，生成精度盡可能高的地圖。

8.4 ORB：視覺地圖建構

8.4.2 安裝與配置方法

在 ROS 2 中，ORB_SLAM 演算法的安裝與配置步驟如下。

1. 安裝相依函式庫――Eigen3

```
$ sudo apt install libeigen3-dev
```

2. 安裝相依函式庫――Pangolin

```
# 切換到使用者的主目錄
$ cd ~
# 複製 Pangolin 的 GitHub 倉庫
$ git clone [Pangolin 的 GitHub 倉庫位址 ]


# 使用指令稿以執行模式檢查推薦的相依項安裝命令
$ cd Pangolin
$ ./scripts/install_prerequisites.sh --dry-run recommended


# 使用指令稿安裝推薦的相依項
$ ./scripts/install_prerequisites.sh recommended


# 使用 cmake 配置 Pangolin 的建構系統，將輸出目錄設置為目前的目錄下的 build 資料夾
# 將會生成必要的 Makefile（或其他建構檔案）
$ cmake -B build


# 使用 cmake 建構 Pangolin，使用 4 個並行作業加速建構過程
$ cmake --build build -j4


# 將 Pangolin 安裝到系統中
$ sudo cmake --install build
```

在 .bashrc 中增加環境配置。

```
if [[ ":$LD_LIBRARY_PATH:" != *":/usr/local/lib:"* ]]; then
    export LD_LIBRARY_PATH=/usr/local/lib:$LD_LIBRARY_PATH
fi
```

第 8 章　ROS 2 地圖建構：讓機器人理解環境

3. 檢查 OpenCV 版本

建議使用 OpenCV 4.5 以上版本。

```
$ python3 -c "import cv2; print(cv2.__version__)"
```

4. 編譯 ORB_SLAM3 原始程式

```
$ git clone [ORB_SLAM3 的 GitHub 倉庫位址]
$ cd ORB_SLAM3
$ chmod +x build.sh
$ ./build.sh
```

建議記憶體在 8GB 以上，否則編譯過程中可能發生卡死。

編譯完成後可以執行以下兩行指令編譯演算法原始程式。

```
$ cd ~/ORB_SLAM3/Thirdparty/Sophus/build
$ sudo make install
```

5. 測試 ORM_SLAM3 功能

可以使用官方提供的資料集測試是否安裝成功。

```
# 下載 EuRoC 資料集中的子集（MH_01_easy）
$ cd ORB_SLAM3
$ wget -c
# 拉取 ETH Zurich ASL dataset for robotics 最新的資料集

# 解壓下載的資料集
$ unzip MH_01_easy.zip

# 執行 ORB_SLAM3 的 Monocular 範例來處理 EuRoC 資料集
$ ./Examples/Monocular/run_monocular_euroc.sh ./Vocabulary/ORBvoc.txt ./Examples/Monocular/EuRoC.yaml MH_01_easy ./Examples/Monocular/EuRoC_TimeStamps/MH01.txt output_directory
```

8.4 ORB：視覺地圖建構

執行後即可看到圖 8-27 所示的效果。

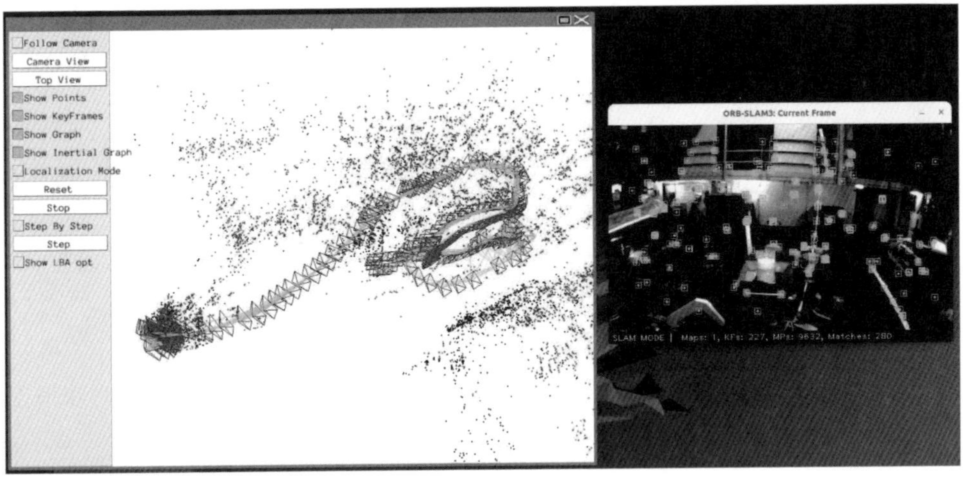

▲ 圖 8-27 使用官方資料集測試 ORB_SLAM 3 的效果

8.4.3 真實機器人 ORB 地圖建構

在本地體驗了 ORB_SLAM 的強大之後，接下來就要在真實機器人上執行 ORB_SLAM 了。

通常使用深度相機執行 ORB_SLAM 演算法，這裡將 OriginBot 的一元相機更換為深度相機 RealSense D435i。

此處需要大家自行將機器人上的相機更換為三維相機，使用類似感測器均可。

在 OriginBot 中分別啟動兩個終端，執行以下指令，第一個終端啟動 RealSense D435i，發佈圖像資料。

```
# 機器人終端 1
$ ros2 launch realsense2_camera rs_launch.py enable_depth:=false enable_color:=false enable_infra1:=true depth_module.profile:=640x480x15
```

第 8 章　ROS 2 地圖建構：讓機器人理解環境

第二個終端執行 ORB_SLAM 地圖建構演算法。

```
# 機器人終端 2
$ ros2 run orb_slam3_example_ros2
mono ./ORBvoc.txt ./Examples/Monocular/RealSense_D435i.yaml
```

此時，ORB_SLAM 演算法已經在機器人端執行起來了，如何看到 SLAM 的動態效果呢？在連接了同一區域網的電腦上執行以下指令，啟動 RViz 上位機。

```
# 同一區域網中的電腦
$ rviz2
```

根據圖 8-28 所示的配置載入完成 RViz 的顯示項後，ORB_SLAM 的效果會即時顯示到 RViz 中。

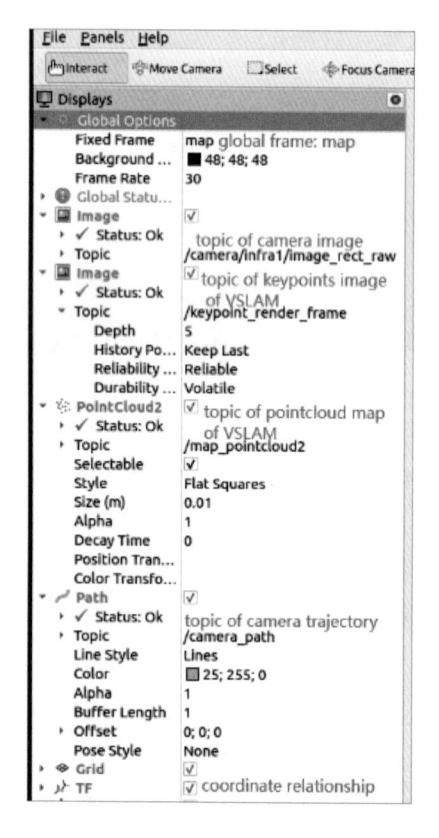

圖 8-28　ORB_SLAM 真實地圖建構

8.4 ORB：視覺地圖建構

▲ 圖 8-28　ORB_SLAM 真實地圖建構（續圖）

　　接下來可以繼續啟動鍵盤控制節點，控制機器人不斷移動並完成周圍環境的地圖建構。最後的建圖效果如圖 8-29 所示，ORB_SLAM 會將視覺畫面中的各個特徵點表示出來。

▲ 圖 8-29　ORB_SLAM 建圖效果

8-35

第 8 章　ROS 2 地圖建構：讓機器人理解環境

8.5　RTAB：三維地圖建構

雖然 ORB_SLAM 是一種三維 SLAM 演算法，但它輸出的是稀疏點地圖，與周圍環境的實際效果不一樣，可以用於機器人避障。本節介紹另外一種知名的三維 SLAM 演算法——RTAB，可以建構和人眼看上去一樣的三維世界，如圖 8-30 所示。

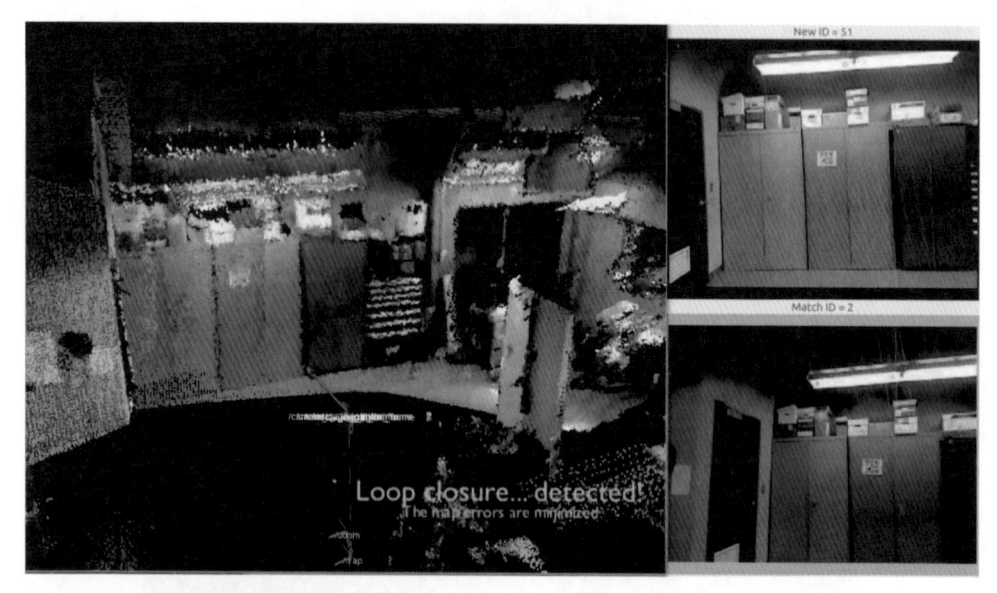

▲ 圖 8-30　RTAB 三維 SLAM

圖中只有一個三維相機，放置在房間的中間，三維相機可以獲取面前的三維點雲，和人類看到的環境效果非常相似，隨著相機的旋轉，能獲取更多環境資訊，這些資訊會慢慢拼接到一起，最終生成整個房間的三維地圖。這個效果看上去是不是相當炫酷？

相比二維 SLAM，三維 SLAM 對算力的要求呈指數級的提升，如果是性能一般的電腦，那麼效果可不會這麼好。

8.5 RTAB：三維地圖建構

8.5.1 演算法原理介紹

RTAB 發佈於 2013 年，是一個透過記憶體管理方法實現回環檢測的開放原始碼庫，透過限制地圖的大小，使得回環檢測始終可以在固定的時間內完成，從而滿足長期和大規模環境的線上建圖要求。

RTAB 也使用了經典的 SLAM 前後端結構，如圖 8-31 所示，前端主要透過特徵點匹配進行定位，頻率相對較高；後端主要透過閉環檢測建構地圖，複雜度較高，頻率低。在後端的回環檢測過程中，RTAB 使用離散貝氏篩檢程式來估計形成地圖閉環的機率，當發現定位點高機率閉環時，就檢測到了一個地圖閉環。

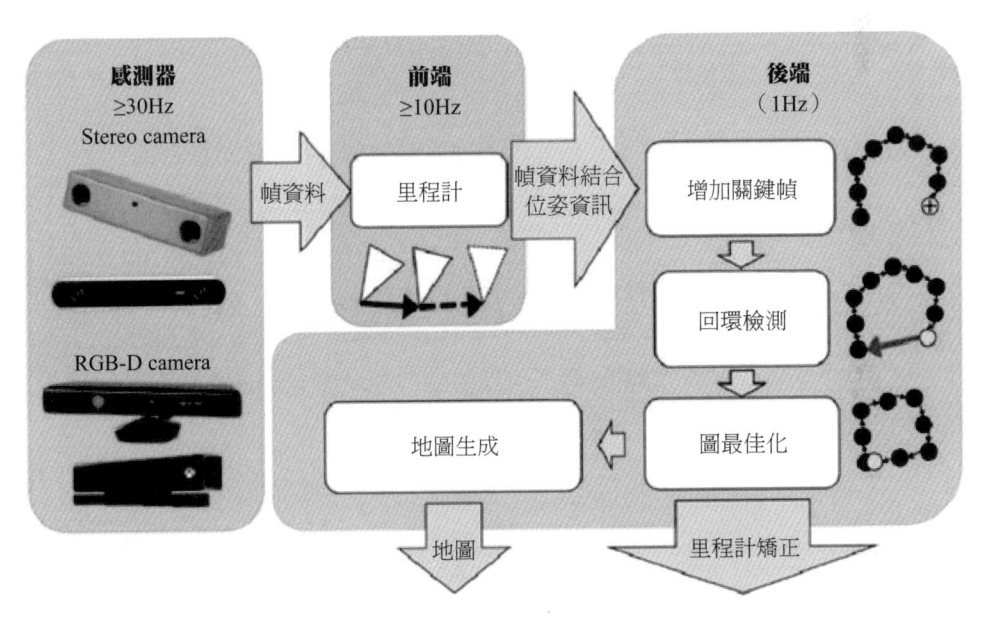

▲ 圖 8-31 RTAB 演算法框架

8.5.2 安裝與配置方法

RTAB SLAM 演算法已經整合在 ROS 2 的軟體來源中，可以透過以下指令安裝，如圖 8-32 所示。

第 8 章 ROS 2 地圖建構：讓機器人理解環境

```
$ sudo apt install ros-jazzy-rtabmap-ros
```

```
ros2@guyuehome:~$ sudo apt install ros-jazzy-rtabmap-ros
[sudo] password for ros2:
Reading package lists... Done
Building dependency tree... Done
Reading state information... Done
The following packages will be upgraded:
  ros-jazzy-rtabmap-ros
1 upgraded, 0 newly installed, 0 to remove and 641 not upgraded.
Need to get 5,226 B of archives.
After this operation, 0 B of additional disk space will be used.
Get:1 ██████████.tuna.tsinghua.edu.cn/ros2/ubuntu noble/main amd64 ros-jazzy
-rtabmap-ros amd64 0.21.5-3noble.20240820.014934 [5,226 B]
Fetched 5,226 B in 0s (13.4 kB/s)
(Reading database ... 325790 files and directories currently installed.)
Preparing to unpack .../ros-jazzy-rtabmap-ros_0.21.5-3noble.20240820.014934_amd6
4.deb ...
Unpacking ros-jazzy-rtabmap-ros (0.21.5-3noble.20240820.014934) over (0.21.5-3no
ble.20240802.074552) ...
Setting up ros-jazzy-rtabmap-ros (0.21.5-3noble.20240820.014934) ...
```

▲ 圖 8-32 RTAB_SLAM 功能套件安裝

如果希望學習 RTAB SLAM 的原始程式，那麼需要使用原始程式安裝的方式，具體安裝步驟可以上網搜索。

安裝完成後，如圖 8-33 所示，可以在 /opt/ros/jazzy/share/ 中看到 rtabmap 相關的資源套件。

```
ros2@guyuehome:/opt/ros/jazzy/share/rtabmap_ros$ ls
cmake           local_setup.bash    local_setup.sh      package.dsv
environment     local_setup.dsv     local_setup.zsh     package.xml
ros2@guyuehome:/opt/ros/jazzy/share/rtabmap_ros$ cd ../rtabmap_examples/
ros2@guyuehome:/opt/ros/jazzy/share/rtabmap_examples$ ls
cmake           launch              local_setup.dsv     local_setup.zsh    package.xml
environment     local_setup.bash    local_setup.sh      package.dsv
ros2@guyuehome:/opt/ros/jazzy/share/rtabmap_examples$ cd launch/
ros2@guyuehome:/opt/ros/jazzy/share/rtabmap_examples/launch$ ls
config                              realsense_d435i_infra.launch.py
euroc_datasets.launch.py            realsense_d435i_stereo.launch.py
k4a.launch.py                       rgbdslam_datasets.launch.py
kinect_xbox_360.launch.py           rtabmap_D405x2.launch.py
realsense_d400.launch.py            rtabmap_D405x3.launch.py
realsense_d435i_color.launch.py     vlp16.launch.py
```

▲ 圖 8-33 RTAB 演算法資源套件

8.5 RTAB：三維地圖建構

透過已有的案例不難發現，可以人為選擇 RTAB-Map 的感測器，關鍵是以下程式部分的參數配置，例如幀 ID、是否使用模擬時間、是否訂閱深度影像、是否訂閱彩色影像、是否訂閱雷射雷達資料等。這些參數會傳遞給啟動的 RTAB-Map 節點。

```
parameters={
        'frame_id':'base_footprint',
        'use_sim_time':use_sim_time,
        'subscribe_depth':True,
        'use_action_for_goal':True,
        'qos_image':qos,
        'qos_imu':qos,
        'Reg/Force3DoF':'true',
        'Optimizer/GravitySigma':'0' # Disable imu constraints (we are already in 2D)
    }
```

8.5.3 模擬環境中的 RTAB 地圖建構

接下來以機器人模擬環境為例，帶領大家完成不同感測器下 RTAB 的配置和使用。

1. 雷射雷達 SLAM 建圖

在電腦端啟動三個終端，分別執行以下命令。

```
# 終端 1：啟動機器人模擬環境
$ ros2 launch learning_gazebo load_mbot_lidar_into_maze_gazebo_harmonic.launch.py

# 終端 2：啟動 RTAB SLAM 演算法
$ ros2 launch originbot_navigation rtab_scan_gazebo.launch.py

# 終端 3：啟動上位機
$ ros2 launch originbot_viz display_slam.launch.py
```

啟動後即可看到圖 8-34 所示的畫面，在 RTAB 外掛程式的畫面中勾勒出了機器人周圍的環境。

第 8 章　ROS 2 地圖建構：讓機器人理解環境

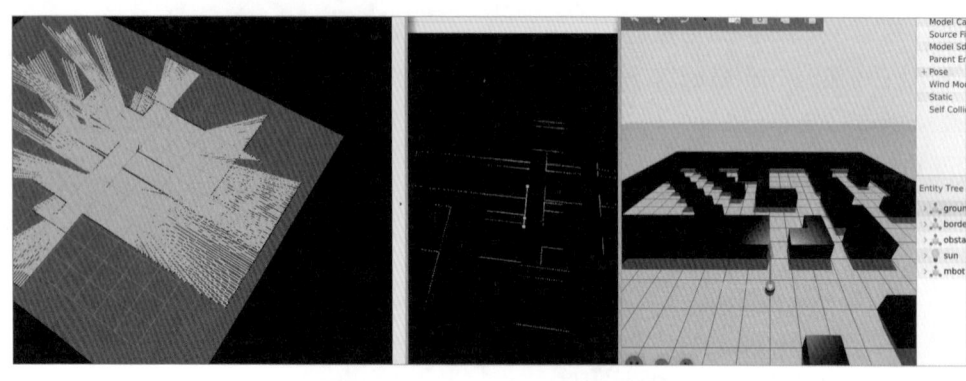

▲ 圖 8-34　RTAB SLAM 模擬範例

　　RTAB 演算法背景會不斷儲存資料，並不需要我們特意儲存地圖，地圖會預設儲存在 .ros 目錄下。三維點雲的資料量非常大，完成建圖後，可以關閉剛才執行的所有節點，然後看一下儲存三維地圖的資料庫檔案，至少也會有幾百 MB，如果建圖的時間長，那麼可能還會達到 GB 等級。那麼如何查看三維地圖呢？可以使用 RTAB 提供的資料庫視覺化工具——rtabmap- databaseViewer，如圖 8-35 所示，執行以下命令後即可看到建構的地圖。

```
$ rtabmap-databaseViewer rtabmap.db
```

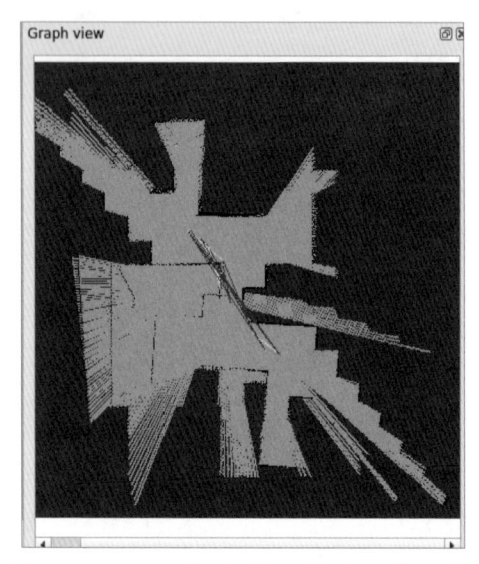

▲ 圖 8-35　RTAB 使用雷射雷達建立的二維地圖

8.5 RTAB：三維地圖建構

在以上核心開機檔案 rtab_scan_gazebo.launch.py 中，透過以下參數完成了雷射雷達話題和各種演算法參數的配置。

```
...
    parameters={
            'frame_id':'base_footprint',
            'use_sim_time':use_sim_time,
            'subscribe_depth':False,
            'subscribe_rgb':False,
            'subscribe_scan':True,
            'approx_sync':True,
            'use_action_for_goal':True,
            'qos_scan':qos,
            'qos_imu':qos,
            'Reg/Strategy':'1',
            'Reg/Force3DoF':'true',
            'RGBD/NeighborLinkRefining':'True',
            'Grid/RangeMin':'0.2', # ignore laser scan points on the robot itself
            'Optimizer/GravitySigma':'0' # Disable imu constraints (we are already in 2D)
    }

    remappings=[
            ('scan', '/scan')]
...
```

2. 視覺 SLAM 建圖

嘗試了純雷達的 RTAB SLAM 演算法，那麼純視覺的 RTAB SLAM 演算法效果又如何呢？實際執行的步驟和純雷射 RTAB SLAM 一致，執行後的效果如圖 8-36 所示，左側可以看到幀間特徵點匹配的點位，右側是三維地圖的形態，可以使用以下三個命令執行。

```
# 終端 1：啟動機器人模擬環境
$ ros2 launch learning_gazebo_harmonic load_mbot_rgbd_into_maze_gazebo_harmonic.launch.py
```

8-41

第 8 章　ROS 2 地圖建構：讓機器人理解環境

```
# 終端 2：啟動 RTAB SLAM 演算法
$ ros2 launch originbot_navigation rtab_rgbd_gazebo.launch.py

# 終端 3：啟動上位機
$ ros2 launch originbot_viz display_slam.launch.py
```

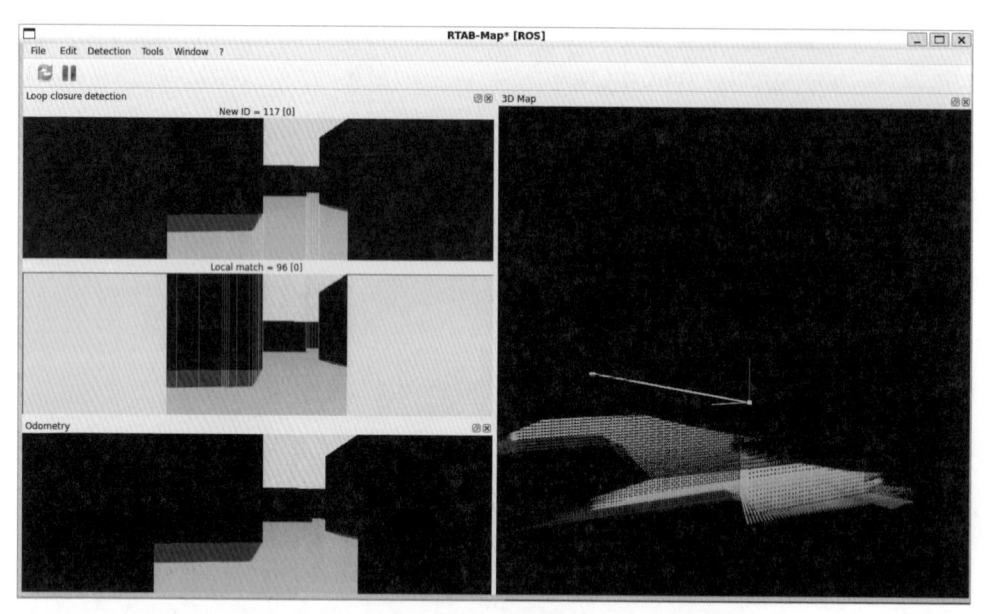

▲ 圖 8-36　RTAB 使用相機建立的三維地圖

最後執行鍵盤控制節點，讓機器人動起來，遙控機器人一邊走一邊建構三維地圖，可以在 RViz 中看到點雲逐漸連接到一起，形成了一張三維地圖。此外，還可以看到一個映射到地面上的二維地圖，可以用於未來的導航功能。

在以上核心開機檔案 rtab_rgbd_gazebo.launch.py 中，透過以下參數完成了雷射雷達話題和各種演算法參數的配置。

```
...
    parameters={
        'frame_id':'base_footprint',
        'use_sim_time':use_sim_time,
        'subscribe_depth':True,
        'use_action_for_goal':True,
        'qos_image':qos,
```

8.5 RTAB：三維地圖建構

```
            'qos_imu':qos,
            'Reg/Force3DoF':'true',
            'Optimizer/GravitySigma':'0' # Disable imu constraints (we are already in 2D)
        }

    remappings=[
            ('rgb/image', '/camera/image_raw'),
            ('rgb/camera_info', '/camera/camera_info'),
            ('depth/image', '/camera/depth/image_raw')]

...
```

這裡使用了深度相機資料，所以對應到模擬環境中也需要為 OriginBot 機器人增加一個深度相機，只需在原有的 XACRO 檔案中增加深度相機 rgbd 部分即可。

8.5.4 真實機器人 RTAB 地圖建構

繼續在真實機器人上應用 RTAB 演算法。

遠端登入 OriginBot 機器人後，首先在 OriginBot 機器人中啟動底盤及深度相機節點。

```
# 啟動 OriginBot 機器人底盤
$ ros2 launch originbot_bringup originbot.launch.py use_lidar:=true

# 啟動 D435i 相機節點
$ros2 launch realsense2_camera rs_launch.py enable_depth:=false enable_color:=false enable_infra1:=true depth_module.profile:=640x480x15
```

然後，在同一網路的電腦中，啟動 RTAB SLAM 演算法和 RViz 即時顯示。

```
# 啟動 RTAB SLAM 演算法
$ ros2 launch originbot_navigation rtab_rgbd_gazebo.launch.py

# 啟動上位機
$ ros2 launch originbot_viz display_slam.launch.py
```

第 8 章　ROS 2 地圖建構：讓機器人理解環境

由於 RTAB 算力消耗較大，此處透過 ROS 2 的分散式特性，將 RTAB 演算法執行在電腦端。

如圖 8-37 所示，除了三維地圖，還有一個二維地圖映射到地面，可以用於未來的導航功能。

控制機器人在房間裡走一圈，看看建立好的三維地圖和環境是否一致，如果存在和真實場景不一致的地方，則需要考慮感測器資料誤差，常見的做法是重新校準里程計，同時在下次建圖時放慢速度。

完成地圖建構後，可以關閉執行的終端，然後在電腦上使用 rtabmap-databaseViewer 工具查看剛才儲存的地圖檔案，同時匯出可用的二維地圖，如圖 8-38 所示。

```
$ rtabmap-databaseViewer ~/.ros/rtabmap.db
```

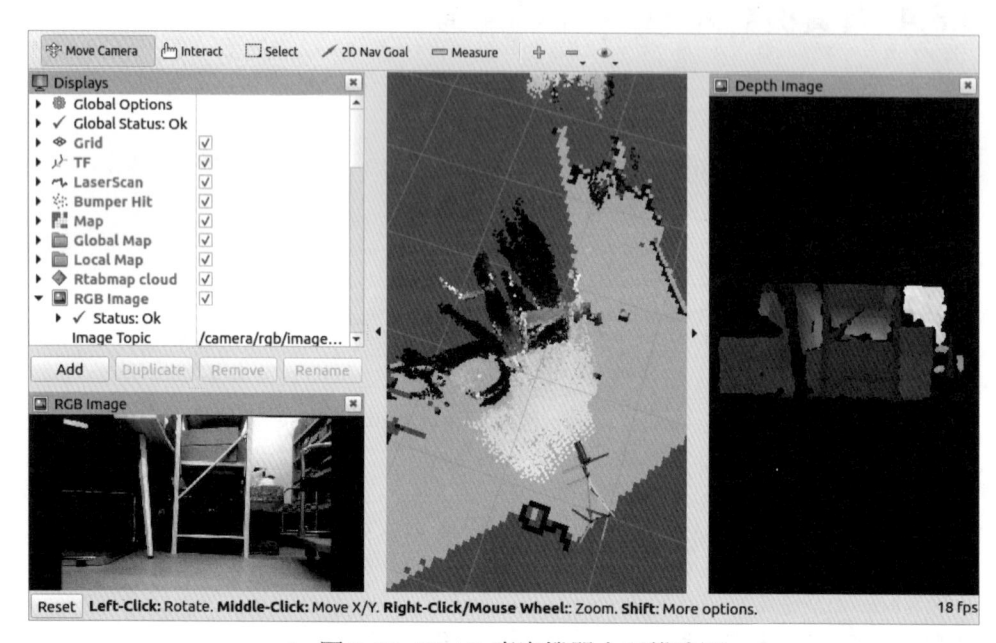

▲ 圖 8-37　RTAB 真實機器人三維建圖

8-44

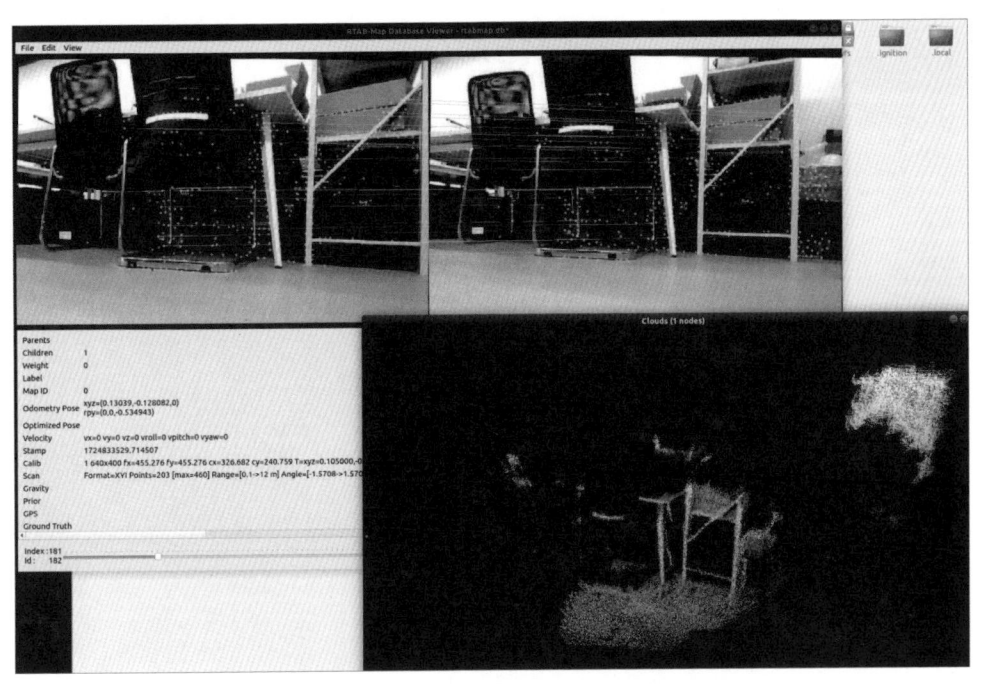

▲ 圖 8-38 RTAB 真實機器人建圖結果

8.6 本章小結

在本章中，我們深入探索了智慧型機器人領域的關鍵技術——SLAM。不難發現，SLAM 其實是對本書前面 7 章知識的綜合運用，從 ROS 2 的基礎原理到實際應用的探索，再到模擬機器人的操作與偵錯，以及機器人感測器資料的讀取與底盤驅動的控制，各部分緊密相連。

第 9 章將基於 SLAM 建構的地圖，進一步探索智慧型機器人的導航技術，讓機器人能夠在未知環境中自主行走，執行更加智慧化的任務。

MEMO

9

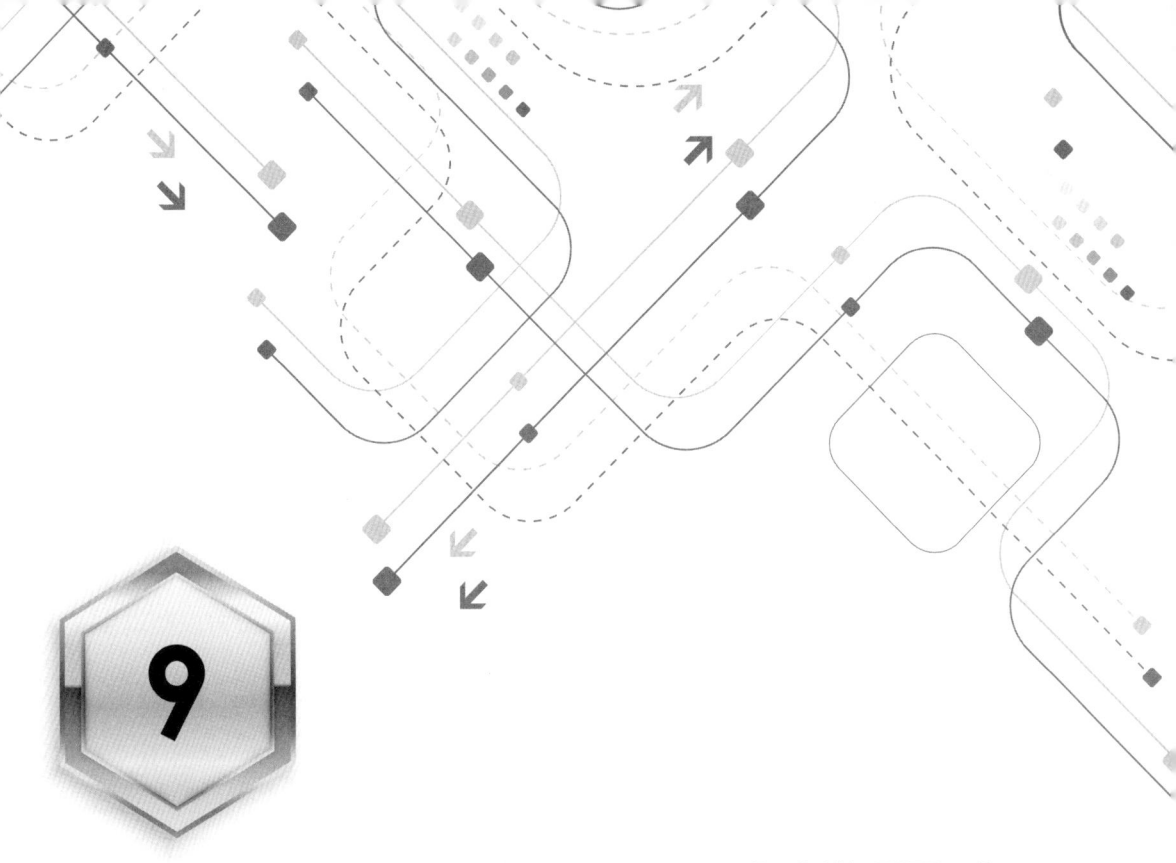

ROS 2 自主導航：讓機器人運動自由

我們已經透過 SLAM 技術控制機器人建立了未知環境的地圖，不知道現在大家心中是否有一個疑問：建立好的地圖有什麼用呢？本章就來介紹 SLAM 地圖一個重要的使用場景——自主導航。

以掃地機器人為例，當一個掃地機器人第一次來到你家時，它對家裡的環境一無所知，所以第一次啟動時，它的主要工作是探索這個未知環境，使用的技術就是 SLAM。地圖建立完成後，就要正式開始幹活了，接下來很多問題擺在機器人面前：如何完整走過家裡每一個地方？如何躲避地圖中已知的牆壁、衣櫃等障礙物？靜態的還好說，如果有「熊孩子」或寵物，還有地上不時出現的各種雜物，機器人又該如何一一躲避？這些問題就需要一套智慧化的自主導航演算法來解決。

第 9 章　ROS 2 自主導航：讓機器人運動自由

9.1 機器人自主導航原理

機器人自主導航的流程並不複雜，和我們日常使用地圖 App 的導航功能非常相似。

首先選擇一個導航的目標點，如圖 9-1 所示的 Goal，可以在地圖 App 裡直接輸入，也可以在機器人中人為給定，目的是明確機器人「去哪裡」。

接下來，在進行路徑規劃前，機器人還得知道自己「在哪裡」，地圖 App 可以透過手機中的 GPS 獲知定位，機器人在室外也可以用類似的方法。如果在室內，GPS 的精度不夠，那麼可以使用 SLAM 技術進行定位，也可以使用後面將要介紹的 AMCL——一種全域定位的演算法進行定位。

▲ 圖 9-1　移動機器人的自主導航流程

9.2 Nav2 自主導航框架

回想一下地圖 App 中的操作，接下來 App 會畫出一條連接起點和終點的最佳路徑，這就是路徑規劃的過程。規劃這條最佳路徑的模組被稱為全域規劃器，也就是站在全域地圖的角度，分析如何讓機器人以最佳的路徑抵達目的地。

規劃出路徑後，機器人就開始移動了，在理想狀態下，機器人需要儘量沿著全域路徑運動，這個過程中難免會遇到臨時增加的障礙物等問題，需要機器人動態決策。此時，機器人會偏離全域路徑，動態躲避障礙物，這個過程就需要機器人搭載一個局部規劃器。

局部規劃器除了會即時規劃避障路徑，還會努力讓機器人沿著全域路徑運動，也就是規劃機器人每時每刻的運動速度，這個速度就是之前頻繁用到的 cmd_vel 話題。將速度指令傳輸給機器人底盤，底盤中的驅動就會控制機器人的馬達按照某一速度運動，從而帶動機器人向目標前進。

9.2 Nav2 自主導航框架

ROS 2 社區中有一套專業的機器人自主導航框架——Nav2。Nav2 是 Navigation2 的縮寫，它是一個專門為移動機器人提供導航功能的軟體套件集合，支援多種類型的機器人的自主定位、路徑規劃、避障和運動控制等功能。

9.2.1 系統框架

先來了解一下 Nav2 自主導航框架的系統架構，如圖 9-2 所示，該框架需要和外部節點互動的資訊較多。首先是路點（waypoints），也就是一系列導航的目標位置，路點可以有一個或多個，例如從 A 到 B，從 B 到 C，再從 C 到 D，這裡的 B、C、D 就是路徑點的目標資訊。

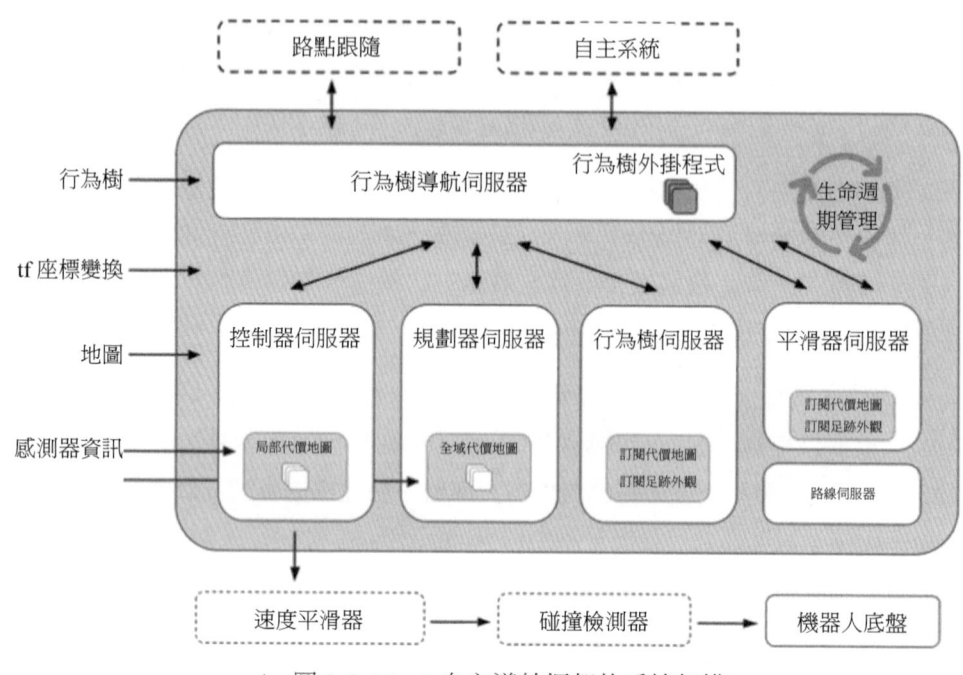

第 9 章　ROS 2 自主導航：讓機器人運動自由

▲ 圖 9-2　Nav2 自主導航框架的系統架構

　　為了實現導航，Nav2 還需要一些輔助資訊幫助它明確位置和導航資訊。例如 tf 座標轉換資訊，它表示機器人和里程計之間的關係，可以幫助機器人確定自身在地圖中的位置。對於機器人導航而言，只有知道自己在哪裡、目標在哪裡，才能進行路徑規劃。另一個重要資訊是地圖，SLAM 建構的地圖可以提供環境中的靜態障礙物資訊，例如牆壁和桌子等。

　　此外，機器人還需要透過雷達動態檢測環境中的動態障礙物，例如突然出現在前方的人，並即時更新定位資訊和避障策略。

　　有了以上資訊，接下來實現 Nav2 框架。框架上方有一個行為樹導航伺服器，它是一個組織和管理導航演算法的機制。行為樹透過參數化配置，設置了導航過程中使用的外掛程式和功能，用於組織和管理多個有具體功能的伺服器。

9.2 Nav2 自主導航框架

1. 規劃器伺服器

類似導航 App 中的路徑規劃功能，規劃器伺服器負責規劃全域路徑。根據全域代價地圖（Global Costmap），伺服器規劃器計算從 A 點到 B 點的最佳路徑，從而繞過障礙物。其中可以選配的規劃演算法種類較多，常見的如 A*、Dijkstra 演算法等。

2. 控制器伺服器

在全域路徑規劃完成後，控制器伺服器提供路徑跟隨（Follow Path）服務，讓機器人儘量沿著預定的路徑移動。同時，它根據局部代價地圖（Local Costmap）和即時感測器資料，動態調整機器人的路徑，確保機器人能夠避開動態障礙物並沿著全域路徑行進。

3. 平滑器伺服器

在規劃器伺服器和控制器伺服器輸出路徑後，平滑器伺服器會獲取路徑，並透過一些處理使之更加平滑，減少大幅度的轉角或加減速變化，確保機器人的運動過程更加順暢。

這三個伺服器透過行為樹進行組織和管理。行為樹決定了各個功能模組的執行順序和條件，確保導航過程的正確性和有效性。

> 行為樹就像一位組織者，協調各個模組的工作。

Nav2 框架完成軌跡的規劃控制後生成速度控制指令——cmd_vel，包括線速度和角速度。為了提高機器人底盤控制的平穩度，速度平滑器還會對演算法輸出的速度進行平穩的加減速，然後檢測機器人按照該速度運動是否會發生碰撞，最後將結果傳遞給機器人的底盤控制器，驅動機器人沿著規劃的路徑移動，完成整個導航過程。

9.2.2 全域導航

全域導航是由規劃器伺服器負責的，它的主要任務是根據全域代價地圖型計算從起點到目標點的最佳路徑。

那麼全域代價地圖是什麼呢？Nav2 中的代價（Cost）指的是機器人透過某個區域的難易程度。舉例來說，空曠的區域代價低，機器人可以輕鬆透過；靠近障礙物的區域代價高，機器人需要小心避讓。全域代價地圖指的就是透過 SLAM 生成的靜態地圖和感測器提供的動態資料建構的詳細的環境模型。

所以全域導航的關鍵在於利用地圖資訊和感測器資料，確保路徑規劃的準確性和有效性。其中，地圖資訊通常透過 SLAM 技術生成，地圖中包含環境中的靜態障礙物，而感測器資料則即時提供障礙物資訊。綜合這些資訊，規劃伺服器就能規劃出一條安全且高效的路徑。

在 Nav2 中，全域規劃演算法以外掛程式的形式設置於行為樹 XML 檔案中，常見的演算法有 A* 和 Dijkstra，兩種演算法的效果對比如圖 9-3 所示。

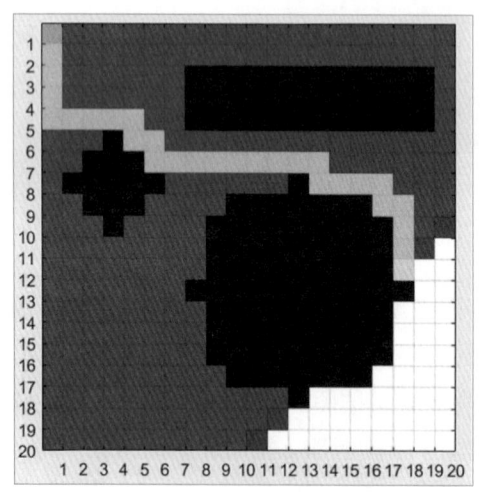

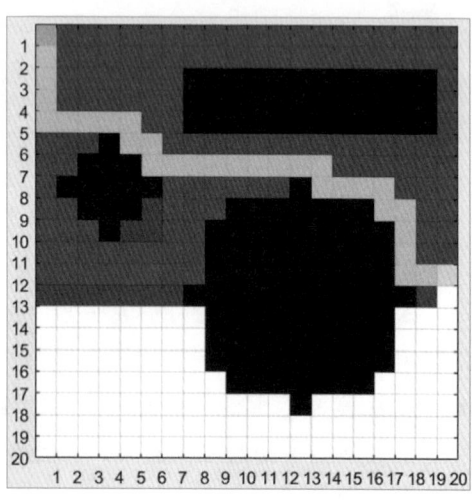

▲ 圖 9-3 Dijkstra 與 A* 演算法

- **Dijkstra 演算法**。Dijkstra 可以看作一種廣度優先演算法，搜索過程會從起點開始一層一層輻射出去，直到發現目標點，由於搜索的空間大，往往可以找到全域最佳解作為全域路徑，不過消耗的時間和記憶體資源相對較多，適合小範圍的路徑規劃，例如室內或園區內的導航。
- **A* 演算法**。由於加入了一個啟發函式，在搜索過程中會有一個搜索的方向，縮小了搜索的空間。但是啟發函式存在一定的隨機性，最終得到的全域路徑不一定是全域最佳解。不過這種演算法效率高，佔用資源少，適合範圍較大的應用場景。

考慮到移動機器人的大部分應用場景範圍有限，而且運算資源豐富，所以在 ROS 2 導航中，還是以 Dijkstra 演算法為主。

9.2.3 局部導航

在 Nav2 框架中，局部導航由控制伺服器（Controller Server）負責，它的主要任務是確保機器人在全域路徑規劃的基礎上能夠即時地沿著規劃好的路徑移動，並利用局部代價地圖動態避開環境中的障礙物。局部導航類似於手機導航 App 中的即時導航功能，當我們行駛在路上時，App 會不斷調整路線，確保不會偏離預定路徑。

局部導航的關鍵在於即時性和靈活性。雖然全域路徑規劃提供了從起點到目標點的最佳路徑，但在實際行進過程中，環境可能發生變化，例如突然出現的行人或移動的障礙物。控制器伺服器透過不斷接收感測器資料（如雷射掃描和點雲端資料），即時更新機器人的位置和周圍環境資訊，確保機器人能夠靈活應對這些變化。

局部代價地圖與全域代價地圖類似，但它專注於機器人周圍的局部環境，更新頻率通常高於全域代價地圖。

局部路徑規劃演算法與全域路徑規劃算的原理不同，但是它的設置方式也在行為樹的 XML 檔案中，Nav2 框架中常見的演算法有 DWA、TEB 演算法等。

第 9 章　ROS 2 自主導航：讓機器人運動自由

- **DWA 演算法**。DWA（Dynamic Window Approaches）演算法的輸入是全域路徑和本地代價地圖的參考資訊，輸出是整個導航框架的最終目的——傳輸給機器人底盤的速度指令。這中間的處理過程是什麼樣的呢？如圖 9-4 右側所示。

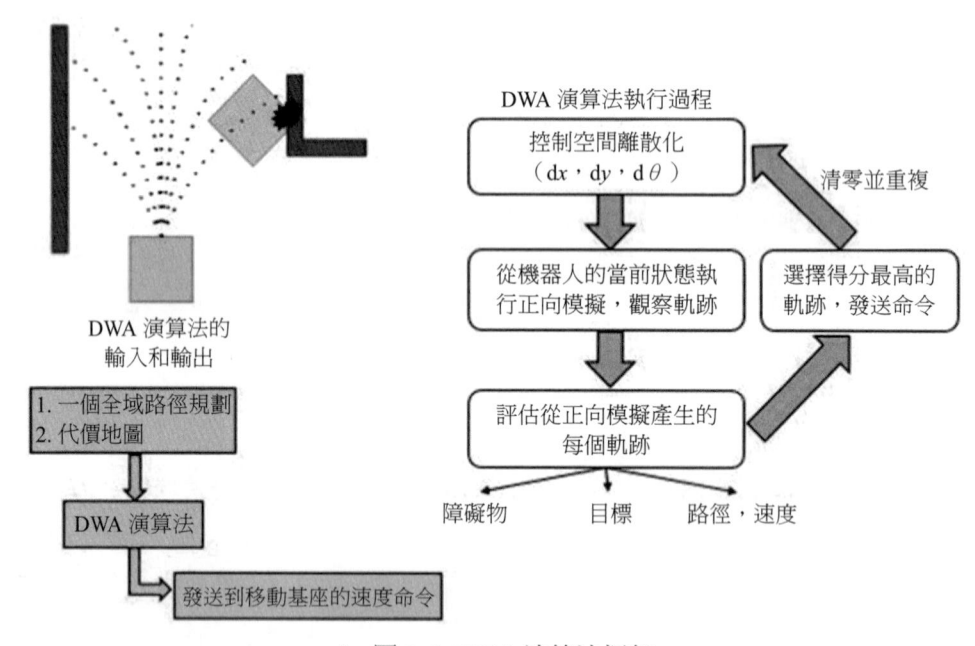

▲ 圖 9-4　DWA 演算法框架

　　DWA 首先將機器人的控制空間離散化，也就是根據機器人當前的執行狀態，採樣多組速度，然後使用這些速度模擬機器人在一定時間內的運動軌跡。得到多筆軌跡後，再透過一個評價函式對這些軌跡評分，評分標準包括軌跡是否會導致機器人碰撞、是否在向全域路徑靠近等，綜合評分最高的軌跡速度，就是傳輸給機器人的速度指令。

　　DWA 演算法的實現流程簡單，計算效率也比較高，但是不太適用於環境頻繁發生變化的場景。

- **TEB 演算法**。TEB 演算法的全稱是 Time Elastic Band，其中 Elastic Band 的中文意思是橡皮筋，可見這種演算法也具備橡皮筋的特性：連接

9.2 Nav2 自主導航框架

起點和目標點,路徑可以變形,變形的條件就是各種路徑約束,類似於給橡皮筋施加了一個外力。

如圖 9-5 所示,在 TEB 的演算法框架中,機器人位於當前位置,目標點是全域路徑上的點,這兩個點類似橡皮筋的兩端,是固定的。接下來,TEB 演算法會在兩點之間插入一些機器人的姿態點控制橡皮筋的形變,為了顯示軌跡的運動學資訊,還得定義點和點之間的運動時間,也就是這裡 Time 的含義。

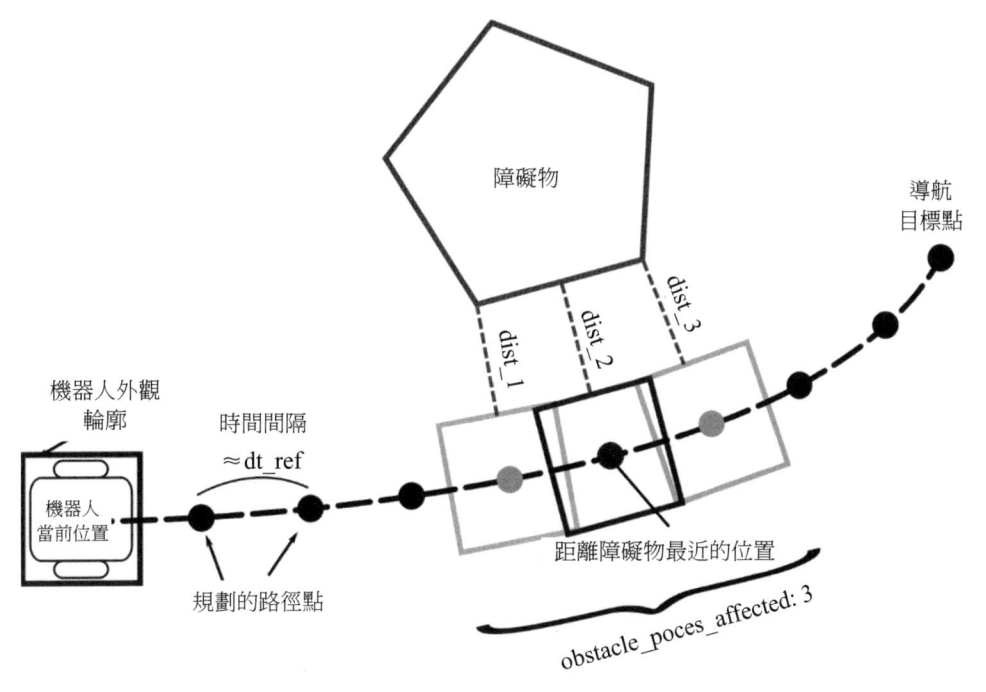

▲ 圖 9-5 TEB 演算法框架

接下來這些離散的位姿就組成了一個最佳化問題:讓這些離散位姿組成的軌跡能實現時間最短、距離最短、遠離障礙物等目標,同時限制速度與加速度,符合機器人的運動學。

最終,滿足這些約束的機器人狀態,就作為局部導航輸入機器人底盤的速度指令。

9.2.4 定位功能

在 Nav2 框架中，定位功能是機器人自主導航的基礎，主要任務是確定機器人在環境中的準確位置和姿態（位置和方向）。Nav2 通常使用 AMCL 演算法幫助機器人進行定位。什麼是 AMCL 演算法呢？

AMCL 功能套件封裝了一套針對二維環境的蒙地卡羅定位方法，如圖 9-6 所示，演算法的核心是粒子濾波器，它使用一系列粒子來表示機器人可能的狀態。每個粒子包含了機器人的位置和方向的估計值。在機器人移動時，這些粒子也會根據機器人的運動模型進行更新。同時，透過將機器人的感測器資料（如雷射雷達資料）與地圖進行比較，演算法會評估每個粒子的權重，即該粒子代表的位置估計與實際觀測資料匹配的程度。在每次更新中，權重較高的粒子將有更大的機會被保留下來，而權重較低的粒子則可能被淘汰。這個過程被稱為重採樣。透過這種方式，粒子群逐漸聚焦於最可能代表機器人實際位置的區域，從而實現高精度的定位。

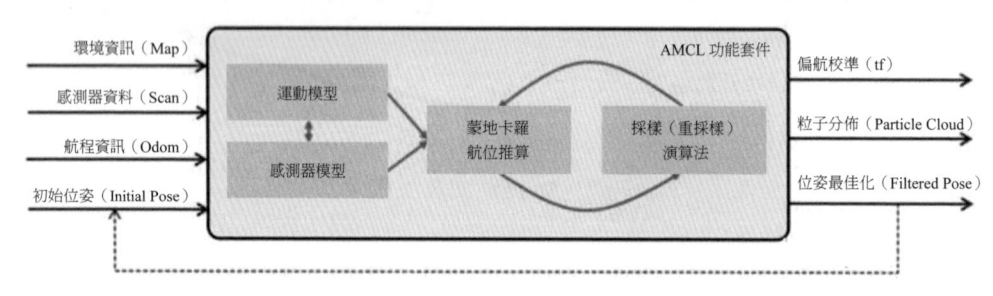

如圖 9-7 所示，我們可以形象地描述 AMCL 演算法：AMCL 演算法會在機器人的初始位姿周圍隨機撒很多粒子，每個粒子都可以看作機器人的分身，由於這些粒子是隨機撒下的，所以這些分身的姿態並不一致。

▲ 圖 9-6 AMCL 演算法框架

9.2 Nav2 自主導航框架

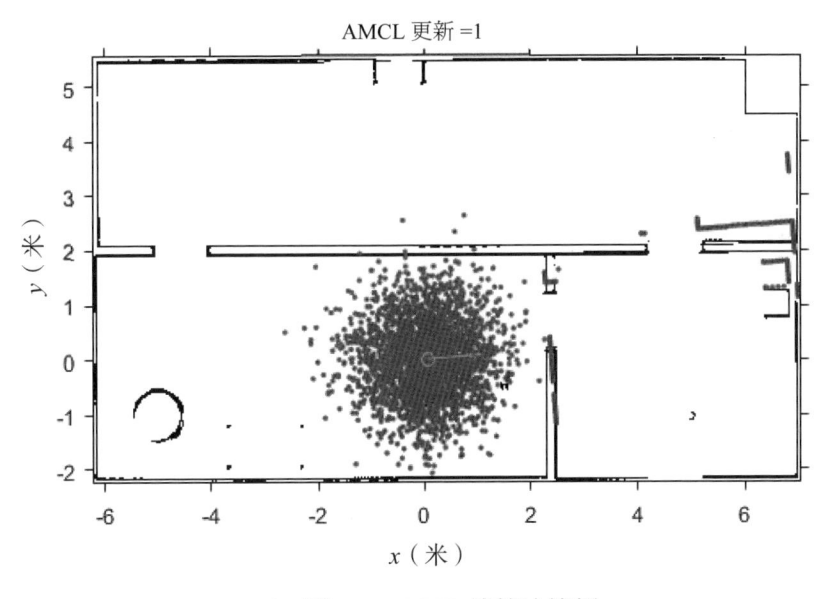

▲ 圖 9-7 AMCL 演算法範例

接下來機器人開始運動，舉例來說，機器人以 1m/s 的速度前進，那麼這些粒子分身也會按照同樣的速度運動，由於姿態不同，每個粒子的運動方向不一致，也就會和機器人漸行漸遠，如何判斷這些粒子偏航了呢？這就要結合地圖資訊了。

舉例來說，機器人向前走了 1m，這時透過感測器我們可以發現機器人距離前方的障礙物從原來的 10m 變為 9m，這個資訊也會傳給所有粒子，那些和機器人漸行漸遠的粒子會被演算法刪除，和機器人狀態一致的粒子則被保留，同時衍生出一個同樣狀態的粒子，以避免最後所有粒子都被刪除了。

按照這樣的想法，以某個固定的頻率不斷對粒子進行篩選，基本一致的留下，不一致的刪除，最終這些粒子就會逐漸向機器人的真實位姿靠近，聚集度最高的地方，就被看作機器人的當前位姿，也就是定位的結果。

以上就是 AMCL 演算法的主要流程，大家也可以參考《機率機器人》進行更加深入的學習。

9.3 Nav2 安裝與體驗

了解了 Nav2 框架的結構，相信大家早已經摩拳擦掌了，本節就進入機器人 Nav2 自主導航框架的安裝與體驗環節。

9.3.1 Nav2 安裝方法

在 ROS 2 中，可以透過二進位套件直接安裝 Nav2。開啟一個終端，執行以下命令即可。

```
$ sudo apt update
$ sudo apt install ros-jazzy-navigation2
```

> 如果需要學習 Nav2 的原始程式，那麼需要使用原始程式安裝的方式，具體安裝步驟可以上網搜索。

除了 Nav2，官網還提供了 nav2_bringup 功能套件作為啟動範例，大家也可以繼續透過以下命令安裝，本章後續的部署與實踐也基於 nav2_bringup 功能套件進行延伸開發。

```
$ sudo apt install ros-jazzy-nav2-bringup
```

安裝完成後，可以在 /opt/ros/jazzy/share 下看到如圖 9-8 所示的功能套件列表，這些都是 Nav2 框架下的子功能模組。

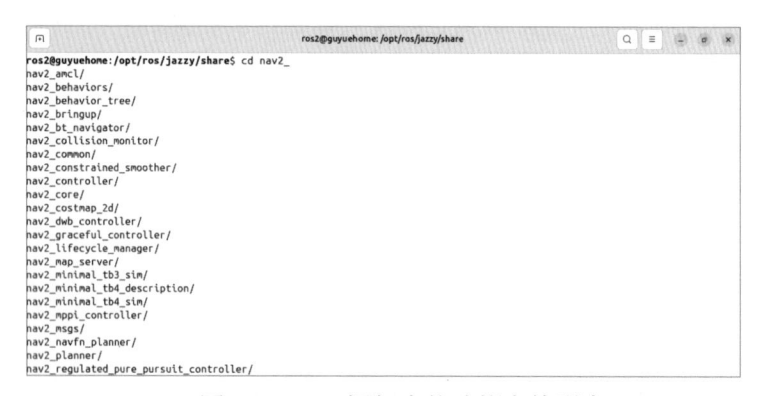

```
ros2@guyuehome:/opt/ros/jazzy/share$ cd nav2_
nav2_amcl/
nav2_behaviors/
nav2_behavior_tree/
nav2_bringup/
nav2_bt_navigator/
nav2_collision_monitor/
nav2_common/
nav2_constrained_smoother/
nav2_controller/
nav2_core/
nav2_costmap_2d/
nav2_dwb_controller/
nav2_graceful_controller/
nav2_lifecycle_manager/
nav2_map_server/
nav2_minimal_tb3_sim/
nav2_minimal_tb4_description/
nav2_minimal_tb4_sim/
nav2_mppi_controller/
nav2_msgs/
nav2_navfn_planner/
nav2_planner/
nav2_regulated_pure_pursuit_controller/
```

▲ 圖 9-8 Nav2 框架中的功能套件列表

9.3.2 Nav2 案例體驗

nav2_bringup 中包含 Turtlebot3 和 Turtlebot4 自主導航的官方範例，大家可以選擇以下命令中的某一句執行。

```
# Turtlebot3 導航範例
$ ros2 launch nav2_bringup tb3_simulation_launch.py

# Turtlebot4 導航範例
$ ros2 launch nav2_bringup tb4_simulation_launch.py
```

執行成功後，可以看到如圖 9-9 所示的介面，介面並中沒有機器人和其他元素，只有一張靜態地圖。

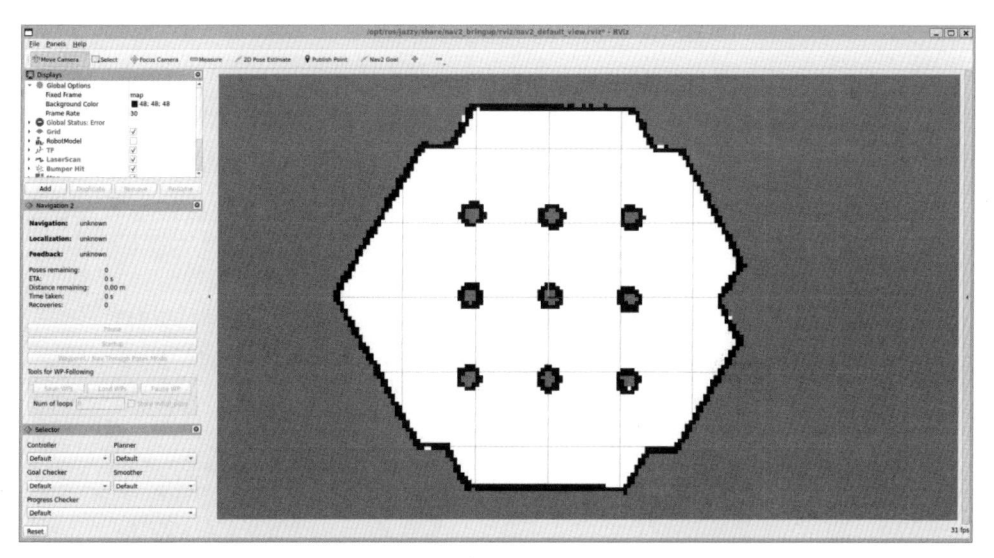

▲ 圖 9-9 Nav2 官方範例啟動後的介面

此時點擊 RViz 工具列中的「2D Pose Estimate」選項，並且在靜態地圖上點擊和滑動，這個動作相當於給了機器人一個參考的初始位姿，然後機器人就會啟動 AMCL 演算法對自己的位姿進行定位矯正，也就會出現如圖 9-10 所示的畫面。

第 9 章　ROS 2 自主導航：讓機器人運動自由

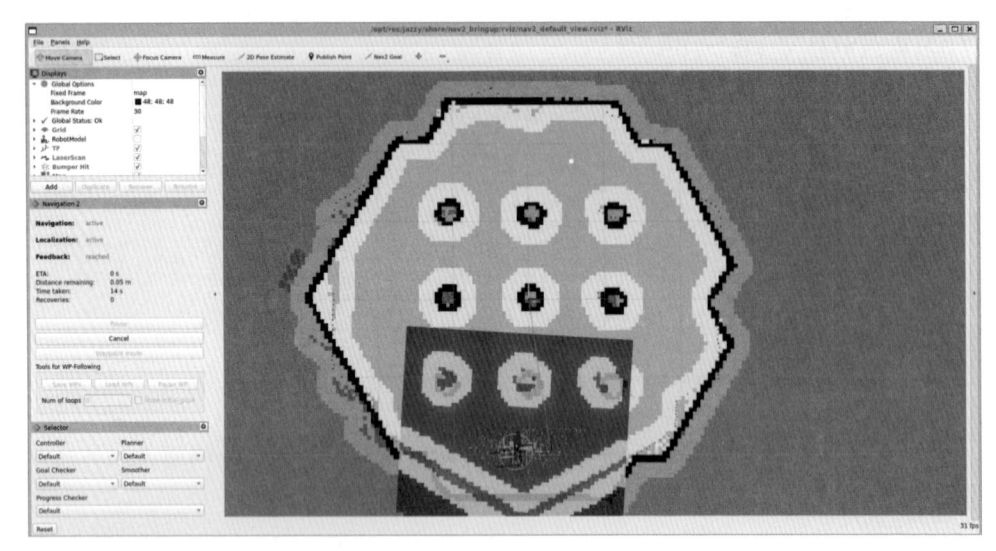

▲ 圖 9-10　啟動定位後的 Nav2 介面

此時可以看到，RViz 介面中已經出現了機器人及對應的代價地圖，繼續點擊工具列中的導航選項「Nav2 Goal」，並在地圖中設定目標點，如圖 9-11 所示，此時機器人就會朝著目標位置移動，而 RViz 中也會出現連接機器人和目標點的全域路徑。

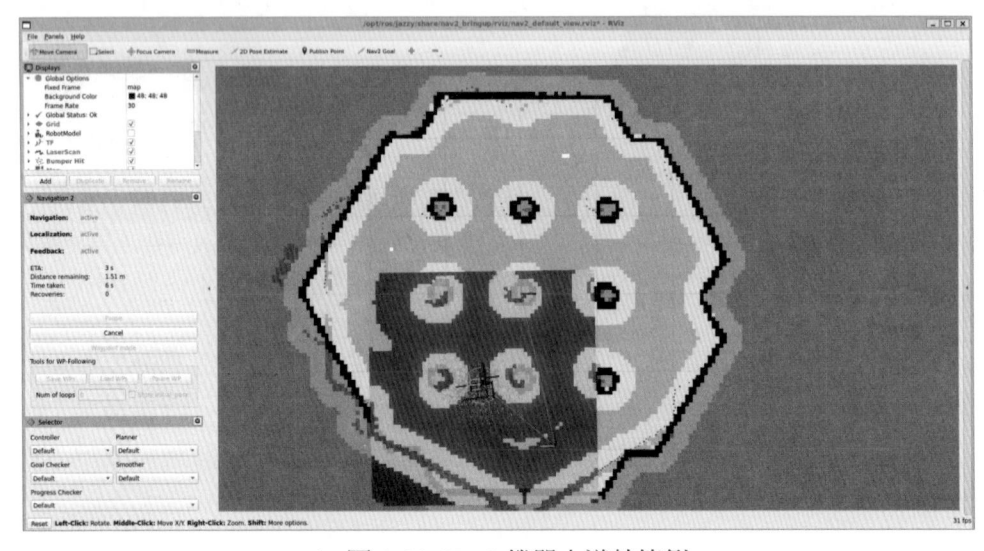

▲ 圖 9-11　Nav2 機器人導航範例

9.4 機器人自主導航模擬

體驗了 Nav2 的官方範例，大家肯定會想在自己的機器人上執行 Nav2。本節繼續以 OriginBot 為例，帶領大家學習 Nav2 的配置方法，同時在自己的電腦上執行自主導航模擬。

Nav2 的配置方法主要涉及兩部分，分別是 Nav2 參數配置和 Launch 開機檔案配置。

9.4.1 Nav2 參數配置

Nav2 自主導航框架除了需要資料登錄，還需要設置諸如全域路徑規劃演算法、機器人座標等參數，以便快速調配不同形態的機器人。

9.3 節使用的 nav2_bringup 功能套件中包含預設的參數配置，只需要在此基礎上進行修改即可。這些參數已經調配並遷移到了 originbot_navigation 功能套件的 param 目錄下，開啟其中的 originbot_nav2.yaml 檔案，可以看到四百多行內容，這些內容包含了機器人的尺寸資訊、感測器配置、速度限制和行為樹配置資訊等。內容雖然很多，但大內容是類似的，例如參數名稱中帶 topic 的都是話題資訊，如 /scan、/odom 等；帶 frame 的都是座標資訊，如 map、base_link 等。

以行為規劃器的一段參數設置為例，以下參數列表中使用的里程計話題（odom_topic）是 /odom，全域座標系（global_frame）是 map。

```
bt_navigator:
  ros__parameters:
    use_sim_time: True
    global_frame: map
    robot_base_frame: base_link
    odom_topic: /odom
bt_loop_duration: 10
---
```

第 9 章　ROS 2 自主導航：讓機器人運動自由

除了一些通用的參數，具體的規劃演算法還有很多專屬的配置參數，合理配置這些參數可以幫助機器人更進一步地應對不同的場景。以 AMCL 演算法為例，可以修改的參數及對應的含義如下。

```
amcl:
  ros__parameters:
    alpha1: 0.2                                    # 里程計模型的旋轉運動雜訊
    alpha2: 0.2                                    # 里程計模型的平移運動雜訊
    alpha3: 0.2                                    # 里程計模型的平移後旋轉雜訊
    alpha4: 0.2                                    # 里程計模型的旋轉後平移雜訊
    alpha5: 0.2                                    # 里程計模型的額外雜訊參數
    base_frame_id: "base_footprint"                # 機器人基座的座標幀 ID
    beam_skip_distance: 0.5                        # 光束跳躍的距離設定值
    beam_skip_error_threshold: 0.9                 # 光束跳躍的錯誤設定值
    beam_skip_threshold: 0.3                       # 光束跳躍的機率設定值
    do_beamskip: false                             # 是否執行光束跳躍最佳化
    global_frame_id: "map"                         # 全域座標幀 ID
    lambda_short: 0.1                              # 指數分佈率參數（用於短距離命中模型）
    laser_likelihood_max_dist: 2.0                 # 雷射似然欄位模型的最大距離
    laser_max_range: 100.0                         # 雷射的最大測量範圍
    laser_min_range: -1.0                          # 雷射的最小測量範圍
    laser_model_type: "likelihood_field"           # 雷射模型類型
    max_beams: 60                                  # 每次掃描考慮的最大光束數
    max_particles: 2000                            # 粒子濾波器的最大粒子數
    min_particles: 500                             # 粒子濾波器的最小粒子數
    odom_frame_id: "odom"                          # 里程計座標幀 ID
    pf_err: 0.05                                   # 粒子濾波器的誤差參數
    pf_z: 0.99                                     # 粒子濾波器的 Z 參數
    recovery_alpha_fast: 0.0                       # 快速收斂的恢復因數
    recovery_alpha_slow: 0.0                       # 慢速收斂的恢復因數
    resample_interval: 1                           # 重採樣間隔
    robot_model_type: "nav2_amcl::DifferentialMotionModel"   # 機器人運動模型類型
    save_pose_rate: 0.5                            # 儲存位姿的頻率
    sigma_hit: 0.2                                 # 命中模型的標準差
    tf_broadcast: true                             # 是否廣播座標變換
    transform_tolerance: 1.0                       # 座標變換的容忍度
    update_min_a: 0.2                              # 更新設定值（最小角度變化）
    update_min_d: 0.25                             # 更新設定值（最小距離變化）
```

```
z_hit: 0.5                              # 命中機率
z_max: 0.05                             # 最大測量機率
z_rand: 0.5                             # 隨機測量機率
z_short: 0.05                           # 短距離測量機率
scan_topic: scan                        # 雷射掃描資料的話題名稱
```

在以上參數中，scan_topic、alpha1、alpha2 等參數初看上去可能難以理解，但它們都是機器人真實運動中需要調配的參數。在實際使用中，大家可以根據具體的應用場景和機器人的特性進行調整，從而最佳化定位的準確性和效率。舉例來說，透過調整粒子數、掃描模型和雜訊參數，可以在運算資源和定位精度上找到合適的平衡點。

9.4.2 Launch 開機檔案配置

有了基本的參數檔案和導航功能套件，接下來需要透過 Launch 檔案啟動 Nav2 中許多導航相關的節點，並載入各個節點所需要的配置參數。

參考 nav2_bringup 中的 Turtlebot3 範例，會發現其中有一個關於 Nav2 啟動的關鍵檔案——bringup.launch.py，該檔案中會啟動 Nav2 需要的各個關鍵節點，包括參數檔案呼叫、是否使用 SLAM 等。

```
bringup_cmd = IncludeLaunchDescription(
    PythonLaunchDescriptionSource(os.path.join(launch_dir, 'bringup_launch.py')),
    launch_arguments={
        'namespace': namespace,
        'use_namespace': use_namespace,
        'slam': slam,
        'map': map_yaml_file,
        'use_sim_time': use_sim_time,
        'params_file': params_file,
        'autostart': autostart,
        'use_composition': use_composition,
        'use_respawn': use_respawn,
    }.items(),
)
```

第 9 章　ROS 2 自主導航：讓機器人運動自由

結合到大家自己的機器人，只需要包含這個 Launch 檔案的內容即可。以 OriginBot 為例，完整的開機檔案是 originbot_navigation/launch/nav_bringup_gazebo.launch.py，內容如下。

```python
import os

from ament_index_python.packages import get_package_share_directory
from launch import LaunchDescription
from launch.actions import DeclareLaunchArgument
from launch.actions import IncludeLaunchDescription
from launch.launch_description_sources import PythonLaunchDescriptionSource
from launch.substitutions import LaunchConfiguration
from launch_ros.actions import Node

def generate_launch_description():
    # 獲取套件的共用目錄
    navigation2_dir = get_package_share_directory('originbot_navigation')
    nav2_bringup_dir = get_package_share_directory('nav2_bringup')

    # 定義使用模擬時間的配置
    use_sim_time = LaunchConfiguration('use_sim_time', default='true')
    # 定義地圖檔案的路徑配置
    map_yaml_path = LaunchConfiguration('map', default=os.path.join(navigation2_dir, 'maps', 'my_map.yaml'))
    # 定義參數檔案的路徑配置
    nav2_param_path = LaunchConfiguration('params_file', default=os.path.join(navigation2_dir, 'param', 'originbot_nav2.yaml'))

    # RViz 設定檔路徑
    rviz_config_dir = os.path.join(nav2_bringup_dir, 'rviz', 'nav2_default_view.rviz')

    return LaunchDescription([
        # 宣告使用模擬時間的啟動參數
        DeclareLaunchArgument('use_sim_time', default_value=use_sim_time, description=' 如果為真，則使用模擬 (Gazebo) 時鐘 '),
        # 宣告地圖檔案路徑的啟動參數
        DeclareLaunchArgument('map', default_value=map_yaml_path, description=' 要載入的地圖檔案的完整路徑 '),
        # 宣告參數檔案路徑的啟動參數
```

9.4 機器人自主導航模擬

```
        DeclareLaunchArgument('params_file', default_value=nav2_param_path,
description=' 要載入的參數檔案的完整路徑 '),

        # 包含 Nav2 啟動配置
        IncludeLaunchDescription(
            PythonLaunchDescriptionSource([nav2_bringup_dir, '/launch',
'/bringup_launch.py']),
            launch_arguments={
                'map': map_yaml_path,
                'use_sim_time': use_sim_time,
                'params_file': nav2_param_path}.items(),
        ),
        # 啟動 RViz 節點
        Node(
            package='rviz2',
            executable='rviz2',
            name='rviz2',
            arguments=['-d', rviz_config_dir],
            parameters=[{'use_sim_time': use_sim_time}],
            output='screen'),
    ])
```

以上開機檔案配置和啟動了 Nav2 導航框架，包括設置和使用模擬時間、載入地圖檔案和參數檔案，以及啟動 RViz 視覺化工具，以便在螢幕上顯示導航和機器人的狀態。

9.4.3 機器人自主導航模擬

一切準備就緒，現在可以啟動機器人模擬環境，並且開始 Nav2 自主導航啦！

啟動第一個終端，使用以下命令啟動 OriginBot 機器人的模擬環境。

```
$ros2 launch learning_gazebo_harmonic load_mbot_lidar_into_maze_gazebo_harmonic.launch.py
```

第 9 章　ROS 2 自主導航：讓機器人運動自由

稍等片刻，啟動成功後，即可看到如圖 9-12 所示包含機器人模型的模擬環境。

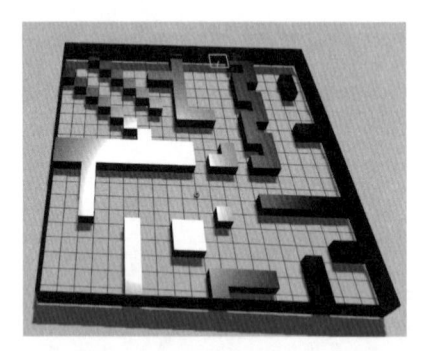

▲ 圖 9-12　OriginBot 模擬環境下的模型和場景

然後啟動第二個終端，在終端中輸入以下指令，啟動 Nav2 導航功能套件。

```
$ ros2 launch originbot_navigation nav_bringup_gazebo.launch.py
```

啟動的 RViz 介面如圖 9-13 所示，其中的地圖就是第 8 章建構的。

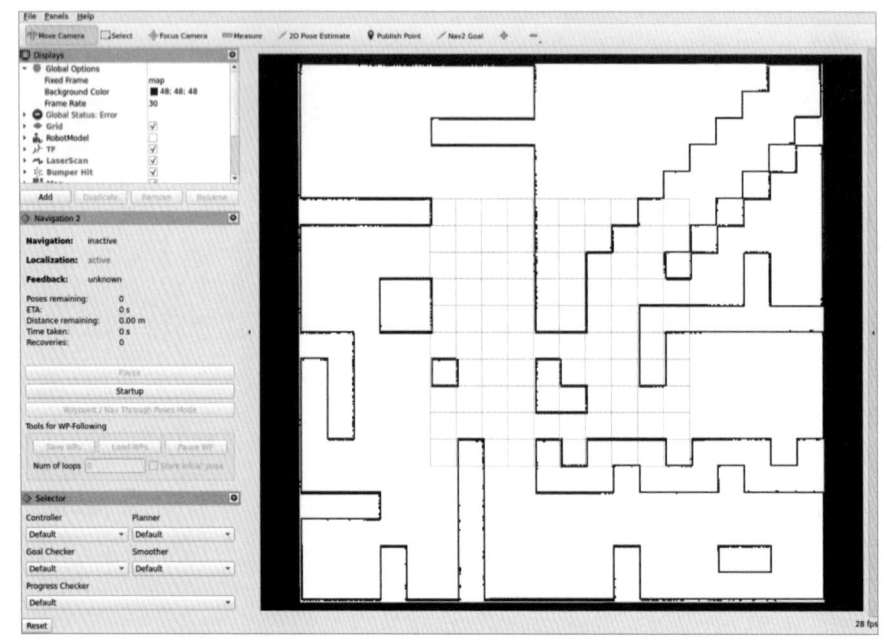

▲ 圖 9-13　OriginBot 自主導航模擬的地圖

9.4 機器人自主導航模擬

此時會在終端中看到不斷輸出的資訊，這是因為沒有設置機器人初始位姿，後續設置初始位置後即可解決。

如圖 9-14 所示，在開啟的 RViz 中配置好顯示項目，點擊工具列中的初始狀態估計「2D Pose Estimate」選項，在地圖中選擇機器人的初始位姿，點擊確認後，此前終端中的警告也會消除。

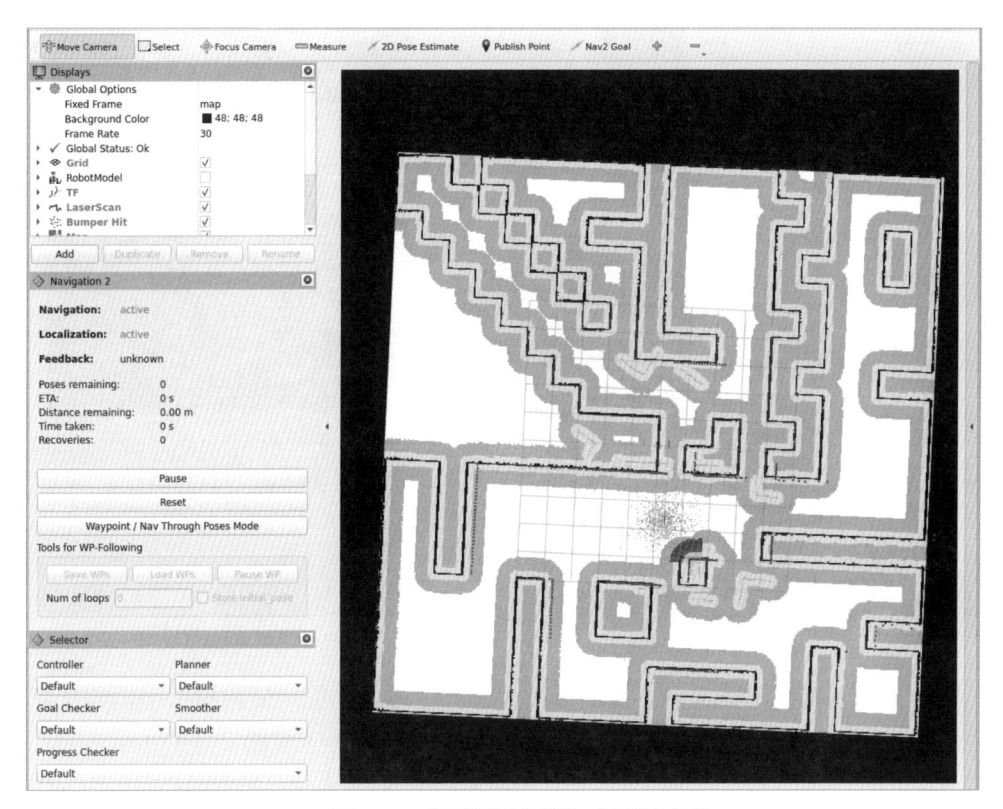

▲ 圖 9-14 模擬環境下完成初始定位

繼續點擊「2D Goal Pose」選項，在地圖上選擇導航目標點，如圖 9-15 所示，機器人立刻開始自主導航運動。

9-21

第 9 章　ROS 2 自主導航：讓機器人運動自由

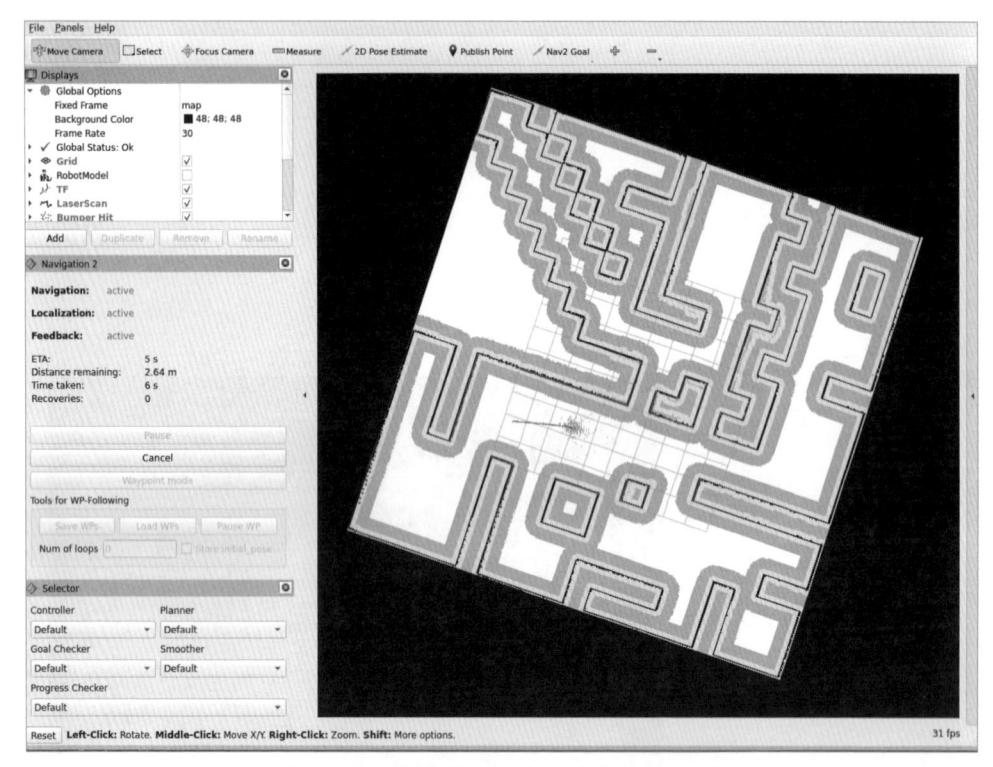

▲ 圖 9-15　模擬環境下完成機器人自主導航

9.5　機器人自主導航實踐

9.4 節已經在模擬環境下實現了機器人自主導航功能，使用模擬機器人和真實機器人做導航的差別大嗎？接下來不妨在真實機器人上實踐一下吧！

9.5.1　導航地圖配置

在自主導航模擬中使用的地圖是透過 SLAM 技術建構的，真實機器人的自主導航功能也需要在 SLAM 建立好的地圖上完成。

OriginBot 機器人導航功能套件中包含一張預設地圖，在進行導航前，需要參考以下步驟將其修改為 SLAM 建立的環境地圖。

1. 拷貝地圖檔案

拷貝 SLAM 建立好的地圖檔案（*.pgm）和地圖設定檔（*.yaml），放置到 originbot_ navigation/maps 路徑下。

2. 修改呼叫的地圖名稱

修改 originbot_navigation/launch/nav_bringup.launch 檔案中呼叫的地圖名稱，確保和上一步拷貝的地圖設定檔名稱一致，例如以下配置會將呼叫的地圖修改為「my_map」。

```
...
    # 定義地圖檔案的路徑配置變數
    map_yaml_path = LaunchConfiguration('map',
default=os.path.join(originbot_navigation_dir, 'maps', 'my_map.yaml'))
    # 定義參數檔案的路徑配置變數
    nav2_param_path = LaunchConfiguration('params_file',
default=os.path.join(originbot_navigation_dir, 'param', 'originbot_nav2.yaml'))
...
```

3. 重新編譯功能套件

完成以上修改後，在功能套件所在工作空間的根目錄下重新編譯。至此，地圖配置完成，之後就可以使用自己的地圖進行導航了。

9.5.2 Nav2 參數與 Launch 開機檔案配置

真實機器人 Nav2 參數檔案和開機檔案的配置方法與模擬一致。

以 OriginBot 機器人為例，在 originbot_navigation/param 中建立 originbot_nav.yaml 檔案，並將機器人的尺寸、感測器配置、演算法參數、速度限制、行為樹配置等資訊寫入 .yaml 檔案中，一些核心參數的配置和解析如下。

```
amcl:
  ros__parameters:
```

第 9 章　ROS 2 自主導航：讓機器人運動自由

```yaml
    use_sim_time: False                              # 是否使用模擬時間，適用於實際硬體執行
    base_frame_id: "base_footprint"                  # 機器人的基礎座標框架
    global_frame_id: "map"                           # 全域座標框架，用於定位
    min_particles: 500                               # 粒子濾波器中的最小粒子數
    max_particles: 2000                              # 粒子濾波器中的最大粒子數

controller_server:
  ros__parameters:
    use_sim_time: False                              # 是否使用模擬時間
    controller_frequency: 10.0                       # 控制器的執行頻率，單位為 Hz
    min_x_velocity_threshold: 0.001                  # 最小的 x 軸速度設定值，用於確定機器人何時停止
    max_vel_x: 0.22                                  # 最大的 x 軸速度，控制機器人的最大前進速度

local_costmap:
  local_costmap:
    ros__parameters:
      update_frequency: 5.0                          # 局部代價圖的更新頻率，單位為 Hz
      robot_radius: 0.08                             # 機器人的半徑，用於避障計算
      resolution: 0.05                               # 代價圖的解析度，單位為 m

global_costmap:
  global_costmap:
    ros__parameters:
      update_frequency: 1.0                          # 全域代價圖的更新頻率，單位為 Hz
      robot_radius: 0.08                             # 機器人的半徑

bt_navigator:
  ros__parameters:
use_sim_time: False                                  # 是否使用模擬時間
    # 行為樹的預設 XML 檔案名稱，定義導航任務的行為
    default_bt_xml_filename: "navigate_w_replanning_and_recovery.xml"

recoveries_server:
  ros__parameters:
```

```
    use_sim_time: False                              # 是否使用模擬時間
    recovery_plugins: ["spin", "backup", "wait"]     # 定義用於恢復行為的外掛程式
```

同理，Launch 開機檔案的修改方法也與模擬相同，完整的開機檔案 originbot_navigation/ launch/nav_bringup.launch.py 內容如下。

```python
#!/usr/bin/python3

import os
from ament_index_python.packages import get_package_share_directory
from launch import LaunchDescription
from launch.actions import DeclareLaunchArgument
from launch.actions import IncludeLaunchDescription
from launch.launch_description_sources import PythonLaunchDescriptionSource
from launch.substitutions import LaunchConfiguration
from launch_ros.actions import Node

def generate_launch_description():
    # 獲取 originbot_navigation 和 nav2_bringup 套件的共用目錄路徑
    originbot_navigation_dir = get_package_share_directory('originbot_navigation')
    nav2_bringup_dir = get_package_share_directory('nav2_bringup')

    # 定義是否使用模擬時間的配置變數，預設為 'false'
    use_sim_time = LaunchConfiguration('use_sim_time', default='false')
    # 定義地圖檔案的路徑配置變數
    map_yaml_path = LaunchConfiguration('map',
default=os.path.join(originbot_navigation_dir, 'maps', 'my_map.yaml'))
    # 定義參數檔案的路徑配置變數
    nav2_param_path = LaunchConfiguration('params_file',
default=os.path.join(originbot_navigation_dir, 'param', 'originbot_nav2.yaml'))

    return LaunchDescription([
        # 宣告使用模擬時間的啟動參數，用於配置是否使用 Gazebo 模擬時鐘
        DeclareLaunchArgument('use_sim_time', default_value=use_sim_time,
description=' 如果為真，則使用模擬 (Gazebo) 時鐘 '),
        # 宣告地圖檔案路徑的啟動參數，用於指定要載入的地圖檔案的完整路徑
        DeclareLaunchArgument('map', default_value=map_yaml_path, description=' 要載入的地圖檔案的完整路徑 '),
        # 宣告參數檔案路徑的啟動參數，用於指定要載入的參數檔案的完整路徑
```

第 9 章　ROS 2 自主導航：讓機器人運動自由

```
            DeclareLaunchArgument('params_file', default_value=nav2_param_path,
description=' 要載入的參數檔案的完整路徑 '),

        # 包含 Nav2 啟動配置的描述檔案，傳遞地圖、模擬時間，以及配置參數檔案
IncludeLaunchDescription(
            PythonLaunchDescriptionSource([nav2_bringup_dir, '/launch',
'/bringup_launch.py']),
            launch_arguments={
                'map': map_yaml_path,
                'use_sim_time': use_sim_time,
                'params_file': nav2_param_path}.items(),
        ),
    ])
```

　　以上開機檔案首先透過 get_package_share_directory() 函式獲取 originbot_navigation 和 nav2_bringup 套件的目錄路徑，然後定義是否使用模擬時間（use_sim_time）、地圖檔案的路徑（map_yaml_path），以及導航參數檔案的路徑（nav2_param_path）等。最後將這些配置傳輸給導航節點完成導航節點的啟動。

9.5.3　機器人自主導航實踐

　　接下來就可以在機器人上執行自主導航功能了。

　　透過 SSH 遠端連接 OriginBot 機器人，並且分別啟動兩個終端，執行以下命令，第一個終端啟動機器人的底盤，第二個終端執行自主導航功能。

```
# 機器人的終端 1
$ ros2 launch originbot_bringup originbot.launch.py use_lidar:=true

# 機器人的終端 2
$ ros2 launch originbot_navigation nav_bringup.launch.py
```

　　此時 Nav2 已經在機器人中執行起來了，如何看到自主導航的動態效果呢？可以在電腦端執行以下命令，啟動 RViz 上位機。

```
# 電腦端
$ ros2 launch originbot_viz display_navigation.launch.py
```

9-26

9.5 機器人自主導航實踐

開啟 RViz 後，機器人暫時靜止不動，可以選擇一元標點導航或多目標點導航模式。

預設是一元標點導航模式。

1. 一元標點導航

在開啟的 RViz 中配置好顯示項目，點擊工具列中的初始狀態估計「2D Pose Estimate」選項，在地圖中選擇機器人的初始位姿。然後點擊工具列中的「2D Goal Pose」選項，在地圖上選擇導航目標點。此時實物機器人即可開始自主導航，如圖 9-16 所示。

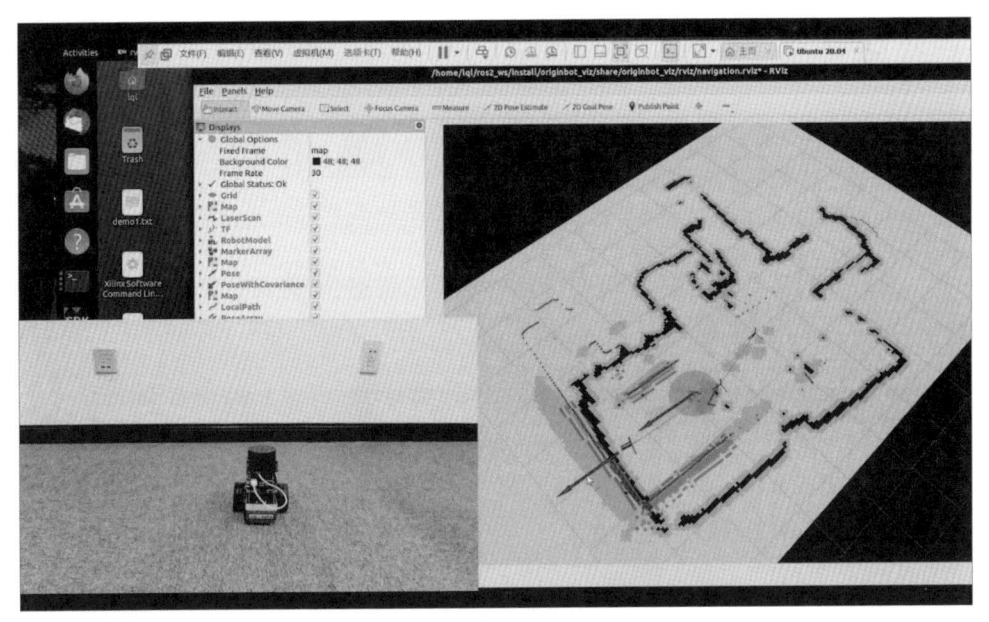

▲ 圖 9-16 移動機器人一元標點導航

2. 多目標點導航

如圖 9-17 所示，點擊 RViz 功能表列中的 Panels 外掛程式選項，從中選擇 Navigation2 外掛程式，點擊「OK」按鈕。

第 9 章　ROS 2 自主導航：讓機器人運動自由

▲ 圖 9-17　移動機器人多路點導航外掛程式

此處如果找不到 Navigation2 外掛程式，那麼請使用「sudo apt install ros-jazzy-nav2*」安裝。

如圖 9-18 所示，在左側彈出的導航外掛程式視窗中，點擊「Waypoint mode」按鈕，進入多路點選擇模式。

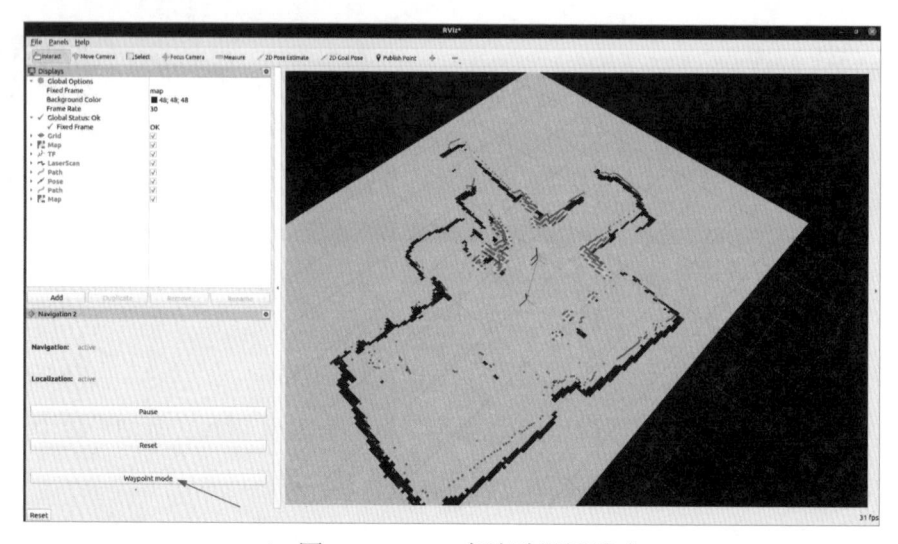

▲ 圖 9-18　Nav2 多路點選擇模式

9-28

使用工具列中的「Navigation2 Goal」選項，選擇多個需要導航經過的路點。選擇完成後，點擊外掛程式中的「Start Navigation」選項，此時導航運動開始，機器人會依次經過剛才選擇的路點，如圖 9-19 所示。

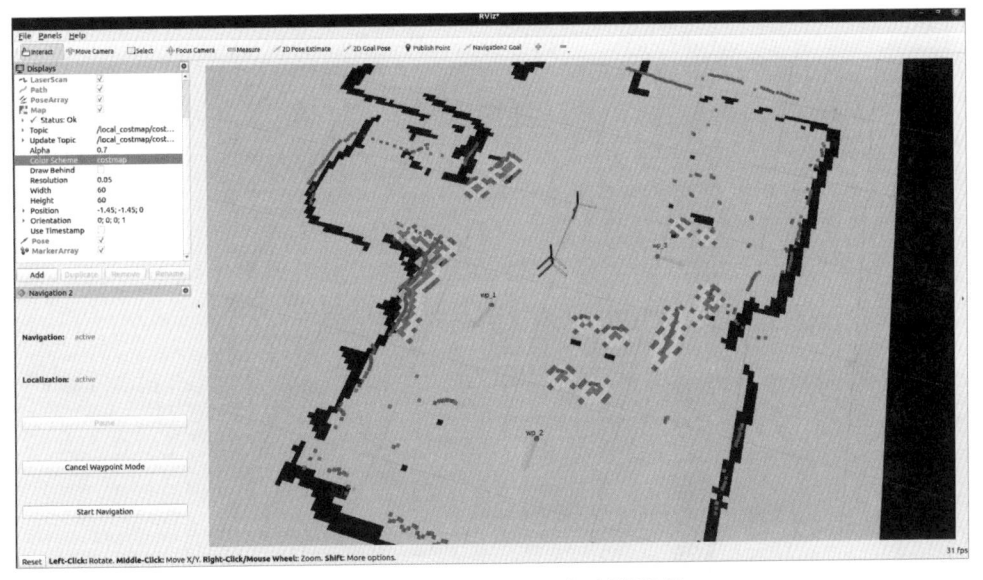

▲ 圖 9-19 啟動 Nav2 多路點導航

9.6 機器人自主導航程式設計

現在，我們已經學習了 ROS 2 自主導航的基本流程，但是這個過程總是需要手動點擊導航目標點，有沒有更便捷的方式呢？例如可以透過程式向機器人發佈一個目標位置，並且能收到導航結束的執行結果？本節就來講解 Nav2 的程式設計方法。

9.6.1 功能執行

先來體驗一下透過程式發佈目標位置並驅動機器人前往目標點的效果吧！

以自主導航模擬為例，先使用以下命令在電腦端執行模擬環境及導航功能。

第 9 章　ROS 2 自主導航：讓機器人運動自由

```
# 終端 1
$ros2 launch learning_gazebo_harmonic load_mbot_lidar_into_maze_gazebo_harmonic.launch.py

# 終端 2
$ ros2 launch originbot_navigation nav_bringup_gazebo.launch.py
```

然後啟動一個新的終端，執行以下節點。

```
$ ros2 run originbot_send_goal send_goal_node
```

執行成功後，如圖 9-20 所示，可以看到機器人朝著地圖中的（1，1）位置導航前進，同時終端會不斷輸出到達目標點的剩餘距離。

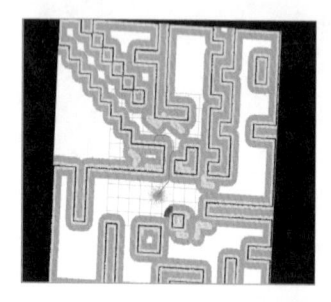

▲ 圖 9-20　移動機器人自主導航程式設計範例

如何透過程式發佈目標位置並讓機器人進行自主導航呢？其實背後就是 Nav2 提供的各種 API。根據 ROS 2 的通訊方式，Nav2 的 API 可以分為以下幾類。

- 動作：控制機器人執行路徑規劃和導航任務的完整動作行為。
- 服務：提供特定的服務呼叫，如地圖服務、清除代價地圖等。
- 話題：實現發佈和訂閱感測器資料、狀態資訊等功能。

如何透過程式設計呼叫這些介面實現自主導航功能呢？接下來分別講解 C++ 和 Python 的程式設計方法。

9.6.2 程式設計方法（C++）

本節透過 C++ 語言實現了一個名為 GoalCoordinate 的 ROS 2 節點，該節點使用 Nav2 的 API 發送導航目標並處理導航任務的回饋結果。

完整的程式實現在 originbot_send_goal/src 中，包含三部分，主要利用了 Nav2 的動作介面。

1. 初始化動作使用者端

```
this->client_ptr_ = rclcpp_action::create_client<NavigateToPose>(this,
"navigate_to_pose");
```

在 GoalCoordinate 類別的建構函式中初始化一個動作使用者端，可以與 Nav2 的導航動作伺服器通訊。

2. 發送導航目標

```
auto goal_msg = NavigateToPose::Goal();
goal_msg.pose.header.frame_id = "map";
goal_msg.pose.pose.position.x = 1.0;
goal_msg.pose.pose.position.y = 1.0;
goal_msg.pose.pose.orientation.w = 1.0;

this->client_ptr_->async_send_goal(goal_msg, send_goal_options);
```

在 send_goal() 成員函式中建構一個導航目標，並透過動作使用者端將這個目標發送給動作伺服器。動作伺服器在 Nav2 框架啟動時已經執行，收到這個目標請求後，就會開始規劃全域路徑，並且透過局部導航輸出 cmd_vel 話題，控制機器人開始向目標位置移動。

3. 處理回饋和結果

```
send_goal_options.goal_response_callback =
std::bind(&GoalCoordinate::goal_response_callback, this, _1);
send_goal_options.feedback_callback = std::bind(&GoalCoordinate::feedback_callback,
this, _1, _2);
```

```
send_goal_options.result_callback = std::bind(&GoalCoordinate::result_callback, this,
_1);
```

Nav2 的動作介面包含多個回饋資訊，此外設置了三個回呼函式，分別用於處理導航目標是否被伺服器回應、導航過程中的即時回饋和導航最終是否到達目標位置的結果。

推薦大家直接閱讀原始檔案了解完整的程式實現。

9.6.3 程式設計方法（Python）

除了 C++ 程式設計，還可以使用 Python 進行自主導航程式設計，編碼想法完全相同，完整的程式實現在 originbot_send_goal_py 功能套件中。

1. 初始化動作使用者端

```
self.client = ActionClient(self, NavigateToPose, 'navigate_to_pose')
```

在 GoalCoordinate 類別的建構函式中，透過 ActionClient 類別建立了一個動作使用者端，可以與 Nav2 的導航動作伺服器進行通訊。

2. 發送導航目標

```
goal_msg = NavigateToPose.Goal()
goal_msg.pose.header.frame_id = 'map'
goal_msg.pose.pose.position.x = 1.0
goal_msg.pose.pose.position.y = 1.0
goal_msg.pose.pose.orientation.w = 1.0
self.send_goal_future = self.client.send_goal_async(goal_msg,
feedback_callback=self.feedback_callback)
```

在 send_goal 成員方法中，建構了一個導航目標訊息，並透過動作使用者端非同步發送這個目標。

3. 處理回饋和結果

```
self.send_goal_future.add_done_callback(self.goal_response_callback)
```

在發送目標時，為動作使用者端設置了回饋資訊的回呼函式，用於處理在導航過程中接收到的回饋資訊及最終的導航結果。

推薦大家直接閱讀原始檔案了解完整的實現程式。

9.7 機器人自主探索應用

我們學習了 SLAM 和 Nav2，那麼有沒有可能將兩門技術融合到一起，實現在導航過程中同時建構地圖呢？本節就帶你打通「任督二脈」，實現自主探索式的 SLAM 與導航功能！

9.7.1 Nav2+SLAM Toolbox 自主探索應用

回顧 9.4.2 節，其中提到 nav2_bringup 開機檔案中關於 Nav2 節點的配置如下。

```
bringup_cmd = IncludeLaunchDescription(
    PythonLaunchDescriptionSource(os.path.join(launch_dir, 'bringup_launch.py')),
    launch_arguments={
        'namespace': namespace,
        'use_namespace': use_namespace,
        'slam': slam,
        'map': map_yaml_file,
        'use_sim_time': use_sim_time,
        'params_file': params_file,
        'autostart': autostart,
        'use_composition': use_composition,
        'use_respawn': use_respawn,
    }.items(),
)
```

第 9 章　ROS 2 自主導航：讓機器人運動自由

這裡有一個參數 slam，可以被設置為 True 或 False。再回到模擬實踐的程式 nav_bringup_ gazebo.launch.py，它也引用了 nav2_bringup 中的 bringup_launch.py 檔案。

```
...
    IncludeLaunchDescription(
        PythonLaunchDescriptionSource([nav2_bringup_dir,'/launch','/bringup_launch.py']),
        launch_arguments={
            'map': map_yaml_path,
            'use_sim_time': use_sim_time,
            'params_file': nav2_param_path}.items(),
    ),
...
```

那麼 bringup_launch.py 檔案到底是如何啟動 Nav2 節點的呢？進入 /opt/ros/jazzy/share/ nav2_bringup/launch 資料夾，開啟 bringup_launch.py 檔案，可以發現這樣一段程式。

```
# 包含 SLAM 啟動描述
IncludeLaunchDescription(
    # 指定 SLAM 開機檔案的路徑
    PythonLaunchDescriptionSource(os.path.join(launch_dir, 'slam_launch.py')),
    # 如果 slam 變數為真，則執行此啟動描述
    condition=IfCondition(slam),
    # 傳遞給 SLAM 開機檔案的參數
    launch_arguments={
        'namespace': namespace,              # 命名空間
        'use_sim_time': use_sim_time,        # 是否使用模擬時間
        'autostart': autostart,              # 是否自動啟動
        'use_respawn': use_respawn,          # 是否在終止後自動重新啟動
        'params_file': params_file           # 參數檔案路徑
    }.items()),

# 包含定位啟動描述
IncludeLaunchDescription(
    # 指定定位開機檔案的路徑
    PythonLaunchDescriptionSource(os.path.join(launch_dir, 'localization_launch.py')),
```

9.7 機器人自主探索應用

```python
    # 如果 slam 變數為假,則執行此啟動描述
    condition=IfCondition(PythonExpression(['not ', slam])),
    # 傳遞給定位開機檔案的參數
    launch_arguments={
        'namespace': namespace,              # 命名空間
        'map': map_yaml_file,                # 地圖檔案路徑
        'use_sim_time': use_sim_time,        # 是否使用模擬時間
        'autostart': autostart,              # 是否自動啟動
        'params_file': params_file,          # 參數檔案路徑
        'use_composition': use_composition,  # 是否使用組合節點
        'use_respawn': use_respawn,          # 是否在終止後自動重新啟動
        'container_name': 'nav2_container'   # 容器名稱
    }.items()),
```

分析以上程式,如果設定 slam 參數為 True,就會啟動 Nav2 中 slam_launch.py,如果設定 slam 參數為 False,就只執行導航功能。

不妨再開啟 slam_launch.py 檔案,其中包含第 8 章講解的 SLAM 演算法——SLAM Toolbox。

```python
# 檢查參數檔案中是否有 slam_toolbox 的節點參數
has_slam_toolbox_params = HasNodeParams(source_file=params_file,
                                       node_name='slam_toolbox')

# 如果沒有 slam_toolbox 的特定參數,則啟動 SLAM 工具箱,但不包含特定參數
start_slam_toolbox_cmd = IncludeLaunchDescription(
    PythonLaunchDescriptionSource(slam_launch_file),
    # 傳遞給 SLAM 開機檔案的參數,這裡只傳遞了是否使用模擬時間
    launch_arguments={'use_sim_time': use_sim_time}.items(),
    # 僅當沒有 slam_toolbox 參數時才執行此啟動描述
    condition=UnlessCondition(has_slam_toolbox_params))

# 如果有 slam_toolbox 的特定參數,則啟動 SLAM 工具箱,並包含這些參數
start_slam_toolbox_cmd_with_params = IncludeLaunchDescription(
    PythonLaunchDescriptionSource(slam_launch_file),
    # 傳遞給 SLAM 開機檔案的參數,包括是否使用模擬時間和參數檔案路徑
    launch_arguments={'use_sim_time': use_sim_time,
                      'slam_params_file': params_file}.items(),
```

```
    # 僅當存在 slam_toolbox 參數時才執行此啟動描述
    condition=IfCondition(has_slam_toolbox_params))
```

透過以上程式的溯源分析可以知道：透過設置 slam 參數就可以控制是否啟動 SLAM Toolbox 演算法。

這樣問題就簡單很多，我們可以直接將導航開機檔案 nav_bringup_gazebo.launch.py 中的 slam 參數設置為 Ture，就可以在啟動 Nav2 導航功能的同時啟動 SLAM 演算法了。

```
...
    # 定義是否使用 SLAM 的配置變數，預設為 'True'
    slam = LaunchConfiguration('slam', default='True')

...

        # 包含 Nav2 啟動配置的描述檔案，傳遞地圖、模擬時間參數，以及配置參數檔案。
        IncludeLaunchDescription(
            PythonLaunchDescriptionSource([nav2_bringup_dir, '/launch',
'/bringup_launch.py']),
            launch_arguments={
                'map': map_yaml_path,
                'use_sim_time': use_sim_time,
                'params_file': nav2_param_path,
                'slam': slam,}.items(),
        ),
```

完成以上修改後，需要回到工作空間中進行編譯，然後啟動兩個終端執行以下命令。

```
# 終端 1：啟動模擬環境
$ ros2 launch learning_gazebo_harmonic load_mbot_lidar_into_maze_gazebo_harmonic.launch.py

# 終端 2：啟動 Nav2 導航建圖型演算法
$ ros2 launch originbot_navigation nav_bringup_gazebo.launch.py
```

9.7 機器人自主探索應用

執行成功後，RViz 中暫時沒有完整的地圖，透過「Nav2 Goal」選項發佈目標位置，如圖 9-21 所示，機器人在前往目標位置的同時會不斷建構地圖。

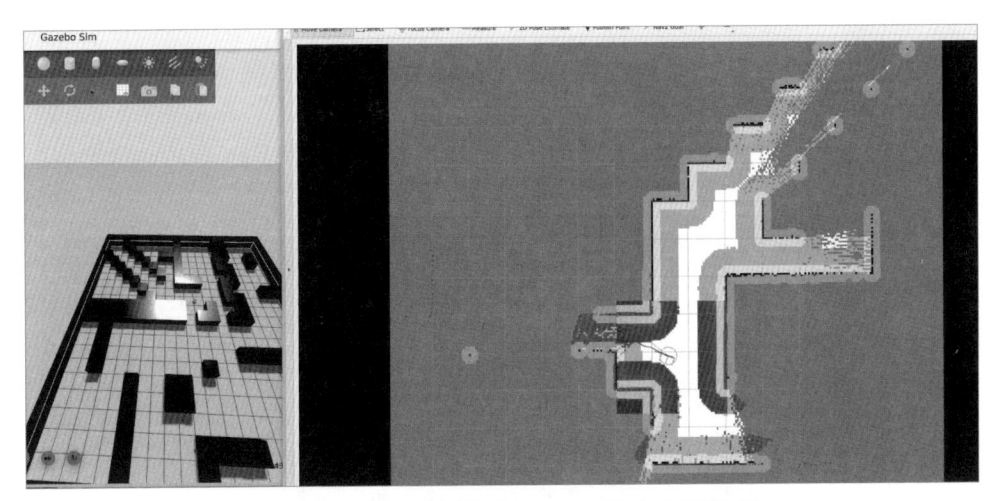

▲ 圖 9-21 自動導航與 SLAM 同步建圖效果

在自主探索的過程中可以發現，當地圖未完全建立時，Nav2 全域導航規劃的路徑幾乎都是點到點的直線，隨著 SLAM 地圖資訊的完善，全域路徑也在不斷調整，控制機器人躲避不斷被發現的障礙物，最終到達目標點，同時把導航路徑上的地圖建立完成。如果導航點可以儘量覆蓋環境中的所有位置，那麼機器人最終也會建立完整的環境地圖，這樣就可以實現一個導航+SLAM 的自主探索應用了。

建立完成的地圖可以參考第 8 章講解的方法儲存，留作未來導航使用。

9.7.2 Nav2+Cartographer 自主探索應用

除了 Nav2 中附帶的 SLAM 演算法，還可以將 Cartographer 和 Nav2 進行整合。執行以下命令，看一下效果如何。

```
# 終端 1：啟動模擬環境
$ ros2 launch learning_gazebo_harmonic load_mbot_lidar_into_maze_gazebo_harmonic.launch.py
```

9-37

第 9 章　ROS 2 自主導航：讓機器人運動自由

```
# 終端 2：啟動 Nav2 導航建圖型演算法
$ ros2 launch originbot_navigation nav2_carto.launch.py
```

執行成功後，可以看到如圖 9-22 所示的介面，此時機器人週邊已經有一小片初步建立的地圖。

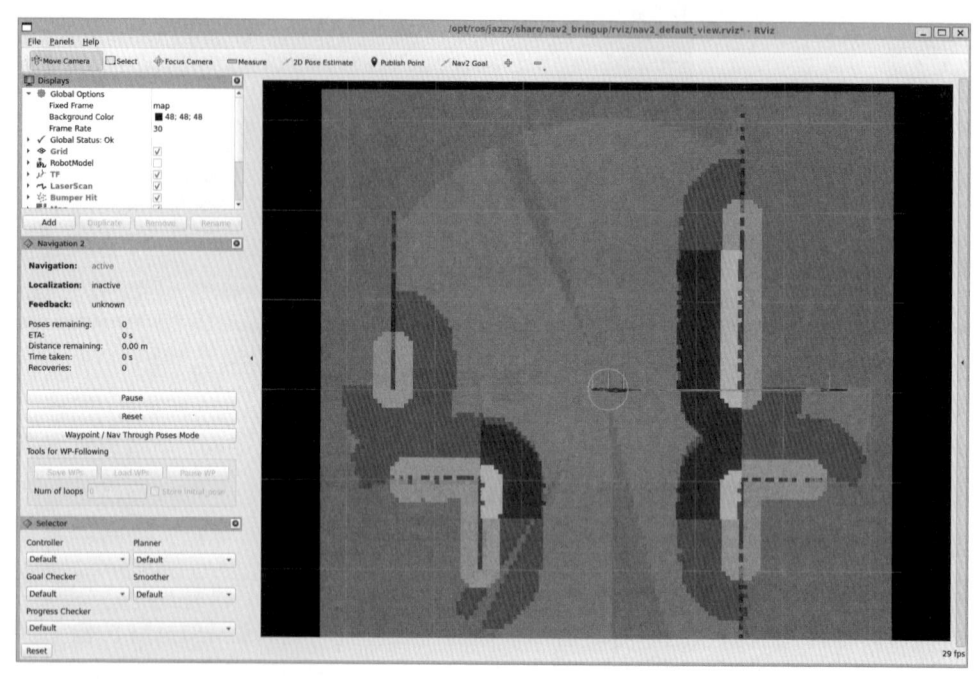

▲ 圖 9-22　Nav2 與 Cartographer 自主探索應用的初始化介面

透過「Nav2 Goal」選項發佈目標點，機器人同樣會在前往目標位置的同時不斷建構地圖，如圖 9-23 所示。

9.7 機器人自主探索應用

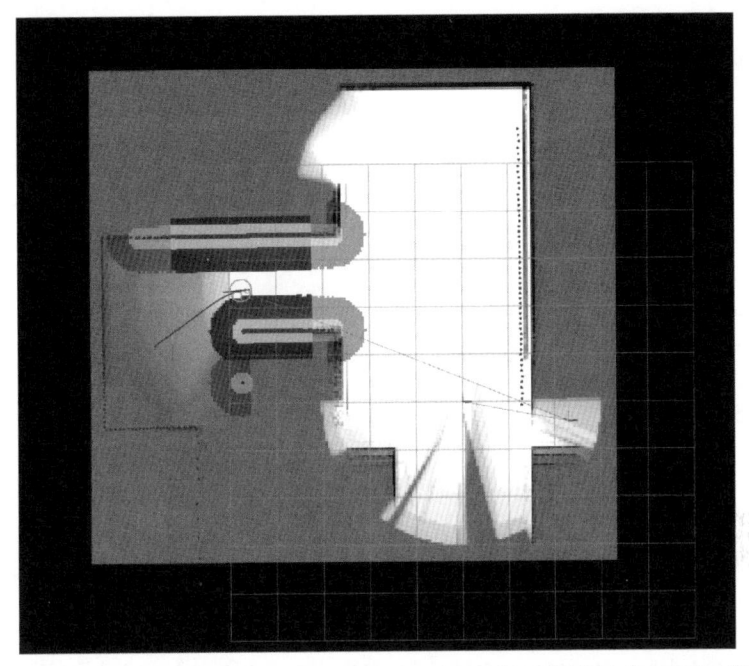

▲ 圖 9-23 Nav2 與 Cartographer 自主探索應用的導航與建圖過程

實現 Nav2 與 Cartographer 功能同時執行的奧秘都在 nav_carto.launch.py 檔案中，詳細內容如下。

```python
import os
from ament_index_python.packages import get_package_share_directory
from launch import LaunchDescription
from launch.substitutions import LaunchConfiguration
from launch_ros.actions import Node
from launch_ros.substitutions import FindPackageShare
from launch.actions import IncludeLaunchDescription
from launch.launch_description_sources import PythonLaunchDescriptionSource

def generate_launch_description():
#################################### 節點參數配置
#########################################################
    # 導航功能套件的路徑
    navigation2_dir = get_package_share_directory('originbot_navigation')
    # 是否使用模擬時間，這裡使用 Gazebo，所以配置為 true
    use_sim_time = LaunchConfiguration('use_sim_time', default='true')
```

9-39

第 9 章　ROS 2 自主導航：讓機器人運動自由

```python
    # 建構地圖的解析度
    resolution = LaunchConfiguration('resolution', default='0.05')
    # 發佈地圖資料的週期
    publish_period_sec = LaunchConfiguration('publish_period_sec', default='1.0')
    # 參數設定檔在功能套件中的資料夾路徑
    configuration_directory = LaunchConfiguration('configuration_directory',default=
os.path.join(navigation2_dir, 'config') )
    # 參數設定檔的名稱
    configuration_basename = LaunchConfiguration('configuration_basename',
default='lds_2d.lua')
    # 導航相關參數
    nav2_bringup_dir = get_package_share_directory('nav2_bringup')
    map_yaml_path =
LaunchConfiguration('map',default=os.path.join(navigation2_dir,'maps','cloister.yaml'))
    nav2_param_path =
LaunchConfiguration('params_file',default=os.path.join(navigation2_dir,'param',
'originbot_nav2.yaml'))
    # rviz 視覺化顯示的設定檔路徑
    rviz_config_dir = os.path.join(nav2_bringup_dir, 'rviz')+"/nav2_default_view.rviz"

    ############### 啟動節點：cartographer_node、cartographer_occupancy_grid_node、rviz2
###################
    cartographer_node = Node(
        package='cartographer_ros',
        executable='cartographer_node',
        name='cartographer_node',
        output='screen',
        parameters=[{'use_sim_time': use_sim_time}],
        arguments=['-configuration_directory', configuration_directory,
                   '-configuration_basename', configuration_basename])

    cartographer_occupancy_grid_node = Node(
        package='cartographer_ros',
        executable='cartographer_occupancy_grid_node',
        name='cartographer_occupancy_grid_node',
        output='screen',
        parameters=[{'use_sim_time': use_sim_time}],
        arguments=['-resolution', resolution, '-publish_period_sec', publish_period_
sec])
```

```python
    navigation_launch = IncludeLaunchDescription(
        PythonLaunchDescriptionSource([nav2_bringup_dir,'/launch',
'/bringup_launch.py']),
        launch_arguments={
            'map': map_yaml_path,
            'use_sim_time': use_sim_time,
            'params_file': nav2_param_path}.items(),)

    rviz_node = Node(
        package='rviz2',
        executable='rviz2',
        name='rviz2',
        arguments=['-d', rviz_config_dir],
        parameters=[{'use_sim_time': use_sim_time}],
        output='screen')

    ld = LaunchDescription()
    ld.add_action(cartographer_node)
    ld.add_action(cartographer_occupancy_grid_node)
    ld.add_action(navigation_launch)
    ld.add_action(rviz_node)

    return ld
```

　　仔細分析以上內容，其實就是在原本 cartographer_nav2.launch.py 的基礎上增加了 Nav2 的節點。不過在啟動 Nav2 時，並沒有使用 nav2_bringup.py，而是使用了導航開機檔案 navigation_launch.py。

　　為什麼要這樣做呢？這是因為自主導航一般建立在靜態地圖上，對應到 ROS 2 中的介面就是 /map。在自主探索的應用中並沒有已知的靜態地圖，這就需要機器人一邊透過 Cartographer 建立地圖，一邊發佈 /map 的地圖資訊，支援 Nav2 完成自主導航時的路徑規劃和避障。

第 9 章　ROS 2 自主導航：讓機器人運動自由

9.8 本章小結

本章將原理和實踐結合，帶領大家一起學習了 Nav2 自主導航。我們不僅學習了 Nav2 功能框架中的核心演算法原理，還透過模擬或真實機器人體驗了自主導航功能；同時練習了 Nav2 中 API 的程式設計方法，實現了程式呼叫控制機器人發佈導航目標；最後將 SLAM 技術與自主導航功能結合，進一步實現了機器人自主探索應用，可以同時執行 Nav2 和 SLAM 演算法。

本書的內容也到此為止。我們從 ROS 2 基礎知識開始，學會了話題、服務、動作等通訊機制的實現原理和應用場景；了解了 Launch 開機檔案、tf 座標變換、RViz 視覺化平臺、Gazebo 物理模擬環境等 ROS 常用元件的使用方法；還學習了機器人的定義和組成，熟悉了一款真實機器人的開發過程，即使沒有條件，依然可以使用 URDF 檔案建立一個機器人模擬模型；在學習原理之後，我們繼續機器人應用程式開發之旅，學會了 ROS 2 中機器視覺、SLAM 建圖、自主導航等功能的實現方法。現在，相信大家已經明白如何將 ROS 2 應用於機器人開發了！

本書雖已結束，但 ROS 2 和機器人技術還在快速發展，我們的探索實踐也仍在繼續。所以這裡不是終點，而是一個全新的開始，祝大家都擁有一段愉快而充實的機器人開發之旅！

深智數位
股份有限公司

深智數位
股份有限公司